EXPERIMENTE Elektronik

Ernst Beckmann,
Roland Jeschke,
unter Mitarbeit von
Wolfgang E. Back

Experimente: Elektronik

Arbeitspraxis
Versuche
Bauanleitungen

Herausgegeben von Jean Pütz

Verlagsgesellschaft
Schulfernsehen
Köln

CIP-Kurztitelaufnahme der Deutschen Bibliothek

Beckmann, Ernst
Experimente, Elektronik/Ernst Beckmann; Roland Jeschke. Unter Mitarb. von Wolfgang Back.
Hrsg. von Jean Pütz. – 1. Aufl. – Köln: Verlagsgesellschaft Schulfernsehen, 1977. (Experimente)
ISBN 3-8025-1073-9
NE: Jeschke, Roland:

1. Auflage: Januar 1977
2. Auflage: April 1977

Zeichnungen: Siegfried Knust, Leverkusen
Fotorealisationen: Bernd und Manfred Wiejack, Leichlingen, und Oppermann-electronic, Sachsenhagen
Die Bauelemente auf einem großen Teil der Fotos zu Kapitel 5 stellte die Fa. Bürger KG, Köln freundlicherweise zur Verfügung.
Gesamtherstellung: Universitätsdruckerei H. Stürtz AG, Würzburg
Printed in Germany
ISBN 3-8025-1073-9

Liebe Leser!

Vor drei Jahren erschien im Zusammenhang mit meiner Fernsehreihe *Einführung in die Elektronik* das gleichnamige Begleitbuch. Es hatte die Aufgabe, die Sendung zu ergänzen und dem Elektronik-Praktiker wie dem Amateur die Möglichkeit zu geben, sich mit den neuesten Grundlagen der Halbleitertechnik vertraut zu machen.

Dieses Buch wurde schnell zu einem Standardwerk, weil seine allgemeinverständliche Darstellung offenbar einem großen, bisher unbefriedigten Bedarf entgegenkommt. Beim Erscheinen des vorliegenden Buches waren bereits 150000 Exemplare der *Einführung in die Elektronik* verkauft. Das spricht für sich. Ähnliche Erfahrungen habe ich mit meiner Sendereihe *Einführung in die Digitaltechnik* gemacht.

Aber es fehlte noch das Tüpfelchen auf dem i. Zum Lernen gehört auch das Begreifen – und das meine ich im wörtlichen Sinne. Begreifen setzt in gewisser Weise das Greifen, das Anfassen voraus. Keiner kann Elektronik richtig verstehen, wenn er nicht einmal selbst experimentiert und gebastelt hat. Wer noch nie einen Lötkolben in der Hand hatte, wer noch nie einen Transistor hat hochgehen lassen, der wird es auf dem Gebiet der Elektronik nie zu etwas bringen.

Das vorliegende Buch soll hier Abhilfe schaffen. Es trägt damit einem in Tausenden von Zuschriften geäußerten Wunsch Rechnung. Nach der Theorie kommt nun vor allem die Praxis zu Wort. Fast jede Schaltung läßt sich so wie sie ist und ohne allzu viel theoretischen Ballast nachbauen; und zwar mit gängigen Bauelementen, die man in jedem Elektroladen kaufen kann.

Dem Leser – und ich denke da nicht nur an Facharbeiter, Techniker, Schüler, Auszubildende und Studenten, sondern auch an Bastler, Tüftler und Hobbyfreunde – stehen zwei Wege offen, mit dem Buch zu arbeiten:

Erstens bietet sich die Möglichkeit, es von Anfang an durchzulesen, schön systematisch. Das Buch ist so aufgebaut, daß es den Regeln der Lernpsychologie folgt. Man muß nicht unbedingt jeden Versuch mitmachen; oft reicht es, das Experiment in Gedanken nachzuvollziehen. Wenn etwas besonders gefällt oder interessiert, dann sollte man einhaken und mit dem Basteln und Experimentieren beginnen. Wir haben bei den einzelnen Schaltungen Wert darauf gelegt, daß man mit dem Gebauten auch tatsächlich etwas anfangen kann, oder daß das Ergebnis zumindest Spaß macht.

Aber dieses systematische Durcharbeiten von Kapitel zu Kapitel ist nicht jedermanns Sache. Mancher findet das zu langweilig und langwierig.

Deshalb kann man sich *zweitens* die Objekte und Bastelvorschläge, die besonders nützlich, spaßig oder interessant erscheinen, heraussuchen. Wo man anfängt, spielt dabei keine Rolle. Auf diese Art und Weise kann man sozusagen spielerisch lernen.

In den Kapiteln 7 und 9 stellen wir jeweils ein komplettes Bausteinsystem vor. Der Vorteil: man kann durch verschiedene Kombinationen der einzelnen Bausteine vielfältige Schaltungsaufgaben realisieren. Dieses System bietet vor allem Schulen und Ausbildungsstätten eine ideale und vor allem preiswerte Möglichkeit, Experimente durch den Schüler selbst durchführen zu lassen.

Und nun noch ein Wort zum *Experimentiermaterial.* Wir haben, wie schon erwähnt, Wert darauf gelegt, daß man möglichst alles, was für den Nachbau der Schaltungen nötig ist, im normalen Elektronikgeschäft kaufen kann. Nur hat der Anfänger erfahrungsgemäß große Schwierigkeiten mit der Anordnung und korrekten Verschaltung der Bauelemente. Wir hielten es deshalb für wichtig, ein System von gedruckten Schaltungen zu entwickeln und produzieren zu lassen.

Mit den fertigen Platinen kann auch der Laie komplizierte Schaltungen aufbauen und verlöten. Denn eine eigene Herstellung von geätzten Platinen ist nicht zu empfehlen, weil das sehr aufwendig und teuer ist. Außerdem ist es oft mühselig, die einzelnen Bauelemente im Geschäft zu kaufen; da kann es leicht passieren, daß im Laden etwas fehlt und dann geht die Lauferei und Sucherei los. Um Ihnen, liebe Leser, all diese Probleme zu erleichtern, haben wir einen Partner gesucht. Einen Partner, der zunächst einmal in der Lage ist, die gedruckten Platinen industriell herzustellen und der außerdem auch noch die für die einzelnen Schaltungen erforderlichen Bauelemente als Bausatz anbieten kann, zu besonders günstigen Preisen.

Diesen Partner haben wir in der Firma Oppermann-electronic gefunden. Die Firma hat sich zu folgendem vertraglich gegenüber uns und Ihnen als Leser und möglichem Käufer der Bausätze verpflichtet:

1. Sie garantiert die Funktion der angebotenen Schaltungen. Sollten Sie als Käufer berechtigte Reklamationen haben, dann werden diese von der Firma Oppermann kostenlos bearbeitet.
2. Die angebotenen Bausätze werden mit Bauelementen bester Qualität bestückt.
3. Die Firma Oppermann bemüht sich um besondere Preiswürdigkeit. In der Regel wird der Bausatz erheblich billiger sein als beim Einzelkauf betreffender Bauelemente.
4. Sie gibt im Rahmen bester Sortimentspflege weitgehend Liefergarantie. Ihre Bestellungen werden schnellstmöglichst bearbeitet.

Wir haben uns vor allem wegen der Servicefreundlichkeit und Preiswürdigkeit für diese Firma entschieden. Das Angebot finden Sie im Anhang.

So, und nun wünsche ich Ihnen viel Erfolg und Spaß

Ihr

Jean Pütz

Inhalt

1. Elektronik als Hobby

2. Der Arbeitsplatz, das Werkzeug und die Arbeiten

3. Wie man elektronische Schaltungen aufbauen kann

4. Über das Messen an elektronischen Bauelementen und Schaltungen

5. Was man bei der Auswahl von Bauelementen wissen muß

6. Mit Transistoren schalten

7. Ein vielseitiges Bausteinsystem aus Transistorschaltstufen

8. Mit Transistoren Nf-Signale verstärken

9. Experimente mit integrierten Digitalbausteinen

10. Operationsverstärker: universelle Bauelemente zur Verarbeitung analoger Signale

11. Über die Energieversorgung elektronischer Einrichtungen

12. Spezielle Bausteine; spezielle Schaltungen

Anhang

1. Elektronik als Hobby

Wie man in diesem Buch lesen kann

Anfänger werden schnell entdecken, daß man mit diesem Buch wirklich etwas anfangen kann, weil sie hier ohne Theorie gleich praktisch arbeiten können; weil hier von einfachen Testschaltungen ausgegangen wird und dann erst komplizierte Bauvorschläge gemacht werden. Für Experimente und Bauvorschläge kann man Bausätze bestellen.

Bild 1.1: Raumschmuck: Elektronik für Nichtelektroniker.

Anfänger lesen in diesem Buch am besten von Anfang an.
Elektronikexperten werden meinen, daß sie alles schon können und kennen. Natürlich können sie löten und sie wissen wie Schaltungen aufzubauen sind. Aber in diesem Buch wird nicht nur dazu etwas gesagt – es werden auch interessante Schaltungen (Quarz-Stoppuhr, Gleich- und Wechselspannungs-Meßgeräte, Elektronikspiele ...) zum Nachbau vorgeschlagen; und dabei wird vieles gesagt, was auch für Experten neu sein mag.
Experten lesen dieses Buch am besten von hinten (oder starten in der Mitte oder ...) Anfänger und Experten werden dieses Buch auf den Arbeitstisch legen.
Was fangen Leute mit diesem Buch an, die glauben, Elektronik sei entbehrlich? Vielleicht entdecken sie beim Blättern, daß sie in Wahrheit ohne Elektronik gar nicht auskommen! Fernsehgeräte, HIFI-Anlagen, Taschenrechner, Eierkocher, Uhren ... überall macht Elektronik das Leben bequem. Elektronik ist moderne Zauberei, ist ein Gebiet, in dem auch ein Laie nach wenigen Vorbereitungen mitzaubern und überraschend nützliche oder spielerische Effekte erzielen kann.
Leute, die dennoch nichts von Elektronik wissen wollen, verschenken dieses Buch am besten.

Wo der Weg zur Elektronik steinig ist

Sicher gibt es eine Menge elektronischer Bauelemente, die ohne Strom auskommen müssen, weil sie von einem Menschen gekauft wurden, der ein kühnes Projekt verwirklichen wollte und dem nach den ersten Schritten das Projekt dann zu kühn erschien. Mit einem Bein halb angelötet, liegt so eine Menge Transistoren im dunklen Schrank.

Bild 1.2: Schaltungsausschnitt eines „Selbstbau-Computers".

Wenn Sie Elektroniker werden wollen, dann fangen Sie also nicht gleich mit dem Bau eines Großcomputers an. Abgesehen von den Fehlern, die Sie selbst beim Aufbau machen, wenn die Schaltung zu groß ist, gibt es immer einen gewissen Prozentsatz von Bauelementen, die nicht vorschriftsmäßig arbeiten – auch wenn Sie in den besten Geschäften kaufen. Deshalb ist es fast normal, daß eine größere Schaltung nicht auf Anhieb funktioniert. Man braucht Erfahrung und genaue Kenntnisse, wenn man solche Schaltungen „zum Laufen" bringen will.

Auch wenn Sie eine kleinere Schaltung realisieren wollen, kann es Schwierigkeiten geben. Vielleicht ist Ihnen als erstes eine sehr veraltete Schaltung in die Hände gefallen? Sie werden dann kaum noch die vorgesehenen Bauelemente kaufen können. Oder es ist Ihnen eine Industrieschaltung untergekommen, die irgendwo nachgedruckt und besprochen wurde ohne zu erwähnen, daß hier alle Bauelemente an der Grenze ihrer Leistungsfähigkeit arbeiten und deshalb ganz spezielle Typen sein müssen, die der Kleinhandel nicht führt. Oft kann man auch bei größter Umsicht solche Schwierigkeiten kaum vermeiden, wenn man eine „irgendwo" veröffentlichte Schaltung verwirklichen will.

Viele unbekannte Gefahren lauern dem Elektronikanfänger auf – beim Einkaufen gibt es das Bauelement XYZ 25 nicht, beim Löten verbrennt man sich die Finger, beim Einschalten erwischt einen der elektrische Schlag oder die Schaltung verdampft. Aber wenn Ihre Schaltung tatsächlich blinkt, wie sie soll, oder pfeift oder verstärkt oder ..., dann ist Ihnen Bewunderung sicher – auch wenn es Ihre eigene ist.

Was Ihnen dieses Buch geben soll

Freude am ernsthaften Hobby wollen wir Ihnen anbieten. Dazu gehört, daß Sie etwas lernen und daß Sie Erfolg haben – auch da, wo Schwierigkeiten überwunden werden müssen. Deshalb sagen wir etwas über fachgerechtes Löten und zeigen Ihnen erprobte Methoden für den Schaltungsaufbau. Wir sagen etwas über das Messen und die Interpretation von Meßwerten. Wir schlagen kleine und unkomplizierte Versuche vor, damit Sie am „eigenen Leibe" erfahren, wie die verwendeten Bauelemente arbeiten.

Auch haben wir für Sie umfangreichere Schaltungen ausgewählt, die nicht zu schwierig und nicht zu teuer sind. Teure Meßgeräte werden beim Aufbau und Abgleich der Schaltungen nicht gebraucht. Wir haben darauf geachtet, daß nur Bauelemente verwendet werden, die gängig sind.

Mit Bildern haben wir nicht gespart, weil nur ein Bild die Realisation eines elektronischen Gerätes (Schaltung, Gehäuse und Anschlüsse ...) zeigen kann. Wir betreiben hier keine Theorie, sondern praktische Experimente. Deshalb sollten Sie dieses Buch nur mit dem Lötkolben in der Hand lesen.

2. Der Arbeitsplatz, das Werkzeug und die Arbeiten

Bild 2.1: Arbeitsplatz eines Elektronik-Bastlers.

Was Sie vorbereiten sollten

Sie brauchen einen Tisch, auf den Sie Bauelemente-Kästen bequem hinstellen können, eine Steckdose in der Nähe und ausreichend Licht, weil Sie mit vielen kleinen Bauteilen arbeiten werden, die im Halbdunkel nur schwer auseinanderzuhalten sind. Gut ist es, wenn dieser Tisch nur für die Elektronik zur Verfügung steht, weil ständiges Hin- und Herräumen Ihre Bauteile durcheinander bringt.
Besonders angenehmes Arbeiten haben Sie, wenn Sie sich für Ihren Arbeitstisch eine Vollgummi-Gittermatte zulegen. Solche Gittermatten gibt es schon in recht preiswerten Ausführungen. Ihre Vorzüge sind:

1. Die Elektronik-Bauelemente (selbstverständlich auch Meßgerät und Werkzeug) rutschen nicht vom Tisch.

2. Die Bauelemente lassen sich sorgfältig sortiert ablegen.

3. Der Tisch wird nicht durch herabfallende Lötzinntropfen angeschmort.

Ein Problem ist die Aufbewahrung der vielen Elektronik-Bauelemente, die sich im Laufe der Zeit ansammeln. Die preiswerteste Lösung ist eine Anzahl von Zigarrenkästen. Aber schon bald mag dieses Ordnungssystem nicht mehr ausreichen. Dann können Sie auf Klarsichtmagazine übergehen, die es in verschiedenen Größen *(Bild 2.2)* gibt.

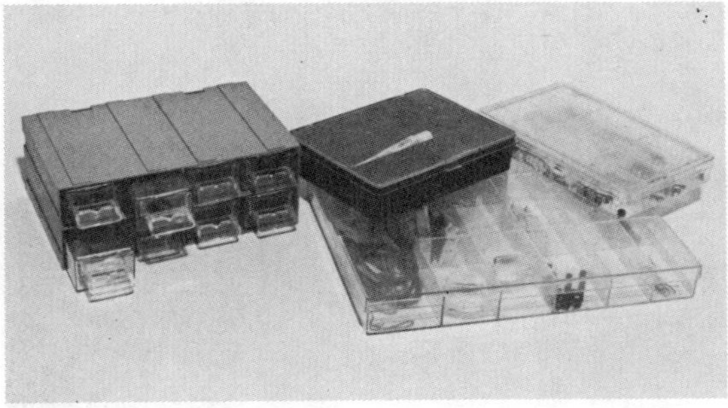

Bild 2.2: Klarsichtmagazine gibt es in verschiedenen Größen.

Nach Ihren ersten Elektronik-Gehversuchen benötigen Sie mindestens zwei Netzanschluß-Steckdosen, einmal für Ihr Netzgerät, das Sie sich nach den in diesem Buch enthaltenen Vorschlägen selbst bauen können, und einmal für den Lötkolben. Nehmen Sie Schuko-Mehrfach-Steckdosen.

An dieser Stelle noch ein dringender Hinweis:
Die meisten Schaltungen in diesem Buch arbeiten mit so kleinen Spannungen, daß sie völlig ungefährlich sind. Die wenigen Ausnahmen sind besonders gekennzeichnet. Doch wird es sicherlich vorkommen, daß Sie Elektronik-Schaltungen nachbauen, die in irgendeiner Form mit dem Lichtnetz verbunden werden. Achten Sie bitte in solchen Fällen sorgfältig darauf, daß niemand (Kinder, Ehefrau!) eine offenliegende und von Ihnen unbewachte Schaltung berühren kann. Trennen Sie die Schaltung auch dann vom Netz, wenn Sie den Elektronik-Arbeitsplatz nur für wenige Augenblicke verlassen. Sonst müssen Sie für die Folgen geradestehen.

Welches Werkzeug Sie verwenden sollten

Beim Aufbau von elektronischen Geräten fallen drei Arten von Arbeiten an:

1. elektronische Arbeiten
2. mechanische Arbeiten und
3. ausgestaltende Arbeiten.

Im Grunde sind diese drei Gruppen nicht eindeutig zu trennen. Sicher sind alle Arbeiten, die allein bei der Realisierung der Schaltung geleistet werden müssen, etwa Löten und Messen, rein elektronische Arbeiten.
Mechanische Arbeiten kommen immer dann vor, wenn Platinen zu bohren oder zu schneiden sind und wenn Gehäuse herzustellen sind. Zu den rein mechanischen Problemen gehören auch die Befestigung von Potentiometern und der Einbau von Schaltern, Sicherungshaltern, Meßinstrumenten usw. Da besonders Gehäuse mit den verschiedensten Materialien aufgebaut werden können (Kunststoff, Holz, Metall, Plexiglas etc.), wollen wir in diesem Buch nur wenige Musterbeispiele vorstellen.
Die Qualität des verwendeten Handwerkszeuges kann die Qualität der ausgeführten Arbeiten stark beeinflussen. Deshalb empfehlen wir, beim Werkzeugeinkauf nicht gerade das billigste, sondern das preiswerteste Angebot wahrzunehmen. Preiswert ist ein Angebot dann, wenn das Werkzeug lange benutzt werden kann, und wenn die Folgekosten („Ausschuß-Produktion“) möglichst gering sind.
Sie werden sehen, daß man mit präzisem Werkzeug besser arbeiten kann und größere Freude am Arbeitsergebnis hat.
Bild 2.3 und die Werkzeugliste geben Ihnen einen Überblick über einige Werkzeuge, die beim Aufbau elektronischer Geräte nützlich sind. Betrachten Sie

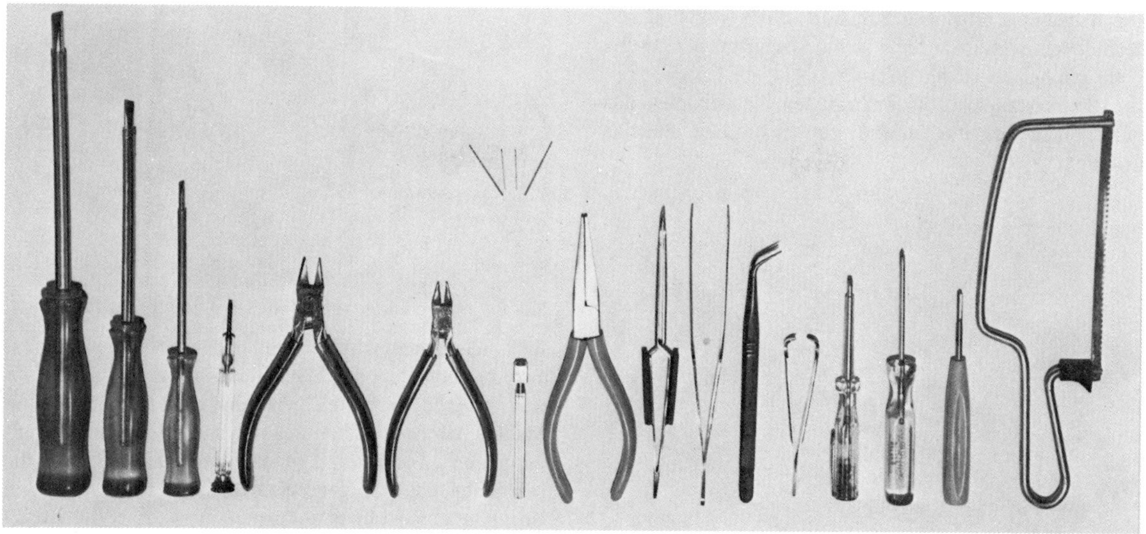

Bild 2.3: Einige nützliche Werkzeuge.

diese Zusammenstellung als Anregung und nicht als Voraussetzung für den Start.

Werkzeugliste

5 Elektriker-Schraubenzieher, vernickelt, aus Chrom-Vanadium-Stahl mit schlagfestem Plastikheft
Größen:
60 × 2,5 × 135 mm
100 × 4 × 185 mm
150 × 5 × 245 mm
140 × 7 × 250 mm
160 × 9 × 270 mm

2 Kreuzschlitz-Schraubenzieher
Größe 01, Größe 02

2 Winkelschraubenzieher
Größe 1, Größe 2

1 Wärmeableitpinzette zum Einlöten von Transistoren mit Kupferbacken belegt

1 Bestückungspinzette

1 Kreuzpinzette

1 Spannungsprüfer-Schraubenzieher

1 Seitenschneider mit isolierten Griffen

1 Abisolierzange mit Handisolation

1 Telefonzange mit Handisolation

1 Handhammer, 200 g

1 Universal-Klein-Metallsäge

1 Handbetätigte Bohrmaschine mit Übersetzung oder

1 Elektrische Bohrmaschine mit Übersetzung und angesetzter biegsamer Welle

Verschiedene Bohrer 0,8 mm, 1 mm usw.

Löt- und Meßgeräte fehlen in dieser Zusammenstellung, weil wir darüber noch ausführlich sprechen wollen.
Ein elektronisches Gerät, das zwar elektronisch funktioniert, sonst aber unansehnlich ist, wird sehr schnell in der Versenkung verschwinden. Erst ein gut ausgestaltetes Gerät (Form, Farbe, Beschriftung ...) gibt mehr als nur einen „Basteleffekt" her. Wer hier geschickt auswählt und nicht am falschen Ende spart, der hat die Chance ein elektronisches Gerät mit Profi-Look aufzubauen, das einen nachhaltigen Eindruck macht.

Was Sie über das Löten wissen sollten

Beim Löten sollen verschiedene elektronische Bauelemente untereinander oder mit einer Schalt-Platine verbunden werden. Die Verbindung soll elektrisch gut leiten und mechanisch stabil sein. Und die Bauelemente dürfen beim Löten nicht durch die Hitze zerstört werden.
Das Ziel ist leicht zu beschreiben, aber für Anfänger meist schwer zu erreichen, denn Löten ist fast eine Präzisionsarbeit. Kein Problem der Theorie, mehr eine Frage der praktischen Übung. Die einschlägigen Elektronik-Versandfirmen können ein Lied davon singen: Lötfehler sind meist der Grund, wenn Elektronik-Bastler verzweifelt vor ihren nichtfunktionierenden Schalt-Platinen sitzen und händeringend um Rat suchen.

Die folgenden Hinweise zur Löttechnik sollen Ihnen deshalb eine Hilfestellung sein. Aber nur praktische Übung macht hier den Meister.
Vor den ersten Lötübungen müssen Sie zunächst das richtige Lötwerkzeug kaufen: den Lötkolben und das Lötzinn.

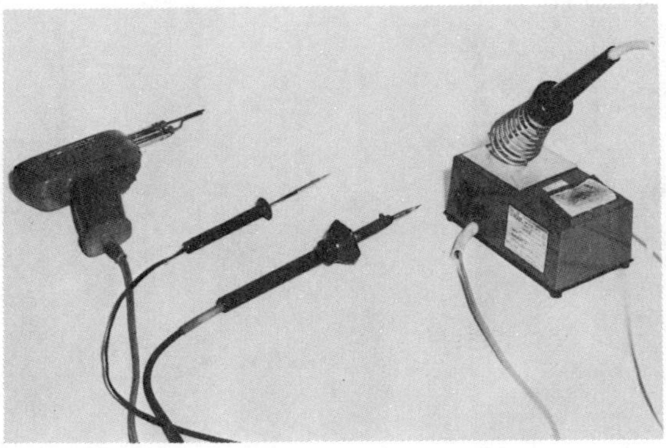

Bild 2.4: Lötkolben gibt es in verschiedenen Ausführungen.

Das Angebot der Industrie an verschiedenen Lötkolben ist verwirrend *(Bild 2.4)*. Da gibt es Unterschiede bei der elektrischen Anschlußleistung, da gibt es Lötkolben in einfachsten Ausführungen und Lötkolben mit magnetisch oder elektronisch temperaturgeregelter Lötspitze. Weiter werden Lötpistolen und „potentialfreie" Lötkolben angeboten.
Für den Elektronik-Bastler genügt zunächst einmal ein preiswerter Lötkolben einfachster Ausführung mit einer elektrischen Leistung von 25 bis 30 W. Für feinste Lötarbeiten an Mikroschaltungen (ICs) kann man sich später immer noch ein zusätzliches Gerät mit 5 bis 8 W Anschlußleistung anschaffen.
Ob der Lötkolben eine gerade oder eine abgewinkelte Spitze besitzt, ist erst einmal Geschmacksache. Später kann es vorkommen, daß Sie bei einer verdeckt liegenden Lötstelle in einer komplizierten Schaltung nur mit einer abgebogenen Lötspitze etwas ausrichten können – oder bei anderen nur mit einer geraden.
Der Lötdraht *(Bild 2.5)* des Elektronikers hat mit dem „Lötdraht" des Bauklempners nur wenig gemeinsam. Schauen Sie sich den Querschnitt eines Lötdrahtes für Elektroniker einmal genauer an. Die Schnittstelle zeigt einen metallisch glänzenden Zinnmantel, der eine gelblich-braune Masse (Kolophoniumeinlage) umschließt. Auf diese Masse kommt es beim Löten besonders an. Sie ist das Flußmittel, das während des Lötvorgangs die Lötstellen von Oxydschichten säubern

Bild 2.5: Lötdraht in verschiedenen Dicken und Portionen.

soll. Solche Oxydschichten und alle anderen Verunreinigungen an der Lötstelle würden mit Sicherheit eine leitende Verbindung verhindern und die Lötung wertlos machen. Hüten Sie sich aber vor der Verwendung von Lötwasser, Lötpaste oder Lötfett, um die Lötstellen zu reinigen. Solche Mittel aus anderen Handwerksdisziplinen würden unsere Elektronik-Bauelemente mit Sicherheit zerstören.

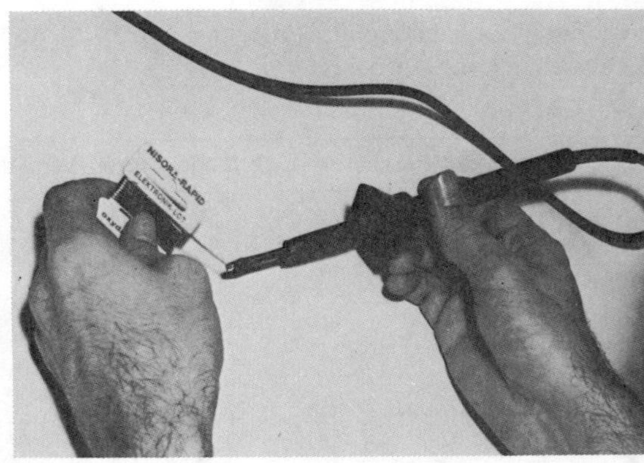

Bild 2.6: Eine Lötkolbenspitze wird verzinnt.

Bei einem neuen Lötkolben muß vor der ersten Lötung die Lötspitze verzinnt werden *(Bild 2.6)*.

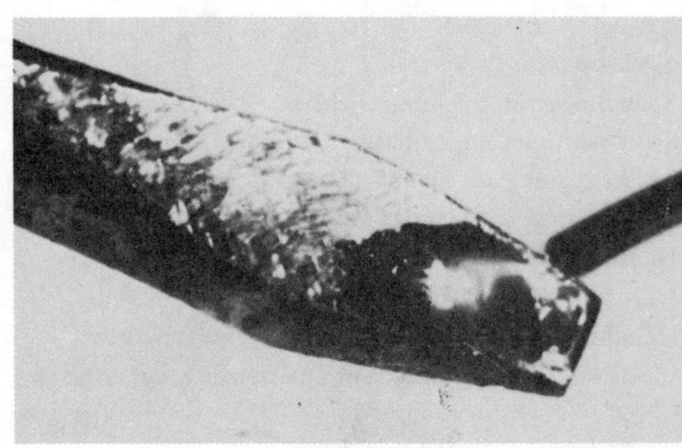

Bild 2.7: Verzinnte Lötkolbenspitze in Großaufnahme.

Wenn der Lötkolben nach etwa 2 bis 3 Minuten warm geworden ist, reibt man die Lötspitze mit einem sauberen und trockenen Tuch ab. Dann wird die Lötspitze mit dem Lötzinndraht kurz berührt. Bei dieser Berührung verdampft das Flußmittel. Verlieren Sie jetzt nicht die Geduld, wenn die Lötspitze keinen Lötzinn annehmen will. Die beiden Vorgänge „mit dem Lappen abreiben" und „Lötzinn auftragen" müssen nämlich mehrfach wiederholt werden, bis die Lötkolbenspitze genügend Lötzinn aufgenommen hat. Wenn etwa die unteren 10 mm der Spitze mit einem gleichmäßig dünnen Zinnüberzug versehen sind, ist der Lötkolben einsatzbereit *(Bild 2.7)*.

Häufig kann man aber auch schon vorbereitete Lötspitzen kaufen, die sofort verwendbar sind.

a)

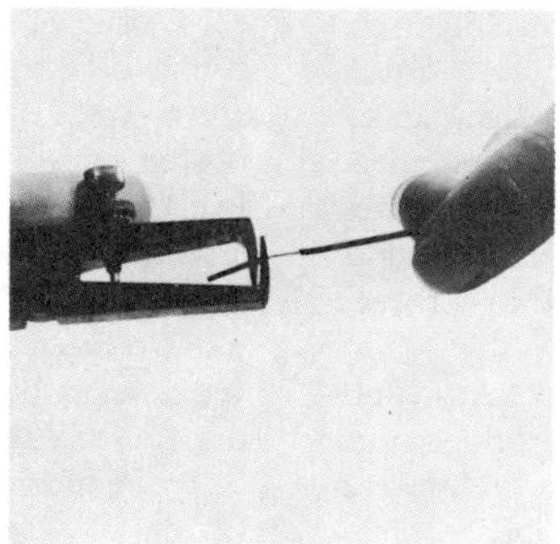
b)

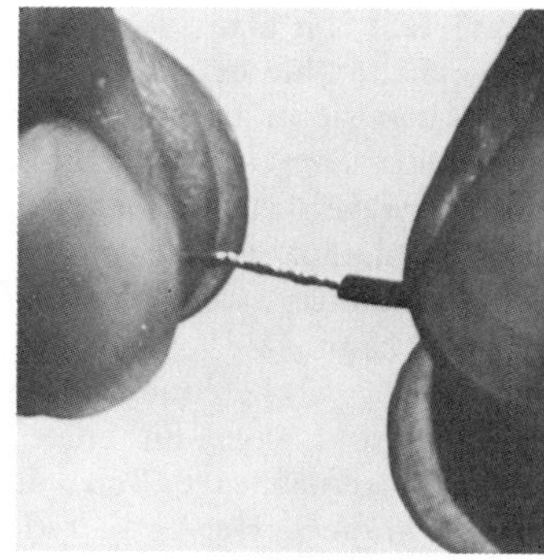
c)

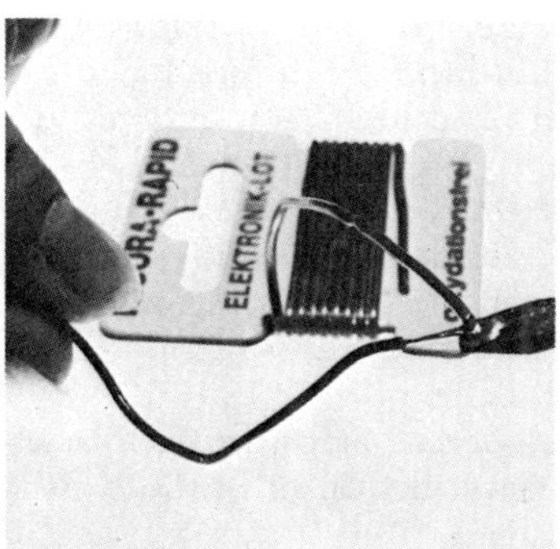

d)

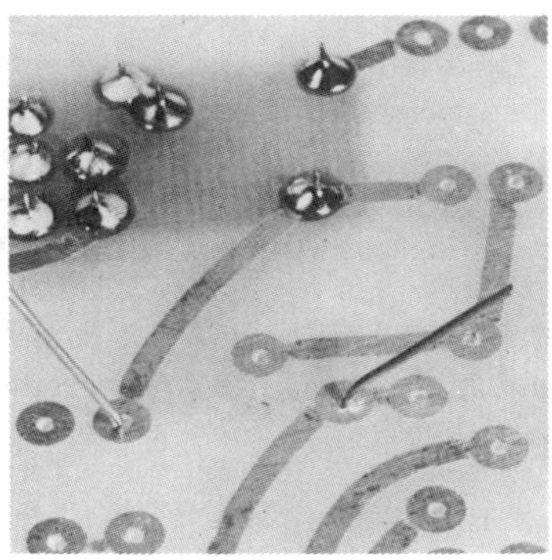
e)

f)

g)

h)

Bild 2.8:
a) Das Werkzeug liegt griffbereit;
b) Schaltdrähte werden abisoliert;
c) Schaltlitze wird verdrillt;
d) Schaltlitze wird verzinnt;
e) Widerstand wird in die Platine gesteckt, die Anschlüsse werden umgebogen;
f) der Lötvorgang;
g) gute Lötstellen;
h) schlechte Lötstellen.

Und nun zum Lötvorgang selbst *(Bild 2.8)*: Zu Beginn wird das notwendige Werkzeug sorgfältig bereitgelegt: Lötkolben, Lötdraht und Lappen, außerdem eine Pinzette und mehrere Zangen, ein Messer und weiteres Werkzeug.
Zuerst reinigt man die miteinander zu verlötenden Teile mechanisch von Lack-, Wachs- oder Oxydflächen. Dazu nehmen Sie ein Messer oder feines Sandpapier und schaben oder schleifen die Anschlußstellen „mit Gefühl" bis blankes Metall erscheint. Sollen isolierte Schaltdrähte oder Schaltlitzen verlötet werden, so muß man sie auf einer Länge von 6 bis 7 mm abisolieren. Dazu kann ein Messer, besser aber eine spezielle Abisolierzange dienen. Achten Sie beim Abisolieren besonders darauf, daß Sie den Metallkern des Drahtes nicht beschädigen, weil sonst schnell ein Leiterbruch entstehen kann.
Nach diesen Vorbereitungen werden die Anschlußdrähte verzinnt, wobei Sie Litzen erst verdrillen müssen, um zu vermeiden, daß sich die feinen Drähte auseinandersträuben. Der Lötkolben muß dabei seine Betriebstemperatur haben.
Grundsätzlich sollten Sie den Lötkolben in der rechten Hand und den Lötdraht in der linken Hand halten, so wie es *Bild 2.8d* zeigt. Während des Lötens haben Sie daher keine Hand mehr frei, um Bauelemente, Drähte und anderes zurechtzurücken oder zusammenzuhalten.
Jetzt wird das Drahtende oder der Bauelementeanschluß in die Platinenbohrung oder die Lötösenöffnung gesteckt und mit einer Zange vorsichtig umgebogen. Damit wird eine vorläufige mechanische Fixierung des Bauelementes erreicht, denn Sie können ja beim Zusammenlöten nichts festhalten.
Falls es irgendwie möglich ist, lagern Sie die Lötstelle so, daß die Schwerkraft den Lötvorgang unterstützt. Es ist günstig, wenn das Lötzinn zur Lötstelle hin fließt und nicht von ihr fort. Halten Sie die flache Seite der Lötkolbenspitze an die Breitseite der Platine oder der Lötöse, damit die Lötstelle schnell heiß wird.
Sobald die Lötstelle ausreichend angewärmt ist (Erfahrung!), bringen Sie das Lötzinn an die Lötstelle heran. Dabei fließt zunächst das im Lötdraht eingebettete Kolophonium und dann erst das Lötzinn über die Lötstelle. Diese Reihenfolge ist vorgesehen, weil so die Lötstelle nochmals gereinigt wird.
Sollte beim Lötvorgang das Lot gut schmelzen, aber nicht ausreichend breit verlaufen, dann ist nicht genügend Flußmittel an die Lötstelle gelangt.
Das geschieht, wenn der Lötkolben längere Zeit eingeschaltet war und zu heiß geworden ist. Das Flußmittel verdampft dann zu schnell.
Wenn Sie so etwas vermuten, ziehen Sie den Netzanschlußstecker kurz heraus oder streifen Sie die überhitzte Lötspitze kurz auf einem feuchten Naturschwamm ab (Abkühlung und gleichzeitiges Reinigen). Ein Kunststoffschwamm würde schmelzen.
Sobald genügend Lötzinn vom Lötdraht abgeschmolzen ist (Erfahrung!), nehmen Sie den Lötdraht von der Lötstelle weg. Wichtig ist, daß die Lötkolbenspitze gerade so lange an die Lötstelle gehalten wird, bis alle an der Lötung beteiligten Teile vom Lötzinn umflossen sind.
Die Lötstelle darf während des Erkaltens nicht mehr erschüttert werden! Routiniers blasen zur Beschleunigung des Abkühlungsvorganges die Lötstelle an.
Kontrollieren Sie die Lötstelle. Wenn die Lötkolbenspitze nicht heiß genug war oder nur kurze Zeit an die Lötstelle gehalten wurde, so bleibt das Lötzinn in Tropfenform stehen und bildet eine schlecht leitende („kalte") Lötstelle. Man erkennt sie an der griesigrauhen Oberfläche.
Neben der optischen Kontrolle gibt es noch eine rein mechanische: ziehen Sie einmal kräftig am eingelöteten Draht oder am Bauelementeanschluß. Ist die Lötstelle schlecht, läßt sich der Anschluß relativ leicht aus der Lötstelle herausziehen. Jede ungenügende Lötstelle muß in der Regel unter Zugabe von Lötzinn und Kolophonium erneuert werden. Achten Sie bitte dabei immer wieder darauf, daß die Lötkolbenspitze sauber ist. Eine fachgerechte Lötstelle glänzt silbrig und hat eine recht glatte Oberfläche.
Das Lötzinn soll die Lötstelle möglichst flach benetzen. Ein zu großer Benetzungswinkel weist auf einen zu kalten Lötkolben hin.
Bei allem ist keinesfalls die Menge des verwendeten Lötzinns ein Maß für die Qualität der Lötung. Ein Lötfahnenloch muß nicht unbedingt mit Lötzinn ausgefüllt sein, um eine sehr gute und dauerhafte Lötstelle zu ergeben.
Überstehende Teile (Draht- und Bauelemente-Enden) werden nach dem Erkalten der Lötstelle mit einem Seitenschneider abgetrennt. Dabei wird die Lötstelle durch Biegen oder Ziehen mechanisch belastet. Sie sollte deshalb unter Umständen noch einmal kurz nachgelötet werden.
Halbleiterbauelemente dürfen beim Einlöten nicht zu heiß werden, weil sonst ihr innerer Aufbau zerstört wird. Grundsätzlich sollen die Anschlüsse der Halbleiter-Bauelemente möglichst lang (etwa 12 bis 15 mm) bleiben und die Lötzeit soll möglichst kurz sein (max.

5 s). Es ist nützlich, wenn der Anschlußdraht zwischen Lötstelle und Halbleiter-Gehäuse mit einer Flach- oder Spitzzange gehalten wird. Die Zange nimmt dann einen Teil der Wärme auf und schützt so den Halbleiter.

Wenn Sie sehr viel löten, werden Sie entdecken, daß das Auslöten von Bauelementen aus einer Schaltung schwieriger als das Einlöten ist. Wer schon einmal integrierte Schaltkreise aus einer Schaltplatine auszulöten hatte, um sie an anderer Stelle zu verwenden oder weil er sie gegen ein anderes Bauelement austauschen wollte, der weiß davon ein Lied zu singen.

Ein Profi benutzt speziell hergerichtete Ablötgeräte, die das erhitzte flüssige Lötzinn von der Lötstelle absaugen. Preiswerter und für den Amateur ausreichend ist „Lötlitze" – ein saugfähiges Material, das an die erhitzte Lötstelle gehalten wird und das flüssige Lötzinn aufnimmt *(Bild 2.9)*.

Bild 2.9: Auslöten eines Bauelements mit Hilfe von Lötlitze.

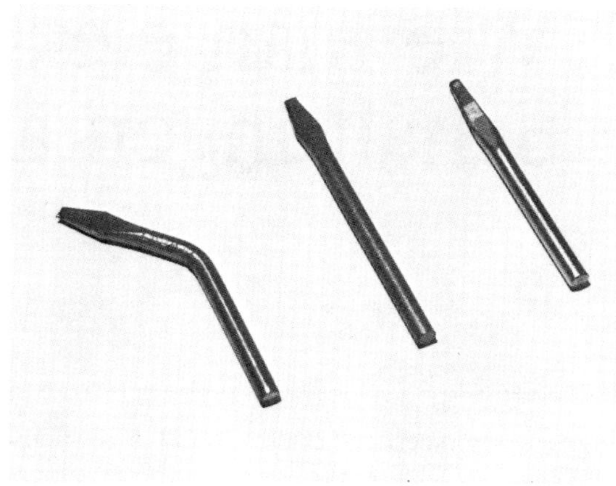

Bild 2.10: Auswechselbare Lötspitzen gibt es in verschiedenen Formen.

Weil der Zustand des Lötkolbens großen Einfluß auf die Qualität der Lötung hat, sei noch kurz eine Anmerkung zur Pflege dieses Werkzeuges gemacht. Das grundsätzliche Problem besteht darin, die Lötspitze sauber und zweckmäßig ausgeformt zu halten. Solange das Lötelement noch eine ordentlich geformte Lötspitze aufweist, sollte ausschließlich mit einem trockenen Lappen, nicht jedoch mit einem scharfen Gegenstand (Feile!) gereinigt werden. Erst wenn an der äußersten Lötspitze kräftige Materialabtragungen auftreten, kann man die Form mit einer Feile nacharbeiten. Aber am besten setzt man eine neue Lötspitze in den Lötkolben ein *(Bild 2.10)*. Das Nacharbeiten mit Feile ist bei „geschützten" Lötspitzen verboten und überflüssig. Solche Spitzen erkennt man am silbrigen Aussehen.

3. Wie man elektronische Schaltungen aufbauen kann

Vom vielversprechenden Schaltplan bis hin zur funktionsfähigen Schaltung ist es ein weiter Weg. Er beginnt mit der Materialbeschaffung, führt dann über den eigentlichen Aufbau hin zur Erprobung der Elektronik.

Aus der Problemkette „Beschaffung – Aufbau – Erprobung" ist der Schaltungsaufbau der Problemkreis, der am meisten Freude macht. Es gibt eine Reihe von verschiedenen Techniken, nach denen man elektronische Schaltungen aufbauen kann. Welche Technik gerade günstig ist, kann man nur von Fall zu Fall entscheiden. Zur raschen Erprobung einer kleineren Schaltung kommt man mit der „Brett-Methode" schnell und sicher zum Ziel. Will man dagegen eine elektronische Schaltung im Dauergebrauch einsetzen, dann lohnt es sich, eine „gedruckte Schaltung" zu verwenden. In diesem Abschnitt wollen wir Ihnen einige oft anwendbare Techniken des Schaltungsaufbaus vorstellen. Nach genauem Studium der Beispiele und nach eigenen praktischen Erprobungen wird es Ihnen bald keine Schwierigkeiten machen, diejenige Aufbau-Methode herauszufinden, die für Ihre speziellen Anforderungen sinnvoll ist.

Damit Sie sich von den Vor- und Nachteilen jeder einzelnen Schaltungstechnik ein Bild machen können, schlagen wir vor, ein- und dasselbe Schaltungsbeispiel nach den verschiedenen Verfahren aufzubauen.

Die ausgewählte Schaltung, ein akustischer Schalter, hat bereits mittleres Ausmaß. Sie mag dem Elektronik-Anfänger vielleicht recht kompliziert erscheinen *(Bild 3.1)*. Dafür ist sie aber als Anwendungsschaltung direkt einsetzbar und enthält einige wesentliche Funk-

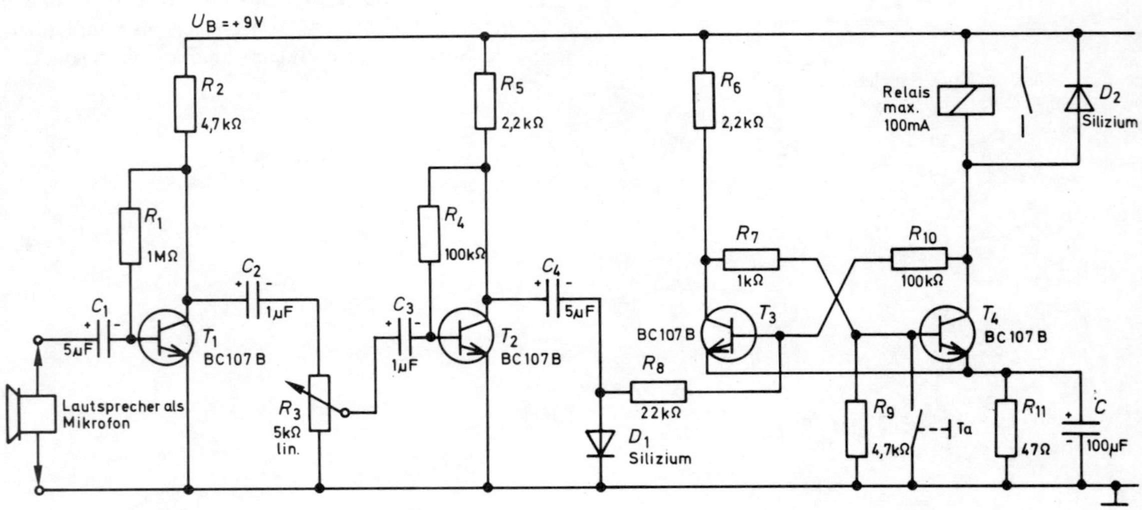

Bild 3.1: Schaltplan des akustischen Schalters.

tionselemente, die bei sehr vielen anderen Schaltungen (wenn auch in anderer Form) immer wieder vorkommen. So enthält die Schaltung Ein- und Ausgabeelemente, einen „linear arbeitenden" zweistufigen Verstärker und eine „binär arbeitende" Kippstufe.
Sobald ein akustisches Ereignis (z.B. Händeklatschen) mit ausreichender Intensität auftritt, wird ein Verbraucher (z.B. ein Tonbandgerät) über ein Relais *(Bild 3.2)* eingeschaltet. Da die Empfindlichkeit der Schaltung recht hoch ist, arbeitet sie in der Wohnung auch bei relativ großer Entfernung von Signalquelle zu Mikrophon noch einwandfrei.

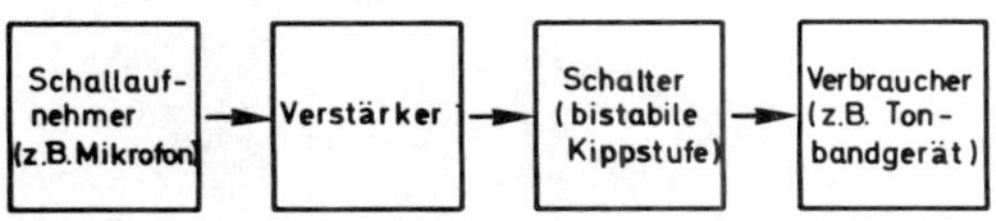

Bild 3.2: Blockschaltbild des akustischen Schalters.

Im Prinzip besteht der eigentliche elektronische Schalter aus einer bistabilen Kippstufe (Transistoren T_3 und T_4), die über einen zweistufigen Verstärker (Transistoren T_1 und T_2) angesteuert wird (*Bild 3.1*).
Die durch das Schall-Ereignis erzeugte Mikrophonspannung wird über den Koppelkondensator C_1 der Basis des Transistors T_1 zugeführt und steuert daran die Ausgangsspannung dieses Transistors. An dem Empfindlichkeitseinsteller R_3 kann ein Teil der Ausgangsspannung des Transistors T_1 abgegriffen und über den Koppelkondensator C_3 der Basis des Transistors T_2 zugeleitet werden. Hier wird das Signal weiter verstärkt. Über C_4, die Silizium-Diode D_1 und R_8 wird das vielfach verstärkte Mikrophonsignal an die Basis des Transistors T_3 geleitet. Sobald ein akustisches Signal von ausreichender Intensität (durch den zweistufigen Verstärker ist es ja vielfach verstärkt) an die Basis des Transistors T_3 gelangt, sperrt T_3 und sein Kollektor wird so positiv, daß der zweite Transistor der Kippstufe (T_4) durchgeschaltet wird. Damit zieht das Relais an und schaltet über einen Arbeitskontakt den Verbraucher (z.B. ein Tonbandgerät) ein. Auch wenn das akustische Signal bereits abgeklungen ist, bleibt T_4 durchgeschaltet, weil sein Kollektorpotential so weit abgesunken ist, daß Transistor T_3 auch ohne auslösendes Signal gesperrt bleibt.

Um die bistabile Kippstufe wieder in ihre Anfangsstellung zu versetzen und damit den Verbraucher abzuschalten, muß der Taster T_a betätigt werden.
Wenn Ihnen diese Erläuterungen zur Arbeitsweise der Schaltung nicht so ganz verständlich sind, so arbeiten Sie bitte die beiden Kapitel *Mit Transistoren schalten* und *Mit Transistoren Nf-Signale verstärken* durch. Dort können Sie anhand einer Reihe kleiner Versuche feststellen, wie elektronische Vorgänge in den Transistorgrundschaltungen ablaufen. Hier in diesem Abschnitt geht es hauptsächlich um die Technik des Schaltungsaufbaues. Die Schaltung des akustischen Relais soll dabei das Übungsobjekt sein.

Aufbautechnik „Brettschaltung"

(Bild 3.3)

Man kann als Träger der elektronischen Schaltung ein Holzbrett verwenden. In dieses Brett werden Reißnägel eingedrückt, die als Lötstützpunkte dienen *(Bild 3.4)*. Das Brett soll mindestens 10 mm dick sein. Die Holzart ist Nebensache. Es muß trocken sein und darf weder zu hart noch zu weich sein. Achten Sie darauf, daß sich die Reißnägel ohne große Anstrengung in das Brett eindrücken lassen. Sie dürfen aber auch nach mehrmaligem Löten nicht herausfallen. Die Größe des Brettes hängt vom Platzbedarf der Schaltung ab.
Wenn Sie das Brett immer wieder verwenden wollen, so können die Schaltungen unterschiedlich groß sein; kaufen Sie es also nicht zu klein.
Beim Einkauf der Reißnägel haben Sie die Wahl zwischen verschiedenen Ausführungen. Messingreißnägel lassen sich wesentlich besser verzinnen als Eisenreißnägel. Kunststoffköpfe sind selbstverständlich ungeeignet. Messingreißnägel mit aufgebördelter Kappe helfen Verletzungen zu vermeiden. Sollten Sie diese Bauart nicht bekommen, so drücken Sie die Reißnägel mit der flachen Seite eines starken Messers in das Holz.
Der Aufbau einer elektronischen Schaltung auf dem Brett ist besonders einfach, wenn Sie die Bauelemente und entsprechend auch die Reißnägel auf dem Holzbrett so anordnen, wie es der Schaltplan vorgibt. Bauen Sie die Schaltung möglichst vom Eingang zum Ausgang, also von links nach rechts auf. Günstig ist auch, wenn Sie für die beiden Leitungen der Versorgungsspannung zwei parallel liegende, auf Reißnägel aufgelötete blanke Kupferleitungen vorsehen. Zur weiteren Verdrahtung genügt blanker Schaltdraht. Nur

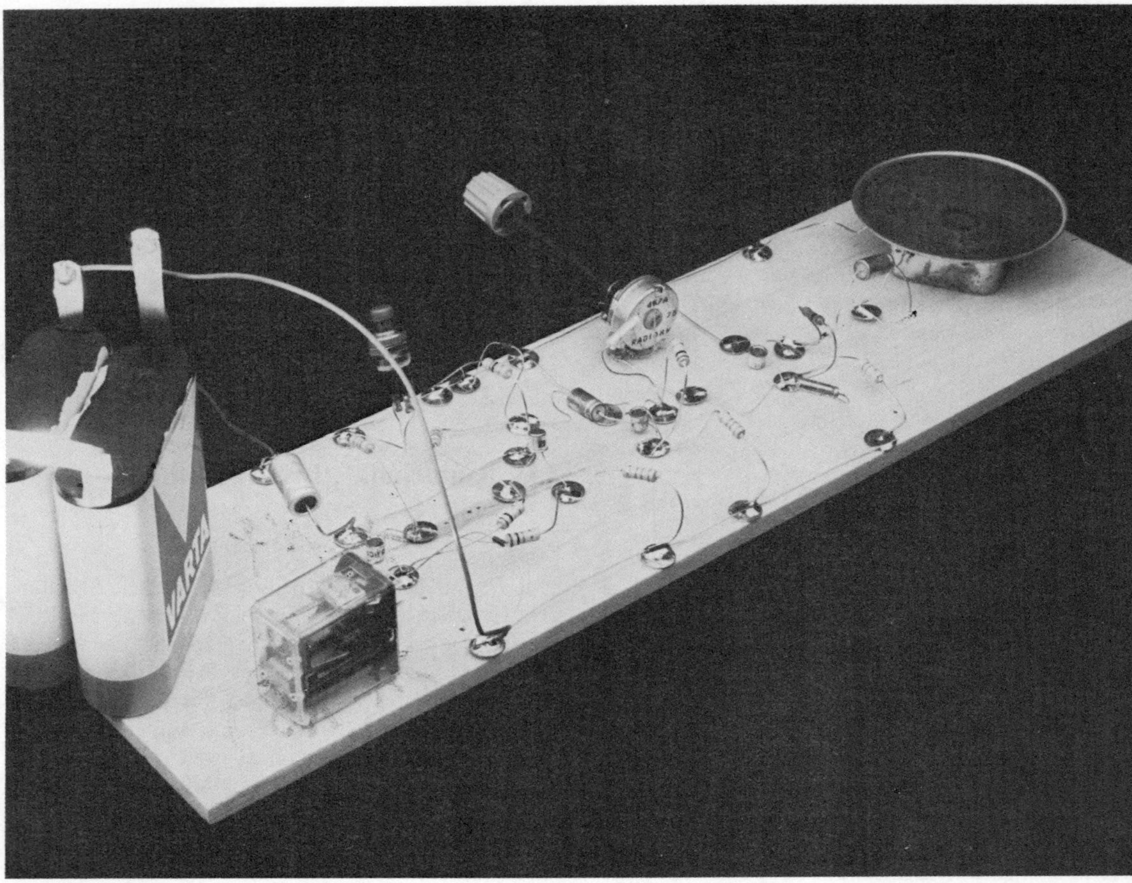

Bild 3.3: Akustischer Schalter in Aufbautechnik „Brettschaltung" realisiert.

dann, wenn sich irgendwo zwei Leitungen unerlaubt berühren könnten, ist isolierter Schaltdraht nützlich. Kürzen Sie die Anschlußdrähte der Bauelemente nicht. So können sie sehr oft wiederverwendet werden. Potentiometer und andere größere Funktionselemente befestigt man auf dem Holzbrett mit entsprechenden Halterungen.

Die Aufbautechnik „Brettschaltung" ist für Anfänger und Fortgeschrittene gleichermaßen nützlich. Mit dieser Technik lassen sich elektronische Schaltungen rationell erproben. Bereits als Anfänger hat man mit dieser Technik wenig Schwierigkeiten, wenn man mit dem Lötkolben richtig umgehen kann. Zur Verzinnung der Reißzwecken eignen sich am besten Lötkolben mit etwa 30 bis 50 W. Die „Brett-Methode" ist allerdings ungeeignet, wenn eine elektronische Schaltung auf kleinstem Raum aufgebaut werden soll.

Bild 3.4: Reißzwecken dienen als Lötstützpunkte.

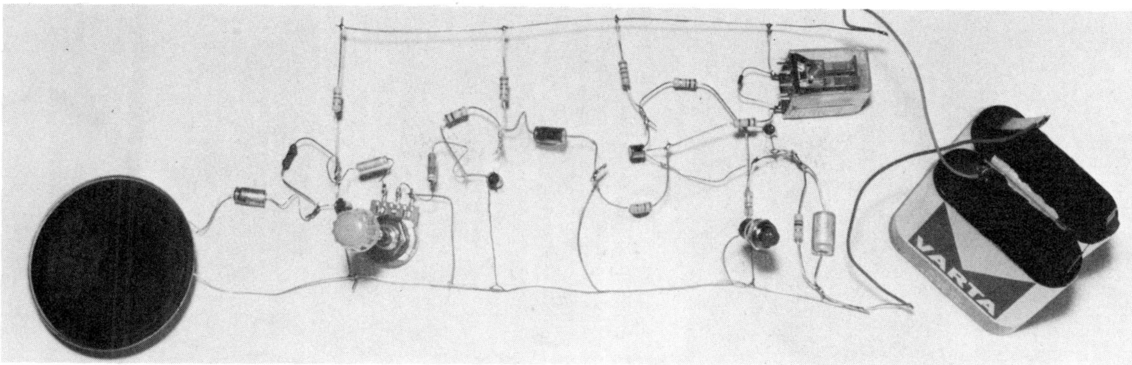

Bild 3.5: Akustischer Schalter in Aufbautechnik „Verdrillmethode".

Aufbautechnik „Verdrillmethode"

Besonders eilige Elektroniker bauen ihre Versuchsschaltungen nach der Verdrillmethode auf. Wie der Name schon sagt, werden die einzelnen Bauelemente-Anschlüsse miteinander verdrillt (*Bild 3.5/3.6*). Dann werden sie miteinander verlötet. Das gibt gute elektrische Kontakte und wenigstens etwas mechanische Stabilität. Diese Art des fliegenden Schaltungsaufbaues kann sich ein geübter Bastler erlauben. Man muß dabei ruhig und fachkundig vorgehen. Kleine Unachtsamkeiten können Kurzschlüsse verursachen. Besonders Halbleiter sind dann nicht mehr zu retten. Obwohl von vielen Elektronik-Bastlern gerne angewandt, hat diese Aufbautechnik mehr Nachteile als Vorteile. Man kann damit schnell und billig eine Schaltung aufbauen, aber die Gefahr von Kurzschlüssen ist groß. Außerdem können die Bauelemente-Anschlüsse nach mehrfachem Verdrillen abbrechen.

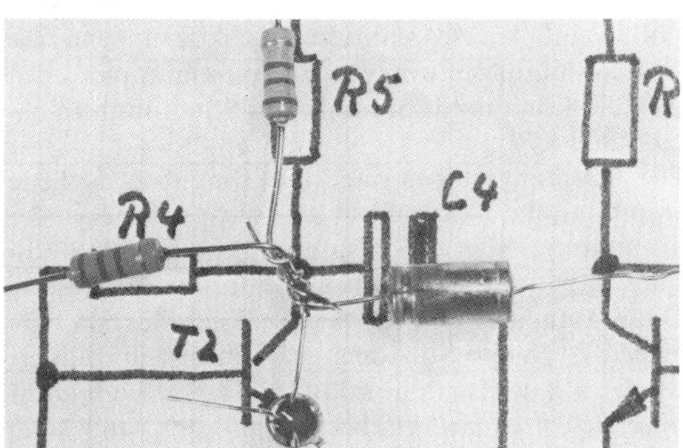

Bild 3.6: Ausschnitt aus Bild 3.5 mit untergelegtem Schaltplan.

Aufbautechnik „Durchbohrmethode"

Beim Aufbau von elektronischen Schaltungen ist nicht nur die Zuverlässigkeit der elektrischen Verbindungen wichtig. Die Bauelemente müssen auch mechanisch gut befestigt werden. Bei der Suche nach einem geeigneten und preiswerten Trägermaterial mit guter Festigkeit, leichter Bearbeitbarkeit und hoher Isolationsfähigkeit stößt man auf elektronikfremde Materialien wie Resopal und verschiedene Kunststoffarten, die in Plattenform geliefert werden. Solche Materialien gibt es billig in Bastlergeschäften.

Besonders schnell und sicher können elektronische Schaltungen auf diesen Materialien aufgebaut werden, wenn man die Lage der Bauelemente auf der Trägerplatte vorzeichnet (bei der Verwendung von Filzstiften kann es jedoch passieren, daß sich die Farbe anschließend nicht mehr abwischen läßt).

Danach werden mit einem 1- bis 1,3-mm-Bohrer Löcher für die Anschlußdrähte der Bauelemente gebohrt. Damit die Bohrungen wirklich auch an den richtigen Stellen und in den nötigen Abständen angesetzt werden können, müssen die Bauelementemaße selbstverständlich genau bekannt sein *(Bild 3.7)*.

Die Verbindungen von Bauelement zu Bauelement liegen auf der Rückseite der Trägerplatte. Wenn man diese Verbindungen rechtwinklig durchführt und von der Anordnung der Bauelemente her alle Leitungskreuzungen vermeidet, dann lassen sich die Verdrahtungen mit blankem Schaltdraht vornehmen. Man erhält einen Leitungsverlauf, der beinahe dem einer gedruckten Schaltung entspricht *(Bild 3.8)*. Man kann auch mit isolierten Schaltdrähten verdrahten. Dann

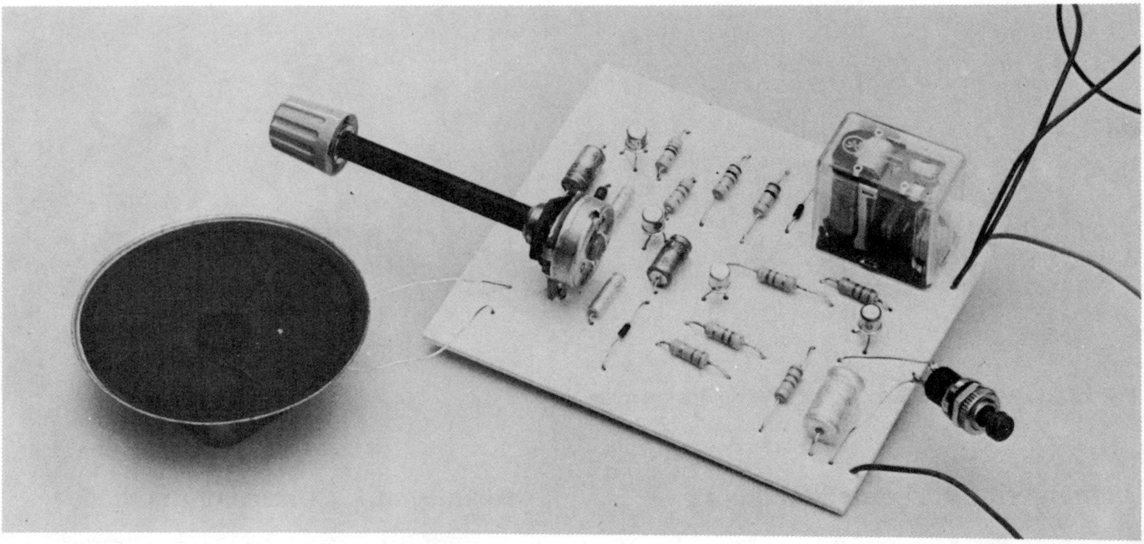

Bild 3.7: Akustischer Schalter in Aufbautechnik „Durchbohrmethode".

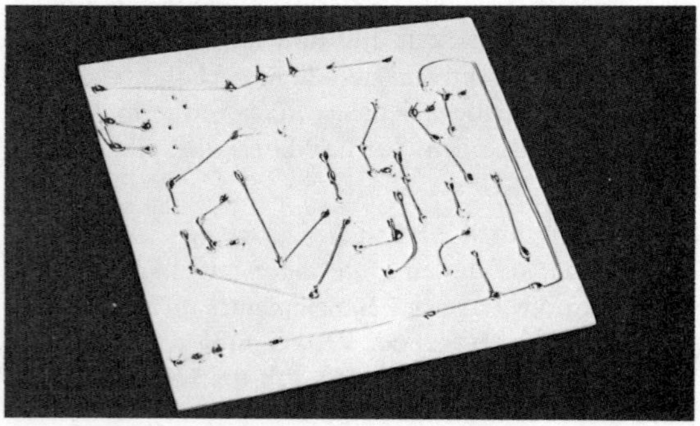

Bild 3.8: Kreuzungsfreie Verdrahtung der Schaltung nach Bild 3.7

Bild 3.9: Kreuz- und Quer-Verdrahtung einer Schaltung

kann man kreuz und quer Leitungen ziehen, aber dabei verliert man schnell die Übersicht *(Bild 3.9)*. Für den Anfänger ergeben sich bei der hier beschriebenen Aufbautechnik einige Probleme, die bei der „Brett-Schaltung" nicht auftauchen. Weil die Bauelemente auf der Vorderseite, die Verdrahtung aber auf der Rückseite des undurchsichtigen Trägermaterials liegen, erscheinen beim Umdrehen der Platine rechts und links vertauscht. Dies verlangt bei der Verdrahtung ständiges Umdenken. Bei den ersten Schaltungsversuchen entstehen daher häufig falsche oder unvollständige Leitungsführungen. Man kann hier Fehler vermeiden, wenn man die Lage der Bauelemente in natürlicher Größe auf Transparentpapier aufskizziert und die Leitungsführungen einträgt. Auf diesem Papier kann man die Schaltung dann von beiden Seiten aus betrachten *(Bild 3.10)*.

Der Schaltungsaufbau nach der Durchbohrmethode erlaubt es, die Bauelemente sehr dicht nebeneinander anzuordnen. Man erhält so einen kompakten Schaltungsaufbau für den Einbau in kleinere Gehäuse.

Diese Aufbauart ist auch für „Serienproduktion" geeignet. Wenn eine Schaltung gleich mehrfach realisiert werden soll, weil man sie selbst etwa mehrfach braucht oder weil man sie verschenken möchte, dann kann man gleich mehrere Trägerplatten übereinander legen und zusammengepreßt in einem Arbeitsgang bohren *(Bild 3.11)*.

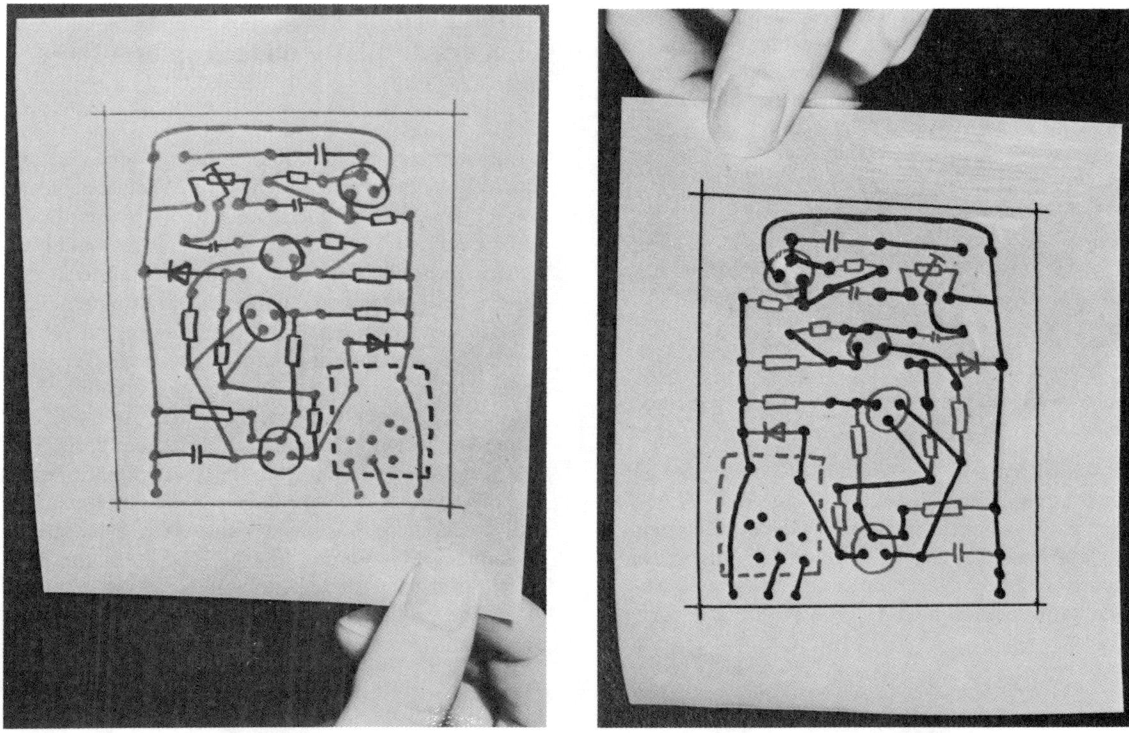

Bild 3.10: Skizze der Schaltung des akustischen Schalters auf Transparentpapier; links: Ansicht von der Bestückungsseite, rechts: Ansicht von der Verdrahtungsseite.

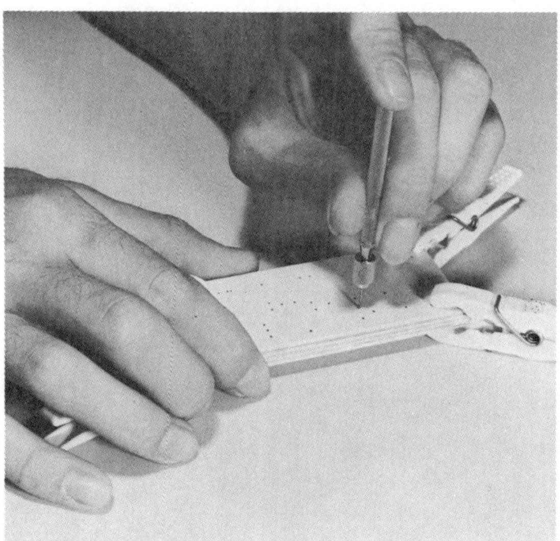

Bild 3.11: „Serienproduktion“: mehrere Platinen werden gleichzeitig gebohrt.

Aufbautechnik „Lötösenleiste/Widerstandsleiste“

Lötösenleisten und Widerstandsleisten sind hochwertige Trägermaterialien, die auch als Meterware im Fachhandel preiswert zu kaufen sind *(Bild 3.12)*. Wäh-

Bild 3.12: Lötösenleiste (rechts) und Widerstandsleiste (links) sind hochwertige Trägermaterialien.

rend sich bei Lötarbeiten an gedruckten Schaltungen oder an Leiterbahnplatten manchmal die Kupferschicht ablöst, können die Bauelemente auf den Lötfahnen fast beliebig oft an- und wieder abgelötet werden.

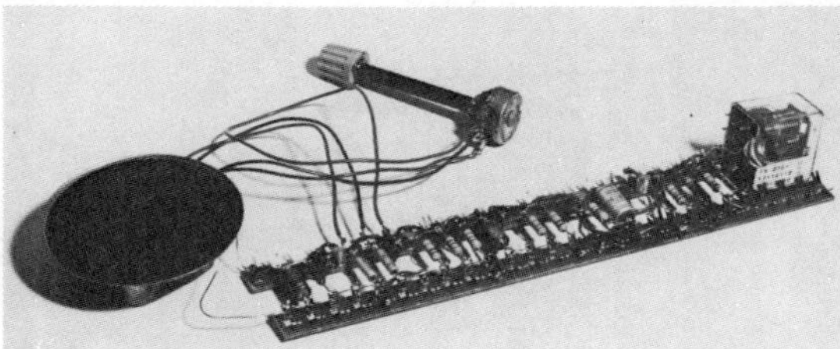

Bild 3.13: Akustischer Schalter mit zwei Lötösenleisten aufgebaut.

Lötösenleisten und Widerstandsleisten erlauben einen relativ kompakten Schaltungsaufbau *(Bild 3.13/3.14)*. Man kann nämlich mehrere Widerstandsleisten – durch Abstandsröllchen getrennt – übereinander montieren. Durch Variationen von Länge und Stapelhöhe kann diese kompakte Einheit sehr gut den verschiedenen Gehäuseformen angepaßt werden. Die Verdrahtung erfolgt, je nach Leitungsführungen, entweder mit blankem oder isoliertem Schaltdraht *(Bild 3.15)*.

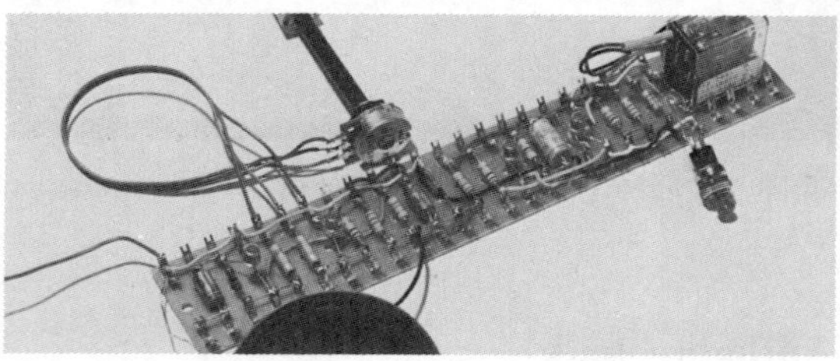

Bild 3.14: Akustischer Schalter auf einer Widerstandsleiste aufgebaut.

Bild 3.15: Der Ausschnitt aus Bild 3.14 zeigt die Verdrahtungstechnik.

Sie werden allerdings beim Umgang mit solchen Schaltungen am Anfang etwas Schwierigkeiten haben, weil die Lage der Bauelemente sehr vom Schaltplan abweicht.

Aufbautechnik „Lochrasterplatte ohne Kupferauflage"
(Bild 3.16)

Lochrasterplatten ohne Kupferauflage sind für die Elektronik entwickelte hochwertige Trägerelemente. Das Lochraster ist üblicherweise 2,5 mm, der Lochdurchmesser 1,3 mm. Die Bauelemente-Anschlüsse werden durch die Löcher der Rasterplatte gesteckt und auf der Platinenrückseite entweder direkt miteinander verlötet oder es werden noch Verbindungen mit Schaltdraht gezogen. Im Prinzip entspricht diese Verschaltungstechnik weitgehend der der „Durchbohr-Methode". Vieles was dort gesagt wurde, ist auch hier gültig. Der wesentliche Unterschied besteht darin, daß das vorgegebene Lochraster (fast) alle Bohrarbeiten überflüssig macht und die Bauelemente durch mehrfaches Umstecken zu äußerst kompakten Schaltungen zusammengefügt werden können. Die Aufbautechnik „Lochrasterplatte ohne Kupferauflage" ist in vielen Fällen mit großen Vorteilen einzusetzen. Sie ist preiswert, schnell, flexibel und relativ unkompliziert.

Bild 3.16: Akustischer Schalter in Aufbautechnik „Lochrasterplatte ohne Kupferauflage" (beide Platinenseiten).

Aufbautechnik „Lötpunktrasterplatte"

Bei der Lötpunktrasterplatte *(Bild 3.17)* ist jedes Loch mit einem Lötpunktring (Lötpunktauge) versehen. Die Kupferauflage dieses Lötpunktes hat eine Stärke von nur 35 µm. Die Lochabstände liegen bei 2,5 mm bzw. 5 mm; Lochdurchmesser 1 bis 1,3 mm. Lötpunktrasterplatten können so bestückt werden wie Lochrasterplatten. Man kann aber auch die Schaltung auf der kupferbeschichteten Seite aufbauen. Wie bei allen kupferbeschichteten Experimentierplatten muß darauf geachtet werden, daß sich die äußerst dünne Kupferschicht während des Lötvorgangs nicht durch zu große Wärmeeinwirkung ablöst. Geeignet sind Lötkolben mit etwa 16 W.

Bild 3.17: Ausschnitt aus einer elektronischen Schaltung, die auf einer Lötpunktrasterplatte aufgebaut ist.

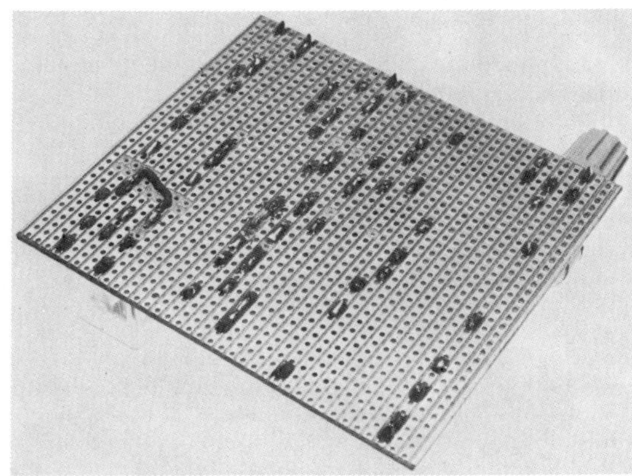

Bild 3.18: Der akustische Schalter auf Veroboard-Leiterplatte.

Aufbautechnik „Veroboard-Leiterplatte"

(Bild 3.18)

Veroboard-Leiterplatten sind Lochrasterplatten, die auf der Rückseite mit parallelgeführten Kupferbahnen belegt sind. Jede einzelne Leiterbahn verfügt über eine Anzahl von Löchern gleichen Abstands. Das Lochraster ist je nach Plattentyp 2,5 mm, 2,54 mm oder 3,81 mm. Das Rastermaß 3,81 mm ist dann vorzusehen, wenn die Schaltung mit höherer Versorgungsspannung betrieben wird.

Veroboard-Leiterplatten werden in zwei Ausführungen angeboten *(Bild 3.19)*.

Einmal als normale Leiterplatte und einmal als Steckkarte. Wenn die Steckkarte ein Teil einer größeren Funktionseinheit ist, kann sie ohne Lötaufwand bei Reparatur schnell ausgetauscht werden.

Durch geschickte Bauelementeanordnung spart man bei Veroboard-Platten in Einzelfällen jede Verdrahtungsarbeit. Da aber bei sehr kompaktem Schaltungsaufbau eine einzige Leiterbahn gleich für mehrere Bauelemente benutzt werden muß, die nicht miteinander verbunden sein dürfen, werden Leiterbahnunterbrechungen notwendig. Für eine solche Unterbrechung wird die Kupferschicht an der vorgesehenen Stelle mit einem Bohrer oder einem speziellen Leiterbahnunterbrecher entfernt (*Bild 3.20*).

Die Aufbautechnik „Veroboard-Leiterplatte" muß man etwas üben. Schwierigkeiten machen dabei die auf die Leiterbahnführung bezogene Anordnung der Bauelemente und das Problem, die richtige Stelle für eine Leiterbahnunterbrechung zu finden. Wer diese Schwierigkeiten überwunden hat, dem steht ein gutes, aber etwas teuereres Aufbauverfahren zur Verfügung.

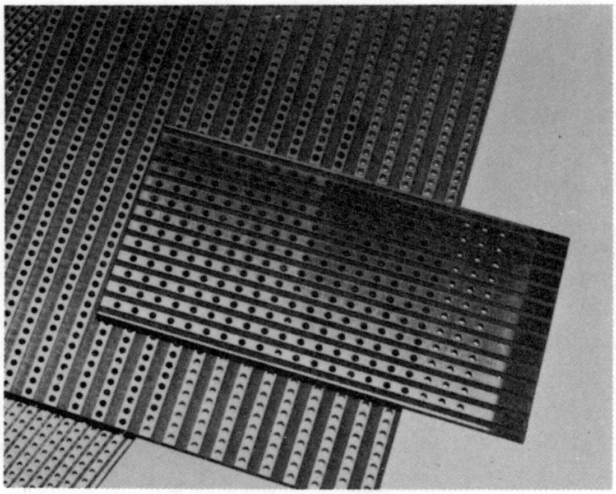

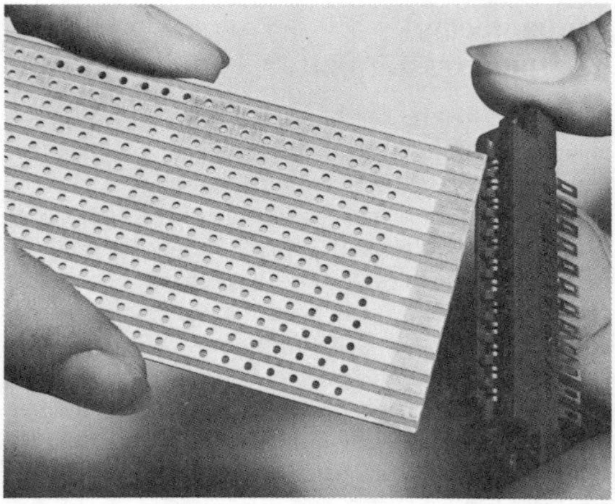

Bild 3.19: Veroboard-Leiterplatten gibt es mit verschiedenen Leiterbahnabständen (links); Veroboard-Leiterplatte als Steckkartenausführung (rechts).

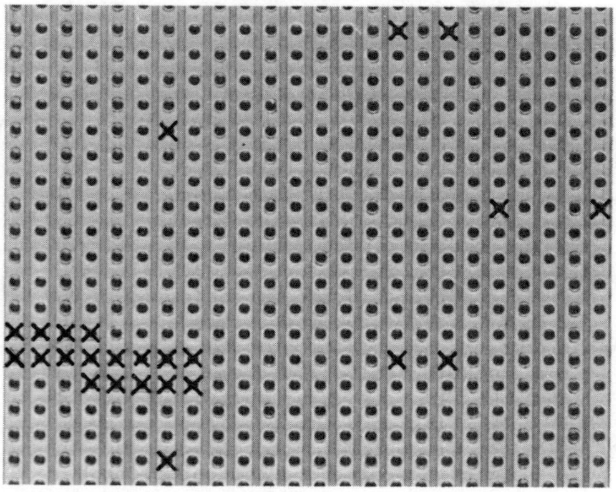

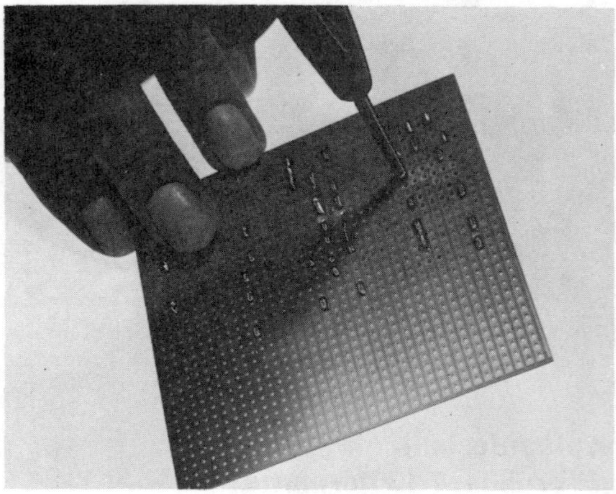

Bild 3.20: Die gekennzeichneten Leiterbahnunterbrechungen (links) werden ausgearbeitet (rechts).

Aufbautechnik „Gedruckte Schaltung"

(Bild 3.21)

Die Industrie benutzt gedruckte Schaltungen. Hier entfallen fast alle Verdrahtungsarbeiten. Bei einer gedruckten Schaltung werden die stromführenden Leiterbahnen auf einem aus Isoliermaterial bestehenden Träger ganz individuell nach der vorgegebenen Schaltung angeordnet. Man ätzt aus einer großen zusammenhängenden Kupferfläche all diejenigen Teilkupferflächen heraus, die nicht zur Verbindung der Bauelemente oder als Lötstützpunkte dienen müssen. Zur eigenen Herstellung von gedruckten Schaltungen bedarf es einiger Erfahrung. Die Herstellung selbst ist mit bestimmten Risiken, Unsicherheiten und Kosten verbunden. Im Gegensatz zu manch anderen Publikationen wollen wir in diesem Buch auf die Beschreibung von Herstellungs-

Bild 3.21: Akustischer Schalter in Aufbautechnik „Gedruckte Schaltung“ (Vorder- und Rückseite der Platine).

verfahren für gedruckte Schaltungen verzichten. Wir glauben, daß eine serienmäßig gefertigte, gedruckte Schaltung eine wesentliche Erleichterung für den Elektronik-Bastler ist. Wir verschweigen nicht, daß wir die Selbsterstellung einer solchen Schaltung für zeitlich und wirtschaftlich aufwendig halten. Der fortgeschrittene Elektronik-Bastler, der gedruckte Schaltungen unbedingt selbst herstellen will, kann die entsprechende Fachliteratur zu Rate ziehen.

Weitere Hilfsmittel zum Aufbau von Schaltungen

Sehr viele Praktiker haben sich mit dem Problem des rationellen und sicheren Schaltungsaufbaues befaßt. Das Ergebnis dieser Bemühungen ist eine Vielzahl von Aufbauhilfen, die man unmöglich alle aufzählen kann. Um Ihnen jedoch einen kleinen Einblick zu geben, stellen wir Ihnen zwei typische Beispiele vor.

Das Kaco-Experimentierplattensystem
(Bild 3.22)

Diese Experimentierplatten sind einseitig kupferbeschichtete Platten und tragen ganz unterschiedliche Muster von Kupferlötinseln. Eine solche verwirrende Vielfalt wird erzwungen, weil man auf der einen Seite die Experimentierplatten universell verwendbar machen, auf der anderen Seite aber auch für Spezial-Anwendungsfälle (z.B. integrierte Schaltungen) vorsehen möchte. Schauen Sie sich bitte im einschlägigen

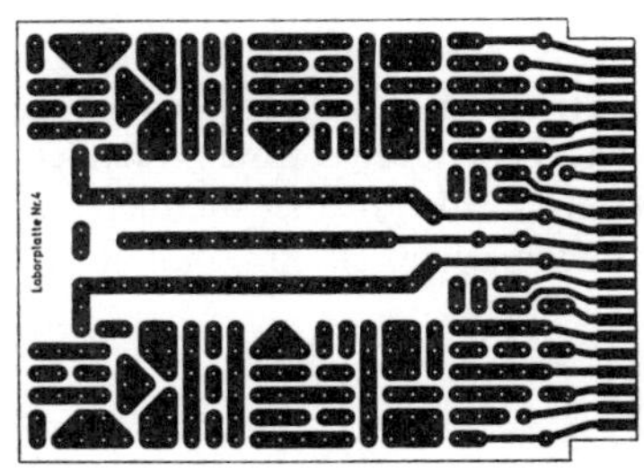

Bild 3.22: Beispiel einer Kaco-Experimentierplatte.

Fachhandel nach solchen oder ähnlichen Platten um. Vielleicht ist gerade die Platine dabei, die Ihr Schaltungsproblem optimal löst.

Die Hirschmann-Experimentierplatte XP 101
(Bild 3.23)

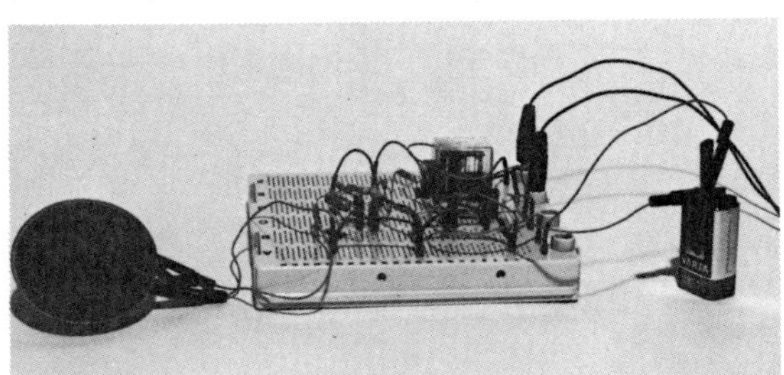

Bild 3.23: Akustischer Schalter auf der Hirschmann-Experimentierplatte.

Bei der Entwicklung von elektronischen Schaltungen ist es zweckmäßig, die günstigsten Bauelementedaten durch Versuch zu ermitteln. Dabei müssen häufig

Bauelemente gegeneinander ausgetauscht oder gar die Schaltung umgeordnet werden. Um hier das Löten zu vermeiden, hat es immer wieder Versuche gegeben, zuverlässige Stecksysteme auf den Markt zu bringen. Das Hirschmann-System ist hierfür ein Beispiel. Wie bei den Lochrasterplatten finden wir auch hier ein Rastersystem. In jedem Loch befinden sich Kontakte aus Kupferberyllium, die wahlweise vernickelt oder vergoldet sind. Das Ganze ist aufwendig und relativ teuer. Im täglichen Gebrauch machen aber gute Stecksysteme sehr viel Freude. Die Experimentierarbeit geht zügig und sicher von der Hand. Es können ganz normale Bauelemente verwendet werden. Mit Spezialzubehör lassen sich auch IC-Schaltungen aufbauen.

Bild 3.24: Steckverbindungen mit Lötstiften und Steckschuhen.

Ein Hinweis fürs Experimentieren

Beim Experimentieren mit elektronischen Schaltungen wird die Flexibilität wesentlich erhöht, wenn wichtige Leitungsverbindungen nicht durch Löten, sondern durch Stecken hergestellt werden. Dabei soll die Kontaktgabe elektrisch und mechanisch einwandfrei und das Verbindungssystem selbst preiswert sein. Mit solch guten Eigenschaften ist ein unscheinbares Kleinzubehör auf die Welt gekommen, das man kennenlernen sollte. Es sind versilberte Lötstifte und Steckschuhe *(Bild 3.24)*. Beides sind Pfennigartikel, auf die Sie bald nicht mehr verzichten wollen. Damit lassen sich Leiterplatten untereinander verbinden, preiswerte Experimentierleitungen herstellen usw.

4. Über das Messen an elektronischen Bauelementen und Schaltungen

In der professionellen Elektronik können sehr vielseitige und recht schwierige meßtechnische Probleme auftreten. Entsprechend groß, aufwendig und teuer ist der von der Industrie angebotene Meßgerätepark *(Bild 4.1)*. Für den Bereich der Amateur-Elektronik (auch für weite Teile der elektronischen Praxis in Industrie und Handwerk) sehen die Dinge jedoch wesentlich günstiger aus. Hier geht es hauptsächlich darum, innerhalb einer vorgegebenen Schaltung durch gezielte Messungen Fehlerursachen herauszufinden oder Arbeitspunkte (z.B. von Transistoren) einzustellen. Solche Probleme lassen sich durch gute und sorgfältig ausgewählte Vielfach-Meßinstrumente fachgerecht lösen. Ein relativ preiswertes Oszilloskop kann dann später die praktischen Meßmöglichkeiten beträchtlich erweitern.

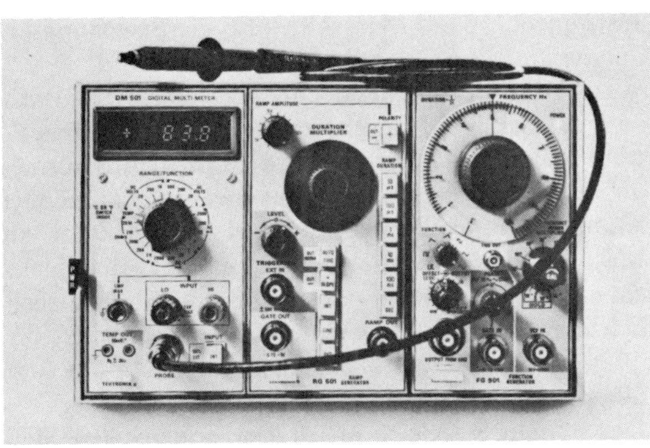

Bild 4.1: Moderne Meß- und Prüfgeräte im Einschub-System.

Obwohl man bei engagierten Elektronik-Amateuren überraschend häufig Oszilloskope antrifft, haben wir die in diesem Buch vorgeschlagenen Schaltungen so ausgewählt, daß im Grunde alle auftretenden meßtechnischen Probleme mit einem guten Vielfach-Meßinstrument bewältigt werden können.

Einige Anmerkungen über Vielfach-Meßinstrumente

Mit Vielfach-Meßinstrumenten lassen sich in der Regel Gleichspannungen und Gleichströme, Wechselspannungen und bei bestimmten Ausführungen auch Wechselströme messen. Üblich ist noch ihr Einsatz zur meßtechnischen Bestimmung von ohmschen Widerständen. Oft kann man noch Sondermessungen ausführen, die uns jedoch hier nicht interessieren.

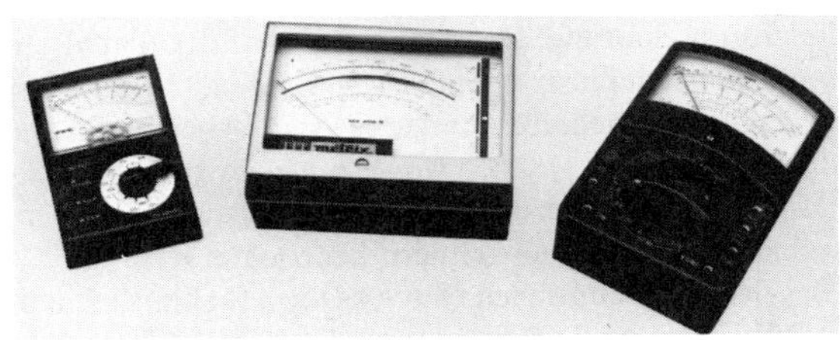

Bild 4.2: Vielfach-Meßinstrumente gibt es in verschiedenen Preisklassen.

Vielfach-Meßinstrumente *(Bild 4.2.)* gibt es in den unterschiedlichsten Preislagen; von knapp 20,– DM bis zu über 1000,– DM. Relativ teuer sind zur Zeit noch die digital anzeigenden Meßinstrumente, die man immer häufiger findet. Gleich ein Wort zur Unterscheidung zwischen analogen und digitalen Meßinstrumenten *(Bild 4.3)*. Analog anzeigende Meßinstrumente arbeiten mit Hilfe eines Zeigers, der analog (=entsprechend) zum Betrag der elektrischen Größe (z.B. Spannung) einen mehr oder weniger großen Zeigerausschlag macht. Digital anzeigende Meßinstrumente geben das Meßergebnis ziffernförmig an. Sie sind deshalb sehr sicher abzulesen und sie besitzen meist eine hohe Meßgenauigkeit. Komfortable Ausführungen arbeiten vorzeichenrichtig und sogar mit automatischer Meßbe-

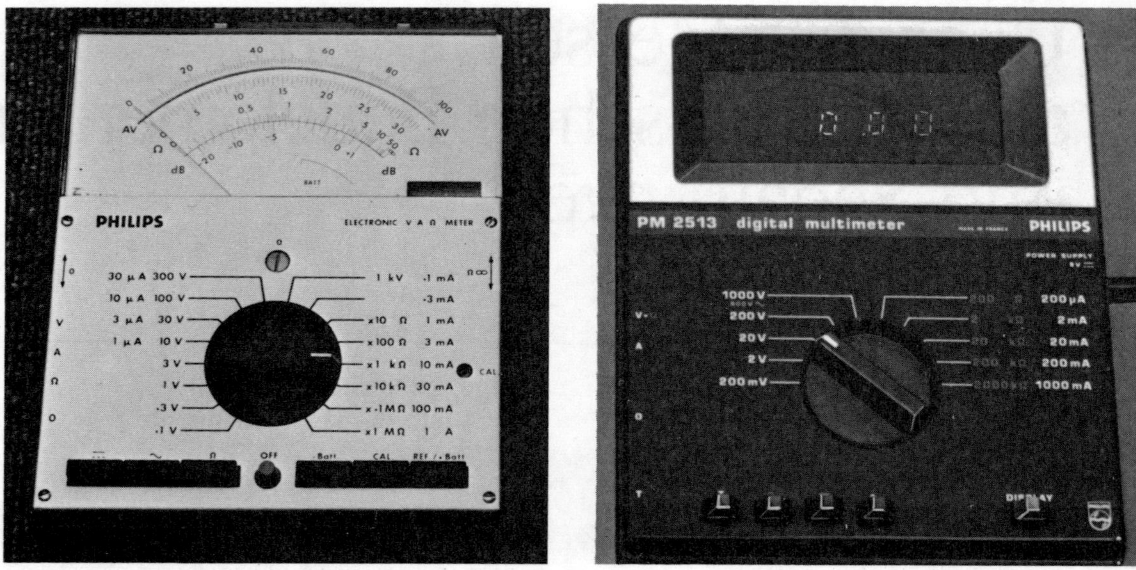

Bild 4.3: Hochohmiges analog anzeigendes Meßinstrument (links) und hochohmig digital anzeigendes Meßinstrument (rechts).

reichsumschaltung. Der große Nachteil der digital anzeigenden Meßinstrumente ist tatsächlich nur ihr Preis (mindestens mehrere hundert Mark). Aber hier kann in Zukunft – so glauben wir – mit einer Preisentwicklung gerechnet werden, wie man sie bei den wissenschaftlichen Taschenrechnern beobachtet hat.
Bei gleichen technischen Daten können für ein Vielfach-Meßinstrument die Preise um den Faktor 1 bis 3 schwanken. Dies muß Ihnen zu denken geben. Vielfach-Meßinstrumente sollten Präzisionsinstrumente sein, die über lange Zeit hinweg zuverlässig arbeiten. Sie müssen robust sein, nach Möglichkeit gegen Überlast geschützt sein und bei Funktionsstörungen auch im Inland repariert werden können! Gehen Sie davon aus, daß man mindestens 70,– DM ausgeben muß, wenn man längere Zeit Freude am Instrument haben will.

Über Meßanordnungen

Den Praktiker interessiert im Grunde genommen nicht so sehr, wie ein Vielfach-Meßinstrument aufgebaut ist und wie es physikalisch funktioniert. Er will mit dem Hilfsmittel „Vielfach-Meßinstrument" seine praktischen Schaltungsprobleme möglichst ohne Komplikationen lösen. Dabei hilft bereits die Bedienungsanleitung des Gerätes beträchtlich. Hier bekommt man gesagt, wie das Meßinstrument prinzipiell anzuschließen ist und welche individuelle Konzeption das erworbene Instrument besitzt. Man sollte also die Bedienungsanleitung gut lesen.
Was solche Bedienungsanleitungen jedoch nicht enthalten, das sind Hinweise zum „richtigen Messen". Man muß nämlich wissen, wie man Meßfehler vermeidet oder wie man sie, wenn das nicht anders möglich ist, unter Kontrolle hält. Denn bei fast jeder Art von Messung greift man in die Struktur des Meßobjekts ein und verfälscht mehr oder weniger stark die tatsächlichen Verhältnisse. Deshalb sagen Techniker oft: „Wer mißt, mißt Mist." Das heißt, daß man nur sorgfältig geprüften Meßergebnissen trauen kann.
Das werden Sie gleich an einigen prinzipiellen Meßanordnungen feststellen können:

Die Spannungsmessung

Bei der Spannungsmessung wird das Meßinstrument zum Meßobjekt parallel geschaltet *(Bild 4.4)*. Da das Meßinstrument einen Innenwiderstand besitzt, wird das Meßergebnis durch die Belastung des Meßobjektes mit diesem Innenwiderstand verfälscht. Auf die quantitative Auswirkung dieser Problematik kommen wir noch ausführlich zurück. Merken Sie sich jedoch bitte bereits jetzt:

- Allein durch das Zuschalten eines Spannungsmessers in einem Stromkreis entsteht ein Meßfehler. Dieser Fehler liegt bei etwa 1%, wenn der Innenwiderstand (R_i) des Spannungsmessers 100mal so groß ist, wie der Widerstand des Meßobjektes.

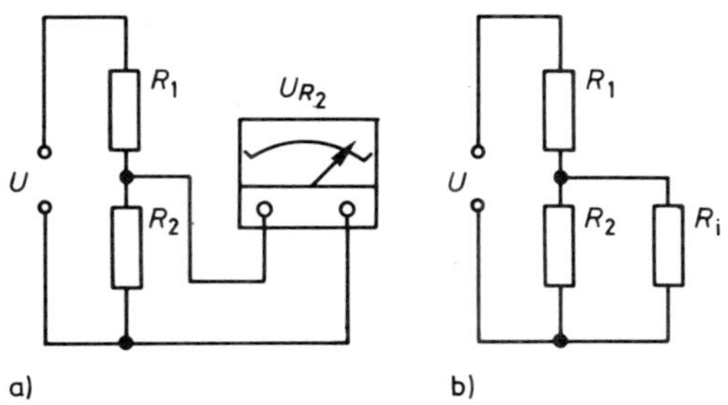

Bild 4.4: Prinzip der Spannungsmessung.
a) Meßanordnung
b) Ersatzschaltbild mit Meßinstrumenten-Innenwiderstand.

Je größer der Innenwiderstand des Meßinstrumentes im Verhältnis zum Widerstand des Meßobjektes ist, desto genauer wird das Ergebnis der Messung. Schauen Sie bitte in die Betriebsanleitung Ihres Vielfach-Meßinstrumentes. Sehr häufig werden dort in einer Tabelle die Innenwiderstände für jeden einzelnen Meßbereich aufgeführt. Ist dies nicht der Fall, so kann man – wie wir noch sehen werden – aus der Angabe „Ohm/Volt" (z.B. 20 kΩ/V) den Innenwiderstand ausrechnen. Diese Angabe benötigen Sie, um die Größe des prinzipiellen Meßfehlers beurteilen zu können.

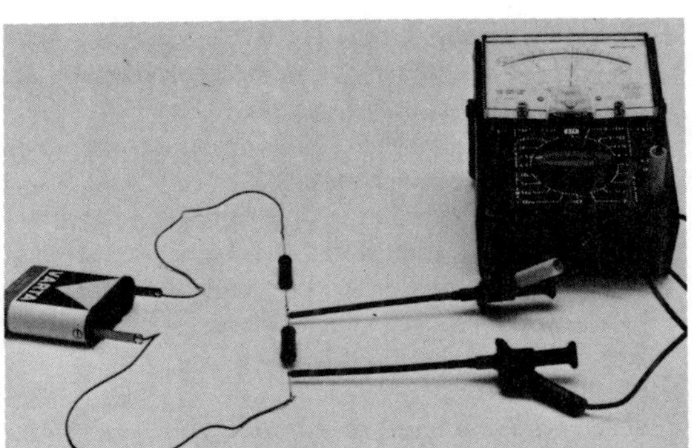

Bild 4.5: Die Meßanordnung der Spannungsmessung entspricht *Bild 4.4.*

Die Strommessung

Der Strommesser wird in den Stromkreis eingeschaltet *(Bild 4.6).* Er wird in Reihe mit dem Meßobjekt gebracht. Da jeder Strommesser einen Innenwiderstand besitzt, wird beim Messen der Gesamtwiderstand des Stromkreises vergrößert und das Meßergebnis mehr oder weniger stark verfälscht *(Bild 4.7).* Eine Strommessung ist um so genauer, je kleiner der Innenwiderstand des Strommessers ist.

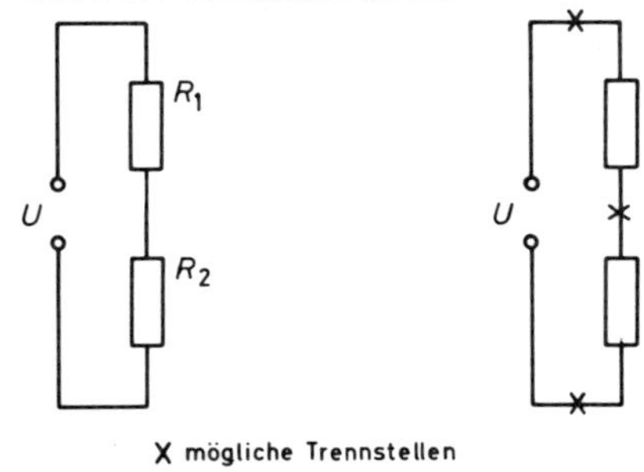

Bild 4.6: Mögliche Unterbrechungsstellen für das Einfügen des Strommessers.

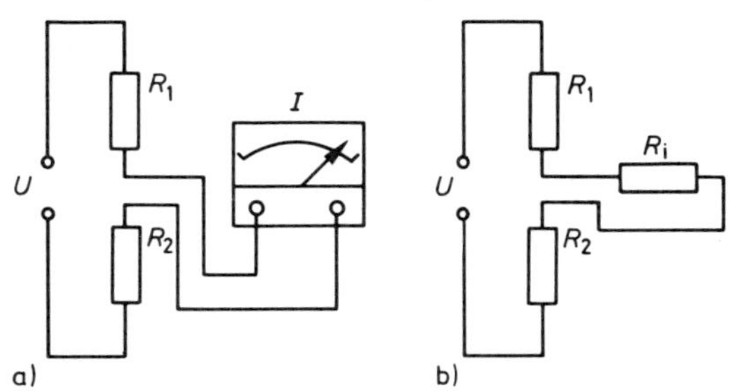

Bild 4.7: Prinzip der Strommessung.
a) Meßanordnung
b) Ersatzschaltbild mit Meßinstrumenten-Innenwiderstand.

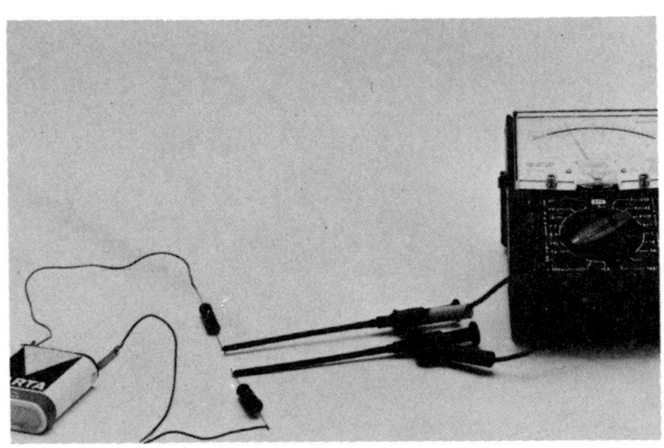

Bild 4.8: Die Meßanordnung der Strommessung entspricht *Bild 4.7.*

Merkregel:

- Allein durch das Zuschalten eines Strommessers in einen Stromkreis entsteht ein Meßfehler. Er liegt bei etwa 1%, wenn der Innenwiderstand (R_i) des Strommessers etwa 1/100 des gesamten Stromkreiswiderstandes ist.

Teilweise wird der Innenwiderstand des Strommessers für jeden einzelnen Meßbereich vom Hersteller in der Bedienungsanleitung angegeben. Dabei gilt, daß mit steigendem Meßbereich (größerer Strom), der Innenwiderstand des Strommessers abnimmt. Sehr häufig wird der Innenwiderstand auch indirekt als Spannungsabfall bei Vollausschlag angegeben. Da durch das Hinzuschalten des Meßinstrumentenwiderstandes in den Stromkreis die elektrischen Verhältnisse möglichst wenig beeinflußt werden sollen, muß der am Strommesser auftretende Spannungsabfall möglichst klein sein!

Die direkte Strommessung vermeidet man in der praktischen Elektronik gerne. Bei einer Messung muß man nämlich den Stromkreis auftrennen, was zum Beispiel bei fertig verschalteten Platinen sehr ungünstig ist. Dieses Problem wird umgangen, wenn man die Strommessung indirekt aus einer Spannungsmessung an einem bekannten Widerstand ableitet *(Bild 4.9)*. Durch anschließende Rechnung

$$I = \frac{U}{R}$$

wird dann der Strom bestimmt.

Beispiel: $R_1 = 10\,k\Omega$, $U_{R_1} = 10\,V$

$$I = \frac{U_{R_1}}{R_1} = \frac{10\,V}{10\,k\Omega} = 1\,mA.$$

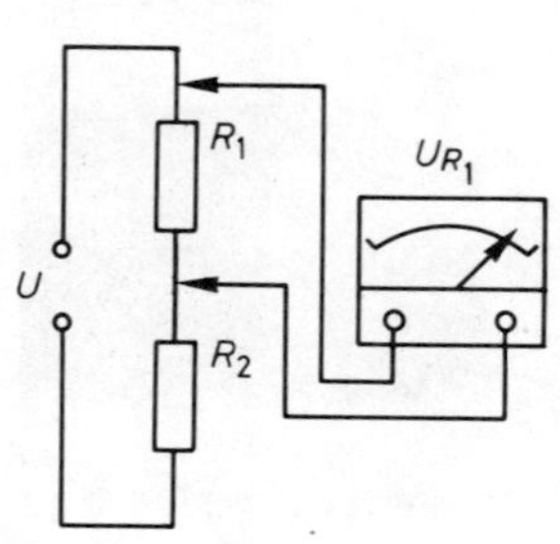

Bild 4.9: Prinzip der indirekten Strommessung.

Die Widerstandsmessung

Fast alle Vielfach-Meßinstrumente lassen die meßtechnische Bestimmung von Widerstandswerten zu. Sie werden dann als Ohm-Meter verwendet. Im Prinzip ist so ein Ohm-Meter eine Reihenschaltung aus Spannungsquelle (1,5-V-Batterie), Vorwiderstand und aus einem in Ohm-Werten geeichten Strommesser *(Bild 4.10)*. Meist sind noch eine Möglichkeit zum sog. Nullabgleich (wegen der nicht konstant bleibenden Batterie-Spannung) und verschiedene Vorwiderstände zur Vorwahl verschiedener Meßbereiche vorgesehen.

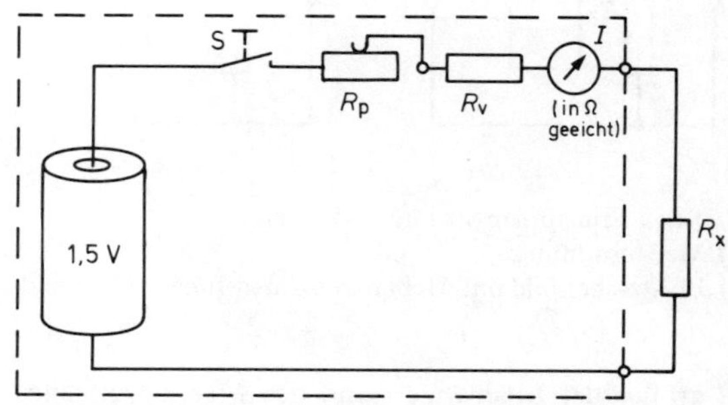

Bild 4.10: Prinzipschaltung eines Reihenohmmeters.

Bitte beachten Sie bei der Widerstandsbestimmung mit Hilfe des Vielfach-Meßinstrumentes folgende Punkte *(Bild 4.11)*:

- Wählen Sie den Ω-Meßbereich so, daß die Anzeige in der Skalenmitte erfolgt!
- Der Meßvorgang selbst soll kurz sein, da sich sonst die von der Spannungsquelle abgegebene Spannung durch Belastung ändern kann.
- Vergessen Sie auf keinen Fall vor der Messung den Nullabgleich des Instruments.
- Die exakte Bestimmung von Widerständen ist nur dann möglich, wenn a) das Meßobjekt selbst nicht an einer Fremdspannung liegt und b) das Meßobjekt selbst nicht an einer Schaltung mit weiteren Bauelementen eingebaut ist.

In vielen Fällen kommt es nur auf eine überschlägige Messung an. So kann das Vielfach-Meßinstrument zur schnellen Sortierung und zur Überprüfung von Widerständen oder als Durchgangsprüfer eingesetzt werden.

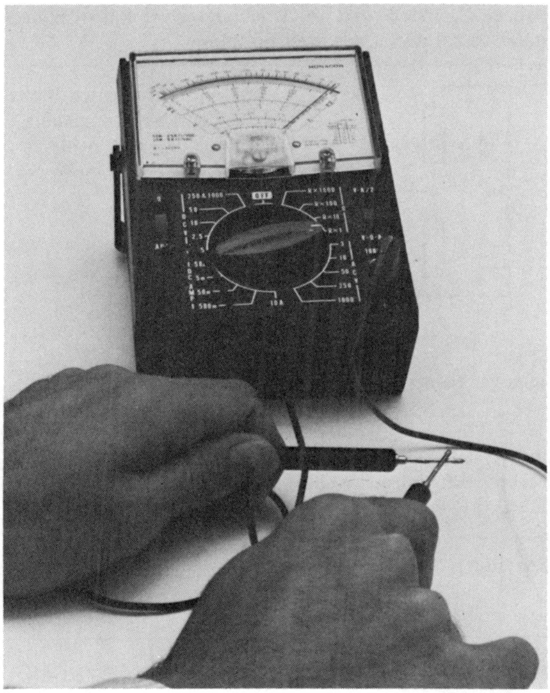

a)

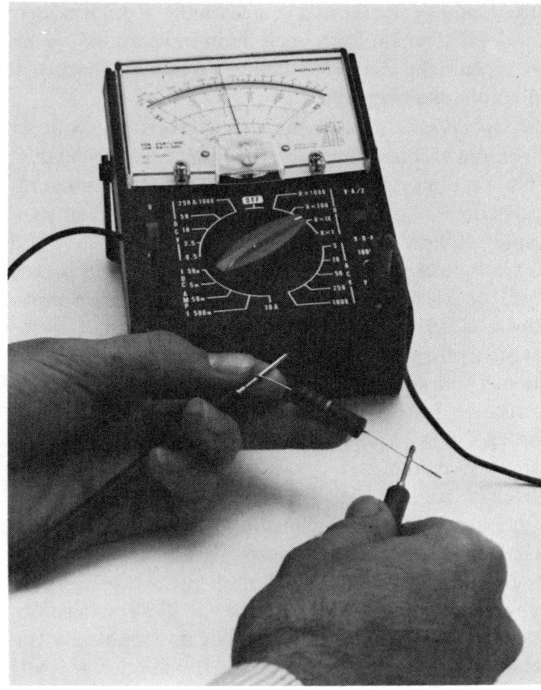

b)

Bild 4.11: Ein Vielfach-Meßinstrument wird als Ohmmeter benutzt.
a) Nullabgleich
b) Messung eines unbekannten Widerstandes. (Der Meßbereich soll nach Möglichkeit so gewählt werden, daß der Zeiger etwa in der Mitte steht!)

Wie stark verfälscht der Innenwiderstand des Spannungsmessers das Meßergebnis?

Vielfach-Meßinstrumente werden mit den verschiedensten internen Schaltungsausführungen gebaut. Im wesentlichen kommt es aber allein auf den Innenwiderstand des Gerätes an.
Aus rein praktischen Gründen wird der Innenwiderstand in Ohm pro Volt (z.B. 20 kΩ/V) angegeben. Mit dieser Angabe kann man für die verschiedenen Spannungsmeßbereiche den zugehörigen Innenwiderstand wie folgt berechnen:
Meßgeräte-Widerstand = Ohm/Volt-Angabe × Meßbereichsendwert.
Der geeignete Meßbereichsendwert wird am Instrument nach den gegebenen Schaltungsverhältnissen vorgewählt. Solange der Meßbereich nicht umgeschaltet

Tabelle 4.1: Zusammenhang zwischen Meßbereich, Ω/V-Angabe und Innenwiderstand des Meßinstruments.

gewählter Meßbereich	Ω/V-Angabe des Meßinstruments	wirksamer Innenwiderstand des Meßinstruments
1 V 10 V	1 kΩ/V	1 kΩ 10 kΩ
1 V 10 V	5 kΩ/V	5 kΩ 50 kΩ
1 V 10 V	20 kΩ/V	20 kΩ 200 kΩ
1 V 10 V	50 kΩ/V	50 kΩ 500 kΩ
1 V 10 V	fester Eingangswiderstand 10 MΩ	10 MΩ 10 MΩ

wird, solange bleibt der eingeschaltete Innenwiderstand selbstverständlich auch dann unverändert, wenn der eigentliche Zeigerausschlag irgendwo zwischen 0 und Vollausschlag liegt.

Die *Tabelle 4.1* gibt Ihnen einen Überblick wie der wirksame Meßinstrumenten-Innenwiderstand von dem Ohm/Volt-Wert bestimmt wird. Die meisten Einbauinstrumente gehören zur Gruppe der 1 kΩ/V-Instrumente. Billige Multimeter sind häufig 5 kΩ/V- und 10 kΩ/V-Instrumente. Die 20 kΩ/V-Geräte sind gerade noch für die Elektronik geeignet. Sie sind noch preiswert und werden in großer Zahl angeboten. Die 10-MΩ-Instrumente gehören zu den hochwertigen Meßgeräten. Diese mit einem elektronischen Verstärker ausgerüsteten Instrumente haben meist einen festen, vom vorgewählten Meßbereich fast unabhängigen Eingangswiderstand.

Welchen Einfluß der Meßinstrumenten-Innenwiderstand auf das Meßergebnis hat, soll Ihnen an der Schaltung nach *Bild 4.12* gezeigt werden. Wenn dort R_1 und R_2 gleich groß sind, muß die Ausgangsspannung U_2 genau halb so groß sein wie die Versorgungsspannung U_1. Und dies unabhängig davon, ob die Widerstände R_1 und R_2 je 100 Ω, je 10 kΩ oder je 1 MΩ betragen.

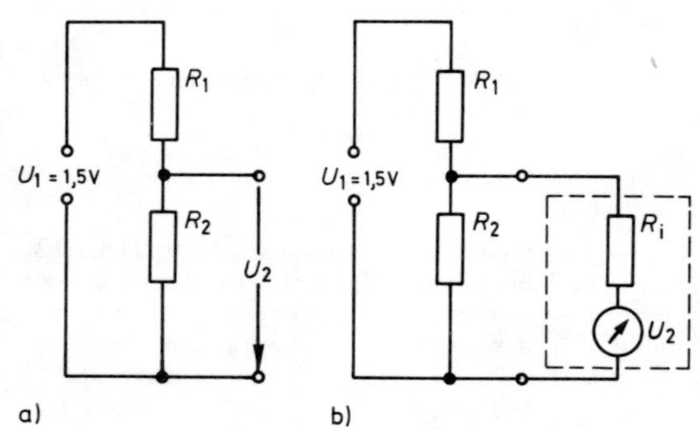

Bild 4.12: Der Innenwiderstand des Meßinstruments verändert die Schaltungsverhältnisse und beeinflußt damit das Meßergebnis.

Die *Tabellen 4.2* und *4.3* zeigen Ihnen die tatsächlich gemessenen Werte, die sich einstellen, wenn man die Spannungsteilerschaltung mit dem Meßinstrumenten-Innenwiderstand R_i belastet. Mit Hilfe der angegebenen Formeln können Sie nachrechnen, welche Spannung U_2 Sie beim Messen am Gerät ablesen. Ebenfalls die angegebenen, z.T. erheblichen Meßfehler, die durch die Meßanordnung bedingt sind.

Tabelle 4.2: Meßfehler in Abhängigkeit von den Widerstandsverhältnissen der Meßanordnung.

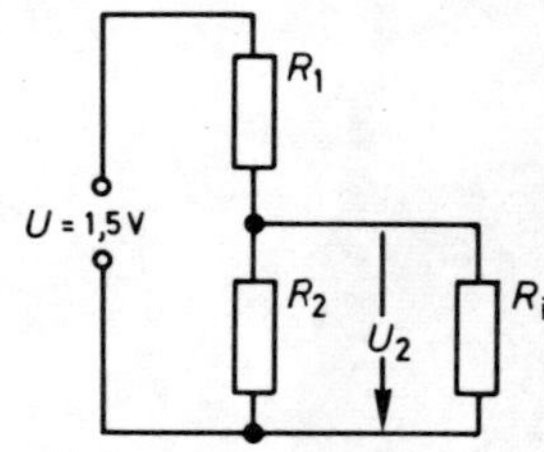

Der Meßinstrumenten-Innenwiderstand bleibt konstant, die Spannungsteilerwiderstände werden verändert.

Formeln:

$$U_2 = \frac{U}{\frac{R_1 [R_i + R_2]}{R_i \cdot R_2} + 1}$$

relativer Fehler: $F_{R_{\%}} = \frac{U_{2\,\text{gemessen}} - U_{2\,\text{soll}}}{U_{2\,\text{soll}}} \cdot 100\,\%$

Meßbereich: 0 bis 1 V, 20-kΩ/V-Instrument, $R_i = 20$ kΩ bei allen Messungen

Spannungs-teiler-widerstände	gemessene Spannung	Soll-spannung	Meßfehler
$R_1 = R_2 = 100$ Ω	$U_2 = 0{,}748$ V	$U_2 = 0{,}75$ V	$F_R = -\ 0{,}27\%$
$R_1 = R_2 = 10$ kΩ	$U_2 = 0{,}6$ V	$U_2 = 0{,}75$ V	$F_R = -20\%$
$R_1 = R_2 = 10$ MΩ	$U_2 = 0{,}00299$ V	$U_2 = 0{,}75$ V	$F_R = -99{,}6\%$

In *Tabelle 4.2* wurde ein konstanter Innenwiderstand von 20 kΩ (bei Meßbereich 1 V und 20 kΩ/V) angenommen und die Spannungsteilerwiderstände verändert.

In *Tabelle 4.3* wurden dagegen die Spannungsteilerwiderstände mit je 100 kΩ konstant gehalten und die Innenwiderstände verändert.

Wie Sie den beiden Tabellen entnehmen können, treten bei den Messungen – je nach Widerstandsverhältnissen – ganz erhebliche und nicht mehr zu vertretende Meßabweichungen auf. Die Schlußfolgerung hieraus: der Innenwiderstand des verwendeten Meßgeräts muß mindestens 10mal so hoch sein, wie der Widerstand des Objektes, an dem die Spannung gemessen werden soll. Weil im Bereich der Elektronik oft sehr hohe Widerstände auftreten, andererseits aber auch sehr kleine Spannungen gemessen werden müssen, sollte beim Kauf eines Vielfach-Meßinstrumentes der 20 kΩ/V-Wert nach Möglichkeit nicht unterschritten werden.

Tabelle 4.3:

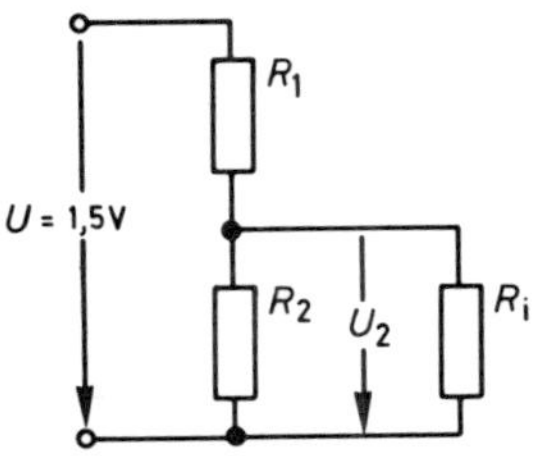

Meßfehler in Abhängigkeit von den Widerstandsverhältnissen der Meßanordnung. Einfluß der Ω/V-Werte auf die Meßergebnisse bei konstant gehaltenen Spannungsteilerwiderständen

a) Meßbereich 1 V, $R_1 = R_2 = 100\ k\Omega$

$R_i = 1\ k\Omega$ [1 kΩ/V]	$U_2 = 0{,}0147$ V	$F_R = -98{,}04\%$
$R_i = 20\ k\Omega$ [20 kΩ/V]	$U_2 = 0{,}21$ V	$F_R = -72\%$
$R_i = 50\ k\Omega$ [50 kΩ/V]	$U_2 = 0{,}38$ V	$F_R = -49{,}33\%$
$R_i = 10\ M\Omega$ [konst.]	$U_2 = 0{,}7463$ V	$F_R = -\ 0{,}49\%$
wirklicher Betrag:	$U_2 = 0{,}75$ V	

b) Meßbereich 1 V, $R_1 = R_2 = 10\ k\Omega$

$R_i = 1\ k\Omega$ [1 kΩ/V]	$U_2 = 0{,}13$ V	$F_R = -82{,}67\%$
$R_i = 20\ k\Omega$ [20 kΩ/V]	$U_2 = 0{,}60$ V	$F_R = -20\%$
$R_i = 50\ k\Omega$ [50 kΩ/V]	$U_2 = 0{,}68$ V	$F_R = -\ 9{,}33\%$
$R_i = 10\ M\Omega$ [konst.]	$U_2 = 0{,}7496$ V	$F_R = -\ 0{,}05\%$
wirklicher Betrag:	$U_2 = 0{,}75$ V	

Über den Einfluß der Genauigkeitsklassen der Vielfach-Meßinstrumente auf das Meßergebnis

Die Genauigkeit von Meßgeräten ist wirtschaftlich und technisch begrenzt. Man unterscheidet Feinmeßgeräte der Klassen 0,1; 0,2; 0,5 und Betriebsmeßgeräte der Klassen 1; 1,5; 2,5 und 5. Zu den Betriebsmeßgeräten der Klassen 1,5 gehören in der Regel die Vielfach-Meßinstrumente. Sehr hochohmige Ausführungen mit eingebautem elektronischen Verstärker liegen teilweise ungünstiger als Klasse 2,5.

Die Klassenzahl gibt in Prozenten den maximalen – auf den Meßbereichsendwert bezogenen – Fehler an, der durch mangelnde Genauigkeit des Instrumentes selbst entsteht. Die genannte Fehlergrenze wird vom Hersteller garantiert eingehalten. In Wirklichkeit mag der bei der Messung auftretende Fehler kleiner sein. Da man aber den wirklichen Fehler nicht kennt, muß man mit dem Schlimmsten rechnen. Man weiß nur, daß der Fehler innerhalb der Fehlergrenze liegt, also muß sich die verbleibende Meßunsicherheit an der angegebenen Klassenzahl orientieren.

Weil die Genauigkeitsklasse auf den Meßbereichsendwert bezogen ist, ergeben sich bei Zeigerausschlägen, die kleiner als Vollausschlag sind, relativ hohe Fehler. Wird zum Beispiel bei der Messung ein Meßbereich von 0 bis 10 V (Vollausschlag 10 V ≙ 100%) gewählt *(Tabelle 4.4)* und wird dabei ein Meßgerät der Genauigkeitsklasse 1,5 (1,5%) eingesetzt, so ergibt sich bei einem Zeigerausschlag von 2 V ein möglicher Anzeigefehler von ±7,5%. Der wahre Meßwert (bei der Anzeige von 2 V) kann in Wirklichkeit irgendwo zwischen 1,85 V und 2,15 V liegen. Im allgemeinen wird empfohlen, alle Messungen nur im letzten Drittel der Skala vorzunehmen. Hier sind die möglichen Anzeigefehler noch relativ klein *(Bild 4.13)*. Da in der Elektronikpraxis jedoch (von speziellen Fällen abgesehen) Bauelemente- und Schaltungstoleranzen von ±5% oder ±10% gebräuchlich sind, sollte man der genann-

Tabelle 4.4: Möglicher Anzeigefehler in Abhängigkeit vom Zeigerausschlag: mögliche Bereiche der tatsächlichen Meßwerte.
Meßgerät Klasse 1,5 [1,5%]
Meßbereichsendausschlag 10 V

Skalenanzeige	möglicher Anzeigefehler	tatsächlicher Meßwert zwischen	möglicher Anzeigefehler
10 V	±0,15 V	9,85 V bis 10,15 V	± 1,5%
8 V	±0,15 V	7,85 V bis 8,15 V	± 1,88%
6 V	±0,15 V	5,85 V bis 6,15 V	± 2,5%
4 V	±0,15 V	3,85 V bis 4,15 V	± 3,75%
2 V	±0,15 V	1,85 V bis 2,15 V	± 7,5%
1 V	±0,15 V	0,85 V bis 1,15 V	±15%

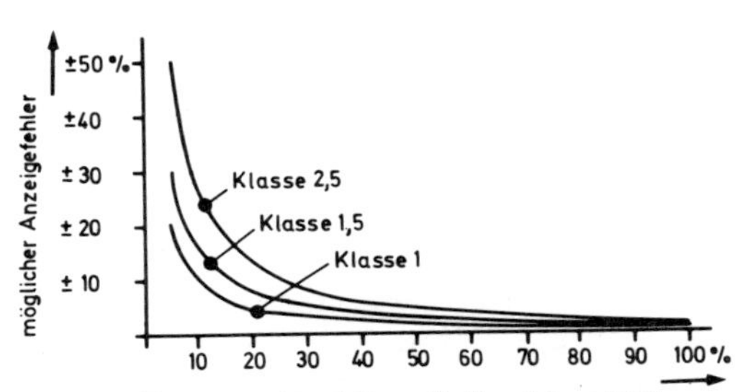

Bild 4.13: Mögliche Anzeigefehler in Abhängigkeit vom Zeigerausschlag: Einfluß der Genauigkeitsklassen.

ten Empfehlung nicht allzu ängstlich folgen. Bei der relativ preiswerten Meßgerätegruppe der Klasse 2,5 wird die 10%-Anzeige-Fehlergrenze knapp überschritten, wenn man bei 20% des Vollausschlages abliest. Die Meßfehler, die aus der Meßgeräteungenauigkeit resultieren, sind für die Praxis des Elektronik-Bastlers in der Regel nicht sehr schwerwiegend. Wesentlich ernster muß man den Einfluß des Innenwiderstandes auf das Meßergebnis nehmen. In vielen Fällen ist es sogar günstiger, im unteren Drittel der Skala abzulesen, als auf einen kleineren Meßwert (mit kleinerem Innenwiderstand bei Spannungsmessungen bzw. größerem Innenwiderstand bei Strommessungen) umzuschalten. Beachten Sie hierzu auch die nachfolgend aufgeführten Meßbeispiele.

Worauf man beim Messen an elektronischen Schaltungen achten sollte

Anhand einiger Beispiele sollen Sie erkennen, welche Probleme bei Messungen an elektronischen Bauelementen auftreten. Bei allen ausgewählten Meßanordnungen wird sich zeigen, wie der Innenwiderstand R_i die Messung beeinflußt.

Für die praktisch durchgeführten Messungen wurden drei verschiedene Meßinstrumente im Vergleich eingesetzt:

Ein Gerät mit 5 kΩ/V (kostet etwa 30 DM), ein Gerät mit 40 kΩ/V (etwa 200 DM) und ein Digital-Voltmeter 10 MΩ (rund 700 DM).

Messungen an einer Diode

Bei dieser Meßreihe wurde eine Siliziumdiode einmal mit einem kleinen und einmal mit einem großen Widerstand in Reihe geschaltet. Gemessen wurde der Spannungsabfall an der Diode, wenn diese a) in Durchlaßrichtung, b) in Sperrichtung betrieben wird.

Meßschaltung 1 (Bild 4.14):

Die Diode ist durchgeschaltet und deshalb relativ niederohmig. Der zur Diode parallel geschaltete Innenwiderstand des Meßgerätes ist praktisch ohne Einfluß auf das Meßergebnis. Beachten Sie bitte hierzu auch die Ersatzschaltbilder der Meßschaltungen in *Bild 4.15*.

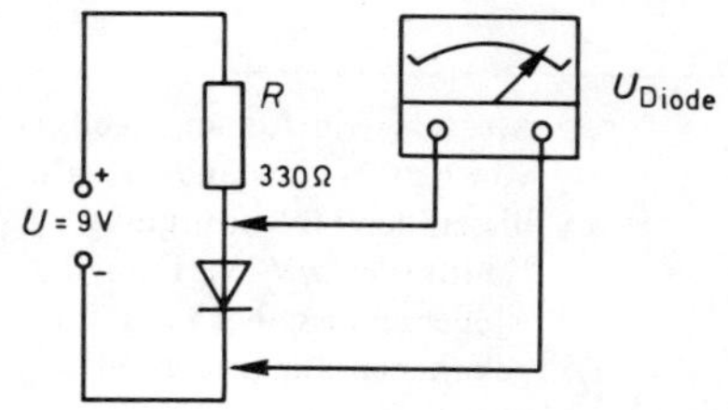

a)	Meßinstrument	5 kΩ/V
	Meßbereich	3 V
	Meßwert	0,7 V
b)	Meßinstrument	40 kΩ/V
	Meßbereich	1,5 V
	Meßwert	0,69 V
c)	Meßinstrument	10 MΩ
	Meßbereich	2 V
	Meßwert	0,696 V

Bild 4.14: Der Einfluß des Meßinstrumenten-Innenwiderstandes bei Messungen an einer Diode.

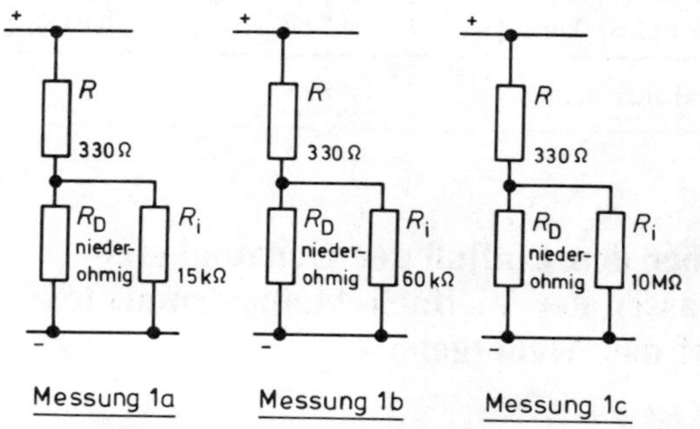

Bild 4.15: Ersatzschaltbilder zu *Bild 4.14.*

Meßschaltung 2 (Bild 4.16):

Den mit dem 10-MΩ-Meßinstrument gemessenen Werten entnimmt man, daß die Diode wegen des 150-kΩ-Vorwiderstandes nicht voll durchgeschaltet ist (dazu sind bei Siliziumdioden etwa 0,7 V nötig).

Deshalb besitzt die Diode jetzt einen höheren Widerstand als in der Meßschaltung 1. Jetzt können sich die Meßgeräte-Innenwiderstände bereits auswirken.

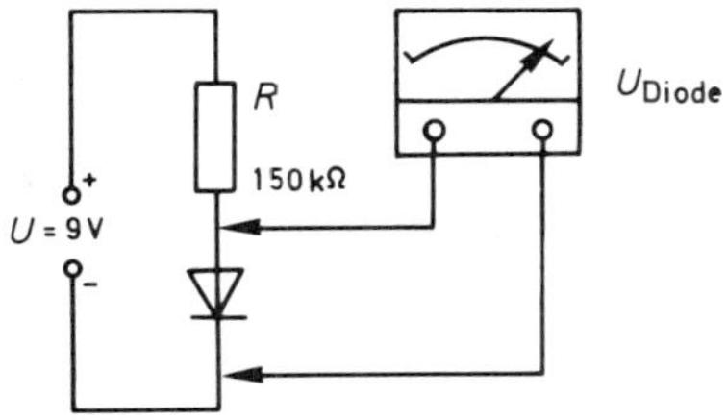

a) Meßinstrument	5 kΩ/V		
Meßbereich	3 V	Meßbereich	15 V
Meßwert	0,375 V	Meßwert	nicht ablesbar
b) Meßinstrument	40 kΩ/V		
Meßbereich	0,5 V	Meßbereich	1,5 V
Meßwert	0,38 V	Meßwert	0,4 V
c) Meßinstrument	10 MΩ		
Meßbereich	2 V	Meßbereich	20 V
Meßwert	0,438 V	Meßwert	0,44 V

Bild 4.16: Der Einfluß des Meßinstrumenten-Innenwiderstandes bei Messungen an einer Diode. Diode in Durchlaßrichtung mit hohem Vorwiderstand.

Meßschaltung 3 (Bild 4.17):

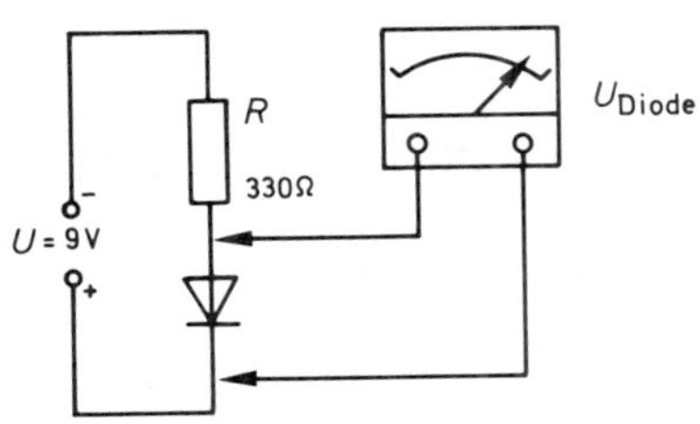

a) Meßinstrument	5 kΩ/V
Meßbereich	15 V
Meßwert	9 V
b) Meßinstrument	40 kΩ/V
Meßbereich	15 V
Meßwert	8,98 V
c) Meßinstrument	10 MΩ
Meßbereich	20 V
Meßwert	8,99 V

Bild 4.17: Der Einfluß des Meßinstrumenten-Innenwiderstandes bei Messungen an einer Diode. Diode in Sperrichtung mit kleinem Vorwiderstand.

Die Diode wird in Sperrichtung betrieben. Sie besitzt dabei einen sehr hohen Widerstand. Bei Verwendung des 5 kΩ/V-Instrumentes wird diesem sehr hohen Diodenwiderstand ein Widerstand von 15 × 5 kΩ = 75 kΩ parallel geschaltet. Die Parallelschaltung von Diode und Meßinstrument hat jetzt einen Gesamtwiderstand, der etwa auch bei 70 kΩ liegt. Er ist weit höher als der 330-Ω-Vorwiderstand. Deshalb wirkt sich der Innenwiderstand des Meßinstrumentes nicht aus.

Meßschaltung 4 (Bild 4.18):

Bei dieser Meßreihe werden die Meßergebnisse sehr stark von den Innenwiderständen der Meßinstrumente mitbestimmt. Beachten Sie die Ersatzbilder nach *Bild 4.20*. Da die Diode sehr, sehr hochohmig ist, kann der Ersatzwiderstand von Diode und Meßwerksinnenwiderstand mit dem letzteren praktisch gleichgesetzt werden *(Bild 4.19)*.

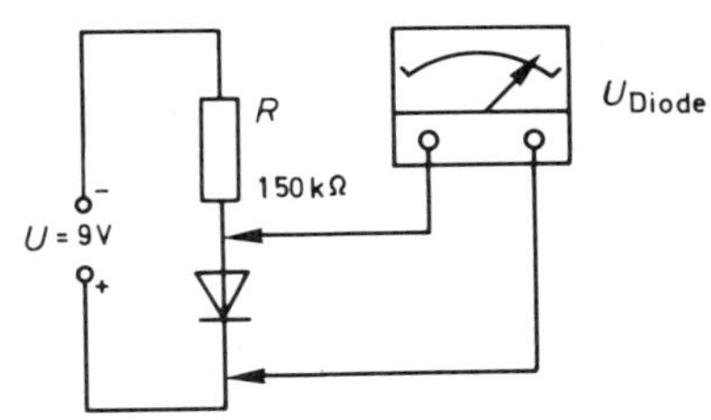

a) Meßinstrument	5 kΩ/V	
Meßbereich	3 V	15 V
Meßwert	0,8 V	3 V
b) Meßinstrument	40 kΩ/V	
Meßbereich	15 V	50 V
Meßwert	7,2 V	8,6 V
c) Meßinstrument	10 MΩ	
Meßbereich	20 V	
Meßwert	8,85 V	

Bild 4.18: Der Einfluß des Meßinstrumenten-Innenwiderstandes bei Messungen an einer Diode. Diode in Sperrichtung mit großem Vorwiderstand.

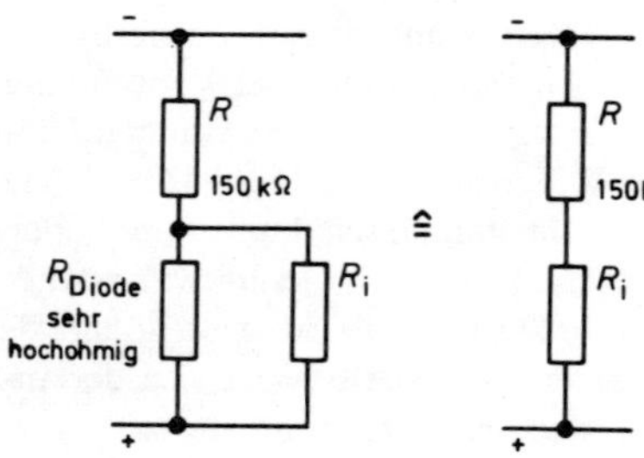

Bild 4.19: Ersatzschaltbild zu *Bild 4.18.*

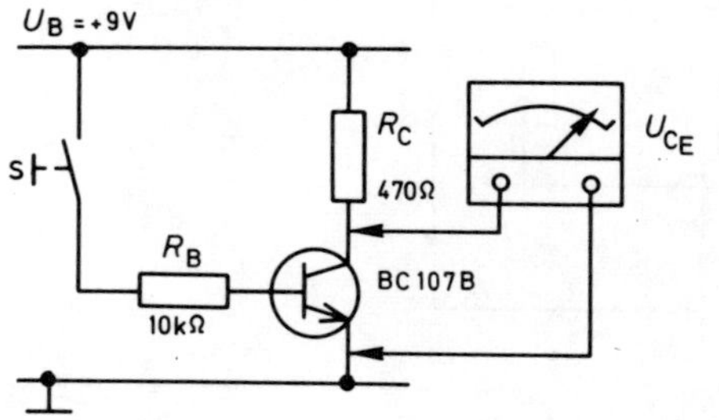

Bild 4.21: Messung der Kollektor-Emitter-Spannung eines Transistors (Schalterbetrieb).

Den Ersatzbildern nach *Bild 4.20* entnehmen Sie die Widerstandsverhältnisse der Meßschaltungen. Bei Messung 4a, Meßbereich 3 V, beträgt der Meßinstrumenten-Innenwiderstand (15 kΩ) nur 1/11 des Gesamtwiderstands der Reihenschaltung. Dann kann an diesem 15-kΩ-Widerstand auch nur 1/11 der Gesamtspannung von 9 V abfallen. Der rechnerische Wert von 0,82 V (9 V/11) stimmt mit dem gemessenen Wert sehr gut überein. Genauso deutlich ist die Übereinstimmung zwischen den gemessenen Werten und den aus den Widerstandsverhältnissen der anderen Ersatzschaltungen errechneten Ergebnissen.

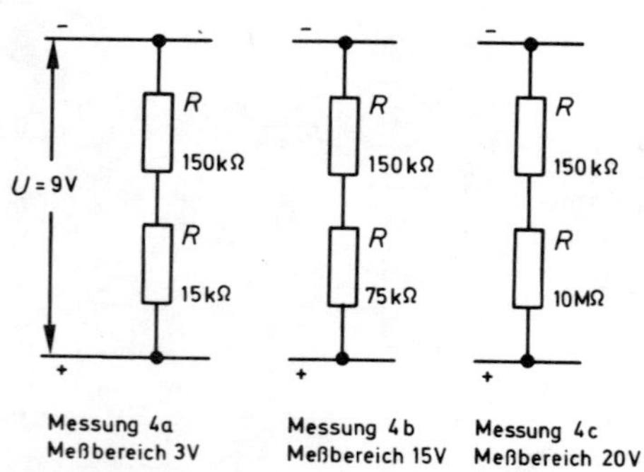

Bild 4.20: Ersatzschaltbild zu *Bild 4.18.*

Messungen am Transistor im Schalterbetrieb

Häufig muß man an einem Transistor die Spannung zwischen Kollektor und Emitter, also die Transistorausgangsspannung U_{CE}, überprüfen *(Bild 4.21).*
Bei offenem Schalter wird der Transistor nicht angesteuert und der Transistorwiderstand zwischen Kollektor und Emitter ist sehr hochohmig – vergleichbar mit der in Sperrichtung betriebenen Diode aus Beispiel 1. Die Messungen werden um so unproblematischer je kleiner der Kollektorwiderstand R_C ist. Da der Transistor BC 107 nur mit einem max. Kollektorstrom von $I_C = 100$ mA betrieben werden darf, muß der Kollektorwiderstand R_C aber mindestens rund 100 Ω betragen. (Bei einer Betriebsspannung von U_B= 9 V.)
Bei geschlossenem Schalter wird der Transistor durchgeschaltet und ist niederohmig. Die Verhältnisse liegen jetzt etwa so wie bei einer in Durchlaßrichtung betriebenen Diode.

Messungen am Transistor im Nf-Verstärkerbetrieb:

Wird eine Transistorschaltung dazu benutzt kleine Wechselspannungssignale zu verstärken, so muß der Transistor auf einen Arbeitspunkt eingestellt werden. Das heißt, daß man mit einem „Eingangsspannungsteiler" gerade so viel Spannung auf die Basis des Transistors gibt (um gerade so viel Basisstrom fließen zu lassen), daß der entstehende Kollektorstrom an R_C etwa die halbe Betriebsspannung abfallen läßt. Dann fällt auch über der Kollektor-Emitter-Strecke etwa die halbe Betriebsspannung ab.
In dieser Versuchsreihe soll untersucht werden, welchen Einfluß die Meßgeräte-Innenwiderstände auf die Schaltungsverhältnisse haben, wenn die Transistor-Eingangsspannung U_{BE} – die Spannung zwischen Basis und Emitter – gemessen werden soll.
Bild 4.22 zeigt, welche Ausgangsspannung U_{CE} sich einstellt, wenn am Eingang des Transistors keine Messungen vorgenommen werden.

Bild 4.23 gibt die Meßergebnisse wieder, die bei Belastung des Eingangs der Transistorstufe durch ein Meßinstrument eintreten. Hier zeigt sich, daß die Parallelschaltung des Vielfach-Meßinstruments zum Eingang des Transistors (parallel zu R_2 und der Basis-Emitter-Strecke des Transistors) zu einer Veränderung des Arbeitspunkts führt.

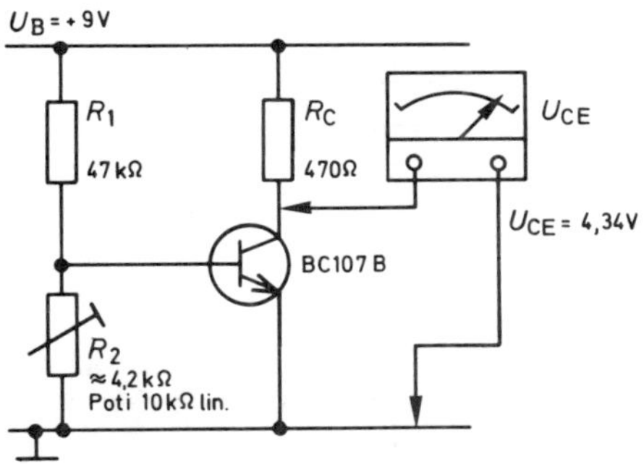

Bild 4.22: Messung der Kollektor-Emitter-Spannung eines Transistors, der als „Wechselspannungsverstärker" vorgesehen ist: ohne Basis-Emitter-Spannungsmessung.

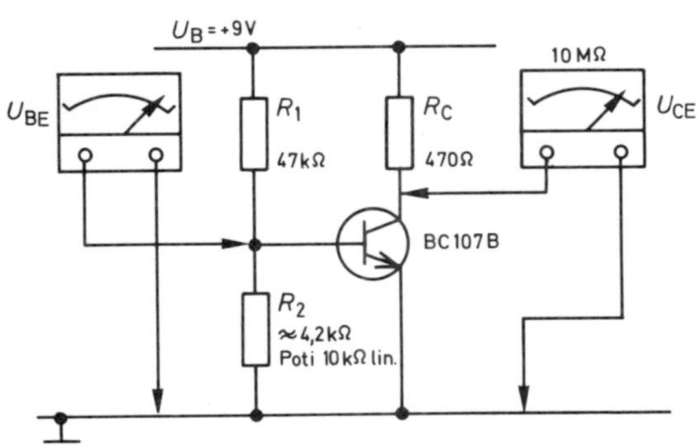

Meßinstrument	5 kV/Ω	$U_{CE} = 8{,}68$ V
Meßbereich	3 V	$U_{BE} = 0{,}6$ V
Meßinstrument	5 kV/Ω	$U_{CE} = 5{,}54$ V
Meßbereich	15 V	U_{BE} = nicht ablesbar
Meßinstrument	40 kΩ/V	$U_{CE} = 5{,}66$ V
Meßbereich	1,5 V	$U_{BE} = 0{,}665$ V
Meßinstrument	40 kΩ/V	$U_{CE} = 4{,}67$ V
Meßbereich	5 V	$U_{BE} = 0{,}68$ V
Meßinstrument	10 MΩ	$U_{CE} = 4{,}22$ V
Meßbereich	2 V	$U_{BE} = 0{,}675$ V

Bild 4.23: Wie *Bild 4.22*, jedoch mit Basis-Emitter-Spannungsmessung.

Da die Parallelschaltung des Meßinstruments die Eingangsspannung absenkt, sperrt der Transistor stärker und die Kollektor-Emitter-Spannung des Transistors wird größer.

Die Durchführung der Versuche verlangt unter Umständen etwas Geduld. Da die Bauelemente, besonders die Transistoren, Streuungen aufweisen, muß der Arbeitspunkt der Schaltung mit Hilfe stetig veränderbarer Widerstände (Trimmer oder Potentiometer) genau eingestellt werden. Dazu sind Eingangsspannungs-Teilerschaltungen (wie in *Bild 4.24* gezeigt) nützlich. Wird der einstellbare Widerstand parallel geschaltet, so muß er sehr hochohmig sein. Die Kontrolle der Arbeitspunkteinstellung erfolgt über die Messung der Kollektor-Emitter-Spannung U_{CE}.

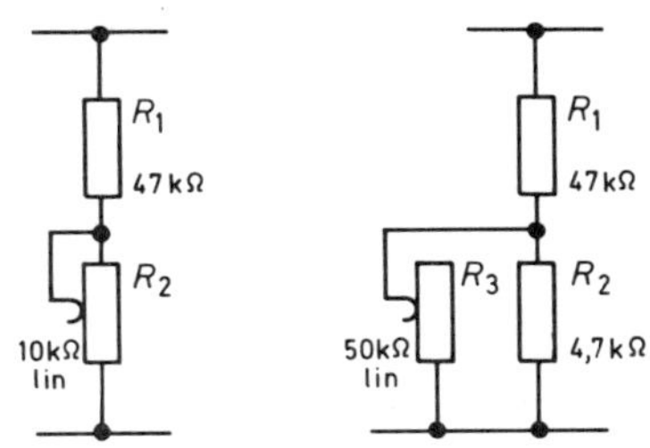

Bild 4.24: Schaltungsmaßnahme zur Versuchsdurchführung nach *Bild 4.23.*

Strommessungen an einer Transistorschaltung

In diesem Beispiel sollen Ströme in der Verstärkerschaltung nach *Bild 4.25* gemessen werden.

Im ersten Fall *(Bild 4.25)* wird das als Strommesser geschaltete Vielfach-Meßinstrument in die Kollektorleitung, im anderen Fall in die Emitterleitung *(Bild 4.26)* eingeschaltet.

Der Emitterstrom ist um den Basisstrom größer als der Kollektorstrom. Da der Basisstrom wesentlich kleiner (Größenordnung 1/100) als der Kollektorstrom ist, kann der Kollektorstrom I_C ohne wesentlichen Fehler mit dem Emitterstrom I_E gleichgesetzt werden.

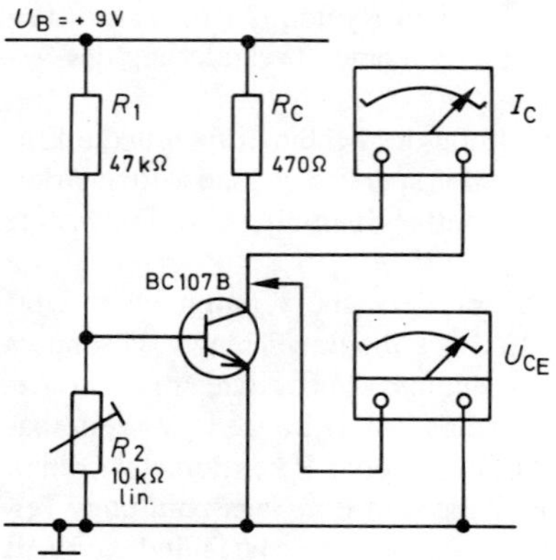

U_{CE} ohne Strommesser:
$U_{CE} = 4{,}32$ V

U_{CE} mit Strommesser:
$U_{CE} = 4{,}29$ V
$I_C = 10$ mA
bei Strommeßbereich 50 mA

U_{CE} mit Strommesser:
$U_{CE} = 4{,}16$ V
$I_C = 10{,}16$ mA
bei Strommeßbereich 20 mA

Bild 4.25: Messung des Kollektorstroms bei unterschiedlichen Meßinstrumenten-Innenwiderständen.

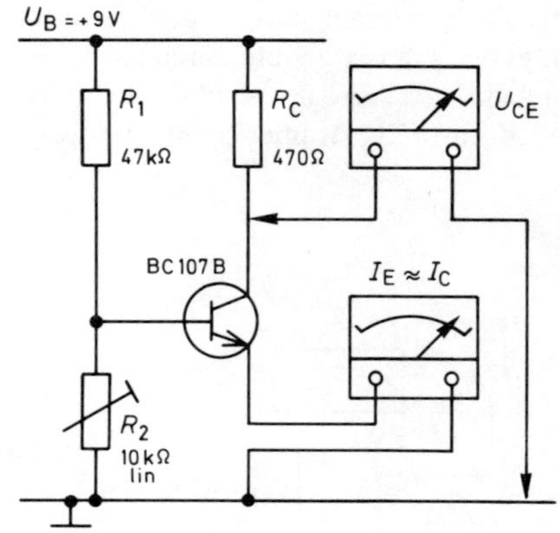

Messungen Ia, Ib und Ic mit Vielfach-Meßinstrument der Gruppe 40 kΩ/V. Messungen IIa und IIb mit Vielfach-Meßinstrument der Gruppe 10 MΩ.

U_{CE} ohne Strommesser:
$U_{CE} = 4{,}32$ V

Ia) U_{CE} mit Strommesser:
$U_{CE} = 5{,}77$ V
$I_C = 6{,}8$ mA
bei Strommeßbereich 50 mA

Ib) U_{CE} mit Strommesser:
$U_{CE} = 7{,}9$ V
$I_C = 2{,}36$ mA
bei Strommeßbereich 5 mA

Ic) U_{CE} mit Strommesser:
$U_{CE} = 8{,}83$ V
$I_C = 0{,}386$ mA
bei Strommeßbereich 0,5 mA

IIa) U_{CE} mit Strommesser:
$U_{CE} = 6{,}6$ V
$I_C = 5{,}74$ mA
bei Strommeßbereich 20 mA

IIb) U_{CE} mit Strommesser:
$U_{CE} = 8{,}35$ V
$I_C = 1{,}45$ mA
bei Strommeßbereich 2 mA

Bild 4.26: Messung des Emitter-Stroms bei unterschiedlichen Meßinstrumenten-Innenwiderständen.

In der Meßreihe nach *Bild 4.25* wird die Schaltung durch das Einfügen des Strommessers kaum beeinflußt. Dies ist den relativ konstanten Werten von U_{CE} für die Messungen mit und ohne Meßinstrumenten-Innenwiderstand des Strommessers zu entnehmen. Erst bei noch kleineren Strommeßbereichen (mit höheren Innenwiderständen) geht die Spannung deutlich zurück. Achtung: Wenn Sie es ausprobieren, schlägt der Zeiger des Strommessers nach rechts gegen den Anschlag!

Durch das Einschalten des Vielfach-Meßinstrumenteninnenwiderstandes in die Emitterleitung *(Bild 4.26)* wird die wirksame Basis-Emitter-Spannung U_{BE} z.T. sehr stark vermindert. Beachten Sie das Ersatzbild der Anordnung in *Bild 4.27.*

Je kleiner der eingestellte Meßbereich des Vielfach-Meßinstrumentes ist, um so größer ist der Innenwiderstand. Die Verminderung der wirksamen Eingangsspannung U_{BE} führt zum stärkeren Sperren des Transistors, so daß der Kollektorstrom abnimmt und gleichzeitig die Kollektor-Emitterspannung U_{CE} steigt.

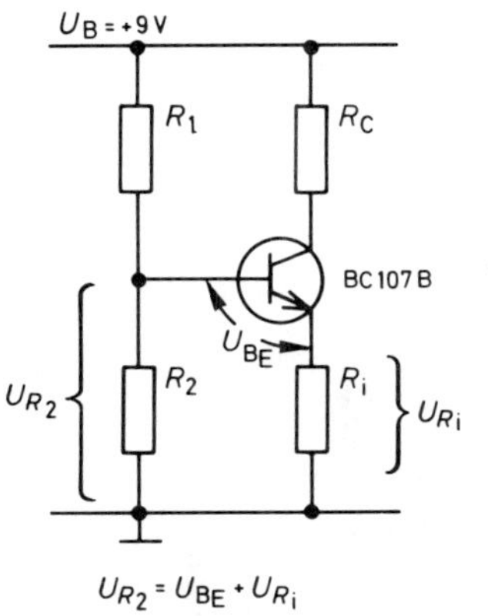

Bild 4.27: Ersatzschaltbild zu *Bild 4.26*.

Die Messung elektrischer Potentiale

Fast immer werden in der Elektronik „Spannungsmessungen" gegen einen gemeinsamen Bezugspunkt vorgenommen. Dieser gemeinsame Bezugspunkt wird Masse genannt. Er ist zumeist mit dem leitenden Chassis des elektronischen Geräts – an dem die Messungen vorgenommen werden – identisch. Dabei kann wahlweise der Pluspol oder der Minuspol der Spannungsversorgungsquelle auf Masse gelegt werden.
Der Vorteil dieses Meßverfahrens liegt u.a. darin, daß eine der beiden Meßspitzen ständig auf Masse aufgeklemmt bleiben kann, während man dann zum Messen selbst nur eine Prüfspitze innerhalb der Schaltung zu führen hat. Dadurch wird das Risiko von ungewollten Kurzschlüssen vermindert, die beim Abrutschen der Prüfspitzen auftreten können. Die Ergebnisse der Spannungsmessungen gegen einen gemeinsamen Bezugspunkt (Masse) werden „elektrische Potentiale" genannt.
In *Bild 4.28* wurden die Potentiale für den Fall eingetragen, daß der Minuspol der Spannungsquelle auf Masse liegt.
In *Bild 4.29* sind die Potentiale gegen den auf Masse liegenden Pluspol ermittelt. Beachten Sie bitte die Vorzeichen der Meßergebnisse. Während die richtigen Vorzeichen bei digitalen Meßinstrumenten direkt angezeigt werden, müssen bei den meisten analogen Vielfach-Meßinstrumenten die Vorzeichen aus der Anschlußbeschaltung interpretiert werden. Bei Spannungsumkehr schlägt der Zeiger nach links gegen den

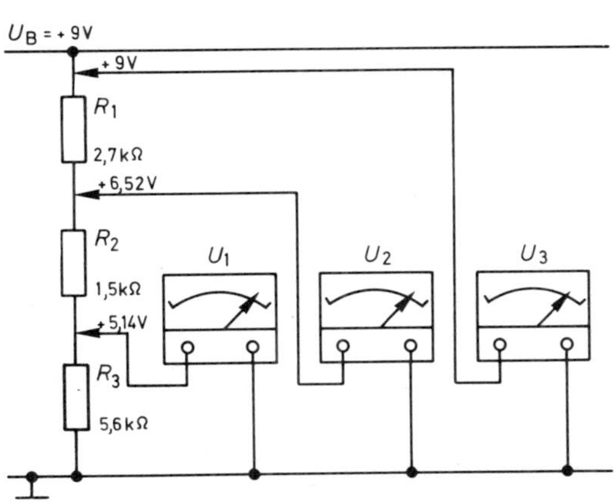

Bild 4.28: Potentialmessungen: Minuspol auf Masse.

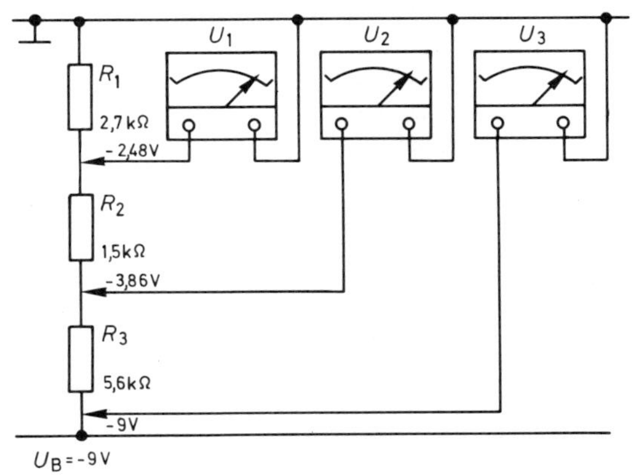

Bild 4.29: Potentialmessungen: Pluspol auf Masse.

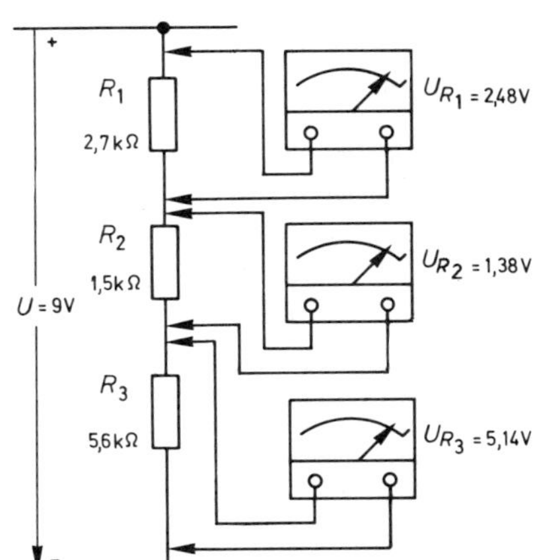

Bild 4.30: Messung der Spannungsabfälle an den einzelnen Widerständen.

Null-Anschlag aus. Um einen ablesbaren Meßwert zu erhalten, müssen in diesem Fall die Meßanschlüsse miteinander vertauscht werden.
Sollen Spannungsabfälle an den einzelnen Bauelementen ermittelt werden, so sind die zwei entsprechenden Potentialwerte voneinander abzuziehen *(Bild 4.30)*.

Beispiel:
Die Spannung U_{R_2} am Widerstand R_2 *(Bild 4.30)* wird nach $U_{R_2} = U_2 - U_1$ errechnet. U_1 und U_2 sind Potentiale, die den Meßschaltungen entsprechend den *Bildern 4.28 und 4.29* entnommen werden.

Auch Vielfach-Meßinstrumente haben ihre Grenzen

Zum Aufbau von Vielfachinstrumenten werden fast ausschließlich Drehspulmeßwerke verwendet, weil sie hohe Empfindlichkeit und wenig Eigenverbrauch haben. Drehspulmeßwerke sind aber nur zur Anzeige von Gleichströmen bzw. Gleichspannungen geeignet. Sollen Wechselspannungen oder Wechselströme gemessen werden, dann müssen sie erst mit einem eingebauten Gleichrichter gleichgerichtet werden.

Dadurch entstehen folgende Nachteile:

- Der Ω/V-Wert ist häufig deutlich niedriger als bei Gleichspannungsmeßbereichen. Wenn z.B. 20 kΩ/V für Gleichspannungsmessungen zur Verfügung stehen, so sind es vielleicht nur 10 kΩ/V oder noch weniger für die Wechselspannungsmeßbereiche.
- Die angegebene Genauigkeitsklasse liegt bei Wechselspannungsmessungen häufig ungünstiger (z.B. Gleichspannungsmessungen 1,5, Wechselspannungsmessungen 2,5; teilweise noch ungünstiger).
- Wegen der Schwellspannungen der eingebauten Gleichrichter können in den Wechselspannungsmeßbereichen keine sehr kleinen Spannungen gemessen werden (z.B. ab 100 mV Gleichspannungsmessungen, ab 3 V Wechselspannungsmessungen; teilweise noch ungünstiger).
- Mit Vielfach-Meßinstrumenten lassen sich ausschließlich sinusförmige Wechselspannungen und Wechselströme exakt messen, da ihre Meßskalen in entsprechenden Effektivwerten geeicht sind.
- Der zulässige Frequenzbereich liegt in (technisch gesehen) relativ engen Grenzen (z.B. 20 Hz bis 10 kHz oder 25 Hz bis 20 kHz je nach Meßinstrument).

Deshalb sind Messungen von Wechselspannungen und Wechselströmen mit Zeiger-Vielfach-Meßinstrumenten doch erheblich eingeschränkt. Hier kann nur ein Oszilloskop weiterhelfen, das auch die schnellsten elektronischen Vorgänge in ihrem exakten Zeitverlauf darstellen kann *(Bild 4.31)*.

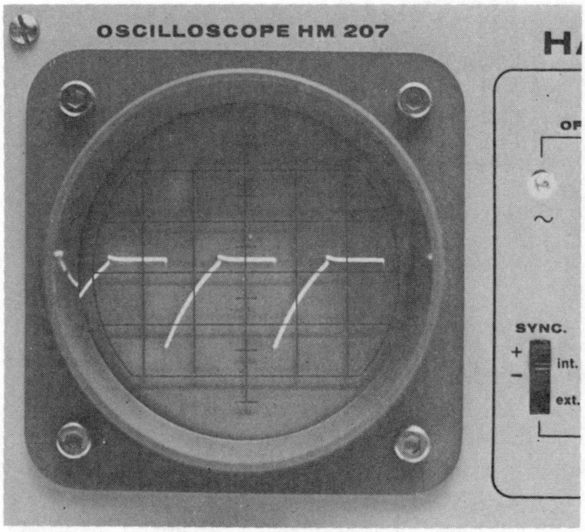

Bild 4.31: Das Oszilloskop erlaubt auch die Messung nichtsinusförmiger Spannungen.

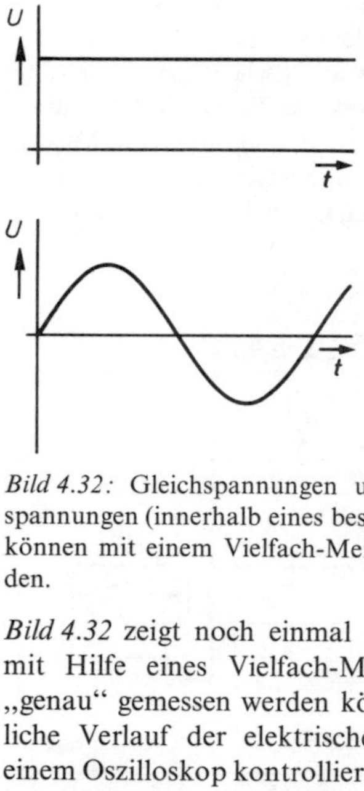

Bild 4.32: Gleichspannungen und sinusförmige Wechselspannungen (innerhalb eines bestimmten Frequenzbereichs) können mit einem Vielfach-Meßinstrument gemessen werden.

Bild 4.32 zeigt noch einmal die Spannungsarten, die mit Hilfe eines Vielfach-Meßinstrumentes wirklich „genau" gemessen werden können. Jeder andere zeitliche Verlauf der elektrischen Spannung sollte mit einem Oszilloskop kontrolliert werden. Selbstverständlich gilt dieser Hinweis auch für die Messung elektrischer Ströme.

Oft reicht eine Durchgangsprüfung

Außerordentlich oft muß man prüfen, ob ein Meßobjekt „Durchgang" hat oder nicht. Damit ist gemeint, daß man feststellen will, ob zwischen zwei Stellen eines Gerätes oder eines Bauelementes ein Strom fließen kann oder nicht.

Zum Beispiel muß Strom fließen können:

- zwischen den Enden einer Verbindungsleitung,
- zwischen den Anschlüssen eines Widerstandes,
- zwischen den Anschlüssen eines Trafos oder einer Spule,
- bei bestimmten Relaiskontakten.

Es darf kein Strom fließen:

- zwischen den einzelnen Wicklungen eines Transformators,
- zwischen den Anschlüssen eines Kondensators,
- bei geöffnetem Schalter,
- bei bestimmten Relaiskontakten.

Im Prinzip wird der sich bei „Durchgang" einstellende Stromfluß mit Hilfe eines geeigneten Indikators angezeigt. Dabei soll das Prüfobjekt nur wenig belastet werden. Es ist günstig, die Prüfergebnisse akustisch anzuzeigen. Bei akustischer Anzeige kann man sich voll auf das Meßobjekt konzentrieren, während man bei optischen Anzeigen immer wieder zum Indikator hinschauen muß.

Bild 4.33: Durchgangsprüfung an einem Transformator.

Bild 4.33 zeigt eine Durchgangsprüfung an einem Transformator. Hier werden mit Hilfe eines auf den Ohm-Meßbereich geschalteten Vielfach-Meßinstrumentes die verschiedenen Anschlüsse von Trafowicklungen einander zugeordnet. Selbstverständlich haben bei einem nicht beschädigten Transformator zwei voneinander unabhängige Trafowicklungen auch keine Verbindung miteinander.

Bild 4.34 zeigt eine Transistorschaltung für Durchgangsprüfung. Bei offenen Prüfklemmen oder wenn das Prüfobjekt keinen Durchgang hat, fließt kein Basisstrom und die Leuchtdiode leuchtet nicht auf. Hat das Prüfobjekt Durchgang, so steuert der Basisstrom den Transistor durch und die Leuchtdiode zeigt den Durchgang an. Da bei dieser Schaltung die Stromverstärkung des Transistor ausgenutzt wird, reagiert diese Prüfanordnung selbst dann noch auf „Durchgang", wenn der Widerstand des Prüfobjektes viele kΩ hoch ist. Beachten Sie bitte die ausführliche Erklärung der Transistorschaltung auf Seite 75.

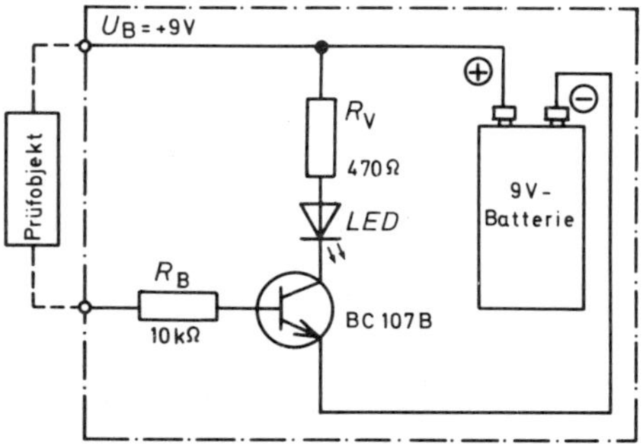

Bild 4.34: Durchgangsprüfer mit optischer Anzeige. Das Prüfobjekt liegt in der Basis-Leitung des Transistors.

Bild 4.35 und 4.36 zeigt eine Transistorschaltung, die den „Durchgang" gleichzeitig optisch und akustisch anzeigt. Ein Prüfling wird normalerweise zwischen die Anschlüsse 1 und 2 gebracht. Die Klemmen 2 und 3 bleiben dabei ohne Verbindung. Sollen Elektrolytkondensatoren mit großer Kapazität überprüft werden, so ist ein 10-kΩ-Widerstand zwischen die Klemmen 2 und 3 zu schalten. Dann muß man auch auf die Polung des Kondensators achten!

Bei „Durchgang" des Prüfobjektes wird die aus den beiden Transistoren T_1 und T_2 aufgebaute Darlington-Verstärkerstufe (mit sehr hoher Stromverstärkung) durchgeschaltet. Dadurch wird die Kollektor-Emitter-Strecke des Transistors T_2 widerstandslos. Als Folge leuchtet die Leuchtdiode LED auf und gleichzeitig wird der Emitter des Transistors T_3 auf Masse-Potential gezogen. Hierdurch schwingt die mit den Transistoren T_3 und T_4 aufgebaute astabile Kippstufe voll durch. Die erzeugte Schwingung wird über den Kondensator C_3 ausgekoppelt und über den Lautsprecher abgestrahlt.

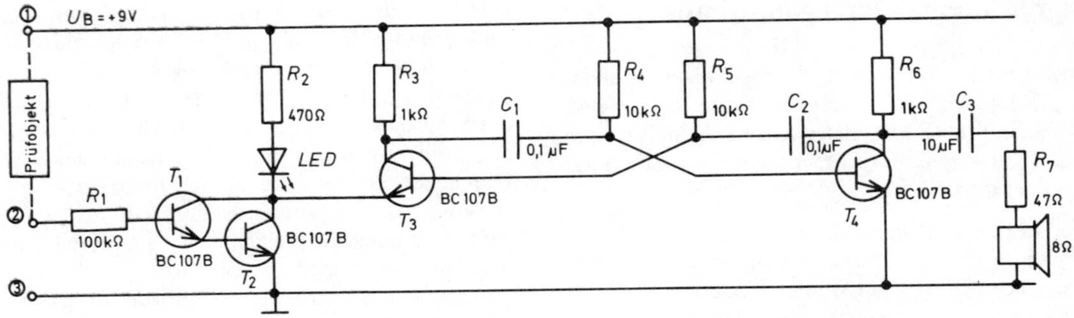

Bild 4.35: Transistorschaltung zu Durchgangsprüfung mit optischer und akustischer Anzeige.

Wenn Sie über die Funktion dieser Schaltung Näheres erfahren wollen, so lesen Sie bitte im Kapitel 6 nach. Mit dieser Schaltung können Durchgangsprüfungen an Meßobjekten mit 0-Ω- bis zu rund 100-kΩ-Widerstand schnell und rationell durchgeführt werden.

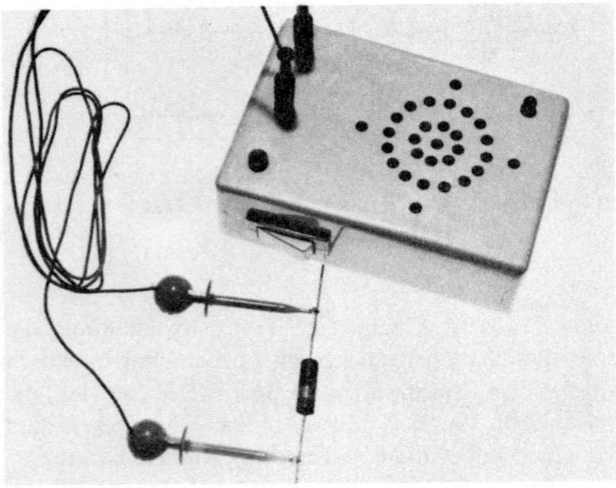

Bild 4.36: Schaltungsaufbau nach *Bild 4.35.*

Wie man Bauelemente prüft

Die Prüfung von Widerständen

Am besten kann man Widerstände mit dem Ohmmeter prüfen. Hierbei kann auch gleich die richtige Größenordnung des Widerstandswertes ermittelt werden. Achten Sie bei der Benutzung des als Ohmmeter eingesetzten Vielfach-Meßinstruments darauf, daß sich der Zeiger bei der Messung in der Skalenmitte befindet. Das ergibt die größtmögliche Genauigkeit bei der Ablesung des Widerstandswertes.

Die Prüfung von Fotowiderständen

Man prüft Fotowiderstände mit dem Ohmmeter. Bei Abdunkelung muß der gemessene Widerstand sehr hoch, bei Beleuchtung wesentlich kleiner sein. Die genauen Werte sind von Typ zu Typ verschieden.

Die Prüfung von Lautsprechern und Kopfhörern

Eine grobe Prüfung kann man mit dem Ohmmeter durchführen. Genauere Untersuchungen, die über eine Durchgangsprüfung hinausgehen, können hier nicht vorgeschlagen werden. Bei funktionsfähigen Lautsprechern mißt man – je nach Nennwiderstand – zwischen 2 und 20 Ω.

Die Prüfung von Potentiometern *(Bild 4.37)*

Zwischen den beiden Außenanschlüssen mißt man mit einem Ohmmeter den Widerstandswert für das Bauelement. Zwischen dem mittleren Anschluß und einem der beiden Außenanschlüsse muß sich die Ohmmeter-Anzeige kontinuierlich (ohne Sprünge) mit der Drehung der Poti-Achse verändern. Mit Hilfe dieser Messung bekommen Sie auch heraus, zwischen welchen Anschlüssen der Widerstandswert bei Rechtsdrehungen der Poti-Achse größer wird.

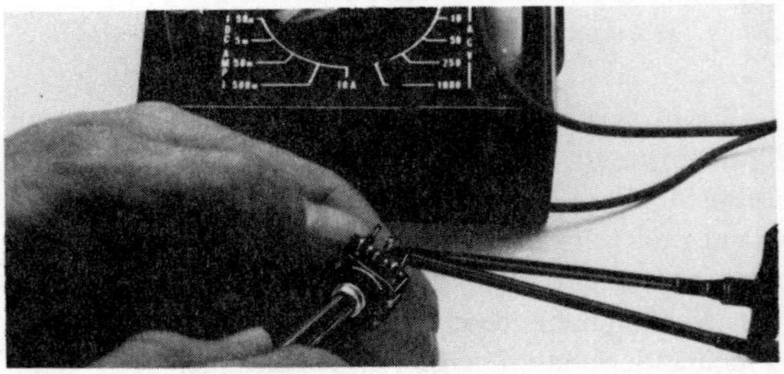

Bild 4.37: Prüfung von Potentiometern.

Die Prüfung von Spulen und Transformatoren

Mit einfachen Mitteln kann keine Aussage über die „Induktivität" gemacht werden. Man kann nur prüfen, ob die Spulen „Durchgang" haben oder nicht, oder ob ein Windungsschluß vorliegt. Benutzen Sie zu diesen Untersuchungen entweder einen Durchgangsprüfer oder ein Ohmmeter.

Die Prüfung von Monozellen oder Batterien

Spannungsquellen sollten nur bei Betriebsbelastung geprüft werden *(Bild 4.38)*, weil sonst die ermittelten Spannungswerte nur von begrenzter Aussagekraft sind.

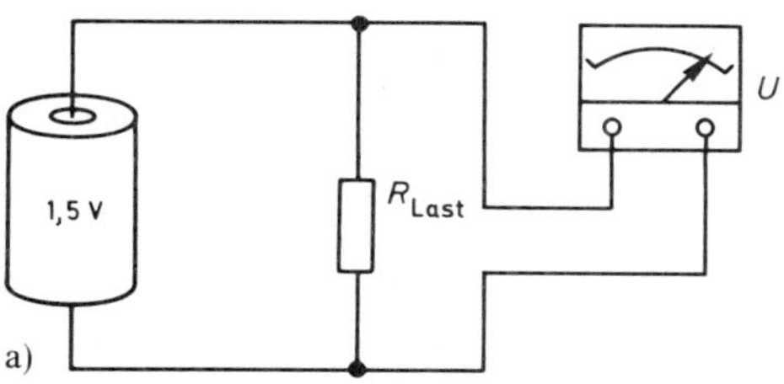

a)

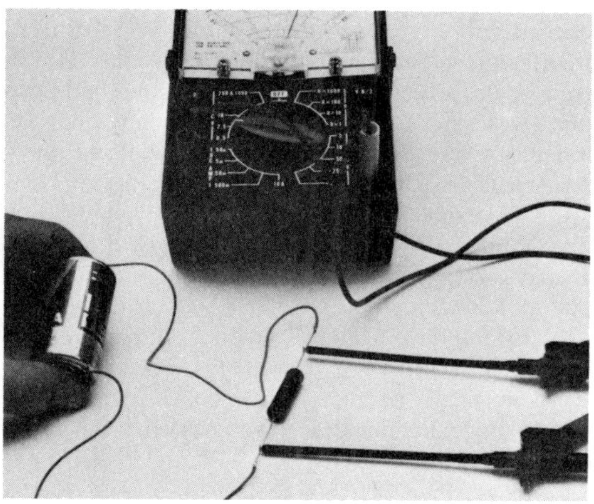

b)

Bild 4.38: Prüfung von Batterien unter Last.
a) Prinzip,
b) praktische Prüfung.

Sinnvoll ist eine Belastung der Monozelle oder der Batterie mit einem Stromwert wie in der realen Schaltung. Der dort auftretende Laststrom ist in der Regel bekannt. Beachten Sie bitte hierzu auch Kapitel 11. Tauschen Sie ggf. niemals eine einzelne Monozelle, sondern immer den kompletten Satz aus.

Die Prüfung von Kondensatoren

Die Nichtelektrolytkondensatoren besitzen meist sehr kleine Kapazitätswerte. Beim Anschluß eines Ohmmeters darf sich kein (oder bei etwas größeren Werten, nur ein äußerst kurzer) Zeigerausschlag einstellen. Wenn Dauergleichstrom fließt, liegt ein Kondensatorkurzschluß vor.
Die geschilderte Prüfmethode ist nicht eindeutig. Die Anschlüsse des Kondensators können unterbrochen sein. Der Kondensator ist dann in Wirklichkeit kapazitätslos. Eine ergänzende Prüfung kann mit Hilfe eines Kopfhörers erfolgen *(Bild 4.39)*. Dabei wird eine Reihenschaltung von Kopfhörer und Kondensator auf eine 9-V-Batterie aufgeschaltet. Während des sehr kurzen Ladevorgangs des Kondensators muß im Kopfhörer ein Knacken zu vernehmen sein. Dann ist der Kondensator in Ordnung.

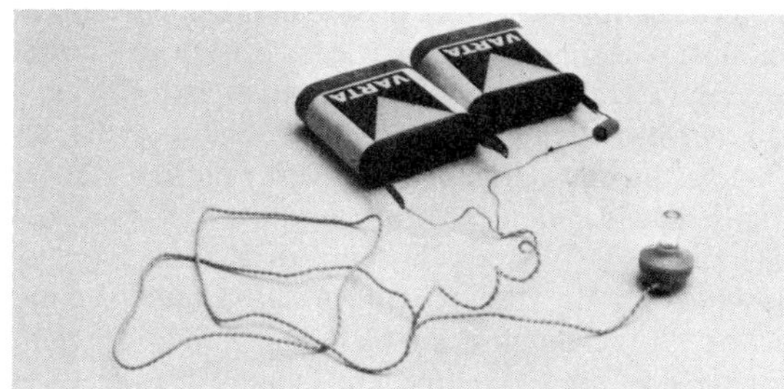

Bild 4.39: „Knack-Prüfung" eines Kondensators mit kleiner Kapazität.

Diese Methode versagt aber, wenn die Kapazität des Kondensators etwa unter 500 pF liegt. Dann reicht der Ladestrom nicht mehr für eine akustische Anzeige aus.
Achten Sie bitte bei allen Kondensatorprüfungen darauf, daß vor jeder Prüfung die beiden Kondensatoranschlüsse miteinander (z.B. über ein Drahtstück) kurzgeschlossen werden, damit der Kondensator sich entlädt.
Zur Prüfung von Elektrolytkondensatoren kann u.a. ein Durchgangsprüfer herangezogen werden. Es wird dann der kurzzeitige Ladevorgang angezeigt. Ähnlich ist es bei der Verwendung von Ohmmetern. Hierbei ist aber der Verlauf des Zeigerausschlags zeitlich sehr stark vom eingeschalteten Ohmmeßbereich abhängig. Bei einem hohen Bereich kann der Ladevorgang relativ lange andauern und der Zeiger geht nur ganz langsam auf ∞ zurück. Ein auftretender Dauergleichstrom ist das Zeichen für einen Kondensatorkurzschluß. Achten

Sie bei der Prüfung von Elektrolytkondensatoren auf die richtige Polung der Spannungsquelle und darauf, daß die verwendete Prüfspannung die für den Kondensator angegebene zulässige Spannung nicht übersteigt.

Die Prüfung von Dioden

Bei der Prüfung von Dioden muß festgestellt werden, ob die Diode funktionsfähig ist und oft auch, wo Anode und Kathode zu finden sind. Die schnellste Prüfung läßt sich wieder mit einem Ohmmeter durchführen.
Die Diode ist dann in Ordnung, wenn sie in Durchlaßrichtung geschaltet, einen kleinen Widerstand, bei Umpolung der Anschlüsse (Sperrbetrieb) einen sehr hohen Widerstand besitzt.
Die Sperrwiderstände liegen in der Nähe des MΩ-Bereichs (bei Silizium- und Germaniumdioden gibt es bei allen Messungen Unterschiede). In Durchlaßrichtung sind die angezeigten Widerstandswerte sehr stark vom vorgewählten Ohmmeßbereich abhängig. Bei der Umschaltung des Ohmmeters ändert sich der Meßgeräte-Innenwiderstand. Mit steigendem Ohmmeßbereich nimmt der Innenwiderstand zu und der Arbeitspunkt der Diode wird verschoben. Die Diode ist dann nicht mehr voll durchschaltet. Dies hat höhere Diodenwiderstände zur Folge, die am Ohmmeter abgelesen werden. Beachten Sie die Meßergebnisse in *Tabelle 4.5.*

Tabelle 4.5: „Ohmmessungen" an einer Silizium-Diode

a) Sperrbetrieb

Meßbereich	× 100	Meßwert > 2 MΩ

b) Durchlaßbetrieb

Meßbereich	× 1	Meßwert 220 Ω
Meßbereich	× 10	Meßwert 1,5 kΩ
Meßbereich	× 100	Meßwert 11 kΩ

Bei Anzeige eines niedrigen Widerstandswertes liegt die Kathode an der Minusbuchse und die Anode an der Plusbuchse des Ohmmeters. Bitte beachten Sie aber, daß die Verhältnisse bei den Vielfach-Meßinstrumenten jedoch umgekehrt sind. Anders als bei reinrassigen Ohmmetern ist bei der Verwendung eines Vielfach-Meßinstruments als Ohmmeter die „ – "-Buchse positiv.

Wie man einfache überschlägige Messungen am Transistor durchführt

Einige wichtige Messungen am Transistor lassen sich mit einfachen Mitteln durchführen. Dabei kommen die Erfahrungen zugute, die man beim Umgang mit Dioden gewonnen hat.
Zu den wichtigsten Messungen am Transistor, die für den Praktiker von Bedeutung sind, gehören:

a) die Funktionsprüfung des Transistors,
b) die Ermittlung der Transistorschichtfolge PNP oder NPN,
c) die Ermittlung der drei Transistoranschlüsse, Basis, Emitter und Kollektor und
d) in bestimmten Fällen noch die Stromverstärkung.

Die Messungen a) bis c) können mit Hilfe eines Ohmmeters erfolgen. Hier ist allerdings darauf zu achten, daß es Ohmmeter gibt, die mit hohen Betriebsspannungen arbeiten und deshalb die für die Prüfung von Halbleiterbauelementen ungeeignet sind. Vielfach-Meßinstrumente führen aber stets Spannungen, die klein genug sind. Jedoch ist hier in jedem Falle daran zu denken, daß die Minusbuchse den Pluspol der Spannungsquelle führt.
Man kann, stark vereinfacht, das Innere eines Transistors so auffassen, als seien zwischen Emitter und Basis und zwischen Basis und Kollektor je eine Diode geschaltet. Diese Vorstellung reicht für einfache meßtechnische Funktionsprüfungen aus. Bei diesem Transistor-Ersatzbild unterscheiden sich PNP- und NPN-Transistoren deutlich in der Anordnung der beiden Dioden *(Bild 4.40)*. Um Mißverständnisse gar nicht erst aufkommen zu lassen, muß deutlich gesagt werden, daß mit diesem Transistor-Ersatzbild die Verstärkungseigenschaften von Transistoren nicht erklärt werden können. Es ist auch nicht möglich, Transistoren durch Diodenkombinationen zu ersetzen.

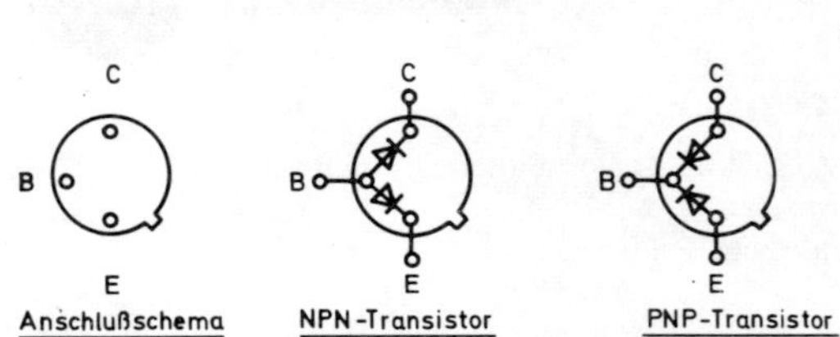

Bild 4.40: Transistor-Ersatzschaltbild mit Dioden.

Trotzdem lassen sich einige wichtige Messungen am Transistor auf einfache Dioden-Funktionsprüfungen zurückführen *(Bild 4.41)*. Mißt man mit Hilfe eines

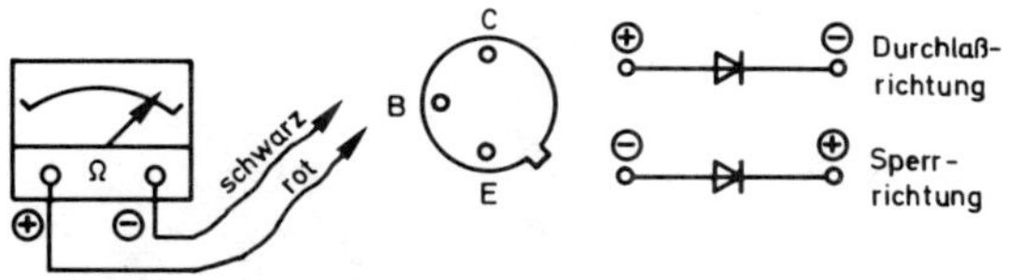

Bild 4.41: Prinzip der „Ohmmessungen" an einem Transistor.

Ohmmeters die Widerstände zwischen jeweils 2 der 3 Transistoranschlüsse systematisch durch, so müssen sich die gewonnenen Meßergebnisse so verhalten, wie sie in *Tabelle 4.6* zusammengestellt sind. Weichen die Meßergebnisse trotz sorgfältiger Durchführung der Messungen von diesen Werten stark ab, so ist der Transistor defekt.

PNP oder NPN:
Wie man die Schichtfolge herausfinden kann

Den Praktiker interessieren die Unterschiede in der Halbleiter-Schichtfolge deshalb, weil er wissen muß, wie der vor ihm liegende Transistortyp anzuschließen ist und mit welchem elektrischen Potential (positiv oder negativ) er gesteuert wird. Aus *Bild 4.42* können Sie für beide Transistortypen die Schaltsymbole, die Stromflußrichtungen und die Potentialverhältnisse ent-

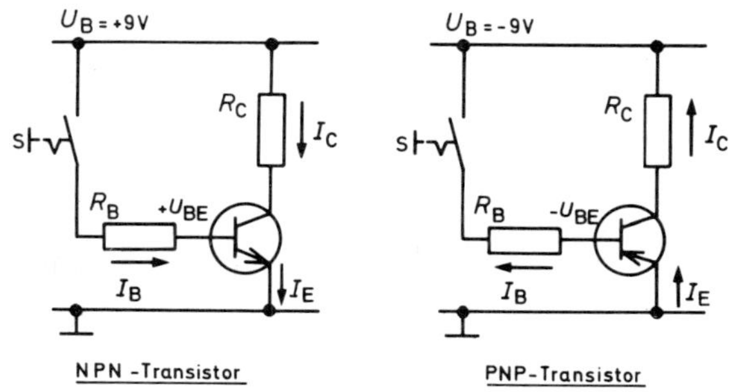

Bild 4.42: Strom- und Potentialverhältnisse bei Transistoren: NPN- und PNP-Transistoren im Vergleich.

Tabelle 4.6: „Ohmmeter-Messungen" an Transistoren

a) Silizium-Transistoren			b) Germanium-Transistoren		
NPN-Transistoren					
positives Potential [roter Prüfanschluß]	negatives Potential [schwarzer Prüfanschluß]	Widerstandswert [Ohmmeter-anzeige]	positives Potential [roter Prüfanschluß]	negatives Potential [schwarzer Prüfanschluß]	Widerstandswert [Ohmmeter-anzeige]
B	E C	relativ klein relativ klein	B	E C	relativ klein relativ klein
C	B E	sehr hoch sehr hoch	C	B E	hoch mittel
E	B C	sehr hoch sehr hoch	E	B C	hoch hoch
PNP-Transistoren					
positives Potential [roter Prüfanschluß]	negatives Potential [schwarzer Prüfanschluß]	Widerstandswert [Ohmmeter-anzeige]	positives Potential [roter Prüfanschluß]	negatives Potential [schwarzer Prüfanschluß]	Widerstandswert [Ohmmeter-anzeige]
B	E C	sehr hoch sehr hoch	B	E C	hoch hoch
C	B E	relativ klein sehr hoch	C	B E	klein hoch
E	B C	relativ klein sehr hoch	E	B C	klein mittel

nehmen. Ist ein völlig unbekannter Transistor zu untersuchen, dann kann man mit folgenden Messungen die Schichtfolge auffinden:
Durch mehrere Widerstandsmessungen mit dem Ohmmeter wird derjenige Transistoranschluß herausgesucht, von dem aus das Ohmmeter zu den beiden anderen Anschlüssen hin einen kleinen Widerstand anzeigt (vgl. auch *Tabelle 4.6)*. Dieser Anschluß ist die Basis. Es kann nun bei den genannten Messungen der Pluspol des Ohmmeters (Minusbuchse des Vielfach-Meßinstruments) an der Basis liegen. Dann handelt es sich bei dem untersuchten Transistor um einen NPN-Typ. Liegt dagegen der Minuspol des Ohmmeters an der Basis, so ist es ein PNP-Transistor.
Dieses Bestimmungsverfahren funktioniert natürlich dann nicht mehr, wenn der untersuchte Transistor defekt ist. Man muß dabei scharf aufpassen: erst wenn man von jedem Anschluß aus jeden anderen durchgemessen hat und dann dasselbe mit vertauschten Meßspitzen, erst dann kann man ein Urteil über den Transistor abgeben.

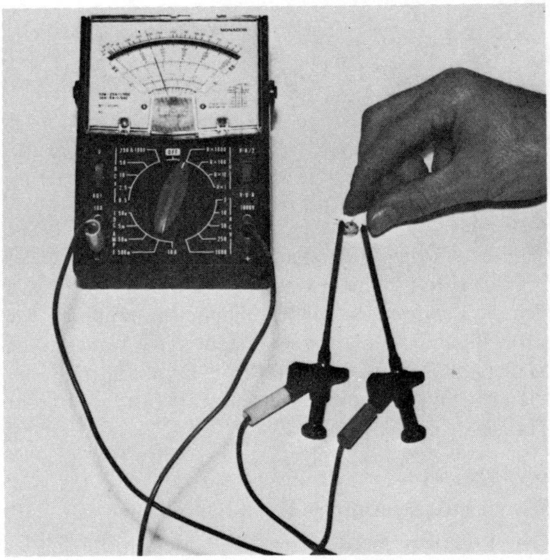

Wo sind Basis, Emitter und Kollektor?

Beispiel 1: PNP-Transistor (Silizium)

Zunächst sucht man, wie oben beschrieben, die Basis des Transistors auf. Jetzt bleibt noch offen, welcher Anschluß der Kollektor, welcher der Emitter ist.
Die beiden unbekannten Anschlüsse nennen wir einmal I und II *(Bild 4.43)*. Bei der ersten Messung legen wir den Pluspol des Ohmmeters (Minusbuchse des Vielfach-Meßinstruments) an den Transistor-Anschluß I und den Minuspol an II. Verbindet man jetzt den Minusanschluß des Ohmmeters über 2 Finger *(Bild 4.43 und 4.44)* mit dem Basisanschluß, so zeigt sich ein Rückgang des Ohmwertes. Er kann groß oder klein sein.

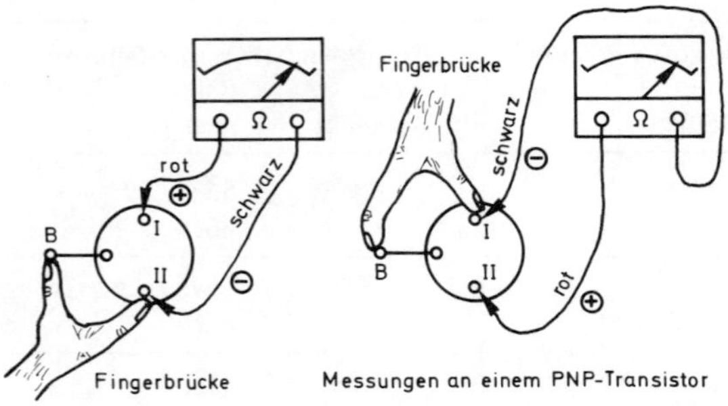

Bild 4.43: Prinzip der Transistoranschluß-Bestimmung.

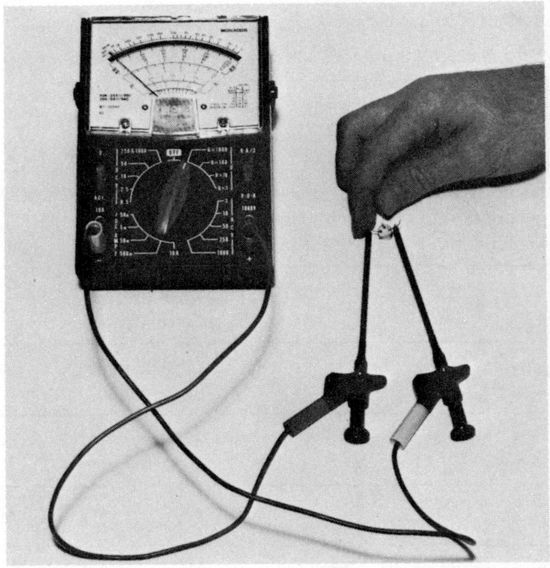

Bild 4.44: Praktische Meßanordnung nach *Bild 4.43.*

Nun folgt die zweite Messung. Jetzt verbindet man den Pluspol des Ohmmeters mit dem Transistoranschluß II und den Minuspol mit I. Wieder überbrückt man den Minusanschluß des Ohmmeters über 2 Finger mit der Basis. Wieder geht die Ohmmeteranzeige mehr oder weniger zurück.

Die Widerstandswerte beider Messungen werden starke Unterschiede aufweisen. Die Messung, bei der sich der deutlich kleinere Widerstand zwischen Anschluß I und Anschluß II ergab, zeigt, wo Kollektor und Emitter liegen. Der Anschluß an der positiven Klemme des Ohmmeters („–“-Buchse des Vielfachinstrumentes) ist der Emitter. Der Anschluß an der negativen Klemme des Ohmmeters („+“-Buchse des Vielfachinstrumentes) ist der Kollektor.

Begründung:
Der PNP-Transistor wird mit einem negativen Potential von Basis zum Emitter aufgesteuert. Dieses negative Potential wird der Basis über die hochohmige Fingerbrücke zugeführt. Wegen der Stromverstärkung des Transistors reicht dieser kleine Basisstrom zur Aufsteuerung des Transistors aus. Dadurch wird der Widerstand zwischen Kollektor und Emitter kleiner.

Beispiel 2: NPN-Transistor

Es werden die entsprechenden Messungen wie beim PNP-Transistor durchgeführt. Da der NPN-Transistor jedoch mit einem positiven Potential von der Basis zum Emitter durchgesteuert wird, muß der Kollektor derjenige Transistoranschluß sein, der bei der Messung des kleinsten Widerstandes (bei der Fingerbrücke) mit dem Pluspol des Ohmmeters verbunden war.

Wie man einen Transistor auf Funktionsfähigkeit prüfen kann

Die Funktionsprüfung des Transistors kann mit Hilfe des Ohmmeters durchgeführt werden. Dabei müssen die Widerstandswerte der einzelnen Messungen zwischen den drei Transistoranschlüssen so ausfallen, wie dies in *Tabelle 4.6* zusammengefaßt wurde. Weichen die Meßergebnisse deutlich davon ab, so ist der Transistor nicht in Ordnung.

Müssen Sie häufiger die Transistoren auf ihre Funktionsfähigkeit überprüfen, so läßt sich sehr schnell eine kleine Testschaltung aufbauen *(Bilder 4.45 und 4.46)*. Je nach Transistortyp (PNP oder NPN) wird einer der beiden Transistorstecksockel benutzt.
Bei offenem Taster darf die Leuchtdiode nicht, bei geschlossenem Taster muß sie dagegen voll aufleuchten.

Zur Bestimmung der Stromverstärkung von Transistoren

In den Datenblättern für Transistoren wird der Gleichstromverstärkungsfaktor $B = I_C/I_B$ entweder für einen vorgegebenen Arbeitspunkt mit einem ganz bestimmten (Mittel-)Wert oder aber ein Verstärkungsfaktorbereich angegeben (s. auch Seite 70).
Allerdings kann man bei der Fertigung von Transistoren den Stromverstärkungsfaktor B aus technischen Gründen nicht genau vorbestimmen. Er ergibt sich bei der Fertigung eines bestimmten Transistortyps (etwa BC 107B) eher zufällig und kann von Transistor zu Transistor um -50% bis $+100\%$ vom angegebenen Mittelwert abweichen.
Diese Tatsache mag Anlaß dazu sein, die genaue Stromverstärkung des verwendeten Transistors ermitteln zu wollen. Da aber die Höhe der Stromverstärkung eines Transistors nicht alleine von seiner „Konstruktion“ und Fertigungstoleranz, sondern auch von der Schaltung (Arbeitspunkt!) abhängt, in der er eingesetzt wird, wird die Problematik der Bestimmung von B etwas verlagert.
Weil der reale Stromverstärkungsfaktor vom Arbeitspunkt der Transistorschaltung abhängt, kommt man in der Praxis häufig mit einigen vergleichenden Mes-

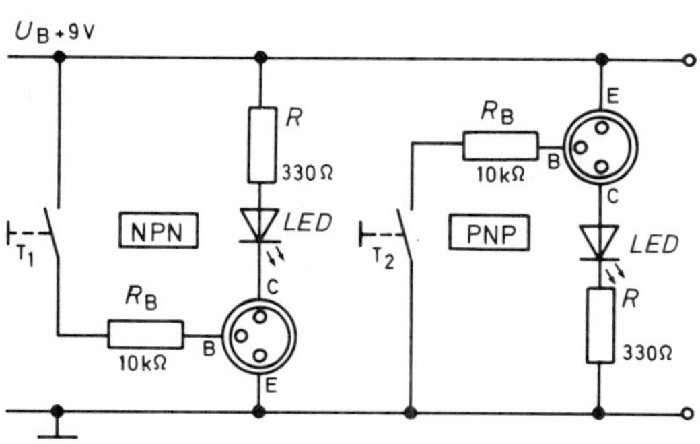

Bild 4.45: Transistor-Testschaltung für NPN- und PNP-Transistoren.

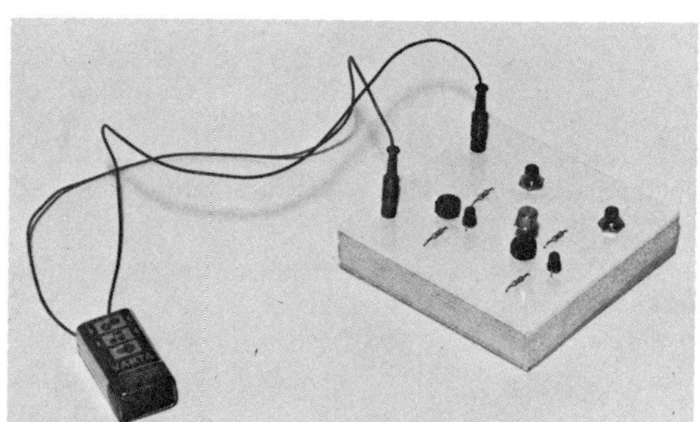

Bild 4.46: Schaltungsaufbau nach *Bild 4.45*.

sungen weiter. Mit Hilfe solcher Messungen wird z.B. festgestellt, welcher von den Transistoren einer vorliegenden Serie den höchsten Stromverstärkungsfaktor hat. Oder man ordnet mehrere Transistoren durch Vergleichsmessungen einander zu, die (fast) den gleichen Stromverstärkungsfaktor haben.
Zu solchen (relativen) Gleichstromverstärkungsfaktoraussagen kommt man mit der Schaltung nach *Bild 4.47* und *Bild 4.48*.
Nachdem man den NPN-Transistor (bei PNP-Transistoren muß die Versorgungsspannung umgekehrt werden!) in die Transistor-Steckfassung eingesetzt hat, wird mit Hilfe des Potentiometers R_1 oder R_2 die

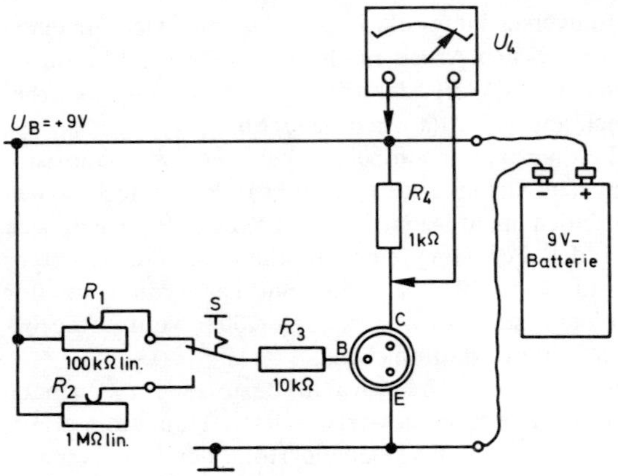

$$B=\frac{I_C}{I_B}, \quad I_C=\frac{U_4}{R_4},$$

$$I_B=\frac{U_B-U_{BE}}{R_1+R_3} \quad \text{oder} \quad I_B=\frac{U_B-U_{BE}}{R_2+R_3}$$

$$B=\frac{\frac{U_4}{R_4}}{\frac{U_B-U_{BE}}{R_1+R_3}}$$

$$\boxed{B=\frac{U_4}{U_B-U_{BE}}\cdot\frac{R_1+R_3}{R_4}} \quad \text{oder} \quad \boxed{B=\frac{U_4}{U_B-U_{BE}}\cdot\frac{R_2+R_3}{R_4}}$$

Bei Silizim-Transistoren kann für U_{BE} etwa 0,65 V angenommen werden.

Bild 4.47: Meßschaltung zur Bestimmung des Gleichstromverstärkungsfaktors.

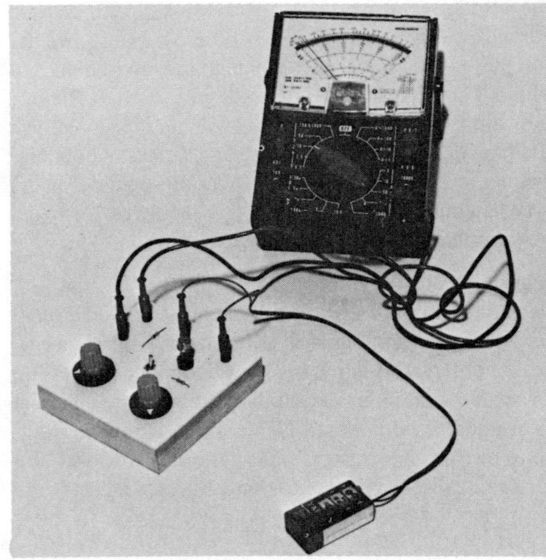

Bild 4.48: Meßaufbau nach *Bild 4.47*.

Ausgangsspannung U_4 am Kollektorwiderstand R_4 so eingestellt (4 V bis 7 V), daß sie deutlich unter der Betriebsspannung ($U_B = +9$ V) liegt. (Die Messung der Ausgangsspannung U_4 wird relativ genau, wenn man ein 20-kΩ/V-Meßinstrument verwende.)
Aus *Bild 4.47* können Sie die Auswertungsformeln zur Bestimmung des Gleichstromverstärkungsfaktors entnehmen. Da die Transistoren bei der vorliegenden Messung nicht voll durchgesteuert werden (U_4 wäre dann fast so groß wie U_B), wird hier für Siliziumtransistoren eine Basis-Emitter-Spannung U_{BE} von 0,65 V angenommen (der durch diese Annahme mögliche Fehler ist so klein, daß er vernachlässigt werden kann).
Die Potentiometereinstellung von R_1 bzw. R_2 kann mit Hilfe eines Ohmmeters ausgemessen werden. Rascher und vor allen Dingen wesentlich genauer läßt sich jedoch der Potentiometerwiderstand nach einer geeichten Skala ermitteln.
Auf den Widerstand R_3 kann nicht verzichtet werden. Er dient als Schutzwiderstand für den Transistor, falls der Potentiometerwiderstand in Richtung „Null Ohm“ gedreht wird!

5. Was man bei der Auswahl von Bauelementen wissen muß

Wenn Sie in ein Fachgeschäft für „electronic" gehen, sollten Sie genau wissen, was Sie wollen. Nicht selten werden Sie nämlich, wenn Sie einen ganz speziellen Transistor kaufen wollen, gefragt, ob es nicht auch ein Universaltransistor sein dürfe. Oder wenn Sie einen 480-Ω-Widerstand haben wollen, kann es heißen: „Haben wir nicht – hier, nehmen Sie 470 Ω."

Das wird nicht die Regel sein, aber es kann einmal vorkommen. Sie werden dann entweder schweigend den „falschen" Widerstand oder Transistor kaufen, oder Sie werden den Laden ohne das gewünschte Bauelement verlassen müssen. Oder aber Sie wissen, daß die Schaltungen selten sind, in denen nur ein spezieller Transistor arbeitet oder in denen z.B. nicht auch ein 470-Ω-Widerstand seinen Dienst tut.

Weil Sie nicht immer genau die Bauelemente kaufen können, die in einer Schaltung angegeben sind, müssen Sie abschätzen können, wo man etwas abändern kann und wie sich Änderungen auswirken können und dürfen.

Fortgeschrittene Hobby-Elektroniker sehen sogar einen besonderen Reiz darin, nach günstigen Ersatzmöglichkeiten und Alternativlösungen zu suchen, Vorhandenes aus der Bastelkiste oder preiswerte Sonderangebote des Fachhandels zu nutzen.

Es macht ihnen Spaß, vorgegebene Schaltungsvorschläge abzuwandeln, zu vereinfachen, zu verbessern, zu improvisieren oder mit neu auf den Markt gekommenen Bauelementen neu zu gestalten.

Allerdings muß man dazu wissen:

- welche Daten der Bauelemente wesentlich sind und unbedingt berücksichtigt werden müssen,
- welche Toleranzen und Abweichungen noch zulässig sind,
- welche Anforderungen an die Betriebssicherheit zu stellen sind,
- wo das Bauelement leicht und preiswert zu bekommen ist.

Im Grunde muß man also Bauelementekunde betrieben haben, ehe man perfekter Elektroniker ist. Weil das aber ein sehr umfangreiches Thema ist, werden wir hier dazu nur das Wichtigste über die Eigenschaften von Widerständen, Kondensatoren, Dioden und Transistoren sagen.

Wie man Widerstände auswählt

Bei einem Widerstand sind vor allem zwei Daten, der Widerstandsnennwert und die Belastbarkeit wichtig.

Widerstandswerte in Stufen

Obwohl jeder beliebige Widerstandswert produziert werden könnte, bieten die Herstellerfirmen hauptsächlich Widerstandssortimente mit festen Wertabstufungen ohne Zwischengrößen an. Wie groß die einzelnen Wertstufen in so einer Reihe sind, hängt von der Genauigkeit ab, mit der die Widerstandsnennwerte eingehalten werden.

Tabelle 5.1 enthält eine Übersicht über die gängigen Widerstandswertabstufungen, die nach der IEC-Norm festgelegt sind. An dieser Übersicht erkennt man, daß zum Beispiel die Reihe E 6 für eine Dekade 6 Werte enthält. Im Wertbereich 1 bis 10 gibt es nur die Widerstandswerte 1 – 1,5 – 2,2 – 3,3 – 4,7 – 6,8. Im Bereich von 10 bis 100 gibt es nur die Werte 10 – 15 – 22 – 33 – 47 – 68 usw. Warum? Widerstände der E-6-Reihe werden mit einer Toleranz von ±20% gefertigt. Der tatsächliche Wert eines Widerstandes kann also um 20% größer oder kleiner sein als sein Widerstandsnennwert. Es wäre also sinnlos, bei 20% Toleranz neben dem Widerstandsnennwert von 47 Ω noch einen Wert von 45 Ω oder 50 Ω zu produzieren. Deswegen gibt es oft Schwierigkeiten, einen Widerstand von 480 Ω Nennwert zu bekommen.

Tabelle 5.1: Übersicht über die genormten Nennwertabstufungen für Widerstände (IEC-Norm).

E6 ±20%	E12 ±10%	E24 ±5%	E48 ±2%	E96 ±1%
1,0	1,0	1,0	1,00	1,00
				1,02
			1,05	1,05
				1,07
		1,1	1,10	1,10
				1,13
			1,15	1,15
				1,18
	1,2	1,2	1,21	1,21
				1,24
			1,27	1,27
		1,3		1,30
			1,33	1,33
				1,37
			1,40	1,40
				1,43
			1,47	1,47
1,5	1,5	1,5		1,50
			1,54	1,54
				1,58
		1,6	1,62	1,62
				1,65
			1,69	1,69
				1,74
			1,78	1,78
	1,8	1,8		1,82
			1,87	1,87
				1,91
			1,96	1,96
		2,0		2,00
			2,05	2,05
				2,10
			2,15	2,15
2,2	2,2	2,2		2,21
			2,26	2,26
				2,32
			2,37	2,37
		2,4		2,43
			2,49	2,49
				2,55
			2,61	2,61
				2,67
	2,7	2,7	2,74	2,74
				2,80
			2,87	2,87
				2,94
		3,0	3,01	3,01
				3,09
			3,16	3,16
				3,24

E6 ±20%	E12 ±10%	E24 ±5%	E48 ±2%	E96 ±1%
3,3	3,3	3,3	3,32	3,32
				3,40
			3,48	3,48
				3,57
		3,6	3,65	3,65
				3,74
			3,83	3,83
	3,9	3,9		3,92
			4,02	4,02
				4,12
			4,22	4,22
		4,3		4,32
			4,42	4,42
				4,53
			4,64	4,64
4,7	4,7			4,75
		4,7	4,87	4,87
				4,99
		5,1	5,11	5,11
				5,23
			5,36	5,36
				5,49
	5,6	5,6	5,62	5,62
				5,76
			5,90	5,90
				6,04
		6,2	6,19	6,19
				6,34
			6,49	6,49
				6,65
6,8	6,8	6,8	6,81	6,81
				6,98
			7,15	7,15
				7,32
		7,5	7,50	7,50
				7,68
			7,87	7,87
				8,06
	8,2	8,2	8,25	8,25
				8,45
			8,66	8,66
				8,87
		9,1	9,09	9,09
				9,31
			9,53	9,53
				9,76

Selbstverständlich werden auch Widerstände angeboten, deren maximale Abweichung vom Widerstandsnennwert kleiner als $\pm 20\%$ ist. Es gibt zum Beispiel die E-96-Reihe mit 96 Wertabstufungen pro Dekade. Diese Feinabstufung ist allerdings nur sinnvoll, wenn die maximale Wertabweichung nicht größer als $\pm 1\%$ ist. Je genauer ein Widerstand hergestellt wird, desto teurer ist er in der Regel.
Man muß entscheiden, wo man Widerstände mit großer Genauigkeit benötigt und wo 10 oder 20% Toleranz ausreichen. Es ist zum Beispiel nicht nötig, bei einer einfachen Blinkschaltung sehr genau bemessene Widerstände zu verwenden, weil erstens die übrigen Bauelemente wie Lämpchen, Transistoren und Kondensatoren ebenfalls erhebliche Abweichungen von den Nennwerten aufweisen, und weil es zweitens auf die Blinkfrequenz der Lämpchen nicht so genau ankommt. Dagegen müssen die Vorwiderstände für einen Spannungsmesser schon recht genau bemessen sein. Weil Widerstände mehr oder weniger temperaturabhängig sind, setzt man für diesen Verwendungszweck sogar meist spezielle Widerstände ein, deren Nennwerte auch bei Temperaturschwankungen nahezu unverändert bleiben.
Ganz allgemein kann hier gelten, daß Metallschichtwiderstände weniger temperaturabhängig sind als Kohleschichtwiderstände. Bei Drahtwiderständen hängt die Temperaturabhängigkeit wesentlich vom Drahtmaterial ab.
Für besondere Anwendungen, zum Beispiel im Hochfrequenzbereich, können noch andere Faktoren, wie die Induktivität oder die Kapazität eines Widerstandes, bedeutsam werden und die Entscheidung zugunsten einer bestimmten Ausführungsform beeinflussen. Aber auf solche spezielle Probleme soll in diesem Rahmen nicht näher eingegangen werden.
Damit ein stromdurchflossener Widerstand nicht zu warm wird, muß man für ausreichende Wärmeabfuhr sorgen.

Die Belastbarkeit ist begrenzt

Je größer die Oberfläche eines Widerstandes ist, desto besser ist die Wärmeableitung und desto größer darf auch die Belastung sein. Die Hersteller bieten Widerstände unterschiedlicher Belastbarkeit, nach Stufen sortiert, an; zum Beispiel 0,25 W – 0,33 W – 0,5 W – 1 W – 2 W usw. *Bild 5.1* zeigt eine Auswahl von Widerständen unterschiedlicher Belastbarkeit im Größenvergleich (DIN 44050). Die angegebenen Belastungswerte beziehen sich auf eine Umgebungstemperatur von

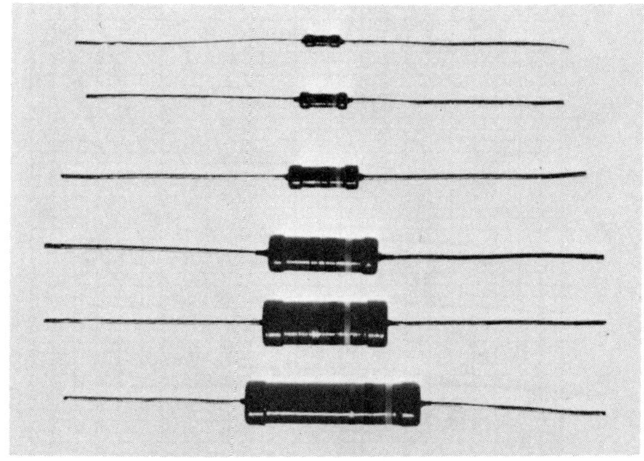

Bild 5.1: Widerstände unterschiedlicher Belastbarkeit im Größenvergleich.

70 °C. Dabei wird eine Oberflächentemperatur von 155 °C erreicht. Solch extreme Bedingungen wird man allerdings in der Regel vermeiden. Man wird dann lieber einen Widerstand der nächst größeren Belastungsstufe verwenden, damit die Schaltung sicherer wird.
Wie stark ein Widerstand belastet wird, ist von den konkreten Betriebsbedingungen abhängig.
Ein Beispiel: Eine Leuchtdiode soll über einen Vorwiderstand von 2,2 kΩ an einer Betriebsspannung von 24 V betrieben werden. Am Vorwiderstand falle eine Spannung von 22,5 V ab. Für welche Belastung muß dieser Vorwiderstand bemessen sein?
Im Widerstand wird folgende Leistung entstehen:

$P = \frac{U^2}{R} = \frac{(22{,}5\ \mathrm{V})^2}{2{,}2\ \mathrm{k\Omega}} = 0{,}23\ \mathrm{W}$. Man kann also einen Widerstand aus der Belastungsstufe 0,25 W verwenden.
Bild 5.2 enthält ein Diagramm, aus dem sich ablesen läßt, bis zu welchem höchsten Spannungswert ein Widerstand mit einem gegebenen Ohmwert und einer gegebenen Belastungsstufe einsetzbar ist. Das Diagramm beschränkt sich auf Werte, die in Schaltungen der Amateur-Elektronik am häufigsten vorkommen.
Ein Anwendungsbeispiel: Ein Widerstand von 1 kΩ kann an Spannungen bis 10 V angeschlossen werden, wenn er der Belastungsstufe 0,1 W angehört. Will man einen 1-kΩ-Widerstand an 30 V anschließen, so muß er der Belastungsstufe 1 W angehören. Man kann auch ablesen, daß zum Beispiel 0,5-W-Widerstände nicht kleiner als 470 Ω sein dürfen, wenn eine Betriebsspannung von 15 V gegeben ist.

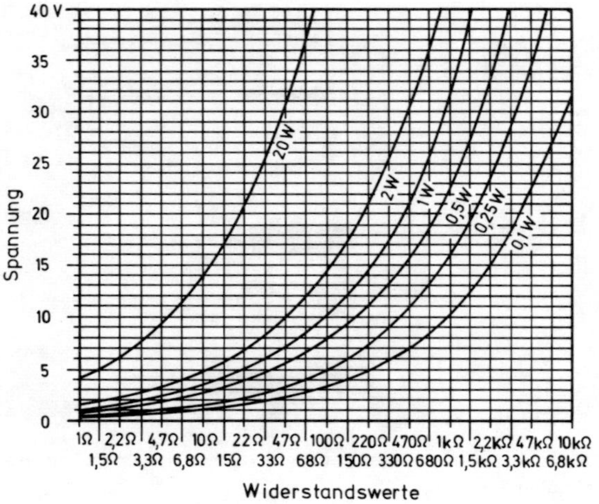

Bild 5.2: Diagramm zur Veranschaulichung der Belastbarkeit von Schichtwiderständen.

Wenn man beim Experimentieren einen bestimmten Widerstand gerade nicht zur Hand hat, kann man sich durch Zusammenschalten von Widerständen mit anderen Nennwerten behelfen. Auf diese Weise läßt sich der gewünschte Widerstandswert und auch die erforderliche Belastbarkeit erreichen.

Ein einfaches Beispiel: Erforderlich sei ein Widerstand mit den Daten 2,5 Ω/1 W.

Vorrätig seien 10-Ω-Widerstände mit einer Belastbarkeit von 0,25 W. Die Lösung: Man könnte vier 10-Ω-Widerstände parallel schalten. Die Widerstandsschaltung hätte einen Gesamtwiderstand von 2,5 Ω und wäre bis zu 1 W belastbar.

Widerstandswerte im Farbcode

Weil der Platz für Zahlenaufdrucke auf kleinen Widerständen nur gering ist und weil es fertigungstechnisch vorteilhaft ist, wird der Widerstandswert meist in einem Farbcode angegeben: Jeder Widerstand trägt 4 oder 5 Farbringe *(Bild 5.3)*. Man zählt die Ringe von dem Widerstandsanschluß her, dem sie am nächsten liegen. Metallfilmwiderstände, die in der Regel mit geringeren Toleranzen als Kohleschichtwiderstände hergestellt werden, tragen 5 Ringe. Damit lassen sich genauere Wertangaben machen als mit 4 Ringen.

Kohleschichtwiderstand

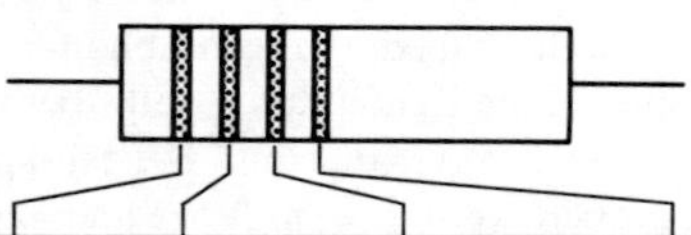

Farbe	1. Ziffer	2. Ziffer	Multiplikator	Toleranz
schwarz	0	0	× 1 Ω	–
braun	1	1	× 10 Ω	–
rot	2	2	× 100 Ω	± 2%
orange	3	3	× 1 000 Ω	–
gelb	4	4	× 10 000 Ω	–
grün	5	5	× 100 000 Ω	–
blau	6	6	× 1 000 000 Ω	–
violett	7	7	–	–
grau	8	8	–	–
weiß	9	9	–	–
gold	–	–	× 0,1	± 5%
silber	–	–	× 0,01	± 10%

Beispiel:

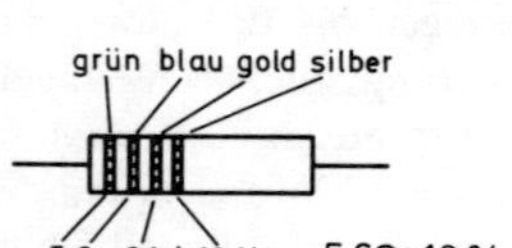

Metallschichtwiderstand

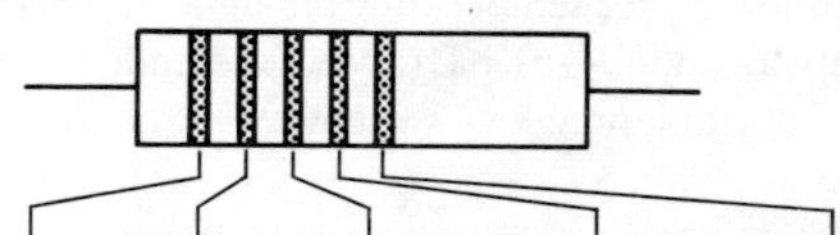

Farbe	1. Ziffer	2. Ziffer	3. Ziffer	Multiplikator	Toleranz
schwarz	0	0	0	× 1 Ω	–
braun	1	1	1	× 10 Ω	–
rot	2	2	2	× 100 Ω	± 2%
orange	3	3	3	× 1 000 Ω	–
gelb	4	4	4	× 10 000 Ω	–
grün	5	5	5	× 100 000 Ω	–
blau	6	6	6	× 1 000 000 Ω	–
violett	7	7	7	–	–
grau	8	8	8	–	–
weiß	9	9	9	–	–
gold	–	–	–	× 0,1	± 5%
silber	–	–	–	× 0,01	± 10%

Beispiel:

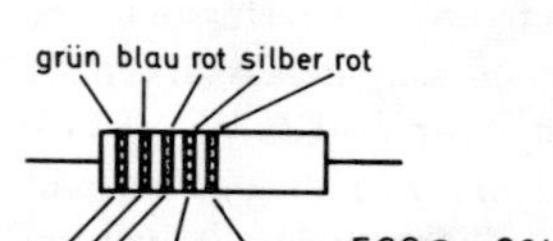

Bild 5.3: Farbcode-Tabellen für Schichtwiderstände (IEC-Norm und DIN 41 429).

Einstellbare Widerstände

Zum Einstellen beliebiger Widerstandswerte gibt es veränderbare Widerstände, die sogenannten Potentiometer. *Bild 5.4* zeigt eine Auswahl.

Für das gelegentliche oder einmalige Einstellen (zum Abgleichen einer Schaltung) sind die Trimmer-Potentiometer gedacht, die mit einer kurzen Steckachse oder mit einem Schraubenzieher eingestellt werden.

Es gibt Ausführungsformen für liegende und stehende Montage. Die Anschlüsse passen in das Rastermaß gedruckter Schaltungen.

„Wendelpotentiometer“ kann man besonders gut „feineinstellen“, weil der gesamte Einstellbereich erst mit mehreren Umdrehungen einer Einstellschraube überstrichen wird.

Potentiometer, die für die häufige Verstellung von Hand konstruiert sind, besitzen Achsen zum Befestigen von Drehknöpfen. Sie sind für die Frontplattenmontage vorgesehen.

Zur synchronen Verstellung von zwei Widerstandswerten gibt es Doppelpotentiometer auf einer gemeinsamen Achse. Sie werden z.B. zur Lautstärkeeinstellung in Stereogeräten benötigt. Eine beliebte Alternative zu den Drehpotentiometern sind Schiebewiderstände. Man findet sie z.B. an Mischpulten, weil sich mit ihnen mehrere Einstellungen nebeneinander und gleichzeitig leichter vornehmen lassen. Potentiometer, deren Widerstandsbahn gleichmäßig ist, lassen sich linear verstellen: mit einer Vierteldrehung wird auch 1/4 des Widerstandsgesamtwertes abgeändert.

Potentiometer, die in elektroakustischen Schaltungen zur Einstellung der Lautstärke verwendet werden, haben eine logarithmische Einstellcharakteristik. Damit wird erreicht, daß Drehknopfstellung und Lautstärkeempfindung des menschlichen Gehörs etwa proportional zueinander sind. Auf der Widerstandsbahn des Potentiometers muß jeweils der zehnfache Widerstand eingestellt werden, wenn die Lautstärke für das Ohr verdoppelt werden soll.

Bild 5.4: Eine Auswahl von einstellbaren Widerständen.

Hier ist die Widerstandsbahn so beschaffen, daß ihr Widerstand bei Drehung des Schleifers auf einen Endwert hin sehr stark zunimmt. Natürlich muß auch bei einstellbaren Widerständen die Belastbarkeit berücksichtigt werden. Wenn Potentiometer überlastet und damit zerstört werden, liegt es meistens daran, daß über einen kleinen Teil der Widerstandsbahn ein zu großer Strom geflossen ist, *Bild 5.5*. Zur Begrenzung des Höchststromes und als Schutz vor Kurzschluß bei seitlicher Schleiferstellung kann man strombegrenzende Widerstände zuschalten. Das führt allerdings zu einer Einschränkung des Einstellbereiches.

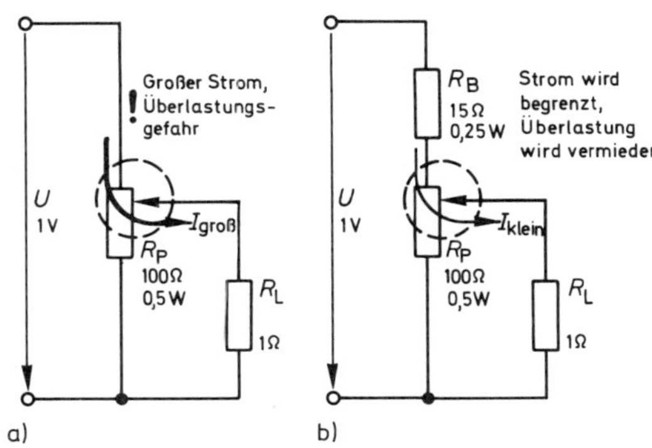

Bild 5.5: Potentiometer werden beschädigt, wenn sie partiell überlastet werden.

Was man bei der Auswahl von Kondensatoren beachten sollte

Kondensatoren sind vom Prinzip her ganz einfache Bauelemente: zwei leitende Flächen, dazwischen eine Isolierschicht. Allerdings haben das Material und die Art, wie ein Kondensator damit aufgebaut ist, großen Einfluß auf seine Eigenschaften.

Je nach Verwendungszweck sind die Begriffe Nennkapazität, Toleranz der Nennwerte, Überspannungsfestigkeit, Isolationswiderstand, Reststrom, Verlustfaktor, Temperaturabhängigkeit, Eigeninduktivität, Selbstheilung, Eigenerwärmung, Wechselstrombelastbarkeit, Zuverlässigkeit, Beanspruchungsdauer, Alterungsverhalten wichtig.

Für den „Hausgebrauch“ genügt es jedoch, wenn man die Nennkapazität, die Höchstspannung, die Betriebsspannungsart (Gleich- oder Wechselspannung) und die Bauart eines Kondensators kennt.

Kondensatorwerte

Die Kapazitätswerte von Kondensatoren sind in gleicher Weise nach Normzahlenreihen gestaffelt wie die Widerstandsnennwerte. Entsprechend liegen die Toleranzbereiche. So gibt es nach der E-6-Reihe in einer Dekade die Kapazitätswerte 1 – 1,5 – 2,2 – 3,3 – 4,7 – 6,8. Bei dieser Wertstaffelung ist eine Abweichung vom Nennwert bis zu $\pm 20\%$ möglich.
Die Grundeinheit für die Kapazität ist das Farad (Abkürzung: F). Da in der Praxis fast nur Kondensatoren mit kleineren Kapazitäten als 1 Farad verwendet werden, gibt man die Kapazität in
Picofarad (1 $pF = 10^{-12} F$),
Nanofarad (1 $nF = 10^{-9} F$),
Mikrofarad (1 $\mu F = 10^{-6} F$) sowie bei Bedarf in
Millifarad (1 $mF = 10^{-3} F$) an).
Gelegentlich findet man in Angebotslisten kuriose Kapazitätsangaben wie uF oder MF. Bei einem u vor dem F handelt es sich um ein verkümmertes griechisches μ (my) mit der Bedeutung „mikro ($= 10^{-6}$)“. Mit dem großen M ist wahrscheinlich ein kleines m für „milli ($= 10^{-3}$)“ gemeint. Denn Kondensatoren mit der Kapazität von Megafarad (1 MF wäre 10^{+6} F) gibt es nicht.
Neben der Kapazität ist die Kenntnis der höchstzulässigen Spannung bei einem Kondensator von Wichtigkeit. Beachtet man diesen Nennwert nicht, so kann die Isolierschicht des Kondensators, das sogenannte Dielektrikum, durchschlagen werden. Fast alle Kondensatoren sind danach unbrauchbar. Nur die „selbstheilenden“ Kondensatoren halten dies aus.
Wie groß ein Kondensator bestimmter Bauart in seinen äußeren Abmessungen ist, hängt von der Nennkapazität und der Nennspannung ab. Je größer beide Werte sind, desto größer ist das Volumen des Kondensators. *Bild 5.6* zeigt zum Beispiel Kondensatoren gleicher Bauart und gleicher Nennspannung mit unterschiedlicher Kapazität. Der Kondensator mit der größten Kapazität ist auch äußerlich der größte. *Bild 5.7* zeigt ebenfalls Kondensatoren gleicher Bauart. Sie besitzen die gleiche Nennkapazität, unterscheiden sich aber in der zulässigen Spannung. Der Kondensator für die höchste Nennspannung besitzt die größten äußeren Abmessungen. Der Grund hierfür: Das Dielektrikum muß für höhere Spannungen stärker sein, damit es nicht durchschlagen wird.

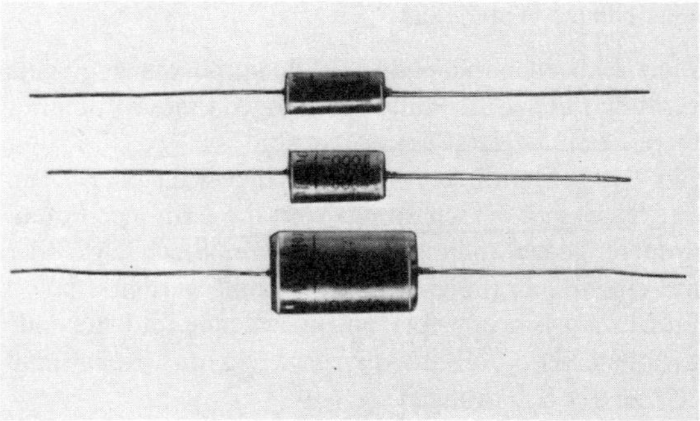

Bild 5.6: Folienkondensatoren gleicher Bauart mit gleicher Nennspannung und unterschiedlicher Kapazität im Größenvergleich.

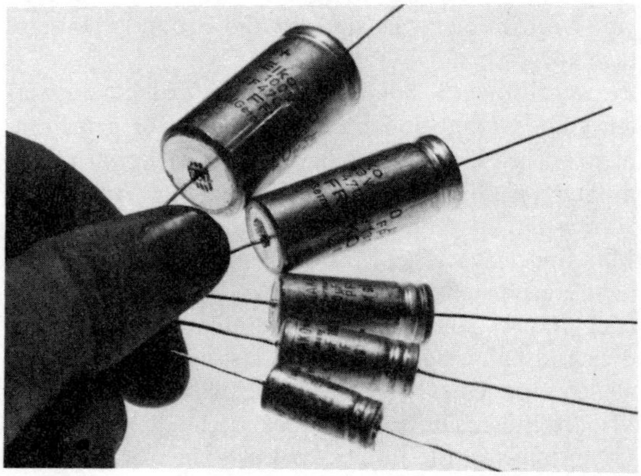

Bild 5.7: Elektrolyt-Kondensatoren gleicher Bauart mit gleicher Nennkapazität und unterschiedlicher Nennspannung im Größenvergleich.

Der Anwendungsbereich bestimmt die Bauart

Weil man keine Kondensatoren herzustellen vermag, die alle denkbaren Vorzüge in sich vereinigen, versucht man, Bauarten zu fertigen, die wenigstens für einen bestimmten Verwendungszweck günstige Eigenschaften aufweisen. Deshalb sind alle in der Praxis verfügbaren Kondensatoren Kompromißlösungen.
Die Vielfalt der Bauarten und Ausführungsformen ist groß. Nach der Art ihres Aufbaus ist folgende Grobeinteilung möglich:
Folienkondensatoren – Elektrolytkondensatoren – Keramikkondensatoren.

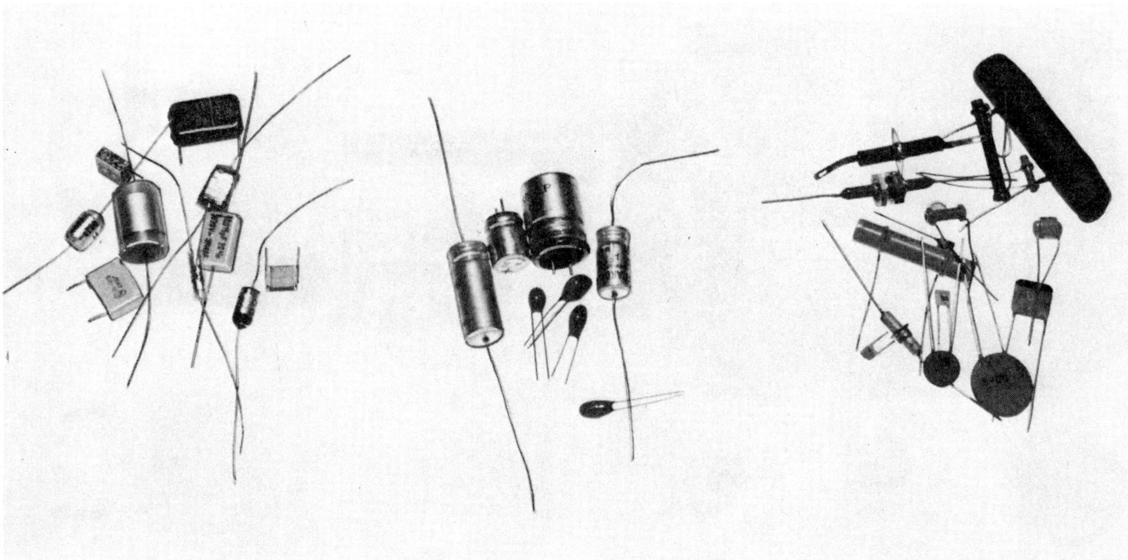

Bild 5.8: Eine Auswahl verschiedener Ausführungsformen von Kondensatoren.

Bild 5.8 zeigt einige typische Ausführungsformen aus den drei genannten Kategorien. Ein paar Hinweise auf besondere Merkmale und Unterschiede:
Folienkondensatoren eignen sich für den Betrieb an Gleich- und Wechselspannungen. Zu beachten ist, daß der Nennwert (Effektivwert) der Wechselspannung entsprechend niedriger liegen muß als der Nennwert der Gleichspannung. Das Temperaturverhalten von Folienkondensatoren ist größtenteils recht gut, ihr Isolationswiderstand hoch. Im einzelnen kommt es darauf an, welches Folienmaterial Verwendung findet. Es gibt Folienkondensatoren, die sich nicht für Hf-Anwendungen eignen, zum Beispiel Metall-Papier-Kondensatoren, und andere, die sich dafür gut verwenden lassen, zum Beispiel Styroflex-Kondensatoren. Genaue, ausführliche Angaben über die elektrischen Eigenschaften von Kondensatoren findet man – wenn erforderlich – in speziellen Datenblättern, die bei den Herstellern angefordert werden können. Folienkondensatoren werden nur für „kleine" Kapazitäten (bis ca. 100 µF) gebaut, weil sie sonst in den äußeren Abmessungen zu groß ausfallen würden.
Elektrolytkondensatoren zeichnen sich vor allem durch ein gutes Kapazität-Volumen-Verhältnis aus. Sie dürfen aber nur an Gleichspannung betrieben werden, die bis zu einem gewissen Grade von Wechselspannung überlagert sein darf. Elektrolytkondensatoren sind gepolt: bei falscher Polung wird ihre Isolierschicht zersetzt, was zu Kurzschluß und sogar zur Explosion der Kondensatoren führen kann.
Der Isolationswiderstand von Elektrolytkondensatoren ist verhältnismäßig gering. Es können Restströme bis zu einigen Milliampere fließen (je nach Kapazität, Spannung und Güteklasse). Elektrolytkondensatoren verändern ihre Werte mit der Zeit und mit den Betriebsbedingungen. Es hat bei diesen Bauelementen etwas für sich, auf „frische Ware" zu achten!
Im Vergleich zu den am häufigsten verwendeten Aluminium-Elektrolytkondensatoren haben die etwas teureren Tantal-Elektrolytkondensatoren bessere elektrische Eigenschaften und kleineren Raumbedarf. Ihr Reststrom liegt um etwa eine Zehnerpotenz niedriger als bei entsprechenden Aluminium-Kondensatoren.
Die dritte Gruppe der Kondensatoren, die Keramikkondensatoren, werden vor allem in der Hochfrequenztechnik verwendet. Sie zeichnen sich durch gute Wertkonstanz, hohen Isolationswiderstand und geringe Verluste aus. Man baut sie vorwiegend für Kapazitäten im Picofarad- und Nanofaradbereich.
Vor allem zur Frequenzabstimmung in Oszillator- und Empfängerschaltungen setzt man veränderbare Kondensatoren ein. Ihre Kapazität ist in der Regel im

Bild 5.9: Beispiele für einstellbare Kondensatoren.

Picofaradbereich verstellbar. *Bild 5.9* zeigt Drehkondensatoren, wie sie in Rundfunkempfängern zur Abstimmung der Empfangsfrequenz üblich sind, und sogenannte Trimmer-Kondensatoren, die für Abgleichmaßnahmen dienen. Beim Verstellen der Trimmer, die nur Kapazitäten von einigen Picofarad besitzen, kann bei Verwendung von metallischen Schraubendrehern eine zusätzliche Kapazitätsbeeinflussung auftreten. Besser geeignet sind hier nichtleitende Kunststoff-Werkzeuge.

Es gibt auf die Frage, welcher Kondensatortyp der beste sei, leider keine generelle kurze Antwort. Denn die Entscheidung für einen bestimmten Kondensatortyp muß jeweils unter Berücksichtigung der konkreten Einsatzbedingungen getroffen werden.

Einige Beispiele sollen die Problematik andeuten:

Bild 5.10a: Zur Glättung pulsierenden Gleichstroms in einem Netzgerät eignet sich am besten ein Elektrolytkondensator. Er besitzt ein gutes Kapazitäts-Volumen-Verhältnis. Er wird in diesem Anwendungsfall, wie erforderlich, nur an Gleichspannung betrieben. Auf eine große Genauigkeit bezüglich der Kapazität und anderer Werte kommt es bei diesem Einsatz nicht an.

Bild 5.10b: In einer Zeitgeberschaltung wird neben einer großen Kondensatorkapazität auch eine hohe Qualität der elektrischen Werte verlangt. Hier ist die Verwendung eines Tantal-Elektrolytkondensators richtig.

Bild 5.10c: In Nf-Verstärkerschaltungen werden Folienkondensatoren verwendet, wenn es um die polungsunabhängige Ankopplung einer Verstärkerstufe an andere Stufen geht. Die einzelnen Stufen bleiben für Gleichstrom voneinander getrennt und sind durch die Kondensatoren für Wechselstrom verbunden.

Bild 5.10d: In HF-Schaltungen werden meist Keramikkondensatoren verwendet.

Wertangaben auf Kondensatoren

Die Kennzeichnung von Kondensatoren ist je nach Bauart und Hersteller verschieden. Die meisten Kondensatoren tragen eine Beschriftung mit den wichtigsten Daten wie Nennkapazität, Auslieferungstoleranz, Nennspannung und Herstellerzeichen.

Außerdem enthält die Aufschrift häufig noch Angaben bezüglich des Bautyps, des Temperaturbereichs und der zugrunde liegenden DIN-Norm.

Bei Folienkondensatoren wird meist der Anschluß für den Außenbelag durch einen Ring oder Strich gekennzeichnet. Dies kann bei Anwendungen im HF-Bereich von Bedeutung sein.

Elektrolytkondensatoren tragen deutliche Kennzeichen für den Pluspol. In der Regel wird bei dieser Kondensatorart auch das Fertigungsdatum, die Art der Anode, die Anwendungsklasse nach DIN und ne-

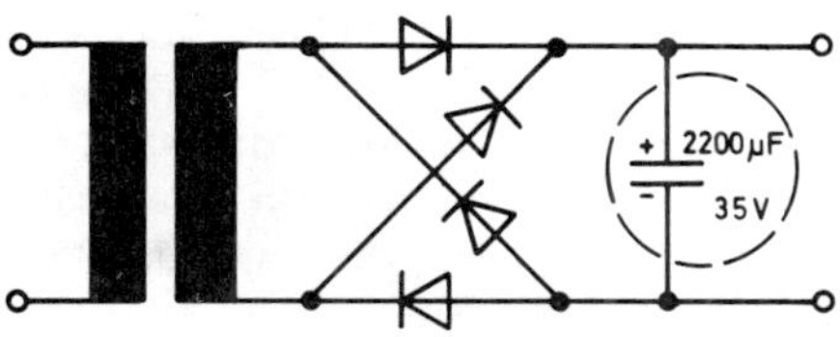

a) Aluminium-Elektrolytkondensator

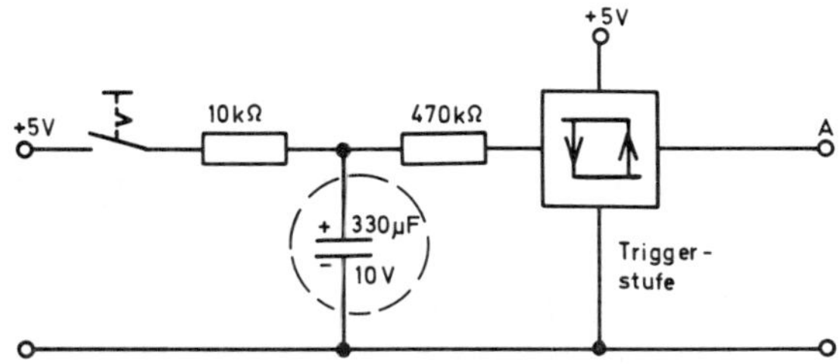

b) Tantal-Elektrolytkondensator

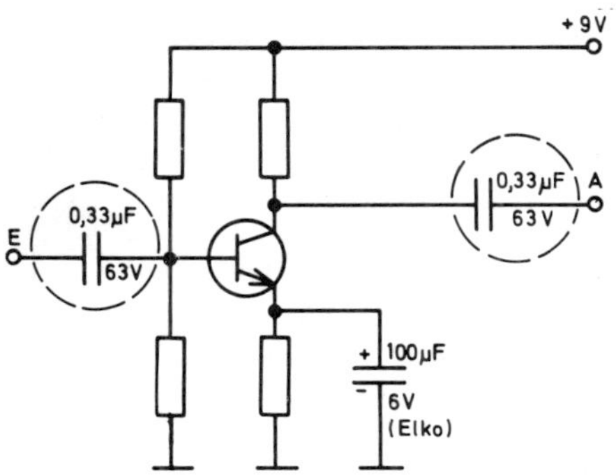

c) Folienkondensatoren für Niederfrequenz

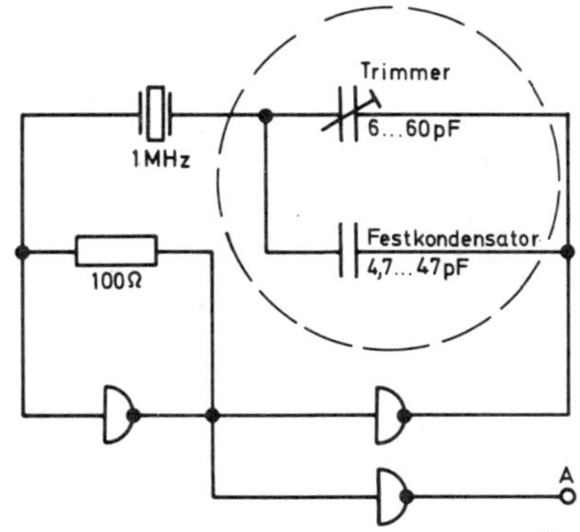

d) Keramik-Kondensatoren für Hochfrequenz

Bild 5.10: Beispiele für den Einsatz verschiedenartiger Bauarten von Kondensatoren.

Keramik-Kondensator

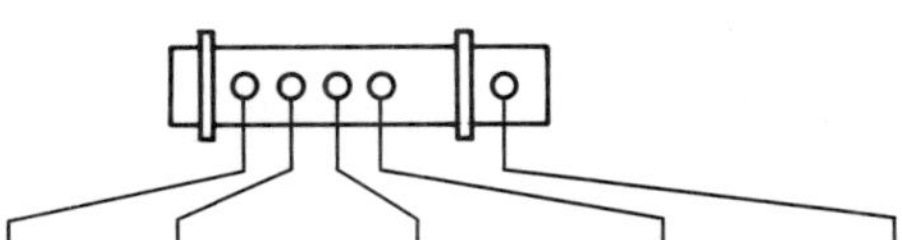

Farbe	1. Ziffer	2. Ziffer	Multiplikator	Toleranz	Nennspannung
schwarz	0	0	× 1 pF	± 20%	
braun	1	1	× 10 pF	± 1%	100 V
rot	2	2	× 100 pF	± 2%	200 V
orange	3	3	× 1 000 pF		300 V
gelb	4	4	× 10 000 pF		400 V
grün	5	5	× 100 000 pF	± 5%	500 V
blau	6	6	× 1 000 000 pF		600 V
violett	7	7			700 V
grau	8	8	× 0,01 pF		800 V
weiß	9	9	× 0,1 pF	± 10%	900 V

Beispiel:

Tantal-Elektrolytkondensator

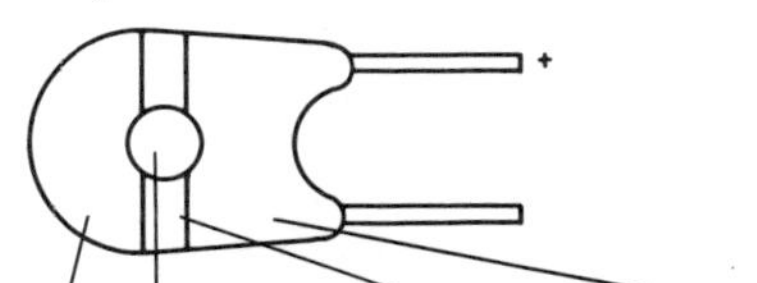

Farbe	1. Ziffer	2. Ziffer	Multiplikator	Nenngleichspannung
schwarz	0	0	× 1 µF	10 V
braun	1	1	× 10 µF	6,3 V
rot	2	2		
orange	3	3		
gelb	4	4		
grün	5	5		16 V
blau	6	6		20 V
violett	7	7		
grau	8	8	× 0,01 µF	25 V
weiß	9	9	× 0,1 µF	3 V
rosa				35 V

Beispiel:

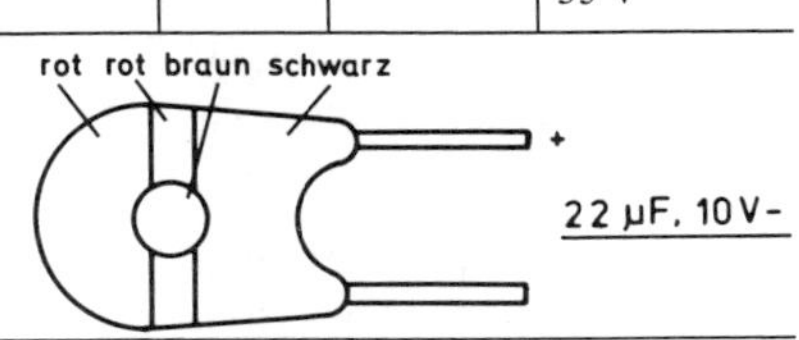

Bild 5.11: Farbcode-Tabellen für Keramik-Kondensatoren (Metallfilmkondensatoren) und Tantal-Elektrolytkondensatoren.

ben der Nennspannung eine kurzzeitig zulässige Spitzenspannung angegeben.
Kleine Keramik- und Metallfilmkondensatoren sowie manche Tantal-Elektrolytkondensatoren werden gelegentlich mit Hilfe eines Farbcodes gekennzeichnet, ähnlich wie bei Widerständen. Die erste und die zweite Farbmarkierung bedeuten bei allen Kondensatorarten die ersten Ziffern des Kapazitätswerts. Die dritte Farbmarkierung stellt einen Multiplikator dar, mit dem die ersten beiden Ziffern zu multiplizieren sind. Bei Keramik- und Metallfilmkondensatoren enthält der Multiplikator die Einheit pF, bei Tantal-Kondensatoren die Einheit µF. Die vierte Farbmarkierung gibt die Toleranz der Nennkapazität an. Mit der fünften Farbmarkierung wird die Nennspannung angegeben, *Bild 5.11*.

Worauf es bei Halbleiterdioden ankommt

Unter den Sammelbegriff *Halbleiterdioden* fallen sehr viele einzelne Diodenarten und -typen:

- Z-Dioden,
- Fotodioden,
- Kapazitätsdioden,
- Schalterdioden,
- Siliziumdioden,
- Leistungsdioden usw.

Lassen Sie sich durch diese vielen Begriffe nicht verwirren. Mit wenigen grundlegenden Kenntnissen über das Verhalten von Gleichrichterdioden kann man in der Amateurelektronik schon viel anfangen. Gleichrichterdioden arbeiten als „elektrische Ventile": sie lassen Strom in einer Richtung durch und sperren in der anderen Richtung. Wenn Dioden „ideale Gleichrichter" wären, müßten sie beliebig große Stromstärken durchlassen und beliebig hohe Spannungen sperren können. Aber es sind reelle Bauelemente, für die bestimmte Grenzwerte gelten, die eingehalten werden müssen, sollen die Dioden nicht Schaden erleiden.

Diodengrenzwerte

Die wichtigsten Grenzwerte sind:

die maximale Sperrspannung,
der maximale Durchlaßstrom,
die maximale Verlustleistung.

Die maximale Sperrspannung darf nicht überschritten werden, weil die Diode sonst auch in Sperrichtung durchlässig würde. Die maximale Sperrspannung liegt bei den verschiedenen Diodentypen unterschiedlich hoch, die Werte reichen von etwa 20 V bis zu einigen 100 V.
Beim Basteln kann es vorkommen, daß man zwar niedrig sperrende Dioden zur Hand hat, aber gerade eine Diode mit hohem Sperrspannungsgrenzwert benötigt. Man kann dann mehrere gleichartige Dioden in Reihe schalten. Eine Reihenschaltung von 6 Dioden mit der Sperrspannung von je 50 V würde eine Gleichrichterschaltung ergeben, die $6 \cdot 50\ V = 300\ V$ sperren kann.
Auch der Durchlaßstrom darf bei Dioden nicht beliebig groß werden. Jede Diode hat nämlich auch in Durchlaßrichtung einen gewissen Widerstand. Sie würde sich bei einer großen Stromstärke zu stark erwärmen.
Die Leistung, die in der Diode als Wärmeleistung auftritt und abgeführt werden muß, wird als Verlustleistung bezeichnet. Wie groß sie höchstens werden darf, damit die Diode nicht überhitzt wird, hängt von der Bauform und von den Kühlungsbedingungen ab. Je besser die Kühlung ist, desto höher darf die Verlustleistung werden.
Bild 5.12 zeigt einige Ausführungsformen von Halbleiter-Gleichrichtern. Kleine Dioden im Glas- und Kunststoffgehäuse werden für Ströme von wenigen Milliampere bis zu einigen 100 Milliampere gebaut. Bei diesen Dioden tragen die Anschlüsse wesentlich zur Kühlung bei. Man sollte sie deshalb nicht zu stark kürzen.

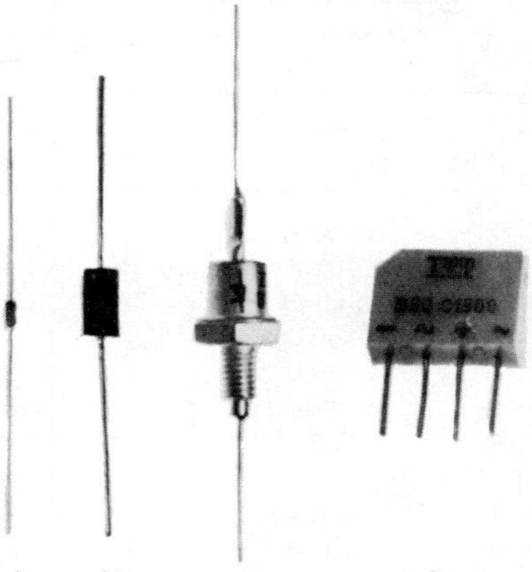

a) b) c) d)

Bild 5.12: Beispiele für Bauformen von Halbleiter-Gleichrichtern:
a) Diode im Glasgehäuse,
b) Diode im Plastikgehäuse,
c) Diode im Metallgehäuse zum Befestigen an Kühlblechen,
d) kompakter Brückengleichrichter, der vier Einzeldioden enthält.

Dioden für größere Ströme werden häufig in Metallgehäuse eingebaut, wo die entsprechend größere Wärmeleistung über Kühlflächen gut abgeleitet werden kann. Hat man einmal eine größere Stromstärke gleichzurichten und keine entsprechend leistungsstarke Diode zur Verfügung, so kann man improvisieren, indem man mehrere gleichartige schwächere Dioden parallelschaltet. Beispielsweise müssen für eine Stromstärke von 0,5 A fünf 100-mA-Universaldioden parallelgeschaltet werden.

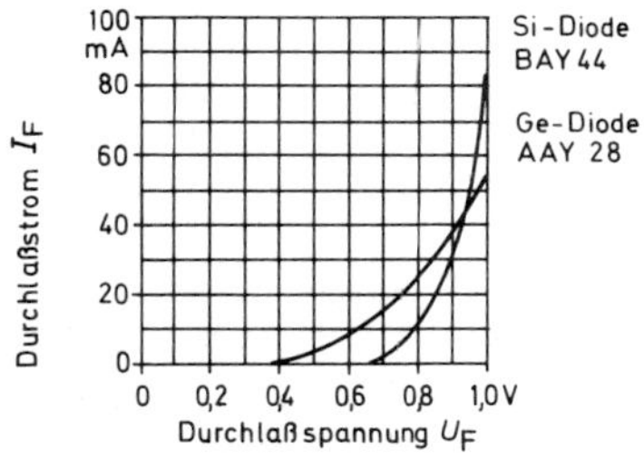

Bild 5.14: Durchlaßkennlinien einer Silizium- und einer Germaniumdiode.

Kennwerte und Kennlinien

Vom Einsatz hängt es ab, ob bei einer Diode neben den Grenzwerten noch verschiedene andere Kennwerte berücksichtigt werden müssen.
Einer dieser Kennwerte ist der Dioden-Sperrstrom. Denn genau genommen sperren Halbleiterdioden auch in Sperrichtung nicht vollkommen. In Abhängigkeit von der anliegenden Spannung können Ströme von einigen Nanoampere bis Mikroampere „durchsikkern". Das gibt vor allem bei hochohmigen Lasten Probleme, wo der durch den Sperrstrom verursachte Spannungsabfall erheblich sein kann, *Bild 5.13a.*

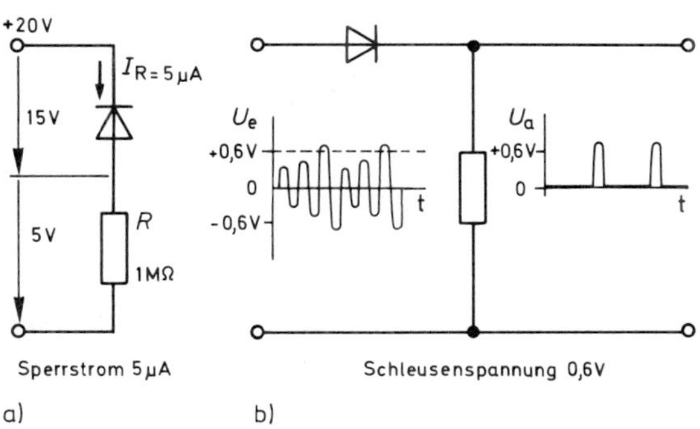

Bild 5.13: Beispiele zur Berücksichtigung von Dioden-Kennwerten:
a) der Diodenstrom erzeugt am hochohmigen Lastwiderstand einen Spannungsabfall,
b) die Schleusenspannungsschwelle verhindert die Gleichrichtung kleiner Spannungen.

Es ist eine Eigenart aller Halbleiterdioden, auch in Durchlaßrichtung erst dann einen nennenswerten Strom fließen zu lassen, wenn eine bestimmte Spannung, die sogenannte Schleusenspannung, überschritten wird.
Kleine Signalspannungen werden deshalb entweder gar nicht oder nur teilweise durchgelassen, *Bild 5.13b.* Generell liegt diese Schleusenspannung bei Germaniumdioden etwas niedriger (ca. 0,4 V) als bei Siliziumdioden (ca. 0,6 V). Bei Siliziumdioden ist außerdem der Übergang vom hochohmigen zum niederohmigen Durchlaßwiderstand an der Schleusenspannungsschwelle ausgeprägter, wie *Bild 5.14* zeigt.
Wenn Dioden zur Gleichrichtung von Hochfrequenz verwendet werden sollen, spielt eventuell ein weiterer Kennwert, die Diodenkapazität, eine Rolle. Sie liegt bei wenigen Picofarad. Bei Hochfrequenz kann also eine Diode in gewissem Maße als Kondensator wirken, über den Wechselströme fließen.
Was jedoch in einem Anwendungsfall stört, kann in einem anderen Fall ausgenutzt werden. Es gibt Dioden – sogenannte Kapazitätsdioden – die in der Hochfrequenztechnik als einstellbare Kondensatoren verwendet werden. Ihre Kapazität läßt sich durch eine in Sperrichtung angelegte Gleichspannung in einem Bereich von einigen Picofarad verändern. Sie werden zur Frequenzabstimmung in Rundfunk- und Fernsehempfängern eingesetzt.
Die Kennzeichnung von Dioden erfolgt am häufigsten durch Buchstaben und Ziffern. Nach deutschen Normen gibt der erste Buchstabe die Materialart an, der

1. Buchstabe	2. Buchstabe
A Germaniumdiode	A Gleichrichterdiode
B Siliziumdiode	B Kapazitätsdiode
	E Tunneldiode
	P Photodiode
	Y Leistungsdiode
	Z Stabilisierungsdiode

Bild 5.15: Übliche Kennbuchstaben zur Bezeichnung von Halbleiterdioden.

zweite Buchstabe weist auf die besondere Funktion der Diode hin. Ein möglicher dritter Buchstabe sowie nachfolgende Ziffern kennzeichnen den speziellen Typ. *Bild 5.15* enthält eine Zusammenstellung der wichtigsten Buchstabenbedeutungen.

Damit man weiß, in welcher Richtung eine Diode durchlässig ist, wird die Kathode besonders gekennzeichnet, meist durch einen Ring auf dem Gehäuse, manchmal durch andere Zeichen oder durch die Gehäuseform selbst.

Auf manchen Industrietypen findet man die Kennzeichnung der Dioden auch in Form eines Farbcodes aufgetragen. *Bild 5.16* enthält eine Farbcode-Tabelle.

Viele Diodentypen der verschiedenen Herstellerfirmen unterscheiden sich oft weniger in ihren Eigenschaften als in ihrer Bezeichnung. Für die meisten Anwendungsfälle eignen sich in der Regel eine ganze Reihe der unterschiedlich bezeichneten Typen, ohne daß nennenswerte funktionelle Unterschiede zu bemerken wären.

Es gibt Vergleichslisten, aus denen man entnehmen kann, welche Halbleitertypen einander gleichen und gegenseitig austauschbar sind. Eine recht hilfreiche Idee hatte die Elektronikzeitschrift „elektor“. Sie faßte äquivalente Halbleiter, die bestimmten Anforderungen entsprechen, unter Sammelbegriffen zusammen. Für universelle Siliziumdioden verwendet die Zeitschrift in den von ihr veröffentlichten Schaltungen z.B. die Bezeichnung DUS, für universelle Germaniumdioden die Bezeichnung DUG. Einer *Tabelle 5.2* kann man entnehmen, welche Dioden dazugehören. Wer als Elektronik-Bastler erfahren hat, wie schwierig es manchmal ist, einen bestimmten Halbleitertyp im Handel zu bekommen, weiß diese Hilfe zu schätzen.

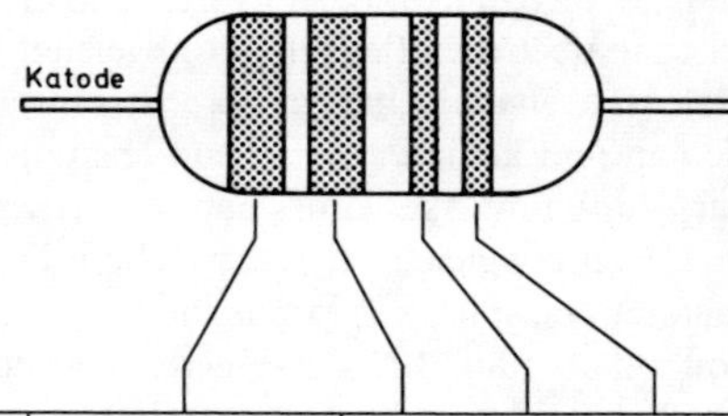

Farbe	Material, Art	Industrietypen-bezeichnung		
schwarz			0	0
braun	AA(=Ge)	R	1	1
rot	BA(=Si)	S	2	2
orange		T	3	3
gelb		U	4	4
grün		V	5	5
blau		W	6	6
violett		X	7	7
grau		Y	8	8
weiß			9	9

Beispiel:

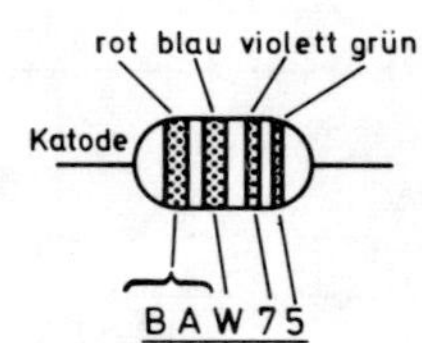

Bild 5.16: Farbcode für Halbleiterdioden (Industrietypen).

Tabelle 5.2: Eine Zusammenstellung vergleichbarer Universaldioden (nach Elektronik-Zeitschrift „elektor“).

Mindestanforderungen an Universaldioden:

Typ	Material	$U_{R\,max}$ V	$I_{F\,max}$ A	I_R µA	$P_{V\,max}$ W	C_D pF
DUS	Si	25	0,1	1	0,25	5
DUG	Ge	20	0,035	100	0,25	10

Äquivalente Typen:

DUS	BA 125 BA 217	BA 218 BA 221	BA 222 BA 317	BA 318 BAX 13	BAY 61 1N914	1N4148 u.a.
DUG	OA 85 OA 91	OA 95 OA 95	AA 116			u.a.

Welcher Transistor ist der richtige?

Seit der Erfindung des Transistors im Jahre 1948 wurden viele tausend verschiedene Transistortypen auf den Markt gebracht. Muß es überhaupt so viele verschiedene Transistortypen geben? Die Sache ist vergleichbar mit dem Angebot an Automobilen. Alle dienen der Fortbewegung. Man käme prinzipiell mit wenigen Typen aus. Aber bei dem einen Wagen ist vielleicht der Motor etwas kräftiger, bei dem anderen ist der Außenspiegel schnittiger geformt. Und dann ist da noch die Konkurrenz...

Auch bei Transistoren käme man mit einer kleineren Anzahl von Typen aus. Denn viele ähneln sich in ihren elektrischen Eigenschaften so stark, daß ihre Typenbezeichnung noch der größte Unterschied ist.

Wie kann man sich bei dieser Typenvielfalt zurechtfinden?

Einen gewissen Überblick über das große Transistorenangebot erhält man schon durch die folgende grundlegende Kategorisierung der Transistortypen.

Nach der Art des Halbleitermaterials unterscheidet man Germanium- und Siliziumtransistoren, nach der Art der Schichtung PNP- und NPN-Transistoren.

Nach der Leistungsstärke unterscheidet man kleinere, mittlere und größere Transistoren. Und nach dem vorgesehenen Einsatz in einem bestimmten Frequenzbereich unterteilt man in NF- und HF-Transistoren.

Bild 5.17 zeigt eine Auswahl von Transistoren, die nach der Leistung gruppiert sind. Die leistungsstärksten Transistoren haben die größten Gehäuse, damit die in ihnen entstehende Wärme gut abgeführt werden kann. Sie sind so gestaltet, daß sie sich leicht auf Kühlflächen oder Kühlkörpern anbringen lassen.

Transistorkennzeichnungen

Nach deutschen Normen werden Transistoren wie andere Halbleiter mit Buchstaben und Ziffern bezeichnet. Aus den Buchstaben läßt sich zumindest grob ablesen, zu welcher Kategorie ein Transistor gehört, *Bild 5.18.*

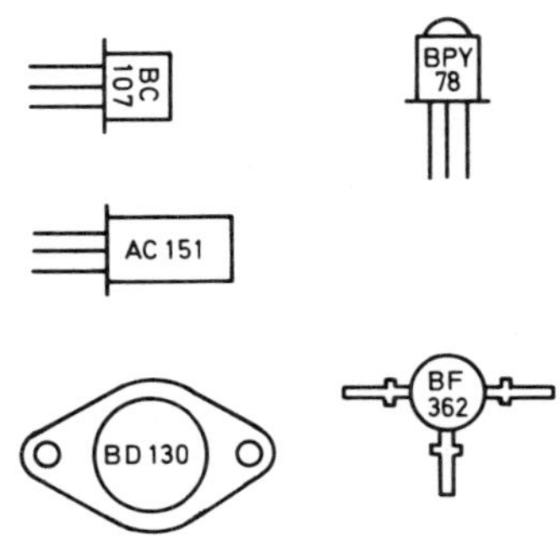

1. Buchstabe		2. Buchstabe	
A	Germanium-transistor	C	Tonfrequenztransistor
B	Silizium-transistor	D	Tonfrequenz-Leistungstransistor
		F	Hochfrequenztransistor
		L	Hochfrequenz-Leistungstransistor
		P	Phototransistor
		S	Schalttransistor
		U	Schalt-Leistungstransistor

Bild 5.18: Übliche Kennbuchstaben zur Bezeichnung von Transistoren.

Der erste Buchstabe kennzeichnet das Halbleitermaterial, der zweite Buchstabe die Funktionsgruppe. Ein dritter Buchstabe taucht bei Transistoren auf, die für

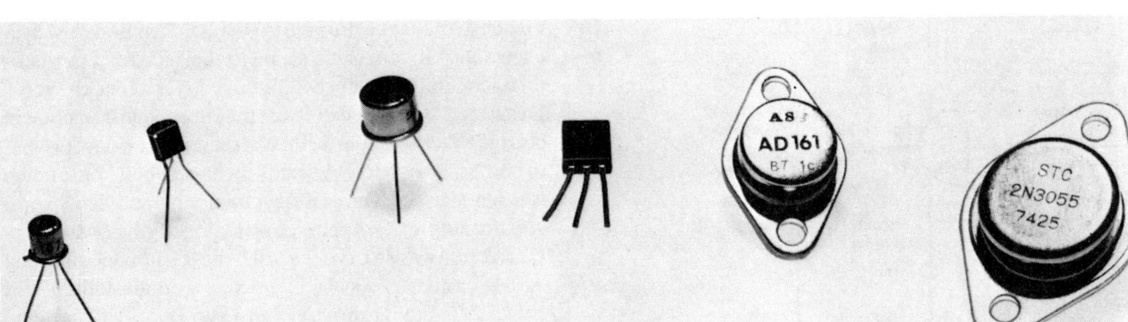

Bild 5.17: Ausführungsbeispiele von Transistoren für kleine, mittlere und große Leistung.

kommerzielle Anwendungen gedacht sind. Der dritte Buchstabe enthält, ebenso wie die nachfolgenden Ziffern, keine genormte Aussage, sondern dient der laufenden Typenkennzeichnung eines Herstellers.

In anderen Ländern sind andere Bezeichnungen üblich. So beginnt die Bezeichnung amerikanischer Transistoren größtenteils mit 2N.... Bei japanischen Transistoren beginnt die Typenbezeichnung mit SA ..., SB ..., SC ... usw.

Wie bei allen anderen Bauelementen sind auch bei Transistoren eine Anzahl von Grenzdaten zu beachten, damit keine Schäden oder Funktionsfehler auftreten.

Grenzen gesetzt sind bei Spannungen, die zwischen den Transistoranschlüssen angelegt werden dürfen, und bei den Strömen, die einen Transistor durchfließen, *Bild 5.19*. So liegt die Grenzspannung (U_{CEO}) zwischen dem Kollektor- und dem Emitteranschuß bei offener, also nicht angeschlossener Basis, für die meisten Transistoren zwischen etwa 20 V und 100 V. Wird dieser Höchstspannungswert überschritten, so werden die zunächst sperrenden Halbleiterschichten zwischen Kollektor und Emitter zerstört.

Ähnliches gilt für die Emitter-Basis-Strecke eines Transistors, die man sich vereinfacht als Diodenstrecke vorstellen kann. Diese Strecke wird bei den meisten Transistoren in Sperrichtung durchbrochen, wenn nur eine Spannung von wenig mehr als 5 V angelegt wird.

Beschränkungen bezüglich der Stromstärke bestehen, weil die Halbleiterschichten in den Transistoren nur begrenzte Stromdichten vertragen können.

Bei kleinen Transistoren sind meist Kollektorströme von 50 mA bis 100 mA zulässig. Es werden aber auch Leistungstransistoren für Ströme bis über 50 A gebaut. Zum Beispiel ist der Leistungstransistor 2 N 3055, der

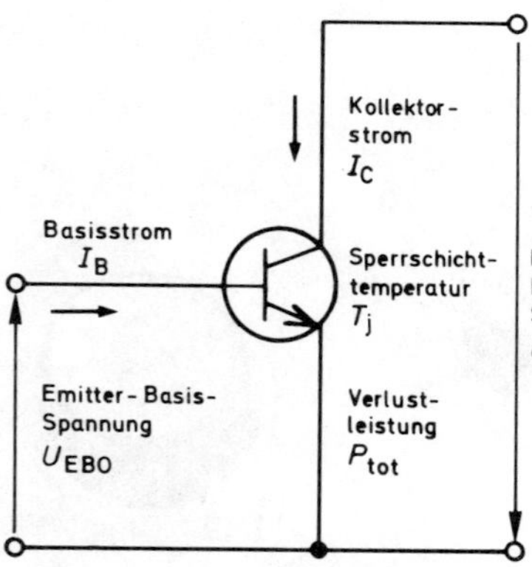

Bild 5.19: Wichtige Grenzwerte bei einem Transistor.

von vielen Herstellern angeboten wird, für einen Kollektorstrom bis 15 A geeignet.

Wie bei allen anderen Bauelementen auch, wird Wärme erzeugt, wenn Ströme durch einen Transistor fließen. Wie groß dabei die Wärmeleistung in einem Transistor werden darf, hängt von der zulässigen Höchsttemperatur der Halbleiterschichten und von der Wärmeabfuhr ab. Die Halbleiterschichten von Siliziumtransistoren dürfen im allgemeinen fast doppelt so hoch erhitzt werden (bis 175°) wie die Schichten von Germaniumtransistoren (bis 90 °C). Transistoren, die für große Verlustleistungen vorgesehen sind, haben entsprechend konstruierte Gehäuse, die eine gute Wärmeableitung zu Kühlkörpern und in die Umgebungsluft gewährleisten. Der sogenannte Wärmewiderstand (R_{th}) sollte bei Leistungstransistoren gering sein, damit das Temperaturgefälle zwischen den Halbleiterschichten und der Umgebung nicht zu groß ist.

Transistorkennwerte und -kennlinien

Neben den Grenzwerten interessieren den Anwender verschiedene Betriebskennwerte von Transistoren.

Ein sehr wichtiger Betriebskennwert ist die sogenannte Stromverstärkung, die durch das Verhältnis des Kollektorstroms zum Basisstrom ausgedrückt wird. Wenn beispielsweise bei einem bestimmten Transistortyp durch einen Basisstrom von 1 mA ein Kollektorstrom von 100 mA verursacht wird, ist die Stromverstärkung

$$B = \frac{100\ \text{mA}}{1\ \text{mA}} = 100.$$

Genau genommen werden zwei verschiedene Stromverstärkungsfaktoren verwendet, die Gleichstromverstärkung B und die Wechselstromverstärkung β. Beide Wertangaben liegen bei den meisten Transistortypen in der gleichen Größenordnung. Deswegen genügt es für den Elektronik-Bastler in der Regel, Transistoren bezüglich ihrer Verstärkungseigenschaften anhand der Gleichstromverstärkung B zu vergleichen und auszusuchen. Die Stromverstärkung ist bei einem Transistor je nach den Betriebsbedingungen verschieden groß. Deswegen wird in den Datenblättern meist nicht ein einziger Wert, sondern ein Wertbereich für das Kollektorstrom-Basisstrom-Verhältnis angegeben. Zusätzlich werden manche Transistortypen noch nach der Stromverstärkung in Gruppen eingeteilt. So gibt es bei dem Universaltransistortyp BC 107 die Gruppeneinteilung A, B und C (siehe Datenzusammenstellung in *Bild 5.20*). Ein Transistor vom Typ BC 107 C hat eine größere Stromverstärkung als der Typ BC 107 A.

Als weitere Kenndaten stehen in den Datenblättern

der Kollektor-Emitter-Reststrom und die Kollektor-Emitter-Sättigungsspannung. Diese Daten sind vor allem von Interesse, wenn ein Transistor als Schalter verwendet werden soll. Die Kollektor-Emitter-Sättigungsspannung gibt an, welcher Spannungsabfall im voll durchgesteuerten Transistor auftritt. Die Kenndaten lassen deutlich werden, daß es keinen Transistor gibt, der als vollkommener Schalter gelten kann, als Schalter, der total gesperrt oder geöffnet sein kann. Das liegt an der Beschaffenheit der Transistoren.

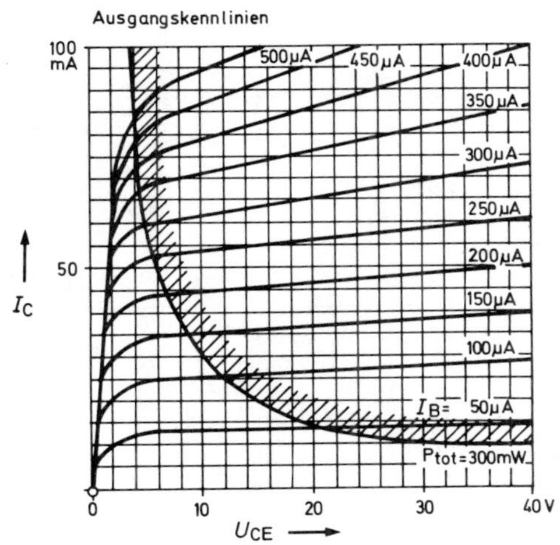

BC 107 Silizium-NPN-Universaltransistor
Gehäuse TO – 18

Grenzdaten		
Kollektor-Emitter-Spannung	U_{CEO}	45 V
Emitter-Basis-Spannung	U_{EBO}	6 V
Kollektorstrom	I_C	100 mA
Kollektor-Spitzenstrom	I_{CM}	200 mA
Basisstrom	I_B	50 mA
Sperrschichttemperatur	T_j	175 °C
Gesamtverlustleistung	P_{tot}	300 mW
Wärmewiderstand		
Sperrschicht-Luft	R_{thJU}	500 K/W
Sperrschicht-Gehäuse	R_{thJG}	200 K/W
Statische Kenndaten bei Umgebungstemperatur $T_U = 25$ °C		
Kollektor-Emitter-Reststrom	I_{CES}	< 0,2 nA
Kollektor-Emitter-Sättigungsspannung bei $I_C = 100$ mA, $I_B = 5$ mA	$U_{CE\,sat}$	< 0,6 V
Kollektor-Basis-Stromverhältnis		
$B = \frac{I_C}{I_B}$ für BC 107 A		120 ... 220
für BC 107 B		180 ... 460
für BC 107 C		380 ... 800
Transitfrequenz	f_T	> 100 MHz

Bild 5.20: Beispiel einer Datenzusammenstellung für einen Transistor. Auszug aus Hersteller-Datenbüchern.

Die Verstärkungswirkung von Transistoren nimmt mit zunehmender Frequenz ab. Um die Frequenzabhängigkeit der Stromverstärkung abschätzen zu können, wird für jeden Transistortyp als Kennwert die sogenannte Transitfrequenz (f_T) angegeben. Diese Transitfrequenz überträgt der Transistor nur noch mit der „Verstärkung" 1. Der Wert für den Verstärkungsfaktor in den Datenblättern gilt also nur für wesentlich niedrigere Frequenzen.

Eine besonders gute Übersicht über die Zusammenhänge zwischen einzelnen Kenngrößen erhält man durch Diagramme, wie sie in ausführlichen Datenbüchern der Herstellerfirmen abgedruckt sind. In *Bild 5.20* ist als Beispiel für diese Darstellungsart ein Diagramm mit den Ausgangskennlinien des Universaltransistors BC 107 abgebildet. Aus diesem Diagramm lassen sich z.B. die Zusammenhänge zwischen den Kenngrößen Kollektor-Emitter-Spannung (U_{CE}), Kollektorstrom (I_C) und Basisstrom (I_B) ablesen. Außerdem kann man die Stromverstärkung $B = I_C/I_B$ ablesen. Zusätzlich ist in dieses Diagramm die Verlustleistungsgrenze eingetragen, die nicht überschritten werden darf.

Ein Transistor hat viele Verwandte

Die verschiedenen Grenz- und Kenndaten eines Transistors bilden die Entscheidungsgrundlage, wenn man darangeht, einen geeigneten Transistortyp für eine bestimmte Anwendung auszusuchen.

Je geringer die Anforderungen sind, die man an einen Transistor stellen will, desto größer ist die Anzahl der Typen, die für den betreffenden Anwendungszweck in Frage kommen.

Wenn ein Transistor benötigt wird, der in einer simplen Blinkschaltung Ströme bis 100 mA schalten soll, so sind hunderte verschiedener Transistortypen geeignet.

Soll die Stromverstärkung mindestens 100 betragen, dann ist die Typengruppe schon kleiner, die zur Auswahl steht.

Die Erfahrung zeigt, daß in vielen Schaltungen der Amateurelektronik nicht allzu hohe Anforderungen an die Transistoren gestellt werden, so daß viele sich ähnelnde Transistortypen für eine bestimmte Aufgabe geeignet erscheinen. Deshalb hat die Elektronik-Zeitschrift „elektor" – wie bei Halbleiterdioden – eine Gruppenbezeichnung für Universaltransistoren einge-

Tabelle 5.3: Eine Zusammenstellung vergleichbarer Universaltransistoren (nach der Elektronik-Zeitschrift „elektor").

Mindestanforderungen an Universaltransistoren							
Typ	Schichtung	U_{CEO} V	$I_{C\,max}$ mA	B, β	P_{tot} W	I_{CEO} µA	f_T MHz
TUN	NPN	20	100	100	100	< 5	100
TUP	PNP	20	100	100	100	< 5	100
Äquivalente Typen							
TUN	BC 107	BC 171	BC 207	BC 317	BC 382	BC 413	BC 582
	BC 108	BC 172	BC 208	BC 318	BC 383	BC 414	BC 583
	BC 109	BC 173	BC 209	BC 319	BC 384	BC 415	BC 584
	BC 147	BC 182	BC 237	BC 347	BC 407	BC 547	
	BC 148	BC 183	BC 238	BC 348	BC 408	BC 548	
	BC 149	BC 184	BC 239	BC 349	BC 409	BC 549	u.a.
TUP	BC 157	BC 206	BC 253	BC 309	BC 352	BC 512	
	BC 158	BC 212	BC 261	BC 320	BC 415	BC 513	
	BC 177	BC 213	BC 262	BC 321	BC 416	BC 514	
	BC 178	BC 214	BC 263	BC 322	BC 417	BC 557	
	BC 204	BC 251	BC 307	BC 350	BC 418	BC 558	
	BC 205	BC 252	BC 308	BC 351	BC 419	BC 559	u.a.

führt, die die Beschaffung von Transistoren zur Realisierung vorgeschlagener Schaltungen leichter macht *(Tabelle 5.3)*. In den Schaltungsvorschlägen werden alle Transistoren mit den Sammelbezeichnungen TUN (für Universaltransistoren mit NPN-Schichtung) und TUP (für Universaltransistoren mit PNP-Schichtung) gekennzeichnet, wenn sie keine speziellen Eigenschaften haben müssen, sondern nur allgemeinen Mindestanforderungen genügen sollen. In einer Tabelle kann nachgesehen werden, welche Transistortypen zur „Familie" gehören und wie die Anforderungen an die Daten aussehen.

Auf dem Büchermarkt gibt es eine Reihe von Vergleichsbüchern für Halbleiter. Der Wert dieser Vergleichsbücher für den Praktiker ist verschieden. In einem guten Datenvergleichsbuch sollte angegeben sein, welche Daten für den Vergleich verschiedener Halbleitertypen zugrunde gelegt wurden. *Bild 5.21* zeigt einen Auszug aus einer Vergleichsliste, in dem für amerikanische Transistoren die äquivalenten Typen eines europäischen Herstellers angegeben sind. Die Liste enthält sowohl Angaben über wichtige übereinstimmende Daten als auch Hinweise auf (tolerierbare) Abweichungen.

Zum Abschluß dieses Kapitels über elektronische Bauelemente noch ein paar besondere Anmerkungen: Es wäre ein aussichtsloses Unterfangen, bei der Fülle der Fakten und Zusammenhänge eine „Bauelementekunde" abfassen zu wollen, bei der keine Fragen offen blieben. Gerade auf dem Gebiet der Elektronik vollziehen sich Entwicklungen sehr rasch. Man denke nur an die Entwicklungsetappen „Elektronenröhre – Transistor – Integrierte Schaltung" oder „Ziffernröhrenanzeige – Leuchtdiodenanzeige – Flüssigkristallanzeige". Dem engagierten Elektroniker bleibt deshalb nichts anderes übrig, als ständig hinzuzulernen.

Welche Hilfen gibt es dabei für ihn?

Grundlegende Kenntnisse kann man sich aus entsprechenden Fachbüchern aneignen, die auch zum Nachschlagen geeignet sind (Literaturhinweise Seite 265).

Neuigkeiten, Besonderheiten und Anregungen erfährt man aus Fachzeitschriften für die Amateurelektronik. Eine recht interessante Lektüre können selbst die Firmenanzeigen in diesen Zeitschriften sein, die neue Produkte anbieten und die oft den Entwicklungstrend für die nächste Zeit erkennen lassen, ehe dieser in Fachartikeln oder gar Fachbüchern deutlich wird. Auch Firmenkataloge und Angebotslisten des Elektronik-Fachhandels bieten eine Fülle praxisbezogener Informationen und Anregungen, nicht zuletzt im Hinblick auf das Bastler-Budget. Am gründlichsten lernt man zweifellos, wenn man Neues im Experiment selbst erprobt. Da lernt man auch noch aus den Fehlern, die hin und wieder vorkommen.

Typ	N/P	Hersteller	Valvo-Typ	Gehäuse	M/K/G	A: P_{tot} (W)	B: U_{CBO} (V)	C: U_{CEO} (U_{CER}) (V)	D: $I_{C\,AV}$ (I_{CM}) (A)	E: B (β)	F: f_T (MHz)	Bemerkung zum Valvo-Typ: Gehäuse	kleiner	größer
						Daten des Ausgangstyps								
2N 3252	N	TI	BFY 51	TO-5	M	/5/	60	30	1	30+	200		F	
2N 3253	N	TI,SE	(BSX 59)	TO-5		/5/	75	40	1	25+	175+		A	EF
2N 3261	N	A,R	BSX 20	TO-18	M	0,3	40	15	0,5	30+	300+			A
2N 3299	N	I	2N 2218	TO-5	M	0,8	60	30	0,5	40+	250+			D
2N 3303	N	V,TI,F	2N 3303	TO-39FL	M	/3/	25	12	1	30+	450+			
2N 3304	P	TI	BSX 20	TO-18		0,3	6	6	-	30+	500+			BCE
2N 3375	N	V,I,T	BLY 59	TO-60	M	-10-	65	40	(1,5)	5-50	500			
2N 3391	N	SE	BC 238 B	TO-98	K	0,2	25	25	(0,1)	250	-		C	
2N 3392	N	SE	BC 238 A	TO-98	K	0,2	25	25	(0,1)	150	-		C	
2N 3402	N	SE	(BC 338)	TO-98K	K	0,56	25	25	0,5	75-225	250	TO-92	AF	BE
2N 3403	N	SE	(BC 338)	TO-98K	K	0,56	25	25	0,5	180-540	250	TO-92	AF	B
2N 3404	N	SE	(BC 337)	TO-98K	K	0,56	50	50	0,5	75-225	250	TO-92	ACF	E
2N 3405	N	SE	(BC 337)	TO-98K	K	0,56	50	50	0,5	180-540	250	TO-92	ACF	
2N 3414	N	SE	(BC 338)	TO-98	K	0,36	25	25	0,5	75-225	250	TO-92	F	ABE
2N 3415	N	SE	(BC 338)	TO-98	K	0,36	25	25	0,5	180-540	250	TO-92	F	AB
2N 3416	N	SE	(BC 337)	TO-98	K	0,36	50	50	0,5	75-225	250	TO-92	CF	AE
2N 3417	N	SE	(BC 337)	TO-98	K	0,36	50	50	0,5	180-540	250	TO-92	CF	A
2N 3426	N	V,F,SG	2N 3426	TO-39FL	M	0,6	25	12	1	30+	450+			
2N 3441	N	SE,R	(2N 3442)	TO-66	M	/25/	160	140	3	20-80	0,8	TO-3		AD
2N 3442	N	V,SE	2N 3442	TO-3	M	/117/	160	140	(15)	20-70				
2N 3444	N	TI	BSX 61	TO-5		/5/	80	50	1	20+	150+		A	F
2N 3447	N	M	(BDY 61)	TO-3	M	/115/	80	60	4	(40-120)	10		AB	DEF

Bild 5.21: Originalseite einer Äquivalenzliste für Transistoren (VALVO GmbH).

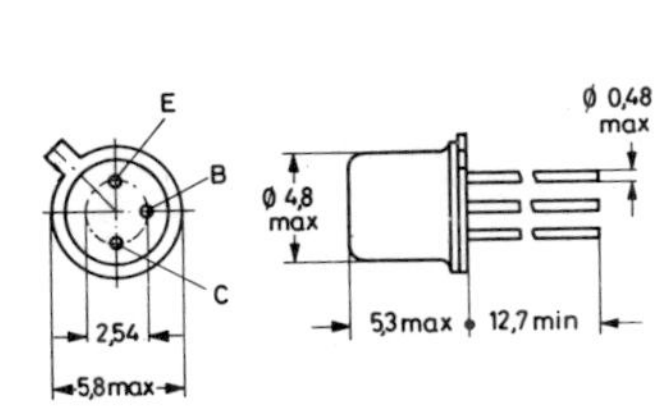

Gehäuseform TO-18, z.B. BC 107, BC 177

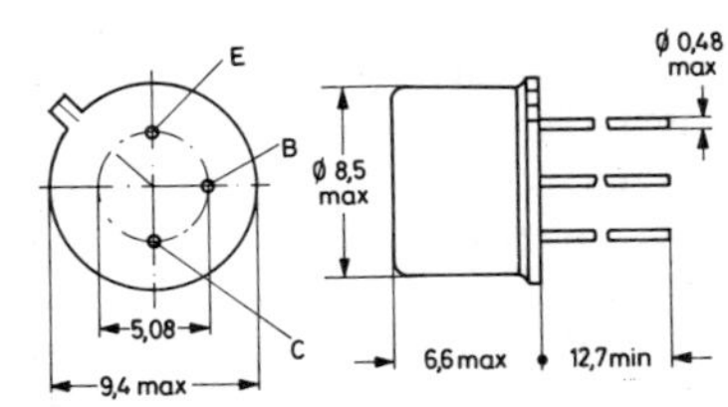

Gehäuseform TO-39, z.B. BC 140, BC 141

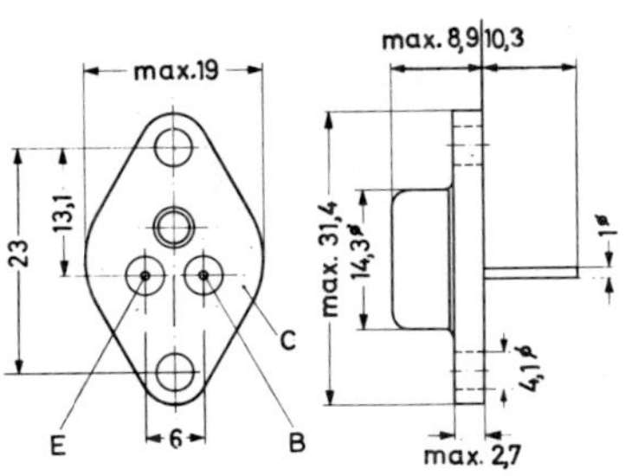

Gehäuseform SOT-9, z.B. AD 161, AD 162

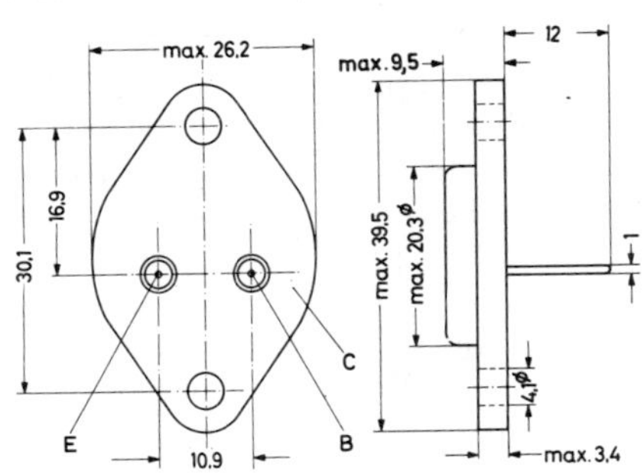

Gehäuseform TO-3, z.B. BD 130, 2N3055

Bild 5.22: Anschlußbilder für häufig verwendete Transistoren (Blick auf die Anschlüsse).

6. Mit Transistoren schalten

In der Elektronik werden Sie außerordentlich häufig auf Schaltungen stoßen, die Transistoren als Schaltglieder enthalten. In diesem Abschnitt lernen Sie anhand sehr einfacher Versuche die wesentlichen Eigenschaften von Transistorschaltern kennen. Gleichzeitig werden Sie feststellen, daß einfache Schalttransistor-Schaltungen rechnerisch besonders unkompliziert ausgelegt werden können und daß sie billig und nützlich sind.

Wir schalten eine Leuchtdiode mit Transistor

LEDs werden mit Vorwiderstand betrieben

Leuchtdioden („Lumineszenz-Dioden" oder kurz „LEDs") werden in Durchlaßrichtung betrieben. Dabei steigt die Helligkeit der LEDs mit dem Betriebsstrom an. Allerdings gibt es einen maximal zulässigen Strom ($I_{F\max}$), der nicht wesentlich überschritten werden darf, da die LEDs sonst zerstört werden.
Ist eine Leuchtdiode einmal durchgeschaltet, so bleibt die an der LED abfallende Spannung U_F fast konstant. Je nach technologischer Ausführung der LEDs können $I_{F\max}$ und U_F von Typ zu Typ wesentlich verschieden sein. Man muß sich diese Daten entweder aus Datenblättern beschaffen oder den stets notwendigen Vorwiderstand R_v, der den Betriebsstrom begrenzen soll, durch eine einfache Messung ermitteln. Dazu eignet sich die Schaltung nach *Bild 6.1a*. Die Betriebsspannung U_B, die an R_v und Diode gelegt wird, sollte diejenige sein, die auch in der Anwendungsschaltung auftritt. Hier schlagen wir zwei in Reihe geschaltete 4,5-V-Batterien, also 9 V, vor. Der Widerstand R_v wird solange verkleinert, bis die Leuchtdiode deutlich leuchtet. In einer anschließenden Messung kann man nun *(Bild 6.1b)* den Widerstandswert des Vorwiderstandes R_v bestimmen. Selbstverständlich darf die Schleiferstellung beim Messen nicht mehr verändert werden.

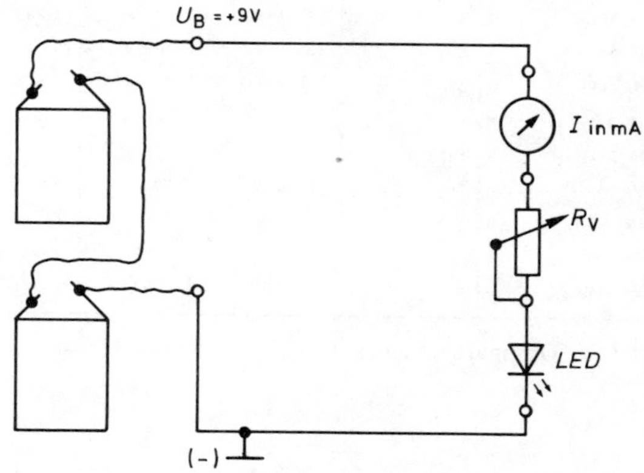

a) der Dioden-Nennstrom wird eingestellt

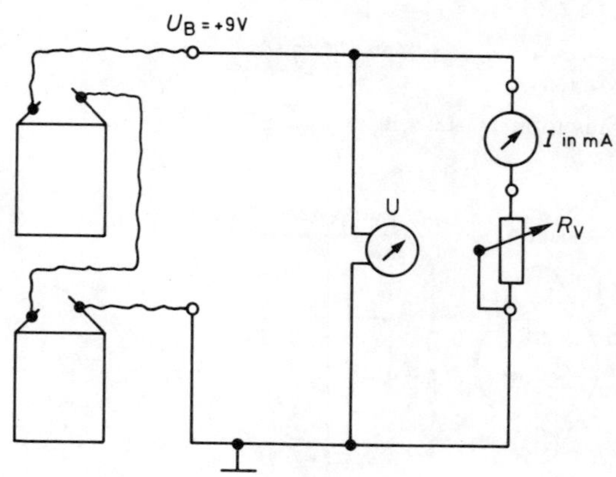

b) Bestimmung des Vorwiderstandes R_v: $R_v = \frac{U}{I}$.

Bild 6.1: Leuchtdiode im Versuch.

Ausreichende Genauigkeit wird auch erzielt, wenn Sie die Spannung U und den Strom I nacheinander (mit *einem* Vielfachinstrument) messen.
In der Regel wird die Betriebsspannung U_B der Elektronikschaltung deutlich höher sein, als die Diodendurchlaßspannung U_F. Sind U_F und Diodenstrom I_F bekannt, so läßt sich der benötigte Vorwiderstand R_v sehr schnell berechnen.

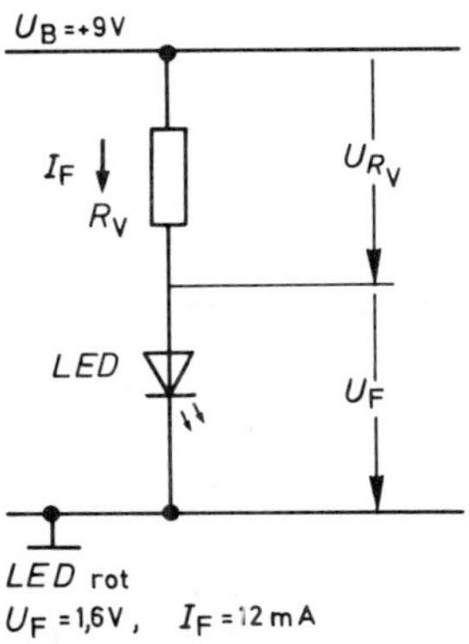

Bild 6.2: Leuchtdiode mit Vorwiderstand (Betriebsstrom und Teilspannungen).

In *Bild 6.2* wurden folgende Daten angenommen: $U_B = +9$ V, $I_F = 12$ mA, $U_F = 1{,}6$ V. Rechnung: Am Vorwiderstand R_v muß die Spannung $U_{R_v} = U_B - U_F$, somit $U_{R_v} = 9\text{ V} - 1{,}6\text{ V} = 7{,}4$ V abfallen. Da der Diodenstrom $I_F = 12$ mA auch durch den Vorwiderstand R_v fließt, errechnet sich $R_v = U_{R_v}/I_F$, $R_v = 7{,}4\text{ V}/12$ mA, $R_v = 617\ \Omega$.
Gewählt wird aus der E-12-Reihe der Normwiderstand mit $R_v = 560\ \Omega$. Dann wird der Diodenstrom I_F in der ausgeführten Schaltung mit etwa 13 mA ein wenig höher als die vorgegebenen 12 mA. Dies beeinträchtigt die Funktion der Schaltung keineswegs.

Wie der Schalttransistor arbeitet

Zum Verständnis der Verhältnisse beim Schalttransistor sollten Sie die Messungen nach *Bild 6.3* durchführen. Bei geöffnetem Schalter – man denke sich den Widerstand des Schalters unendlich hoch – fällt die Betriebsspannung U_B vollständig am Schalter ab (Tabelle 6.1). (Wenn Ihre Meßgeräte etwas anderes zeigen, beachten Sie das Kapitel über das Messen.) Bei geschlossenem Schalter hat er ungefähr den Widerstand $0\ \Omega$. Die Betriebsspannung liegt jetzt voll an der Reihenschaltung aus LED und R_v.

Tabelle 6.1: Zusammenstellung der Schaltzustände nach Bild 6.3.

	U_1	U_2
Schalter S offen	9 V	0 V
Schalter S geschlossen	0 V	9 V

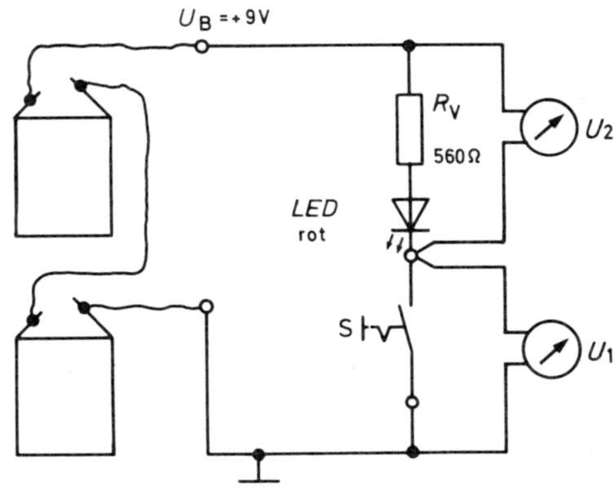

Bild 6.3: Schaltzustände beim Betrieb einer Leuchtdiode.

Bauen Sie nun die Transistorschaltung nach *Bild 6.4* auf (die Dimensionierung der Schaltung selbst werden wir im folgenden Abschnitt besprechen). Behauptung: In dieser Schaltung übernimmt der Transistor BC 107 (dieser „Volkstransistor" ist besonders preiswert und überall erhältlich) die Funktion des Schalters nach *Bild 6.3*.

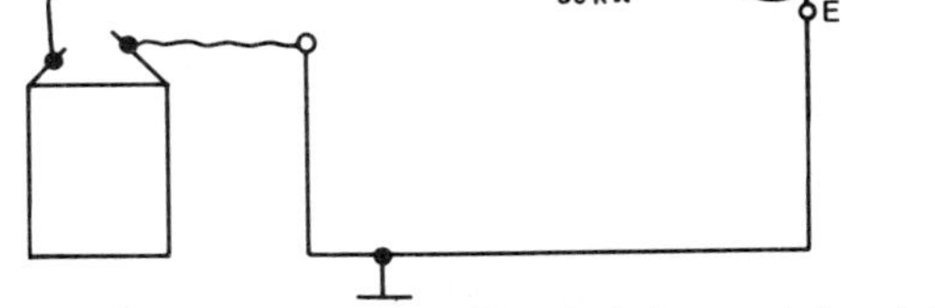

Bild 6.4: Schalttransistor-Grundschaltung mit Leuchtdiode.

Betätigt man nämlich den Taster T_a, so fließt ein Steuerstrom I_B zur Basis B des Transistors. Die Kollektor-Emitter-Strecke des Transistors wird dadurch schlagartig nahezu widerstandslos. Die Betriebsspannung U_B fällt jetzt – bis auf eine sehr geringe Abweichung – an der Reihenschaltung aus Widerstand R und LED ab *(Bild 6.5)*. Der Kollektorstrom I_C wird nur noch durch den Gesamtwiderstand dieser Reihenschaltung begrenzt; I_C wird ungefähr 13 mA.

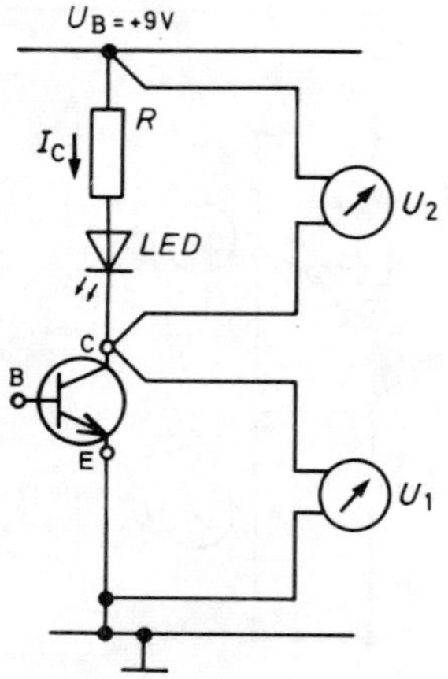

Bild 6.5: Schalttransistor mit Leuchtdiode (Betriebsstrom und Teilspannungen).

Öffnet man den Taster T_a wieder, so wird der Basisstrom I_B zu Null. Der Transistor sperrt dann, und die Emitter-Kollektor-Strecke wird außerordentlich hochohmig. Der Kollektorstrom I_C wird Null – bis auf eine sehr geringe Abweichung. Vergleichen Sie die Meßergebnisse aus *Tabelle 6.2* mit *Tabelle 6.1*, so sehen Sie, daß die Schaltungen nach *Bild 6.4* und *Bild 6.3* funktionell gleichartig sind. Der Transistor hat die Funktion des Schalters übernommen.

Tabelle 6.2: Zusammenstellung der Schaltzustände nach Bild 6.4.

	U_1	U_2
Taster T_a offen	~9 V	~0 V
Taster T_a geschlossen	~0 V	~9 V

Die Gleichstromverstärkung des Transistors

Das Verhältnis I_C/I_B, das sich bei einem angesteuerten Transistor einstellt, wird Gleichstromverstärkung B genannt. Es entspricht näherungsweise dem Verstärkungsfaktor β, den Sie in den Transistor-Datenblättern finden. Daß der Gleichstromverstärkungsfaktor B von der real ausgeführten Schaltung abhängig ist, werden Sie selbst erleben. Für den Transistor BC 107 B liegt der in den Datenblättern angegebene Stromverstärkungsfaktor zwischen 200 und 450. Bei unserer Schaltung nach *Bild 6.4* kann man ihn durch Strommessungen herausfinden:

$$B = \frac{I_C}{I_B}; \quad B = \frac{13\ \text{mA}}{0{,}15\ \text{mA}}; \quad B = 87.$$

Wir bemessen eine Transistorschaltstufe

(Bild 6.6)

In der Regel liegt zu Beginn eines Schaltungsentwurfs die gegebene Betriebsspannung U_B vor. Weiter ist die zu schaltende Last bekannt. Nehmen wir an, die Betriebsspannung sei $U_B = +9$ V, der Laststrom – der dem Kollektorstrom I_C entspricht – sei 13 mA. Wegen der Streuung der Transistordaten schätzen wir den Stromverstärkungsfaktor vorsichtig mit $B = 160$. Wie wir im folgenden noch sehen werden, dürfen wir mit der Abrundung des Stromverstärkungsfaktors bei unserer Schalttransistor-Stufe recht großzügig sein.
Aus $B = I_C/I_B$ ergibt sich $I_B = I_C/B$.
Wir rechnen: $I_B = 13\ \text{mA}/160$, $I_B = 81\ \mu\text{A}$ (d.h. 0,081 mA oder 81×10^{-6} A). Damit der Transistor in jedem Fall sicher und schnell durchschaltet, erhöhen wir den Basisstrom I_B auf runde 150 µA oder 0,15 mA. Betrachten Sie nun *Bild 6.6*. Zum Durchschalten eines

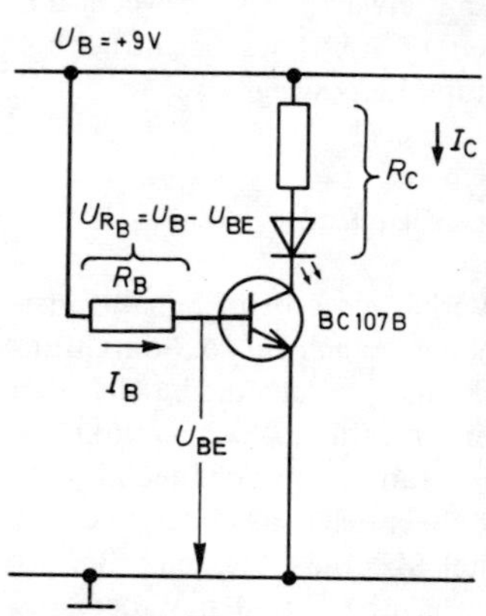

Bild 6.6: Ströme und Spannungen, die bei der Berechnung einer Schalttransistor-Stufe berücksichtigt werden müssen.

Siliziumtransistors wird eine Basis-Emitter-Spannung U_{BE} von rund 0,7 V benötigt. Am Basisvorwiderstand R_B muß also eine Spannung von $U_{R_B} = U_B - U_{BE}$, $U_{R_B} = 9\ V - 0{,}7\ V = 8{,}3\ V$ abfallen. Da U_{R_B} und I_B bekannt sind, errechnet sich $R_B = U_{R_B}/I_B$, $R_B = 8{,}3\ V/0{,}15\ mA$, $R_B = 55{,}3\ k\Omega$. Wir wählen R_B nach der E-12-Normreihe mit 56 kΩ. Der sich in unserer Schaltung einstellende reale Stromverstärkungsfaktor ist jetzt $B = 13\ mA/0{,}15\ mA$, $B = 87$. Stören Sie sich bitte nicht daran, daß der Stromverstärkungsfaktor so relativ niedrig liegt. Bei Schalttransistor-Schaltungen legt man in erster Linie besonderen Wert auf schnelles und sicheres Schalten.

Die Leistungsbelastung der Widerstände

Da die Widerstands-Bauelemente für verschiedene Nennleistungen gefertigt werden, soll hier ein Hinweis zur rechnerischen Bestimmung der Widerstandsbetriebsleistung gegeben werden. Allgemein gilt die Beziehung $P = I^2 \cdot R$. Auf unseren Basisvorwiderstand in Schaltung nach *Bild 6.6* bezogen schreiben wir

$$P_{R_B} = I_B^2 \cdot R_B$$

$$P_{R_B} = (0{,}15\ mA)^2 \cdot 56\ k\Omega$$

$$P_{R_B} = (0{,}15 \cdot 10^{-3}\ A)^2 \cdot 56 \cdot 10^3\ \Omega$$

$$P_{R_B} = 1{,}26 \cdot 10^{-3}\ W = 1{,}26\ mW$$

Es reicht hier in jedem Falle die sehr kleine Miniaturwiderstandsbauform 1/16 W aus. Kommt es nicht auf eine besonders kleine Schaltungsausführung an, so dürfen Sie selbstverständlich auch einen Widerstand mit höherer zulässiger Leistung, etwa eine 0,5-W-Ausführung wählen!

Schalttransistoren können übersteuert werden

Ein Schalttransistor gilt dann als übersteuert, wenn der Basisstrom größer ist als es zum Durchschalten des Transistors nötig ist. Beachten Sie, daß ein Transistor dann als durchgeschaltet gilt, wenn sich der Kollektorstrom mit $I_C \approx U_B/R_C$ einstellt *(Bild 6.7)*.

Bauen Sie eine Versuchsschaltung nach *Bild 6.8* auf. Verändern Sie den Basisvorwiderstand R_B von den bereits bewährten 56 kΩ aus so weit nach oben hin, bis der Kollektorstrom deutlich von 13 mA abweicht. Jetzt ist das Durchschalten des Transistors nicht mehr gewährleistet.

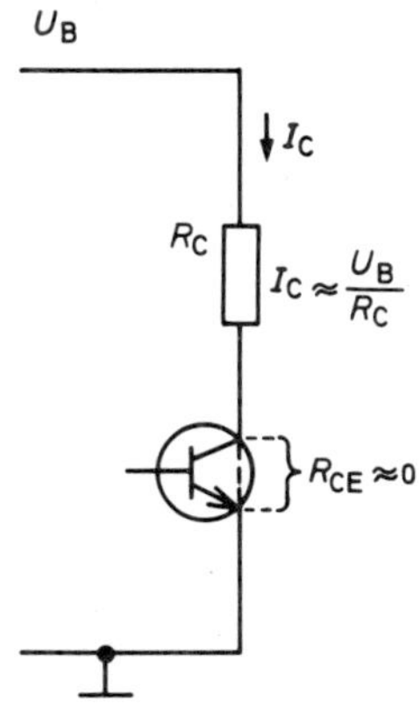

Bild 6.7: $R_{CE} \approx 0$ bei durchgeschaltetem Transistor.

Schalten Sie nun Basisvorwiderstände in den Steuerstromkreis des Transistors ein, die in unserem Schaltungsbeispiel nach *Bild 6.6* kleiner als 56 kΩ sind, so steigt der Kollektorstrom fast nicht mehr an. Wenn Sie besonders preiswert an Ihren BC 107 gekommen sind, so verkleinern Sie den Basisvorwiderstand einmal solange weiter, bis der Transistor zerstört wird. Auch diesen Effekt sollten Sie einmal erleben, um den Spielraum bei der Auswahl der Bauelemente wirklich kennenzulernen.

Die jeweils in der Schaltung erzielte Stromverstärkung B errechnen Sie, wenn Sie den gemessenen Kollektorstrom I_C durch den gemessenen oder errechneten Basisstrom I_B teilen. Für Siliziumtransistoren nehmen Sie an:

$$I_B = \frac{U_B - 0{,}7\ V}{R_B}.$$

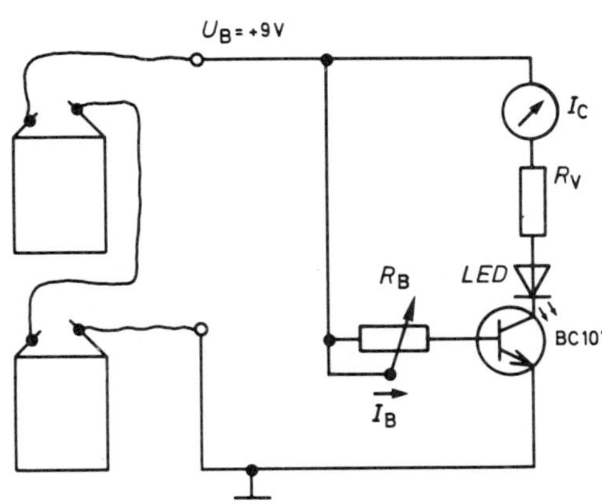

Bild 6.8: Versuchsschaltung: Mit I_B kann I_C in bestimmten Grenzen gesteuert werden.

Transistoren schalten Glühlampen

Will man Glühlampen mit Hilfe von Transistoren schalten, so muß man beachten, daß der Kaltwiderstand dieser Lampen etwa nur 1/10 des Betriebswiderstandes beträgt. Ist der Nennstrom einer Lampe 50 mA, so fließt im Einschaltmoment ungefähr der zehnfache Strom – 500 mA *(Bild 6.9)*. Dieser hohe kurze Einschaltstrom, den Sie mit Ihrem Vielfach-Meßinstrument nicht messen können, weil es zu langsam reagiert, muß vom schaltenden Transistor verkraftet werden können. Achtung bei der Auswahl des Transistortyps: $I_{C_{max}}$ muß größer sein als der Einschaltstrom, sonst wird der Transistor zerstört.

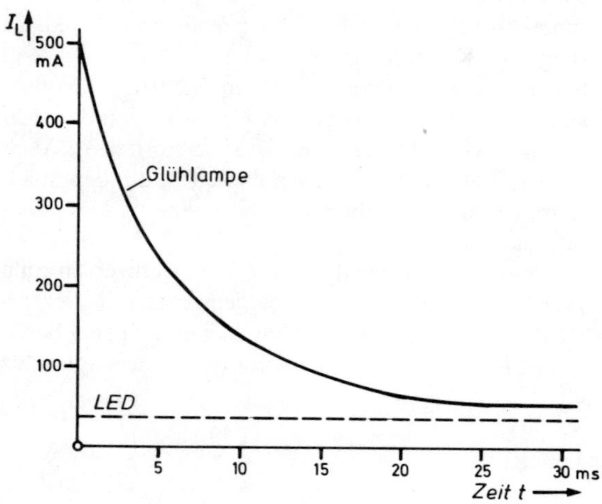

Bild 6.9: Vergleich: Einschaltverhalten von Lumineszensdiode und Glühlampe.

Günstigere Bedingungen erhält man, wenn die Nennspannung der Glühbirne deutlich unter der Betriebs-Spannung der Schaltung liegt. Dann muß man einen Vorwiderstand R_v vor die Lampe schalten. Im Beispiel nach *Bild 6.10* ergibt sich im Einschaltmoment ein Kollektorwiderstand R_C von $12\,\Omega + 47\,\Omega = 59\,\Omega$, nach dem Einschalten $120\,\Omega + 47\,\Omega = 167\,\Omega$. Der Einschaltstrom beträgt hier also nur das 2,8fache des Betriebsstromes.

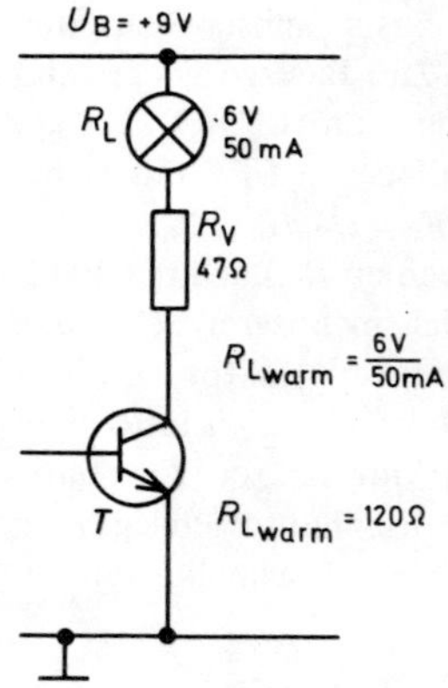

Bild 6.10: Schalttransistor mit Glühlampen-Last.

Transistoren schalten Relais *(Bild 6.11)*

Sehr häufig wird in den Ausgangskreis des Transistors eine Relaiswicklung eingefügt. Mit Hilfe von Relais können relativ hohe Leistungen – auch Wechselstromleistungen – geschaltet werden. Beim Abschalten des Relais-Erregerstromes treten aber relativ hohe Selbstinduktionsspannungen auf, die den Transistor zerstören können. Das wird durch den Einbau einer sogenannten Freilaufdiode D verhindert, die parallel zur Relais-Wicklung geschaltet wird. Dies erfolgt so, daß sie für die Betriebsspannung U_B der Schaltung in Sperrichtung liegt. Die Diode leitet die entstehenden Induktionsspannungen ab: weder Transistor noch Diode werden bei den Schaltvorgängen zerstört.

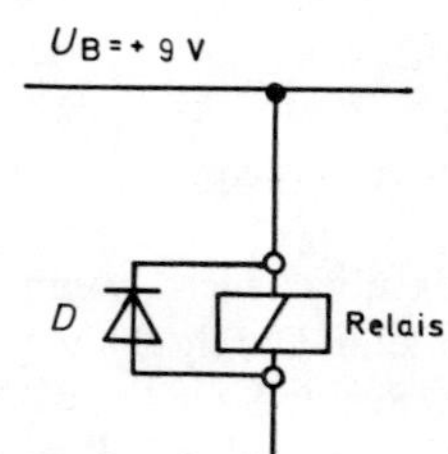

Bild 6.11: Schalttransistor mit Relais als Belastung.

Der Berührungsschalter – gesteigerte Stromverstärkung

Außerordentlich reizvoll ist es zu erleben, welch hohe Stromverstärkung durch geschickte schaltungstechnische Kombination mehrerer Transistoren erzielt wird. Bauen Sie die Schaltungen nach *Bild 6.12* und *Bild 6.13* vergleichend auf. Während in Schaltung 6.12 der 3,3-MΩ-Basisvorwiderstand den Basisstrom stark begrenzt und die Leuchtdiode höchstens noch gerade leicht „aufglimmt" (Stromverstärkung *B*!), leuchtet die Leuchtdiode nach Schaltung *Bild 6.13* bei Betätigung des Tasters voll auf. Genau dies erzielen Sie auch, wenn Sie den Taster durch Ihren Zeigefinger ersetzen, der die beiden Anschlußdrähte miteinander verbindet.

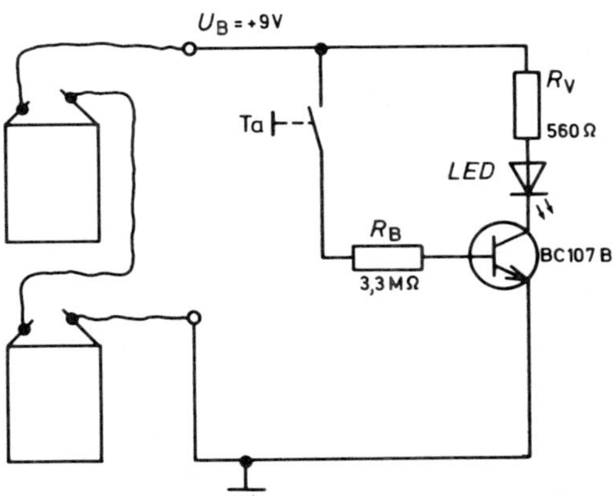

Bild 6.12: Versuch: Schalttransistor mit sehr hohem Basisvorwiderstand.

Sie haben einen „Tastschalter" aufgebaut *(Bild 6.13, Variante b)*, der selbst auf einfache Berührung hin kräftig durchschaltet. Die beiden Transistoren sind in der sogenannten Darlington-Schaltung miteinander verknüpft. Diese Schaltung bewirkt, daß der Emitterstrom des Transistor T_1 identisch mit dem Basisstrom – und somit Steuerstrom – des Transistors T_2 ist. Durch diese Anordnung wird eine Gesamtstromverstärkung erzielt, die sich aus der Multiplikation der Einzelstromverstärkungsfaktoren von T_1 und T_2 ergibt. In unserem Schaltungsbeispiel liegen wir bei einer Größenordnung von rund 6000facher Stromverstärkung ($80 \times 80 = 6400$). Dabei haben wir die maximal mögliche Gesamtstromverstärkung noch nicht einmal voll ausgeschöpft.

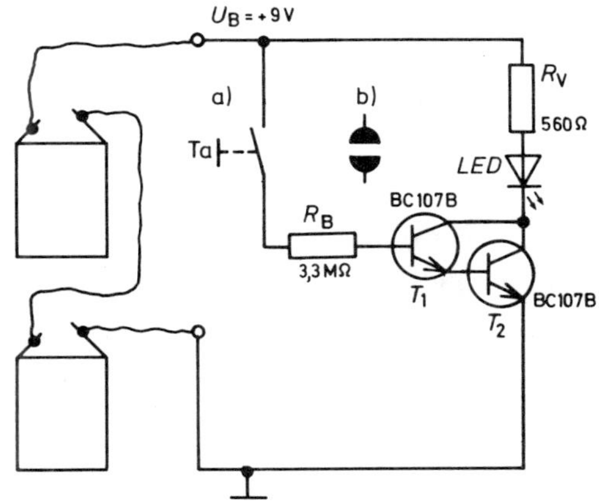

Bild 6.13: Schalttransistor mit zwei Transistoren in Darlington-Schaltung.

Eine Variante des Berührungsschalters zeigt Ihnen *Bild 6.14*. Im Unterschied zur Schaltung nach *Bild 6.13* sind hier drei Transistoren „hintereinander" geschaltet, jedoch jeder mit eigenem Kollektorwiderstand. Diese Schaltung ist besonders empfindlich. Ein kurzes Berühren der Eingangsleitung vor dem Basiswiderstand R_B – der Berührungsschalter schaltet kräftig durch.

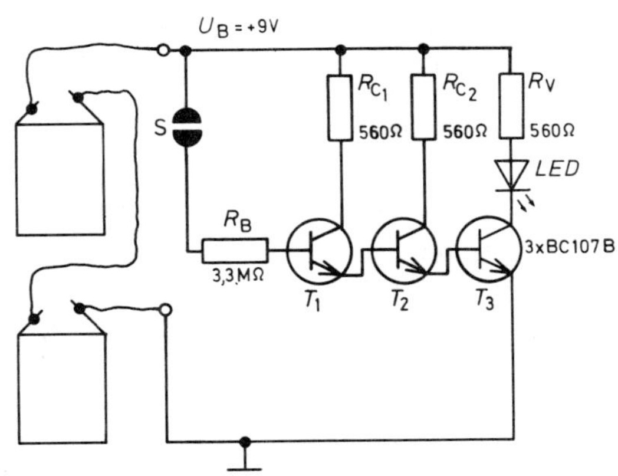

Bild 6.14: Berührungsschalter mit dreistufigem Schaltverstärker.

Die Verbindung zu U_B kann man auch weglassen, da Ihr Körper, als Antenne wirkend, die in Ihrer Umgebung auftretenden Felder des Starkstromnetzes ausnützt und genügend Strom auf R_B leitet.
Übrigens: wenn Sie die Schaltungen nach *Bild 6.13* und *Bild 6.14* ausschließlich als Sensoren benutzen

wollen, könnten Sie im Prinzip auf den Basisvorwiderstand verzichten. Er dient zur Strombegrenzung für den Fall, daß die Sensortaste irrtümlich einmal niederohmig z.B. durch eine Metallverbindung überbrückt wird.

Kippstufen: Transistoren schalten im Wechselspiel

Da Sie den Schalttransistor nun experimentell in den Griff bekommen haben, bringen Sie alle Voraussetzungen mit, auch mit den verschiedenen – in der Elektronikpraxis so bedeutenden – Kippstufen fertig zu werden.

Wir wollen uns auch hier nicht mit langen theoretischen Grundüberlegungen abplagen – am Versuch lernt man leichter. Wieder benötigen wir nur eine Handvoll preiswerter Bauelemente, eine 9-V-Spannungsquelle – und schon kann es losgehen.

Eine bistabile Kippstufe macht „flip-flop"

Bauen Sie die Schaltung nach *Bild 6.15 a* auf. Betätigen Sie die Taster in beliebiger Reihenfolge und beobachten Sie.

Die beiden Transistorschaltstufen, die hier miteinander verkoppelt wurden, sind leicht unsymmetrisch, obwohl sie gleich verschaltet sind. Das liegt an den Bauelemententoleranzen. Deshalb wird beim Einschalten der Betriebsspannung nur einer der beiden Transistoren durchgeschaltet und daraufhin der andere gesperrt.

Begründung: Nehmen wir an, der Transistor T_1 wird unverzüglich nach dem Einschalten der Spannungsversorgung leitend. Der Kollektor von T_1 nimmt ungefährt Massepotential an. Dieses Potential (~0 V) gelangt dann über den Basisvorwiderstand R_{B_2} an die Basis des Transistors T_2, der daraufhin sperrt. Am Ausgang des Transistors T_2 tritt näherungsweise + 9 V auf. Diese Spannung läßt den Transistor T_1 über den Basisvorwiderstand R_{B_1} durchgeschaltet. Unsere Annahme über den Ausgangszustand wird also bestätigt.

Tasten wir jetzt T_{a_1}, so zwingen wir der Basis des Transistor T_1 Null-Potential auf. T_1 sperrt damit. Das an seinem Kollektor auftretende positive Potential von nahezu 9 V steuert den Transistor T_2 durch, dessen Ausgang also etwa 0 V annimmt. Das Umschalten geschieht blitzschnell. Das Null-Potential des Kollektors von T_2 hält jetzt über R_{B_1} den Transistor T_1 auch dann gesperrt, wenn wir den Taster T_{a_1} wieder loslassen. Über den Taster T_{a_2} können dann die beiden Transistoren erneut umgesteuert werden.

Da das Umschalten der Transistoren schlagartig geschieht, nennt man solche Schaltungen Kippschaltungen (wir werden noch weitere Kippschaltungen experimentell erproben, die sich von dieser hier deutlich unterscheiden). Unsere Schaltung nach *Bild 6.15* hat zwei stabile Schaltzustände. Solange von außen über Tasterbetätigung nicht in die Potentialverhältnisse der Schaltung eingegriffen wird, solange bleibt – auch für lange Zeit – ein Transistor gesperrt und der andere durchgeschaltet. Schnelles Kippen und zwei stabile Schaltzustände geben den Schaltungsnamen ab: bistabile Kippstufe.

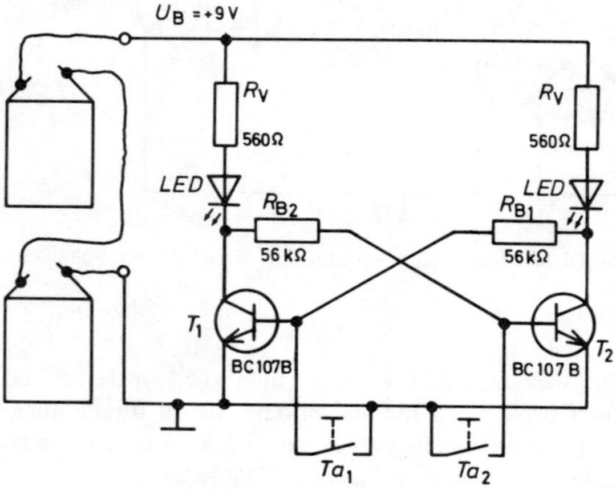

a) Schaltung einer bistabilen Kippstufe

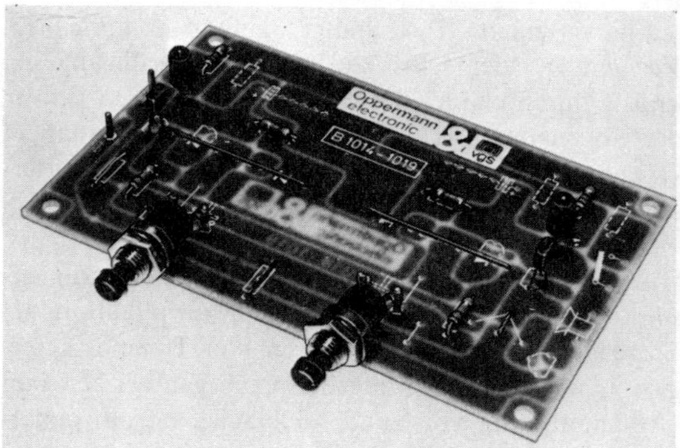

b) Versuchsaufbau nach Bild a)

Bild 6.15.

Eine andere Umsteuermöglichkeit zeigt uns *Bild 6.16.*

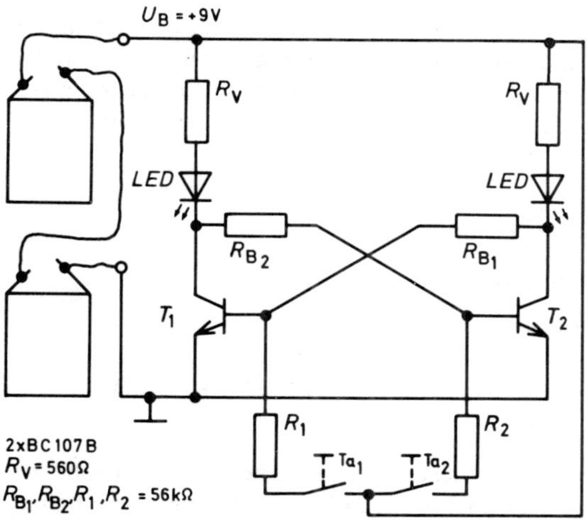

Bild 6.16: Ansteuervariante einer bistabilen Kippstufe.

Hier wird die Schaltzustandsveränderung durch Aufschalten von positivem Potential erzwungen. Nehmen wir an, T_1 sei durchgeschaltet. T_2 gesperrt. Hier können wir eine Schaltzustandsveränderung nur dadurch erreichen, daß wir mit Taster T_{a_2} das +9-V-Potential auf den Eingang des Transistors T_2 geben. (Der Widerstand R_2 dient hier als Basisvorwiderstand, also zur Strombegrenzung.) Durch das von außen aufgezwungene Potential wird T_2 durchgeschaltet und T_1 gesperrt. Nach den obigen Erklärungen ergibt es sich von selbst, daß der neue Schaltzustand solange gespeichert bleibt, bis der Taster T_{a_1} betätigt wird.

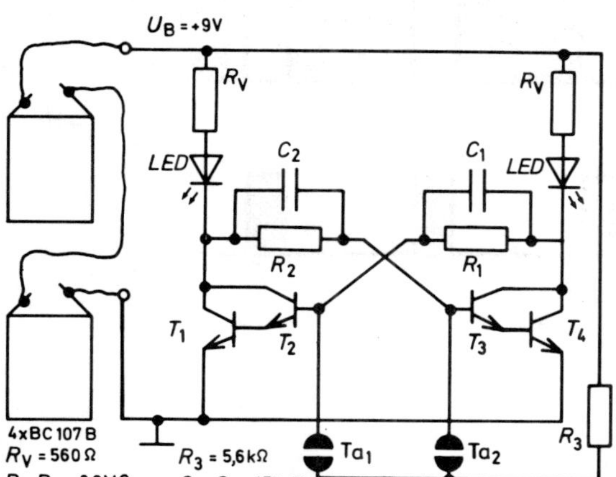

Bild 6.17: Bistabile Kippstufe mit Berührungstasten.

Wo benötigt man solche bistabile Kippstufen? Sie dienen in der Elektronikanwendung als Speicherglieder, mit denen elektrische Signale gespeichert werden können. Aber darüber mehr im folgenden Kapitel.
Eine kleine Spezialität zeigt Ihnen *Bild 6.17.* Es ist wieder eine bistabile Kippstufe, die jedoch durch kurzes Antippen der Sensortasten T_{a_1} bzw. T_{a_2} umgesteuert werden kann. Kleine Steuerströme verlangen große Stromverstärkungen; daher die Transistoren in Darlington-Schaltung. Die beiden Kondensatoren C_1 und C_2, die parallel zu den Basisvorwiderständen liegen, verbessern die Umschalteigenschaften der bistabilen Kippstufe. Diese Schaltung ist äußerst empfindlich. Hier müssen Sie, wenn die Schaltung mit Hilfe der angegebenen Bauelementedaten nicht funktionsgerecht arbeitet, etwas experimentieren. Ändern Sie die Werte für R_1, R_2 und/oder C_1, C_2 ab. Achten Sie darauf, daß die Schaltung eindeutig zwei stabile Zustände gewinnt.

Die astabile Kippstufe schwingt

„Astabil" steht für „nicht stabil": die Schaltung nach *Bild 6.18* schwingt. Die Leuchtdioden müssen abwechselnd aufblinken und wieder erlöschen. Bauen Sie sich die Schaltung mit den gegebenen Daten auf. Sie erkennen den Pendelvorgang sofort.
Die Ursache hierfür? Vergleicht man die bistabile Kippstufe nach *Bild 6.15 a* mit dieser astabilen Kippstufe, dann zeigt sich, daß die Kopplung der beiden Transistoren hier nicht über Widerstände, sondern über Kondensatoren erfolgt. Ohne hier auf die relativ

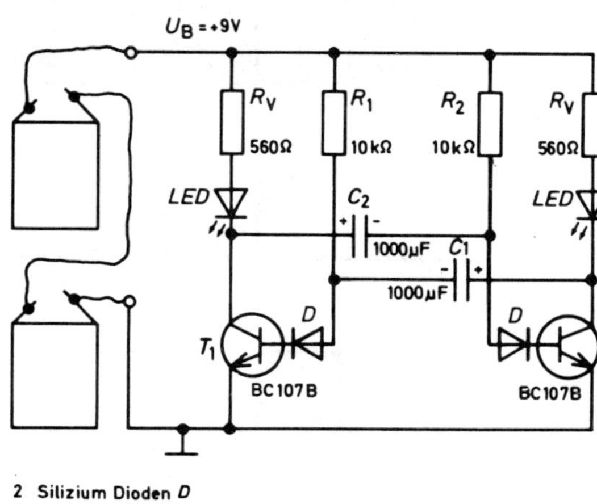

Bild 6.18: Schaltung einer astabilen Kippstufe.

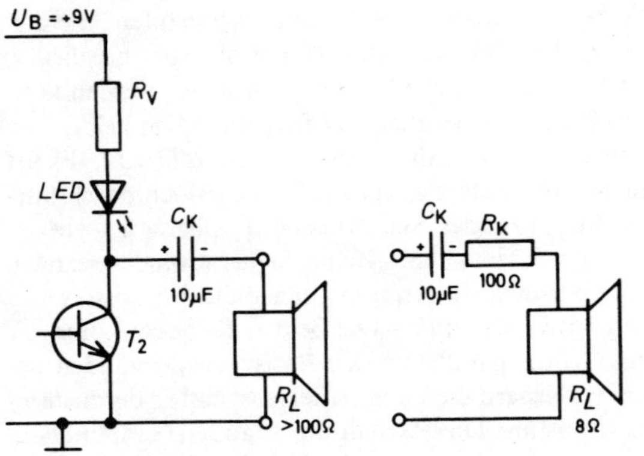

Bild 6.19: Lautsprecheranschluß an eine astabile Kippstufe über Koppelkondensator.

komplizierten Vorgänge einzugehen, sei gesagt, daß das periodische Umladen der Koppelkondensatoren letztlich den Schwingvorgang verursacht. Die eingebauten Dioden sichern den zuverlässigen Betrieb der Transistoren.

Dieser Lade- und Entladevorgang der Kondensatoren – und somit auch die Schaltfrequenz unserer astabilen Kippstufe – läßt sich zeitlich durch Veränderung von Bauelementendaten beeinflussen. Zur Berechnung der Schaltfrequenz wird die Formel

$$f = \frac{1}{0{,}7 \cdot C_1 \cdot R_1 + 0{,}7 \cdot C_2 \cdot R_2}$$

angegeben.

Beispiel:

$$f = \frac{1}{0{,}7 \cdot 1000\ \mu\text{F} \cdot 10\ \text{k}\Omega + 0{,}7 \cdot 470\ \mu\text{F} \cdot 18\ \text{k}\Omega}$$

$$= 0{,}0774\ \text{Hz}$$

Ohne wesentliche mathematische Kenntnisse läßt sich an der Formel sofort ablesen, daß eine Vergrößerung der Werte von C_1, R_1, C_2 oder R_2 zur Verkleinerung der Schaltfrequenz führen muß.

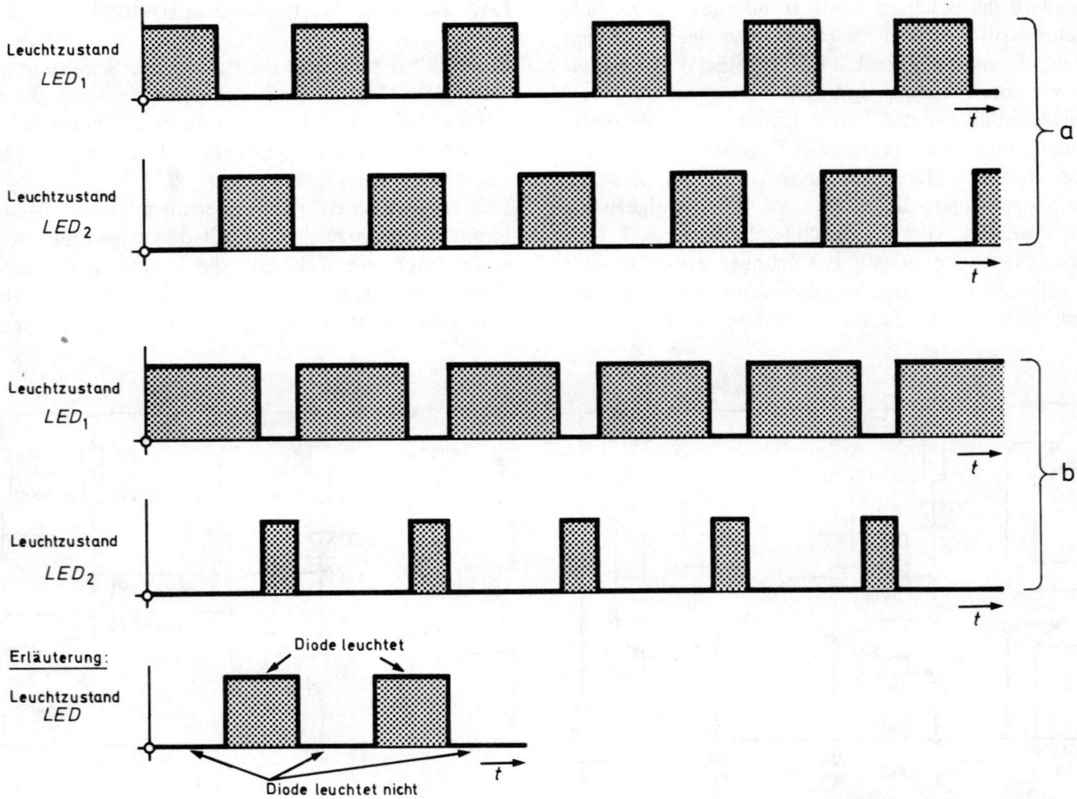

Bild 6.20: Signalzeitplan einer astabilen Kippstufe: a) mit symmetrischer Beschaltung, b) mit asymmetrischer Beschaltung.

Selbstverständlich läßt sich die Schaltfrequenz auch vergrößern. Dazu müssen die entsprechenden Bauelementedaten verkleinert werden. Experimentieren Sie in diesem Sinne frei nach der Leber weg. Bei extremer Wahl der Bauelementedaten funktioniert die Schaltung dann nicht mehr einwandfrei. Kriterium: Die Schaltung muß eindeutig schwingen. Probieren Sie es aus!
Ein wesentliches Problem haben wir noch zu lösen. Bei hohen Schaltfrequenzen (z.B. $C_1 = C_2 = 0{,}1$ µF – unveränderte Werte von R_1 und R_2 – entspricht runde 0,7 kHz oder 700 Hz) läßt sich das Umschalten der Transistoren optisch nicht mehr wahrnehmen. Wegen der Trägheit unserer Augen leuchten die LEDs scheinbar beide gleichzeitig auf. Hier hilft uns nur eine akustische Anzapfung der Schaltung weiter *(Bild 6.19)*.
Bei der Wahl der Kapazitätswerte C_K und evtl. von R_K sollten Sie nicht zu ängstlich sein. Vielleicht reizt es Sie sogar, die akustischen Auswirkungen der unterschiedlichen Kapazitätswerte des Koppelkondensators direkt einmal zu hören!
Auf einen wichtigen Umstand bei der Funktion der astabilen Kippstufe muß an dieser Stelle noch hingewiesen werden. Wenn $R_1 = R_2$ und $C_1 = C_2$ sind, arbeitet die Schaltung symmetrisch: die LEDs leuchten abwechselnd gleich lange auf *(Bild 6.20a)*. Wenn R_1 ungleich R_2 oder C_1 ungleich C_2 ist, wird die Symmetrie der Schaltung gestört. Die Dioden leuchten unterschiedlich lange *(Bild 6.20b)*.
Die astabile Kippstufe wird sehr häufig auch Multivibrator genannt. Mit ihrer Hilfe lassen sich Rechteck-Signale erzeugen, die dann in vielfältiger Weise Verwendung finden; optische und akustische Signale, Zähl- und Steuerimpulse usw.

Ein elektronisches Raumschmuckobjekt

Bild 6.21b zeigt Ihnen einen einfachen Raumschmuck: ein sechseckiges Feld mit je einer Leuchtdiode. In einer Variation können Sie auch einen entsprechenden sechseckigen Holzrahmen wählen, die Fläche wird in sechs Felder unterteilt, jedes Feld von einem 12-V/0,1-A-Glühlämpchen beleuchtet. Die farbliche Ausgestaltung von Deckgläsern oder Lämpchen sei Ihrer Phantasie überlassen. Bei der Verwendung von Glühlämpchen muß die Schaltung jedoch umdimensioniert werden (Transistoren für hohe Ströme, andere Widerstände).
Die Schaltung selbst besteht aus drei voneinander völ-

Bild 6.21a: Bestückte Schaltplatine „Elektronischer Raumschmuck“ nach Bild 6.21b.

lig unabhängigen, astabilen Kippstufen, die als Blinkgeber arbeiten. Durch unterschiedliche Wahl der Kapazitätswerte ergibt sich ein scheinbar völlig unsystematisches Aufleuchten der Lampenkombination. Selbstverständlich können Sie die Anordnung auch auf mehr als drei astabile Kippstufen erweitern.

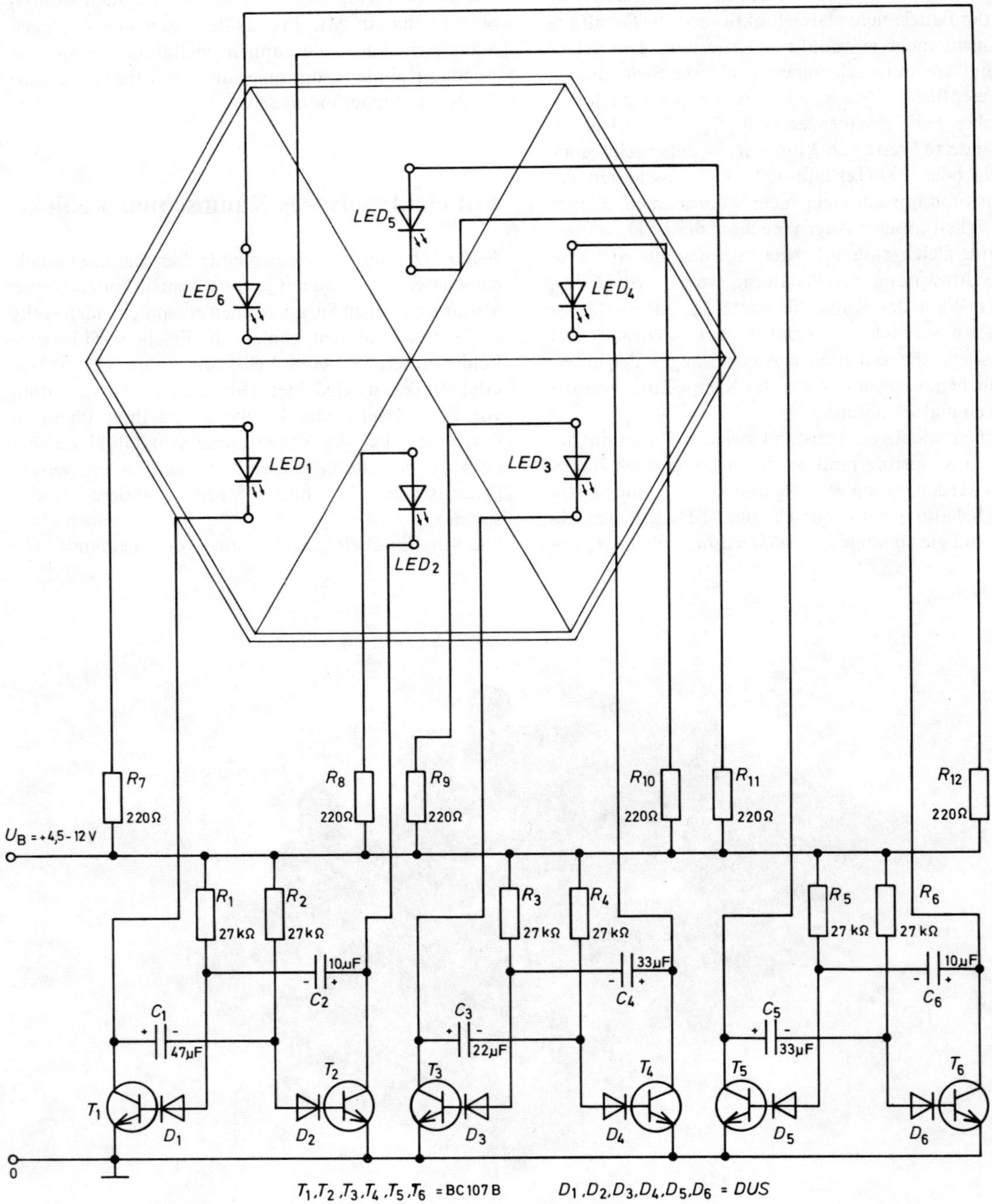

Bild 6.21 b: Schaltplan „Elektronischer Raumschmuck“ mit Leuchtdioden.

Baum oder Zahl – wer hat Anstoß?

(Bild 6.22).

„Baum oder Zahl" hilft Entscheidungen fällen, beim Anstoß eines Fußballspiels oder bei der Wahl des Wanderweges an der Gabelung.

Bild 6.22: Ausgeführtes Spielgerät „Baum oder Zahl".

In der Schaltung nach *Bild 6.23* wird eine sehr schnell freischwingende Rechteck-Generatorstufe (astabile Kippstufe) durch Betätigung des Betriebsspannungsschalters S in Betrieb gesetzt. Über den Taster T_a, den Spielschalter, werden die im Generator erzeugten Rechteckimpulse über den Koppelkondensator C_K auf eine nachfolgende bistabile Kippstufe geschaltet. Bei hoher Schaltfrequenz der astabilen Kippstufe hängt es vom Zufall ab, ob nach dem Loslassen des Spielschalters T_a „Baum" oder „Zahl" durch das Aufleuchten der entsprechenden LED gemeldet wird.

Die Widerstandswerte R_3 und R_4 bzw. die Kapazitätswerte C_1 und C_2 sollen nicht sehr weit auseinander liegen, da sonst eine Seite – „Baum" oder „Zahl" – bevorzugt wird.

Beim Aufbau der Schaltung können Sie die Funktion der astabilen Kippstufe wieder sehr leicht akustisch prüfen.

Monostabile Kippstufen: zeitabhängig schalten

Die monostabile Kippstufe besitzt – wie der Name schon sagt – nur einen stabilen Schaltzustand. Betätigen Sie in der Schaltung nach *Bild 6.24* den Taster T_a einmal ganz kurz. Die Leuchtdiode LED_1 erlischt,

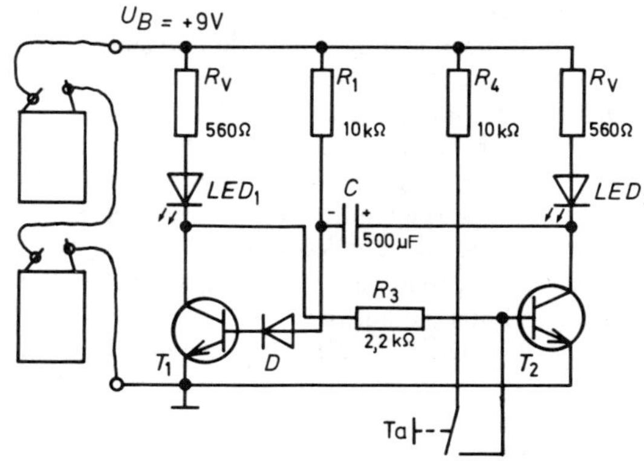

Bild 6.24: Schaltung einer monostabilen Kippstufe.

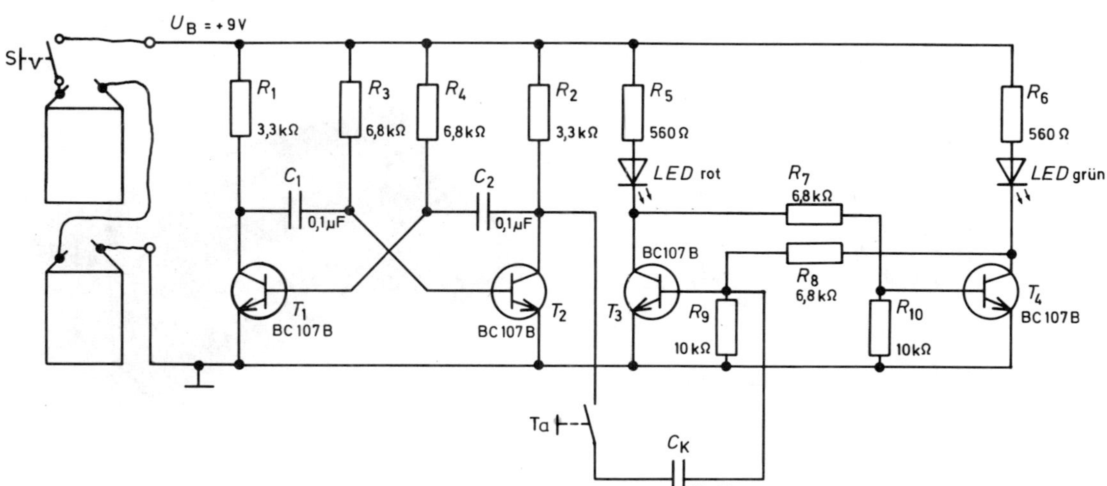

Bild 6.23: Schaltung des Spielgerätes „Baum oder Zahl" nach Bild 6.22.

die Leuchtdiode LED_2 leuchtet auf. Warten Sie nun eine Weile ab. Bald gibt die LED_1 wieder ein Leuchtsignal ab und die LED_2 wird dunkel. Der Leuchtzustand der Diode LED_2 ist nur von vorübergehender Dauer, also unstabil. Nach Betätigung des Tasters kehrt die Schaltung nach Ablauf einer schaltungstechnisch vorgegebenen Verzögerungszeit zurück in den stabilen Grundzustand.

Monostabile Kippstufen erkennt man an der Art der Kopplung der beiden Schalttransistoren. Während die bistabile Kippstufe *(Bild 6.15)* als Kopplungselemente zwei Widerstände besitzt, die astabile Kippstufe *(Bild 6.18)* über Kopplungskondensatoren umgesteuert wird, erfolgt hier bei unserer monostabilen Kippstufe die Kopplung über je einen Widerstand und einen Kondensator. Wie funktioniert die Schaltung?

Im Grundzustand wird der Transistor T_1 über R_1 und die Diode durchgeschaltet. Die Kollektorspannung des Transistors T_1 liegt dann nahe bei 0 V und sperrt über den Basisvorwiderstand R_3 den Transistor T_2. Der Kondensator ist aufgeladen. Die Schaltskizze deutet die Polarität der Aufladung an. Durch Betätigung des Tasters T_a wird der Transistor T_2 leitend. Seine Kollektorspannung springt auf etwa 0 V. Dieser Spannungssprung wird über den Kondensator auf die Basis des Transistors T_1 weitergeschaltet und wirkt sich dort als negatives Potential aus, das den Transistor T_1 sofort sperrt. Die Diode D schützt den Transistor vor einer zu hohen negativen Basis-Emitterspannung.

Nach der Sperrung des Transistors T_1 wird der Kondensator C über den Widerstand R_1 umgeladen. Sobald die Basis des Transistors T_1 durch die Umladung wieder genügend positiv wird, schaltet dieser wieder durch. Die Folge: Transistor T_2 sperrt; dabei ist vorausgesetzt, daß der Taster T_a nicht gedrückt bleibt.

Der unstabile Zustand, das zeitlich definierte Aufleuchten der Leuchtdiode LED_2 kann durch die Werte für R_1 und C beeinflußt werden. Je größer R_1 und C sind, um so länger verweilt die Schaltung in unstabilem Zustand.

Vielleicht benutzen Sie diese schnell und preiswert aufzubauende Schaltung als Zeitgeber, wenn es z.B. um die Beantwortung von Quizfragen geht.

Die Schmitt-Trigger-Schaltung: Grenzwerte melden

Die Schaltung nach *Bild 6.25 a* ist eine Kippschaltung mit bistabilem Charakter. Das Besondere an ihr ist – und das unterscheidet sie von der bistabilen Kippstufe nach *Bild 6.15* –, daß der jeweilige stabile Zustand von der Höhe der Eingangsspannung U_i der Schaltung abhängig ist.

Das Erkennungsmerkmal der Schmitt-Trigger-Schaltung ist der den beiden Transistoren T_1 und T_2 gemeinsame Emitterwiderstand R_2. Dieser ist letztlich auch für das definierte Kippen der Schaltung verantwortlich.

Experimentieren Sie! Wenn Sie den Eingangsspannungsteiler (aus R_1 und R_{pot} bestehend) so einstellen, daß U_i um die Schleusenspannung des Transistors T_1

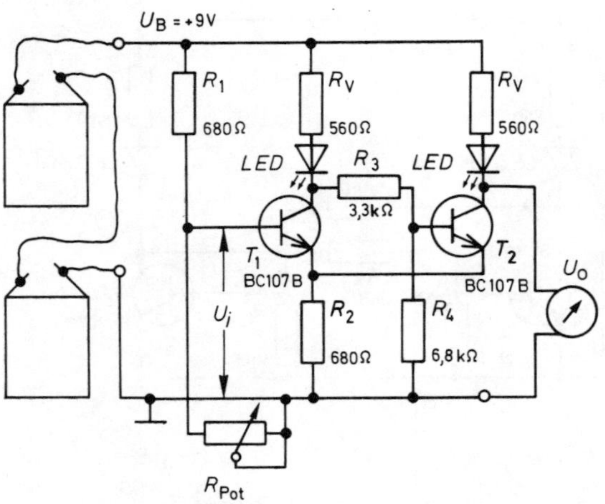

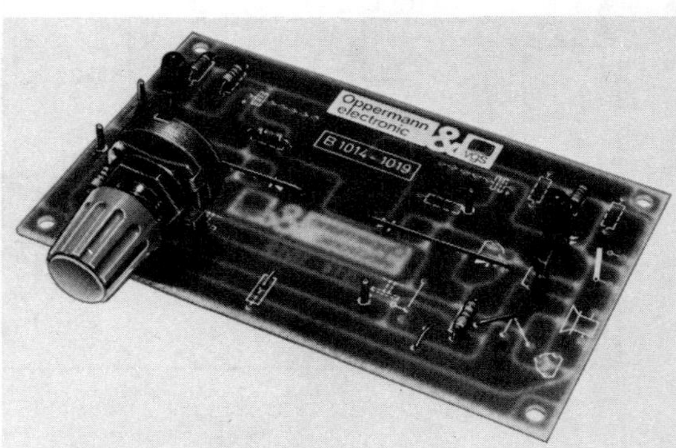

Bild 6.25: a) Versuchsvorlage zu einer Schmitt-Trigger-Schaltung, b) Versuchsaufbau der Schaltung nach Bild a).

größer als der Spannungsabfall am gemeinsamen Emitterwiderstand R_2 wird, schaltet Transistor T_1 durch.
Da der Basisspannungsteiler des Transistors (R_v, LED, R_3, R_4) so dimensioniert ist, daß bei durchgeschaltetem Transistor T_1 die Basis des Transistors T_2 negativ gegenüber seinem Emitter ist, sperrt Transistor T_2 sofort. Die Ausgangsspannung U_0 liegt etwas unter der Betriebsspannung. Die Leuchtdiode LED_2 erlischt.
Senken Sie die Eingangsspannung U_i durch Verstellen des Potentiometers R_{pot} genügend ab, so sperrt der Transistor T_1 und Transistor T_2 geht – durch den gemeinsamen Emitter-Widerstand beschleunigt – in den leitenden Zustand: LED_1 erlischt, LED_2 leuchtet auf. Besondere Beachtung muß jetzt der Ausgangsspannung U_0 gewidmet werden, die nicht wie bei unseren anderen besprochenen Kippstufen bei durchgeschaltetem Transistor auf Null absinkt. Am Ausgang unseres Schmitt-Triggers messen wir in jedem Fall noch den Spannungsabfall am gemeinsamen Emitterwiderstand R_2. Soll diese Ausgangsspannung jetzt als Quasi-Null-Voll-Signal auf den Eingang einer nachfolgenden Schaltstufe weitergegeben werden, so muß die von Null abweichende Spannung durch eine Z-Diode (oder evtl. bei nur geringer Spannung durch eine in Durchlaßrichtung geschaltete Diode) künstlich abgesenkt werden, damit der nachfolgende Transistor richtig angesteuert werden kann. Das Prinzip zeigt *Bild 6.26*.
Wenn Sie das Umschalten des Schmitt-Triggers durch eine Messung des Verlaufs der Eingangsspannung genau verfolgt haben, so haben Sie festgestellt, daß zum Durchschalten des Transistors T_1 eine deutlich höhere Spannung benötigt wird als zum Zurückschalten in

Bild 6.26: Ausgang einer Schmitt-Trigger-Schaltung mit nachfolgender Schaltstufe.

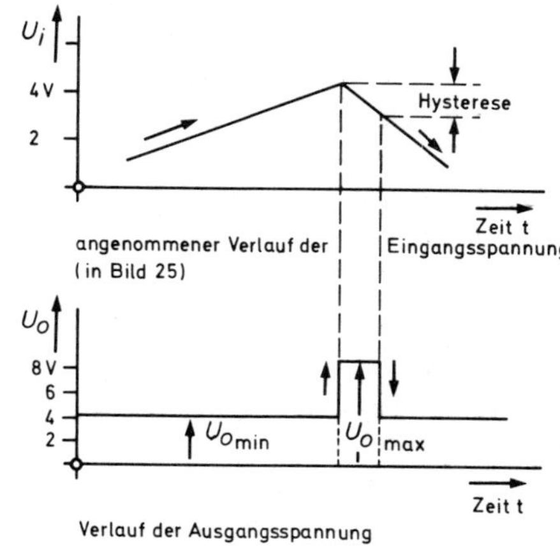

Bild 6.27: Zeitlicher Verlauf von Eingangs- und Ausgangsspannung bei einer Schmitt-Trigger-Schaltung.

den Sperrzustand. Diese Differenz in den Ansprechspannungen *(Bild 6.27)* wird Hysterese genannt und ist typisch für die gebräuchlichen Schmitt-Trigger-Schaltungsausführungen. Der Betrag der Hysterese kann von Schaltungsentwurf zu Schaltungsentwurf verschieden sein, ebenso wie die absoluten Werte der Ansprechspannung U_i.
Sehr häufig liegt am Eingang der Schmitt-Trigger-Schaltung (z.B. anstelle des Potentiometers) ein temperatur- oder lichtempfindliches Bauelement. Solche Schaltungen schalten immer dann schlagartig durch, wenn ein Temperatur- oder Helligkeitsgrenzwert unter- oder überschritten wird (Grenzwertmelder).
Die Schmitt-Trigger-Schaltung eignet sich neben der Verwendung als Grenzwertmelder u.a. auch besonders dazu, zeitlich sich langsam verändernde Spannungen in eine geschaltete Spannung umzuwandeln. *Bild 6.28* zeigt ein mögliches Beispiel. Nach diesem Prinzip lassen sich Sinussignale in Rechtecksignale umwandeln.

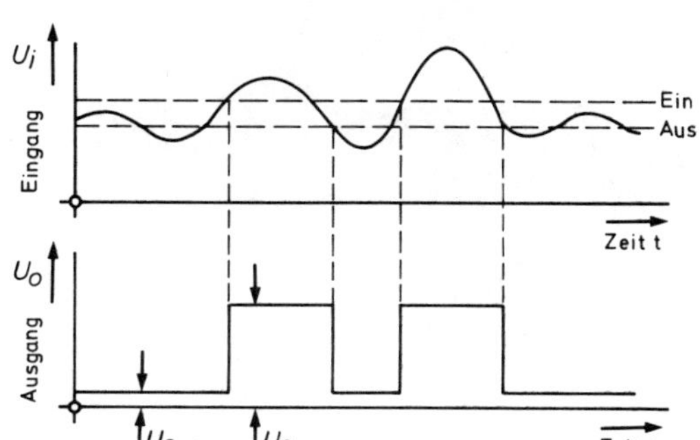

Bild 6.28: Mit einer Schmitt-Trigger-Schaltung werden Grenzwerte ausgewertet.

Ein Dämmerungsschalter

Eine nachbaufähige lichtabhängige Schaltung gibt *Bild 6.29* wieder. Mit dieser Schaltung, die – exakt eingestellt – sehr empfindlich reagiert, können Sie z.B. auch eine Lichtschranke aufbauen.
Einige Anmerkungen zur Einstellung und Funktion der Schaltung: Ordnen Sie den lichtempfindlichen Fotowiderstand gegenüber einer Lichtquelle an.
Bei unverändertem Abstand von Lichtquelle zu Fotowiderstand stellen Sie den Grenzwert der Schaltung mit Hilfe des Potentiometers R_1 ein. Sie decken zu diesem Zweck den Lichtempfänger z.B. mit der Hand ab und drehen solange an dem Potentiometer bis die Leuchtdiode aufleuchtet. Lassen Sie nun das Licht auf den Fotowiderstand fallen, so nimmt der Widerstand

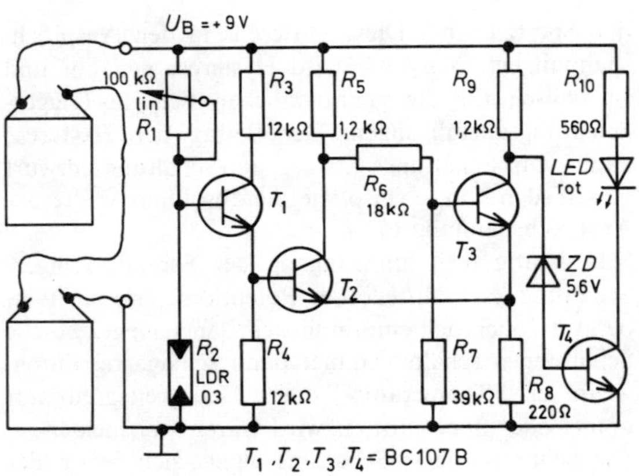

Bild 6.29:
a) Schaltplan eines Dämmerungsschalters,
b) Versuchsaufbau eines Dämmerungsschalters.

dieses lichtempfindlichen Bauelementes ab. Die Eingangsspannung des Transistors T_1 sinkt. Der Transistor T_1 sperrt, Transistor T_2 sperrt daraufhin ebenfalls und Transistor T_3 schaltet durch. Die Spannung am Kollektor von T_3 reicht nun nicht mehr aus, um die nachgeschaltete Z-Diode zum Durchbruch zu bringen. Dadurch bleibt der Transistor T_4 gesperrt und die Leuchtdiode bleibt dunkel.
Eine Variante der lichtgesteuerten Schaltung erhalten Sie, wenn Sie den Widerstand R_1 und den Widerstand R_2 am Schaltungseingang miteinander vertauschen. In diesem Fall leuchtet die LED am Ausgang nur dann auf, wenn ausreichend Licht auf den Fotowiderstand fällt.

Weil Sie jetzt recht gut über die Eigenschaften von Kippstufen Bescheid wissen, schlagen wir hier einige Schaltungen vor, die als Anwendungen der experimentellen Ergebnisse dieses Kapitels zeigen sollen, wie Kippstufen eingesetzt werden können.

Tonsignalgeber: Multivibratorsignale werden hörbar gemacht

Ein Tonsignalgeber kann vielfältig benutzt werden *(Bild 6.30)*. Er kann den Ablauf einer bestimmten Schaltzeit (vgl. S. 253) oder das Erreichen einer bestimmten Temperatur (vgl. S. 222) anzeigen. Auch als Durchgangsprüfer beim Experimentieren oder als Morsezeichengeber ist er brauchbar.

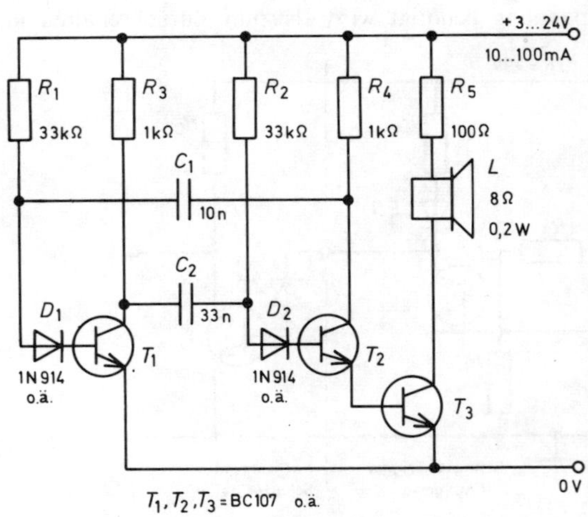

Bild 6.30: Schaltung des Tonsignalgebers.

Damit er vielseitig einsetzbar ist, haben wir die Schaltung für einen Spannungsbereich von 3 V bis 24 V dimensioniert. Je nach Betriebsspannung und je nach Streuung der Bauelementewerte liegt die Tonfrequenz zwischen 900 und 1 000 Hz, der aufgenommene Strom liegt zwischen 10 und 100 mA.

Multivibrator als Tongenerator

Die Tonfrequenz wird durch einen Multivibrator (siehe auch Seite 81) erzeugt, der durch die Universaltransistoren T_1 und T_2, die Widerstände R_1, R_2, R_3 und R_4 sowie die Folienkondensatoren C_1 und C_2 gebildet wird. Am Multivibrator ist über einen weiteren Universaltransistor T_3, der als Lastschalttransistor arbeitet, ein Lautsprecher angeschlossen.

Kurze Impulse und lange Pausen zur Entlastung der Ausgangsstufe

Beim Multivibrator fällt auf, daß die beiden Kondensatoren, die in Verbindung mit den Basisvorwiderständen die Schaltzeiten der Transistoren bestimmen, ungleiche Kapazitäten besitzen. Die Kapazität C_2 (33 nF), die die Sperrzeit des Transistors T_2 beeinflußt, ist größer als die Kapazität C_1 (10 nF), die die Sperrzeit des Transistors T_1 bestimmt. Damit soll erreicht werden, daß der Laststrom durch den Lautsprecher und den Ausgangstransistor während einer Schaltperiode für die größere Zeit gesperrt bleibt und nur während einer relativ kurzen Zeit fließen kann. Die durchschnittliche Strom- und Wärmebelastung für den Ausgangstransistor und den Lautsprecher wird dadurch gering gehalten.

Der Strom des Ausgangstransistors muß begrenzt werden

Da der zulässige Kollektorhöchststrom des Ausgangstransistors nicht überschritten werden darf (er beträgt bei dem Universaltransistor 200 mA) muß vor den kleinen Lautsprecherwiderstand von 8 Ohm zusätzlich ein Begrenzungswiderstand geschaltet werden, wenn der Tonsignalgeber an Betriebsspannungen bis 24 V angeschlossen werden soll.

Wenn die Schaltung an einer niedrigeren Spannung als 24 V betrieben werden soll, kann der Vorwiderstand entsprechend verkleinert werden, damit die Schalleistung so groß wie an 24 V bleibt.

Beispiel: Bei einer festen Betriebsspannung von nur 9 V muß der Gesamtwiderstand im Laststromkreis $R = 9\,V/0{,}2\,A = 45$ Ohm betragen, um den Laststrom auf 200 mA zu begrenzen. Für den Vorwiderstand bleibt dann nach Abzug des Lautsprecherwiderstandes von 8 Ohm und des (geschätzten) Transistor-Durchlaßwiderstandes von 4 Ohm ein Wert von 33 Ohm. Den Wert für den Durchlaßwiderstand des Transistors können Sie ungefähr aus Datenbüchern entnehmen oder durch Messung feststellen. Er streut bei den einzelnen Exemplaren.

Sollten Sie einen Ausgangsübertrager haben, vielleicht aus einem alten Radio, dann können Sie ihn zur Anpassung des Lautsprechers an die Schaltung verwenden. Am besten wäre ein Transformator mit dem Widerstandsverhältnis 120 Ohm zu 8 Ohm, aber auch höhere Widerstände auf der Primärseite schaden nicht, sie mindern jedoch die abgebbare Leistung.

Die hochohmige Primärentwicklung des Übertragers wird dann statt des Lautsprechers in die Kollektorleitung des Transistors T_3 geschaltet, der Lautsprecher wird an die niederohmige Sekundärwicklung angeschlossen. Der Begrenzungswiderstand R_5 entfällt natürlich!

Änderungen der Tonfrequenz

Eine andere Tonfrequenz erhalten Sie, wenn Sie die Kapazitäten C_1 und C_2 und die Basiswiderstände R_1 und R_2 ändern. Das Vergrößern der Kapazitäten und der Basiswiderstände bringt eine Verkleinerung der Frequenz mit sich. Umgekehrt kann die Frequenz auch erhöht werden. Allerdings dürfen die Basiswiderstände weder zu groß, noch zu klein gewählt werden. Bei zu großen Basiswiderständen werden die Transistoren nicht mehr richtig durchgeschaltet, bei zu kleinen Widerständen würden die zulässigen Basisstromstärken überschritten.

Die Dioden D_1 und D_2 sollen ein Durchschlagen der Emitter-Basis-Sperrschichten verhindern, wenn von den Kondensatoren beim Umschalten negative Spannungen in Höhe der Betriebsspannung an die Transistorbasisanschlüsse gelegt werden. Denn bei den meisten Transistoren liegt die zulässige Emitter-Basis-Sperrspannung nur bei etwa 5 V. Als Dioden eignen sich hier einfachste Universaltypen.

Eine elektronische Sirene: etwas zum Heulen

Mit der hier beschriebenen Sirenen-Schaltung *(Bild 6.31)* können zwei rhythmisch wechselnde Töne, etwa wie das ta-tü-ta-tü-Signal der Feuerwehr oder der Polizei oder ein auf- und absteigender Ton wie von Katastrophenalarm-Sirenen, erzeugt werden.

Die Sirene kann z.B. in Verbindung mit Einbruchsicherungsanlagen eingesetzt werden. Ein Allwetter-Laut-

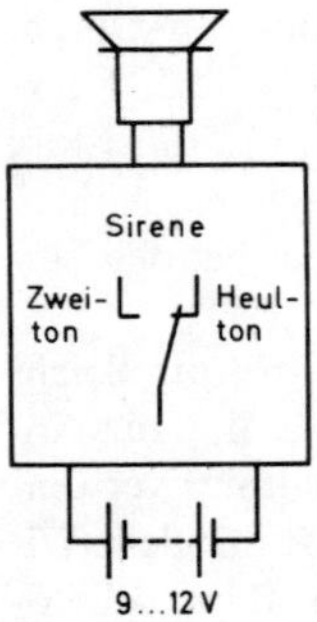

Bild 6.31: Prinzip der elektronischen Sirene, Wahlmöglichkeit zwischen Zweiton oder Heulton.

sprecher macht sie geeignet für den Betrieb im Freien. Aber auch für Spielzeugmodelle kann sie – bei gedrosselter Leistung – verwendet werden.

Multivibratoren als Tonerzeuger und Taktgeber

Die elektronische Schaltung der Sirene besteht im wesentlichen aus zwei Multivibratoren *(Bild 6.32)*, wobei der eine als Tonfrequenzerzeuger, der andere als Taktgeber für das rhythmische Wechseln der Tonfrequenz verwendet wird. Über eine Kopplungsschaltung steuert der Taktgeber den Tonerzeuger. Über eine Ausgangsverstärkerstufe ist ein Lautsprecher an den Tongeber angeschlossen.

Die Arbeitsfrequenz eines Multivibrators wird von den beiden Widerstands-Kondensator-Kombinationen bestimmt, die jeweils aus dem Basisvorwiderstand und dem Kopplungskondensator gebildet werden. Bei dem ersten Multivibrator, der als Taktgeber für den Tonfrequenzwechsel arbeitet, sind dies die *RC*-Glieder $R_1 \cdot C_1$ und $R_2 \cdot C_2$. Die Taktfrequenz können Sie nach der Formel auf Seite 82 berechnen. Mit den Werten aus Bild 6.32 ergibt sich $f \approx 0{,}6$ und damit eine Taktperiode

$$T = \frac{1}{f} \approx 1{,}6 \text{ s.}$$

Etwas anders liegen die Verhältnisse beim zweiten Multivibrator, der die Funktion des Tongebers hat. Hier sind die Basiswiderstände der beiden Transistoren T_3 und T_4 nicht direkt an das Pluspotential der Betriebsspannung angeschlossen. Vielmehr sind ihnen die Widerstände R_6 bzw. R_5 und R_4 vorgeschaltet, die vom Taktgeber beeinflußt werden.

Zunächst sei die Arbeitsweise der Schaltung als Zweiton-Sirene (ta-tü-ta-tü) betrachtet. In diesem Fall bleibt der Kondensator C_3 in der Kopplungsschaltung abgeschaltet (Schalter S geöffnet).

Wenn der Transistor T_2 des Taktgeber-Multivibrators gerade sperrt, liegt die Reihenschaltung aus R_4, D_5 und R_5 parallel zum Widerstand R_6, so daß sich für diese Widerstandskombination insgesamt ein Wert von etwa 7,8 kΩ ergibt. Die Diode D_5 ist in Durchlaßrichtung geschaltet. Wenn jedoch der Transistor T_2 durchlässig wird, liegt der Anodenanschluß der Diode D_5

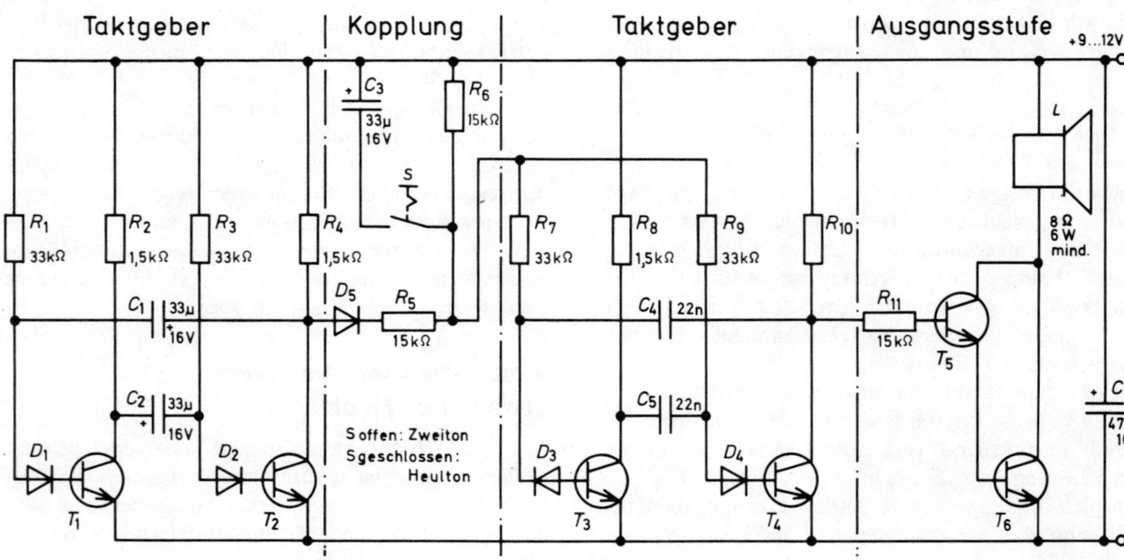

$D_1 \ldots D_5$: 1N914 o.ä., $T_1 \ldots T_5$: BC 107 o.ä., T_6: BD 137 o.ä.

Bild 6.32: a) Schaltung der Sirene.

über T_2 am Minuspotential, so daß sie sperrt. Nun ist allein der 15-kΩ-Widerstand R_6 als Vorwiderstand vor den Basiswiderständen R_7 und R_9 wirksam und dieser Vorwiderstand ist etwa doppelt so groß wie der vorhergehende.

Durch den Taktgeber-Multivibrator wird also abwechselnd ein größerer und ein kleinerer Vorwiderstand vor die Basiswiderstände des Tongeber-Multivibrators geschaltet. Das ändert die *RC*-Zeitkonstanten und damit die Tonfrequenz: der größere Vorwiderstand bewirkt eine niedrigere Tonfrequenz, der kleinere Vorwiderstandswert eine höhere.

Die Arbeitsweise als Heulton-Sirene wird durch eine geringfügige Schaltungsänderung, nämlich durch das Parallelschalten des Kondensators C_3 zum Widerstand R_6 erzielt. Wenn der Transistor T_2 des Taktgebers durchgeschaltet ist, wird der Kondensator über die Widerstände R_7 und R_9 aufgeladen, da die Diode D_5 dann in Sperrichtung geschaltet ist. Der Kondensator wirkt während des Aufladens wie ein anwachsender Widerstand parallel zu R_6. Die Folge ist ein stetiges Absinken der Tonfrequenz.

Wenn später der Taktgeber-Transistor T_2 in den Sperrzustand umschaltet, wird dem Kondensator C_3 über die Diode D_5 die Widerstandsreihe R_4 und R_5 parallelgeschaltet. Über diesen Weg und über R_6 entlädt sich nun der Kondensator bis zu einem gewissen Maße, was einerseits einer Widerstandsminderung gleichkommt und andererseits eine Verringerung des Spannungsabfalls an R_6 zur Folge hat. Die Tonfrequenz wird dadurch stetig höher. Insgesamt wiederholt sich der Vorgang im Takt des ersten Multivibrators. Es entsteht der Heulton.

Übrigens können Sie Tonänderungen erreichen, wenn Sie die Werte für R_6, R_5 sowie C_3 ändern oder diese Bauelemente teilweise weglassen.

Bild 6.32: b) Platine der Sirene.

Die Ausgangsstufe bestimmt die Lautstärke

Die Ausgangsstufe hat zwei Anforderungen gerecht zu werden:

Einerseits soll sie einen niederohmigen Lautsprecher von etwa 8 Ohm betreiben, andererseits soll sie den Tongeber-Multivibrator wenig belasten, damit er einwandfrei schwingt.

Deshalb ist die Ausgangsstufe als Darlington-Schaltung ausgeführt; sie besteht aus den Transistoren T_5 und T_6. Bei der Darlington-Schaltung ist die Gesamtverstärkung ungefähr gleich dem Produkt der Einzelverstärkungen der Transistoren. Wird z.B. für T_5 eine Gleichstromverstärkung $B = I_c/I_B = 60$ und für T_6 eine Verstärkung $B = 30$ angenommen, so ist die Gesamtverstärkung etwa $60 \cdot 30 = 1\,800$. Zum Schalten eines Laststroms genügt also ein sehr kleiner Steuerstrom.

Der Strom durch den Lautsprecher mit dem Widerstand von 8 Ohm beträgt bei durchlässigem Transistor T_6 und bei einer Betriebsspannung von 12 V fast 1,2 A, wenn der Durchlaßwiderstand des Transistoren T_6 wenige Ohm (z.B. 2 Ohm) beträgt. Diese Stromstärke muß der Transistor aushalten können, also muß für T_6 ein Transistortyp für mittlere Leistungen gewählt werden. Der Strom fließt nur während einer halben Periode, was für die Verlustleistung in T_6 günstig ist. Die effektive Stromstärke ist, da eine Rechteckschwingung vorliegt, nur halb so groß wie die Maximalstromstärke.

Wenn die Schaltung an einer kleinen Batterie von 9 bis 12 V betrieben wird, können durch die relativ starken Schaltstromstöße so große Klemmspannungsschwankungen hervorgerufen werden, daß die Sirene aus dem Takt kommt. Zum Ausgleich dieser Schwankungen ist der Elektrolytkondensator C_6 vorgesehen, bei dem eine Kapazität von 470 µF in der Regel ausreicht; eine größere Kapazität schadet natürlich auch nicht.

Wird für die Stromversorgung ein Netzgerät verwendet, so sollte es einen geglätteten Gleichstrom bis 1,5 A abgeben können.

Die Sirene im Spielzeug

Für die Verwendung der Sirene in Spielzeugen ist eine wesentlich geringere Lautstärke, als mit der vorgeschlagenen Schaltung erreicht wird, manchmal noch zuviel.

Die einfachste Maßnahme zur Minderung der abgegebenen Leistung besteht in der Verkleinerung der Betriebsspannung. Die Sirene arbeitet noch an einer Taschenlampen-Batterie von 4,5 V einwandfrei, aber weniger laut.

Man kann auch einen Vorwiderstand vor den Lautsprecher schalten. Wenn bei einer Betriebsspannung von 12 V ein Widerstand von 100 Ohm vorgeschaltet wird, fließt nur noch ein Höchststrom von 100 mA. Unter diesen Umständen reicht für T_6 ein einfacher Universaltransistor.

Lauflichtschaltung: Licht auf Wanderschaft

Bei Leuchtreklamen werben oft Lauflichter um besondere Aufmerksamkeit. Weil damit ganz reizvolle optische Effekte möglich sind, ist hier eine kleine Lauflichtschaltung beschrieben. Die Schaltung hat den Vorteil, ohne mechanisch verschleißende Teile zu arbeiten.

Eine Kette gleicher Schaltstufen

Die Schaltung besteht aus mehreren gleichartigen Schaltstufen *(Bild 6.33)*. Jede Stufe schaltet eine Lampe für eine bestimmte kurze Zeit ein. Verlöscht die Lampe einer Schaltstufe, wird die Lampe der nächsten Schaltstufe eingeschaltet und so fort. Wenn die letzte Schaltstufe mit der ersten verbunden wird, wiederholt sich das Durchlaufen des Lichtes in der Leuchtkette immer wieder von neuem.

Die Schaltung ist so ausgelegt, daß sie an einer 4,5-V-Normalbatterie betrieben werden kann. Es können ohne weiteres sehr viele gleichartige Schaltstufen angeschlossen werden. Die Höchstzahl hängt von der Belastbarkeit der Spannungsquelle ab. Da jede Schaltstufe im Sperrzustand (Lampe leuchtet nicht) weniger als 3 mA aufnimmt und in der Lauflichtkette jeweils nur eine Lampe leuchtet, die etwa 70 mA fließen läßt, wird bei einer aus 20 Gliedern bestehenden Lauflichtkette eine Stromstärke von nur 130 mA benötigt. Denn 20 · 3 mA = 60 mA und 70 mA Lampenstrom ergibt 130 mA. Das ist weniger, als ein Lämpchen aus einer Taschenlampe mit den Werten 3,8 V/0,2 A verbraucht.

Schmitt-Trigger verzögert geschaltet

Jede Schaltstufe der Lauflichtkette besteht aus einem Schwellwertschalter, einem RC-Glied, das die Leuchtzeit der Lampe bestimmt und einer Treiberstufe zum Schalten der Lampe *(Bild 6.34)*.

Der Schwellwertschalter ist ein Schmitt-Trigger (vergleiche auch Seite 86). Er wird mit den beiden NPN-Transistoren T_1 und T_2 und den Widerständen R_1, R_2, R_3, R_4 und R_5 aufgebaut. Der Eingang des Triggers ist in der Lauflichtschaltung über den Kondensator C mit dem Ausgang A der vorgeschalteten Stufe verkettet.

In der Ruhestellung der Triggerschaltung ist der Transistor T_1 durchgeschaltet, weil er über den Widerstand R_1 Steuerstrom erhält. Transistor T_2 sperrt. Wenn der Basisanschluß von T_1 auf Minuspotential gesetzt wird, kippt der Schmitt-Trigger in den entgegengesetzten Schaltzustand und T_1 sperrt, T_2 wird durchlässig. Der gemeinsame Emitterwiderstand R_5 ruft durch Stromkopplung den Kippgang hervor.

Wenn Sie versuchsweise R_5 überbrücken, verschwindet das Kippverhalten!

Über den Eingangskondensator läßt sich die Triggerschaltung beeinflussen:

Wenn der Anschluß E des Kondensators C an das Pluspotential der Betriebsspannung gelegt wird, lädt sich diese Kondensatorseite positiv, die andere negativ auf; am Schaltzustand des Triggers ändert sich dadurch zunächst nichts, weil der Transistor T_1 schon durchgesteuert ist. Wird danach jedoch der Anschluß E an das Nullpotential gelegt, so wird die Basis des

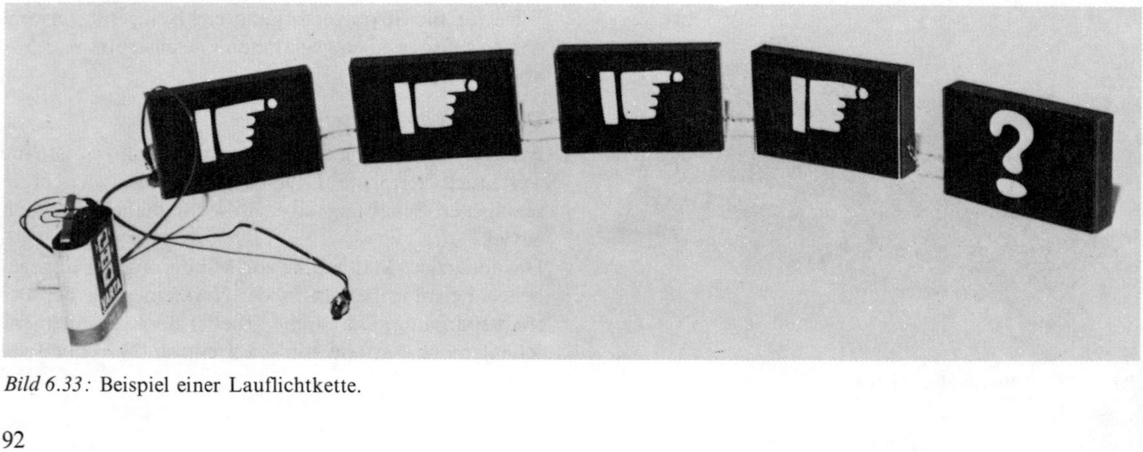

Bild 6.33: Beispiel einer Lauflichtkette.

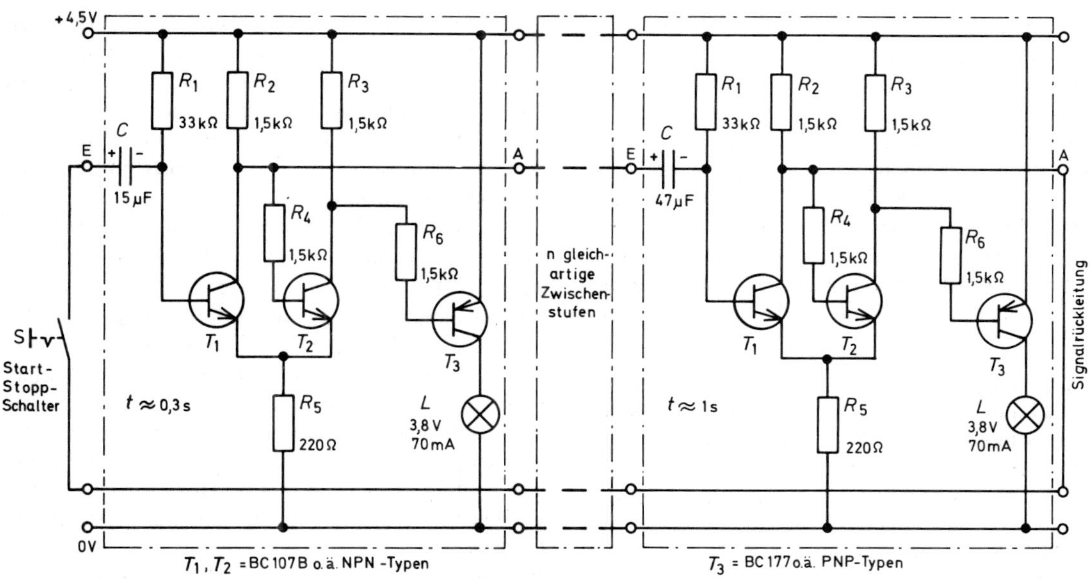

Bild 6.34: Schaltplan der Lauflichtkette; Dimensionierung einer Schaltstufe.

Transistors T_1 in bezug zum Nullpotential der Schaltung auf negatives Potential gebracht. Der geladene Kondensator wirkt wie eine zwischen Nullpotential und Transistorbasis liegende Spannungsquelle, die mit ihrem Minuspol an der Basis des Transistors T_1 und mit dem Pluspol am Masseanschluß der Schaltung liegt. Damit sperrt der Transistor T_1.

Er sperrt, bis sich der Kondensator über den Widerstand R_1 so weit entladen bzw. umgeladen hat, daß wieder ein genügend positives Steuerpotential an der Transistorbasis herrscht. Die Triggerschaltung kippt dann wieder in den Ausgangszustand zurück: T_1 ist durchlässig und T_2 sperrt.

Der Eingangskondensator *C* wird durch die vorgeschaltete Schaltstufe innerhalb der Lauflichtkette vom Plus- an das Minuspotential und zurück geschaltet, und zwar jeweils vom Transistor T_1.

PNP-Transistor als Lampentreiber

In jeder Schaltstufe wird die Lampe von der Triggerschaltung über den Treibertransistor T_3 ein- und ausgeschaltet. Dieser Transistor ist ein PNP-Typ. Deswegen ist er durchgeschaltet, wenn seine Basis über den Widerstand R_6, den durchlässigen Transistor T_2 und den Widerstand R_5 Steuerstrom erhält. T_3 ist also durchgeschaltet, wenn T_2 durchgeschaltet ist.

Die Treiberstufe für die Lampe entlastet die Triggerschaltung und garantiert sicheres Triggerverhalten.

Anmerkungen zur Bemessung der Bauelemente

Kondensator *C* und Widerstand R_1 bestimmen gemeinsam die Schaltzeit für den Arbeitszustand des Triggers und damit Leuchtzeit der Lampe. Angenähert kann sie nach der Formel $t = 0{,}7 \cdot R_1 \cdot C$ errechnet werden. Wenn z.B. die Kapazität 15 μF und der Widerstand 33 kΩ betragen, so ist die Schaltzeit etwa 0,35 s. Soll die Lampe längere Zeit leuchten, dann kann man eine größere Kapazität für *C* einsetzen. In *Bild 6.34* ist zum Beispiel in der letzten Schaltstufe eine Kapazität von 47 μF vorgesehen. Mit dem Widerstand $R_1 = 33$ kΩ ergibt sich dann eine Schaltzeit von etwa 1 s.

Um die Schaltung mit billigen Universaltransistoren aufbauen zu können, die in der Regel nur einen Höchststrom von 100 mA vertragen, wurden Lampen mit den Betriebswerten 3,8 V/0,07 A ausgewählt. Da man mit einem gewissen Absinken der Batteriespannung rechnen muß, und außerdem auch am durchgeschalteten Treibertransistor ein Spannungsfall auftritt, bekommt die Lampe bei Verwendung einer 4,5-V-Normalbatterie tatsächlich etwa nur die Betriebsspannung von 3,8 V.

Der Treibertransistor T_3 ist ein Universaltransistor, aber ein PNP-Typ, damit er die Lampe aufleuchten läßt, wenn der Trigger sich im Arbeitszustand befindet. Würde man auch hier NPN-Transistoren verwenden wollen, so müßte zwischen Transistor T_2 und einem

NPN-Treibertransistor ein weiterer NPN-Transistor als Umkehrstufe eingesetzt werden.
Da die einzelnen Glieder der Lauflichtschaltung gleichartig aufgebaut sind, kann man jede Schaltstufe mit der Lampe in ein Standardgehäuse einbauen. Die einzelnen Gehäuse werden als Kettenglieder hintereinandergereiht (vergleiche *Bild 6.33*). Zwischen den Kettengliedern sind dann vier Verbindungen notwendig: Plusleitung, Minusleitung, Signalhinleitung, Signalrückleitung. Am letzten Kettenglied muß nur die Signalhinleitung mit der Signalrückleitung verbunden werden.

Starten des Lauflichts

Wenn die Lauflichtschaltung an die Versorgungsspannung angeschlossen wird, flackern die einzelnen Lampen zunächst unregelmäßig auf, weil sich die Kondensatoren teilweise und ungleichmäßig aufladen. Es empfiehlt sich, den Startschalter S so lange geöffnet zu halten, bis alle Lampen verlöscht sind, bis sich also die Ladungszustände der Kondensatoren stabilisiert haben. Wenn danach der Startschalter geschlossen wird, leuchten die Lampen der Reihe nach auf.

Variante I

Falls man mit einer Schaltstufe mehrere Lampen gleichzeitig schalten will, kann man zum Beispiel eine Betriebsspannung von 12 V wählen, und drei 3,8-V-Lampen in Reihe an eine Schaltstufe anschließen *(Bild 6.35)*.
Da die Stromstärke in der Reihenschaltung der Lampen an 12 V nicht größer ist als die Stromstärke beim Betrieb einer Lampe an 4,5 V, braucht der Treibertransistor T_3 nicht ausgetauscht zu werden.
Bis auf das zusätzliche Einfügen einer Universaldiode in Durchlaßrichtung zur Basis des Transistors T_1 sind keine weiteren Schaltungsänderungen erforderlich. Die Diode sollte nicht fehlen, damit die negative Spannung am aufgeladenen Kondensator *C*, die fast so hoch wie die Betriebsspannung sein kann, nicht die Emitter-Basis-Strecke des Transistors T_1 durchbricht. Denn die meisten Transistoren besitzen nur eine Emitter-Basis-Sperrspannung von etwa 5 V.
Alle übrigen Bauelemente vertragen die Erhöhung der Betriebsspannung von 4,5 V auf 12 V.

Variante II

Hellere Lampen verlangen eine größere Stromstärke. Um diese schalten zu können, ist ein kräftigerer Treibertransistor T_3 erforderlich. *Bild 6.36* zeigt eine Schaltungsvariante, bei der an einer Betriebsspannung von 15 V eine Reihenschaltung von 6 Lampen mit den Werten 2,5 V/0,3 A geschaltet wird. Für den Transistor T_3 muß in diesem Fall ein Typ verwendet werden, der einen Kollektorstrom von mindestens 300 mA vertragen kann.
Bis auf das Zuschalten einer Schutzdiode vor die Basis des Transistors T_1 sind auch für diesen Betriebsfall keine weiteren Schaltungsänderungen notwendig.

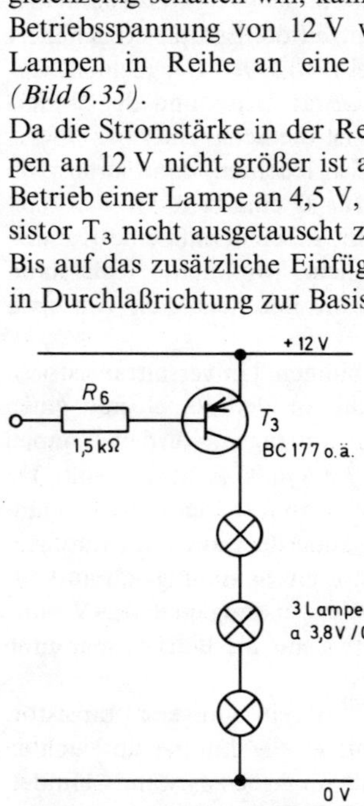

Bild 6.35: Schaltungsvariante I mit Universal-PNP-Transistor zum Schalten einer Serie von Lampen.

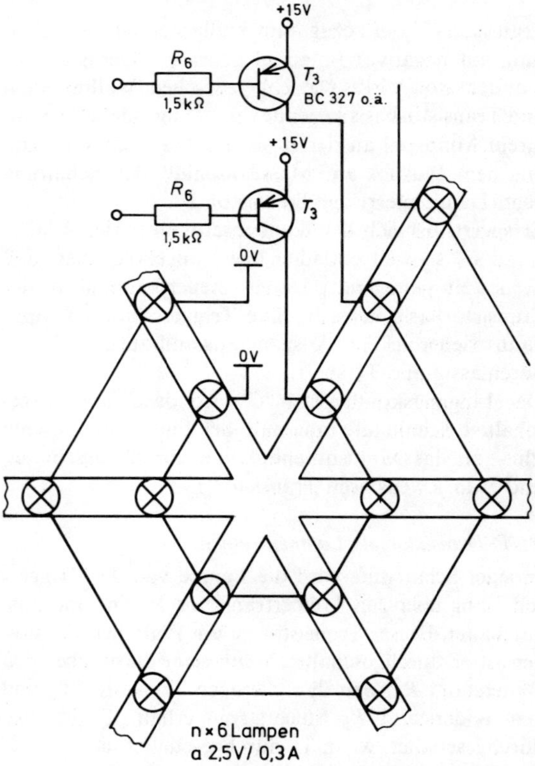

Bild 6.36: Schaltungsvariante II mit Kleinleistungs-PNP-Transistoren; Lampenketten in Sternform angeordnet.

7. Ein vielseitiges Bausteinsystem aus Transistorschaltstufen

Im Kapitel *Mit Transistoren schalten* haben Sie lesen können, daß der Umgang mit Transistoren in Schaltstufen recht unproblematisch ist. Gleichzeitig haben Sie einige der für die Elektronik wichtigen Kippstufen durch Experimente kennengelernt. In diesem Abschnitt geht es jetzt um weitere Probleme aus der Elektronikpraxis. Wir fragen:

- Was kann man mit Schalttransistor-Schaltungen eigentlich alles anfangen?
- Warum soll man sich im Zeitalter der integrierten Schaltungen überhaupt noch mit Schaltungen auseinandersetzen, die einzelne Transistoren enthalten?
- Unter welcher Voraussetzung können die unterschiedlichsten Schalttransistor-Schaltungen so miteinander verknüpft werden, daß daraus eine größere funktionsfähige Elektronikschaltung entsteht?

Gerade die letzte Frage nennt ein Problem, das bei Elektronikanwendern immer wieder auftritt. Wir können im Rahmen dieses Buches darüber nicht vollständig diskutieren, wir wollen aber am Beispiel eines funktionsfähigen Bausteinsystems einige wesentliche Erfahrungen sammeln und Einsichten gewinnen.

Grundsätzliches über das Bausteinsystem mit Transistorschaltstufen

Dieses Bausteinsystem ist billig. Es eignet sich für die innerbetriebliche Ausbildung, für Elektronikkurse an allen Schularten (Schülerübungen), für das Facharbeiter-Selbststudium und natürlich für Amateure, die zielgerichtet basteln wollen. Mit wenigen Bauelementen kann man jede Schaltstufe des Systems schnell aufbauen. Je nach Bedarf kann man in Serie produzieren, bis genügend Bausteine vorhanden sind, um die vielfältigen Möglichkeiten des Systems zu nutzen.

Die Frage, ob man sich im Zeitalter der integrierten Schaltungen noch intensiv mit solchen Elektronikschaltungen beschäftigen soll, die mit Einzeltransistoren realisiert sind, muß beim heutigen Stand der Technologie jeder für sich selbst beantworten. Mit Sicherheit müssen dabei folgende Argumente gegeneinander abgewogen werden:

- Integrierte Schaltungen können auf elegante Weise und ohne großen Aufwand auch komplizierte Elektronikprobleme lösen helfen, die mit den aus Einzeltransistoren aufgebauten Schaltungen (diskrete Schaltungen) nicht mehr wirtschaftlich zu lösen sind. Darüber hinaus sind die mit ICs realisierten schaltungstechnischen Entwürfe in der Regel wesentlich übersichtlicher, als vergleichbare Schaltungen mit diskreten Bauelementen.
- Integrierte Schaltungen werden aber wahrscheinlich niemals vollständig den Einzeltransistor ersetzen. Auf jeden Fall wird es immer Sonderprobleme geben für die es keine ICs gibt. Außerdem wird es noch lange Schaltungen geben, in welchen ICs und Transistoren im Verbund arbeiten.
- Diskrete Schaltungen sind für den Elektronikanwender in ihrem inneren Funktionsablauf wesentlich besser erfaßbar, als integrierte Schaltungen. Dies liegt nicht zuletzt auch daran, daß man an den Schaltungen mit diskreten Bauelementen detaillierte Messungen vornehmen kann, aus denen man auf die schaltungsinternen Vorgänge Rückschlüsse ziehen kann.

Es mag sein, daß im Laufe der Zeit das letztgenannte Kriterium an Bedeutung verlieren wird, wenn die Elektronikanwender sich mit einer neuen Denkweise – mit der System-Denkweise – vertraut gemacht haben. Zur Zeit ist es aber noch so, daß besonders der Electronic-Newcomer an der Elektronik mehr Freude hat, wenn er durchschauen kann, was sich in den Schaltungen wirklich abspielt.

Bild 7.1 gibt Ihnen die Symbole aller der Funktionsein-

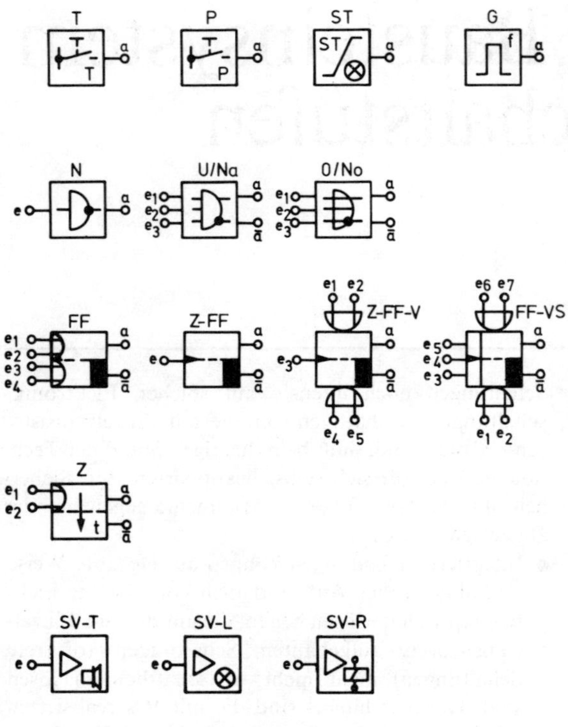

Bild 7.1: Schaltsymbole des Schalttransistor-Bausteinsystems.

heiten wieder, die wir Ihnen in dem angekündigten digital-elektronischen Bausteinsystem vorstellen wollen. Diese einzelnen Schaltungen sollen nun nicht aufgereiht eine nach der anderen abgehandelt werden. Sie werden die einzelnen Schaltungen gruppenweise immer wieder in Verbindung mit gebrauchsfähigen Schaltungszusammenstellungen kennenlernen. Wir nehmen an, daß dieses Vorgehen mehr Freude macht, weil Sie sofort erleben können, was man mit den Funktionseinheiten so alles machen kann. Sicher werden Sie dann bald soweit sein, daß Ihnen neue Schaltungskombinationen einfallen.

Vier Bausteine reichen für ein Morseübungsgerät

(Bild 7.2)

Die Schaltung *Bild 7.3* stellt ein einfaches Morseübungsgerät dar. Immer dann, wenn die Morsetaste betätigt wird, gibt der Signalverstärker über den Lautsprecher ein akustisches Signal ab. Und zwar so lang, wie der Taster gedrückt ist.
Die Schaltung enthält folgende Funktionseinheiten:

- den Signalgeber G,
- die Signaleingabeschaltung T,
- den Ausgangsschaltverstärker SV-T,
- das UND-/NAND-Glied U/Na.

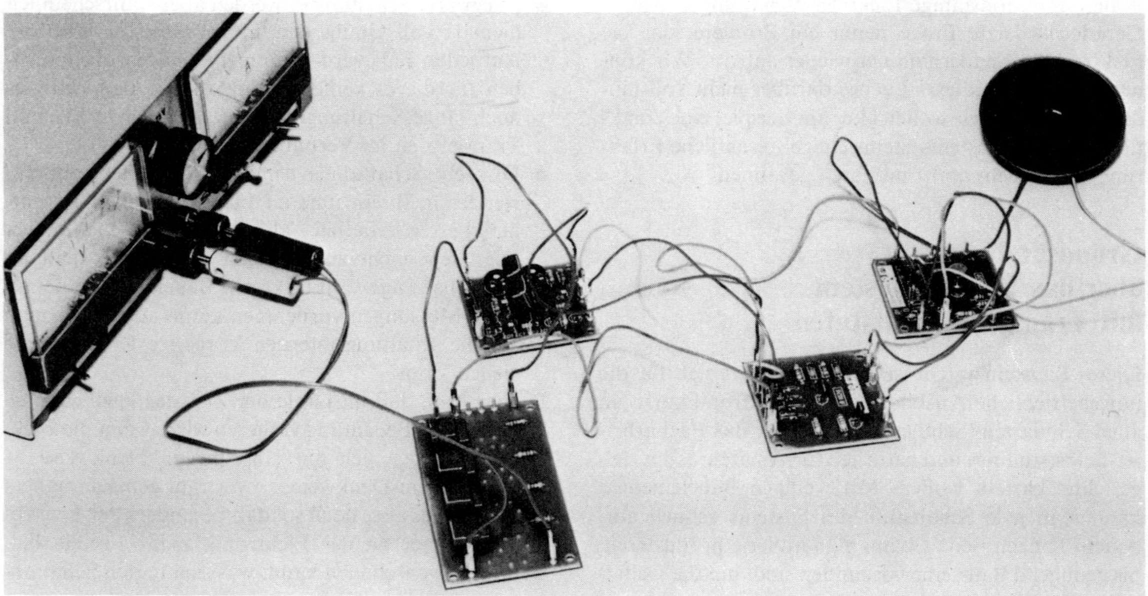

Bild 7.2: Versuchsaufbau Morseübungsgerät.

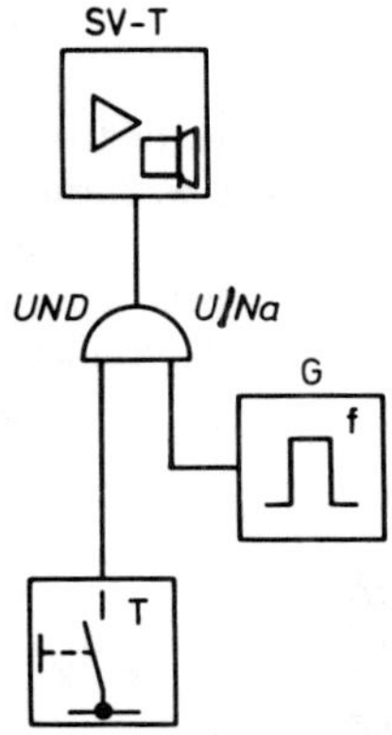

Bild 7.3: Blockschaltplan Morseübungsgerät.

Der Signalgeber G *(Bild 7.4 und Bild 7.5)*

Der Signalgeber G ist nichts anderes als eine astabile Kippstufe (s. auch Seite 81) mit den Transistoren T_1 und T_2, der eine nachgeschaltete Schalttransistorstufe T_3 folgt.
Die frequenzbestimmenden Glieder dieser astabilen Kippstufe sind die Widerstände R_2, R_3, R_4, R_5 und die Kapazitäten C_1, C_2, C_3 und C_4. Die Kondensatoren C_1 und C_3 mit je 1 nF stellen Grundkapazitäten dar, die durch Parallelschaltung mit weiteren Kondensatoren (C_2 und C_4) vergrößert werden können.
Nach der Beziehung

$$f = \frac{1}{0{,}7(R_2+R_3)(C_1+C_2)+0{,}7(R_4+R_5)(C_3+C_4)}$$

kann die Frequenz der astabilen Kippstufe verändert werden.
Wenn $(R_2+R_3)(C_1+C_2)=(R_4+R_5)(C_3+C_4)$ ist, erscheint am Ausgang der Schaltung ein Rechteck-Signal mit einem Impulslängen-/Impulspausenverhältnis von 1:1.

Bild 7.5: Schaltplatine Signalgeber G.

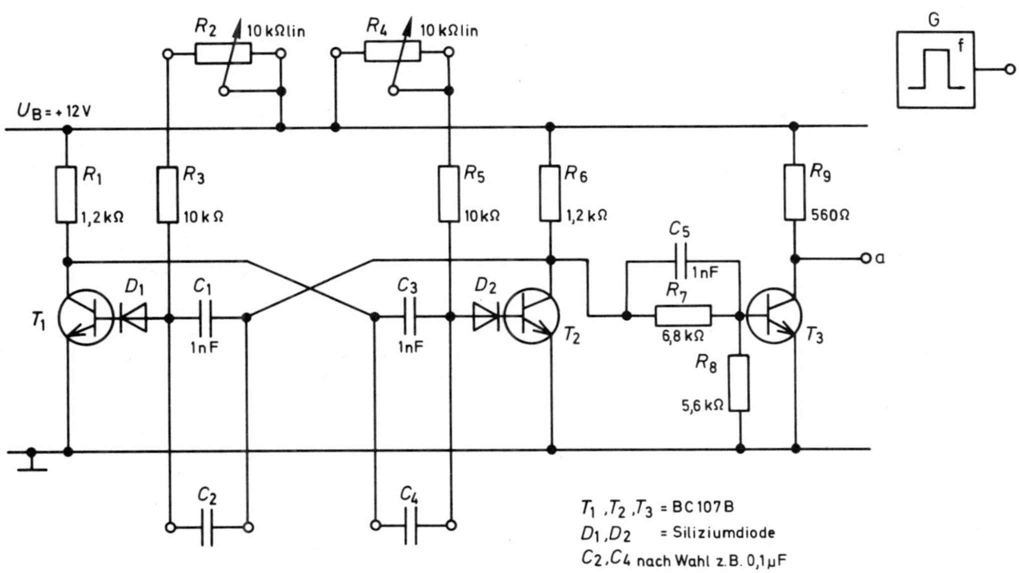

Bild 7.4: Signalgeber G: eine astabile Kippstufe mit nachgeschalteter Transistorstufe.

Die der astabilen Kippstufe nachfolgende Transistorschaltung (T_3) sorgt dafür, daß das am Ausgang abgegriffene Ausgangsignal gute Rechteckflanken besitzt. Der Kondensator C_5, parallel zum Basisvorwiderstand R_7, erzwingt verbesserte Schalteigenschaften für den Transistor T_3. Der Widerstand R_8 verbessert die Sperreigenschaften des Ausgangstransistors.

Die Signaleingabeschaltung T *(Bild 7.6)*

Die Signaleingabeschaltung T *(Bild 7.7)* erlaubt es, auf nachfolgende Schaltungen wahlweise 0 V oder aber +12 V aufzuschalten. Bei unbetätigtem Taster Ta_1, liegt am Ausgang a_1 das Masse-Potential (0 V). Wird der Öffner Ta_1 betätigt, so gelangt über R_1 das Potential +12 V an den Ausgang a_1. Diese Schaltung ist nicht entprellt und ist deshalb nicht zum Ansteuern von dynamisch anzusteuernden Schaltungen (z.B. Zähl- oder Schieberegister-Schaltungen) verwendbar (s. auch Seite 158).

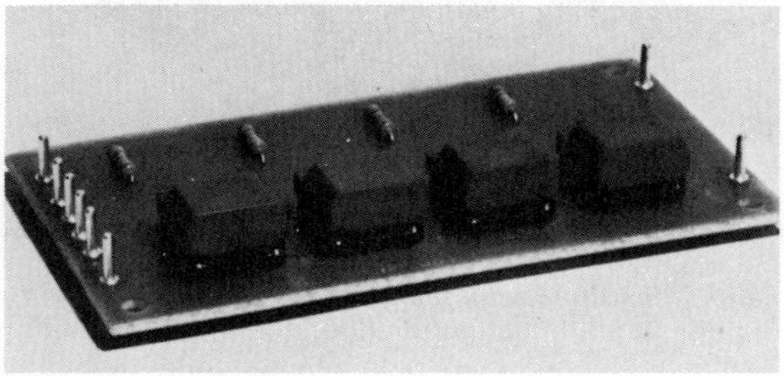

Bild 7.6: Schaltplatine Signaleingabeschaltung T.

Da man bei den folgenden Experimenten häufig mehrere Eingabemöglichkeiten benötigt, wurde die Schaltungsplatine „Signaleingabeeinheit T" gleich für 4 Eingabetaster entworfen.

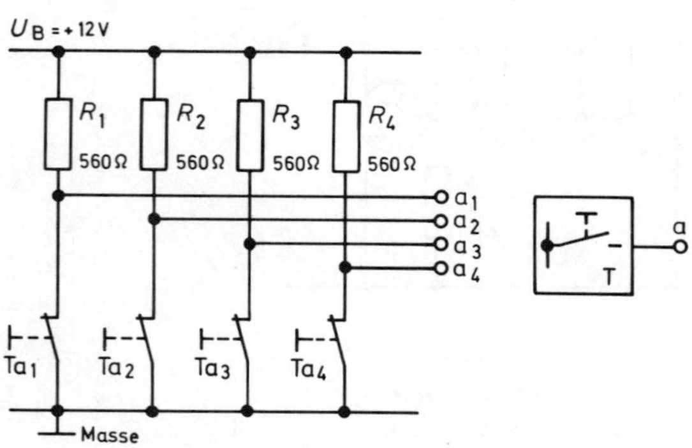

Bild 7.7: Signaleingabeschaltung T.

Der Ausgangsschaltverstärker SV *(Bild 7.8)*

Nicht immer reicht der max. zulässige Kollektorstrom des Transistors BC 107 (100 mA) aus, wenn es darum geht, am Ende einer elektronischen Steuerkette eine etwas größere Last zu schalten. Solche Belastungsfälle können bei Signallampen, Relais, Magnetventilen oder auch Lautsprechern auftreten.

Bild 7.8: Schaltplatine Ausgangsschaltverstärker SV.

Bei der vorliegenden Ausgangsschaltverstärkerstufe *(Bild 7.9)* werden mit dem Transistor vom Typ BC 140 bis zu 1 A geschaltet. Der Ausgangsschaltverstärker SV ist für drei häufige Betriebsfälle

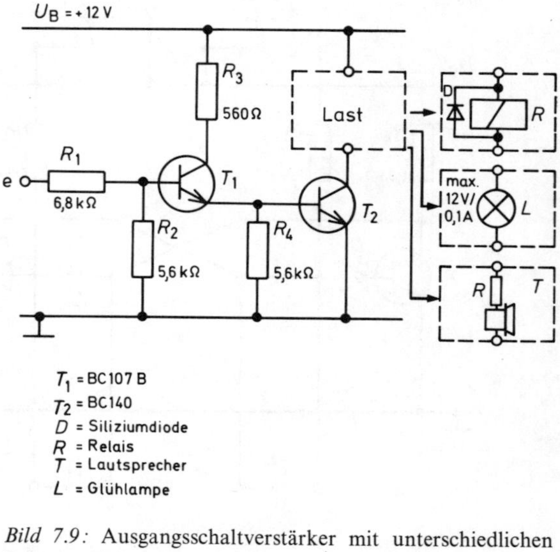

Bild 7.9: Ausgangsschaltverstärker mit unterschiedlichen Belastungsarten.

(Bild 7.10) vorgesehen, deren individuelle Besonderheiten beim Aufbau der Schaltung Rechnung getragen werden muß.

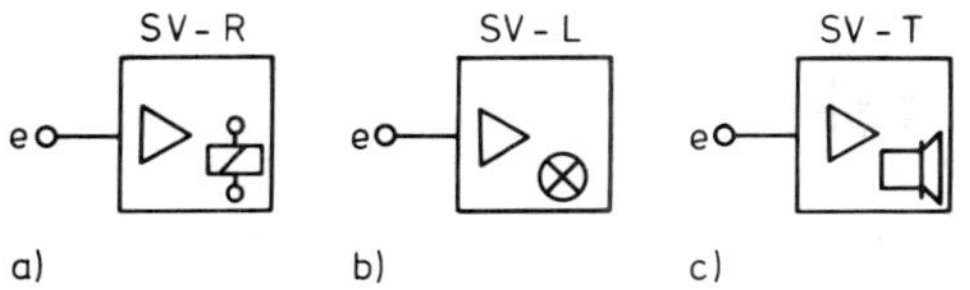

Bild 7.10: Blocksymbole von Ausgangsschaltverstärkern mit unterschiedlichen Belastungsarten.

Betriebsfall A: Belastung mit einem Relais (SV-R)

Ein Relais belastet die Transistorschaltung in besonderer Weise. Beim Abschalten des Stromes (Transistor T_2 sperrt) wird eine Selbstinduktionsspannung erzeugt, welche die max. zulässige Kollektor-Emitter-Spannung des Transistors T_2 übersteigen kann. Um eine mögliche Zerstörung des Transistors verhindern zu können, wird eine Diode zur Relaiswicklung parallel geschaltet. Diese Diode schließt die auftretende Selbstinduktionsspannung kurz. Der Nennstrom der einzusetzenden Diode sollte mit 1 A (genauer: dem Laststrom entsprechend) gewählt werden.
Achten Sie besonders darauf, daß die Diode richtig eingebaut wird. Bezogen auf die anliegende Betriebsspannung U_B liegt die Diode in Sperrichtung.

Betriebsfall B: Belastung mit einer Glühlampe (SV-L)

Erinnern Sie sich bitte daran, daß der Einschaltstrom von Glühlampen wesentlich höher als der Betriebsstrom ist. Nehmen wir entsprechend der Faustformel an, daß der Einschaltstrom etwa 10mal größer als der Basisstrom der Glühlampe ist, so darf der Nennstrom der Glühlampe 100 mA nicht überschreiten.

Betriebsfall C: Belastung mit einem Lautsprecher (SV-T)

Dieser Betriebsfall tritt dann auf, wenn ein – von einer astabilen Kippstufe kommendes – Rechteck-Signal akustisch wiedergegeben werden soll.

Nachdem nun die einzelnen Funktionseinheiten des Morse-Übungsgerätes vorgestellt worden sind, sollen diese selbstverständlich auch in Versuchen eingesetzt werden. Dabei werden Sie erkennen können, wie man einzelne Funktionseinheiten zu Funktionsgruppen zusammensetzt.

Versuch I: Ausgangsschaltverstärker SV-R mit Relais *(Bild 7.11)*

Das Blockschaltbild *(Bild 7.12)* gibt Ihnen den Aufbau der Versuchsschaltung wieder. Der Ausgang der

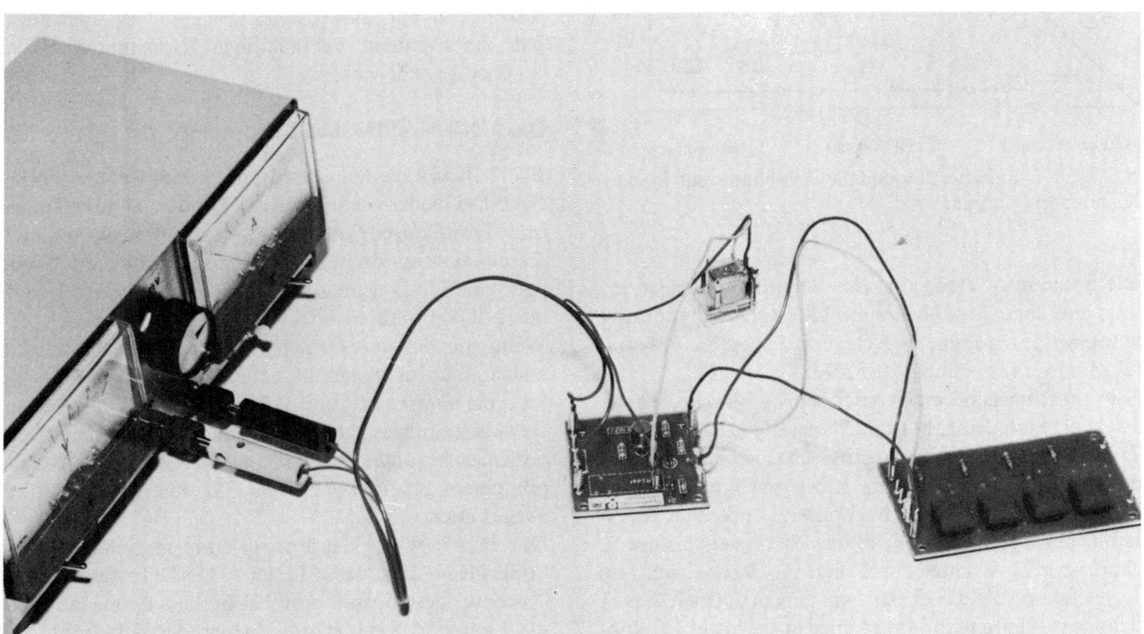

Bild 7.11: Versuchsaufbau zu Bild 7.12.

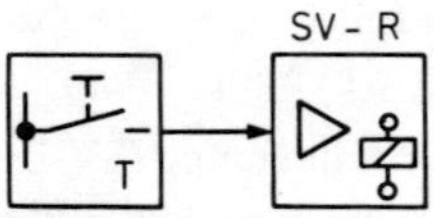

Bild 7.12: Ansteuerung eines Ausgangsschaltverstärkers (Relais-Last).

Eingabeschaltung T wirkt signalmäßig auf den nachgeschalteten Eingang der Ausgangsschaltverstärkerstufe SV-R. Bei dieser vereinfachten Darstellung wurde auf die Wiedergabe der Betriebsspannungsversorgung verzichtet. Da die Betriebsspannungsversorgung jedoch für alle Schaltfunktionseinheiten völlig gleich ist, wird diese vereinfachte Darstellungsart auch im weiteren Ablauf dieses Kapitels angewendet.
Damit Sie sich aber bei der Einführung in die Schaltungstechnik unserer digitalelektronischen Funktionsgruppen ein Bild von der notwendigen Leitungsführung machen können, wurde die in *Bild 7.12* vorgegebene Versuchsschaltung in *Bild 7.13* noch einmal ausführlicher dargestellt. Beachten Sie bitte, daß bei allen weiteren Versuchen sowohl die U_B-Leitung wie auch die Masse-Leitung von Funktionseinheit zu Funktionseinheit „durchzuschleifen“ ist.

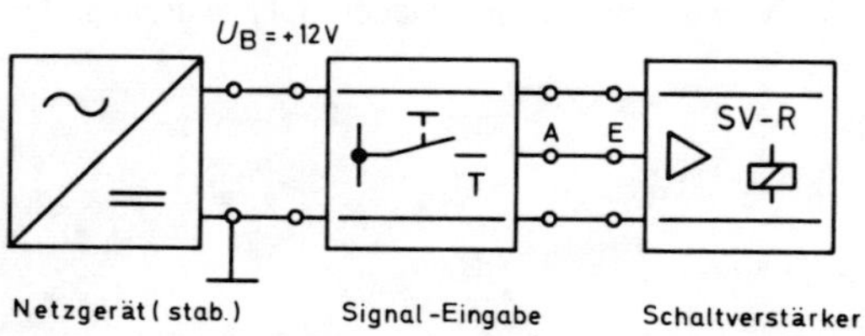

Bild 7.13: Erweiterte Blocksymboldarstellung mit System-Spannungsversorgung.

Die Spannungsversorgung der Schaltungen selbst erfolgt aus einem stabilisierten 12-V-Gleichspannungsnetzgerät. Ein geeignetes Netzgerät finden Sie in Kapitel „Energieversorgung“ (S. 238).
Nun zum angegebenen Versuch selbst: Wird der Taster Ta_1 der Signaleingabestufe T betätigt, so wird der Transistor T_1 des Ausgangsschaltverstärkers SV durchgeschaltet. Der Emitterstrom des Transistors T_1 ist nahezu identisch (R_4 hochohmig!) mit dem Basisstrom des Transistors T_2 (hohe Stromverstärkung!). Transistor T_2 schaltet durch und das Relais zieht an. Je nachdem, ob das Relais mit einem Öffner, einem Schließer oder einem Umschalter ausgerüstet ist, können Verbraucher mit hoher Leistung (Netzspannung!) aus-, ein- oder umgeschaltet werden.

Versuch II: Ausgangsschaltverstärker SV-L mit Glühlampe *(Bild 7.14)*

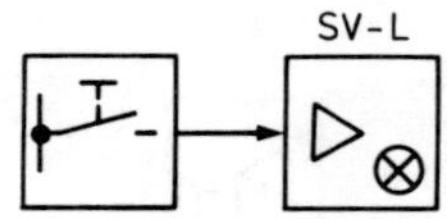

Bild 7.14: Ansteuerung eines Ausgangs-Schaltverstärkers (Glühlampen-Last).

Die auftretenden Schaltungsvorgänge entsprechen prinzipiell denen im Versuch I.

Versuch III: Ausgangschaltverstärker SV-T mit Lautsprecher *(Bild 7.15)*

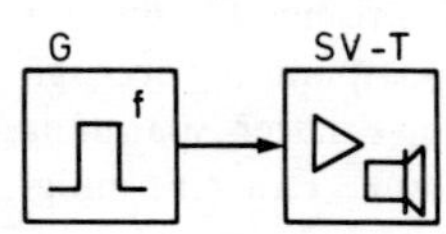

Bild 7.15: Ansteuerung eines Ausgangs-Schaltverstärkers (Lautsprecher-Last).

Im gleichen periodischen Ablauf, in dem der Ausgangsschaltverstärker von der steuernden Signalquelle „Signalgeber G“ angesteuert wird, wird auch die Lautsprechermembrane in Schwingungen versetzt. Voraussetzung für ein „akustisches Ereignis“ ist allerdings, daß die Frequenz der astabilen Kippstufe nicht zu hoch eingestellt wurde.

Das UND/NAND-Glied U/Na *(Bild 7.16)*

Bild 7.17 gibt die Schaltung eines kombinierten UND/NAND-Gliedes wieder, das aus Dioden, Widerständen und Transistoren aufgebaut ist. Im Prinzip enthält diese Schaltung drei einzelne logische Funktionsgruppen: eine UND-Stufe und zwei nachgeschaltete Inverter (NICHT)-Stufen *(Bild 7.18)*.
Wenn Sie sich mit derartigen logischen Schaltungen bisher noch nicht befaßt haben, so schauen Sie sich bitte die *Bilder 7.19* und *7.21* an. Beide Bilder stellen Relaisschaltungen dar, die sich nur in einer Kleinigkeit voneinander unterscheiden: in *Bild 7.19* ist das Relais mit einem Schließer, in *Bild 7.21* mit einem Öffner ausgestattet.
Das *Bild 7.19* gibt das Prinzip einer logischen UND-Stufe wieder. Erst wenn Taster A UND Taster B UND Taster C geschlossen sind, zieht das Relais an und die Lampe Z leuchtet auf. In der der Schaltung zugeordneten Funktionstabelle sind die Zustände „Taster betätigt“ und „Lampe leuchtet“ mit dem Schaltzu-

Bild 7.16: Schaltplatine UND/NAND-Glied U/Na.

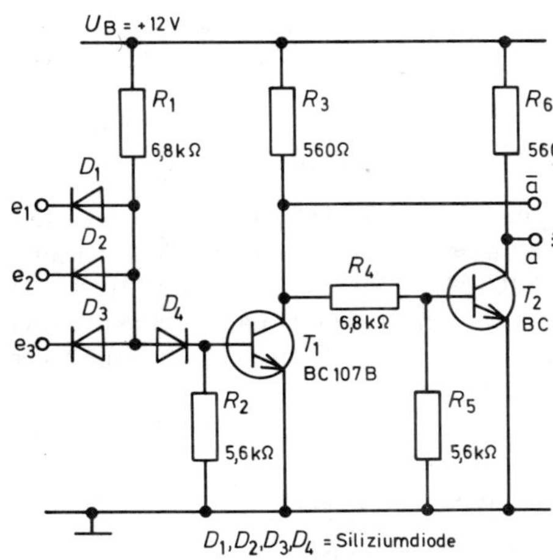

Bild 7.17: UND/NAND-Glied U/Na.

stand L abgekürzt dargestellt. Die Zustände „Taster nicht betätigt" und „Lampe leuchtet nicht" sind mit dem Schaltzustand 0 abgekürzt. Weitere übliche Zuordnungen der binären Werte 0 und L gibt Ihnen *Bild 7.20* wieder.

Eine andere Art der Zuordnung binärer Zustände hat sich in der Praxis infolge der verstärkten Ausbreitung der integrierten digitalen Schaltungen durchgesetzt.

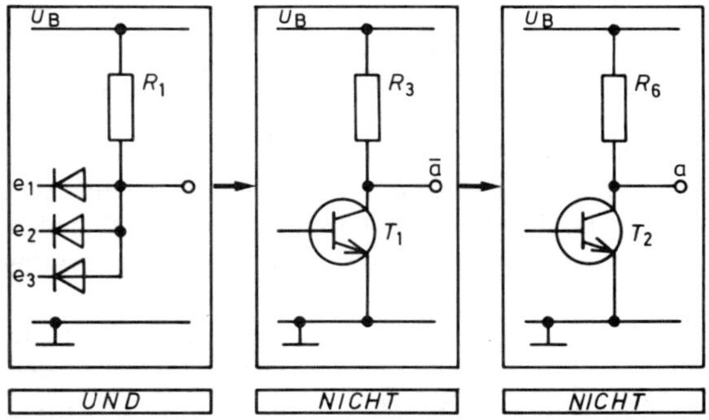

Bild 7.18: Schaltungsaufgliederung zu Bild 7.17.

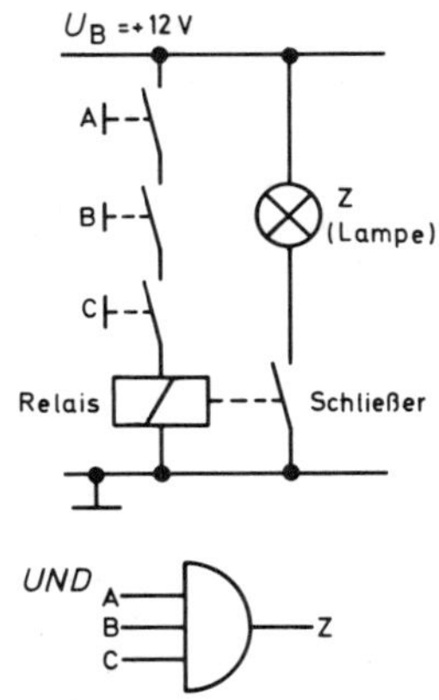

A	B	C	Z
0	0	0	0
0	0	L	0
0	L	0	0
0	L	L	0
L	0	0	0
L	0	L	0
L	L	0	0
L	L	L	L

Bild 7.19: UND-Schaltung in Relais-Technik.

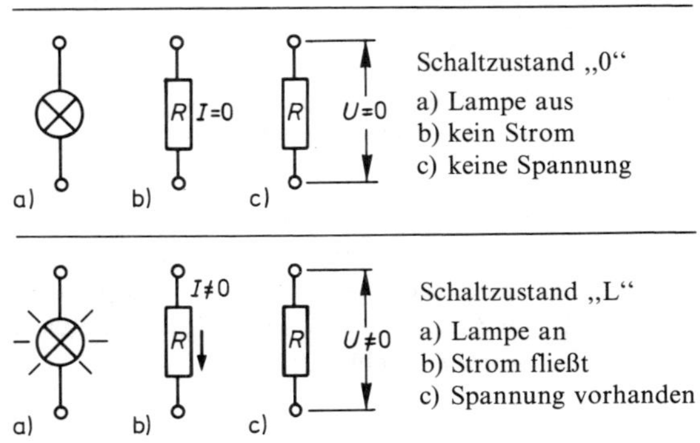

Bild 7.20: Zuordnung der Schaltzustände zu den binären Werten 0 und L.

Nach DIN 41785, Bl. 4 für digitale Mikroschaltungen werden die zwei möglichen Bereiche der binären elektrischen Größe (elektrische Spannung) mit L (Low) und H (High) bezeichnet. Dabei liegen die Werte des L-Bereichs näher bei $-\infty$ und die Werte des H-Bereichs näher bei $+\infty$. In diesem Zusammenhang werden dann die üblichen logischen Symbole 0 und 1 bzw. 0 und L bzw. log. 0 und log. 1 nicht mehr verwendet.
Wie dies alles ganz genau zusammenhängt, das ist in Kapitel „Experimente mit integrierten Digitalbausteinen" ausführlich dargelegt. Bitte lesen Sie dort nach.

Hier an dieser Stelle wollen wir, obwohl es auf den ersten Blick verwirrend erscheint, zwischen Schaltzuständen und den Zuständen der elektrischen Größe „Spannung" unterscheiden: bei der Definition von Schaltzuständen unterscheiden wir die Zustände 0 und L (z.B. bei Relais, Glühlampen usw.). Bei der Definition der möglichen Bereiche der binären elektrischen Größe „Spannung" unterscheiden wir L und H. Dabei gilt in unserem Fall folgende Festlegung:

$L \triangleq \approx 0$ V, $H \triangleq \approx +12$ V.

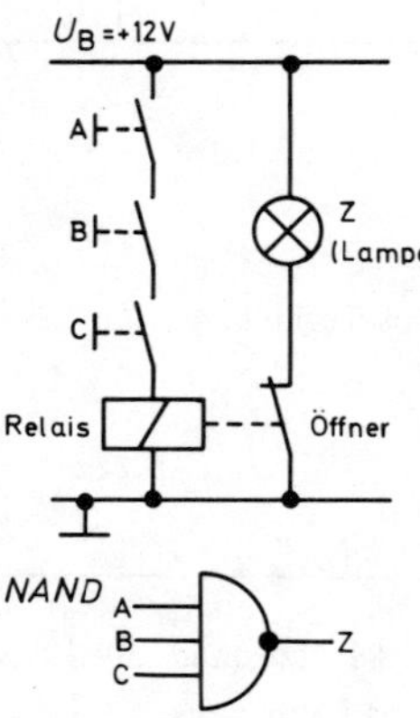

A	B	C	Z
0	0	0	L
0	0	L	L
0	L	0	L
0	L	L	L
L	0	0	L
L	0	L	L
L	L	0	L
L	L	L	0

Bild 7.21: NAND-Schaltung in Relais-Technik.

Das *Bild 7.21* gibt Ihnen das Prinzip einer logischen NAND-Stufe wieder. Erst wenn Taster A UND Taster B UND Taster C geschlossen sind, zieht das Relais an und die Lampe Z leuchtet NICHT.

Versuch I: Das UND-Glied

Bauen Sie die Versuchsschaltung nach *Bild 7.22* auf. Von den vier Signal-Eingabe-Tastern werden die drei Taster Ta_1, Ta_2 und Ta_3 benötigt. Die Lampe des Ausgangsschaltverstärkers SV-L leuchtet nur dann auf, wenn Ta_1 UND Ta_2 UND Ta_3 gedrückt werden.

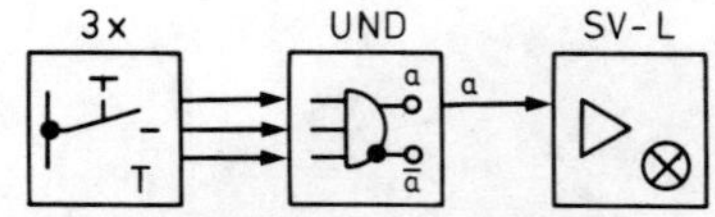

Ta_1	Ta_2	Ta_3	a
L	L	L	L
L	L	H	L
L	H	L	L
L	H	H	L
H	L	L	L
H	L	H	L
H	H	L	L
H	H	H	H

Bild 7.22: Versuchsaufbau UND/NAND: UND-Verhalten.

In diesem Falle führen alle Eingänge H-Signal ($\approx +12$ V) und der Ausgang a der UND-Stufe ebenfalls H-Signal ($\approx +12$ V).

Versuch II: Das NAND-Glied

Bild 7.23 gibt die Versuchsschaltung wieder. Die Lampe des Ausgangsschaltverstärkers SV-L leuchtet nur dann NICHT auf, wenn Ta_1 UND Ta_2 UND Ta_3 gedrückt werden. In diesem Falle führen alle drei Eingänge H-Signal ($\approx +12$ V) und der Ausgang ā der NAND-Stufe führt L-Signal (≈ 0 V).

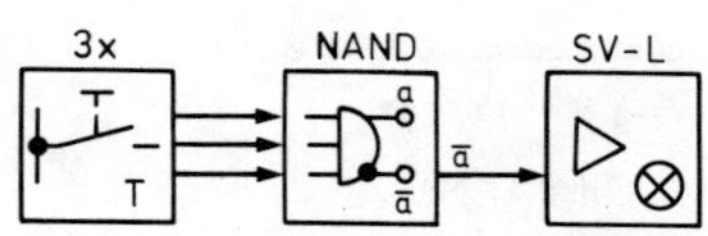

Ta_1	Ta_2	Ta_3	ā
L	L	L	H
L	L	H	H
L	H	L	H
L	H	H	H
H	L	L	H
H	L	H	H
H	H	L	H
H	H	H	L

Bild 7.23: Versuchsaufbau UND/NAND: NAND-Verhalten.

Eine elektronische Tonleiter

Mit der angegebenen Schaltung *(Bild 7.24)* können in beliebiger Reihenfolge und für beliebige Zeitdauer verschiedene Signalfrequenzen auf den Lautsprecher geschaltet werden. Bei entsprechender Auslegung der einzelnen Signalgeneratoren kann eine bestimmte Tonfolge vorgegeben werden. Die Anzahl der verschiedenen Töne kann durch Schaltungserweiterung erhöht werden. Besonders reizvoll wird die Schaltung bei Verwendung von Berührungstastern (Sensoren).

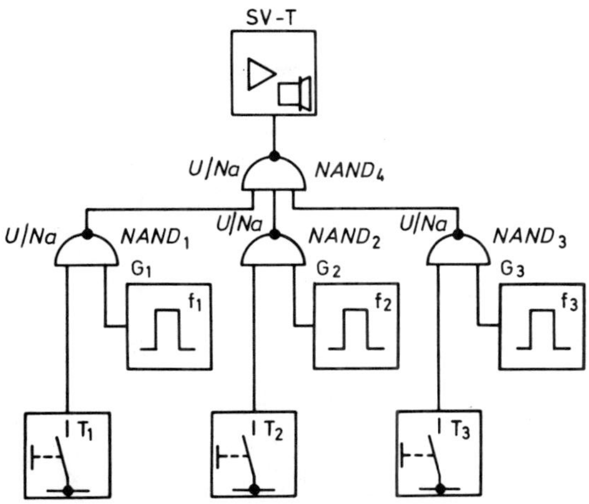

Bild 7.24: Blockschaltplan elektronische Tonleiter.

Eine automatische Dunkelkammer-Warnanlage

(Bild 7.25)

Daß es nicht immer richtig ist, Licht ins Dunkel zu bringen – die Foto-Amateure wissen das genau. Die hier angegebene Schaltung *(Bild 7.26)* gibt automatisch ein Warnsignal an den Vorraum der Dunkelkammer ab, wenn das Hauptlicht (Weiß-Licht) in der Dunkelkammer erloschen ist. Das auffallende Blinken der Signallampe wird auch von den verträumtesten Familienmitgliedern nicht zu übersehen sein.
Die Schaltungsgruppe „automatische Dunkelkammer-Warnanlage" enthält folgende Funktionseinheiten:

- den Ausgangsschaltverstärker SV-L,
- den Signalgeber G,
- die Schmitt-Trigger-Schaltung ST,
- das ODER/NOR-Glied O/No *(Bild 7.27)*.

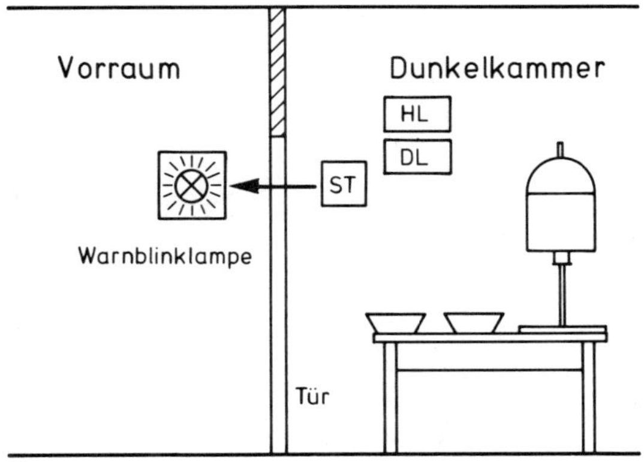

Bild 7.25: Prinzipanordnung der Dunkelkammer-Warnanlage.

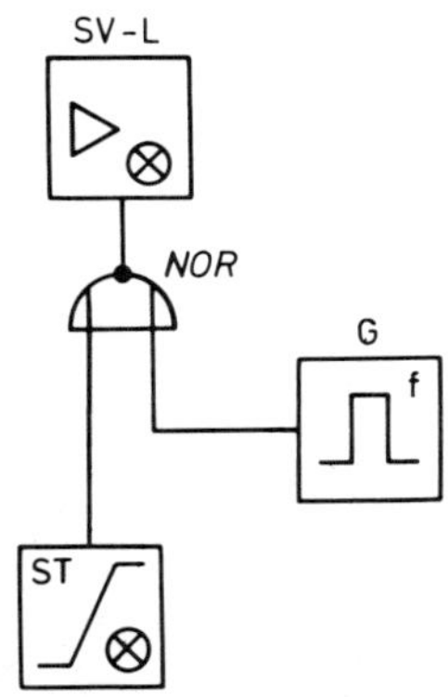

Bild 7.26: Blockschaltplan der Dunkelkammer-Warnanlage.

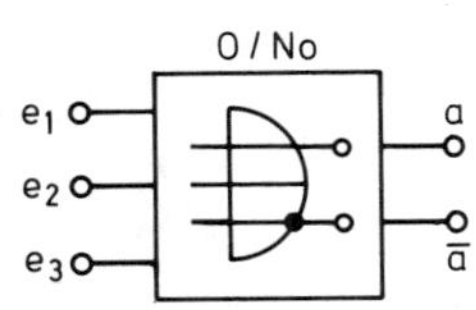

Bild 7.27: Blocksymbol des Bausteins ODER/NOR O/No.

Die verwendete Schmitt-Trigger-Schaltung ST wurde bereits in Kapitel „Mit Transistoren schalten" vorgestellt und erklärt. Die Schaltung ist noch einmal in *Bild 7.28* abgebildet. Die entsprechend verschaltete Platine zeigt Ihnen *Bild 7.29*, das den Baustein zusammen mit dem Schaltverstärker zeigt.

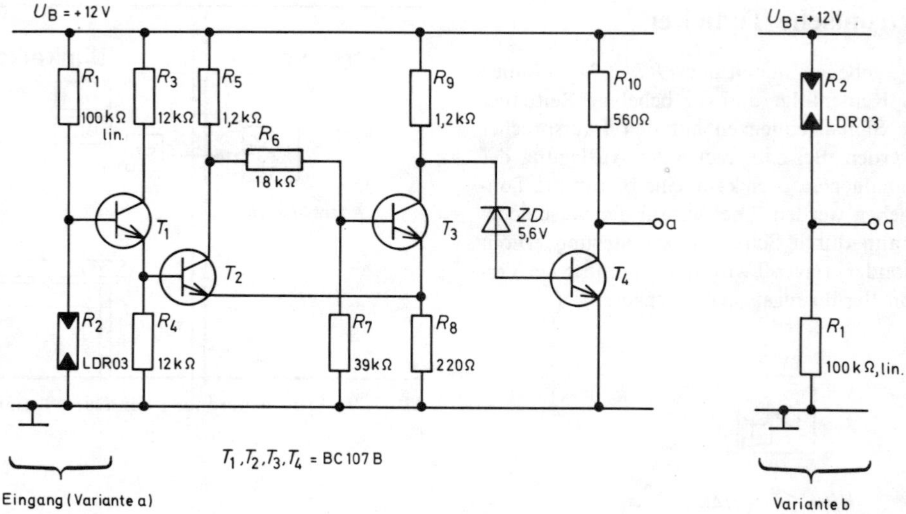

Bild 7.28: Lichtgesteuerter Schalter.

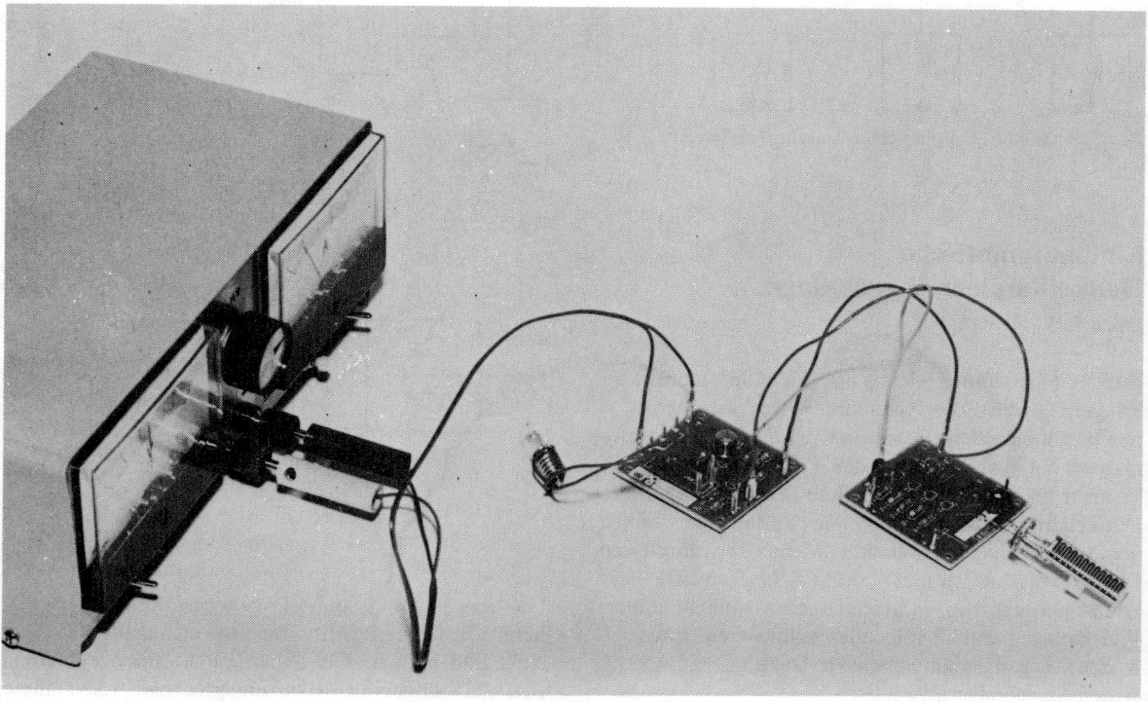

Bild 7.29: Versuchsaufbau zum Schmitt-Trigger-Baustein ST. Rechts: Schmitt-Trigger mit Fotowiderstand, links: Ausgangsverstärker mit Signallämpchen.

Das ODER/NOR-Glied O/No *(Bild 7.30)*

Von den in der Schaltungsgruppe eingesetzten Funktionseinheiten ist lediglich die Funktionseinheit ODER/NOR noch nicht besprochen worden. *Bild 7.31* gibt die Schaltung dieser Funktionseinheit wieder.

Bild 7.30: Schaltplatine ODER/NOR-Glied O/No.

So wie auch das UND/NAND-Glied eine logische Doppelfunktion ermöglicht, so erlaubt auch die angegebene Schaltung die Realisation zweier logischer Funktionen: ODER und NOR.

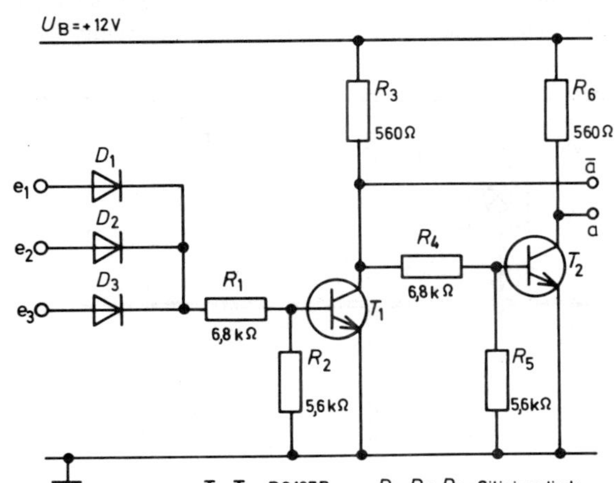

Bild 7.31: ODER/NOR-Glied O/No.

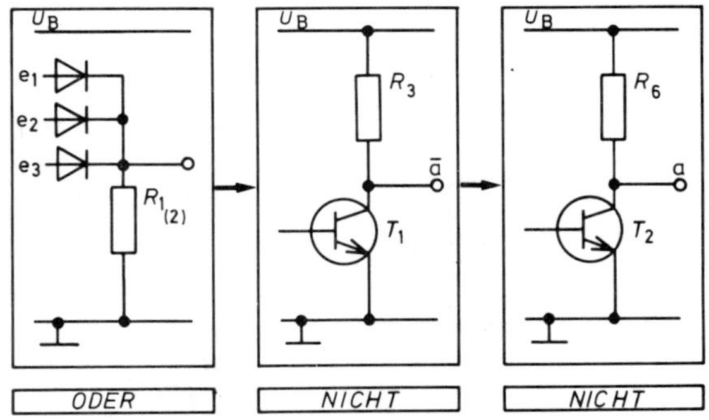

Bild 7.32: Schaltungsaufgliederung zu Bild 7.31.

Das elektronisch realisierte ODER/NOR-Glied O/No enthält im Prinzip drei einzelne logische Funktionsgruppen: eine ODER-Stufe und zwei nachgeschaltete Inverter (NICHT)-Stufen. *Bild 7.32* gibt Ihnen diese Schaltungsstruktur wieder.

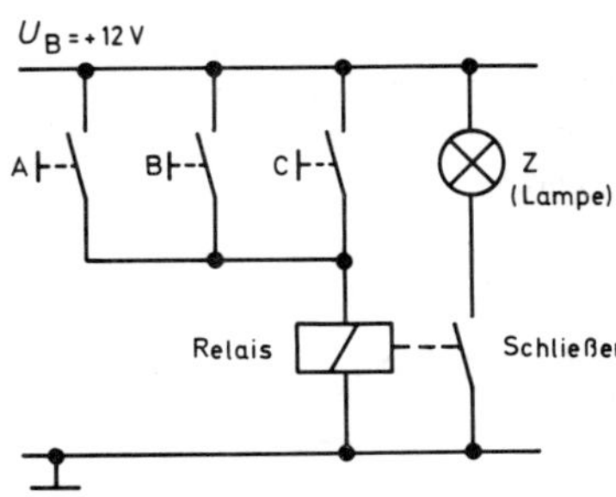

A	B	C	Z
0	0	0	0
0	0	L	L
0	L	0	L
0	L	L	L
L	0	0	L
L	0	L	L
L	L	0	L
L	L	L	L

ODER

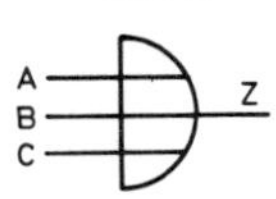

Bild 7.33: ODER-Schaltung in Relais-Technik.

Damit Sie sich mit den logischen Funktionen ODER und NOR schnell zurecht finden können, geben wir Ihnen wiederum zwei entsprechende Relaisschaltungen an.

Bild 7.33 zeigt eine ODER-Schaltung. Immer dann, wenn eine der parallel geschalteten Taster A ODER Taster B ODER Taster C betätigt wird, zieht das Relais an und die Lampe leuchtet auf. Diese logischen Zusammenhänge sind noch einmal übersichtlich in der beigefügten Tabelle zusammengestellt.

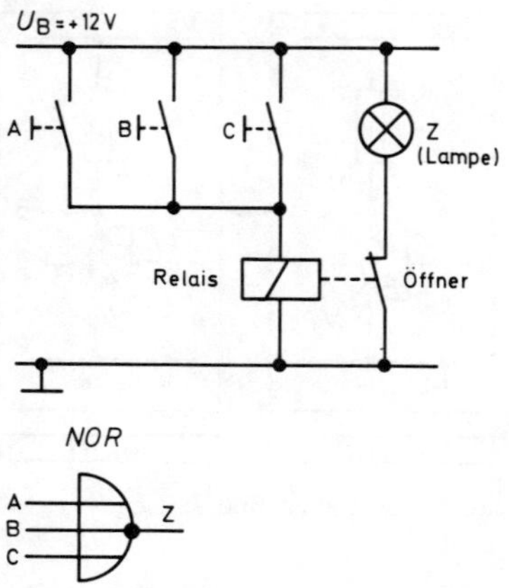

A	B	C	Z
0	0	0	L
0	0	L	0
0	L	0	0
0	L	L	0
L	0	0	0
L	0	L	0
L	L	0	0
L	L	L	0

Bild 7.34: NOR-Schaltung in Relais-Technik.

Bild 7.34 zeigt eine NOR-Schaltung. Die Lampe erlischt bereits, wenn nur einer der Eingabetaster betätigt wird. Wird Taster A ODER Taster B ODER Taster C gedrückt, so leuchtet die Lampe Z NICHT auf.

Versuch I: Das ODER-Glied

Bauen Sie die Versuchsschaltung nach *Bild 7.35* auf. Von den vier Signal-Eingabe-Tastern werden wiederum nur drei benötigt.

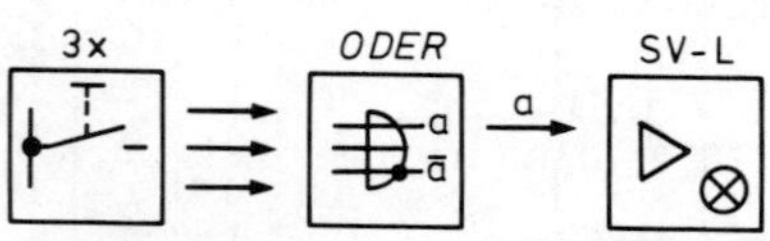

Ta_1	Ta_2	Ta_3	a
L	L	L	L
L	L	H	H
L	H	L	H
L	H	H	H
H	L	L	H
H	L	H	H
H	H	L	H
H	H	H	H

Bild 7.35: Versuchsaufbau ODER/NOR: ODER-Verhalten.

Die Lampe des Ausgangsschaltverstärkers SV-L leuchtet bereits dann auf, wenn Taster Ta_1 ODER Taster Ta_2 ODER Taster Ta_3 gedrückt wird. Führt nur einer der Eingänge ein H-Signal ($\approx +12$ V), so führt bereits der Ausgang a ein H-Signal.

Versuch II: Das NOR-Glied

Bild 7.36 gibt die Versuchsschaltung wieder. Die Lampe des Ausgangssignalverstärkers SV-L leuchtet nur dann auf, wenn keiner der Taster betätigt wird.

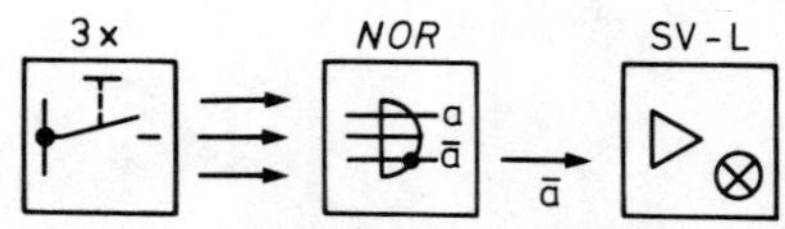

Ta_1	Ta_2	Ta_3	ā
L	L	L	H
L	L	H	L
L	H	L	L
L	H	H	L
H	L	L	L
H	L	H	L
H	H	L	L
H	H	H	L

Bild 7.36: Versuchsaufbau ODER/NOR: NOR-Verhalten.

Führt nur einer der Eingänge H-Signal ($\approx +12$ V), so führt der Ausgang ā ein L-Signal (≈ 0 V).

Ein Lampen-Controller *(Bild 7.37)*

Die vorherige Funktionsgruppe läßt sich in Form einer kleinen Variante *(Bild 7.38)* auch anwenden, wenn vermieden werden soll, daß z.B. im Kellerraum oder auf dem Dachboden das Licht unnötig brennt. Das

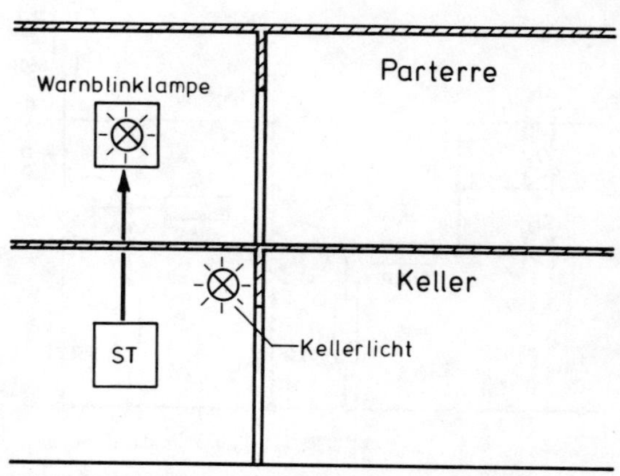

Bild 7.37: Prinzipanordnung des Lampen-Controllers.

Alarmblinken erlischt prompt, wenn die Lichtquelle ordnungsgemäß ausgeschaltet wurde. Beachten Sie bitte, daß die Funktions-Einheit ODER/NOR gegen die Funktions-Einheit UND/NAND ausgetauscht wurde.

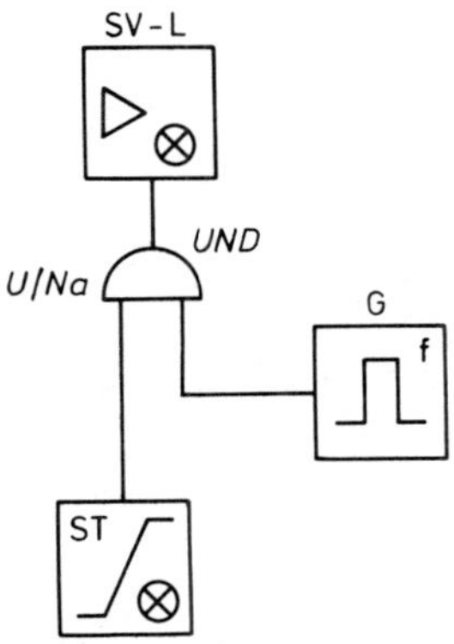

Bild 7.38: Blockschaltplan des Lampen-Controllers.

Ein elektronischer Quiz-Master

(Bild 7.39)

Die angegebene Schaltung *(Bild 7.40)* erlaubt es, die Reaktion von Quiz-Teilnehmern richtig zu bewerten. Nach Vorgabe der Frage durch den Quiz-Master meldet die Schaltung eindeutig den Teilnehmer, der die Bereitschaft zur Beantwortung der Frage durch Ta-

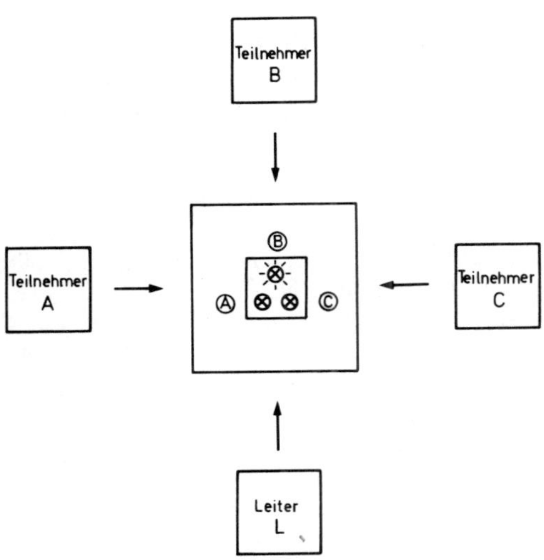

Bild 7.39: Prinzipanordnung des elektronischen Quiz-Masters.

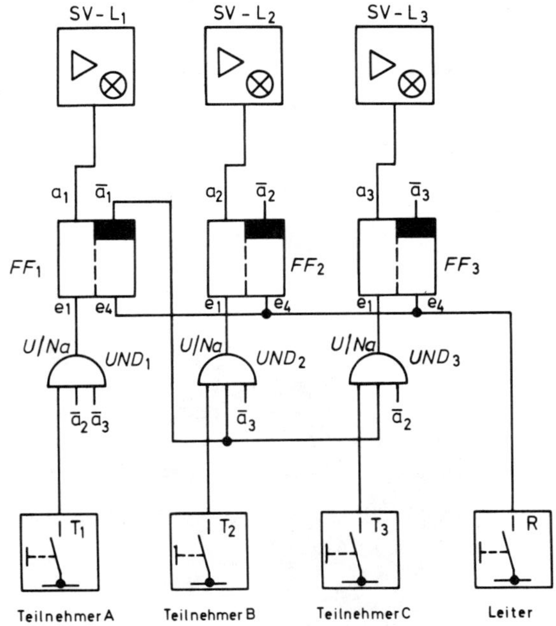

Bild 7.40: Blockschaltplan des elektronischen Quiz-Masters.

stendruck zuerst kund tut. Bereits Bruchteile von Sekunden können hier unterschieden werden.

In der angegebenen Weise kann die Schaltung auch bei mündlichen Gruppenprüfungen angewendet werden.

In kleineren Abwandlungen mag diese Schaltung weiterhin auch für andere Verriegelungszwecke so z.B. beim Betrieb von Spielzeugeisenbahnen Verwendung finden.

Die Schaltungsgruppe enthält folgende Funktions-Einheiten:

- mehrere Signaleingabeschaltungen T,
- mehrere UND/NAND-Glieder U/Na,
- mehrere Ausgangssignalverstärker SV-L,
- mehrere bistabile Kippstufen (Flipflops FF) mit statischer Ansteuerung.

Von diesen Funktionseinheiten ist nur die genannte bistabile Kippstufe noch zu besprechen.

Die bistabile Kippstufe mit statischer Ansteuerung

(Bild 7.41 und 7.42)

Die entsprechende Schaltung wird in *Bild 7.43* wiedergegeben. Die für die bistabile Kippstufe übliche Kopplungsart wird durch die beiden Widerstände R_2 und R_3 erzielt.

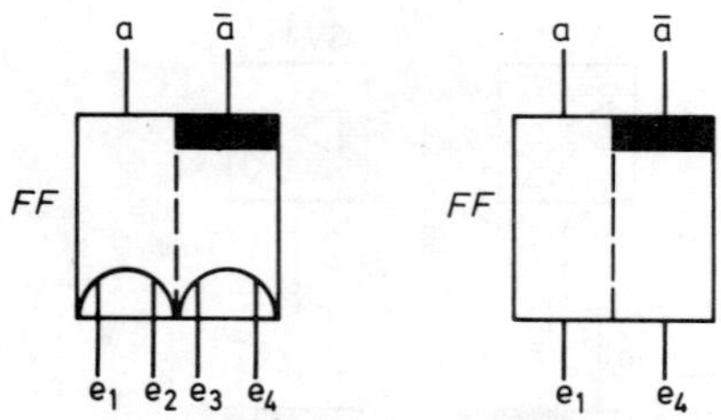

Bild 7.41: Blocksymbol der bistabilen Kippstufe FF mit statischer Ansteuerung.

Bild 7.42: Schaltplatine der bistabilen Kippstufe FF mit statischer Ansteuerung.

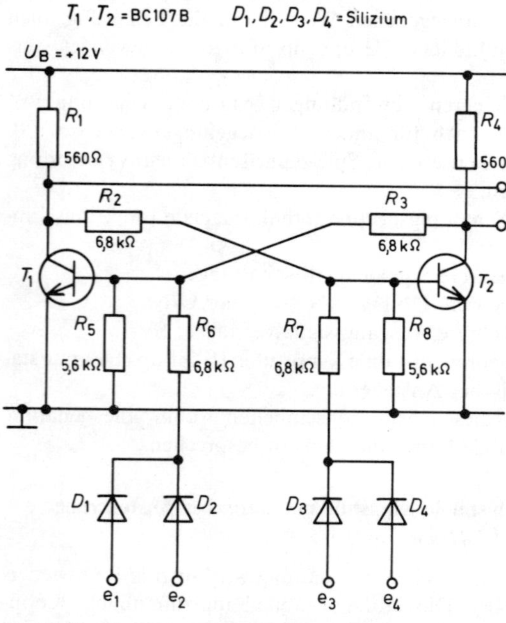

Bild 7.43: Bistabile Kippstufe FF mit statischer Ansteuerung.

Gesetzt wird das Flipflop ($a \triangleq H$, $\bar{a} \triangleq L$) über ein H-Signal an e_1 ODER e_2. Die Zurücksetzung des Flipflops erfolgt über ein H-Signal an e_3 ODER e_4. Dies führt zu den Ausgangssignalzuständen $a \triangleq L$ und $\bar{a} \triangleq H$.

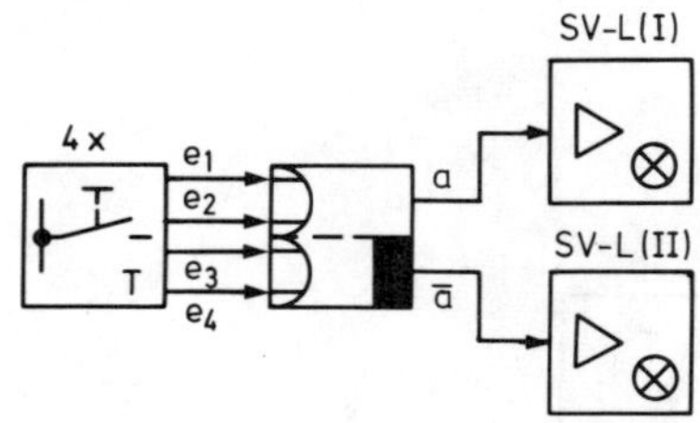

Bild 7.44: Versuchsaufbau: Ansteuerung einer bistabilen Kippstufe FF mit statischer Ansteuerung.

Der in *Bild 7.44* dargestellte Versuchsaufbau erlaubt es, die geschilderte Arbeitsweise der statisch angesteuerten Kippstufe durch Versuch nachzuvollziehen.

Zum Prinzip der Verriegelungsschaltung: Der Grundzustand der Verriegelungsschaltung *(Bild 7.40)* wird durch einen Druck auf die Taste R erzwungen. Dabei wird das von diesem Taster ausgelöste H-Signal auf die Rückstelleingänge der drei Flipflops FF_1, FF_2 und FF_3 gegeben. Daraufhin gehen alle drei Flipflops in Ruhelage. Die Flipflop-Ausgänge a_1, a_2 und a_3 führen L-Signal, die negierten Ausgänge $\bar{a}_1$, $\bar{a}_2$ und $\bar{a}_3$ führen H-Signal.

Für die Funktion der Schaltung ist die Beschaltung der Eingänge der UND-Glieder U_1, U_2 und U_3 wichtig. Dies soll an einem Signal-Ablaufbeispiel deutlich gemacht werden.

Nehmen wir an, der Teilnehmer A habe die Taste T_1 betätigt, die beiden anderen lassen ihre Taster unberührt.

Das von dem Taster T_1 ausgehende H-Signal erfüllt die UND-Bedingung der UND-Stufe 1, da diese zwei weitere H-Signale von den Flipflop-Ausgängen $\bar{a}_2$ und $\bar{a}_3$ erhält. Daraufhin wird das Flipflop FF_1 gesetzt; die Lampe des Ausgangssignalverstärkers SV-L (1) leuchtet auf.

Durch das Setzen des Flipflops FF_1 führt der Ausgang $\bar{a}_1$ ein L-Signal, das daraufhin die UND-Stufen U_2 und U_3 sperrt. Weder Teilnehmer B noch Teilnehmer C können „ihre" Flipflops setzen, bevor nicht der Ausgangszustand der Schaltung durch Betätigung der Rückstelltaste R wieder hergestellt wurde.

Eine elektronische Kreuzschaltung

(Bild 7.45)

Das Prinzip der elektronischen Kreuzschaltung ist es, daß ein Gerät, z.B. eine Lampe, von mehreren Stellen aus sowohl ein- wie auch ausgeschaltet werden kann.

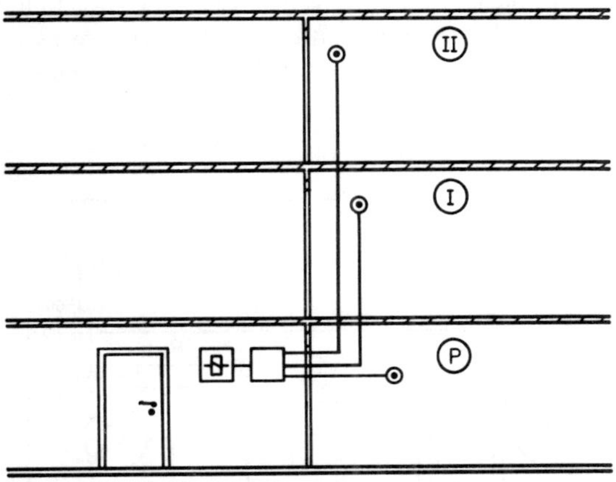

Bild 7.45: Prinzipanordnung: elektronische Kreuzschaltung.

Die hier angegebene elektronische Schaltung erlaubt es, mit einfachen Mitteln die Zahl der Befehlsstellen fast beliebig zu erhöhen *(Bild 7.46)*.

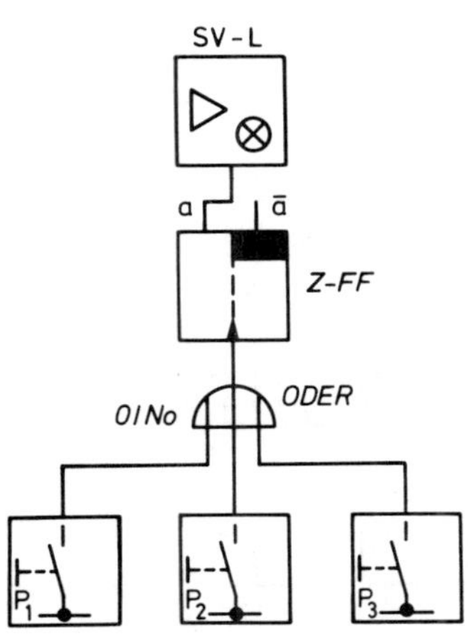

Bild 7.46: Blockschaltplan der elektronischen Kreuzschaltung.

Die Schaltungsgruppe „elektronische Kreuzschaltung“ enthält folgende Funktionseinheiten:

- einen Ausgangssignalverstärker SV-L (nach Bedarf auch SV-R),
- eine ODER/NOR-Stufe O/No,
- mehrere prellfreie Taster P,
- ein Zähl-Flipflop Z-FF.

Der prellfreie Taster P *(Bild 7.47 und 7.48)*

Bei den mechanischen Tastern besteht bei der Betätigung die Gefahr, daß Kontaktprellungen zur kurzzeitigen Abgabe mehrerer unkontrollierter Impulse führen (s. auch ausführlich im Kapitel „Experimente mit integrierten Digitalbausteinen“).

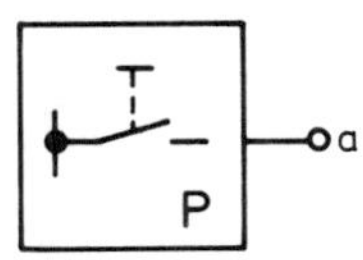

Bild 7.47: Blocksymbol prellfreier Taster P.

Um dies vermeiden zu können, sind prellfreie (oder entprellte) Taster notwendig. *Bild 7.49* gibt eine geeignete prellfreie Eingabeschaltung wieder.
Solange der Umschalter P nicht betätigt wird, liegt die Basis des Transistors T_1 auf Masse. Transistor T_1 ist gesperrt. Über R_2 wird Transistor T_2 durchgeschaltet und der Ausgang a führt 0 V (L-Signal).
Bereits die kürzeste Berührung des Umschaltergegenkontaktstückes führt zur Sperrung des Transistors T_2 und der Ausgang a führt H-Signal. Das Prellen des Tasters führt zu keiner erneuten Veränderung der

Bild 7.48: Schaltplatine prellfreier Taster P.

Transistorzustände. Erst wenn der Umschalter in seine Ausgangsposition zurückkehrt, gibt der Ausgang a wieder L-Signal (≈ 0 V) ab.

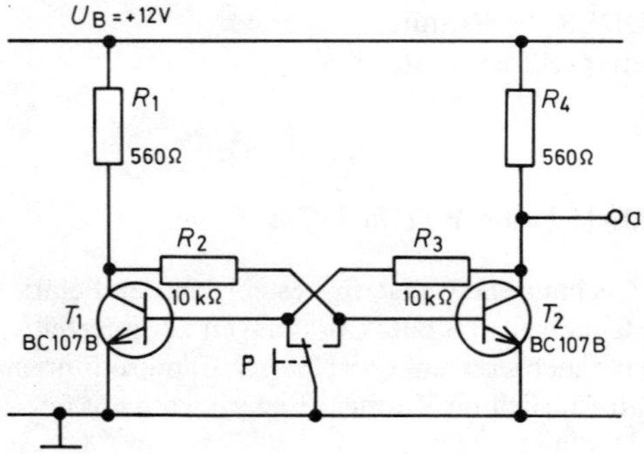

Bild 7.49: Prellfreier Taster P.

Das Zähl-Flipflop Z-FF *(Bild 7.50 und 7.51)*

Die Schaltung des Zähl-Flipflops ist in *Bild 7.52* wiedergegeben.

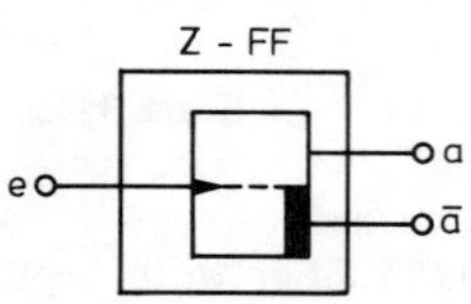

Bild 7.50: Blocksymbol Zähl-Flipflop Z-FF.

Auf den schaltungsinternen Ablauf der Umschaltvorgänge dieser bistabilen Kippstufe wollen wir nicht eingehen. Wichtig zu wissen ist, daß jeder Signalwechsel von H auf L am Eingang e zur Umschaltung des Flipflops führt. Voraussetzung ist allerdings, daß dieser Signalwechsel schlagartig erfolgt oder wie man auch sagt, daß die Impulsflanke von H auf L steil ist. Beachten Sie hierzu Versuch nach *Bild 7.53.* Da diese Art der Flipflop-Umsteuerung nicht mit einem statischen H-Signal, sondern ausschließlich durch den sehr raschen Signalwechsel erzielt wird, spricht man von einer dynamischen Ansteuerung. Symbolische Kennzeichnung für die dynamische Ansteuerung ist das Dreieck am Eingang des Flipflops. Ist dieses Dreieck ausgefüllt, so erfolgt die Steuerung mit einem HL-Signalwechsel. Bei offenem Dreieck erfolgt die Steuerung mit einem LH-Signalwechsel.

Bild 7.51: Schaltplatine Zähl-Flipflop Z-FF.

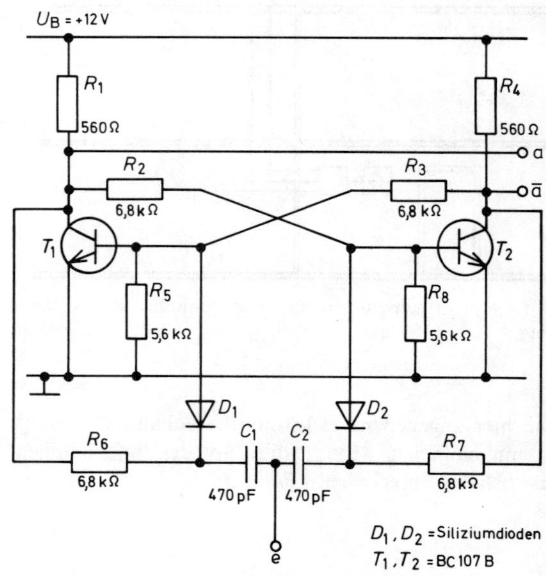

Bild 7.52: Zähl-Flipflop Z-FF.

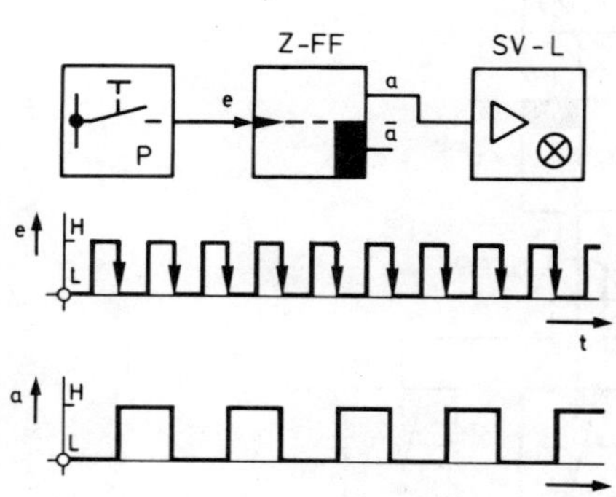

Bild 7.53: Versuchsaufbau: Ansteuerung eines Zähl-Flipflops Z-FF.

Der Name „Zähl-Flipflop“ ergibt sich aus der schaltungstechnischen Verwendbarkeit dieses Flipfloptyps. Mit Hilfe mehrerer solcher Flipflops lassen sich u.a. auch digitale Zählschaltungen aufbauen.

Wie die Kreuzschaltung arbeitet
(Bild 7.46)

Da das Zähl-Flipflop mit jedem Eingangssignalwechsel von H auf L umgesteuert wird, kann die Lampe des Ausgangssignalverstärkers von jedem beliebigen Taster aus sowohl ein- wie auch ausgeschaltet werden. Die Betätigungsstellen (Befehlsstellen) sind zu diesem Zweck ODER verknüpft. Durch Erhöhung der Anzahl der ODER-Eingänge kann die Anzahl der Befehlsstellen erhöht werden.

Ein elektronisches Glockenspiel

(Bild 7.54)

Die angegebene Schaltung erlaubt es, Signalanlagen bzw. Ton-Signalgeber mit einer vorgegebenen Signalfrequenz-Folge aufzubauen. Vielleicht setzen Sie diese Schaltung als „elektronischen Gong“ in Ihrer Wohnung ein?!

Die Schaltungsgruppe „elektronisches Glockenspiel“ enthält folgende Funktionseinheiten:

- mehrere Signalgeber G mit unterschiedlichen Frequenzen.
  Die geeigneten Ton-Frequenzen können Sie selbst bestimmen, indem Sie die frequenz-bestimmenden Bauelemente entsprechend dimensionieren (S. 82).
- Ein Ausgangssignalverstärker SV-T,
- mehrerer UND/NAND-Glieder U/Na,

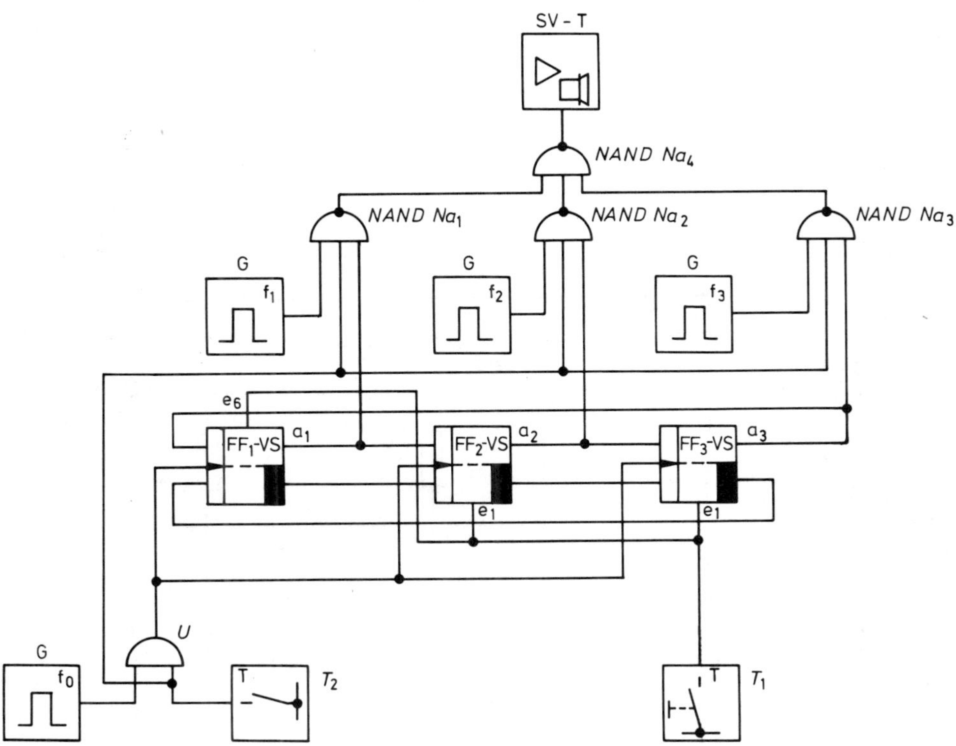

Bild 7.54: Blockschaltplan des elektronischen Glockenspiels.

- eine Signaleingabeschaltung T,
- mehrere „dynamisch angesteuerte Kippstufen mit Vorbereitung und zusätzlichen statischen Eingängen FF-VS“ *(Bild 7.55)*.

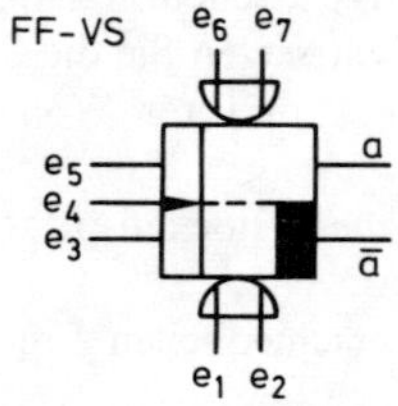

Bild 7.55: Blocksymbol dynamisch angesteuerte Kippstufe mit Vorbereitung und zusätzlichen statischen Eingängen (FF-VS).

Wenden wir uns zunächst der noch unbekannten Funktionseinheit „dynamisch angesteuerte Kippstufe mit Vorbereitung und zusätzlichen statischen Eingängen FF-VS“ zu.

Die dynamisch angesteuerte Kippstufe FF-VS

Bild 7.56 gibt Ihnen den elektronischen Aufbau dieser Funktionseinheit wieder. An den Kopplungswiderständen R_2 und R_3 erkennen Sie, daß es sich hier bei dieser Schaltung wiederum um eine bistabile Kippstufe handelt. Das Besondere an dieser Kippstufen-Ausführung wird durch die drei Eingangsanschlüsse e_3, e_4 und e_5 gekennzeichnet.

Nehmen wir an, der Transistor T_1 sei durchgeschaltet und folglich der Transistor T_2 gesperrt ($a \triangleq L$, $\bar{a} \triangleq H$). Will man die bistabile Kippstufe setzen, so hat man bei diesem Flipfloptyp zwei Ansteuermöglichkeiten zur Auswahl:

1. Die statische Ansteuerung erfolgt über e_6 ODER e_7 mit einem H-Signal. T_2 wird durchgeschaltet, T_1 daraufhin gesperrt.
2. Die dynamische Ansteuerung erfolgt über die Kombinationen e_3, e_4 und e_5. In diesem Fall muß der Vorbereitungseingang e_3 auf L-Signal (0 V), der Vorbereitungseingang e_5 auf H-Signal (+12 V) gelegt werden. Tritt, nachdem diese Vorbereitungsbedingung erfüllt ist, am Takteingang e_4 nun ein Signalwechsel von H nach L auf (+12 V nach 0 V), so wird die bistabile Kippstufe gesetzt. Demzufolge führt der Ausgang a ein H-Signal (+12 V) und der Ausgang ā ein L-Signal (0 V).

Soll der alte Zustand wieder hergestellt werden (Vorgang: „Speicher zurückstellen“, $a \triangleq L$, $\bar{a} \triangleq H$) so ist

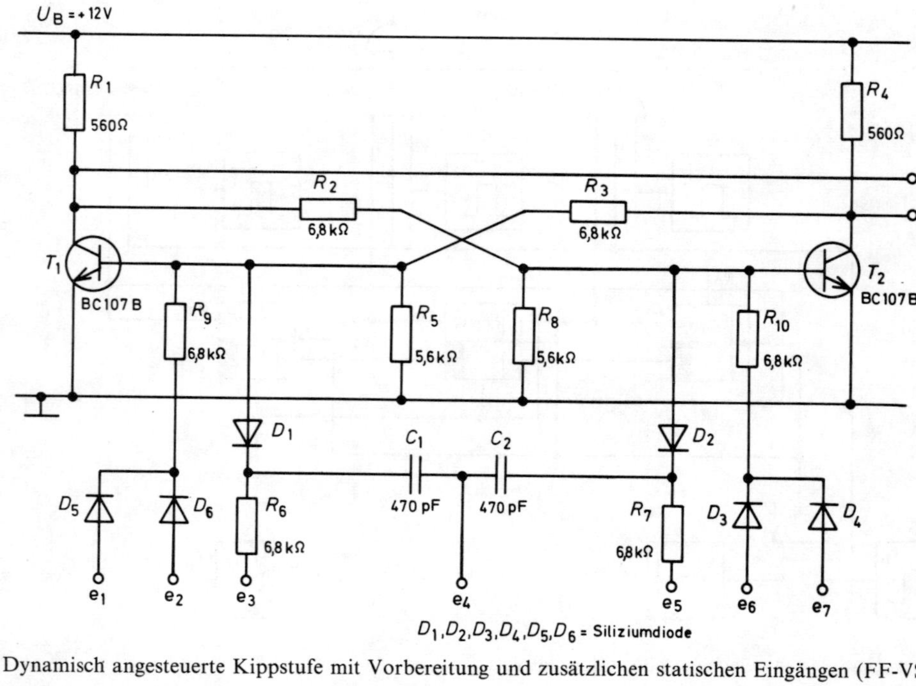

Bild 7.56: Dynamisch angesteuerte Kippstufe mit Vorbereitung und zusätzlichen statischen Eingängen (FF-VS).

dies ebenfalls über die statische oder über die dynamische Ansteuerung möglich:

1. statisch über die Eingänge e_1 ODER e_2 mit einem H-Signal (T_1 wird durchgeschaltet, T_2 daraufhin gesperrt).
2. Dynamisch über die Eingänge e_3, e_4 und e_5. Für die Zustände der Vorbereitungseingänge ergibt sich folgende notwendige Beschaltung: $e_3 \triangleq$ H-Signal, $e_5 \triangleq$ L-Signal. Die Rückstellung des Flipflops erfolgt, wenn nach der Bereitstellung dieser Vorbereitungssituation am Takteingang e_4 ein H-L-Signalwechsel auftritt.

Bild 7.57 gibt Ihnen den Versuchsaufbau wieder, mit dessen Hilfe Sie sich mit der Arbeitsweise des Flipflops FF-VS vertraut machen können.

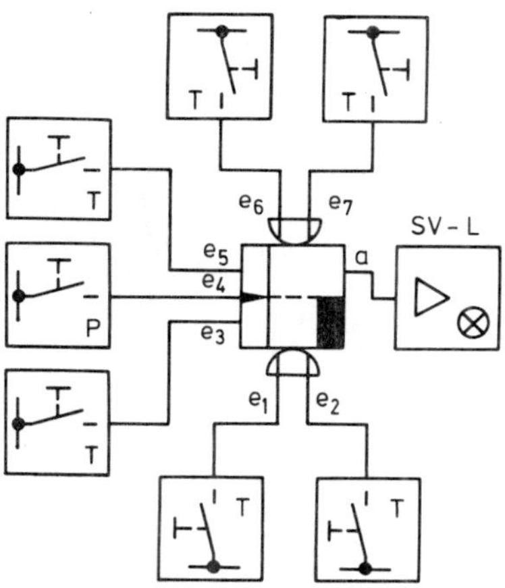

Bild 7.57: Versuchsaufbau: Ansteuerung einer Kippstufe nach Bild 7.55.

In vielen Fällen des praktischen Einsatzes dieses Flipfloptyps genügt es, nur jeweils einen statischen Eingang zum Setzen bzw. zur Rückstellung des Flipflops zu benutzen. Dadurch vereinfacht sich das Zeichen so wie es *Bild 7.58* zeigt.

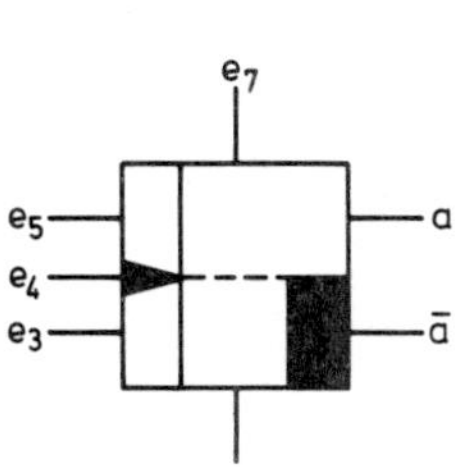

Bild 7.58: Variante der Schaltung nach Bild 7.55.

Beim Entwurf von Schaltungen ist zu beachten, daß bei einer gleichzeitigen statischen und dynamischen Ansteuerung des Flipflops die statische Ansteuerung Vorrang vor der dynamischen besitzt. Dies wirkt sich so aus, daß die Flipflop-Ausgangszustände sich nach den vorgegebenen Zuständen der statischen Ansteuereingänge ausrichten.

Zur Funktion des elektronischen Glockenspiels

Das Herzstück der Schaltung wird durch das aus drei Flipflops aufgebaute Ring-Register gebildet. Zu Beginn der Inbetriebnahme der Schaltung wird die Schaltung durch einen kurzen Tastendruck auf T_1 in den Grundzustand versetzt, d.h. FF_1 führt am Ausgang a_1 ein H-Signal, FF_2 an a_2 ein L-Signal, FF_3 an a_3 ebenfalls ein L-Signal.

Tastet man anschließend T_2, so gelangen die vom Generator G_{f_0} kommenden Taktsignale (0,5 bis 1 Hz) über die UND-Stufe U gleichzeitig auf alle Takteingänge der drei Flipflops. Solange T_2 gedrückt bleibt, läuft ein H-Signal über die Flipflops FF_1, FF_2 und FF_3 im Kreise um. Dadurch wird jeweils eine der drei NAND-Stufen Na_1, Na_2 oder Na_3 im Takt der Taktfrequenz (0,5 bis 1 Hz) durchgeschaltet und hierdurch die jeweilige Tonfrequenz f_1, f_2 oder f_3 auf den Ausgangssignalverstärker gegeben.

Solange der Taster T_2 betätigt bleibt, solange ändert sich das vom Ausgangsverstärker SV-T abgegebene Tonsignal im Wechsel der Taktfrequenz.

Will man die Anzahl der verschiedenen, im Wechsel wiederzugebenden Tonfrequenzen erhöhen, so muß die Anzahl der Flipflops, die der NAND-Stufen und die der Tonfrequenz-Generatoren entsprechend erhöht werden.

Türklingel mit programmierbarem Geheimcode

(Bild 7.59)

Die angegebene Schaltung *(Bild 7.60)* ist dazu geeignet, erwartete von unerwarteten Gästen zu unterscheiden. Nur wer den Geheimcode – der sehr schnell variiert werden kann – kennt, erhält Eintritt.

Die Erkennung erfolgt über zwei unterschiedliche Tonfrequenzen. Der Besucher, der die vorprogrammierte Anzahl von Impulsen durch Klingelbetätigung in der vorgeschriebenen Zeit eingibt, löst die Tonfrequenz II aus. Derjenige, der den vereinbarten Code nicht kennt, bringt ausschließlich die Tonfrequenz I zur akustischen Anzeige.

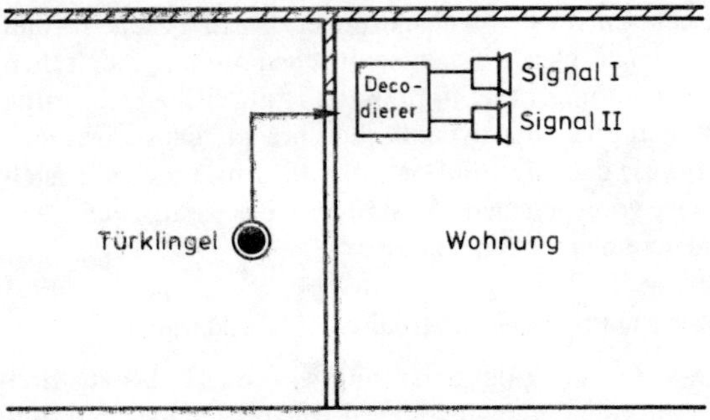

Bild 7.59: Prinzipanordnung Türklingel mit programmierbarem Geheimcode.

Die eingebaute Zeitstufe Z sorgt dafür, daß die Impulszahl sich nicht zufällig zur Codeimpulszahl addieren kann.

Die Schaltung enthält folgende Funktionseinheiten:

- ein prellfreier Taster P,
- ein Eingabetaster T,
- drei UND-Glieder U/Na,
- zwei ODER/NOR-Glieder O/No,
- zwei Signalgeber G,
- drei Zähl-Flipflops mit zusätzlichen statischen Eingängen Z-FF-V,
- eine Negationsstufe N,
- eine Zeitstufe Z,
- zwei Ausgangssignalverstärker SV-T.

Die noch nicht bekannten Funktionseinheiten sollen hier zunächst vorgestellt werden.

Zähl-Flipflops mit zusätzlichen statischen Eingängen Z-FF-V *(Bild 7.61)*

Dieses Zähl-Flipflop *(Bild 7.62)* enthält eine Kombination der Schaltungen nach *Bild 7.43* (statisch angesteuertes Flipflop) und nach *Bild 7.52* (Zähl-Flipflop Z-FF).

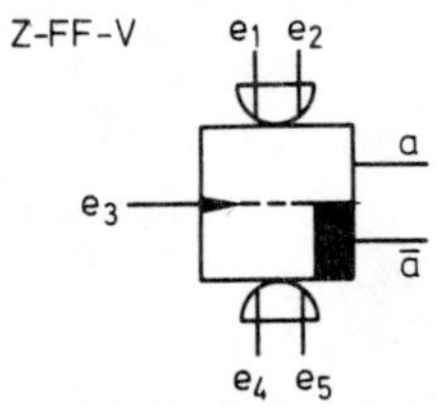

Bild 7.61: Blocksymbol Zähl-Flipflop mit zusätzlichen statischen Eingängen (Z-FF-V).

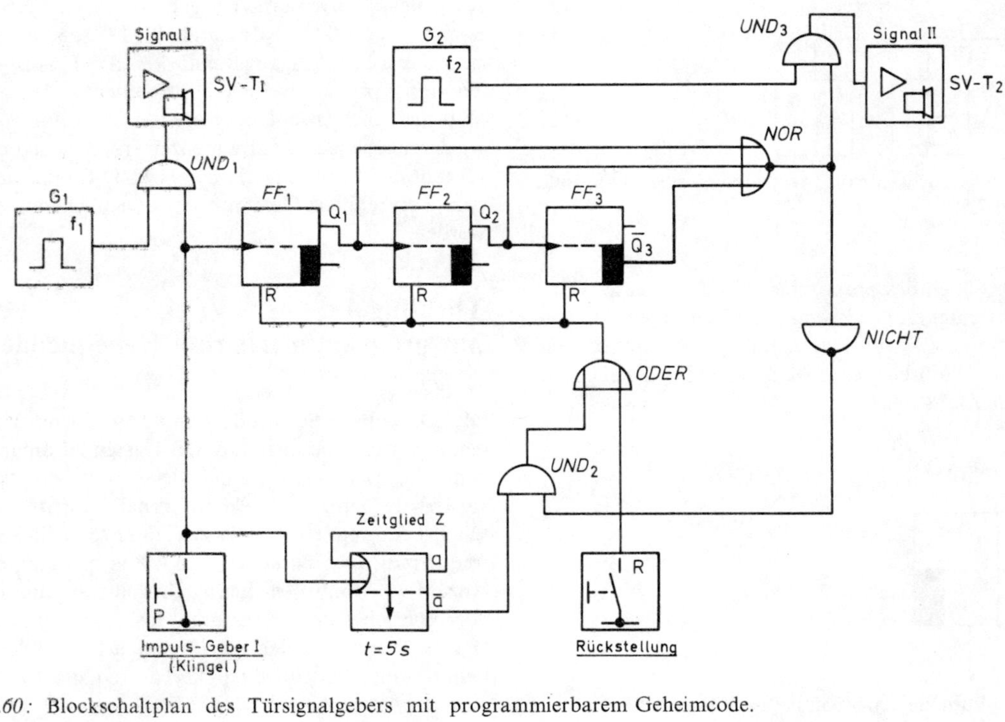

Bild 7.60: Blockschaltplan des Türsignalgebers mit programmierbarem Geheimcode.

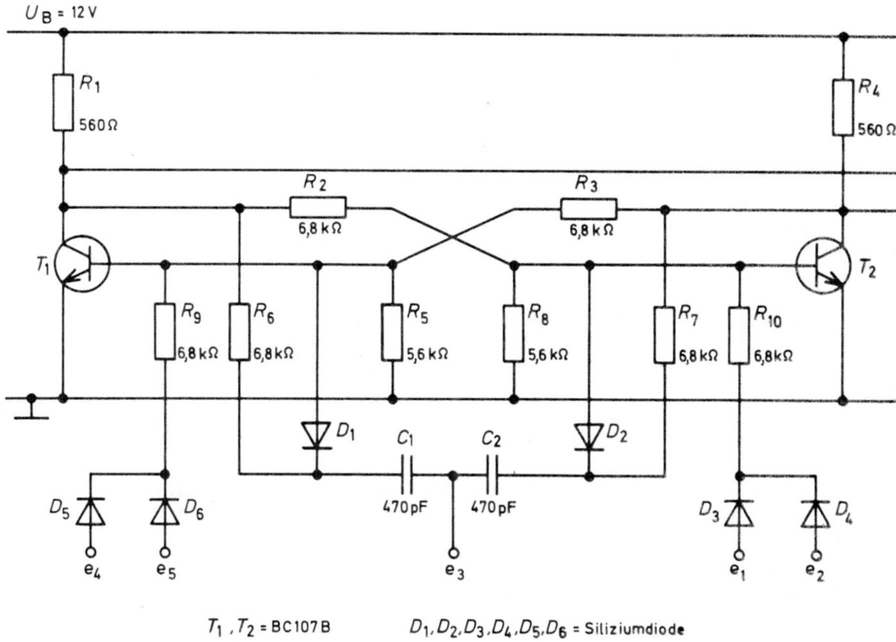

Bild 7.62: Zähl-Flipflop mit zusätzlichen statischen Eingängen.

Wird das Flipflop über eine prellfreie Taste P am Eingang e_3 mit Triggersignalen angesteuert, so verhält sich diese Funktionseinheit wie ein normales Zähl-Flipflop. Beachten Sie bitte hierzu auch den entsprechenden Signal-Zeitplan nach *Bild 7.53*.
Mit jedem HL-Signalwechsel am Eingang e_3 wird das Flipflop umgesteuert.
Über die Eingänge e_1 ODER e_2 kann das Flipflop mit statischen Signalen gesetzt, über die Eingänge e_4 ODER e_5 zurückgestellt werden.
Von dieser Möglichkeit macht man dann Gebrauch, wenn man das Flipflop aus besonderen schaltungstechnischen Gründen in einen bestimmten Ausgangszustand versetzen möchte. Zu beachten ist, daß die statischen Eingänge Vorrang vor dem dynamischen Triggereingang e_3 haben. Wollen Sie die Flipflop-Funktion im Versuch nachvollziehen, so verfahren Sie bitte entsprechend der Versuchsschaltung nach *Bild 7.57*. Beachten Sie dabei, daß bei unserem Flipfloptyp die Vorbereitungseingänge entfallen!
In bestimmten Fällen kann es vorkommen, daß nur einer der statischen Eingänge benötigt wird. Entsprechend kann sich dann das Schaltungssymbol vereinfachen, z.B. wie in *Bild 7.63* gezeigt.

Die Negationsstufe N: NICHT auf elektronisch *(Bild 7.64)*

Die Negationsstufe *(Bild 7.65)* oder auch Inverterstufe genannt gehört wie auch die UND-Stufe und die ODER-Stufe zu den elektronischen Schaltungen, die die drei bekannten logischen Grundfunktionen UND,

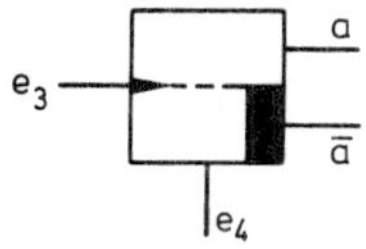

Bild 7.63: Variante der Schaltung nach Bild 7.61.

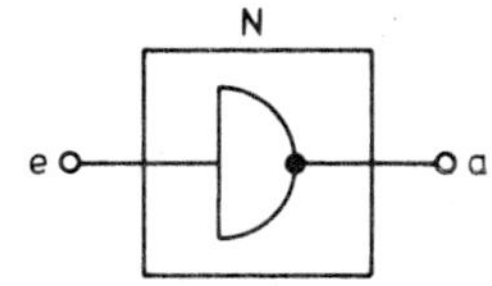

Bild 7.64: Blocksymbol Negationsstufe N.

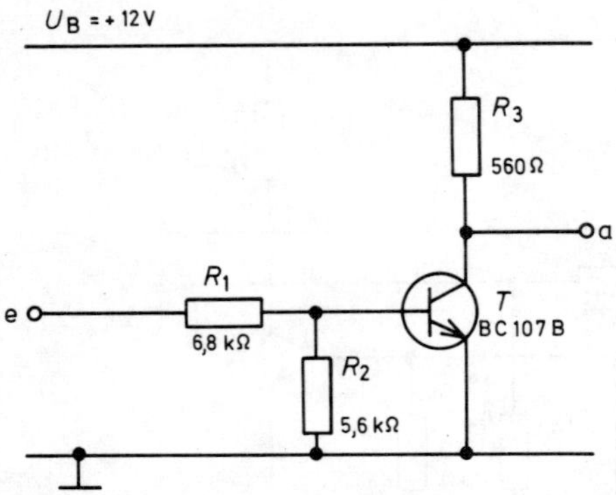

Bild 7.65: Negationsstufe N.

ODER und NICHT technisch realisieren helfen. Wie der Name bereits sagt, negiert die Logik-Schaltung das Eingangssignal. So erzwingt ein L-Signal (0 V) am Eingang e am Schaltungsausgang a ein H-Signal (+12 V); ein H-Signal am Eingang e führt dagegen zu einem L-Signal am genannten Ausgang. Diese Zusammenhänge können Sie in einem Versuch nachvollziehen, wie ihn *Bild 7.66* vorstellt.

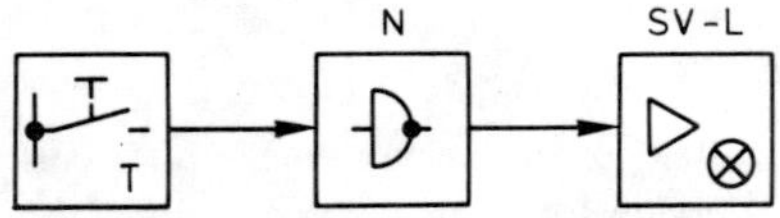

Bild 7.66: Versuchsaufbau Negationsstufe N.

Die Zeitstufe Z *(Bild 7.67)*

Mit Hilfe der Zeitstufe Z können Impulse von vorgegebener Länge erzeugt werden. Tritt am Eingang e_1 ODER e_2 ein H-Signal auf, so wird für die eingestellte Laufzeit *t* (z.B. 2 s) ein H-Signal am Ausgang a gebildet. Durch geeignete Dimensionierung der elektronischen Schaltung kann diese Laufzeit in relativ weiten Grenzen vorgewählt werden.

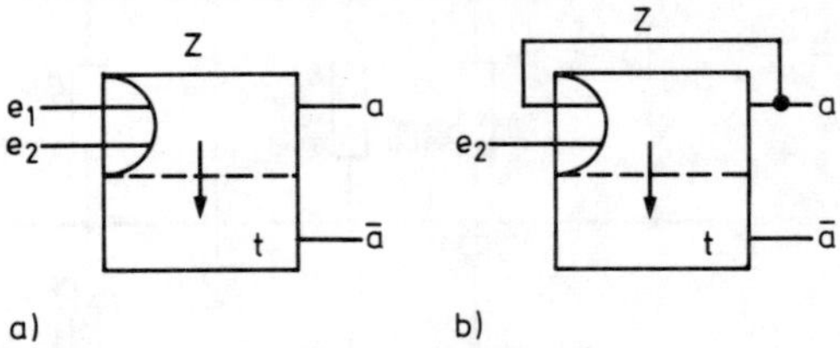

Bild 7.67: Blocksymbol Zeitstufe Z.

Bild 7.68 gibt die elektronische Schaltung der Zeitstufe wieder. Im Grundzustand (e_1 = L, e_2 = L) ist Transistor T_1 gesperrt, Transistor T_2 durchgeschaltet und folglich Transistor T_3 gesperrt. Demzufolge führt der Ausgang a ein L-Signal, der Ausgang ā ein H-Signal.
Tritt nun an einem der ODER-verknüpften Eingänge e_1 ODER e_2 ein H-Signal auf, so wird Transistor T_1 durchgeschaltet, T_2 sofort gesperrt und T_3 durchgeschaltet. Die Ausgangssignalzustände ergeben sich somit zu a = H und ā = L.

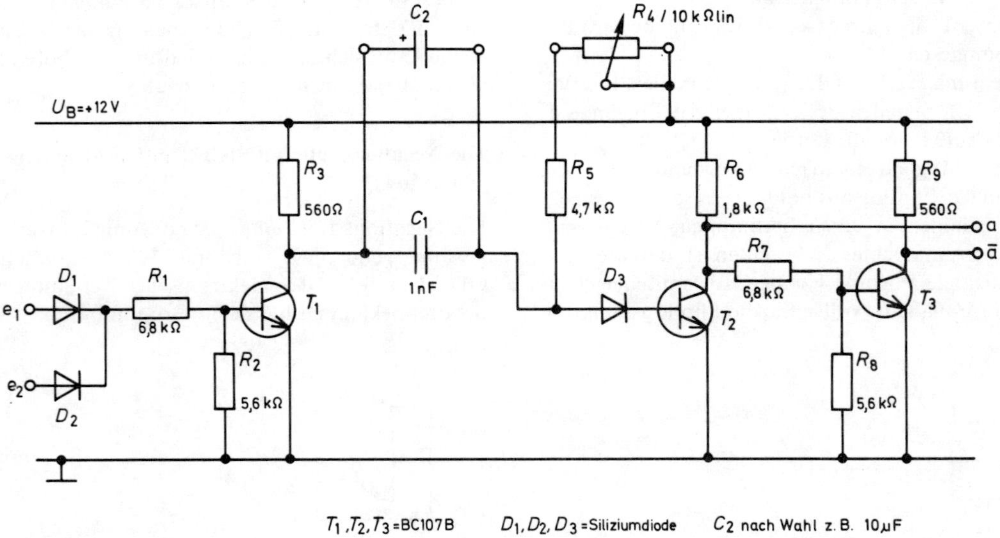

T_1, T_2, T_3 = BC107B D_1, D_2, D_3 = Siliziumdiode C_2 nach Wahl z. B. 10 µF

Bild 7.68: Zeitstufe Z (monostabile Kippstufe).

Durch die schaltungsintern ablaufenden elektronischen Vorgänge, auf die hier nicht eingegangen werden soll, wird nach der eingestellten Laufzeit t der Transistor T_2 wieder durchgeschaltet und daraufhin T_3 gesperrt (a = L, ā = H).

Die das Ausgangssignal bestimmende Laufzeit t wird durch die Bauelemente C_1, C_2, R_4 und R_5 definiert. Näherungsweise gilt hierfür die Beziehung $t=0{,}7$ $(C_1+C_2)\cdot(R_4+R_5)$. Dieser Formel entsprechend kann die Laufzeit z.B. durch Vergrößern der Kapazität C_2 verlängert werden. Die Grundkapazität C_1 bleibt dabei unverändert.

Bild 7.69 zeigt Ihnen einen geeigneten Versuchsaufbau, mit dem Sie die Funktion der Zeitstufe überprüfen können. Angenommen wurde, daß die Laufzeit t auf 2 s dimensioniert ist. Wie der beigefügte Signal-Zeitplan zeigt, werden Eingangssignale, die länger als 2 s dauern, am Schaltungsausgang a auf die Laufzeit von 2 s verkürzt. Eingangssignale, die kürzer als die eingestellte Laufzeit sind, werden in ihrer Originallänge an den Ausgang a weitergegeben.

Will man jedoch auch bei Eingangssignalen, die kürzer als die eingestellte Laufzeit sind, das Ausgangssignal mit einer unveränderten Dauer erzwingen, so muß eine Rückkopplung vom Ausgang a auf eine der ODER-Eingänge erfolgen. Beachten Sie hierzu bitte auch den Signal-Zeitplan in *Bild 7.70*.

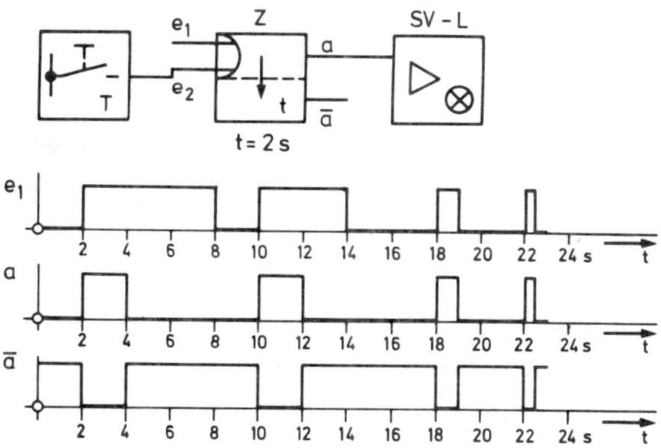

Bild 7.69: Versuchsaufbau: Arbeitsweise der Zeitstufe Z ohne Rückkopplung.

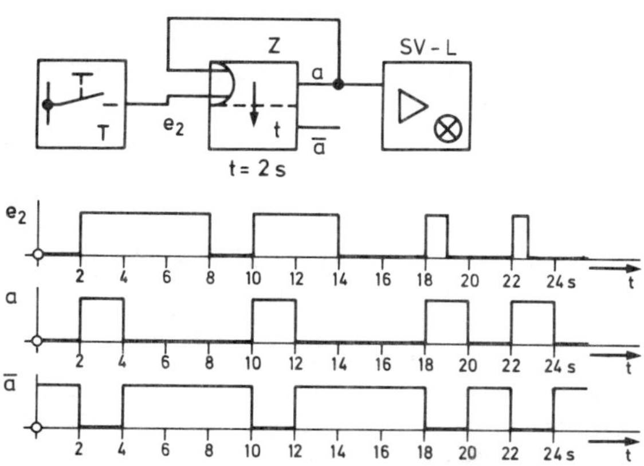

Bild 7.70: Versuchsaufbau: Arbeitsweise der Zeitstufe Z mit Rückkopplung.

Wie die Klingelschaltung arbeitet *(Bild 7.60)*

Mit jeder Betätigung des Klingeltasters P wird die UND-Stufe U_1 zur Durchschaltung der Tonfrequenz f_1 freigegeben. Hierdurch wird erreicht, daß ein Besucher, der das Ertönen des Signals durch die Wohnungstüre hört und der den vereinbarten Code nicht kennt, zuerst einmal abwartet. Erst wenn sich in der Wohnung niemand rührt, wird er erneut die Klingel betätigen. Hierbei vergeht – wie wir noch sehen werden – wichtige Zeit!

Gleichzeitig wird mit der Betätigung des Klingelknopfes P die Zeitstufe Z angeworfen, deren Ruheausgang ā auf die UND-Stufe U_2 geschaltet ist. Für die Dauer der eingestellten Laufzeit von z.B. 5 s, liegt der Ausgang ā auf L-Signal. Hierdurch wird die UND-Stufe U_2 für genau diese Zeitdauer gesperrt. Dies hat zur Folge, daß die Rückstelleitung, die zu den Zähl-Flipflops führt auf L-Pegel liegt. Solange dies der Fall ist, kann der Zähler die auflaufenden Zählimpulse aufnehmen.

Weiterhin geschieht folgendes: jedes Mal, wenn der Klingeltaster P losgelassen wird, wird der aus den drei Zähl-Flipflops FF_1, FF_2 und FF_3 aufgebaute Dual-Zähler um „Eins" weitergeschaltet. Werden hierdurch innerhalb der vorgegebenen Laufzeit (5 s) der Zeitstufe genau vier Impulse (Klingel!) in die Zählschaltung eingegeben, so führen die Zähl-Flipflops den Ausgangszustand $Q_1 = L$, $Q_2 = L$ und $\bar{Q}_3 = L$. Bei diesem Zählerzustand schaltet die NOR-Stufe No entsprechend der vorgegebenen Codierung an ihrem Ausgang auf H-Signal. Dieses H-Signal schaltet die Signalfrequenz f_2 auf den Ausgangsverstärker SV-T_2 und sperrt gleichzeitig über die Inverterschaltung N die UND-Stufe U_2. Demzufolge bleibt die Rückstellung des Zählers auch nach Ablauf der Laufzeit t der Zeitstufe aus.

Sobald die Tonfrequenz f_2 ertönt, weiß der Wohnungsinhaber, daß der Besucher den vereinbarten Code kennt.

Wird die vorgegebene Anzahl der „Klingelimpulse" in der vorgeschriebenen Zeit nicht erreicht, so wird der Zähler nach der jeweils eingestellten Laufzeit *t* (z.B. nach 5 s) zurückgestellt. Hierdurch wird sichergestellt, daß sich der Zählerinhalt nicht ungewollt über eine längere Zeit hinweg bis zur vorgegebenen Codeziffer auffüllt.
Erhöht man die Anzahl der Zähl-Flipflops um genau eine Zählstufe, so läßt sich die Codezahl bis hin zur Impulszahl 15 vorgeben. Die Decodierung des Zählerinhaltes erfolgt über die entsprechenden Abgriffe der Flipflop-Ausgänge. Tabelle 7.1 gibt Ihnen hierzu einige Hinweise.

Tabelle 7.1: Beschaltung der NOR-Glied-Eingänge zur Codierung der Schaltung nach Bild 7.60.

Impulszahl	NOR-Glied-Eingänge auf Flipflop-Ausgänge geschaltet			
3	$\bar{a}_1$	$\bar{a}_2$	a_3	a_4
4	a_1	a_2	$\bar{a}_3$	a_4
5	$\bar{a}_1$	a_2	$\bar{a}_3$	a_4
6	a_1	$\bar{a}_2$	$\bar{a}_3$	a_4
7	$\bar{a}_1$	$\bar{a}_2$	$\bar{a}_3$	a_4
8	a_1	a_2	a_3	$\bar{a}_4$
9	$\bar{a}_1$	a_2	a_3	$\bar{a}_4$
10	a_1	$\bar{a}_2$	a_3	$\bar{a}_4$
11	$\bar{a}_1$	$\bar{a}_2$	a_3	$\bar{a}_4$
12	a_1	a_2	$\bar{a}_3$	$\bar{a}_4$
13	$\bar{a}_1$	a_2	$\bar{a}_3$	$\bar{a}_4$
14	a_1	$\bar{a}_2$	$\bar{a}_3$	$\bar{a}_4$
15	$\bar{a}_1$	$\bar{a}_2$	$\bar{a}_3$	$\bar{a}_4$

Was allgemein beim Arbeiten mit dem Bausteinsystem zu beachten ist

Soll durch eine Kombination mehrerer Funktionseinheiten (Schaltglieder) eine höher geordnete neue Funktionsgruppe gebildet werden, so müssen zwei wesentliche Punkte beachtet werden.

1. Die Versorgungsspannung U_B muß für alle verwendeten Schaltglieder gleich sein. In unserem Beispiel ist $U_B = +12$ V (gegen Masse).
2. Die einzelnen Schaltstufen dürfen nicht unzulässig belastet werden.

Die erste Bedingung ist so selbstverständlich, daß darauf nicht näher eingegangen werden muß. Zu der zweiten Bedingung muß hier ein kleiner Hinweis gegeben werden.
In *Bild 7.71* ist dargestellt, wie der Ausgang des Schaltgliedes I mit vier weiteren Schaltgliedern verknüpft ist. Dabei wird der genannte Ausgang mit den Eingängen der nachfolgenden Laststufen verbunden. Bei den hier besprochenen Schaltungen können Sie davon ausgehen, daß etwa 8 bis 10 Eingänge nachfolgender Stufen auf einen Schaltgliedausgang aufgeschaltet werden können, ohne daß die Funktion der Gesamtanordnung in Frage gestellt wird. Beachten Sie in diesem Zusammenhang auch das in *Bild 7.72* dargestellte Beispiel.

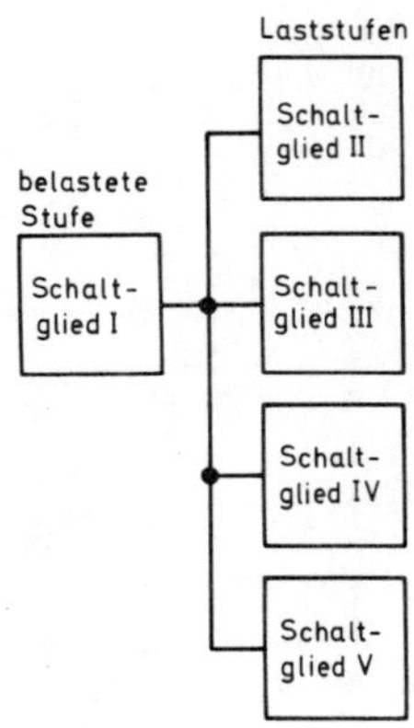

Bild 7.71: Belastung einer Schaltstufe durch nachfolgende Laststufen.

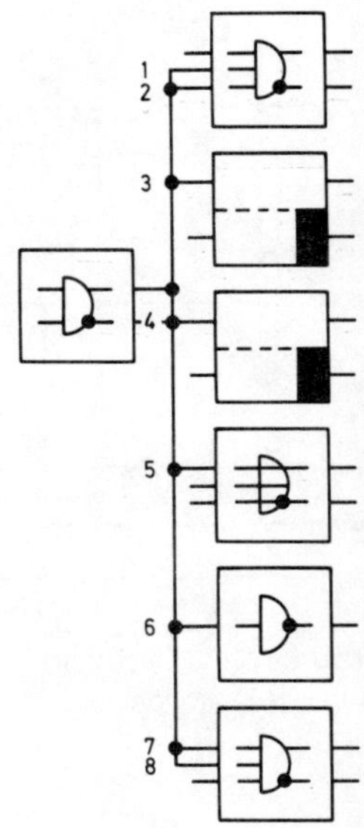

Bild 7.72: Beispiel zu Bild 7.71.

Bei Einsatz von dynamisch angesteuerten Schaltgliedern (z.B. Zähl-Flipflops) kann es zu Störungen kommen, wenn die Eingabetaster nicht entprellt sind oder aber, wenn der Signalwechsel am Eingang dieser dynamischen Stufen nicht schnell genug erfolgt. Wenn Sie diese Punkte beachten, werden Sie mit den vorgestellten Schaltgliedern auch dann keine Schwierigkeiten bekommen, wenn Sie selbständig völlig neue Schaltprobleme angehen.

8. Mit Transistoren Nf-Signale verstärken

Ein besonderes Problem, mit dem sich die Menschen seit Urzeiten herumschlagen, ist: wie kann man sich in der wohlverdienten Mußezeit vor Langeweile schützen? Eine der beliebtesten Quellen für Freude und Unterhaltung war schon immer die Musik. Nun war und ist es nicht jedermanns Sache, sich durch musikalische Eigenproduktionen hervorzutun. Bequemer ist es, andere für sich musizieren und singen zu lassen. Will man den einschlägigen Publikationen glauben, so hielten sich in der Vergangenheit Könige und Fürsten mehr oder weniger große Hilfstruppen, die zur musikalischen Zerstreuung bereitstanden. Der kleine Mann kam hier wohl weit weniger gut weg; sowohl hinsichtlich der Qualität wie der Auswahl des Dargebotenen.

So muß es denn als Sensation empfunden worden sein, als die ersten Tonaufzeichnungsgeräte auf den Markt kamen. Heute verfügen die Menschen der industrialisierten Welt über eine Fülle von Unterhaltungskonserven, die schier unerschöpflich ist. Dank der HiFi-Elektronik werden auch die verwöhntesten Kenner musikalischer Kostbarkeiten zufriedengestellt.

Wie und wo Nf-Verstärker eingesetzt werden

Bei der Technik der Musikkonserve werden Töne, Geräusche und Sprache mit Hilfe mehr oder weniger komplizierter Verfahren gespeichert *(Bild 8.1)*. *Magnetisch* z.B. im Tonbandgerät, *mechanisch* bei der Schallplatte. Wird die gespeicherte Unterhaltung bei Bedarf wieder abgerufen, so muß sie zunächst in elektrische Signale umgewandelt werden. Die bei dieser Umwandlung erzeugten Ströme und Spannungen sind so schwach, daß sie nicht in der Lage sind, einen Lautsprecher zu erregen. Ohne Lautsprecher oder Kopfhörer gibt es aber kein Schallerlebnis.

So bleibt denn nichts anderes übrig, als zwischen dem Signalspeicher und dem elektromagnetischen Wandler (Lautsprecher) eine Verstärkereinheit einzuschalten, die je nach Bedarf das Signal auf eine Leistung von mehreren Milliwatt bis hin zu einigen zig Watt anhebt.

Die hierzu verwendeten elektronischen Verstärker werden *Nf-Verstärker* genannt. Niederfrequenz-Verstärker sind Tonverstärker, die sämtliche Tonfrequenzen von ca. 10 Hz bis etwa 20 kHz möglichst gleichmäßig verstärken.

Für den Elektronik-Anfänger wie auch für die meisten Elektronikgeräte-Konsumenten ist die Vielzahl der angebotenen Verstärkerausführungen verwirrend. Je nach der elektrischen Wirkungsweise, nach dem Verwendungszweck oder nach dem mechanischen Aufbau führen die im Handel angebotenen Verstärker die imposantesten Namen.

Ein klein wenig Ordnung bekommt man in die Angelegenheit dann, wenn man die vorkommenden Verstärkerarten in zwei große Gruppen unterteilt: in *Vorverstärker* und in *Leistungsverstärker*.

Eine einfache Niederfrequenzverstärkeranlage besteht

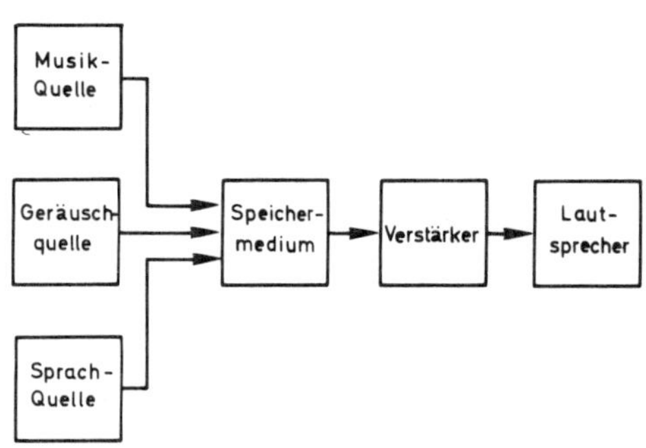

Bild 8.1: Blockbild einer Informationskette: Von der Signalquelle zur Signalwiedergabe.

dann aus der *Tonfrequenz-Signalquelle*, dem *Vorverstärker*, dem nachgeschalteten *Leistungsverstärker* und – als letztes Glied der Kette – dem *Lautsprecher*. *Bild 8.2* gibt Auskunft darüber, in welcher Weise die Signalspannung in der geschilderten Kette von Tonsignalquelle, Vorverstärker und Leistungsverstärker angehoben wird.

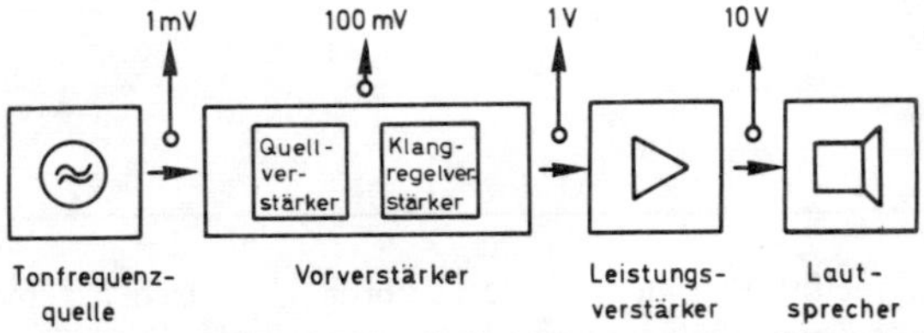

Bild 8.2: Pegelverlauf der Signalspannungen von der Tonfrequenzquelle bis zum Lautsprecher.

Der Vorverstärker hat die Aufgabe, die von der Signalquelle (Mikrophon, Tonabnehmer, Tonkopf usw.) abgegebene Spannung so weit zu verstärken, daß die nachgeschaltete Leistungsstufe (Endstufe) die volle Leistung abgeben kann. Dies geschieht, indem der Vorverstärker die zur vollen Aussteuerung der nachgeschalteten Leistungsendstufe benötigte Steuerspannung liefert. Nach allgemeiner Gepflogenheit werden auch die Gruppen der Klangreglerstufen, der Entzerrer- und Vorverstärkerstufen wie auch die aktiven Mischpulte zur Familie der Vorverstärker hinzugerechnet.

Während es bei den Vorverstärkern im wesentlichen auf eine Spannungsanhebung ankommt, müssen alle Leistungsverstärker auf optimale Leistungsverstärkung ausgelegt werden. Mit Hilfe des Endverstärkers wird die vom Vorverstärker angebotene Tonfrequenzspannung in starke Tonfrequenzströme umgewandelt, mit denen dann das Schwingsystem eines Lautsprechers erregt werden kann.

Unter der Bezeichnung *Vollverstärker* sind solche Geräteausführungen einzuordnen, die von Hause aus bereits Vorverstärker und Endverstärker als geschlossene Einheit enthalten. Bei solchen Ausführungen kann man davon ausgehen, daß beide einzelne Verstärkerstufen optimal aufeinander abgestimmt sind.

Was man über Verstärkerdaten wissen sollte

Die objektive qualitative Beurteilung von Verstärkern ist nicht so einfach, wie es uns manche Werbung glauben machen möchte. Es sind eine Reihe sehr verschiedener Kriterien zu berücksichtigen. Mit Sicherheit nicht nur die Verstärkerleistung! Ein Verstärker ist noch lange nicht ein *guter* Verstärker, wenn er einige besonders hervorragende Eigenschaften neben vielleicht nur einer schlechten hat. Ein Verstärker ist dann gut, wenn alle Daten qualitativ harmonisch zueinander passen. Im Rahmen dieses Buches können nur einige wichtige Verstärkerdaten erläutert werden, die gleichzeitig auch zum Verständnis seines sachgerechten Einsatzes beitragen.

Da ist zunächst die *Empfindlichkeit* des Verstärkers zu nennen. Unter der Empfindlichkeit versteht man denjenigen Betrag der Signalspannung, der benötigt wird, um den Verstärker voll auszusteuern. Bei voller Aussteuerung erzielt der Verstärker seine volle Ausgangsleistung bzw. seine volle Ausgangsspannung.

Die notwendige Empfindlichkeit eines Verstärkers ist von der vorgegebenen Tonfrequenzquelle direkt abhängig. Dies deshalb, weil die verschiedenen Tonfrequenzquellen – je nach ihrer „physikalischen Struktur“ – unterschiedliche Höchstspannungsbeträge abgeben können. Zur Ausschöpfung eines Mikrophonsignals wird eine Verstärkerempfindlichkeit von etwa 0,5 mV bis 5 mV benötigt. Kommen die Signale von einem Plattenspieler oder von einem Tonbandgerät, so reichen Empfindlichkeiten von 100 mV bis 500 mV aus. Noch geringere Empfindlichkeiten müssen von Leistungsendstufen verlangt werden. Hier liegen die gebräuchlichen Werte bei 0,7 V bis 1 V.

Zu den wichtigsten Daten eines Verstärkers gehören auch die Angaben der *Ein- und Ausgangswiderstände*. Da das zu verstärkende Signal eine Wechselspannung ist, reagieren die Bauelemente der Verstärkerschaltung wie Wechselstromwiderstände. Aus diesem Grund werden die genannten Ein- und Ausgangswiderstände meist als Impedanzen (Scheinwiderstände) bezeichnet und oft statt mit dem Formelbuchstaben R mit Z abgekürzt. Da wir jedoch die Verstärkertechnik nicht profimäßig behandeln wollen, bleiben wir bei der Bezeichnung R.

Ohne exakte Kenntnis der Widerstandsverhältnisse in einer Verstärkeranordnung *(Bild 8.3)* bleibt die Qualität einer solchen Anlage beim Schaltungsaufbau dem Zufall überlassen. Nur wenn die Widerstände aller Funktionselemente einer Verstärkerkette aufeinander abgestimmt oder – wie man auch sagt – „angepaßt“ sind, wird ein optimales Verstärkungsergebnis erzielt.

Beim Betrieb von Verstärkerschaltungen unterscheidet man das Prinzip der *Leistungsanpassung* vom Prinzip der *Spannungsanpassung*.

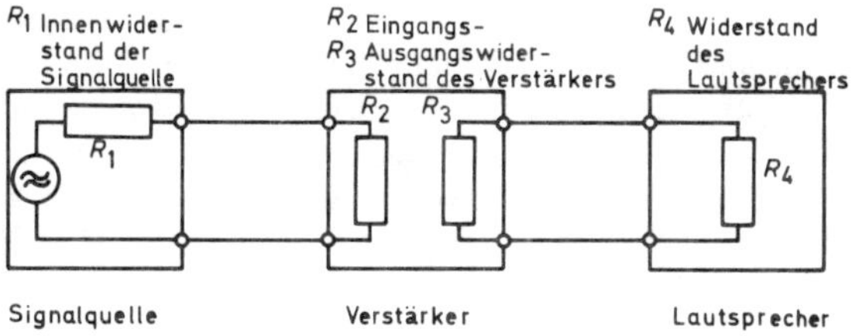

Bild 8.3: Widerstandsverhältnisse innerhalb einer Signalverarbeitungskette.

Um eine *Spannungsanpassung* geht es, wenn ein Vorverstärker betrieben werden soll. Die von der Tonfrequenzquelle kommende Spannung muß voll am Eingang der Transistorstufe wirksam werden können. Dies gelingt um so besser, je kleiner der Innenwiderstand R_1 der Signalquelle im Verhältnis zum Eingangswiderstand R_2 des Verstärkers ist (vgl. *Bild 8.4*).

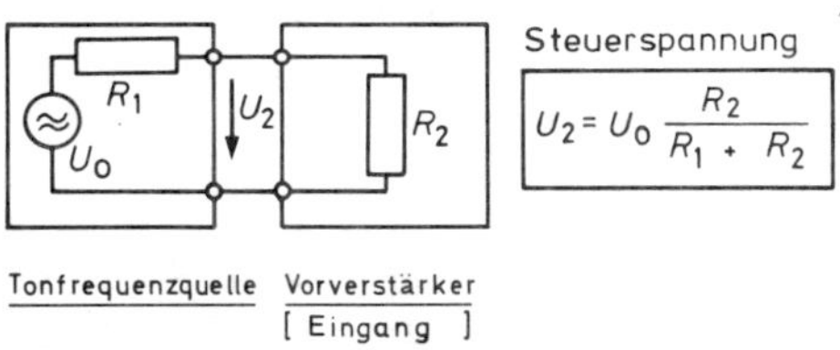

$R_2 = 0{,}1 \cdot R_1$	$U_2 = 9{,}09\,\%$	der Signalspannung U_0
$R_2 = R_1$	$U_2 = 50\,\%$	
$R_2 = 10 \cdot R_1$	$U_2 = 90{,}9\,\%$	
$R_2 = 100 \cdot R_1$	$U_2 = 99\,\%$	

Bild 8.4: Die wirksame Verstärker-Steuerspannung ist von den Widerstandsverhältnissen der Schaltung abhängig.

Mit dem Prinzip der *Leistungsanpassung* wird erreicht, daß eine Spannungsquelle oder ein Verstärker die maximal mögliche Leistung an das nachgeschaltete Funktionselement (Widerstand oder Lautsprecher) abgeben kann. Um dies zu erreichen, muß der Innenwiderstand der Quelle genauso groß wie der aufgeschaltete Lastwiderstand sein (vgl. *Bild 8.5*).

Daß dies nicht nur reine Theorie ist, hat jeder erlebt, der einen ‚falschen' Lautsprecher auf seine Verstärkeranlage geschaltet hat. Nehmen wir an, der Verstärker sei so ausgelegt, daß er seine maximale Leistung von z.B. 15 W beim Anschluß eines 8-Ω-Lautsprechers abgibt. Schaltet man nun einen 16-Ω/15-W-Lautsprecher auf den 8-Ω-Ausgang des Verstärkers, so kann der Verstärker nur eine bedeutend kleinere Leistung an den Lautsprecher abgeben.

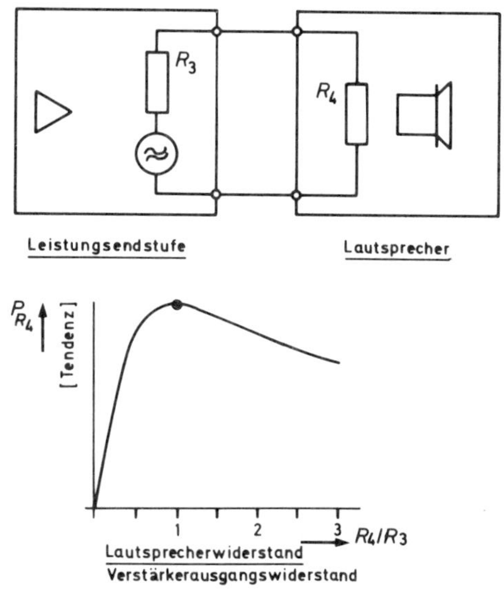

Bild 8.5: Maximale Leistungsabgabe bei Leistungsanpassung.

Besonders problematisch wird es, wenn man an den 8-Ω-Ausgang einen 4-Ω/15-W-Lautsprecher anschließt. Zwar erhält auch hier der Lautsprecher nicht annähernd seine vorgeschriebene Leistung; dafür steigt aber der Laststrom und der verstärkerinterne Spannungsverlust an. Beide Effekte zusammen führen zu einer erhöhten Verlustleistung im Verstärker, so daß dieser evtl. zerstört wird.

Frequenzumfang und *Frequenzgang* sind zwei weitere Kriterien, die die Qualität eines Nf-Verstärkers auszeichnen. Diese Begriffe bereiten kaum Verständnisschwierigkeiten. Ein Nf-Verstärker hat dann einen guten Frequenzumfang, wenn er alle hörbaren Frequenzen von ca. 20 Hz bis 20 kHz übertragen kann. Sein Frequenzgang ist gut, wenn alle Frequenzen innerhalb dieses Frequenzbandes im gleichen Maße verstärkt werden. Ein ideal linear arbeitender Verstärker benachteiligt keine der zu verstärkenden Frequenzen.

Wie eine Nf-Transistor-Verstärkerstufe arbeitet

Bild 8.6 gibt eine Nf-Verstärker-Grundschaltung wieder. Diese einfache Schaltung ermöglicht uns einige wesentliche Einblicke in die Probleme der Nf-Verstärkertechnik.

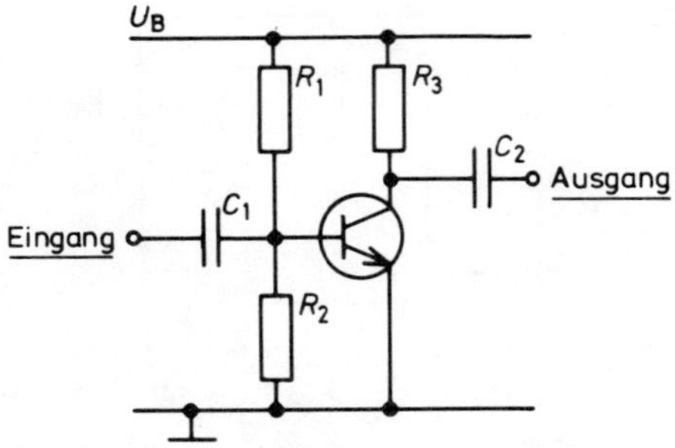

Bild 8.6: Grundschaltung eines Nf-Verstärkers.

Anders als beim Schaltbetrieb wird der Transistor beim Nf-Verstärkerbetrieb nicht mit binären Signalen, sondern mit Wechselspannungssignalen angesteuert, die periodisch zwischen positiven und negativen Höchstwerten schwanken *(Bild 8.7)*. Diese Wechselspannungssignale müssen in ihrem zeitlichen Verlauf – also in ihrer „Kurvenform" vor und nach dem Verstärkungsvorgang – gleich sein. Das Signal darf also während des Durchlaufs nicht verzerrt werden.

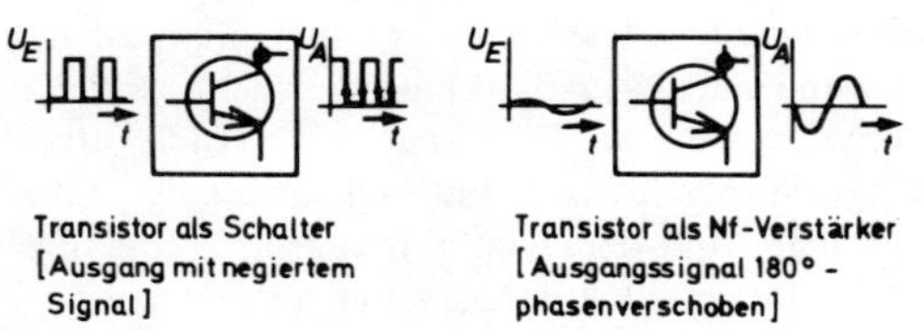

Bild 8.7: Ein- und Ausgangssignale von Schalttransistorstufe und Nf-Verstärkerstufe im Vergleich.

Mit dem Basisspannungsteiler wird der Arbeitspunkt eingestellt

Würde man dem Transistoreingang des Nf-Verstärkers das zu verstärkende Wechselspannungssignal über einen Basisvorwiderstand so zuführen, wie man das mit binären Signalen bei einem Schalttransistor macht, so würde nur eine der beiden Signalhalbwellen verstärkt. Am Beispiel des NPN-Transistors BC 107B hieße das, daß er während des positiven Potentialverlaufs aufgesteuert, während des negativen dagegen zunehmend gesperrt würde.

Eine weitere Einschränkung, die sich zusätzlich bei einer direkten Beschaltung des Transistoreingangs mit einem Nf-Signal ergeben würde, wäre die nicht zu vermeidende Verzerrung der Kurvenform. Diese Verzerrung geht auf die Unlinearität der Transistorkennlinie zurück.

In *Bild 8.8* und *8.9* werden diese Vorgänge verdeutlicht. *Bild 8.8* gibt die Abhängigkeit des Transistorausgangsstromes I_C von der Transistoreingangsspannung U_{BE} wieder. Beachten Sie, daß der Transistorstrom I_C erst oberhalb einer Eingangsspannung von +0,5 V stark zunimmt.

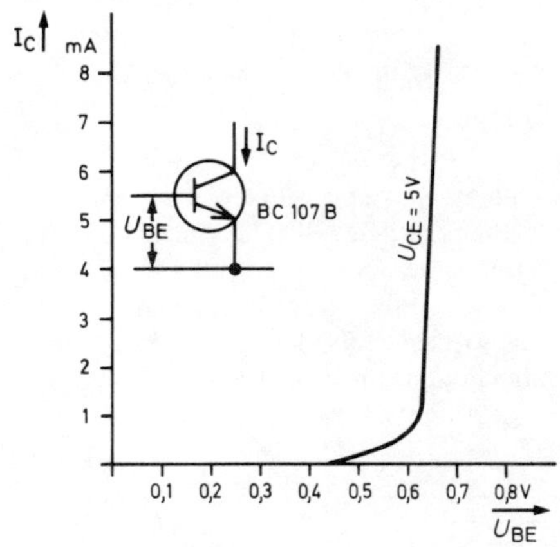

Bild 8.8: Steuerkennlinie des Transistor BC107.

Bild 8.9 erläutert, wie sich die Unlinearität bei direkter Beschaltung des Transistoreingangs mit einem Nf-Signal auf das Ausgangssignal auswirken würde. Aus

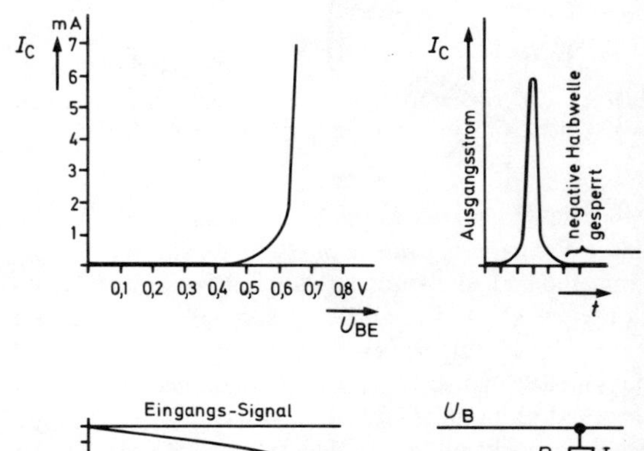

Bild 8.9: Verlauf des Ausgangssignals bei direkter Beschaltung des Transistors mit einer Eingangswechselspannung.

dem sinusförmigen Eingangssignal ergäbe sich ein nichtsinusförmiges Ausgangssignal. Angedeutet wird in diesem Bild auch, wie die negative Halbwelle gesperrt wird.

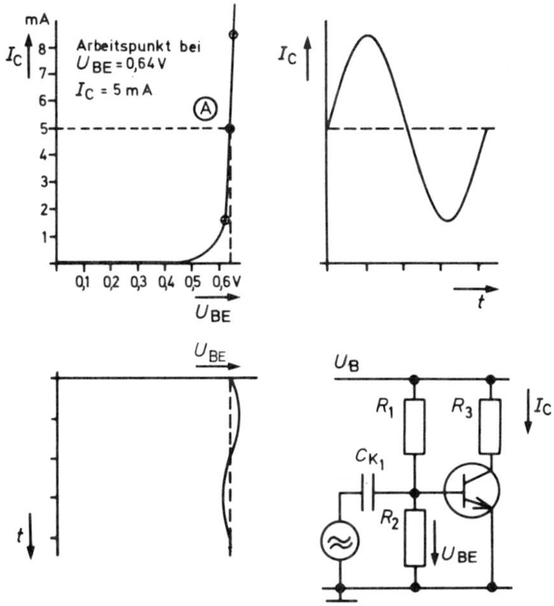

Bild 8.10: Verlauf des Ausgangssignals, wenn der Transistor mit Hilfe eines Basisspannungsteilers auf einen Arbeitspunkt eingestellt ist.

Das Problem der Signalverzerrung und das der Halbwellenunterdrückung läßt sich durch eine Gleichvorspannung des Transistoreingangs lösen. Entsprechend der Schaltung nach *Bild 8.10* wird die Basis-Emitter-Strecke über einen Spannungsteiler (R_1, R_2) mit einer Gleichspannung so eingestellt, daß der Arbeitspunkt A der Schaltung bei etwa 0,65 V (Silizium-Transistoren) liegt. Dieser Gleichspannung wird dann mit Hilfe eines Kondensators die zu verstärkende Wechselspannung überlagert, so daß die Basis-Emitter-Spannung im Rhythmus der Signalfrequenz schwankt. Wenn das eingekoppelte Wechselspannungssignal nicht zu groß und der Arbeitspunkt A durch die Gleichvorspannung richtig eingestellt ist, hat der Ausgangsstrom den gleichen zeitlichen Verlauf wie die Eingangsspannung U_{BE}.

Der Eingangskoppelkondensator trennt und verbindet doch

Zum Verständnis der Spannungsüberlagerung am Transistoreingang soll *Bild 8.11* beitragen. Schaltet man eine Gleichspannungs- und eine Wechselspannungsquelle in Reihe, so wird ein Mischstrom durch den Belastungswiderstand R getrieben. Dieser Strom erzeugt nach der Beziehung $U = I \cdot R$ einen Spannungsabfall, der den gleichen zeitlichen Verlauf wie der Strom hat.

Eine solche Mischspannung kann man schaltungstechnisch auch mit einer Versuchsanordnung nach *Bild 8.12* erzielen. Der Kondensator C_K blockt die Gleichspannung von der Nf-Signalquelle ab, läßt aber das Wechselspannungssignal zum Transistoreingang [parallel zu R_2] durch.

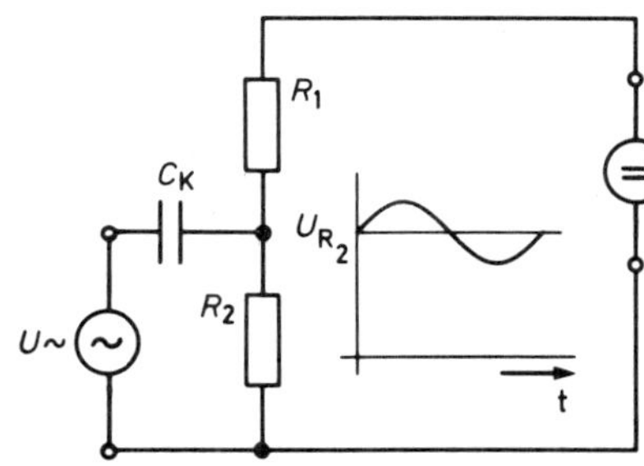

Bild 8.12: Die Tonfrequenzspannung wird über einen Koppelkondensator zugeführt.

Obwohl der Eingangskoppelkondensator zur Erzeugung der Transistorsteuerspannung eine nützliche Funktion hat, bringt er für den Verstärkerbetrieb auch Probleme mit sich. Dies liegt an seinem frequenzabhängigen Widerstandsverhalten (vgl. dazu *Bild 8.13*).

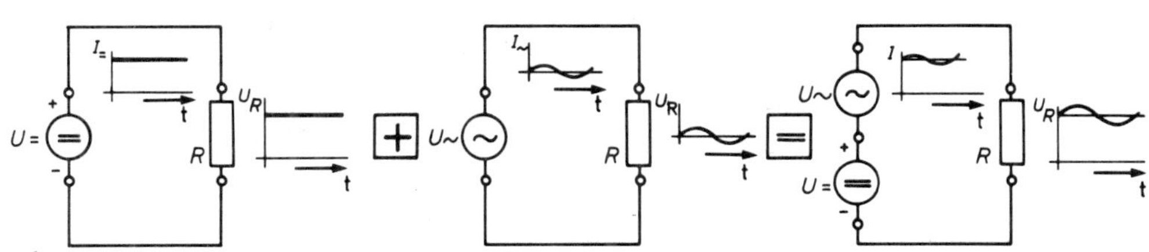

Bild 8.11: Prinzip der Erzeugung von Mischspannungen.

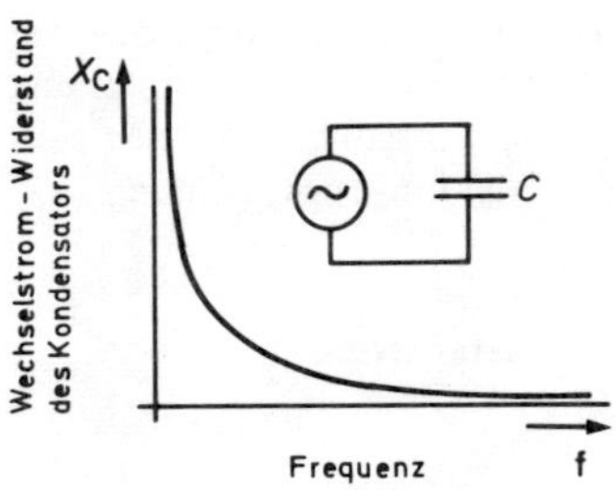

Bild 8.13: Der kapazitive Widerstand eines Kondensators nimmt mit steigender Frequenz ab.

Der Wechselstromwiderstand eines Kondensators ist bei niedriger Frequenz hoch. Er nimmt mit zunehmender Frequenz ab. Je höher nun der Wechselstromwiderstand des Kondensators im Verhältnis zum Transistoreingangswiderstand R_{Ein} ist, um so geringer ist der Anteil der Nf-Signalspannung $U_{\sim}$, der als wirksame Steuerspannung $U_{R_{\mathrm{Ein}}}$ an den Transistoreingang gelangt *(Bild 8.14)*. Aus diesem Grund werden die niedrigen Frequenzen des zu verstärkenden Nf-Signals (Gesamtbereich 20 Hz bis 20 kHz) weit weniger verstärkt als die hohen Frequenzen.

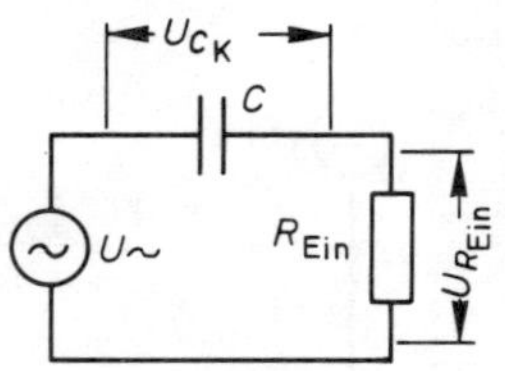

Bild 8.14: Nur ein Teil der Signalspannung gelangt an den Transistoreingang (R_{Ein}).

Um eine ausreichende Verstärkung auch des unteren Frequenzbereichs zu erreichen, muß der Koppelkondensator relativ große Werte haben. Der Grund dafür ist, daß der Wechselstromwiderstand mit wachsender Kapazität abnimmt.

Vom Kollektorstrom zum Ausgangssignal

Durch den Basisspannungsteiler wird der Arbeitspunkt des Transistors so eingestellt, daß der Transistor weder gesperrt noch voll durchgesteuert ist. Gebräuchlicherweise ergibt sich dabei für den Widerstand der Kollektor-Emitter-Strecke ein Wert, der dem des Kollektorwiderstands entspricht. Dies wiederum hat zur Folge, daß die Betriebsspannung U_B sich je zur Hälfte auf die genannten Widerstände aufteilt *(Bild 8.15)*.

Wird nun das Eingangssignal des Transistors durch ein eingekoppeltes Nf-Signal periodisch verändert, so ändert sich der Widerstand der Kollektor-Emitter-Strecke ebenfalls periodisch. Dies kann mit einer Veränderung der Potentiometerstellung aus der Mittellage

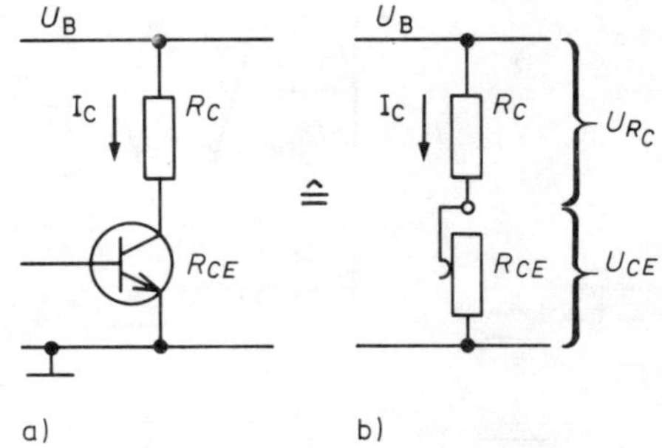

Bild 8.15: Ersatzbild des auf einen Arbeitspunkt eingestellten Verstärkers.

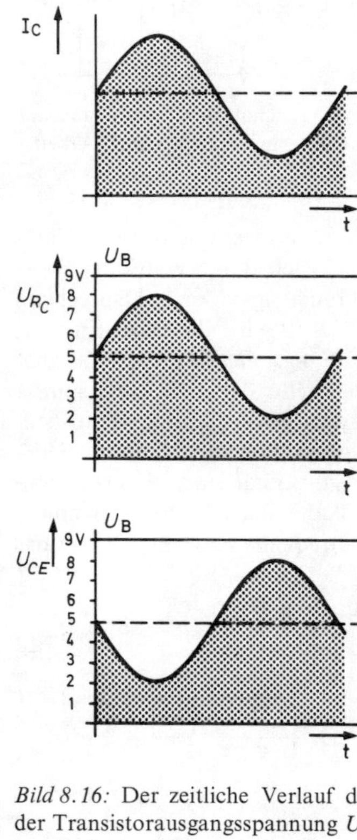

Bild 8.16: Der zeitliche Verlauf des Kollektorstroms und der Transistorausgangsspannung U_{CE} sind um 180° phasenverschoben.

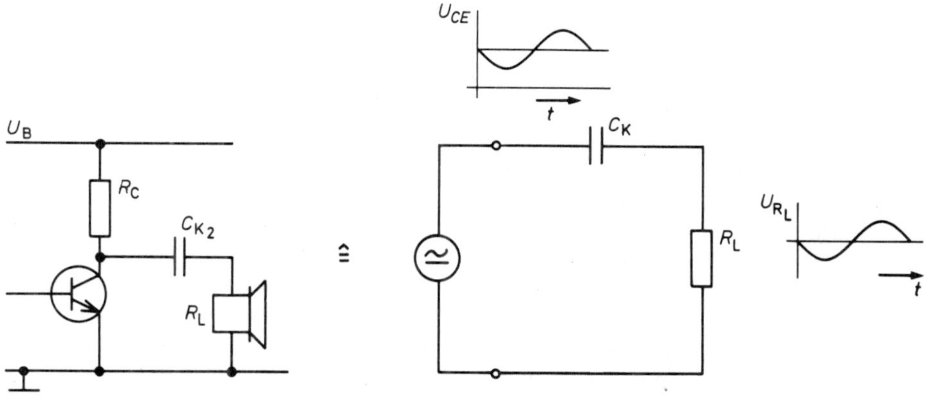

Bild 8.17: Das Wechselspannungssignal wird über einen Kondensator ausgekoppelt.

(vgl. *Bild 8.15 b*) verglichen werden (R_{CE} als Transistorersatz). Im Ersatzbild kann man sich den Transistor als elektrisch gesteuertes Potentiometer vorstellen.
Die periodische Veränderung des Kollektor-Emitter-Widerstands verursacht eine ebenfalls periodische Schwankung des Kollektorstromes. Dieser wiederum erzeugt einen entsprechend proportionalen Verlauf des Spannungsabfalls am Kollektor-Widerstand. Um den gleichen Betrag, um den die Spannung U_{R_C} z.B. steigt oder fällt, fällt oder steigt auch die Spannung U_{CE} *(Bild 8.16)*. Vergleicht man den zeitlichen Verlauf des steuernden Eingangssignals mit dem des Ausgangssignals U_{CE}, so läßt sich eine Phasendrehung von 180° feststellen. Diese Phasendrehung ist jedoch für das Ergebnis der akustischen Signalnutzung ohne Bedeutung. Ein Vergleich der Beträge von Eingangs- und Ausgangssignal zeigt deutlich die durch den Transistor erzielte Spannungsverstärkung. Aus Spannungsschwankungen im mV-Bereich werden solche im V-Bereich.

Das Wechselspannungssignal wird ausgekoppelt

Zur Verstärkung des Nf-Signals war es nötig, es einer Gleichspannung aufzupacken. Nach Durchlauf durch die Verstärkerschaltung muß der Gleichspannungsanteil wieder abgetrennt werden. Zu diesem Zweck schaltet man zwischen Kollektor und nachfolgendem elektro-akustischem Wandler (Lautsprecher, Kopfhörer) einen Koppelkondensator C_{K_2}, der den Gleichspannungsanteil abblockt und nur den Wechselanteil durchläßt *(Bild 8.17)*.
Über die Einflüsse des Koppelkondensators auf den Frequenzgang der Schaltung haben Sie bereits bei der Besprechung des Eingangskondensators einiges erfahren. Entsprechendes gilt auch hier. Die Signale höherer Frequenz gelangen anteilmäßig stärker an den Lautsprecher als die der niedrigen Frequenzen.
Bild 8.18 gibt noch einmal im Zusammenhang die Potentialverhältnisse für die komplette Nf-Verstärkerschaltung wieder.

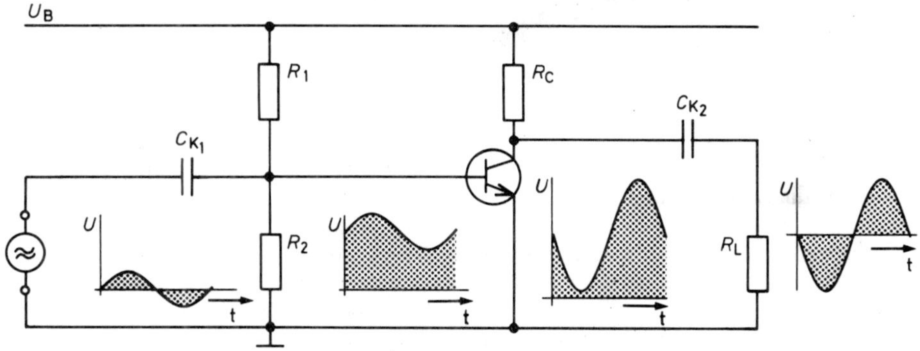

Bild 8.18: Überblick über die Potentialverhältnisse innerhalb einer Nf-Verstärkerschaltung.

Praktische Versuche zur Nf-Verstärkertechnik

Es kann in diesem einführenden Elektronikbuch nicht darum gehen, mit Profis der Industrie zu konkurrieren. Vielmehr sollen an einfachen Versuchen grundlegende schaltungstechnische Erfahrungen gesammelt werden, die durchaus auch beim Bau oder Betrieb anspruchsvoller Verstärkeranlagen wertvoll sein können.
Unserem Ziel entsprechend begrenzt ist der für die Versuchsdurchführung benötigte Material- und Geräteaufwand. Die Versuchsanordnungen bestehen aus einer *Spannungsquelle* zur Energieversorgung der Baugruppen, einer *Tonfrequenzquelle*, einem *Lautsprecher* bzw. Kopfhörer und einem *Verstärker*.
Lautsprecher und Kopfhörer sind preiswert im Fachhandel zu haben. Als Spannungsquelle zur Energieversorgung können Batterien oder – wenn vorhanden – ein Netzgerät eingesetzt werden. Als Tonfrequenzquelle könnten wir Mikrophon, Tonbandgerät oder Plattenspieler verwenden. Für die einführenden Versuche eignet sich jedoch ein Frequenzgenerator, den wir uns selbst aufbauen, besser. Mit dem Aufbau eines solchen Generators wollen wir die ersten Schritte in die Nf-Technik machen *(Bild 8.19)*.

Bild 8.19: Versuchsaufbau des *RC*-Generators.

Zum Prinzip der Schwingungserzeugung

Ein Tonfrequenzgenerator ist ein Schwingungserzeuger. Es gibt Generatoren für die unterschiedlichsten zeitlichen Spannungsverläufe: *Sinus-*, *Dreieck-* und *Rechteckgeneratoren (Bild 8.20)*. Unser Generator soll eine sinusförmige Spannung abgeben.

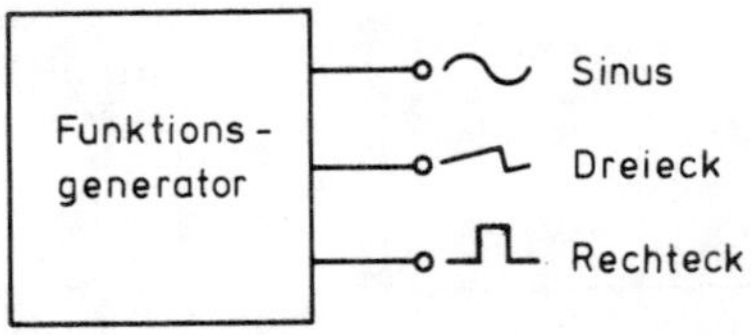

Bild 8.20: Blocksymbol eines Funktionsgenerators.

Alle elektrischen Schwingungserzeuger bauen periodisch ablaufende Signale quasi aus sich selbst heraus auf. Nach dem Einschalten der Netzspannung werden schaltungsinterne Vorgänge ausgebildet, die sich durch Rückkopplung und Verstärkung selbst am Leben erhalten müssen. Die zur Deckung der schaltungsinternen Verluste und somit zur Aufrechterhaltung der Schwingung notwendige Energie wird dem Netzgerät oder der Batterie entnommen. *Bild 8.21* zeigt den Aufbau eines Schwingungserzeugers im Blockschaltbild.

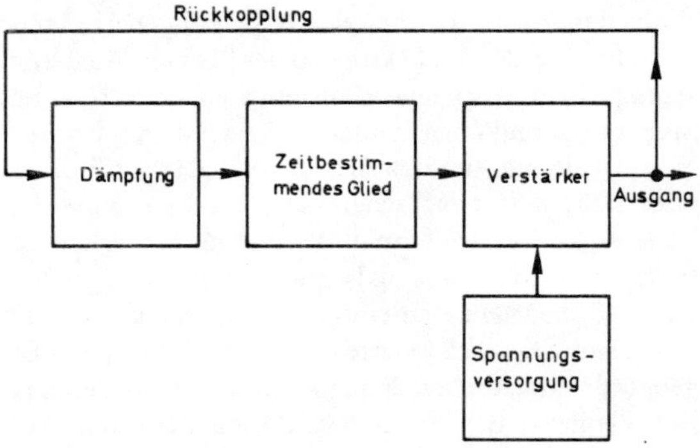

Bild 8.21: Prinzip-Aufbau eines *RC*-Schwingungserzeugers.

Der zeitliche Verlauf und die Art der Schwingungen (Sinus, Dreieck, Rechteck) werden durch zeitbestimmende Glieder wie z.B. Quarze, Kondensatoren, Spulen und Widerstände ausgebildet. Diese frequenzbestimmenden Bauelemente liegen häufig im Rückkoppelzweig des Verstärkers.
Auf dem Rückkoppelweg des Signals vom Verstärkerausgang zum Verstärkereingang tritt eine Signalabschwächung (auch Dämpfung genannt) auf. Sie muß durch die Verstärkung wieder ausgeglichen werden. Nur wenn Verstärkung und Dämpfung sich das Gleichgewicht halten, bleibt der zeitliche Verlauf des Signals stabil.
Für unsere Zwecke haben wir aus den verschiedenen Bauarten von Generatoren die Schaltung eines *RC-Generators* ausgesucht. Bei diesem RC-Generator wird

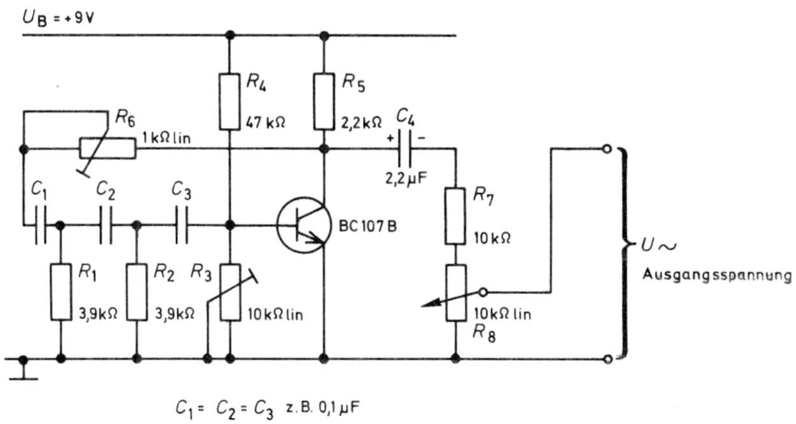

Bild 8.22: Schaltung des *RC*-Generators.

die Frequenz des Ausgangssignals durch eine Kombination von Widerständen und Kondensatoren bestimmt. Die am Transistorausgang abgegriffene Ausgangsspannung wird auf den Verstärkereingang zurückgeführt. Auf die Erklärung der Vorgänge in der Phasenkette (RC-Kombinationen) wollen wir verzichten und uns gleich der Realisierung des RC-Generators zuwenden.

Bild 8.22 zeigt die *Tonfrequenzquelle*, die wir zur Aussteuerung unserer Verstärkerversuchsschaltungen benötigen. Mit Hilfe der Widerstände R_3 und R_4 wird der Arbeitspunkt des Transistors gleichstrommäßig eingestellt. Die richtige Arbeitspunkteinstellung kann man mit Hilfe eines hochohmigen Vielfachinstruments kontrollieren. Zu diesem Zweck trennt man die Rückkopplungsleitung auf. Zwischen dem Kollektoranschluß des Transistors und der Masse muß etwa die halbe Speisespannung (50% von 9 V) anliegen. Ist dies nicht der Fall, so ist der Basisspannungsteilerwiderstand R_3 entsprechend einzustellen. Vergessen Sie nicht, anschließend die Rückkopplung der Schaltung wieder in Funktion zu setzen.

Die Kondensatoren C_1, C_2 und C_3 und die Widerstände R_1, R_2 und R_3 bilden das frequenzbestimmende Glied. Der Widerstand R_3 hat also eine Doppelfunktion. Mit Hilfe des Potentiometers (oder Trimmers R_6) wird die Dämpfung der Schwingschaltung auf den optimalen Wert eingestellt. Dies kontrollieren Sie durch Anschluß eines hochohmigen Ohrhörers (2 kΩ) am Ausgang der Schaltung. Sind Dämpfung und Verstärkung richtig aufeinander abgestimmt, so hören Sie einen gleichmäßig reinen Sinuston. Ist die Dämpfung nicht richtig eingestellt, so hören Sie entweder gar nichts oder aber einen verzerrten, unsauberen Ton. Den exakten Spannungsverlauf kann man zwar nur mit Hilfe eines Oszilloskops kontrollieren, aber für unsere Zwecke dürfte die akustische Kontrolle völlig ausreichen.

Wenn Sie die Schaltung mit einem zu geringen Lautsprecherwiderstand belasten, so bricht die Ausgangsspannung zusammen und der Ton verschwindet. Der Kondensator C_4 trennt das Tonsignal von der Gleichspannungskomponente. Durch Verstellen des Potentiometers R_8 kann ein mehr oder weniger großer Anteil des Wechselspannungsausgangssignals abgegriffen werden. Diese Wirkung können Sie im Kopfhörer direkt erkennen.

Die vom *RC*-Generator abgegebene Frequenz läßt sich durch Wahl der Kondensatoren C_1, C_2, C_3 und der Widerstände R_1, R_2, R_3 vorbestimmen. In der Regel wird man die Widerstände konstant halten, da R_3 in seiner Doppelfunktion als Basisspannungsteilerwiderstand nicht beliebig verändert werden kann.

Es muß unbedingt darauf geachtet werden, daß die drei Kondensatoren gleiche Kapazitätswerte haben.

Grundsätzlich müssen auch die Widerstände R_1, R_2 und R_3 gleich groß sein. In der praktisch ausgeführten Schaltung wird R_3 wegen des parallel geschalteten Widerstands der Basis-Emitter-Strecke des Transistors jedoch größer als die beiden anderen sein. Dies ist jedoch kein Problem, da durch Verstellen des Trimmerpotis der richtige Wert experimentell eingestellt wird.

Formel zur Bestimmung der *RC*-Generatorfrequenz

$$f \approx \frac{1}{2\pi \cdot \sqrt{6} \cdot R \cdot C} \qquad f \approx \frac{1}{15{,}39 \cdot R \cdot C}$$

R, *C*: Glieder der Phasenkette.

Beispiel:

$R_1 = 3{,}9\ \text{k}\Omega$,

$C_1 = 0{,}1\ \mu\text{F}$,

$$f \approx \frac{1}{15{,}39 \cdot 3{,}9 \cdot 10^{+3} \cdot 0{,}1 \cdot 10^{-6}}\ \text{Hz},$$

$f \approx 166\ \text{Hz}$.

Diese Formel und die Beispielrechnung geben Ihnen einige Hinweise, wie man die vom *RC*-Generator abgegebene Tonfrequenz rechnerisch vorherbestimmen kann. Betrachten Sie die Formel als Orientierungshilfe. Die genauen Werte können etwas von den errechneten abweichen.

Die Transistorverstärkerstufe wird in Betrieb genommen

Vieles von dem, was Sie über die Funktion einer Transistor-Verstärkerstufe gelesen haben, läßt sich mit Hilfe eines Oszilloskops sichtbar machen und nachprüfen. Obwohl Sie wahrscheinlich ein solches Gerät nicht zur Verfügung haben, sollten Sie die theoretischen Erläuterungen nicht als überflüssig betrachten. Da Sie die Funktionen der einzelnen Bauelemente einer Nf-Verstärkerschaltung nun genau kennen und einen Sinusgenerator zur Verfügung haben, können Sie ohne Schwierigkeiten und ohne fremde Hilfe das nachfolgende Experiment mit Erfolg durchführen.

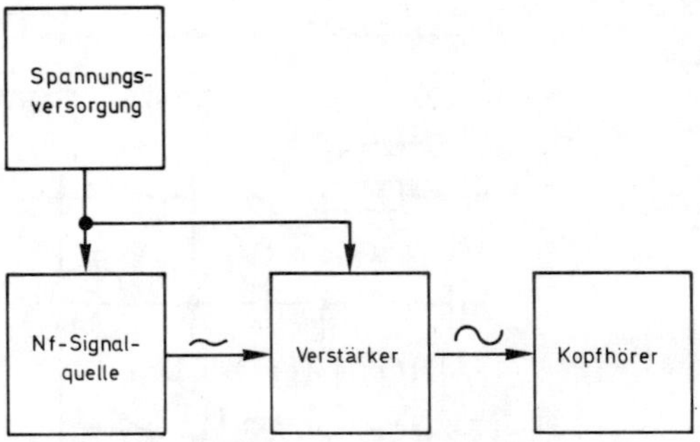

Bild 8.23: Blockschaltbild des Versuchsaufbaues „Nf-Verstärker im Experiment".

Bild 8.23 gibt Ihnen das Blockschaltbild des Versuchsaufbaues wieder. Als Signalquelle dient die bekannte und wohl inzwischen auch experimentell erprobte *RC*-Generatorschaltung. Für die akutische Ausgabe des verstärkten Signals setzen wir einen hochohmigen Kopfhörer (z.B. Sennheiser HD 414) ein. Die zum Schaltungsaufbau benötigten Daten entnehmen Sie bitte *Bild 8.24*.

Damit Sie nicht lange herumprobieren müssen, um die Schaltung zum „Laufen" zu bringen, beachten Sie bitte folgende Experimentierschritte:

1. Bauen Sie die Schaltung sorgfältig nach dem Schaltplan auf. Achten Sie dabei besonders auf die Polung der Kondensatoren *(Bild 8.24)*.
2. Stellen Sie nun den Arbeitspunkt der Schaltung ein. Trennen Sie zu diesem Zweck die Signalquelle vom Eingang ab. Verändern Sie die Stellung des Trimmer-Widerstandes R_2 solange, bis Sie zwischen Kollektor und Emitter etwa die Hälfte der Betriebsspannung (U_B etwa 4 bis 5 V) messen. Beachten Sie hierzu auch die Hinweise im Abschnitt „Über das Messen in elektronischen Schaltungen" (Seite 44).

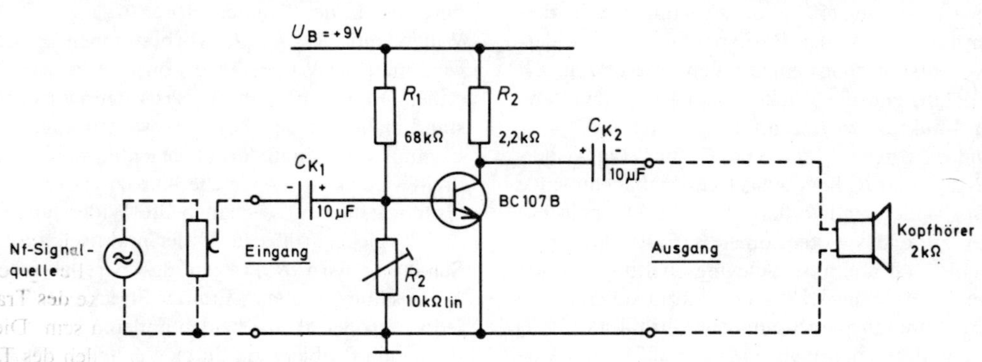

Bild 8.24: Beschaltung des Nf-Verstärkers.

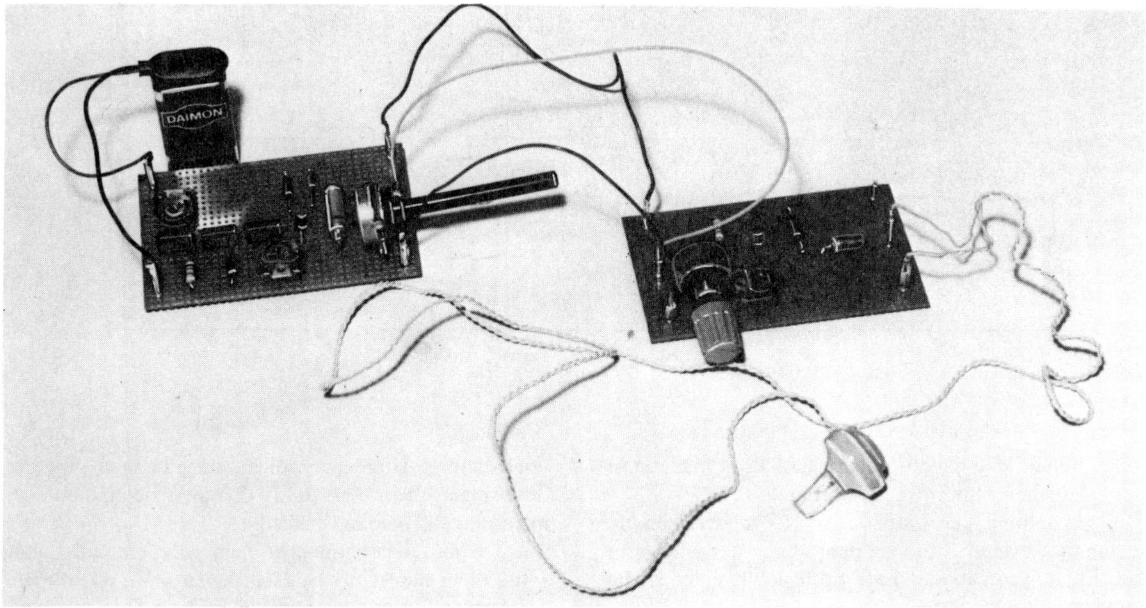

Bild 8.25: Versuchsaufbau nach Bild 8.23.

3. Schließen Sie den hochohmigen Kopfhörer zunächst an den Ausgang des *RC*-Generators an. Stellen Sie das Ausgangssignal durch Veränderung der Stellung des *RC*-Generator-Ausgangspotis so schwach ein, daß Sie es gerade noch hören. Selbstverständlich haben Sie vorher die Arbeitspunkteinstellung und die Dämpfung des *RC*-Generators noch einmal überprüft. So haben Sie die Gewähr, daß der Generator ein Sinussignal abgibt (Hörprobe!).
4. Koppeln Sie das Nf-Signal auf den Eingang des Nf-Verstärkers auf. Legen Sie den Kopfhörer auf den Ausgang des Verstärkers. Bei richtiger Arbeitspunkteinstellung des Verstärkers hören Sie sofort die erhebliche Verstärkung des Nf-Signals.
5. Erhöhen Sie die Amplitude des Verstärkereingangssignals durch Veränderung der *RC*-Generatorausgangsspannung. Wird das Eingangssignal zu groß, so wird der Nf-Verstärker übersteuert. Sein Ausgangssignal hat dann keine Sinusform mehr. Akustisch fällt das sofort durch einen unsauberen Ton im Kopfhörer auf.

Telefonmithörer

Manchmal lassen sich mit einer Handvoll Bauteile wirklich praktische Dinge bauen. Ein solches Gerät ist der hier gezeigte Telefonverstärker, den man schnell in einer Stunde zusammenlöten kann. In der Praxis sieht es oft so aus, daß jemand ein Telefongespräch führt und drei oder vier Freunde sitzen herum und können nur ahnen, was der Partner am anderen Ende dem Gegenüber mitteilt.

Mit einem einfachen Trick kann das Gesprochene über einen Lautsprecher hörbar gemacht werden, ohne daß man eine galvanische Verbindung zu dem Telefonapparat herstellen muß, was von der Post verboten ist.

Der Trick besteht darin, daß man eine kleine Spule mit einem Eisenkern in die Nähe des Telefons bringt und auf induktivem Wege das Gesprochene empfängt. Im Inneren eines jeden Telefonapparates befindet sich ein Übertrager, der ein magnetisches Streufeld aufbaut, das auch außerhalb des Gehäuses noch empfangen werden kann, wenn man eine entsprechende Verstärkung vorsieht. Da das zu empfangende Signal sehr klein ist (etwa 5 mV) benötigt man für eine ausreichende Lautstärke drei Transistorstufen, die hier in Emitterschaltung arbeiten *(Bild 8.26)*.

Um wegen des nötigen großen Verstärkerfaktors Brummstörungen zu vermeiden, wurde die Schaltung so entwickelt, daß quasi nur die Sprechfrequenzen durchgelassen werden.

Dies geschieht einmal mit dem Kondensator C_1, der parallel zur Magnetspule liegt und somit die hohen Frequenzen kurzschließt. Zum andern wirkt C_3 entgegengesetzt; für tiefe Frequenzen stellt der Kondensator

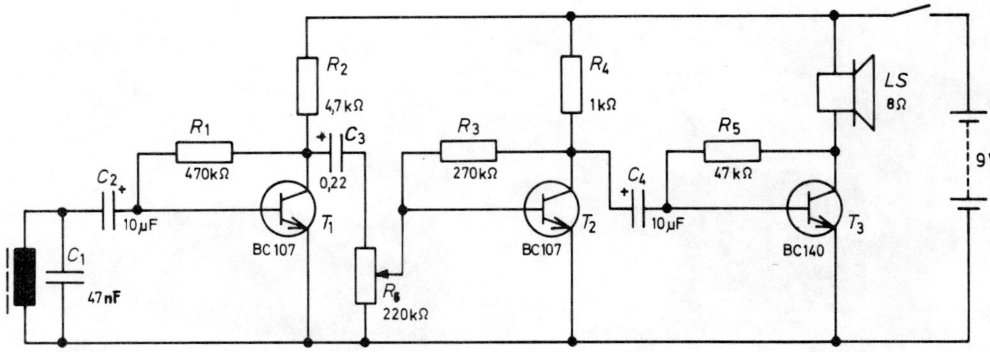

Bild 8.26: Schaltung des Telefonmithörers.

einen hohen Widerstand dar, so daß Brummspannungen weitgehend unterdrückt werden.
Die Einstellung der Lautstärke erfolgt zwischen der ersten und zweiten Stufe, da man wegen des sehr geringen Eingangsignals die erste Stufe noch nicht zu begrenzen braucht.
Die Schaltung ist aus solchen Standardbauelementen zusammengestellt, so daß eigentlich jeder einigermaßen gut sortierte Bastler diesen Telefonmithörer aus der „Rumpelkiste" zusammenbauen kann.
Einziges Problem könnte die Magnetspule darstellen, denn wer wickelt schon gerne dünnen Kupferdraht auf einen Kern? (Für solche, die es nicht lassen können, hier die Spulendaten, die etwa 180 mH ergeben: offener U-Kern, 5 × 5 ⌑; Schenkellänge 15 mm; Windungszahl: 2000 Windungen; Draht: Kupferlackdraht mit 0,08 mm Durchmesser.) Viel einfacher ist es natürlich, wenn man sich einen direkt für solche Zwecke ausgelegten Adapter mit Saugnapf besorgt, den es für ca. DM 3,– in allen Elektronikläden zu kaufen gibt.
Für die ganz Schnellen jedoch, die am selben Abend noch Erfolge vorzeigen wollen: es geht auch mit der Spule eines Kleinrelais (6 bis 12 Volt), die man einfach mit Doppelklebeband befestigt.
Die Verbindungsschnur zwischen Adapter und Gerät sollte nicht länger als 1 m sein. Man kann mit diesem Telefonverstärker auch noch ein anderes Spielchen machen, bei dem man zumindest eine Grundbedingung für Verstärker erkennt: Eingang und Ausgang sollten immer gut voneinander getrennt (fachmännisch: entkoppelt) sein. Bringt man nämlich die Spule in die Nähe des Lautsprechers, so tritt je nach Entfernung und Lage ein Pfeifton auf, bedingt durch die Rückkopplung zwischen Spule und Lautsprechersystem. Wer die Spule geschickt zu bewegen versteht, kann zur Not einem Kanarienvogel Konkurrenz machen.
Da das Gerät nur einige mA aufnimmt, kann man mit einem 9-V-Batterieblock schon einige Stunden Telefonate verstärken. Jedoch sollte man bei Verwendung den anderen Gesprächspartner jeweils um sein Einverständnis bitten, daß andere mithören dürfen.

9. Experimente mit integrierten Digitalbausteinen

Die stürmische Entwicklung der Elektronik in den vergangenen beiden Jahrzehnten wurde durch zwei bemerkenswerte technologische Durchbrüche regelrecht erzwungen. Da war zu Beginn dieser Zeitspanne die Entwicklung und Verfeinerung der modernen Halbleitertechnologie und bald darauf die Bereitstellung immer konsequenter durchdachter, integrierter elektronischer Schaltungen. Gerade die integrierten Schaltungen haben revolutionär gewirkt, weil sie ganze Funktionskomplexe zusammenfassen. Umfangreiche Anwendungsprobleme können damit preisgünstig, schnell und ohne viel zusätzlichen Aufwand gelöst werden.

Die Bausteinreihe 74xx

Von den integrierten Schaltungen (auch ICs genannt) läßt sich die Untergruppe der integrierten Digitalschaltungen – und hier wiederum die Digitalbausteine der Reihe 74xx – besonders leicht auch von Amateuren einsetzen. Die Digitalbausteine der Reihe 74xx sind relativ unkompliziert in der Handhabung und – das ist besonders wichtig – fast überall zu außerordentlich günstigen Preisen zu haben.

Die Reihe 74xx wurde vor Jahren von der Firma Texas-Instruments auf den Markt gebracht. Inzwischen werden entsprechende Bausteine praktisch von allen führenden Halbleiter-Bauelemente-Fabrikanten angeboten (s. *Tabelle 9.1*). Das System der verschiedenen Digitalbausteinfunktionen ist sehr umfangreich. Man kann als Amateur nicht einmal annähernd die Möglichkeiten ausschöpfen, die sich aus den angebotenen Bausteinvarianten ergeben. Aber dieses System bietet eine Chance. Wenn man sich einmal mit den Grundzü-

Tabelle 9.1: Hersteller integrierter Digitalschaltungen der Reihe 74xx.

Texas Instruments	Fairchild
Siemens	Transitron
Valvo	ITT
Sprague	u.a.
Ferranti	

Bild 9.1: Dual-in-Line-Gehäuseausführungen digitaler ICs.

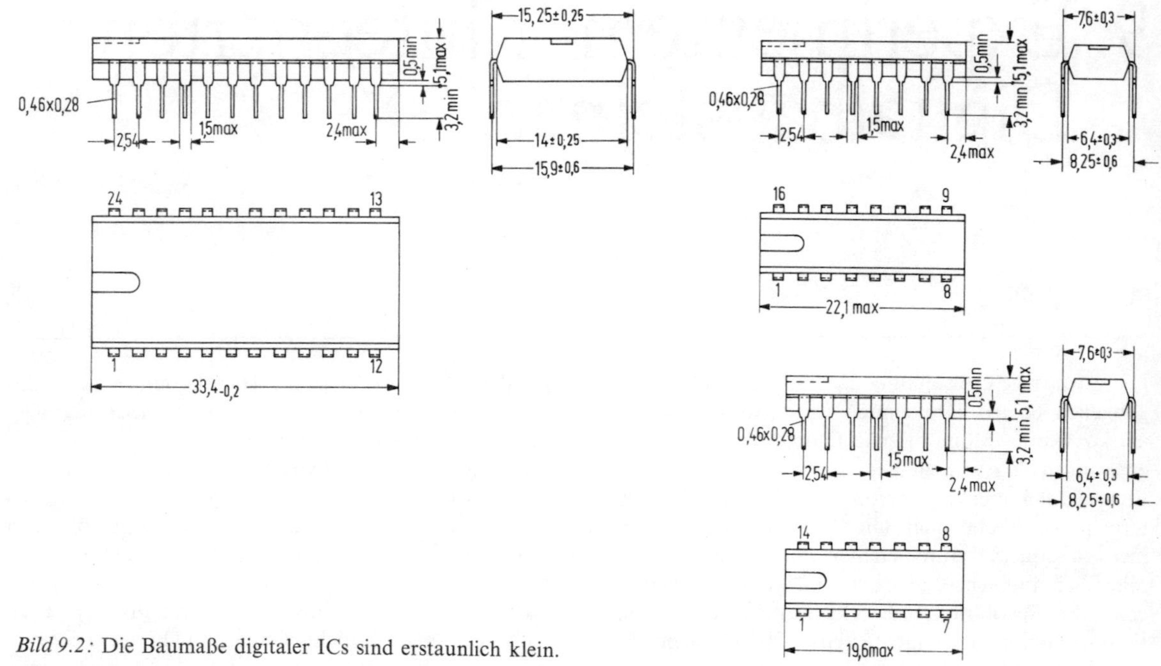

Bild 9.2: Die Baumaße digitaler ICs sind erstaunlich klein.

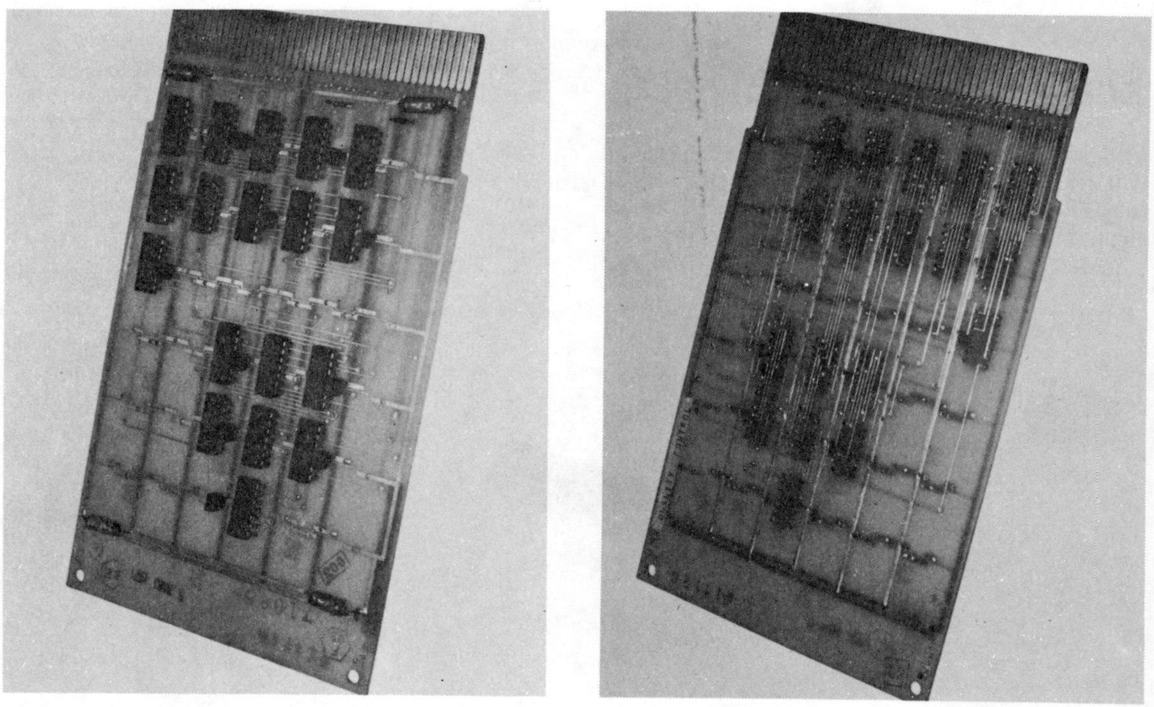

Bild 9.3: Eine mit digitalen ICs bestückte industrielle Platine (Vorder- und Rückseite).

gen des 74xx-Systems experimentell vertraut gemacht hat, kann man der Phantasie bei der Suche nach neuen Schaltungen freien Lauf lassen.

Äußere Merkmale der 74xx-Bausteinreihe

Bei der 74xx-Reihe ist das Dual-in-Line-Gehäuse üblich. Dual-in-Line wird mit „Zwei-in-Reihe“ übersetzt. Gemeint sind damit die Bausteinanschlüsse, die in zwei parallelen Reihen ($2 \times 7 = 14$ bzw. $2 \times 8 = 16$) angeordnet sind *(Bild 9.1 und 9.2)*. Gehäuse mit mehr als 16 Anschlüssen werden bei speziellen Digitalbausteinen ebenfalls gefertigt – dies jedoch relativ selten.
Die Vorzüge des Dual-in-Line(DIL)-Gehäuses werden besonders bei der Ausführung gedruckter Schaltungen deutlich *(Bild 9.3)*.

Wie man mit Digitalbausteinen der 74xx-Reihe umgeht

Selbstverständlich lassen sich Digitalbausteine der 74xx-Reihe direkt in elektronische Platinen einlöten – vorausgesetzt, man beachtet die Lötvorschriften. Da alle 14 bzw. 16 Anschlüsse letztlich in einem gemeinsamen Kristall zusammenlaufen, würde eine zu intensive Hitzeeinwirkung durch das Löten zum Wärmetod des Bausteins führen.

Problematischer ist das *Aus*löten des IC-Bausteins. Um den eingelöteten IC-Baustein aus der Platine zu entfernen, müssen quasi alle 14 bis 16 Anschlüsse gleichzeitig ausgelötet werden, da es sonst kaum möglich ist, den Baustein ohne mechanische Zerstörung aus der Platine zu entfernen. Da auch der Elektronik-Profi solche Probleme kennt, hat die Industrie Auslöthilfen geschaffen, die aber dem „Normal-Elektronikbastler“ nicht zur Verfügung stehen – und auch nicht zur Verfügung stehen müssen.
Die Lösung des Problems bieten die sogenannten *Dual-in-Line-Stecksockel (Bild 9.4)*. Das sind Fassungen, in die die Digitalbausteine hineingesteckt werden, nachdem die weniger hitzeempfindliche Fassung eingelötet worden ist. Man löst damit also nicht nur das Hitzeproblem, sondern auch die Schwierigkeit, daß sich ein eingelöteter Baustein kaum austauschen läßt, weil man ohne besondere Vorrichtungen kaum alle 16 „Beine“ gleichzeitig wieder auslöten kann.
Wenn Sie bei Ihren Versuchsschaltungen IC-Bausteine häufiger aus den Fassungen nehmen (um sie z.B. gegen andere Typen auszutauschen) oder wenn mit bestimmten äußeren Belastungen gerechnet werden muß (z.B. Erschütterungen in Fahrzeugen), dann sollten Sie nicht die billigsten Fassungen verwenden.
Das Einlöten der Dual-in-Line-Stecksockel in eine Platine ist unproblematisch, wenn Sie gutes Lötwerkzeug und hochwertiges Platinenmaterial verwenden. In bestimmten Fällen kann es für Sie interessant sein, Lei-

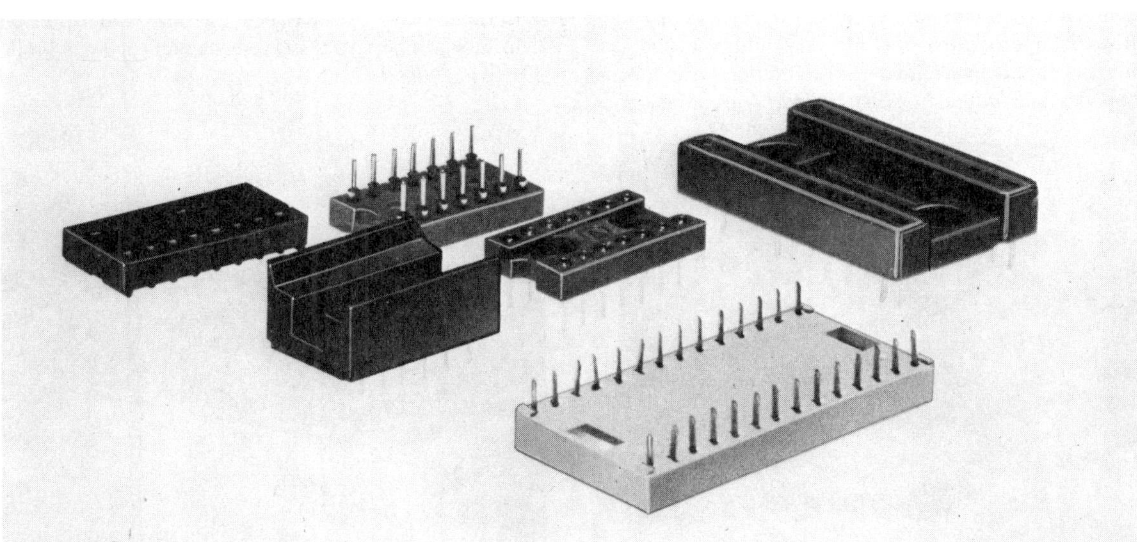

Bild 9.4: Dual-in-Line-Stecksockel gibt es in unterschiedlichen Größen und Qualitäten.

Bild 9.5: Leiterbahnplatine mit IC-Sockeln.

terbahn-Platinen einzusetzen, deren Leiterbahnabstände mit den Abständen der Anschlußstifte der IC-Sockel übereinstimmen *(Bild 9.5)*. Selbstverständlich muß man dann die leitenden Verbindungen zwischen den beiden Anschlußreihen sorgfältig entfernen.

Besonders sorgfältig sind die Anschlußbeinchen der ICs zu behandeln. Wenn der Abstand der Anschlußreihen des ICs mit dem Abstand der Aufnahmelöcher des Dual-in-Line-Stecksockels nicht übereinstimmt, biegen Sie die Anschlüsse des ICs nicht einzeln, sondern so, wie es Ihnen das *Bild 9.6* zeigt.

Sehr leicht läßt sich der IC-Baustein aus seiner Fassung entfernen, wenn Sie zwischen Fassung und IC einen Schraubendreher von entsprechender Klingenbreite schieben *(Bild 9.7)*.

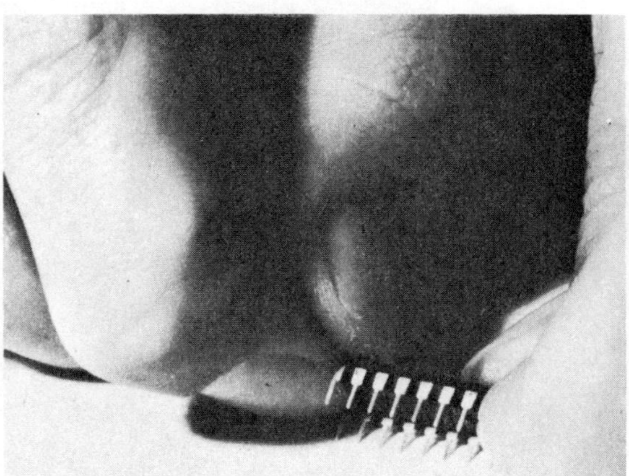

Bild 9.6: Zurechtbiegen von IC-Anschlüssen.

Bild 9.7: Auswechseln eines ICs.

Ein Experimentierplatz ohne viel Aufwand

Der gerätetechnische Aufwand, den man beim Experimentieren mit digitalen ICs zu betreiben hat, ist verblüffend gering. Der Experimentierplatz besteht aus 4 Funktionseinheiten, die man sich zum Teil selbst herstellen kann. Ein Meßgerät ist nützlich, aber nicht notwendig. Vorkenntnisse benötigen Sie nicht. Wenn Sie trotzdem Schwierigkeiten haben, helfen Ihnen die Bücher „Einführung in die Elektronik" und „Digitaltechnik" (Hrsg.: Jean Pütz) weiter.

Man braucht:
- die Spannungsversorgungseinheit,
- die Signaleingabeeinheit,
- die Experimentierplatine,
- die Signalausgabe- oder Anzeigeeinheit.

Über die Spannungsversorgung

Den einschlägigen Datenblättern zur 74xx-Bausteinserie kann man entnehmen, daß die Betriebsspannung $U_B = +5$ V gegen Masse beträgt. Der absolute Grenzwert dieser Versorgungsspannung liegt bei $U_B = +7$ V. Dieser absolute Grenzwert darf nicht überschritten werden, weil der IC-Baustein sonst zerstört wird.
Bei der Spannungsversorgung geht man davon aus, daß die Betriebsspannung von 5 V keine höheren Abweichungen als $\pm 5\%$ haben darf. Also liegen die Grenzen der Betriebsspannung bei +4,75 V und +5,25 V *(Bild 9.9)*. In diesem Bereich funktionieren die Bausteine einwandfrei.
Die ersten Gehversuche im faszinierenden Bereich der digitalen IC-Technik kann man bereits ohne Kostenaufwand durchführen, weil eine frische 4,5-V-Flachbatterie gerade etwa 4,75 V Spannung liefert. Um in jedem Fall funktionssicher experimentieren zu können und weil Ihre digitalen Schaltungen sicherlich auch bald etwas umfangreicher sein werden, empfiehlt es sich, doch direkt mit dem Bau eines stabilisierten 5-V-Netzgerätes zu beginnen. Schauen Sie bitte in das Kapitel 11.
Je größer die Experimentierschaltung wird, die Sie aufbauen wollen, desto größer muß auch der max. zulässige Ausgangsstrom des stabilisierten 5-V-Netzgerätes sein. Unsere Versuche in diesem Buch sind so ausgelegt, daß die vorgeschlagenen Netzgeräte mit Sicherheit ausreichen.

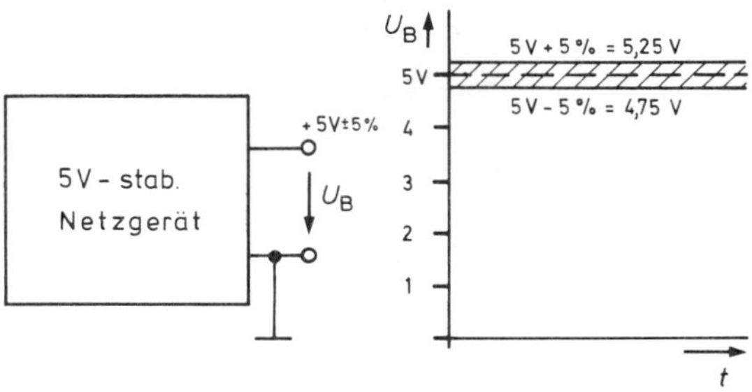

Bild 9.9: Zulässiger Betriebsspannungsbereich für ICs der 74xx-Reihe.

Bild 9.8: Der zum Aufbau einführender digitaler Versuchsschaltungen benötigte Aufwand ist gering.

Die Signaleingabeeinheit *(Bild 9.10)*

Es werden in diesem Kapitel drei Signaleingabeeinheiten geschildert,

- die statische Signaleingabeeinheit,
- die prellfreie Signaleingabeeinheit,
- die periodische Signaleingabeeinheit,

die jeweils bestimmten Anforderungen gerecht werden. Für die ersten Experimente ist nur die statische Signaleingabeeinheit notwendig. Erst später, sobald man sie benötigt, werden wir auch die beiden anderen vorstellen.

Bild 9.10: Die statische Signaleingabeeinheit.

Betrachten Sie die Schaltung nach *Bild 9.11* und *Bild 9.12*. Wenn der Schalter nicht betätigt wird *(Bild 9.11a)*, fließt ein Strom über den Systemwiderstand R_1 und über die Germaniumdiode G zur Masse.

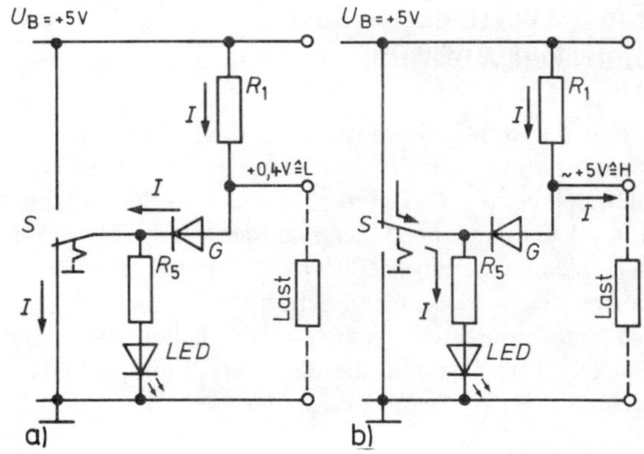

Bild 9.11: Strom- und Spannungsverhältnisse in der statischen Signaleingabeeinheit.

Die Reihenschaltung R_5 und LED ist kurzgeschlossen. Die Leuchtdiode bleibt dunkel. Wegen des Spannungsabfalls an der Diode G erhalten wir eine Ausgangsspannung von ungefähr $+0{,}4$ V.
Betätigt man jetzt den Schalter S *(Bild 9.11b)*, so wird die Germaniumdiode G gesperrt. Der Ausgang führt jetzt ungefähr 5 V. Über R_5 und die Leuchtdiode fließt ein Strom zur Masse. Der Zustand $U = +5$ V, der am Ausgang der Schaltung auftritt, wird durch das Aufleuchten der LED angezeigt.

Die Eingabeeinheit produziert binäre Signale

An der Funktion dieser Eingabeeinheit wird erkennbar, welche Art von elektrischen Signalen die Digitalbausteine aus der 74xx-Serie verarbeiten können:

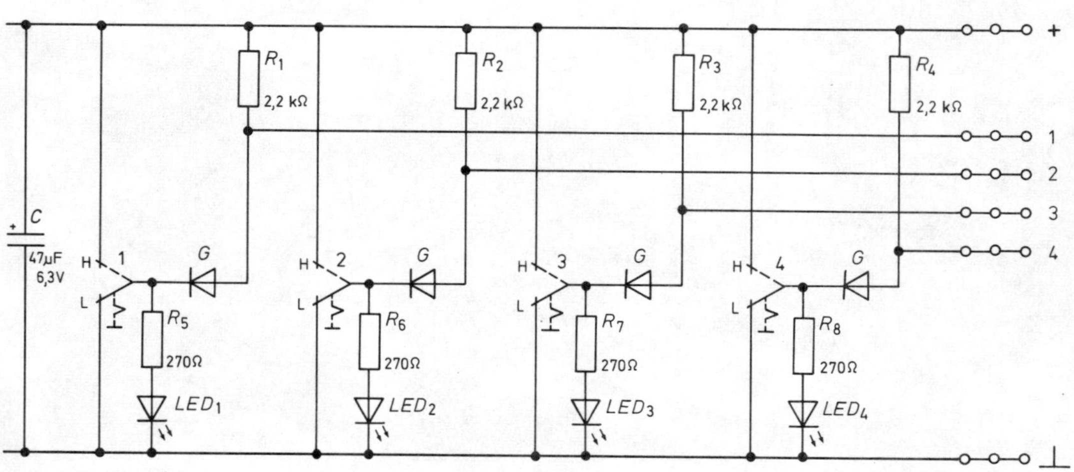

Bild 9.12: Vollständige Schaltung der Vierfach-Signaleingabeeinheit (statisch).

Ist S unbetätigt, so liegt am Ausgang der Eingabeeinheit die Spannung 0,4 V, also eine niedrige Spannung; ist S betätigt, so liegt am Ausgang die Spannung $\approx +5$ V, also eine höhere Spannung.
Diese beiden „Zustände“ des Ausgangs können mit elektronischen Mitteln leicht erzeugt und unterschieden werden. Alle gebräuchlichen digitalen Systeme arbeiten mit solchen zweiwertigen Signalen, weil es technisch wesentlich komplizierter ist, 3, 4 oder mehr Zustände auseinanderzuhalten. Man nennt solche zweiwertigen Signale binäre Signale.
Wenn Sie schon etwas Ahnung von der Digitaltechnik haben, werden Sie vielleicht fragen, weshalb hier nicht genau 0 V und genau 5 V die beiden Zustände sind. Für theoretische Betrachtungen kann man diese scharf definierten Zustände benutzen. In der praktischen Anwendung werden die Signale aber von den ICs konkret verarbeitet und dabei treten prinzipiell Toleranzen auf – weil über Transistoren Restspannungen stehen bleiben oder weil bei Belastung eines Ausgangs sich die Spannung ändert.
Zusammengefaßt: Die Digitalbausteine verarbeiten binäre Signale. Das „Signal“ ist die elektrische Spannung. Das Signal soll nur zwei Zustände annehmen können; es heißt deshalb binäres Signal. Binäre Signale lassen sich besonders leicht elektronisch verarbeiten.
Nach DIN 41785 werden die beiden möglichen Zustände des binären Signals mit L (low) und H (high) bezeichnet *(Bild 9.13)*. Dabei liegen die Werte des L-Bereichs näher an $-\infty$ und die Werte des H-Bereichs näher bei $+\infty$.

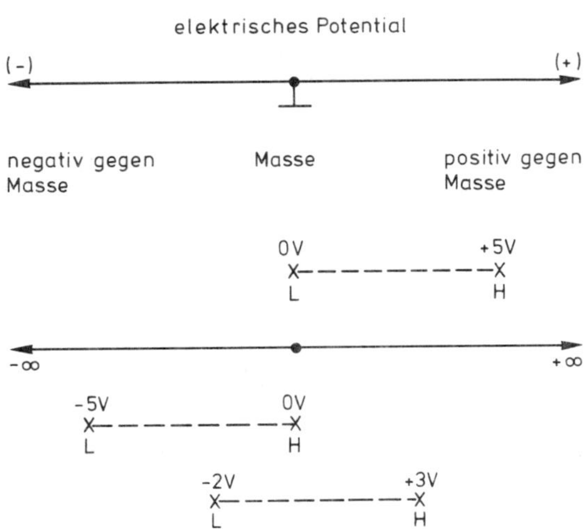

Bild 9.13: Definition der beiden möglichen Bereiche der binären elektrischen Größen L und H (DIN 41785).

Man hat diese Norm so merkwürdig formuliert, weil man damit am besten die in der Praxis auftretenden Fälle erfaßt.
Das kann man zum Beispiel erkennen, wenn man in den Datenblättern zu 74xx-Serie nachliest, welche Angaben die Hersteller über die Beschaffenheit der Signale machen, die damit verarbeitet werden können.
Am Eingang eines Digitalbausteins der 74xx-Serie wird ein elektrischer Zustand als L-Signal identifiziert, wenn das elektrische Potential kleiner als $+0{,}8$ V ist *(Bild 9.14)*. Als H-Signal wird ein elektrisches Potential erkannt, das höher als $+2{,}0$ V liegt. Somit können wir sagen, daß von der integrierten Digital-Schaltung der Potentialbereich 0 V bis $+0{,}8$ V als L-Eingangssignal und der Potentialbereich $+2$ V bis $+5$ V (Betriebsspannung) als H-Eingangssignal gewertet wird.

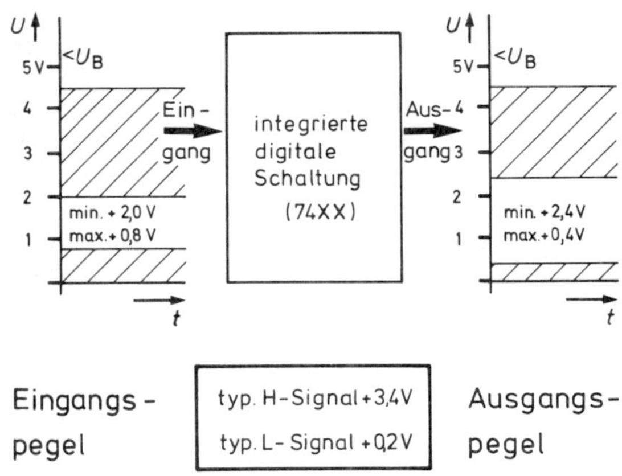

Bild 9.14: Potentialbereiche der L- und H-Signale am Ein- und Ausgang digitaler Schaltglieder der 74xx-Reihe.

Da digitale Bausteine auf binäre Eingangssignale mit binären Ausgangssignalen antworten müssen und diese wieder von digitalen Bausteinen weiterverarbeitet werden sollen, garantieren die Hersteller der Reihe 74xx, daß das L-Ausgangssignal kleiner oder gleich $+0{,}4$ V und das H-Ausgangssignal größer als $+2{,}4$ V ist *(Bild 9.14 rechts)*.
Für die von uns konstruierte Eingabeschaltung garantieren wir das auch: unser L-Signal ist kleiner oder gleich 0,4 V, unser H-Signal ist größer als 2,4 V (nämlich fast 5 V).
Später werden Sie sehen, daß diese Daten bei allen Bausteinen nur dann eingehalten werden, wenn die Ausgänge nicht stärker belastet werden, als dies von der Konstruktion her zulässig ist.

Die Signalausgabeeinheit

Bei den Signalausgabeeinheiten unterscheiden wir drei Typen:

- die Binärzustands-Anzeigeeinheit,
- die 7-Segment-Ziffern-Anzeigeeinheit,
- die akustische Ausgabeeinheit.

Auch hier wollen wir wieder zwei der drei Schaltungen und zwar die beiden letztgenannten vorläufig zurückstellen.
Die Binärzustands-Anzeigeeinheit *(Bild 9.15 und 9.16)* ist mit dem Transistor BC 107B ausgestattet. Dieser steuert die eigentliche LED-Anzeige. (Eine direkte Ansteuerung von Leuchtdioden über ICs ist möglich. Wir kommen darauf zu sprechen.)
Das besondere an der Anzeigeeinheit ist, daß die Leuchtdiode dem Emitter des Transistors nachgeschaltet ist *(Bild 9.17b)*. Im Gegensatz zur Anordnung der LED im Kollektor-Ausgang des Transistors *(Bild 9.17a)* wird hier das zum Durchschalten des Transistors benötigte Basispotential von 0,7 V noch um den Betrag der Durchlaßspannung der Leuchtdiode auf 0,7 V + 1,6 V = 2,3 V erhöht. Beachten Sie, daß ohne diesen Schaltungstrick bereits ein L-Pegel von 0,7 V fälschlicherweise genauso zum Aufleuchten der LED-Anzeige führen würde, wie der H-Pegel. In dieser Schaltungsvariante gilt also eindeutig:
L-Pegel am Eingang der Anzeige-Einheit: LED bleibt dunkel,
H-Pegel am Eingang der Anzeige-Einheit: LED leuchtet auf.

Bild 9.15: Signalausgabe(anzeige)einheit (Vorder- und Rückseite der Platine).

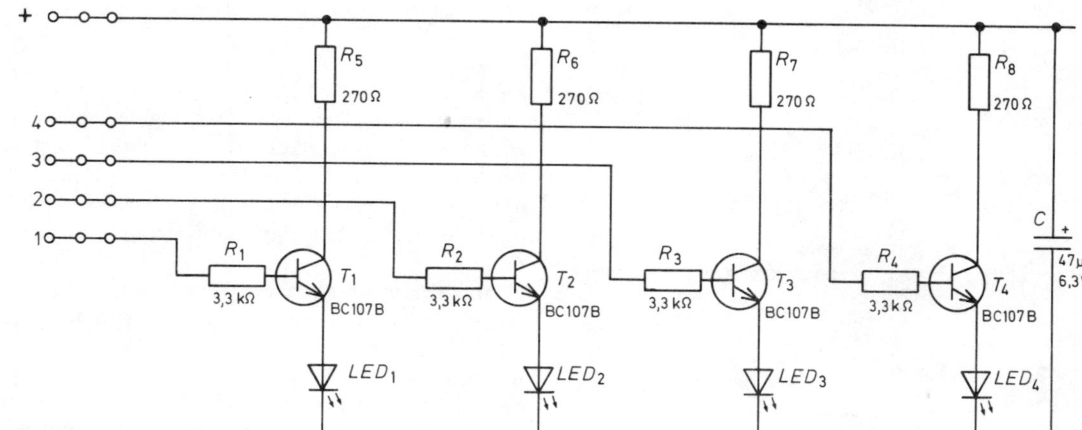

Bild 9.16: Vollständige Schaltung der Vierfach-Signalausgabeeinheit.

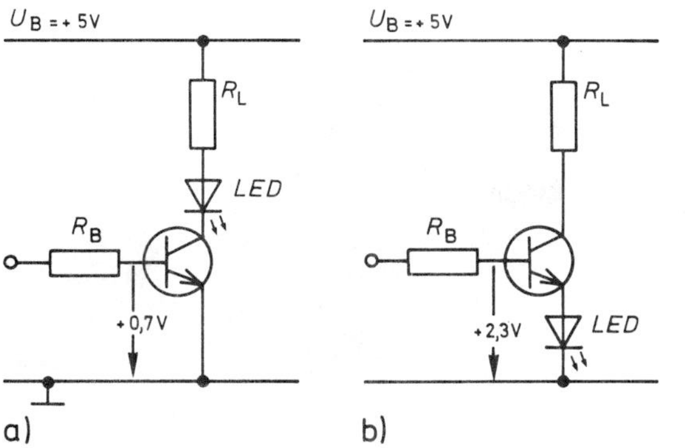

Bild 9.17: Durch die Einordnung der LED in die Emitterleitung wird die zum Schalten benötigte Schwellspannung deutlich angehoben.

Ein kleiner Zwischenversuch: Verschalten Sie Eingabe- und Ausgabeeinheiten so miteinander, wie es *Bild 9.18* zeigt. Beachten Sie, daß die Versorgungsspannung $U_B = +5$ V gegen Masse von Schaltungseinheit zu Schaltungseinheit durchverbunden werden muß (in den folgenden Versuchsschaltungen werden wir fast durchweg auf die Darstellung der Spannungsquelle und der Betriebsspannungsversorgungsleitungen der Übersichtlichkeit wegen verzichten). Wenn Sie jetzt einen der Schalter betätigen, so müssen die Leuchtdiode der Eingabeeinheit und die der entsprechenden Anzeigeeinheit aufleuchten.

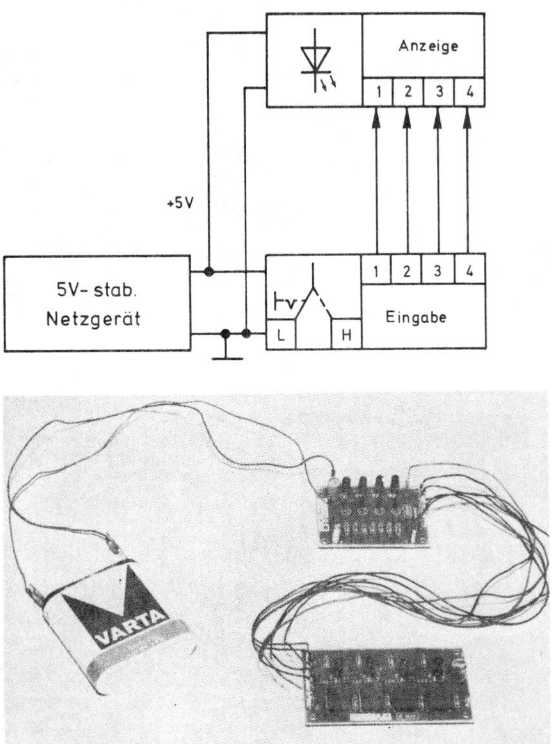

Bild 9.18: Versuch: Ansteuerung der Ausgabeeinheit über die statische Signaleingabeeinheit.

Die Experimentierplatine

Die Experimentierplatine soll die zu untersuchenden oder die zu größeren Schaltungen miteinander zu verknüpfenden digitalen IC-Bausteine aufnehmen. Bei Arbeiten mit dieser Platine lernen Sie die ICs kennen. Die Einheit kann aber auch Hilfsmittel bei Entwicklungsarbeiten, also Zwischenstadium zu einer festverdrahteten Anwendungsschaltung sein. Kurz und gut: die Experimentierplatine soll rasches, sachgerechtes, flexibles und sicheres Arbeiten ermöglichen.

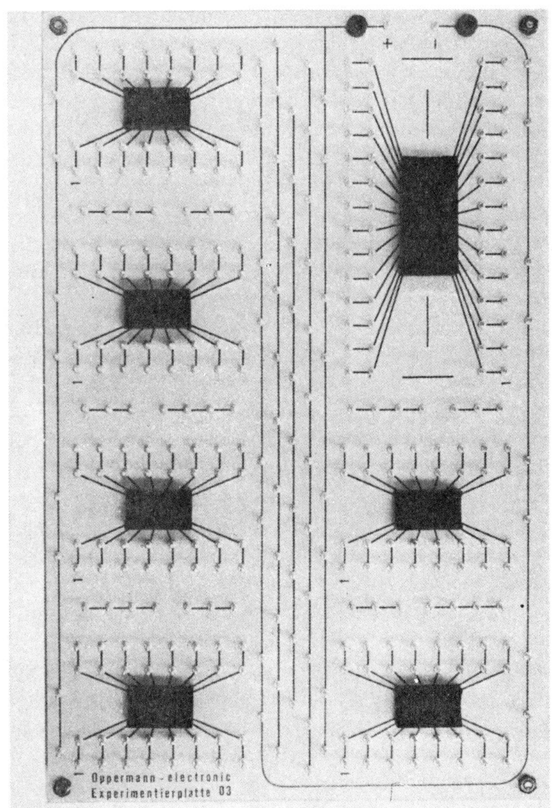

Bild 9.19: Experimentierplatine mit 7 Dual-in-Line-Stecksockeln.

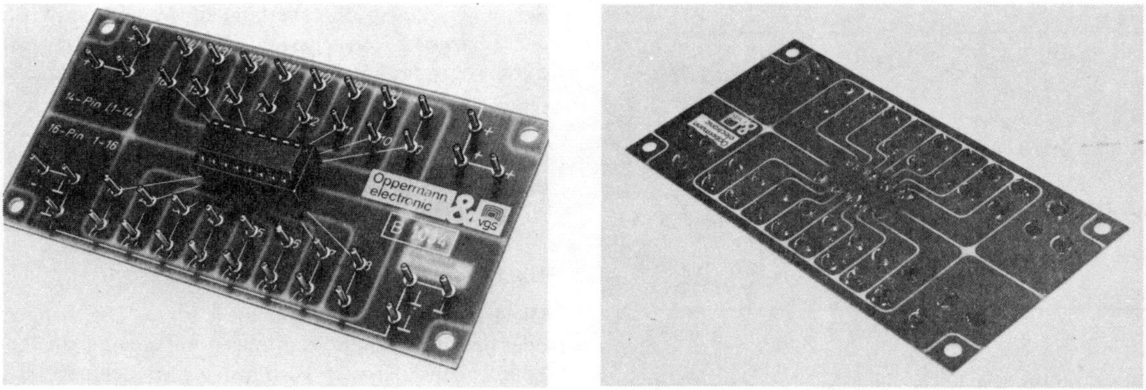

Bild 9.20: Experimentierplatine mit einem IC-Sockel (Vorder- und Rückseite).

Wegen der vielen dicht beieinanderliegenden Anschlußbeinchen der ICs gibt die Experimentierplatte dem Elektroniker besondere Probleme auf. Damit die Experimentierschaltung sicher gesteckt werden kann, müssen die IC-Anschlüsse räumlich künstlich auseinandergezogen werden. Dies gelingt am besten, wenn man eine gedruckte Schaltung verwendet. Da die Nachfrage nach geeigneten Experimentierplatinen stetig steigt, hat sich der Handel preiswerte Lösungen einfallen lassen. *Bild 9.19* zeigt eine Experimentierplatine mit mehreren Dual-in-Line-Stecksockeln. In die 16poligen Sockel steckt man auch 14polige ICs. Dabei werden einfach 2 Anschlüsse nicht belegt.

Solche Experimentierplatinen haben eine durchdachte Aufteilung (bis hin zur Führung der Betriebsspannungsversorgungsleitung), sie sind ohne viel Arbeit herzustellen und – auf den einzelnen Stecksockel umgerechnet – relativ preiswert.

Bild 9.20 zeigt eine kleine Platinenausführung mit nur einem Sockel. Die Platine ist in ihren Abmessungen so ausgelegt, daß sie mit weiteren Platinen zusammen in gängige Kunststoffkästchen eingebracht werden kann *(Bild 9.21)*.

Über die Art der Verdrahtung der Versuchsschaltungen gibt das *Bild 9.22* eindeutig Auskunft. Alle Geräteeinheiten des Experimentierarbeitsplatzes sind mit versilberten Lötstiften ausgestattet. Als Stecker werden Steckschuhe verwendet. Am besten stellen Sie sich noch vor dem Experimentieren eine gewisse Anzahl von Experimentierleitungen her. Kaufen Sie sich flexible Schaltlitze und ein Päckchen Steckschuhe (ist alles nicht teuer) und löten Sie an verschieden lange Litzenstücke Steckschuhe an.

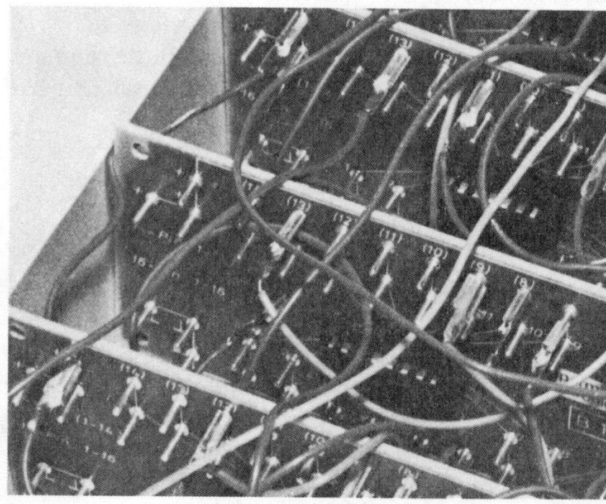

Bild 9.21: Mehrere Experimentierplatinen können in einem gemeinsamen Kunststoffkästchen untergebracht werden.

Bild 9.22: Experimentierverdrahtung mit versilberten Lötstiften und Steckschuhen.

Erste Experimente mit der 74xx-Reihe

Die digitalen Bausteine der 74xx-Reihe sind mit steigenden Zahlen numeriert. Die Reihe beginnt mit dem wohl universellsten Digitalbaustein, dem Vierfach-NAND-Baustein 7400. Ihre ersten experimentellen Erfahrungen sollen Sie mit diesem interessanten Baustein machen. Sie benötigen die Eingabeeinheit, die Ausgabeeinheit, eine Experimentierplatine, eine Spannungsversorgung und Experimentierleitungen.

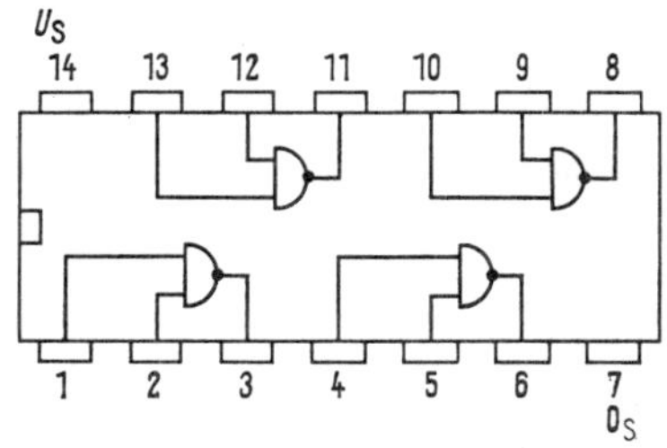

Bild 9.24: Anschlußplan des Vierfach-NAND-ICs SN 7400. Regel: Ansicht von oben!

Der Baustein 7400 – ein Vierfach-NAND-Glied mit je 2 Eingängen

Sieht man von der gemeinsamen Spannungsversorgung ab, so sind alle 4 in diesem Baustein enthaltenen digitalen Gatter voneinander völlig unabhängig. Bauen Sie die erste Versuchsschaltung nach *Bild 9.23* auf. Beachten Sie dabei, daß bei diesem Baustein der Anschluß 7 auf Masse und der Anschluß 14 auf $U_B = +5$ V der stabilisierten Versorgungsspannung gelegt werden müssen. Vergleichen Sie den Anschlußplan *(Bild 9.24)* des 7400 mit dem IC selbst, so sehen Sie, daß das IC eine Einkerbung trägt, die auch im Anschlußplan angedeutet ist. Legen Sie grundsätzlich die Dual-in-Line-ICs so vor sich hin, daß die Einkerbung oder Kennung links liegt. Die Benennung der IC-Anschlüsse beginnt dann an der linken unteren Ecke mit 1. Selbstverständlich wird der IC-Baustein so in den Dual-in-Line-Stecksockel eingesetzt, daß sich die Markierungen von IC und Stecksockel miteinander dekken.

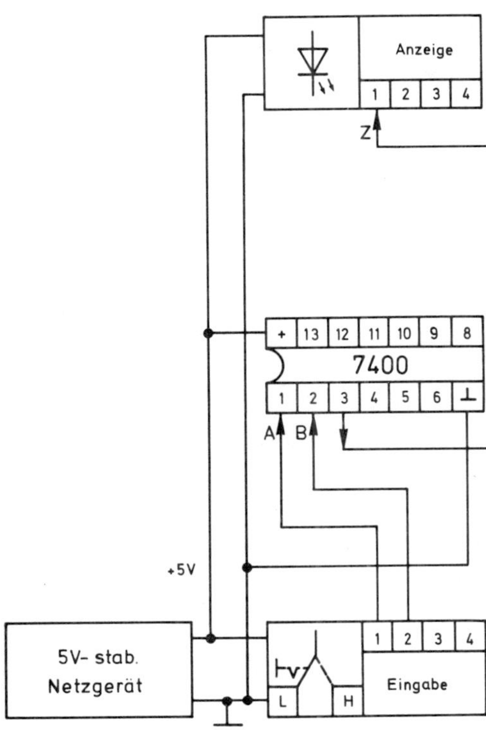

Bild 9.23: Versuchsschaltung mit Vierfach-NAND-IC SN 7400.

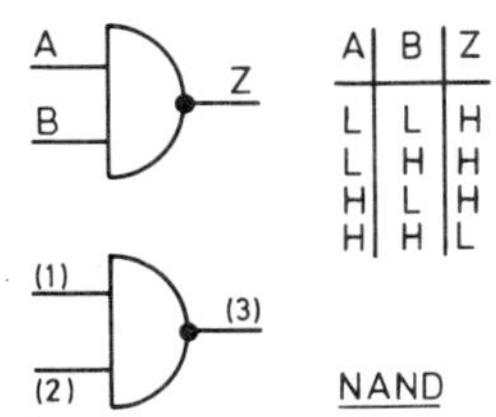

1/4 SN 7400

Bild 9.25: Schaltsymbol und Funktionstabelle eines NAND-Gliedes.

Bild 9.25 zeigt das zum Versuch nach *Bild 9.23* gehörende Schaltzeichen, den Belegungsplan der verwendeten IC-Anschlußstifte und die Funktionstabelle zum Versuch. Das NAND-Glied besitzt zwei freie Eingänge A und B und den abhängigen Ausgang Z. Durch die Schalterstellungen unserer Eingabeeinheit können die Eingänge des ICs wahlweise mit L- oder H-Pegel belegt werden. Dabei gibt es insgesamt (bei 2 Eingängen) vier mögliche Signaleingangs-Kombinationen. Die Ausgabeeinheit zeigt uns den Pegel des NAND-Gatterausgangs Z an, der bei der NAND-Funktion wie folgt vom „Eingang" abhängt: nur die Eingangs-Signalkombination A = H und B = H führt zu Z = L. Alle anderen Eingangs-Signalkombinationen ergeben den Ausgangszustand Z = H.

Die in *Bild 9.25* enthaltene Anmerkung „1/4 SN 7400" weist darauf hin, daß zur Realisierung des Versuchs nur ein Viertel des NAND-Bausteins 7400 benötigt wird. Diese Art der Kennzeichnung ist besonders bei der Konzeption größerer Schaltungen praktisch, erhält man hierdurch doch eine genaue Übersicht des anstehenden IC-Bedarfs. Werden mehrere Bausteine gleichen Typs verwendet, so können sie mit I, II usw. gekennzeichnet werden.

Wie man die logischen Grundfunktionen mit NAND-Bausteinen SN 7400 realisiert

Die nachfolgenden Bilder geben Ihnen experimentelle Anregungen zum Aufbau von Versuchsschaltungen mit dem Baustein 7400. Dabei lernen Sie die wichtigsten logischen Grundfunktionen in NAND-Realisation kennen. Da die jeweilige, dem Versuch zugeordnete Funktionstabelle genaueste Auskunft über die Funktion der Schaltung gibt, können wir mit kurzen Erklärungen zu den Schaltungen auskommen.

NICHT in NAND-Technik (Bild 9.26 und Bild 9.27)

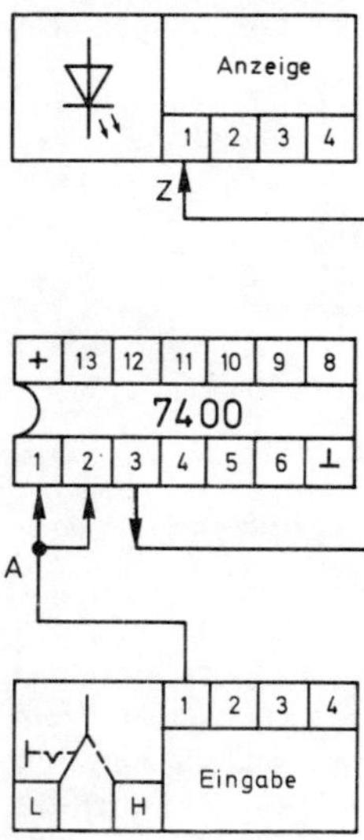

Bild 9.26: Versuchsschaltung NICHT aus NAND.

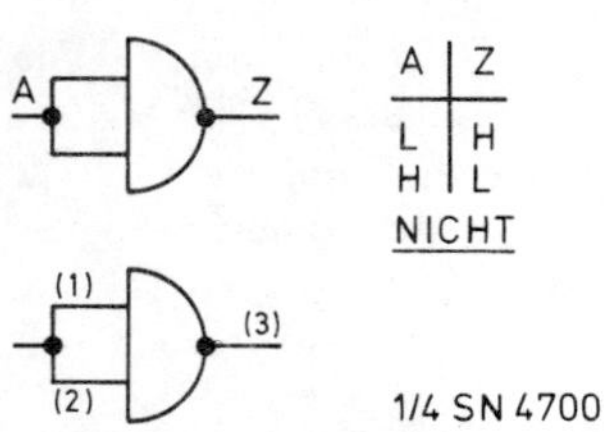

Bild 9.27: Schaltsymbol und Funktionstabelle eines NICHT-Gliedes.

Führt man die Eingangsvariable A allen Eingängen des ICs parallel zu, so negiert die NAND-Stufe das Eingangssignal. Sie macht aus A = L → Z = H und aus A = H → Z = L.

Doppelte Negation (Bild 9.28 und Bild 9.29)

Eine doppelte Negation führt zur Bestätigung (Bejahung) des Eingangssignals. Tritt ein solcher Fall auf, so kann in der Regel auf beide NICHT-Glieder ersatzlos verzichtet werden.

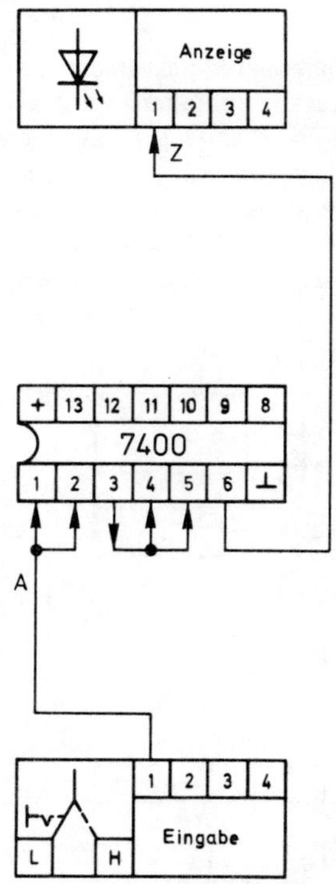

Bild 9.28: Versuchsschaltung: Doppelte Negation.

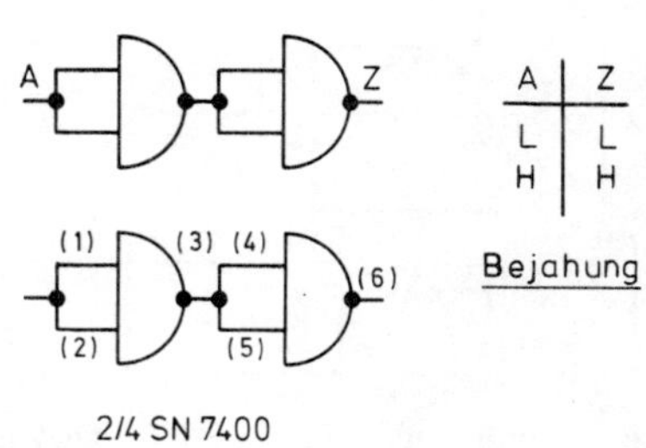

Bild 9.29: Schaltsymbol und Funktionstabelle zu Bild 9.28.

Dreifache Negation (Bild 9.30 und Bild 9.31)

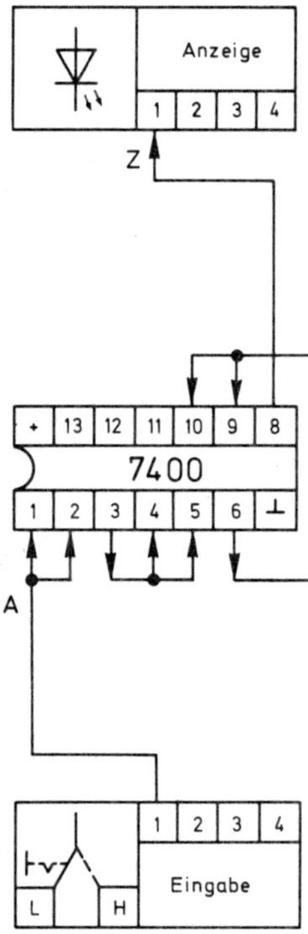

Bild 9.30: Versuchsschaltung: Dreifache Negation.

Eine dreifache Negation verhält sich wie eine einfache Negation. Zwei der drei NICHT-Glieder können ersatzlos gestrichen werden.

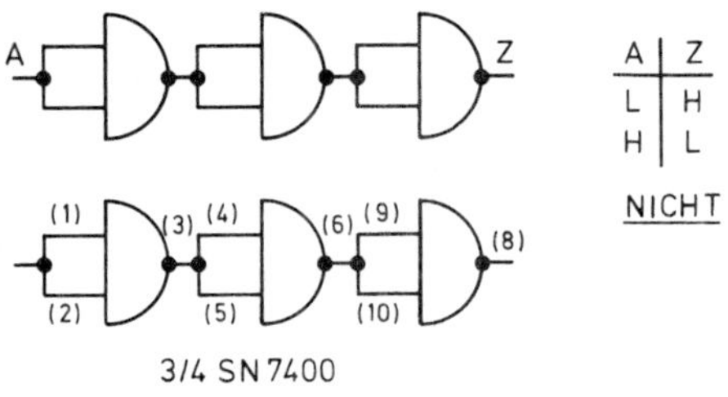

Bild 9.31: Schaltsymbol und Funktionstabelle zu Bild 9.30.

UND in NAND-Technik (Bild 9.32 und Bild 9.33)

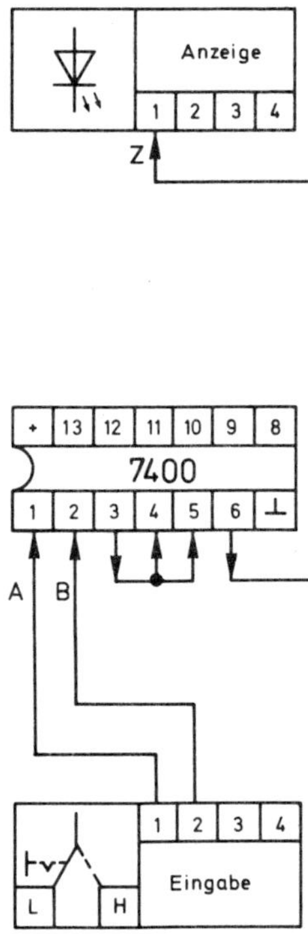

Bild 9.32: Versuchsschaltung: UND aus NAND.

Schaltet man einer NAND-Stufe eine zweite als Negation verschaltete NAND-Stufe nach, so erhält man eine UND-Funktion. Der Ausgang Z der Schaltung führt nur dann den H-Pegel, wenn *alle* Eingänge der UND-Stufe ebenfalls H-Pegel aufweisen.

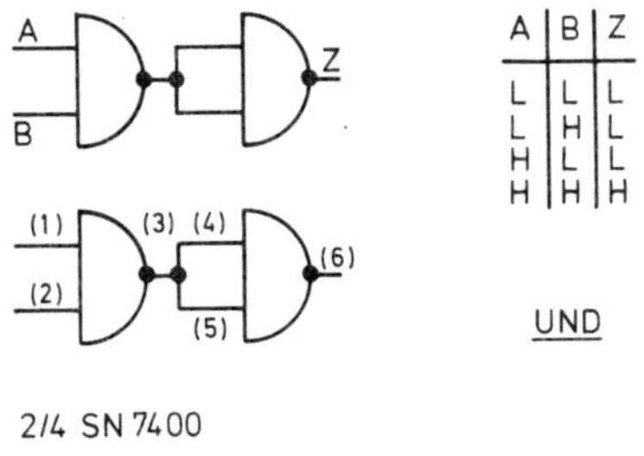

Bild 9.33: Schaltsymbol und Funktionstabelle zu Bild 9.32.

ODER in NAND-Technik (Bild 9.34 und Bild 9.35)

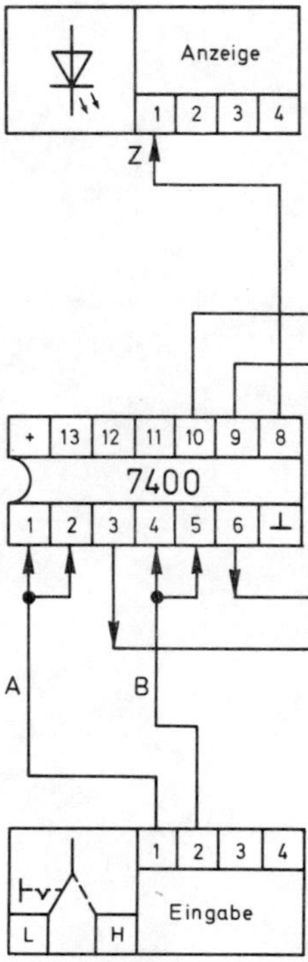

Bild 9.34: Versuchsschaltung: ODER aus NAND.

Bei einer ODER-Stufe führt der Ausgang Z nur dann L-Pegel, wenn alle Eingänge ebenfalls L-Pegel führen.

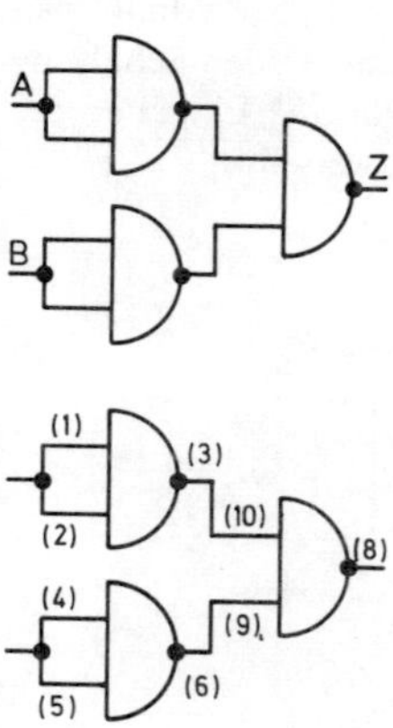

A	B	Z
L	L	L
L	H	H
H	L	H
H	H	H

ODER

3/4 SN 7400

Bild 9.35: Schaltsymbol und Funktionstabelle zu Bild 9.34.

NOR in NAND-Technik (Bild 9.36 und Bild 9.37)

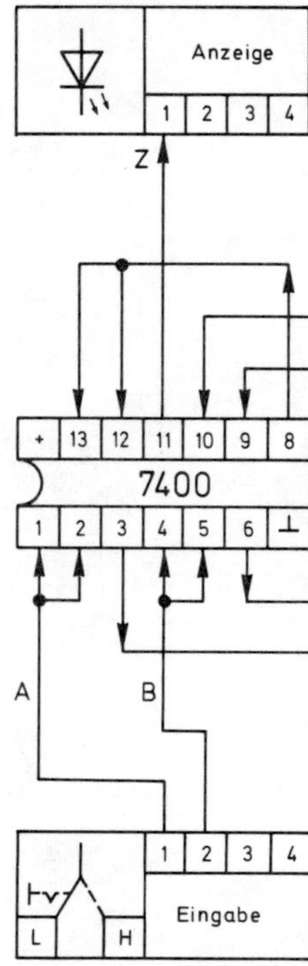

Bild 9.36: Versuchsschaltung: NOR aus NAND.

Bei einer NOR-Stufe führt der Ausgang Z nur dann H-Pegel, wenn alle Eingänge der NOR-Stufe L-Pegel führen.

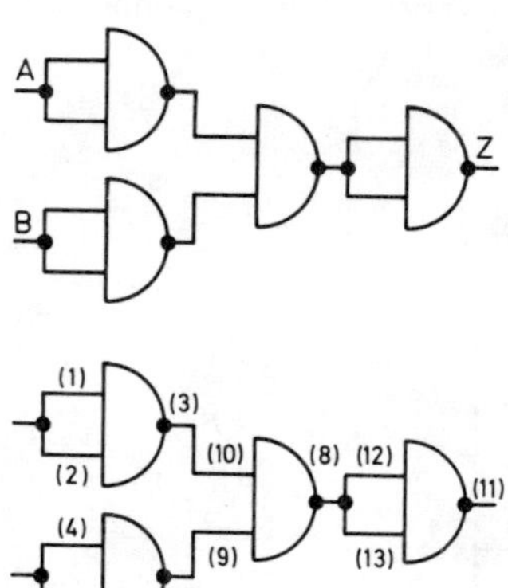

A	B	Z
L	L	H
L	H	L
H	L	L
H	H	L

NOR

Bild 9.37: Schaltsymbol und Funktionstabelle zu Bild 9.36.

Antivalenz (Exklusiv-ODER) in NAND-Technik (Bild 9.38 und 9.39)

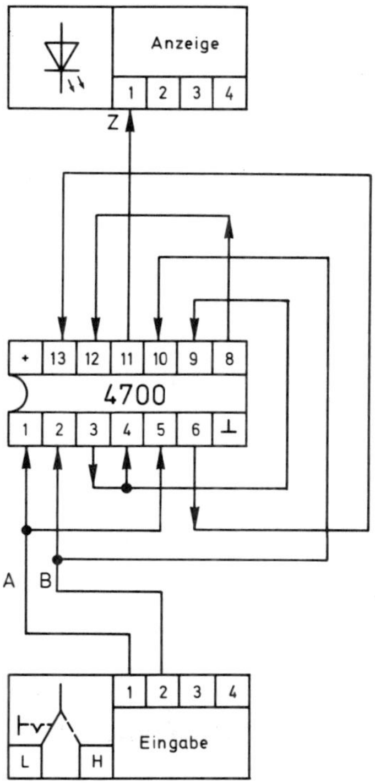

Bild 9.38: Versuchsschaltung: Antivalenz aus NAND.

Der Ausgang Z führt nur dann H-Pegel, wenn beide Eingänge *ungleiche* Pegel führen.

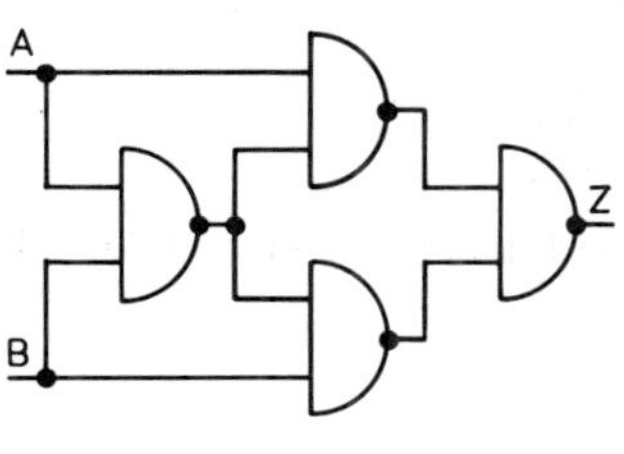

A	B	Z
L	L	L
L	H	H
H	L	H
H	H	L

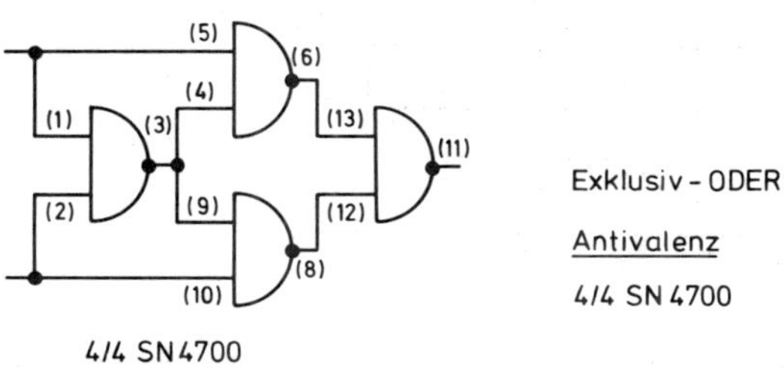

Bild 9.39: Schaltsymbol und Funktionstabelle zu Bild 9.38.

Äquivalenzschaltung in NAND-Technik (Bild 9.40, 9.41 und 9.42)

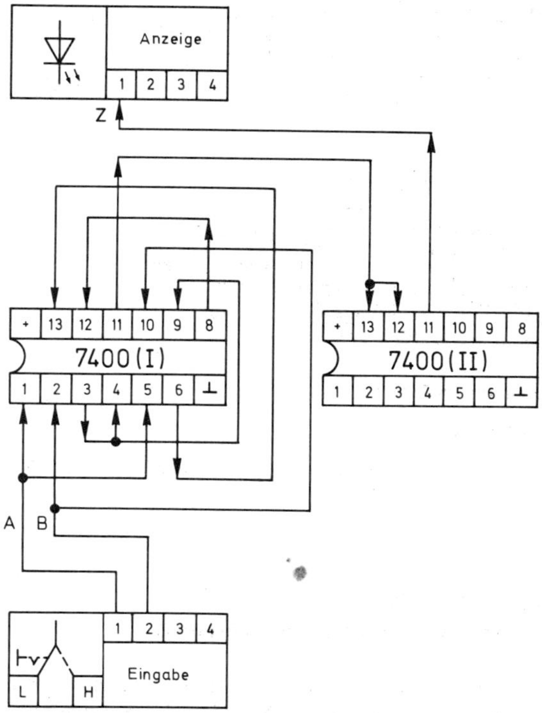

Bild 9.40: Versuchsschaltung: Äquivalenz aus NAND.

Der Ausgang Z führt nur dann H-Pegel, wenn beide Eingänge *gleiche* Pegel führen.

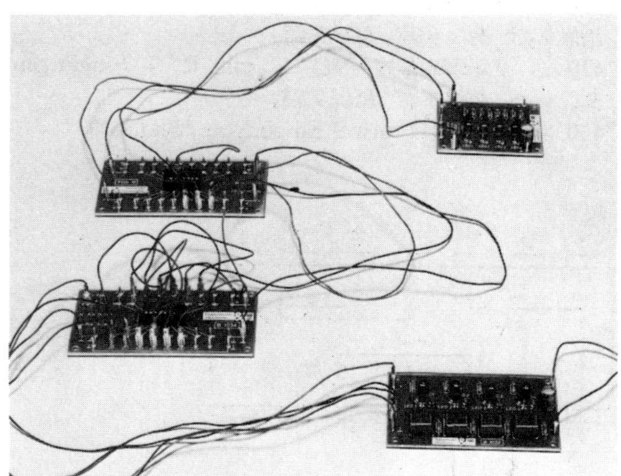

Bild 9.41: Versuchsaufbau zu Bild 9.40.

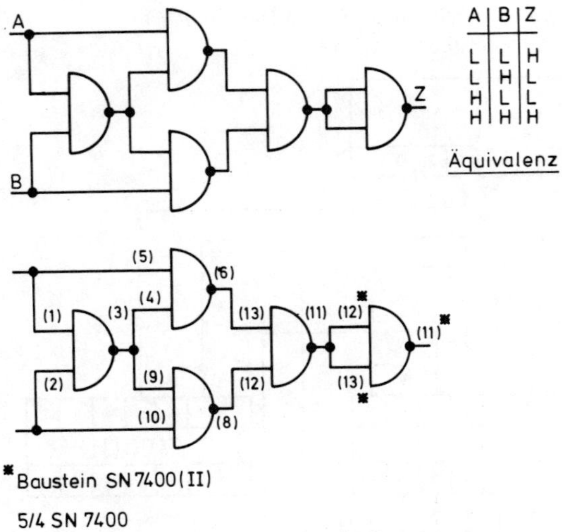

Bild 9.42: Schaltsymbol und Funktionstabelle zu Bild 9.40.

7410, 7420, 7430:
NAND-ICs mit mehr als zwei Eingängen

Nicht immer kommt man in der Schaltungspraxis mit den beiden Eingängen des NAND-Gliedes 7400 aus. Für solche Fälle gibt es NAND-ICs mit mehr als zwei Eingängen. Einige seien hier in Form einer Experimentieranleitung (oder in Form des Anschlußplanes) und der zugehörigen Funktionstabelle ohne weiteren Kommentar vorgestellt:

7410 – Dreifach-NAND-IC mit je 3 Eingängen *(Bild 9.43, Bild 9.44, Bild 9.45)*
7420 – Zweifach-NAND-IC mit je 4 Eingängen *(Bild 9.46, Bild 9.47, Bild 9.48)*
7430 – NAND-IC mit 8 Eingängen *(Bild 9.49)*.

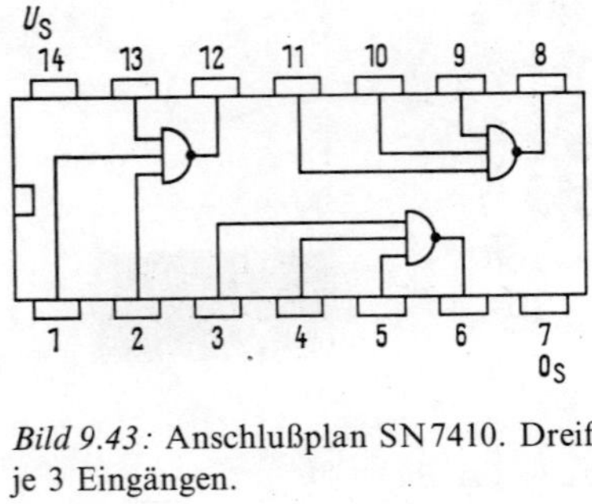

Bild 9.43: Anschlußplan SN7410. Dreifach-NAND-IC mit je 3 Eingängen.

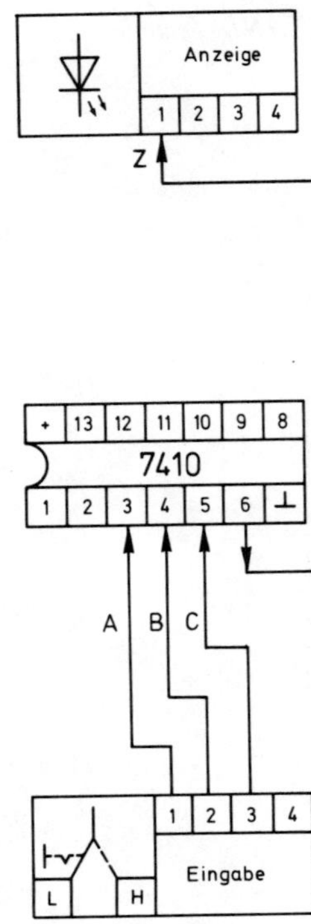

Bild 9.44: Versuchsschaltung zu SN7410. Dreifach-NAND-IC mit je 3 Eingängen.

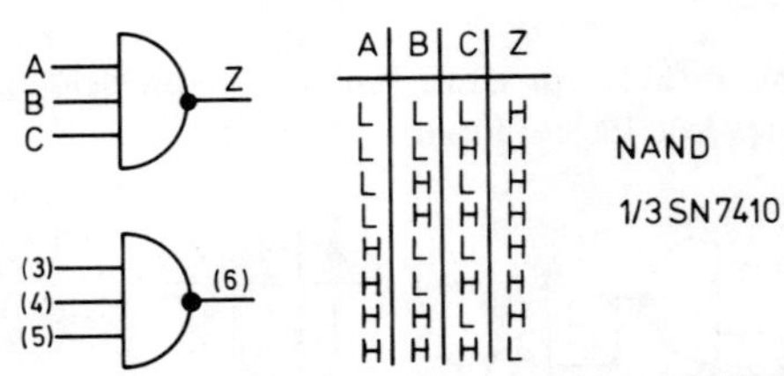

Bild 9.45: Schaltsymbol und Funktionstabelle zu Bild 9.44.

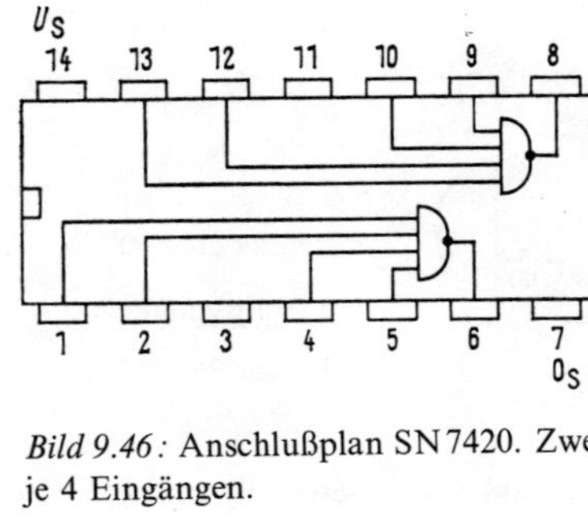

Bild 9.46: Anschlußplan SN7420. Zweifach-NAND-IC mit je 4 Eingängen.

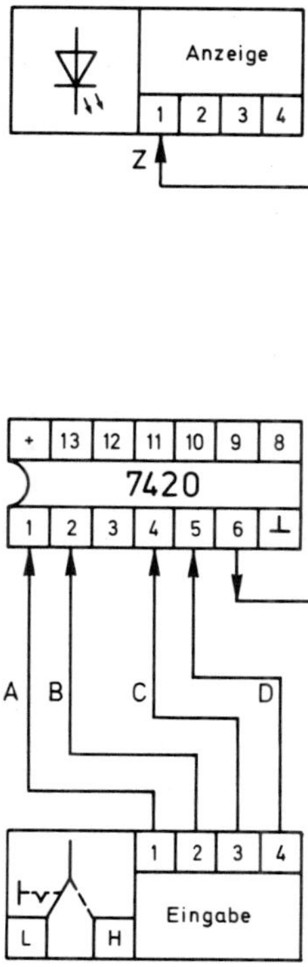

Bild 9.47: Versuchsschaltung mit SN7420. Zweifach-NAND-IC mit je 4 Eingängen.

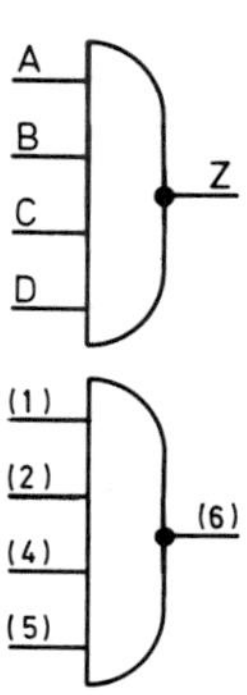

A	B	C	D	Z
L	L	L	L	H
L	L	L	H	H
L	L	H	L	H
L	L	H	H	H
L	H	L	L	H
L	H	L	H	H
L	H	H	L	H
L	H	H	H	H
H	L	L	L	H
H	L	L	H	H
H	L	H	L	H
H	L	H	H	H
H	H	L	L	H
H	H	L	H	H
H	H	H	L	H
H	H	H	H	L

NAND

1/2 SN7420

Bild 9.48: Schaltsymbol und Funktionstabelle zu 9.47.

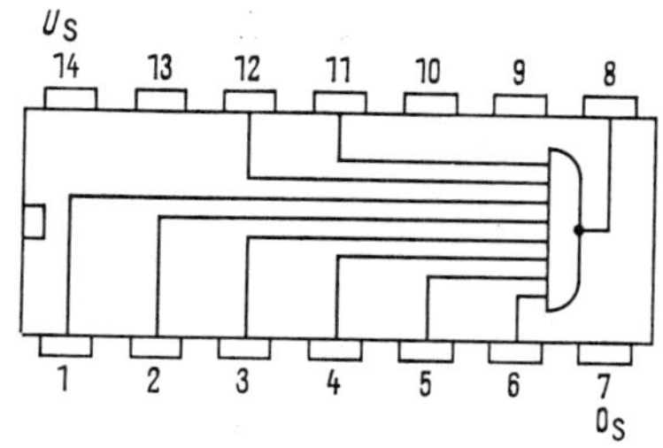

Bild 9.49: Anschlußplan SN7430. NAND-IC mit 8 Eingängen.

7402: ein Beispiel für ein universelles NOR-Glied

Der digitale Baustein SN7402 *(Bild 9.50)* ist ein Vierfach-NOR-IC mit je 2 Eingängen. Die NOR-Glieder sind ebenso universell verwendbar wie NAND-Glieder.

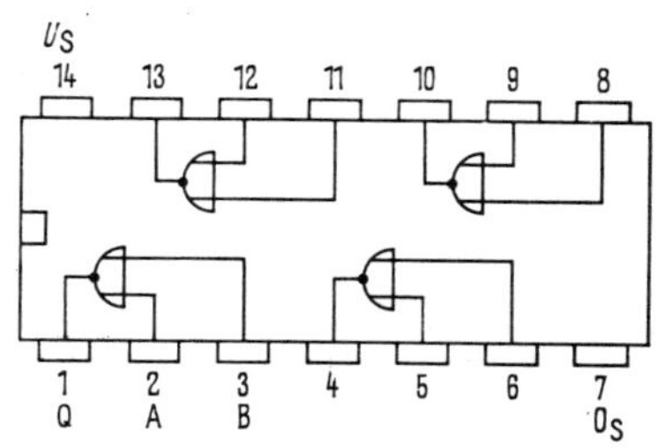

Bild 9.50: Anschlußplan SN7402. Vierfach-NOR-IC mit je 2 Eingängen.

Die nachfolgenden Versuchsbeispiele sollen dies verdeutlichen. Führen Sie die Versuche durch und vergleichen Sie die Versuchsergebnisse mit den vorgegebenen Funktionstabellen.

1. Versuch: Das NOR-Glied *(Bild 9.51)*
   Die NOR-Stufe gibt nur dann ein H-Signal ab, wenn alle Eingänge mit L belegt sind.
2. Versuch: NICHT mit NOR *(Bild 9.52)*
3. Versuch: ODER mit NOR *(Bild 9.53)*
4. Versuch: UND mit NOR *(Bild 9.54)*
5. Versuch: Äquivalenz mit NOR *(Bild 9.55)*
6. Versuch: Antivalenz mit NOR *(Bild 9.56)*.

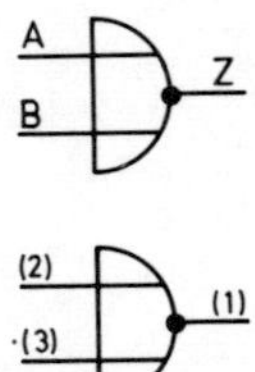

A	B	Z
L	L	H
L	H	L
H	L	L
H	H	L

NOR

1/4 SN 7407

Bild 9.51: Schaltsymbol und Funktionstabelle zu Bild 9.50.

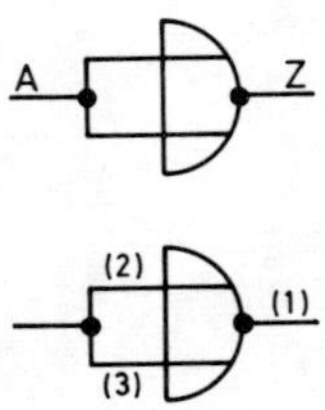

A	Z
L	H
H	L

NICHT

1/4 SN7402

Bild 9.52: Versuch: NICHT aus NOR.

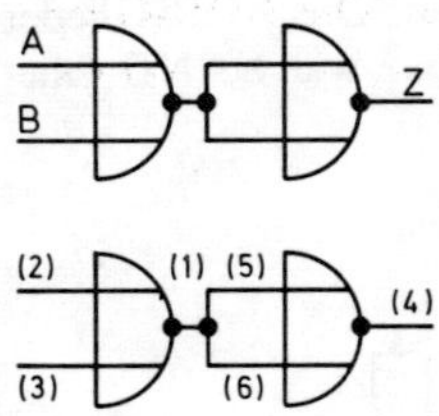

A	B	Z
L	L	L
L	H	H
H	L	H
H	H	H

ODER

2/4 SN7402

Bild 9.53: Versuch: ODER aus NOR.

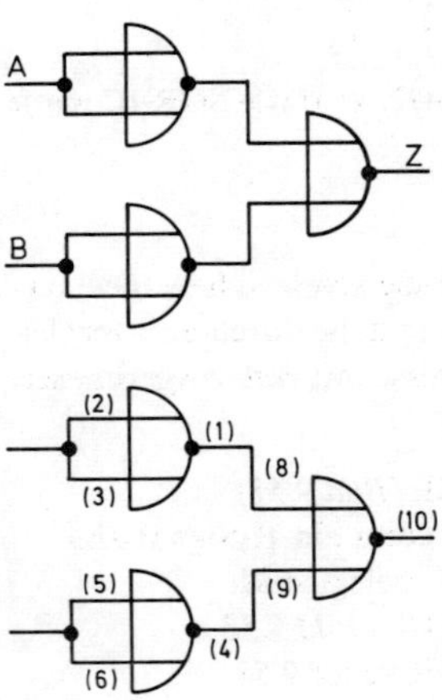

A	B	Z
L	L	L
L	H	L
H	L	L
H	H	H

UND

3/4 SN 7402

Bild 9.54: Versuch: UND aus NOR.

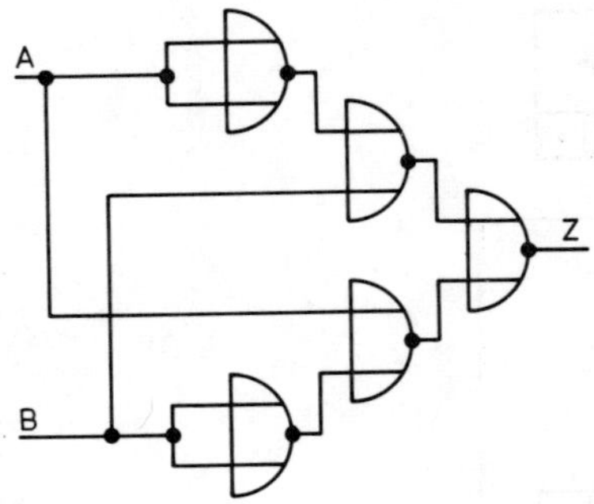

A	B	Z
L	L	H
L	H	L
H	L	L
H	H	H

Äquivalenz

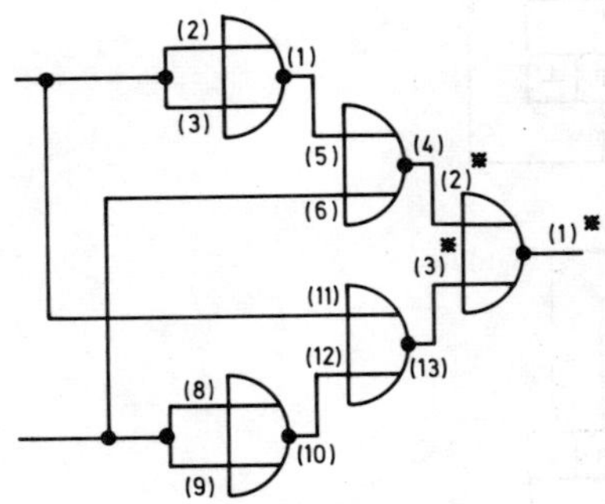

5/4 SN7402 *Baustein SN 7402 (II)

Bild 9.55: Versuch: Äquivalenz aus NOR.

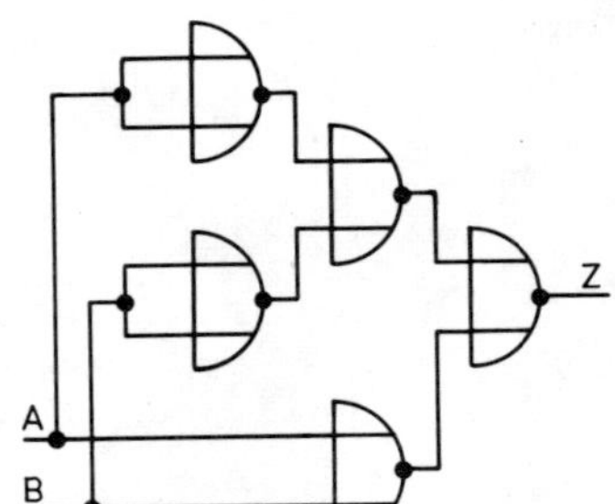

A	B	Z
L	L	L
L	H	H
H	L	H
H	H	L

Exklusiv-Oder
Antivalenz

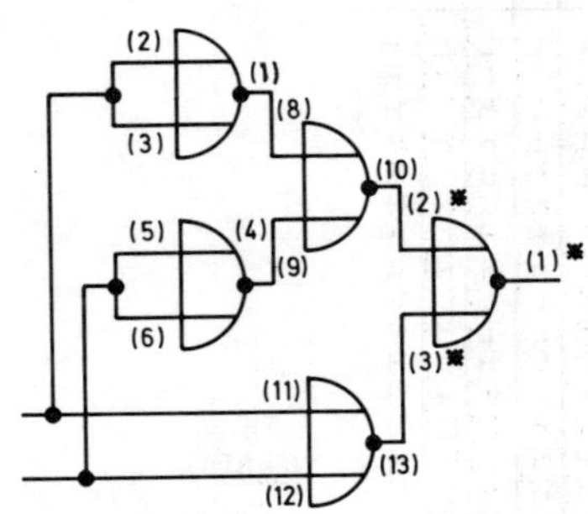

5/4 SN 7402 *Baustein SN7402 (II)

Bild 9.56: Versuch: Antivalenz aus NOR.

7404: ein Sechsfach-Inverter *(Bild 9.57)*

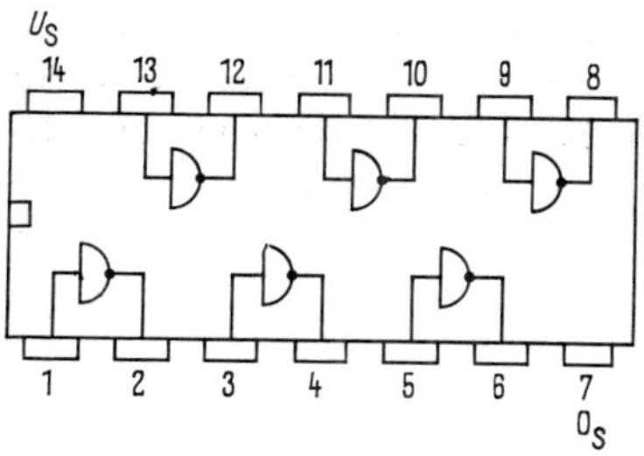

Bild 9.57: Anschlußplan SN 7404. Sechsfach-Inverter-IC.

Wie wir gesehen haben, lassen sich Negationen durch NAND- bzw. NOR-Glieder erzielen. In der 74xx-Reihe gibt es aber auch Inverter-Bausteine, die diese Funktion direkt vollziehen. Es werden verschiedene Typen mit unterschiedlichen elektronischen Eigenschaften angeboten. Die nachfolgenden Versuche *(Bild 9.58)* mit den Sechsfach-Inverter-IC 7404 N erschließen Ihnen wesentliche Anwendungsgebiete. Die sich ergebenden logischen Funktionen entnehmen Sie bitte den zugehörigen Funktionstabellen.

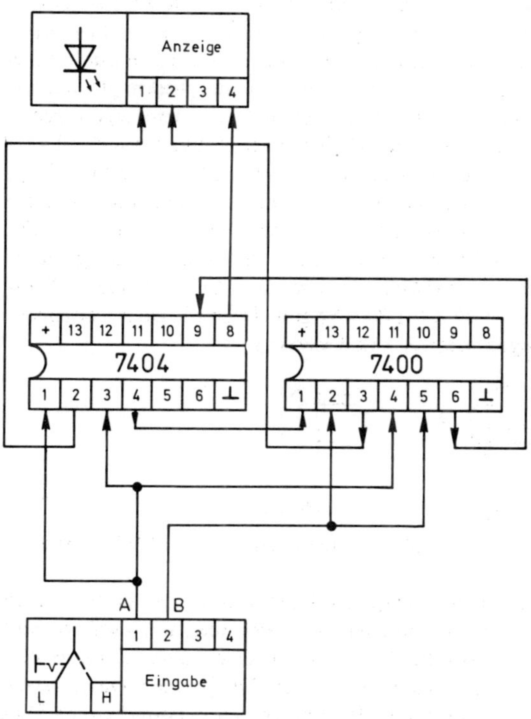

Bild 9.58: a) Versuchsschaltung zu Bild 9.58 b.

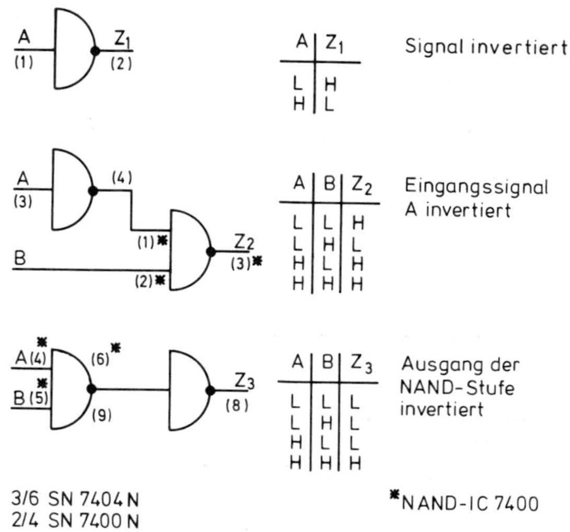

Bild 9.58: b) verschiedene Einsatzmöglichkeiten für das Inverter-IC SN 7404.

Weitere Logik-Bausteine der 74xx-Reihe im Versuch

Nach den Experimenten, mit denen Sie sich die logischen Grundfunktionen durch Realisierung mit den Bausteinen 7400 und 7402 erschlossen haben, können Sie sich in die Arbeitsweise der hier kurz vorgestellten Logik-ICs einarbeiten. Die jeweilige Funktionstabelle ermitteln Sie durch Versuch selbst. Eine kleine Hilfe für die Notierung von Funktionstabellen mit fünf Eingangsvariablen muß Ihnen noch gegeben werden:
Die Anzahl der möglichen Eingangssignal-Kombinationen bei n Eingängen ist 2^n.
Beispiele: $n=2$, $2^n=4$; $n=3$, $2^n=8$; $n=5$, $2^n=32$. Den strukturellen Aufbau der Funktionstabellen entnehmen Sie bitte unseren vorangegangenen Beispielen.

7408 Vierfach-UND-IC mit je 2 Eingängen *(Bild 9.59)*

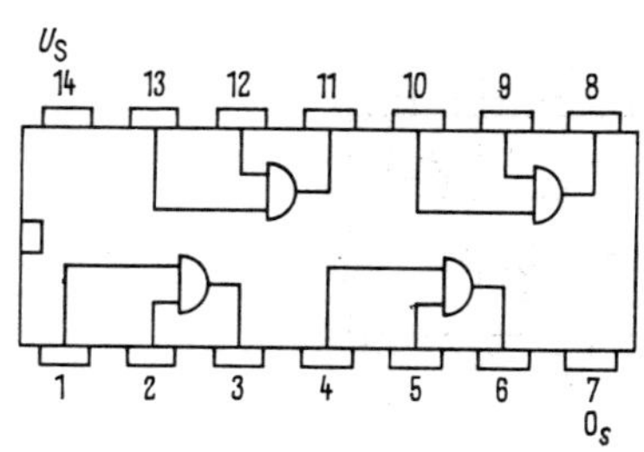

Bild 9.59: Anschlußplan SN 7408. Vierfach-UND-IC mit je 2 Eingängen.

7432 Vierfach-ODER-IC mit je 2 Eingängen *(Bild 9.60)*
7451 Zweifach-UND/ODER/Inverter-IC mit je 2×2 Eingängen *(Bild 9.61)*
7486 Vierfach-Exklusiv-ODER-IC mit je 2 Eingängen *(Bild 9.62)*.

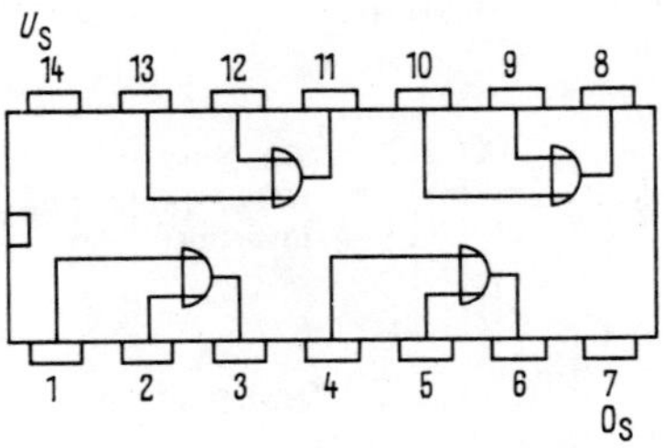

Bild 9.60: Anschlußplan SN 7432. Vierfach-ODER-IC mit je 2 Eingängen.

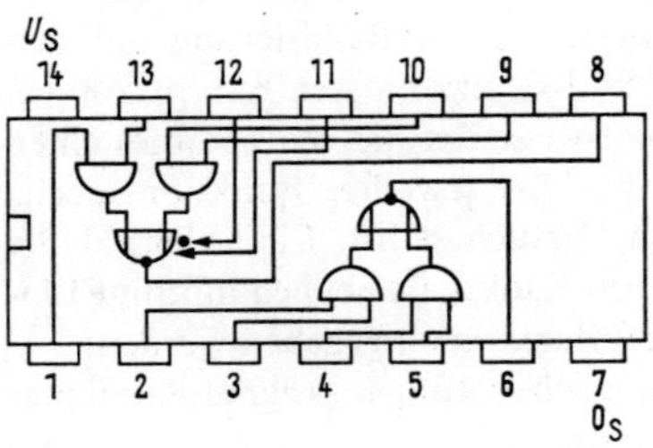

Bild 9.61: Anschlußplan SN 7451. Zweifach-UND/ODER/Inverter-IC mit je 2mal 2 Eingängen.

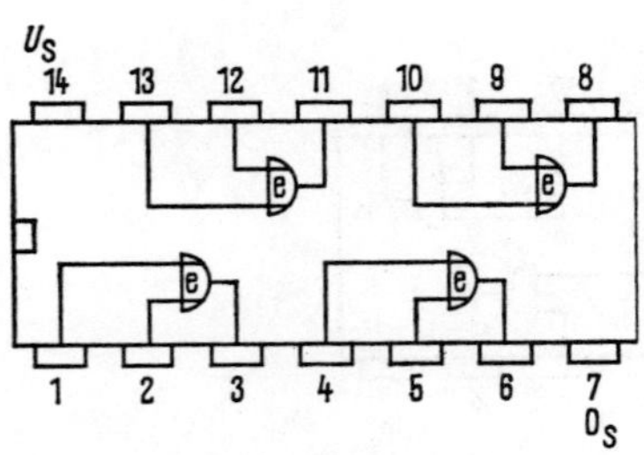

Bild 9.62: Anschlußplan SN 7486. Vierfach-EXKLUSIV-ODER-IC mit je 2 Eingängen.

Was sind Digitalbausteine mit offenem Kollektor?

In der IC-Serie 74xx gibt es Bausteintypen, deren Ausgänge mit offenem Kollektor versehen sind. Sie werden durch die Zusatzbenennungen offener Kollektor oder „Eintakt-Ausgänge" in den Datenbüchern gekennzeichnet.

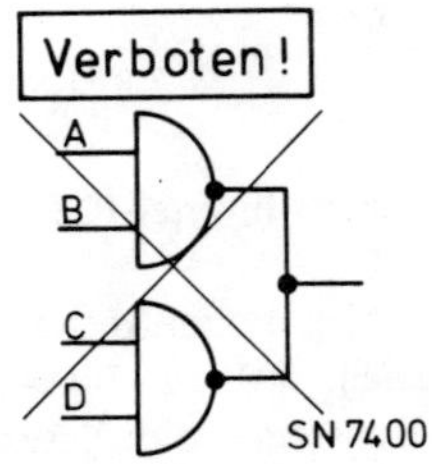

Bild 9.63: Verbotene Beschaltung des NAND-ICs SN 7400.

Grundsätzlich ist bei allen bisher behandelten Logik-Schaltgliedern der 74xx-Reihe die Parallelschaltung der Ausgänge *(Bild 9.63)* unzulässig, weil sich sonst Betriebszustände einstellen, die – konstruktiv bedingt – nicht erlaubt sind. Anders ist das bei den IC-Schaltgliedern mit „offenem Kollektor". Sie sind so konzipiert, daß die Ausgänge mehrerer Gatterschaltungen über einen gemeinsamen von außen aufzuschaltenden Kollektor-Widerstand miteinander verknüpft werden können. Solche parallelgeschalteten Ausgänge ergeben immer dann eine UND-Verknüpfung, wenn das L-Potential dominiert, bzw. eine ODER-Verknüpfung, wenn das H-Potential Vorrang hat. Bekannt sind diese Beziehungen auch unter den Namen „wired-AND" (verdrahtetes UND), auch „Phantom-UND" genannt bzw. „wired-OR" (verdrahtetes ODER) oder „Phantom-ODER". *Bild 9.64* gibt Ihnen die entsprechenden, eingeführten Schaltsymbole an.

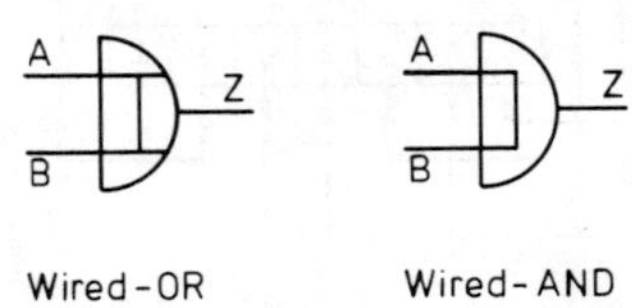

Bild 9.64: Schaltsymbole für Wired-Or und Wired-And.

Der einzufügende Kollektorwiderstand muß je nach Anzahl der miteinander verbundenen Ausgänge und nach Anzahl der daran angeschlossenen Gattereingänge dimensioniert werden. Die genauen Daten lassen sich ausrechnen oder einfach den entsprechenden Diagrammen der Herstellerunterlagen entnehmen.

Wir möchten Ihnen vorschlagen, daß Sie ICs mit offenem Kollektor von Ihren ersten Versuchen zunächst einmal ausklammern. In der Regel sind sie durch die bereits vorgestellten digitalen Verknüpfungsglieder ersetzbar.

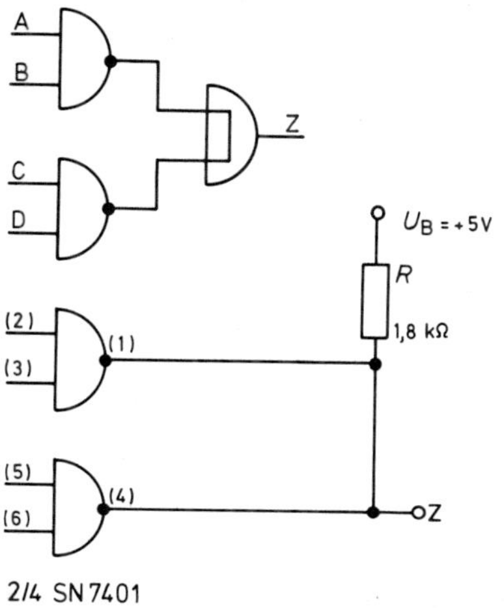

Bild 9.65: Beschaltungsprinzip von digitalen Bausteinen mit offenem Kollektor am Beispiel des NAND-ICs SN7401.

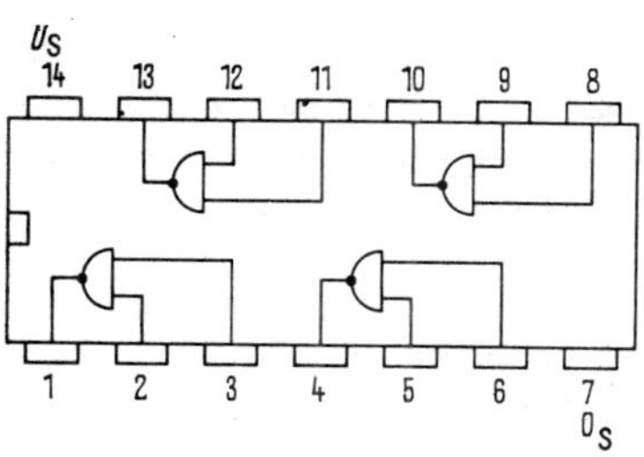

Bild 9.66: Anschlußplan SN7401. Vierfach-NAND-IC mit je 2 Eingängen.

Tabelle 9.2: Logikbausteine mit offenem Kollektor (Auszug).

7401	Vierfach-NAND-IC mit je 2 Eingängen
7403	Vierfach-NAND-IC mit je 2 Eingängen (Anschlußbelegung wie SN7400N)
7405	Sechsfach-Inverter
7407	6 Treiberstufen
7409	Vierfach-UND-IC mit je 2 Eingängen
7412	Dreifach-NAND-IC mit je 3 Eingängen

Damit Sie sich jedoch ein Bild von der Schaltungstechnik solcher ICs machen können (sie stoßen in Fachpublikationen möglicherweise darauf), zeigen Ihnen die *Bilder 9.65, 9.66 und 9.67* ein Beschaltungsbeispiel. Die *Tabelle 9.2* gibt Ihnen einen (auszugsweisen) Überblick über die Logik-Glieder mit offenem Kollektor.

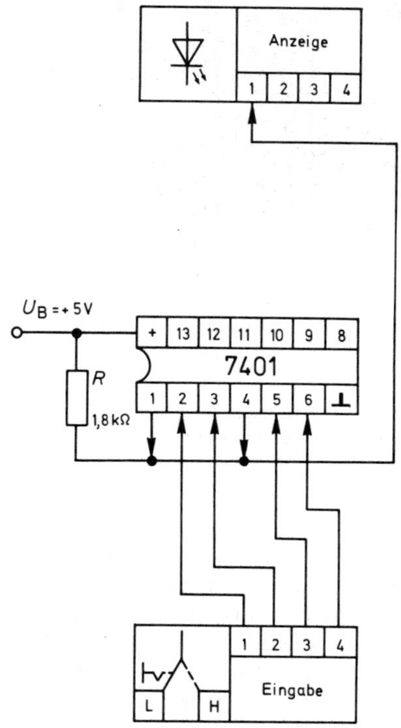

Bild 9.67: Versuchsschaltung zu Bild 9.65

Eine Anzeigeeinheit mit Inverter-IC 7405

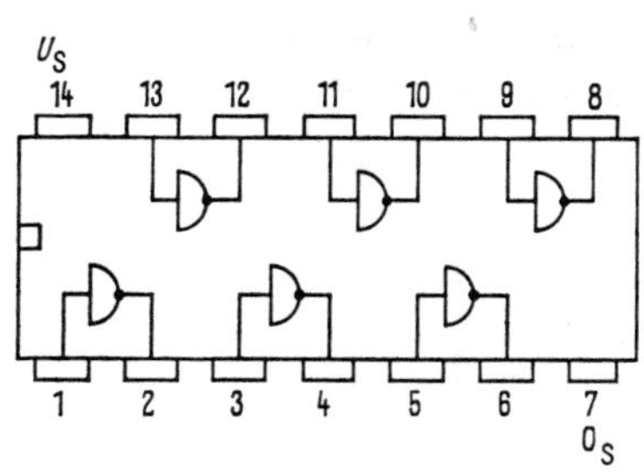

Bild 9.68: Anschlußplan SN7405. Sechsfach-Inverter-IC mit offenem Kollektor.

Bild 9.69: Schaltplatine mit Sechsfach-LED-Anzeigeeinheit unter Verwendung des Inverter-Bausteins SN 7405.

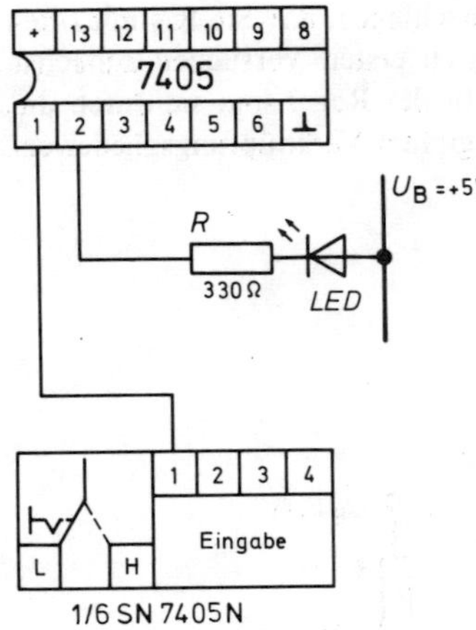

Bild 9.71: Versuchsschaltung zu Bild 9.70.

Mit dem digitalen IC-Baustein 7405 *(Bild 9.68)*, ein Sechsfach-Inverter mit Eintakt-Ausgängen läßt sich preiswert eine Sechsfach-LED-Anzeige aufbauen *(Bild 9.69)*. Der in der elektronischen Schaltung fehlende Kollektor-Widerstand wird durch die Reihenschaltung von *R* und LED eingefügt *(Bild 9.70 und 9.71)*. Liegt am Eingang des Inverters N ein H-Pegel an, so wird der Ausgang Z auf L-Pegel gebracht. Jetzt fließt ein Strom von $U_B = +5$ V aus über den Widerstand *R* und die Leuchtdiode zur Masse. Die Leuchtdiode leuchtet auf. Der Nachteil dieser Anzeigeeinheit, im Gegensatz zu der Anzeigeeinheit auf Seite 138, die mit Transistoren realisiert wurde, ist, daß die Leuchtdioden auch bei offenen Eingängen aufleuchten. Will man das verhindern, so sind die Eingänge auf Masse zu legen (siehe auch Seite 156).

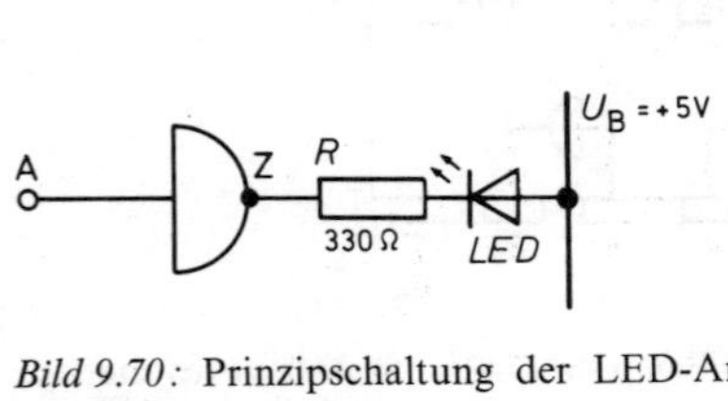

Bild 9.70: Prinzipschaltung der LED-Anzeigeeinheit nach Bild 9.69.

Digitale Speicherschaltungen mit dem NAND-Baustein 7400

Bei den bisher besprochenen logischen Verknüpfungsschaltungen blieb der Ausgangszustand der Logikschaltungen jeweils nur so lange bestehen, wie der entsprechende Zustand der Eingangsvariablen vorlag. Binäre Signale lassen sich mit ICs dauerhaft solange speichern, wie die Versorgungsspannung der ICs vorliegt, vorausgesetzt, man verwendet die geeigneten Speicherglieder.

Ein solches binäres Speicherglied läßt sich mit sehr geringem Aufwand aus zwei NAND-Gliedern realisieren *(Bild 9.72)*. Typisch ist, daß der Ausgang des einen NAND-Gliedes mit dem Eingang des zweiten NAND-Gliedes verbunden ist – und umgekehrt.

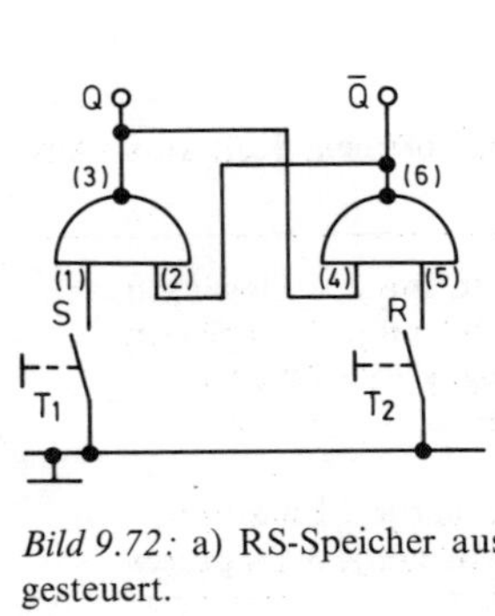

Bild 9.72: a) RS-Speicher aus NAND (SN 7400). L-Pegel-gesteuert.

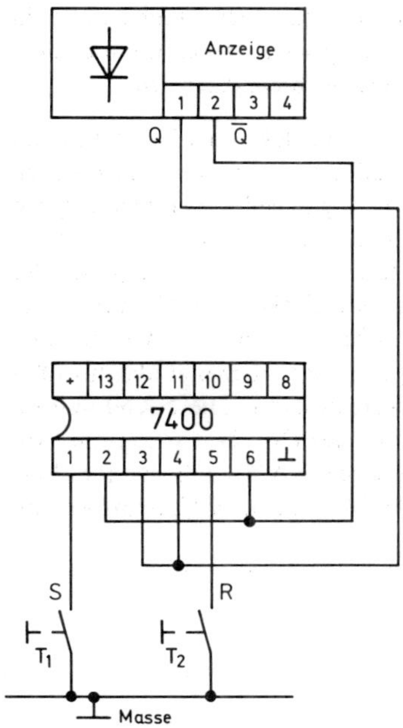

Bild 9.72: b) Versuchsschaltung zu a.

Diese Speicherschaltung hat einen Setz- und einen Rückstell-Eingang, die mit S und R benannt sind. Bleiben T_1 und T_2 offen, so führen S und R H-Signal (siehe S. 156). Durch interne Schaltungsvorgänge, auf die hier nicht eingegangen werden soll, führt eine der beiden NAND-Stufen an ihrem Ausgang H-Potential, die andere L-Potential. Dieser Zustand ergibt sich beim Einschalten der Versorgungsspannung U_B mehr oder weniger zufällig.

Nehmen wir an *(Tabelle 9.3)*, der Ausgang Q sei L und der Ausgang $\overline{Q}$ sei H. Tastet man jetzt T_1 (Verbindung gegen Masse) so wird die Speicherschaltung gesetzt. Q führt H und $\overline{Q}$ führt L. Dieser Ausgangszustand bleibt auch dann erhalten, wenn T_1 wieder geöffnet hat. Über T_2 wird an den Rückstelleingang L-Potential (Masse) gelegt. Der Speicher wird wieder zurückgesetzt ($Q = L$, $\overline{Q} = H$).

Tabelle 9.3: Funktionstabelle zu Bild 9.72. RS-Speicher aus NAND (L-Pegel gesteuert).

S	R	Q	$\overline{Q}$	Flipflop-Verhalten
H	H	X	X	Zustand bleibt gespeichert
L	H	H	L	FF wird gesetzt
H	L	L	H	FF wird rückgestellt
L	L	(H)	(H)	nicht zugelassen

Werden beide Taster gedrückt, so führen beide Ausgänge H-Potential. Dies ist zwar schaltungstechnisch möglich, jedoch im allgemeinen unerwünscht, da nach der Definition der Speicherausgang Q immer den negierten Zustand von $\overline{Q}$ annehmen soll.

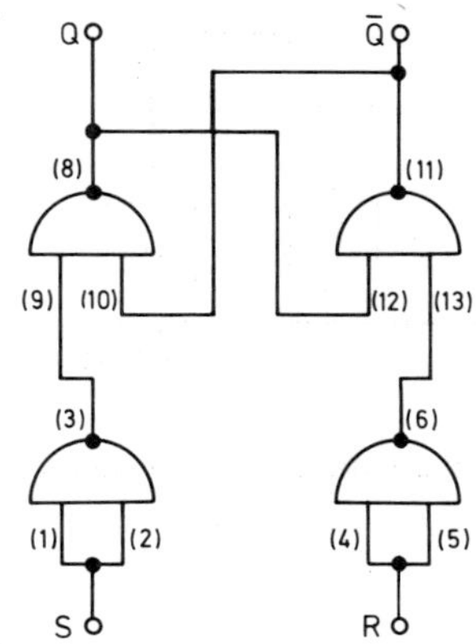

Bild 9.73: RS-Speicher aus NAND (SN 7400). H-Pegel-gesteuert.

Bild 9.73 zeigt eine Variante, die mit H-Potential an den Eingängen umgesteuert wird. Dies wird durch die negierten Eingänge erzielt. Beachten Sie hier die Veränderungen der Funktionstabelle des RS-Speichers *(Tabelle 9.4)*.

Tabelle 9.4: Funktionstabelle zu Bild 9.73. RS-Speicher aus NAND (H-Pegel gesteuert).

S	R	Q	$\overline{Q}$	Flipflop-Verhalten
H	H	(H)	(H)	nicht zugelassen
L	H	L	H	FF wird rückgestellt
H	L	H	L	FF wird gesetzt
L	L	X	X	Zustand bleibt gespeichert

2/3-Mehrheit: Familienprobleme werden demokratisch entschieden

Bild 9.74 zeigt eine elektronische Wähleinheit. Nehmen wir an, in Ihrer dreiköpfigen Familie sei darüber abzustimmen, ob der Vater einen neuen Wagen kaufen

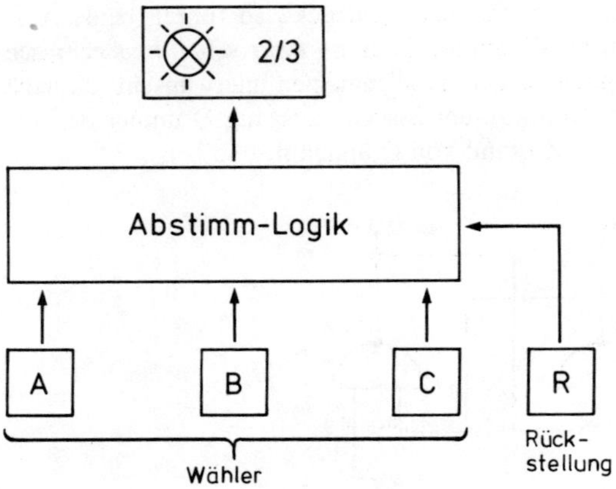

Bild 9.74: Blocksymboldarstellung der 2/3-Abstimmlogik.

soll oder nicht. Da die benötigte Geldsumme vielleicht auch für andere Dinge eingesetzt werden könnte, kann eine offene Abstimmung problematisch sein.

Nachdem der Wahlleiter die elektronische Wahlschaltung über die Rückstelltaste R in Ausgangsposition gebracht hat *(Bild 9.75)*, gibt jedes Familienmitglied seine Meinung durch Tastendruck kund. Selbstverständlich kann die (zweiadrige) Zuführung zu der „Wahlmaschine" über Kabel bis unter Tischkante geführt werden. Liegt 2/3-Mehrheit bei der Abstimmung vor, so gibt der Ausgang Z ein H-Signal ab, das über eine LED angezeigt werden kann. Die NAND-Gruppen (N_1, N_2), (N_3, N_4) und (N_5, N_6) stellen die Abstimmspeicher, die übrigen NAND-Glieder die Auswerte-Logik dar. *Bild 9.76* gibt eine Hilfe beim Aufbau der Schaltung.

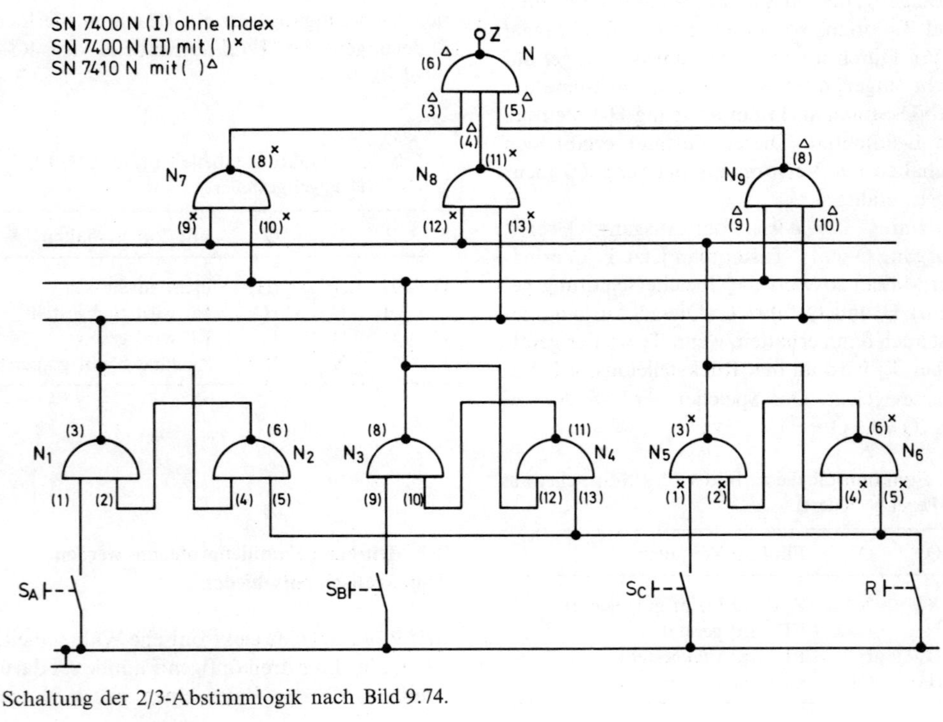

Bild 9.75: Schaltung der 2/3-Abstimmlogik nach Bild 9.74.

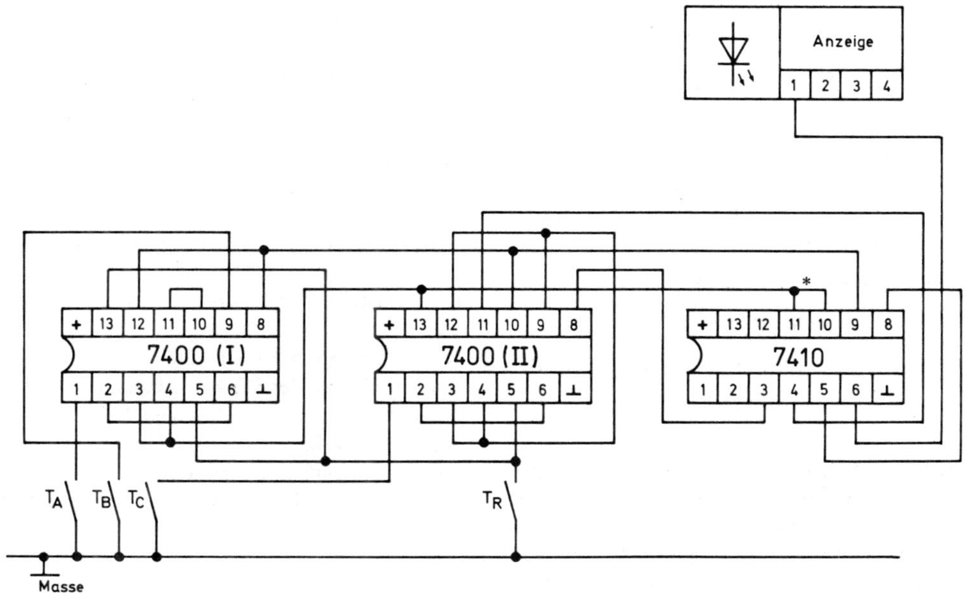

Bild 9.76: Aufbauhilfe zu einem Versuch nach Bild 9.75. * Hinweis für die Beschaltung unbenutzter Logikglied-Eingänge s.S. 156f.

Was beim Einsatz der Digitalbausteine alles zu beachten ist

„fan-in“ und „fan-out“

Immer dann, wenn elektrische Ströme durch elektrische Widerstände fließen, kommt es zu Spannungsabfällen. Diese sind den Strömen direkt proportional. Sind die sich einstellenden elektrischen Spannungsabfälle unzulässig hoch, so ist die Funktion einer elektronischen Schaltung nicht mehr gewährleistet.
Da die hier behandelten digitalen, integrierten Schaltungen Widerstände, Dioden und Transistoren enthalten, sind sie nicht mit beliebig hohen Strömen belastbar. Bei zu hoher Belastung sind die Signal-Pegel nicht mehr garantiert.
Damit man sich als Anwender der Reihe 74xx nicht über Gebühr mit dem elektronischen Innenleben der ICs befassen muß, wurde eine Art „Einheitsbelastung“ definiert. Die Hersteller geben in den Datenbüchern nur noch an, mit wieviel Einheitsbelastung ein Schaltglied die vorgeschaltete Stufe belastet bzw. mit wieviel Einheitsbelastungen eine vorgeschaltete Stufe durch die nachfolgenden Stufen belastet werden kann.
Die „Einheitsbelastung“ ergibt sich meßtechnisch aus den elektronischen Verhältnissen, die sich beim Anschluß eines entsprechenden Schaltgliedes ergeben. Schließt man z.B. ein NICHT-Glied (SN7404N) mit einem Eingang gegen Masse (L-Pegel), so fließt ein Strom von 1,6 mA aus dem Eingang des NICHT-Gliedes *heraus (Bild 9.77)*. Verbindet man den Eingang mit $U_B = +5$ V (H-Pegel), so fließt ein wesentlich kleinerer Strom von 40 µA in den Eingang der Stufe *hinein (Bild 9.78)*.
Diese beiden Ströme stellen die normierte Einheitsbelastung „fan-in“ = 1 dar. Fließt bei einem anderen digi-

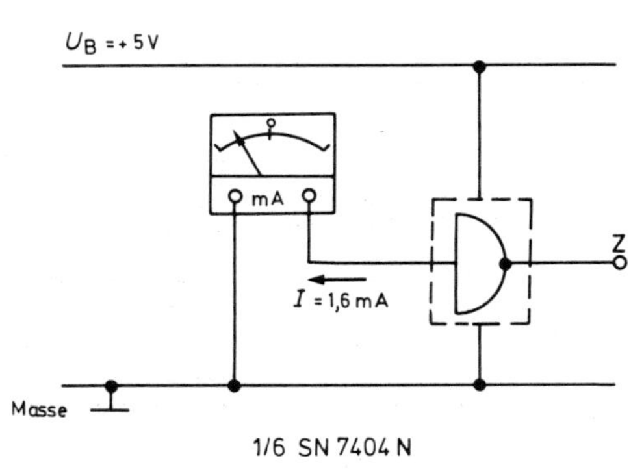

Bild 9.77: Messung der Einheitsbelastung fan-in bei Beschaltung mit L-Pegel.

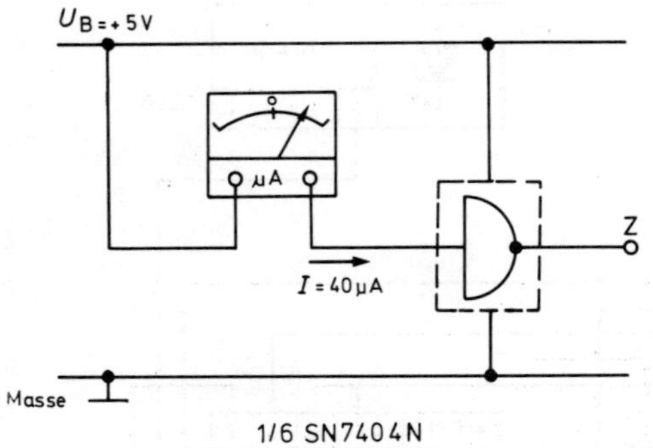

Bild 9.78: Messung der Einheitsbelastung fan-in bei Beschaltung mit H-Pegel.

talen Baustein (z.B. SN74100N) ein höherer Eingangsstrom, so wird die Belastung in Vielfachen (z.B. fan-in = 2) der Einheitsbelastung angegeben.
Der Ausgangslastfaktor „fan-out" gibt an, wie viele „Einheitslasten" vom Ausgang her angesteuert werden

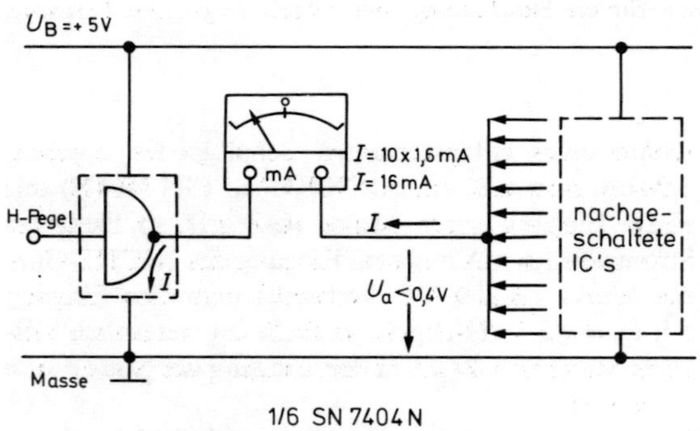

Bild 9.79: Messung der Einheitsbelastung fan-out bei L-Pegel-Ausgang (H-Pegel am Eingang).

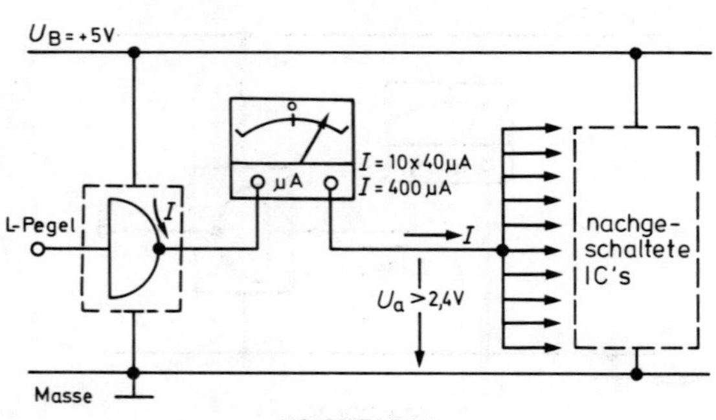

Bild 9.80: Messung der Einheitsbelastung fan-out bei H-Pegel-Ausgang (L-Pegel am Eingang).

können, ohne daß die steuernde Stufe überlastet wird.
Für die meisten Schaltglieder der Reihe 74xx wird ein fan-out = 10 angegeben. Wenn 10 „Einheitslasten" von je fan-in 1 angeschlossen werden, so ist die Belastbarkeit der steuernden Stufe bei einem fan-out von 10 erschöpft. Die *Bilder 9.79 und 9.80* verdeutlichen diese Situation.
Bestimmte digitale ICs der Reihe 74xx sind bis zu einem fan-out von 30 belastbar. Dazu gehören z.B. die Bausteine des Typs SN7440N, ein Zweifach-NAND-Leistungs-IC.
In den wenigsten Fällen werden Sie überhaupt an die fan-out-Grenze der ICs herankommen. Sollten Sie den Verdacht haben, daß dies der Fall sein könnte, so zählen Sie einfach die fan-in-Werte der Stufen zusammen, die Sie auf einen gemeinsamen Ausgang schalten wollen und vergleichen diese Summe mit dem zulässigen fan-out der steuernden Stufe.

Wie man unbenutzte NAND- bzw. NOR-Glied-Eingänge behandelt

Bei der Konzeption digitaler Schaltungen kann es vorkommen, daß nicht alle Gattereingänge eines Logik-Gliedes benötigt werden. Hier muß beachtet werden, daß unbenutzte Eingänge der Reihe 74xx in der Regel so zu bewerten sind, als seien sie mit H-Potential (!) beschaltet. Dies bedeutet für die NAND-Glieder keine funktionelle Einschränkung, da diese ausschließlich mit L-Pegel an nur einem Eingang auf Dauer-H am Ausgang gezwungen werden *(Bild 9.81a)*. NOR-Glieder jedoch werden bereits durch nur ein Eingangs-H-Signal am Ausgang gesperrt *(Bild 9.81b)*.

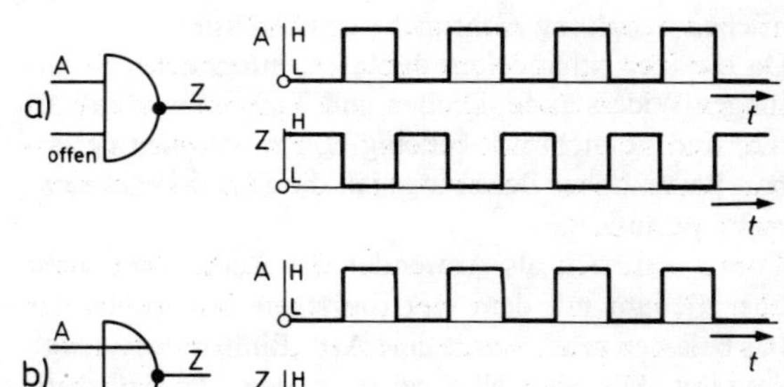

Bild 9.81:
a) Signalzeitplan zum Logikverhalten eines NAND-ICs der 74xx-Reihe bei einem offenen Eingang.
b) Signalzeitplan zum Logikverhalten eines NOR-ICs der 74xx-Reihe bei einem offenen Eingang.

Zur Erzielung optimaler Schaltgeschwindigkeiten und zur Verringerung der Störempfindlichkeit raten die Hersteller der 74xx-Reihe, alle Eingänge an festes Potential zu legen. Es werden folgende Empfehlungen gegeben:

Für NOR-Glieder:

a) Die unbenutzten Eingänge können mit einem beschalteten Eingang desselben Logik-Gliedes verbunden werden. Dies ist dann erlaubt, wenn dadurch das max. fan-out für den H-Pegel der vorgeschalteten, treibenden Schaltstufe nicht überschritten wird *(Bild 9.82)*.

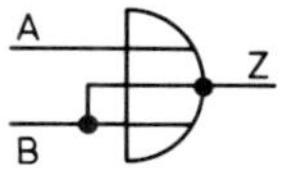

Bild 9.82: Beschaltung eines nichtbenutzten NOR-Glied-Einganges der 74xx-Reihe (Variante A).

b) die unbenutzten Eingänge können an Masse gelegt werden *(Bild 9.83)*.

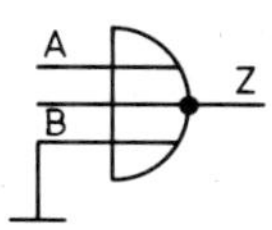

Bild 9.83: Beschaltung eines nichtbenutzten NOR-Glied-Einganges der 74xx-Reihe (Variante B).

Für NAND-Glieder:

a) Die unbenutzten Eingänge können mit einem beschalteten Eingang desselben Logik-Gliedes verbunden werden. Dies ist dann erlaubt, wenn dadurch das max. fan-out für den H-Pegel der treibenden Schaltstufe nicht überschritten wird *(Bild 9.84)*.

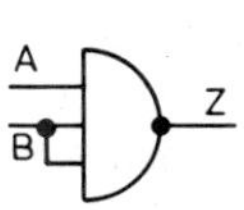

Bild 9.84: Beschaltung eines nichtbenutzten NAND-Glied-Einganges der 74xx-Reihe (Variante A).

b) Wenn sichergestellt ist, daß die Versorgungsspannung U_B der digitalen ICs in jedem Falle 5,5 V ist, können die unbenutzten Eingänge des Logik-Gliedes direkt auf U_B angeschlossen werden *(Bild 9.85)*.

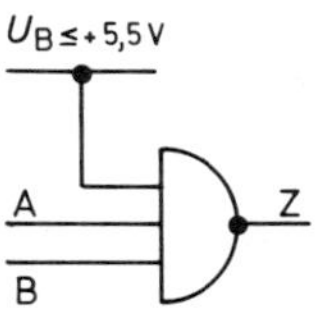

Bild 9.85: Beschaltung eines nichtbenutzten NAND-Glied-Einganges der 74xx-Reihe (Variante B).

c) Wenn die Versorgungsspannung U_B den Betrag $+5{,}5$ V übersteigen könnte, so sind die unbenutzten Eingänge über einen vorgeschalteten Widerstand $\geqq 1$ kΩ an U_B anzuschließen. Dabei können bis zu 25 Logik-Glied-Eingänge an den gleichen Widerstand angeschlossen werden *(Bild 9.86)*.

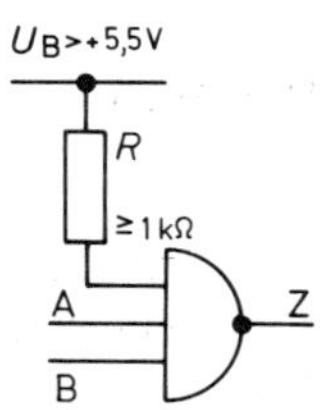

Bild 9.86: Beschaltung eines nichtbenutzten NAND-Glied-Einganges der 74xx-Reihe (Variante C).

Mit Kondensatoren kann man Störungen abblocken

Um sicher zu gehen, daß keine unerwünschten Störungen innerhalb der verdrahteten Digitalschaltungen auftreten, wird empfohlen, sogenannte Koppelkondensatoren von etwa 0,1 μF zwischen $U_B = +5$ V und Masse zu schalten. Dies geschieht am wirkungsvollsten, wenn man pro DIL-Gehäuse bzw. DIL-Stecksockel einen solchen Kondensator mit möglichst kurzen Verbindungen anbringt *(Bild 9.87)*. Es ist zu erwähnen, daß nur Kondensatoren vom Typ der Keramik- bzw. Tantalkondensatoren eingesetzt werden dürfen.

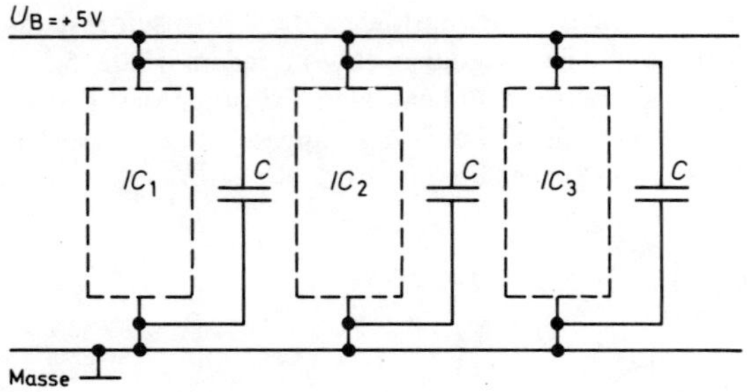

Bild 9.87: Stützkondensatoren helfen Störungen bei der Signalverarbeitung zu unterdrücken.

Treten niederfrequente Störungen auf, die über die Versorgungsleitungen eindringen, so sollten diese über Tantalkondensatoren von ungefähr 10 µF unmittelbar am Eingang der Schaltplatine kurzgeschlossen werden; die Anschlüsse selbstverständlich zwischen U_B und Masse. Wenn Ihre Schaltung – obwohl mehrfach geprüft – nicht korrekt arbeitet, dann können oft Entstörkondensatoren helfen.

Prellfreie Signaleingabe: wie man Kontaktprellen elektronisch unterdrückt

Bei der Betätigung einfacher Taster kann es vorkommen, daß die Kontakte prellen. Dann entsteht eine Signalabgabe nach *Bild 9.88*. Obwohl man nur einen Impuls abgeben wollte, sind daraus (unkontrolliert) gleich mehrere geworden. Das liegt an den mechanischen Eigenschaften der Kontaktfahnen. Steuert man über derartige nichtentprellte Taster elektronische Zähler an, so machen diese ungewollt gleich mehrere Zählschritte. Abhilfe bringen hier sog. prellfreie (besser entprellte) Taster wie sie die *Bilder 9.89 und 9.90* zeigen.

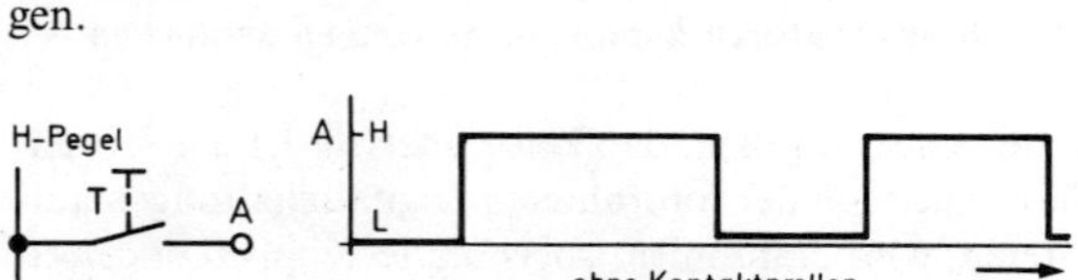

Bild 9.88: Signalabgabe mit und ohne Kontaktprellen.

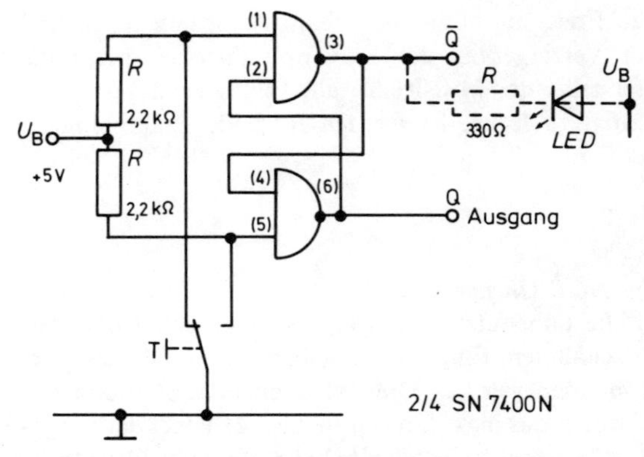

Bild 9.89: Entprellter Signaleingabetaster (Variante A).

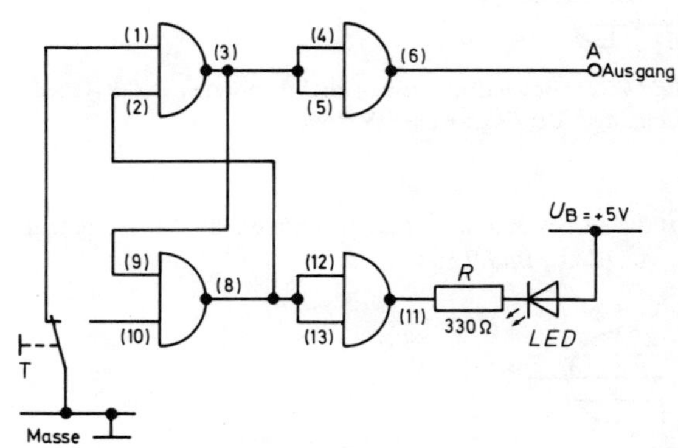

Bild 9.90: Entprellter Signaleingabetaster (Variante B).

Wir geben hier der Ausführung nach *Bild 9.90* den Vorzug: Ausgang A führt in Ruhestellung des Tasters T einen L-Pegel. Bereits nach dem ersten Berühren des Kontaktstückes (NAND-Eingang 10) steuert der RS-Speicher schnell und sicher den Ausgang A auf H-Pegel. Dies wird durch die Leuchtdiode angezeigt. Gibt man den Taster wieder frei, so wird der RS-Speicher wieder zurückgestellt. Der Ausgang A führt wieder L-Signal.
Bild 9.91 gibt den Versuchsaufbau für einen entprellten Taster wieder, der mit dem SN7400 aufgebaut ist. Diese Schaltung benötigen wir in den folgenden Abschnitten immer wieder. Sie wird dort symbolisch so dargestellt, wie dies in *Bild 9.92* zu sehen ist. *Bild 9.93* zeigt die entsprechende Platinenausführung.

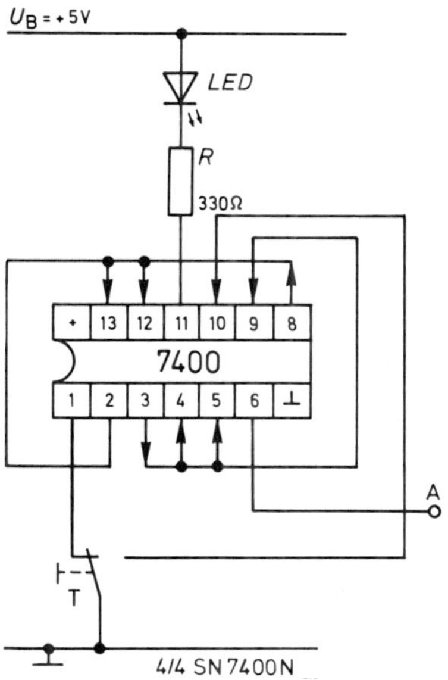

Bild 9.91: Versuchsschaltung zu Bild 9.90.

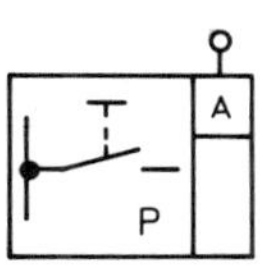

Bild 9.92: Symbol des entprellten Tasters nach Bild 9.90 (prellfreier Taster).

Bild 9.93: Platine des prellfreien Tasters nach Bild 9.92.

Periodischer Signalgeber mit NAND-ICs

Bevor wir zu den wichtigsten Speicher-ICs, den Zähl- und Schieberegisterschaltungen kommen, müssen wir uns noch mit einem Signalgenerator befassen.

Bild 9.95 gibt einen binären Signalgenerator wieder, der – je nach Wunsch – periodische Rechtecksignale oder aber auch einzelne Signale abgeben kann.

Der eigentliche Generator, eine astabile Kippstufe, besteht aus den NAND-Gliedern 1, 2 und 3, sowie den zeitbildenden diskreten Bauelementen R_1 und C.

Sobald am Eingang b) der NAND-Stufe 2 ein H-Signal ansteht, „läuft" der Generator. Mit einem L-Signal am genannten Eingang wird der Generator gesperrt.

Über die aus den NAND-Gliedern 4 und 5 bestehende Vorwahleinrichtung kann der Generator in der beschriebenen Weise programmiert werden.

Die NAND-Glieder 8, 9, 10 und 11 bilden eine Ihnen von der Seite 145 her bekannte Antivalenzschaltung.

Die NAND-Glieder 6 und 7 erkennen Sie als entprellte Eingabe-Taste.

Wird weder der Taster T noch der Schalter S betätigt, so gibt der Signalgeber am Ausgang Q Rechtecksignale von etwa 1 Hz ab. Die Frequenz kann durch die Veränderung der Kondensatorkapazität C variiert werden. Kleinere Kapazitätswerte führen zu höheren Signalfrequenzen.

Der Widerstand R_1 sollte prinzipiell nur in geringen Grenzen verändert werden.

Will man einzelne, entprellte Signale abgeben, so muß der Stopp-Schalter S betätigt werden. Die Einzelsignale können dann über den Taster T abgerufen werden.

Die Anzeige der Ausgangssignale erfolgt über die der NAND-Stufe 12 nachgeschalteten Leuchtdiode.

Die ausgeführte Schaltung zeigt das Platinenfoto *Bild 9.94*.

Bild 9.94: Schaltplatine zur Schaltung nach Bild 9.95.

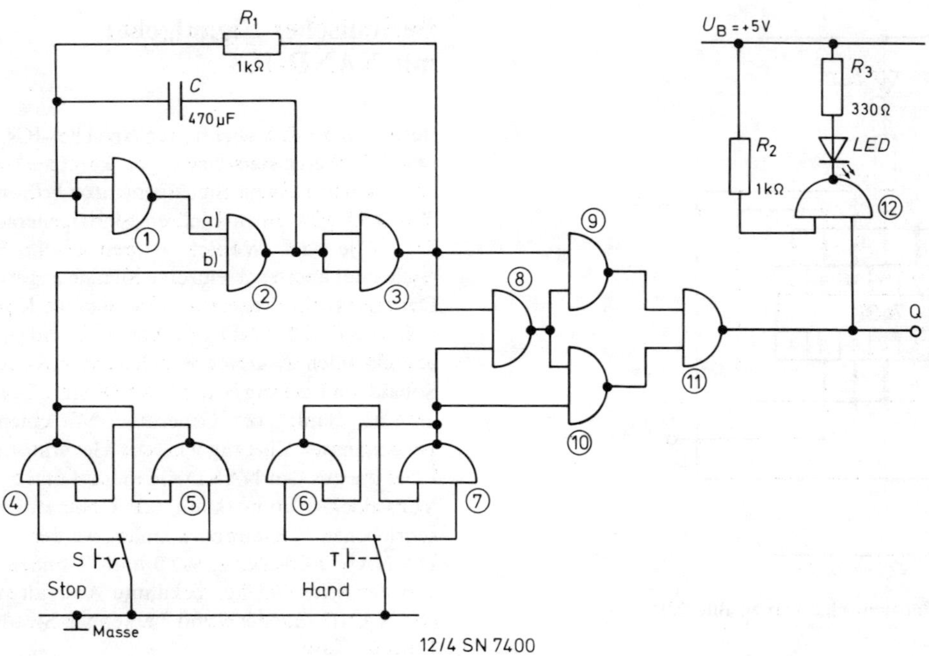

Bild 9.95: Signalgeber zur wahlweisen Abgabe von periodischen Signalen oder Einzelsignalen.

Flip-Flop: Wie man mit Speicher-ICs arbeitet

Mit elektronischen Speichergliedern lassen sich Verriegelungsschaltungen, Zähl- und Schieberegisterschaltungen und vieles mehr aufbauen. Einen aus NAND-Gliedern aufgebauten RS-Speicher haben Sie bereits kennengelernt. Weitere wichtige Speichertypen sind die JK-Flipflops und die D-Flipflops. Die Funktionen der wichtigsten integrierten Speicher macht man sich am besten durch nur wenige, unkomplizierte Versuche klar. Wir haben hier nicht den Ehrgeiz, z.B. die Besonderheiten von Master-Slave-Flipflops theoretisch darzulegen. Wir arbeiten einfach damit.

7473 – ein Zweifach-JK-Master-Slave-Flipflop mit Rückstelleingang *(Bild 9.96)*

Der Baustein 7473 enthält 2 untereinander völlig identische Flipflops. Bauen Sie Ihren Versuch nach *Bild 9.97* auf. Lassen Sie bitte zunächst den Eingang 2 unbeschaltet (H-Pegel!). Die Flipflop-Vorbereitungseingänge J und K werden an unsere Eingabe-Einheit angeschlossen, die wir bei den Versuchen zu den Logik-Schaltungen immer wieder verwendet haben. Den Taktausgang T verbinden wir mit dem Ausgang des entprellten Tasters P.

Die Eingänge J, K und T arbeiten zusammen: Bei jedem Sprung des Taktsignales T von H- auf L-Pegel verarbeitet der Speicher die Signale an J und K. Führt J ein H-Potential und K ein L-Potential, dann wird das Flipflop gesetzt (Q = H, $\overline{Q}$ = L), sobald das Taktsignal von H auf L springt. Liegt J an L und K an H, so ist es umgekehrt: das Flipflop wird beim Sprung von H auf L zurückgesetzt: Q = L, $\overline{Q}$ = H.

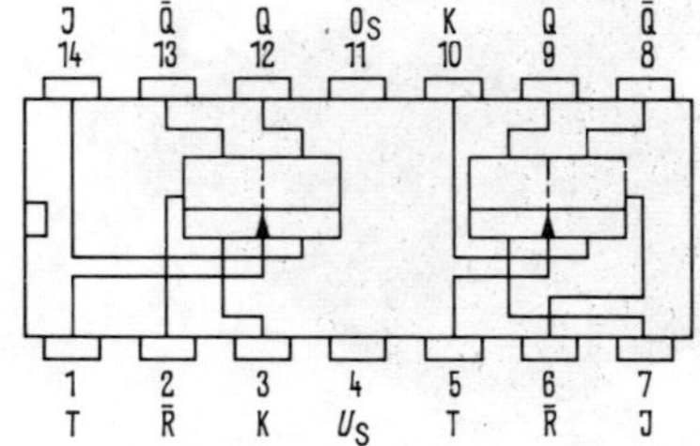

Bild 9.96: Anschlußplan SN 7473. Zweifach-JK-Master-Slave-Flipflop.

Legt man sowohl J wie auch K gleichzeitig auf H (oder bei offenen Eingängen), wird das Flipflop mit jedem H-L-Takt-Wechsel umgesteuert. Das Ausgangssignal Q des JK-Flipflops hat dann die halbe Frequenz des Eingangssignals bei T. So kann das JK-Flipflop als Frequenzteiler eingesetzt werden.
Beschalten Sie nun den Rückstelleingang $\overline{R}$ (Anschluß 2). Wird dieser Reset-Eingang auf L-Pegel gelegt, so wird das Flipflop unabhängig von T, zurückgestellt ($Q=L$, $\overline{Q}=H$). Eine Umsteuerung über T in Verbindung mit den Eingängen J und K ist nun nicht mehr möglich. Der Rückstelleingang $\overline{R}$ hat Vorrang. Er ist taktunabhängig.
Bild 9.98 zeigt einen Frequenzteiler 1:4. Der Ausgang Q_1 des ersten Flipflops steuert den Takteingang des nachfolgenden zweiten Flipflops. Der beigefügte Signal-Zeit-Plan zeigt, daß die Ausgangsfrequenz der Schaltung bei Q_2 nur noch ein Viertel der Eingangsfrequenz bei T ist.

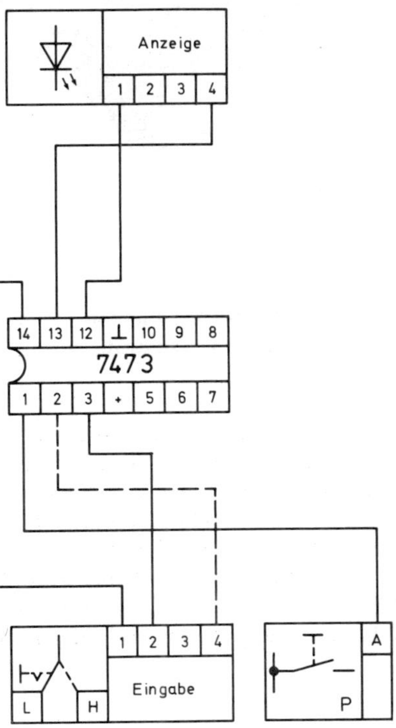

Bild 9.97: Versuchsaufbau mit SN7473. Zweifach-JK-Master-Slave-Flipflop.

Tabelle 9.5: Funktionstabelle zu 7473. Zweifach-JK-Master-Slave-Flipflop.

J	K	Zustand der Ausgänge nach Takt
L	L	Flipflop ändert Ausgangszustand nicht
L	H	FF wird rückgestellt $Q=L$, $\overline{Q}=H$
H	L	FF wird gesetzt $Q=H$, $\overline{Q}=L$
H	H	FF kippt mit jedem Taktwechsel von H nach L

Bedingung: Reset-Eingang 2 auf H-Pegel.
Bei Reset auf L-Pegel: $Q=L$, $\overline{Q}=H$.

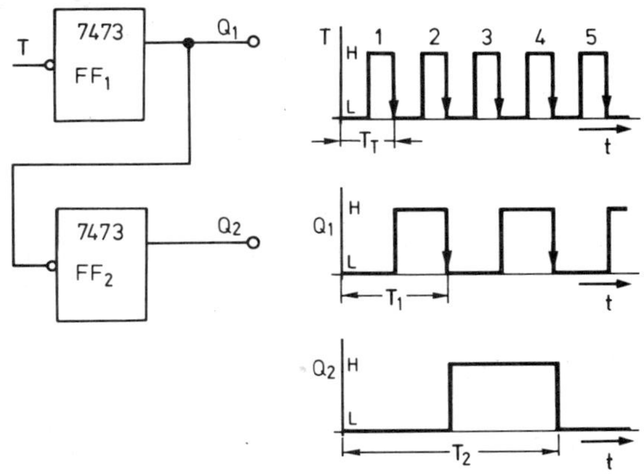

Bild 9.98: Frequenzteiler 1:4 (ohne Beschaltung der weiteren Eingänge dargestellt).

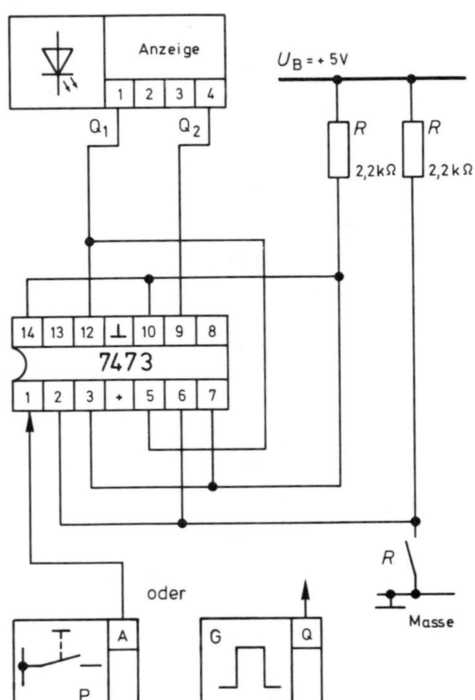

Bild 9.99: Versuchsaufbau zu Bild 9.98.

In dem nach *Bild 9.99* vorgestellten Versuchsaufbau betreiben wir die Eingänge nicht offen (was möglich wäre), sondern beschalten sie über Widerstände mit $U_B = +5$ V. Über die Rückstelltaste kann die Schaltung aus jeder Zwischenstellung wieder zurückgesetzt werden.
Wenn Sie anstelle der prellfreien Taste P nun den Takt-Generator aufschalten, können Sie die Arbeitsweise des Frequenzteilers mühelos beobachten!

Eine Anwendungsschaltung für Kartenspieler: „Wer gibt?" *(Bild 9.100)*

Die nachfolgende Schaltung ist im Grunde genommen nichts anderes als ein Frequenzteiler 1:3 (Ausgang Q_2), den wir jedoch – entsprechend ausgewertet – anders nutzen wollen:
Jedem Skatspieler wird eine eigene Leuchtdiodenfarbe (rot, grün, gelb) zugeordnet. Derjenige Spieler, der gerade die Karten austeilt, betätigt den entprellten Taster und schaltet die Anzeige auf die Farbe des Nachfolgers.
Wir nehmen an, daß Sie die Versuchsschaltung auch ohne ausführlichen Belegplan realisieren können und stellen Ihnen nur das ausgeführte Gerät vor *(Bild 9.101)*.

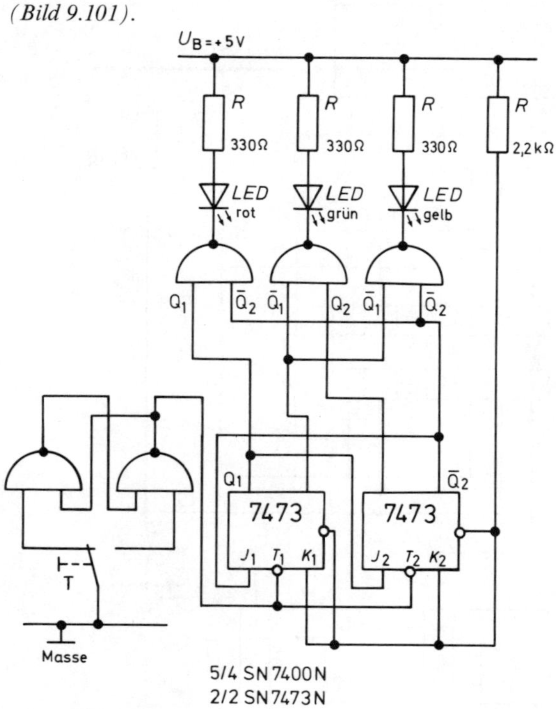

Bild 9.100: Schaltung für Kartenspieler.

Bild 9.101: Gerät für Kartenspieler nach Bild 9.100.

7476 – ein Zweifach-Master-Slave-Flipflop mit zusätzlichen Setz- und Rückstelleingängen *(Bild 9.102)*

Dieses Flipflop unterscheidet sich von dem Typ 7473 in der Ausführung nur unwesentlich. Es besitzt einen zusätzlichen Stelleingang, über den das Flipflop – ohne Takt – gesetzt werden kann. Nebenbei: es hat statt 14 hier 16 Anschlüsse. Die Eingänge $\bar{S}$ und $\bar{R}$ wirken wie die Eingänge des besprochenen RS-Flipflops in NAND-Technik. Besonders zu beachten ist, daß sie in jedem Fall Vorrang vor dem Takteingang haben!

Anschlußanordnung, Ansicht von oben

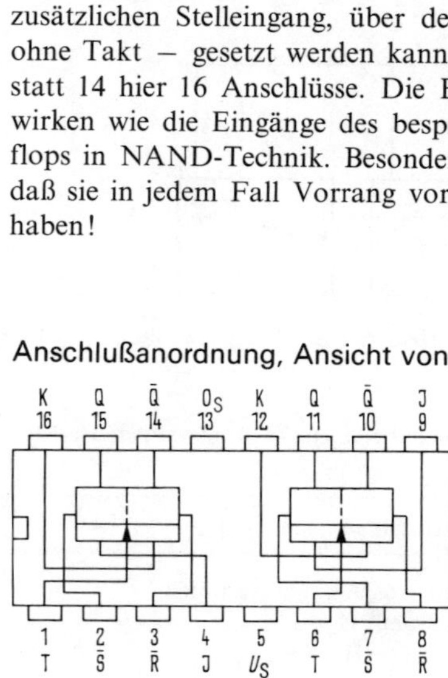

Bild 9.102: Anschlußplan SN7476. Zweifach-JK-Master-Slave-Flipflop mit zusätzlichen Setz- und Rückstelleingängen.

Dieser zusätzliche Setzeingang erweitert die Einsatzmöglichkeit des Flipflops erheblich. Man kann damit den Grundzustand (Q = L oder Q = H) frei bestimmen. *Bild 9.103* gibt Ihnen den geeigneten Versuchsaufbau wieder, mit dem Sie den Flipflop-Typ 7476 genau kennenlernen können. Vergleichen Sie Ihre Versuchsergebnisse mit *Tabelle 9.6.*

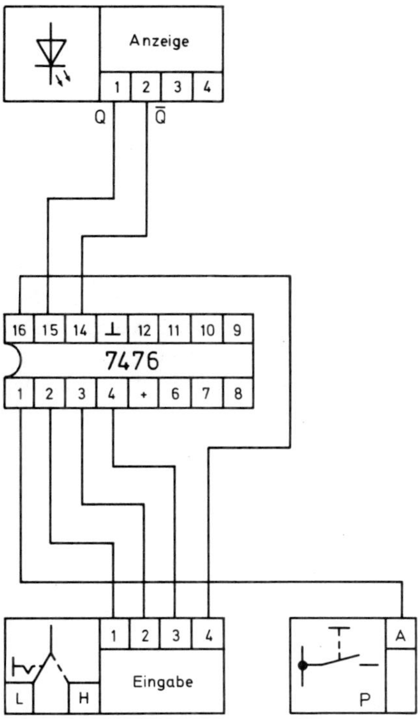

Bild 9.103: Versuchsanleitung zu Bild 9.102.

Tabelle 9.6: Funktionstabelle zu 7476. Zweifach-JK-Master-Slave-Flipflop mit zusätzlichen Setz- und Rückstelleingängen.

J	K	Zustand der Ausgänge nach Takt
L	L	Flipflop ändert Ausgangszustand nicht
L	H	Flipflop wird rückgestellt
H	L	Flipflop wird gesetzt
H	H	Flipflop kippt mit jedem Taktwechsel von H auf L

Bedingungen:
$\overline{R}$ und $\overline{S}$ auf H-Pegel,
L-Potential an $\overline{R}$ (clear) bringt Q auf L-Signal,
L-Potential an $\overline{S}$ (preset) bringt Q auf H-Signal,
$\overline{R}$ und $\overline{S}$ arbeiten unabhängig von T.

7475: ein Vierfaches-Speicher-Flipflop (D-Flipflop) *(Bild 9.104)*

Dieser Flipflop-Typ eignet sich hervorragend für die Zwischenspeicherung von binären Zuständen. Bauen Sie bitte die Versuchsschaltung nach *Bild 9.105* auf.

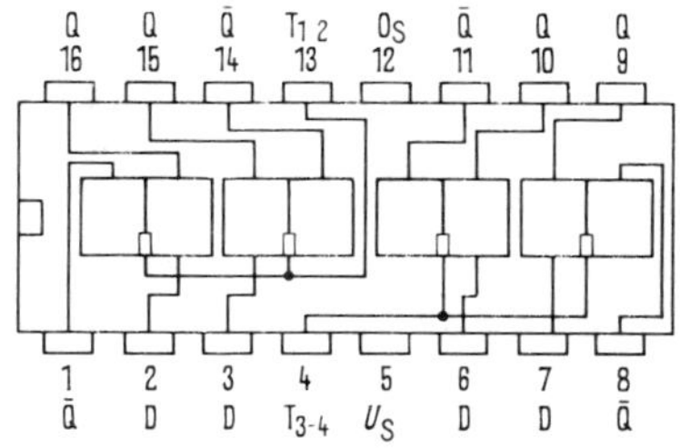

Bild 9.104: Anschlußplan SN 7475. Vierfach-Speicher-Flipflop (D-Flipflop).

Dem D-Flipflop wird über den D-Eingang die zu speichernde Information (L- oder H-Potential) angeboten. Diese wird übernommen, wenn der Takteingang T auf H-Potential liegt. Legt man den Takteingang T auf

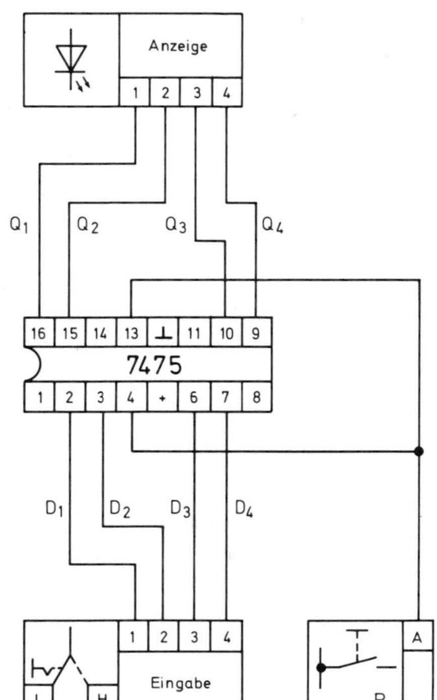

Bild 9.105: Versuchsschaltung mit SN 7475 nach Bild 9.104.

L-Potential, so kann der Zustand des D-Eingangs beliebig verändert werden, ohne daß sich der Speicherzustand verändert.
Zusammenfassend: Liegt am D-Eingang ein L-Potential, so wird der Flipflop-Ausgang Q dann zu L, wenn der Takteingang H-Pegel führt. Liegt am D-Eingang ein H-Potential, so wird der Flipflop-Ausgang dann zu H, wenn der Takteingang H-Pegel führt.
Liegt dagegen der Takteingang T auf L-Pegel, so wird der D-Zustand nicht übernommen. Der Speicherzustand bleibt unverändert.
Spielen Sie die Versuchsschaltung entsprechend durch.

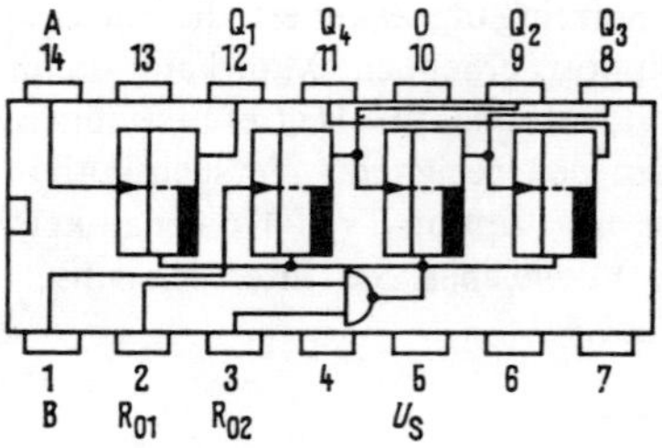

Anmerkung: Bei neuen Benennungen gilt:

$Q_1 = Q_A$; $Q_2 = Q_B$; $Q_3 = Q_C$; $Q_4 = Q_D$

Bild 9.106: Anschlußplan SN 7493. 4-Bit-Binär-Zähler.

Integrierte Schaltungen, die zählen können

Digitale Zählerschaltungen lassen sich ohne Schwierigkeiten aus einer entsprechenden Anzahl von geeigneten Flipflops aufbauen. Einen mit binären Signalen arbeitenden Zähler haben wir bereits im *Bild 9.98* kennengelernt, wobei wir die dortige Anordnung noch „Frequenzteiler" nannten.
Erweitert man diese Anordnung um zwei weitere JK-Flipflops und vollzieht die Verdrahtung der Eingänge nach *Bild 9.98,* so ergibt sich die Schaltung für einen Dualzähler, mit dem man nach dem dualen Zahlensystem bis 15 (16 zählerinterne Zustände) zählen kann.
Wegen der außerordentlich häufigen Verwendung von Zählern haben die IC-Hersteller integrierte Zählereinheiten entwickelt, von denen wir zwei sehr gebräuchliche Typen im Versuch kennenlernen wollen. Beim weiteren Durchblättern dieses Buches werden Sie mehrfach auf Schaltungen stoßen, bei denen diese Zähler-ICs Verwendung finden.

7493: ein 4-Bit-Binärzähler *(Bild 9.106)*

Dieser Baustein besteht aus einem zweifachen Teiler und aus einem achtfachen Teiler. Bei Verwendung als Binärzähler muß der Ausgang des zweifachen Teilers Q_A mit dem Eingang B des achtfachen Teilers verbunden werden *(Bild 9.106)*. Über die Eingänge R_{01} und R_{02} kann der Zähler auf Null zurückgesetzt werden. Dazu sind diese Eingänge mit H-Pegel zu belegen. (Achtung! auch unbeschaltete Eingänge führen H.)
Wir wollen die Arbeitsweise dieses Zählerbausteins in mehreren Teilversuchen kennenlernen.

Versuch a) (Bild 9.107)

Wir benutzen nur den zweifachen Teiler mit dem Eingang A und dem Ausgang Q_A. Dieses Eingangsflipflop wird mit jedem Wechsel des Taktes von H auf L umgesteuert. Voraussetzung ist, daß wir den Rückstellungseingang mit L-Signal belegt haben.

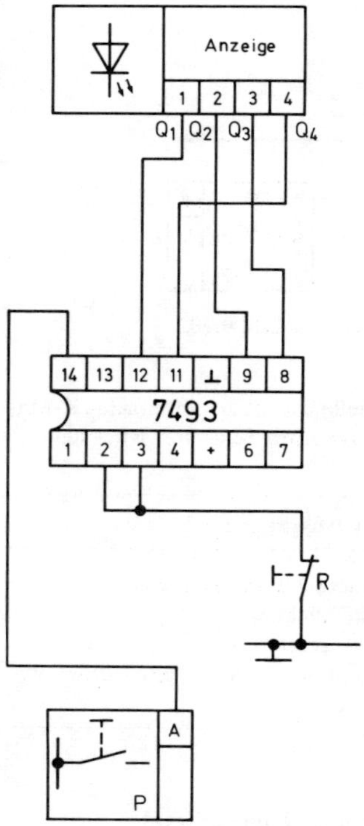

Bild 9.107: Versuchsschaltung mit SN 7493: Nutzung des Zweifach-Teilers.

Versuch b) (Bild 9.108)

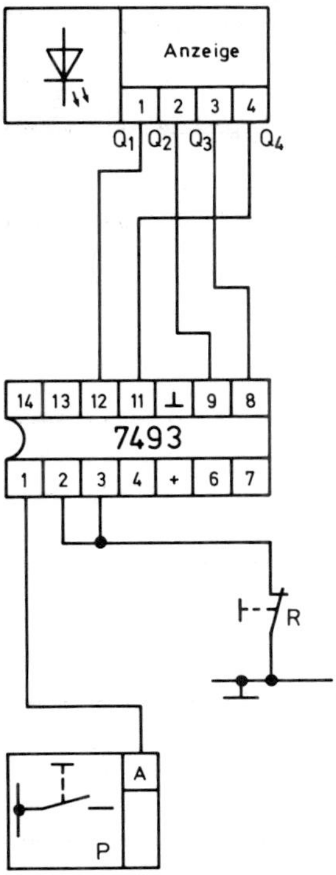

Bild 9.108: Versuchsschaltung mit SN 7493: Nutzung des Achtfach-Teilers.

Wir benutzen ausschließlich den achtfachen Teiler mit dem Eingang B und den Ausgängen Q_B, Q_C und Q_D. Über die entprellte Taste können wir bis zu 7 Zähltakte eingeben. Mit dem achten Zähltakt wird der Zähler selbständig auf den Ausgangszustand Null zurückfallen. Öffnet man die Rückstelltaste, so liegt quasi ein H-Pegel am Rückstelleingang. Auf diese Weise kann man den Zähler bei jedem beliebigen Zählerinhalt auf Null zurücksetzen.

Versuch c) (Bild 9.109)

Wir verbinden Q_A mit B und erhalten einen Binärzähler mit dem 15 Zähltakte gezählt werden können *(Tabelle 9.7)*. Mit dem 16. Zähltakt beginnt der Grundzustand Null wieder. Über die Rückstelltaste kann der Zähler zu jedem beliebigen Zeitpunkt zurückgestellt werden.

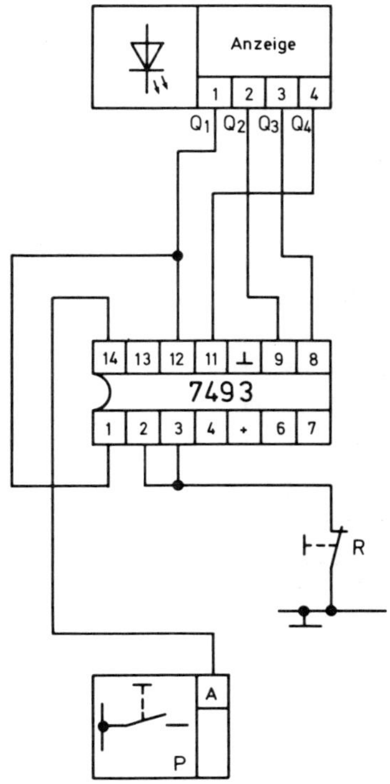

Bild 9.109: Versuchsschaltung mit SN 7493: Nutzung beider Teiler (0-bis-15-Zähler).

Tabelle 9.7: 7493: Ausgangssignale des 0-bis-15-Zählers für alle vorkommenden Zählzustände.

Zählfolge	Ausgänge			
T	Q_D	Q_C	Q_B	Q_A
0	L	L	L	L
1	L	L	L	H
2	L	L	H	L
3	L	L	H	H
4	L	H	L	L
5	L	H	L	H
6	L	H	H	L
7	L	H	H	H
8	H	L	L	L
9	H	L	L	H
10	H	L	H	L
11	H	L	H	H
12	H	H	L	L
13	H	H	L	H
14	H	H	H	L
15	H	H	H	H

Anmerkung: Um alle Eingänge auf L-Signal zu setzen, müssen R_{01} und R_{02} auf H-Signal sein.

Versuch d) (Bild 9.110)

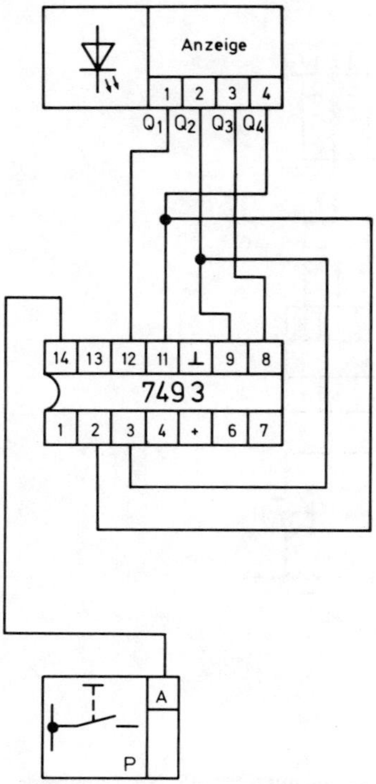

Bild 9.110: Versuchsschaltung mit SN 7493 als binär arbeitende Zähldekade (0-bis-9-Zähler).

Diese Anordnung zeigt eine binär arbeitende Zähldekade, mit der bis zu 9 Zähltakte gezählt werden können. Mit dem 10. Zähltakt wird sich der Zähler selbständig zurückstellen. Beachten Sie, daß der – nur äußerst kurzzeitig auftretende und nicht angezeigte – Zählerzustand 10 durch die Ausgangszustände $Q_A = L$, $Q_B = H$, $Q_C = L$ und $Q_D = H$ gekennzeichnet ist. Die Ausgänge Q_B und Q_D sind auf die NAND-Stufe des Rücksetzeinganges geschaltet, wodurch der Zähler bei Erreichen von $R_{01} = H$ und $R_{02} = H$ zurückgestellt wird.

Nach der Rückstellung haben sich die Zählerausgänge sofort wieder verändert und das Rücksetzsignal ist aufgehoben. Die Zählung kann wieder von vorne beginnen.

Bei geschickter Zuordnung der Zählerausgänge Q_A bis Q_D auf das Rückstell-NAND-Glied kann der Zähler auch bei anderen Zählerzuständen zurückgestellt werden. Beachten Sie hierzu bitte *Tabelle 9.8.*

Die Zählkapazität der Zählanordnung kann erweitert werden, wenn man einen weiteren 4-Bit-Zähler 7493 nachschaltet. Dabei erfolgt der Stellenübertrag auf die nachgeschaltete Zählstufe von Q_D der ersten Stufe auf den Takteingang A der nachgeschalteten Stufe *(Bild 9.111).*

Tabelle 9.8: 7493: Rückstellbedingungen für vorgewählte Zählkapazitäten.

Beschaltung R_{01}, R_{02}	Zähler wird mit Zählerzustand rückgestellt
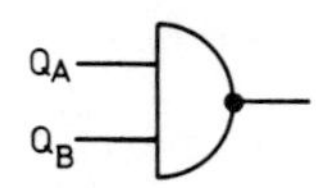	3
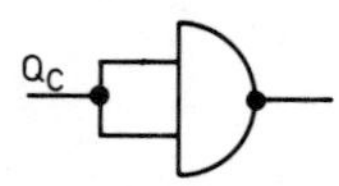	4
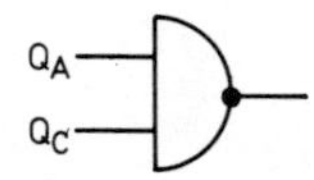	5
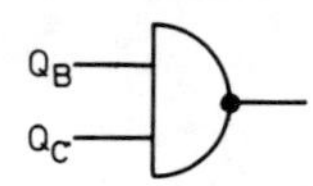	6
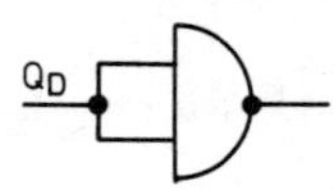	8
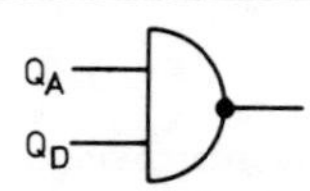	9
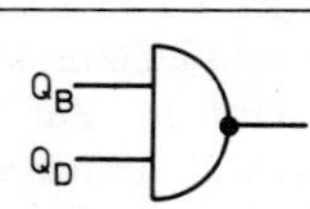	10
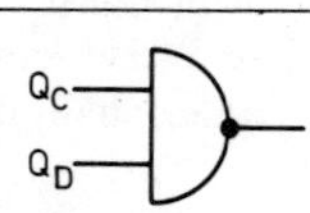	12

Soll der Zähler mit den Zuständen 7, 11, 13, 14 oder 15 zurückgestellt werden, muß der Rückstelleingang durch ein zusätzliches UND-Glied erweitert werden.

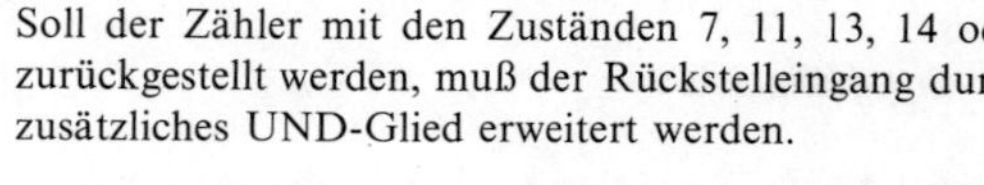

Bild 9.111: SN 7493: Prinzip der Verschaltung mehrstelliger Zähler.

7490 – ein Dezimalzähler *(Bild 9.112)*

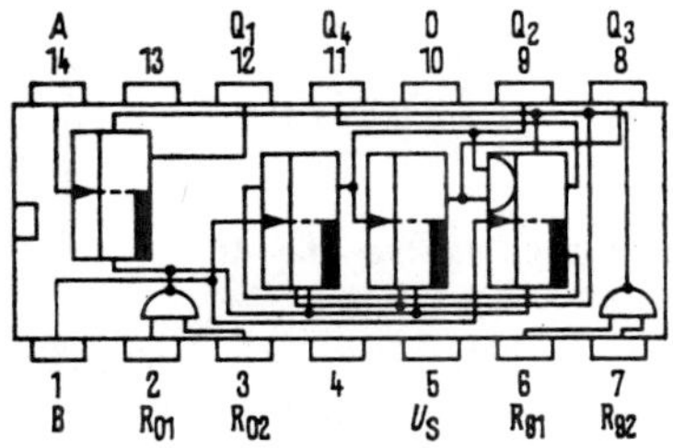

($Q_1 \triangleq Q_A$, $Q_2 \triangleq Q_B$, $Q_3 \triangleq Q_C$, $Q_4 \triangleq Q_D$)

Bild 9.112: Anschlußplan SN 7490. Dezimalzähler.

Der Baustein 7490 besteht aus einem zweifachen Teiler und einem fünffachen Teiler. Bei Verwendung als Dekadenzähler muß der Ausgang des zweifachen Teilers Q_A mit dem Eingang des fünffachen Teiler B verbunden werden. Die Eingänge R_{01}, R_{02} und R_{91}, R_{92} sind Rückstelleingänge, über die der Zähler auf den Zählerstand Null oder Neun (!) zurückgestellt werden kann. Diese Zusammenhänge können Sie der *Tabelle 9.9* entnehmen.

Tabelle 9.9: SN 7490: Funktions- und Beschaltungstabelle. Rückstellen/Zählen

Zustand der Rückstelleingänge				Zustand der Zählerausgänge				Zählerinhalt
R_{01}	R_{02}	R_{91}	R_{92}	Q_A	Q_B	Q_C	Q_D	
H	H	L	X	L	L	L	L	NULL
H	H	X	L	L	L	L	L	NULL
X	X	H	H	H	L	L	H	NEUN
X	L	X	L	Zähler zählt (keine Sperre)				entsprechend gezählter Impulse
L	X	L	X					
L	X	X	L					
X	L	L	X					

X: Der Eingang kann beliebig L-Pegel oder H-Pegel führen.

Werden mehrere 7490-Bausteine hintereinander geschaltet, so kann man über mehrere Dezimalstellen hinweg zählen. Die entsprechenden Versuche zu solchen Schaltungen werden wir dann durchführen, wenn wir über die 7-Segment-Ziffernanzeige ausreichend informiert sind.

Bauen Sie die zur Untersuchung des funktionellen Verhaltens unseres Dezimalzählers notwendige Schaltung

Tabelle 9.10: Ausgangssignale des Dezimalzählers 7490.

Zähltakte	Q_A	Q_B	Q_C	Q_D
0	L	L	L	L
1	H	L	L	L
2	L	H	L	L
3	H	H	L	L
4	L	L	H	L
5	H	L	H	L
6	L	H	H	L
7	H	H	H	L
8	L	L	L	H
9	H	L	L	H

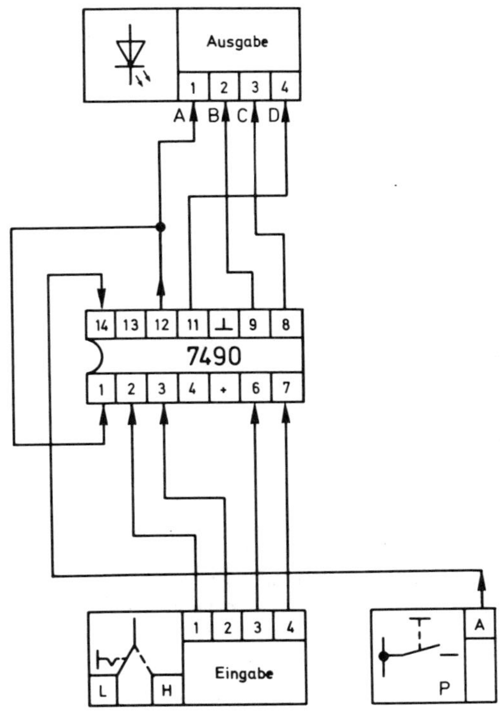

Bild 9.113: Versuchsschaltung zum Dezimalzähler SN 7490.

nach *Bild 9.113* auf. Vergleichen Sie die Versuchsergebnisse mit *Tabelle 9.10*.

Der Dezimalzähler 7490 kann auch zu anderen Zählzyklen gezwungen werden. Zu diesem Zweck werden die Rückstelleingänge mit den entsprechenden Zählerausgängen verbunden. *Tabelle 9.11* gibt Ihnen einige Anregungen.

Tabelle 9.11: 7490: Rückstellbedingungen für vorgewählte Zählkapazitäten.

Beschaltung R_{01}, R_{02}	Zähler wird mit Zählerzustand auf NULL zurückgestellt
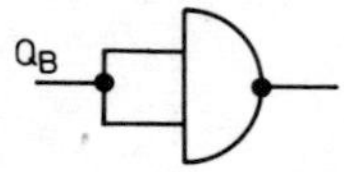	2
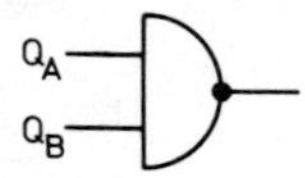	3
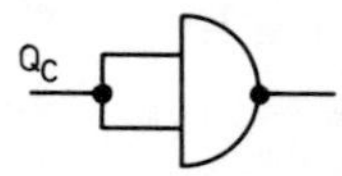	4
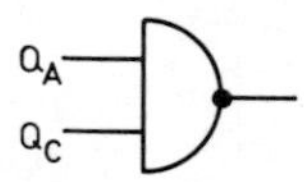	5
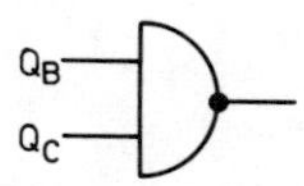	6
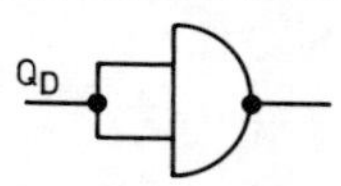	8
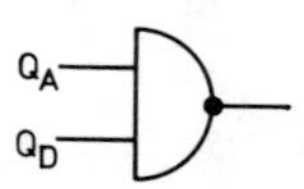	9

Soll der Zähler aus dem Zustand 7 zurückgestellt werden, so muß der Rückstelleingang durch ein zusätzliches UND-Glied erweitert werden.

Schieberegister: Signale laufen im Takt

Schieberegister-Schaltungen sind in der Praxis der Elektronik von besonderer Bedeutung. Sie sind dort häufig Teil einer umfangreichen Schaltung. Einfache Schieberegister-Schaltungen können aber auch für den Elektronik-Bastler interessant sein. Also Grund genug, mit einigen Experimenten die Arbeitsweise solcher Schaltungen kennenzulernen.

Schieberegister-Schaltungen mit Speicher-ICs

Bild 9.114 gibt den Aufbau eines Schieberegisters wieder, das mit JK-Master-Slave-Flipflops vom Typ 7473 zusammengestellt wurde. Dazu der entsprechende Versuchsaufbau nach *Bild 9.115*.

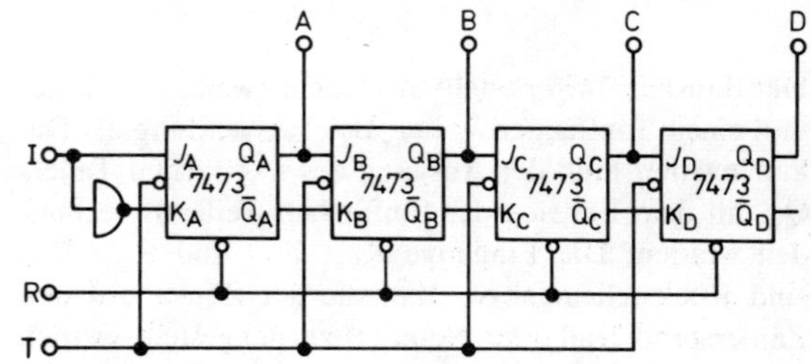

Bild 9.114: Schieberegister mit JK-Master-Slave-Flipflop SN 7473.

Typisch für alle Schieberegister-Schaltungen ist, daß die Ausgänge (oder der Ausgang: je nach Flipflop-Typ) eines Flipflops mit den Eingängen (oder dem Eingang) des nachfolgenden Flipflops verbunden ist.
Bieten Sie der vorgegebenen Schaltung am Eingang I eine Information an (I = L oder I = H), so wird diese mit dem ersten Taktsignalwechsel (T = H auf T = L) übernommen. Mit weiteren Taktsignalen wird dann diese Information an die nachfolgenden Flipflops verschoben und gleichzeitig neue Information (über den Eingang I) aufgenommen.
Je nachdem, welche Informationsfolge dem Eingang I angeboten wird, laufen ein oder mehrere H-Signale durch das Schieberegister *(Bild 9.116* und *Bild 9.117)*. Genaugenommen werden selbstverständlich auch die L-Signale durchgeschoben!
Achtung: Die IC-Hersteller weisen besonders darauf hin, daß es bei der Verwendung von JK-Master-Slave-Flipflops und D-Flipflops zu Fehltriggerungen kommen kann, wenn diese nicht flankengetriggert werden (wird in den Typbezeichnungen angegeben!). Dies tritt dann auf, wenn die Information am Eingang des Registers geändert wird, während der Takteingang bereits auf H-Pegel liegt.

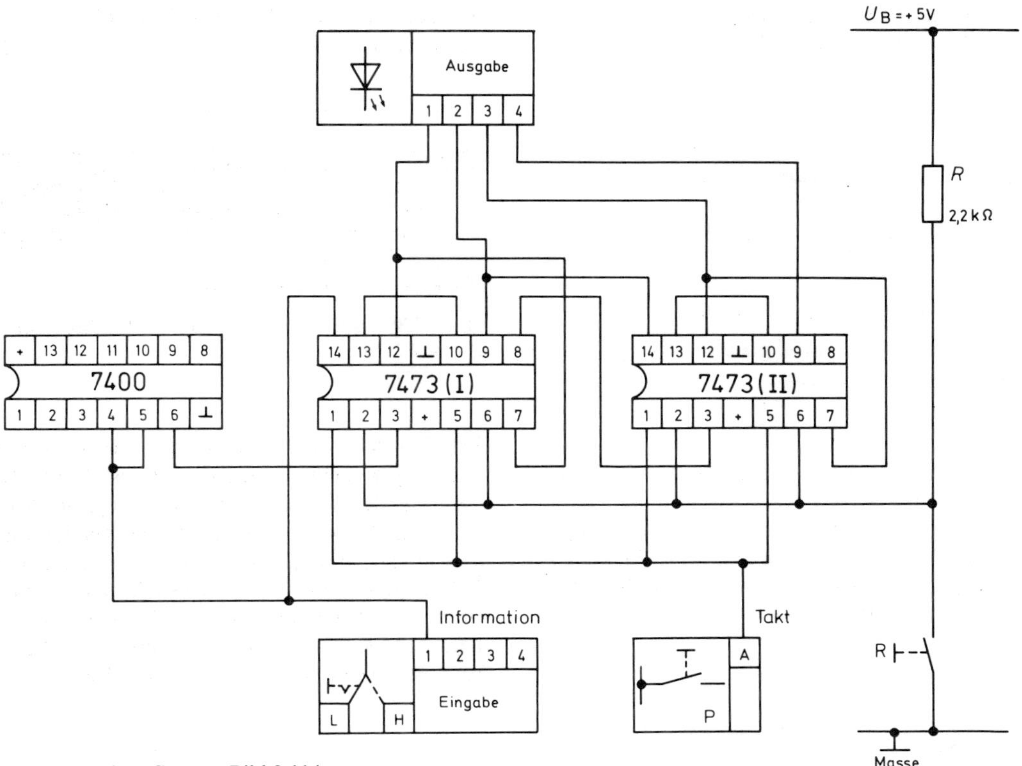

Bild 9.115: Versuchsaufbau zu Bild 9.114.

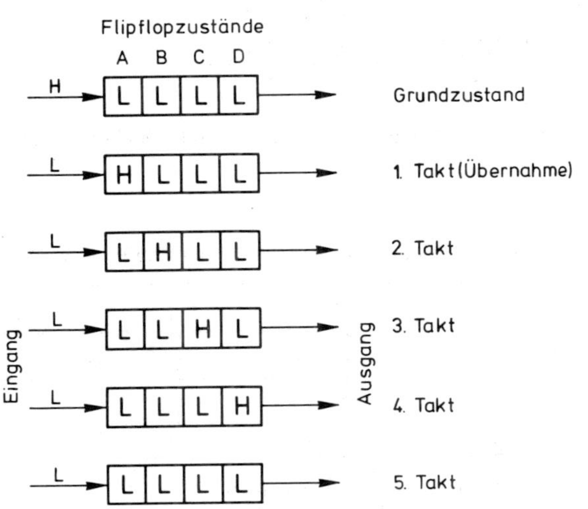

Bild 9.116: Informationsverarbeitung innerhalb eines Schieberegisters. Variante A: ein H-Signal wird aufgenommen und durchgeschoben.

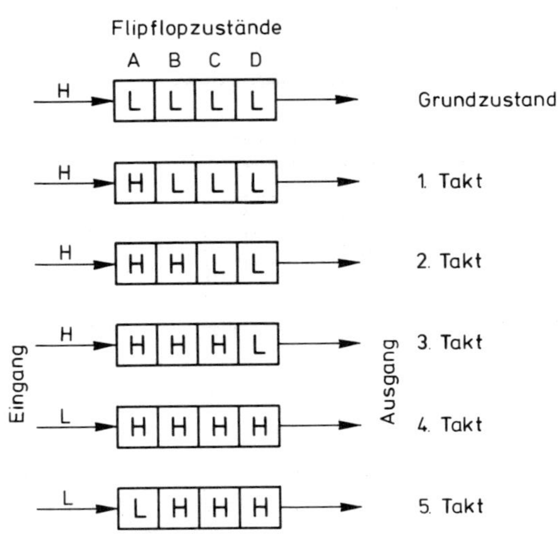

Bild 9.117: Informationsverarbeitung innerhalb eines Schieberegisters. Variante B: vier H-Signale werden aufgenommen und durchgeschoben.

Ein Versuch, der nicht weiter führt: Schieberegister mit D-Flipflop 7475
(Bild 9.118)

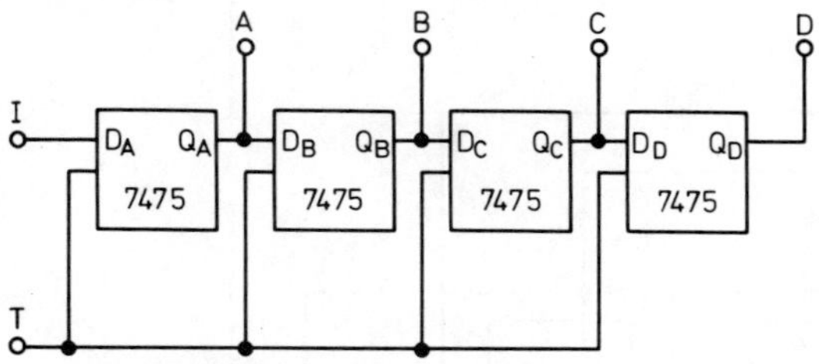

Bild 9.118: D-Flipflops vom Typ SN 7475 sind für den Aufbau von Schieberegistern ungeeignet.

Bauen Sie die Schaltung entsprechend *Bild 9.119* auf. Sobald Sie dieser „Schieberegisteranordnung" am I-Eingang ein H-Signal anbieten und den Takteingang auf H-Pegel takten, übernehmen *alle* D-Flipflops – fälschlicherweise – diesen Zustand! Diese Schaltung ist kein Schieberegister.

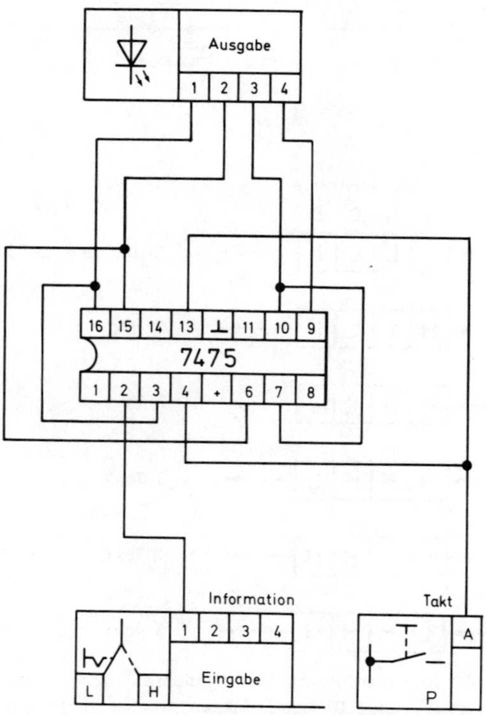

Bild 9.119: Versuchsaufbau zu Bild 9.118.

Schieberegister mit D-Flipflop Typ 7474
(Bild 9.120)

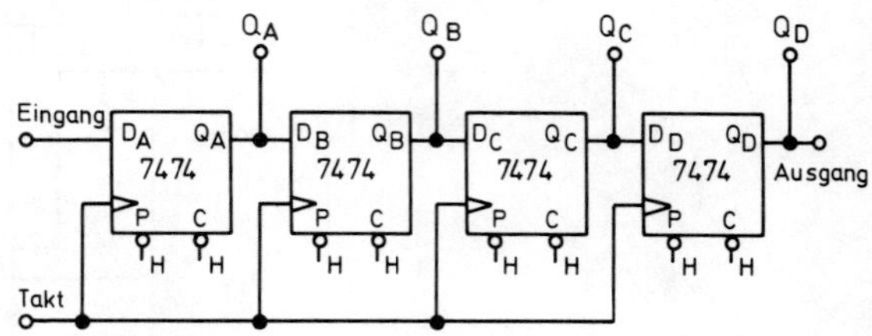

Bild 9.120: Schieberegister mit D-Flipflops vom Typ SN 7474.

Der Baustein 7474 *(Bild 9.121)* enthält zwei positiv flankengetriggerte Speicher-Flipflops (D-Flipflop-Typen), die den Zustand der D-Eingänge der folgenden L-H-Signalflanke an den Takteingängen übernehmen. Zusätzlich besitzt jedes Flipflop noch je einen taktunabhängigen Stell- und Rückstelleingang, die beide beim Schiebevorgang auf H-Pegel liegen müssen. Beachten Sie hierzu bitte die *Tabelle 9.12.* Diese Schieberegister-Schaltung arbeitet einwandfrei.

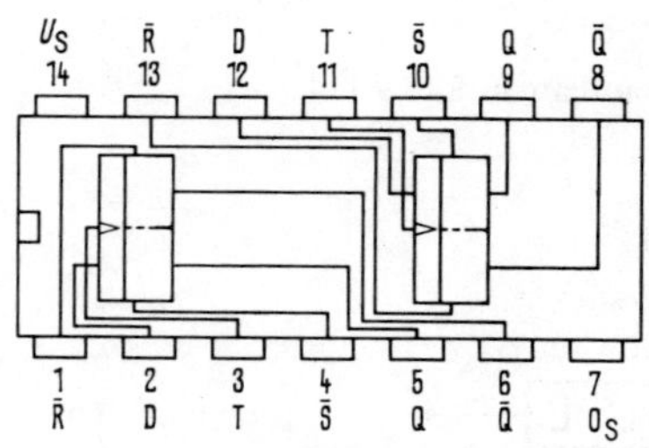

Bild 9.121: Anschlußplan SN 7474. Positiv flankengetriggertes D-Flipflop.

Tabelle 9.12: Logisches Verhalten jedes Flipflops im 7474.

t_n	t_{n+1}	
D	Q	$\bar{Q}$
L H	L H	H L

t_n = Zeitpunkt *vor* dem Taktimpuls,
t_{n+1} = Zeitpunkt *nach* dem Taktimpuls,
L-Potential an $\bar{R}$ bringt Q auf L-Signal,
L-Potential an $\bar{S}$ bringt Q auf H-Signal,
$\bar{R}$ und $\bar{S}$ arbeiten unabhängig von T.

Schieberegister-Schaltung mit Parallel-Eingabe

Bild 9.122 zeigt eine mit D-Flipflops vom Typ 7474 aufgebaute Schieberegister-Schaltung, deren Grundzustand über den Eingang „Laden“ vorbestimmt werden kann. Soll z.B. vor dem Schiebevorgang das Schieberegister den Grundzustand $Q_A = H$, $Q_B = L$, $Q_C = L$ und $Q_D = H$ einnehmen, so werden die Schaltungseingänge wie folgt belegt: A = H, B = L, C = L und D = H. Mit einem folgenden Ladesignal (H-Signal), werden die Flipflops A und D gesetzt, die Flipflops B und C zurückgestellt. Sobald der Eingang „Laden“ wieder L-Signal führt, kann über den Takteingang der Schiebevorgang eingeleitet werden. Dabei muß der Eingang D_A auf L-Pegel liegen!

Beachten Sie das Foto der Experimentier-Schaltung *(Bild 9.123)*.

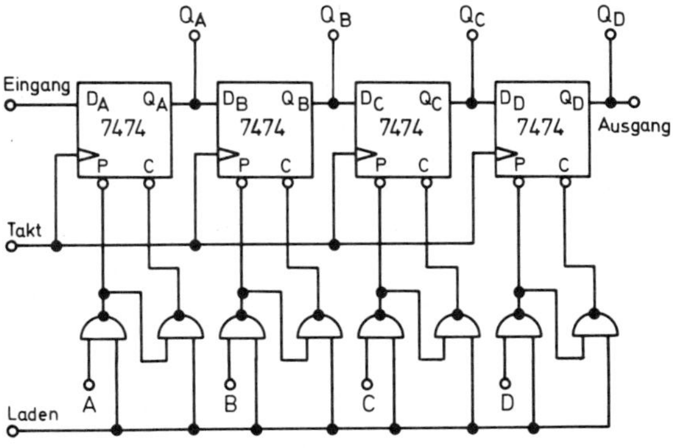

Bild 9.122: Schieberegister mit Parallel-Eingabe.

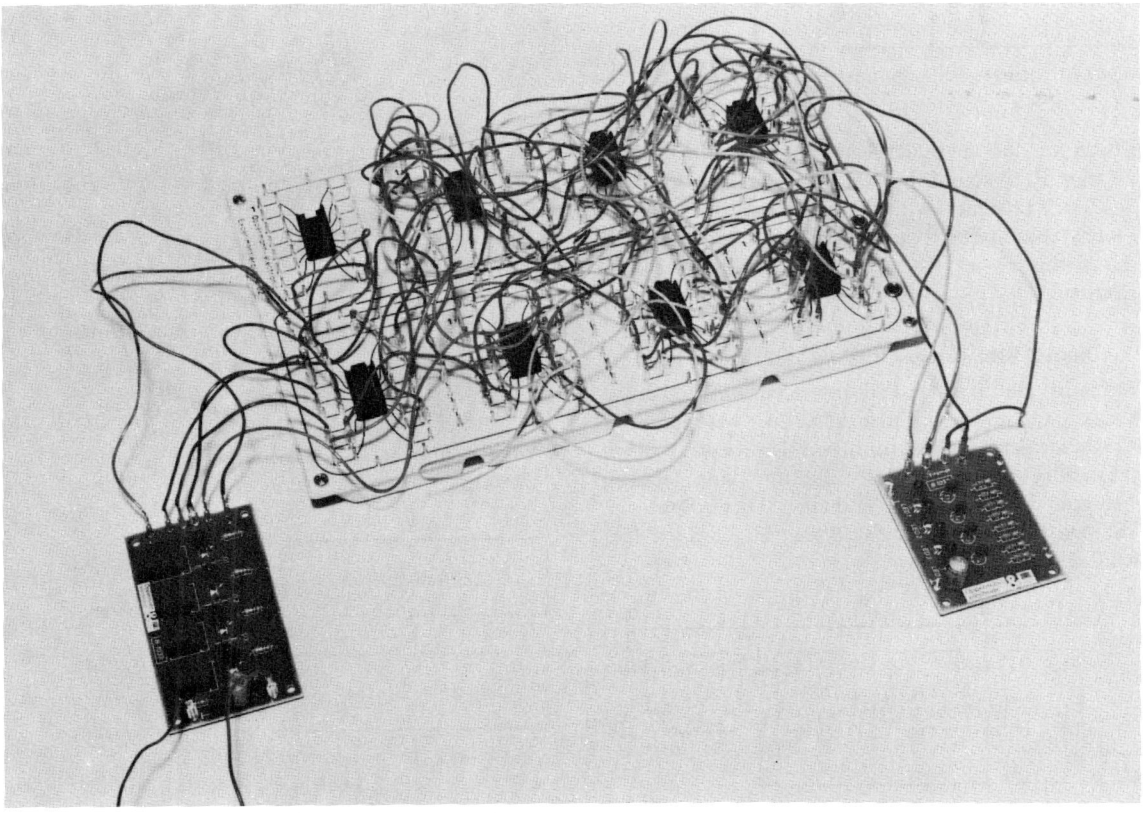

Bild 9.123: Schaltaufbau zu Bild 9.122.

Ring-Register: Signale laufen im Kreis *(Bild 9.124)*

Verbindet man in der Schaltung nach *Bild 9.122* den Ausgang Q_D mit den Eingang D_A (selbstverständlich erübrigt sich das Dauer-L-Signal an D_A aus dem vorigen Versuch), so erhält man ein Ring-Register. Da das Ausgangsflipflop FF_D jetzt den Zustand des D-Eingangs des Eingangsflipflop FF_A bestimmt, muß das Signal, das am Ausgang der Registerschaltung ansteht mit dem folgenden Takt am Schieberegistereingang wieder übernommen werden.

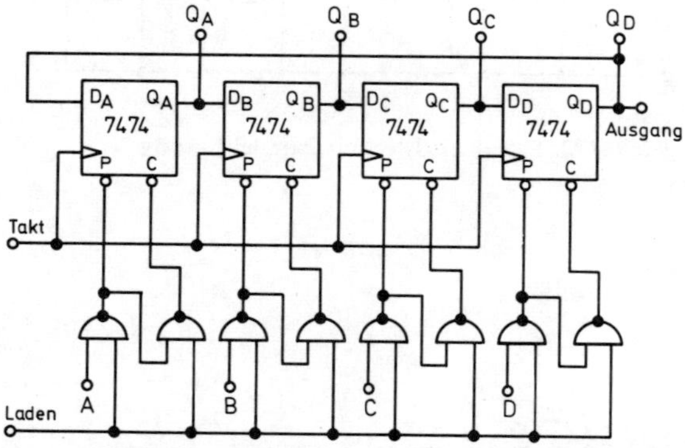

Bild 9.124: Ringregisterschaltung mit D-Flipflops (SN 7474).

Setzen Sie über die Lade-Schaltung ausschließlich das Flipflop FF_A, so daß $Q_A = H$ wird. Mit dem anschließenden Taktsignal schieben Sie dieses H-Signal im „Kreis" durch das Register. Besonders deutlich wird dies, wenn Sie den Taktgenerator nach *Bild 9.94* aufschalten.

Das Auffüll-Schieberegister *(Bild 9.125)*

Verbinden Sie in der Schaltung nach *Bild 9.122* den Ausgang $\bar{Q}_D$ mit dem Eingang D_A. Der besondere Effekt dieser Schaltung ist, daß sich das Register zuerst selbständig mit H-Signalen füllt, um dann letztlich wiederum nur L-Signale zu enthalten. Dieses Spielchen läßt sich beliebig fortsetzen. Benutzen Sie auch hier den Taktgenerator.

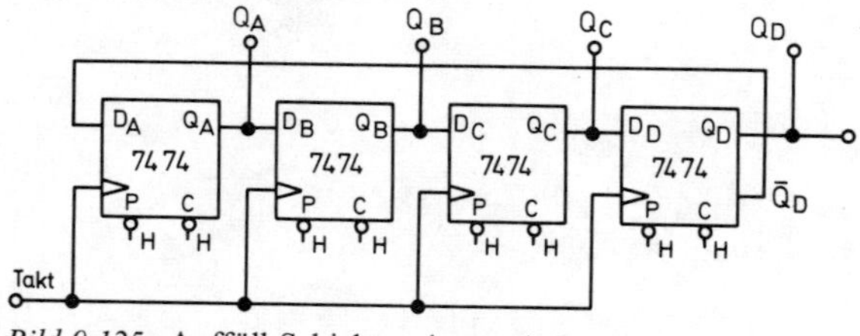

Bild 9.125: Auffüll-Schieberegister mit D-Flipflops (SN 7474).

Fertige Schieberegister in einem IC

In der 74xx-Reihe werden einige hochintegrierte Schieberegister-Schaltungen angeboten, bei denen die einzelnen Flip-Flops bereits intern verschaltet sind. Der Einsatz dieser ICs vereinfacht bestimmte Schaltungsprobleme. Es kann an dieser Stelle nur kurz darauf hingewiesen werden. Wenn Sie sich mit diesen Schaltungen befassen wollen, greifen Sie bitte zu den Druckschriften der IC-Hersteller.

Die 7-Segment-Ziffernanzeigeeinheit

Da wir von unserer Kindheit an gewohnt sind, Zahlendarstellungen mit dezimalen Ziffern zu schreiben, ist die Interpretation der Zählerinhalte, die nach dem dualen Zahlensystem arbeiten, auf die Dauer doch unbefriedigend und unsicher. Deshalb gibt es Anzeigeneinheiten, die mit den gewohnten Ziffern arbeiten *(Bild 9.126)*.

Bild 9.126: 7-Segment-Anzeigeeinheit in Bausteinform.

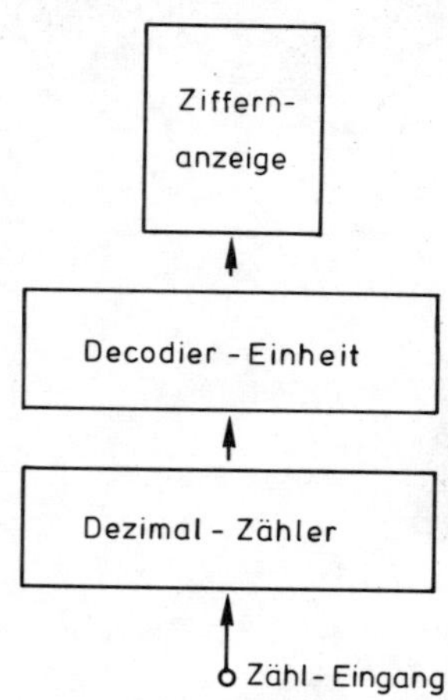

Bild 9.127: Solche 7-Segment-Anzeigeeinheiten kommen in der Praxis häufig vor.

Dem digitalen Zähler wird dabei – pro Dezimalstelle – eine Decodier-Einheit mit nachfolgender Ziffernanzeige nachgeschaltet *(Bild 9.127)*. Nehmen wir uns die einzelnen Bauglieder der Anzeigegruppe nacheinander systematisch vor. Dabei wollen wir die Theorie auf das unbedingt notwendige Maß beschränkt halten.

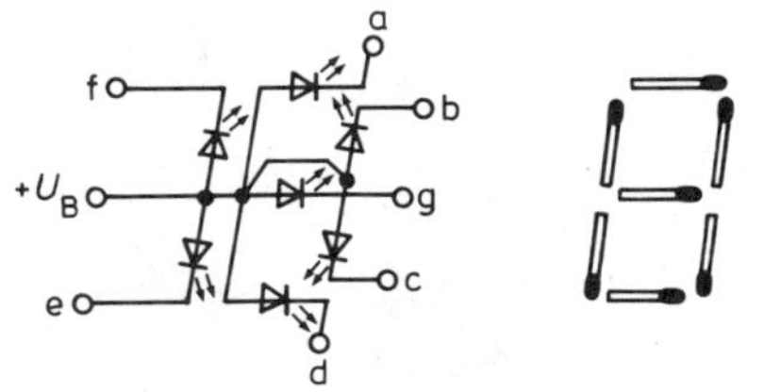

Bild 9.129: Aufbauprinzip eines 7-Segment-LED-Anzeigeelements, rechts mit Streichhölzern nachgebildet.

Die 7-Segment-Anzeige *(Bild 9.128 und 9.129)*

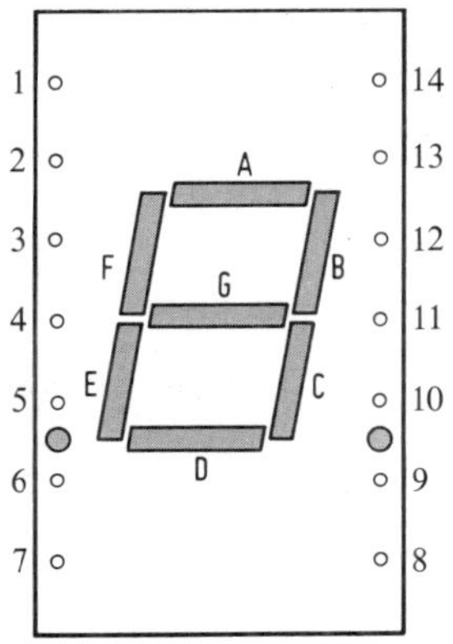

Ansicht von der Segmentseite

1 A	8 D
2 F	9 Dp. rechts
3 gemeinsame Anode	10 C
	11 G
	12
4	13 B
5	14 gemeinsame Anode
6 Dp. links	
7 E	

Bild 9.128: Anschlußbild eines 7-Segment-LED-Anzeigeelements.

Die meisten Anzeigeeinheiten enthalten Leuchtdioden (Segmente), die in bestimmten Gruppen zum Aufleuchten gebracht, die einzelnen Ziffern darstellen *(Bild 9.130)*.

Dabei ist die verbreitetste Ausführung so konzipiert, daß alle Anoden der LEDs zusammengefaßt sind. Damit kann man die Leuchtdiode eines Segments durch Beschaltung der zugehörigen Kathode mit L-Potential zum Aufleuchten bringen. Diese Verbindung zur Masse muß stets durch einen geeigneten Vorwiderstand zur Strombegrenzung geschützt sein *(Bild 9.134)*. Der Betrag dieses Widerstands ist abhängig von der Durchlaßspannung und dem Durchlaßstrom des LED-Segments. Durchlaßströme von 5 mA bis 20 mA sind üblich, Durchlaßspannungen von 1,4 V bis 2 V – bei Reihenschaltungen von LEDs pro Segment auch höher – sind gebräuchlich. Natürlich sind auch Ausführungen mit gemeinsamer Diodenkathode im Handel erhältlich. Man muß sich in jedem Fall über die jeweiligen Daten der 7-Segment-Ausführung informieren oder sich durch einfache Experimente an die Verhältnisse herantasten.

Schaltungstechnisch einfacher sind 7-Segment-Anzeigeeinheiten mit Glühfadenausführung zu handhaben *(Bild 9.131)*, z.B. Minitron 3015 F oder FDB 5–15. Sie sind direkt, also ohne Vorwiderstand ansteuerbar. Man spart am Schaltungsaufwand. Es ist aber nicht sicher, ob Sie solche Ausführungen immer kaufen können.

Bild 9.130: Die Ziffern 0 bis 9 werden durch Kombinationen aus den 7 Segmenten dargestellt.

a) Struktur des Anzeigeelements

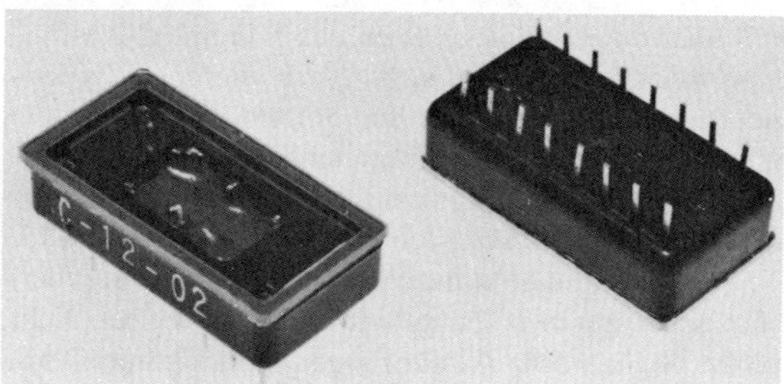

b) einbaufertige Ausführung

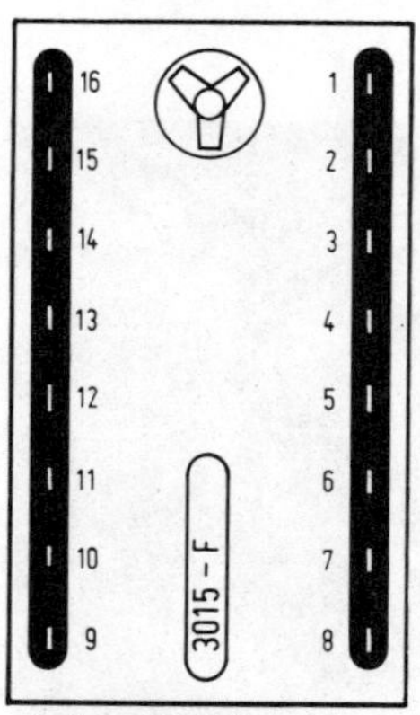

Von der Rückseite her gesehen

1 ⏚	10 Versorgungsspannung
2 Versorgungsspannung	11 C
3 F	12 Versorgungsspannung
4 G	13 Versorgungsspannung
5 Versorgungsspannung	14 B
6 E	15 A
7 D	16 ⏚
8 ⏚	
9 H (DP.)	

c) Anschlußplan

Bild 9.131: 7-Segment-Glühfaden-Anzeigeelement.

7447 BCD-7-Segment-Decoder *(Bild 9.132)*

Wie schon angedeutet, muß zwischen dem Dezimalzähler 7490 und der 7-Segment-Anzeige eine Decodierschaltung eingefügt werden.

Bauen Sie die Versuchsschaltung nach *Bild 9.133* auf. Wenn Sie mit einer LED-7-Segment-Anzeige arbeiten, ist diese Anordnung entsprechend *Bild 9.134* zu variie-

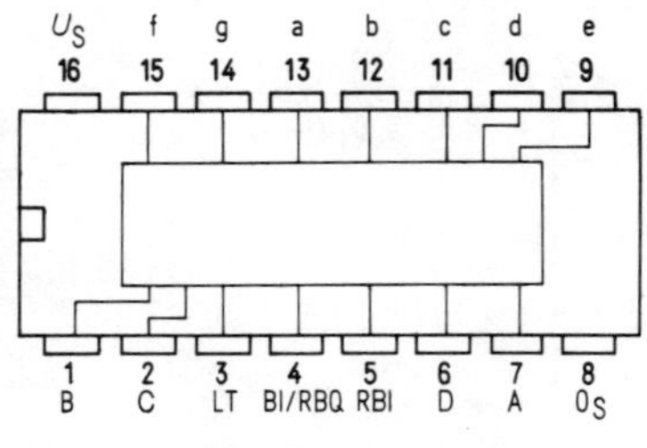

Bild 9.132: Anschlußbild SN 7447. BCD-7-Segment-Decoder.

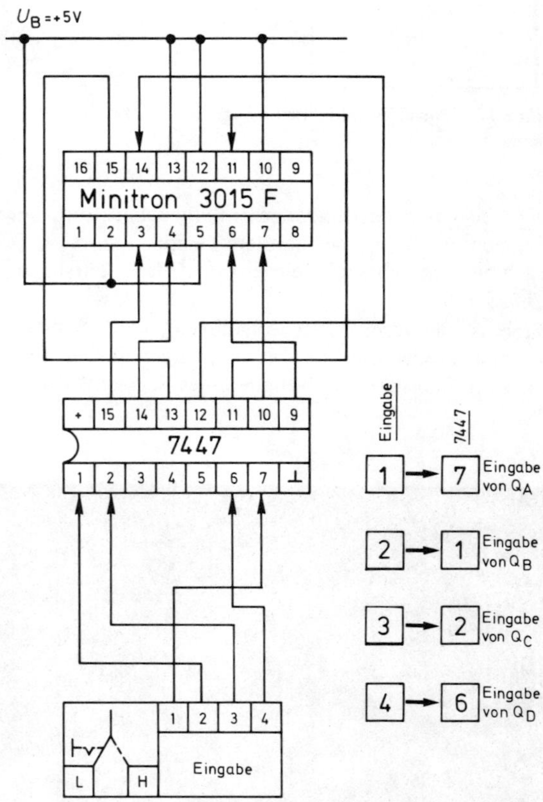

Bild 9.133: Versuchsschaltung mit BCD-7-Segment-Decoder SN 7447.

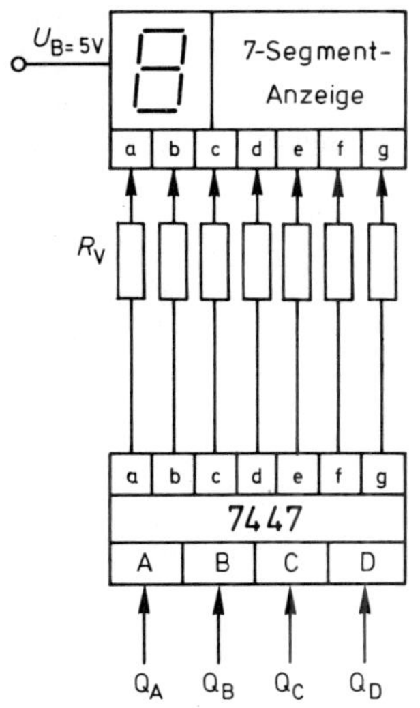

Bild 9.134: Schaltungsvariante zu Bild 9.133.

ren. In dieser Darstellung sind die Anschlüsse einmal anders dargestellt. Man findet oft auch diese Darstellung.

Über die 4 Taster der Eingabe-Einheit können Sie die Zahlen nach dem dualen Zahlensystem eingeben. Sie werden dann dezimal angezeigt. Beachten Sie, daß mit den 4 Eingabeschaltern auch die Zahlen 10, 11, 12, 13, 14 und 15 simuliert werden können *(Tabelle 9.7, S. 165)*. In diesen Fällen gibt die 7-Segment-Anzeige Bildmuster an, die nicht mehr als Dezimalziffern gedeutet werden können. Die hier nicht erwähnten Anschlüsse des Decoders sind für unsere Versuche nicht interessant und bleiben unbeschaltet. Ihre Funktionen erschließen sich durch wahlweise Belegung mit H- oder L-Pegel. Eine Hilfe gibt Ihnen die *Tabelle 9.13.*

Die vollständige Anzeigeeinheit

Die *Bilder 9.135 und 9.136* geben die vollständige 7-Segment-Anzeigeeinheit, bestehend aus dem Dezimalzähler 7490, dem Decoder 7447 und der 7-Segment-

Tabelle 9.13: Funktions- und Belegungstabelle SN 7447 BCD-7-Segment-Decoder.

Funktion	LT	RBI	D	C	B	A	BI/RBQ	a	b	c	d	e	f	g
0[1])	H	H	L	L	L	L	H	L	L	L	L	L	L	H
1	H	X	L	L	L	H	H	H	L	L	H	H	H	H
2	H	X	L	L	H	L	H	L	L	H	L	L	H	L
3	H	X	L	L	H	H	H	L	L	L	L	H	H	L
4	H	X	L	H	L	L	H	H	L	L	H	H	L	L
5	H	X	L	H	L	H	H	L	H	L	L	H	L	L
6	H	X	L	H	H	L	H	H	H	L	L	L	L	L
7	H	X	L	H	H	H	H	L	L	L	H	H	H	H
8	H	X	H	L	L	L	H	L	L	L	L	L	L	L
9	H	X	H	L	L	H	H	L	L	L	H	H	L	L
10	H	X	H	L	H	L	H	H	H	H	L	L	H	L
11	H	X	H	L	H	H	H	H	H	L	L	H	H	L
12	H	X	H	H	L	L	H	H	L	H	H	H	L	L
13	H	X	H	H	L	H	H	L	H	H	L	H	L	L
14	H	X	H	H	H	L	H	H	H	H	L	L	L	L
15	H	X	H	H	H	H	H	H	H	H	H	H	H	H
BI[2])	X	X	X	X	X	X	L	H	H	H	H	H	H	H
RBI[3])	H	L	L	L	L	L	L	H	H	H	H	H	H	H
LT[4])	L	X	X	X	X	X	H	L	L	L	L	L	L	L

X = H-Signal oder L-Signal

[1]) Bei der Null-Anzeige muß am Übertragseingang zur Nullausblendung RBI H-Signal liegen.

[2]) Wenn L-Signal am Eingang Ausblendung BI anliegt, erhalten die Segment-Ausgänge H-Signal, unabhängig von den Eingängen.

[3]) Wenn L-Signal am Übertragseingang zur Nullausblendung RBI anliegt, erhalten die Segmentausgänge H-Signal und am Übertragsausgang zur Nullausblendung RBQ entsteht L-Signal, vorausgesetzt die Eingänge A, B, C, D liegen an L-Signal (Nullbedingung).

[4]) Wenn L-Signal am Eingang Lampen-Test LT anliegt, erhalten die Segment-Ausgänge L-Signal (Helltastung), vorausgesetzt an BI/RBQ liegt H-Signal, unabhängig von Eingängen A, B, C, D und RBI.

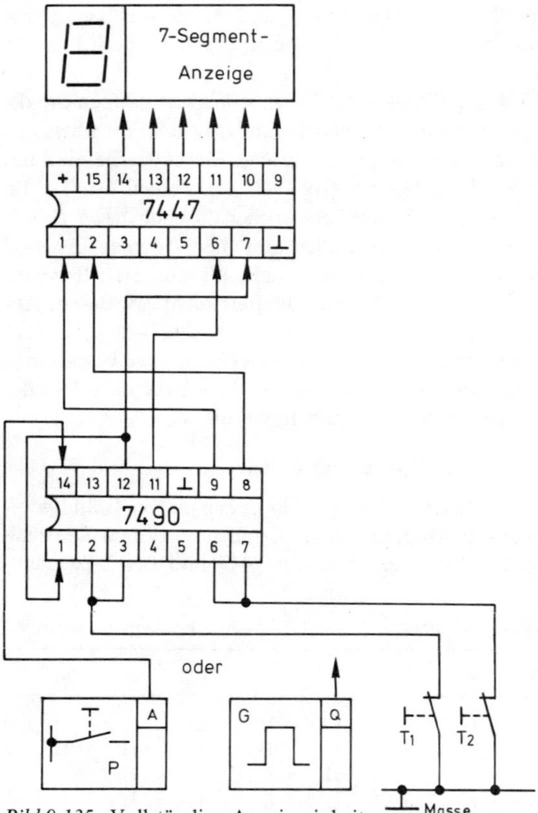

Bild 9.135: Vollständige Anzeigeeinheit.

Anzeige wieder. Diese Anordnung wird in der Praxis außerordentlich häufig eingesetzt, dann jedoch gleich für mehrere Dezimalstellen konzipiert. Genaugenommen handelt es sich hier in unserem Beispiel um einen einstelligen Dezimalzähler, der intern selbstverständlich mit binären Signalen arbeitet.
Die Zählimpulse geben Sie wahlweise über die Handtaste oder den Taktgenerator ein. Über die Taster T_1 oder T_2 kann der Zähler auf die „Null“ oder die „Neun“ gestellt werden.

Die akustische Signalausgabeeinheit

Wird bei der Durchführung der Versuche mit digitalen ICs eine astabile Kippstufe als Signalgeber eingesetzt, so werden die Zähl- und Schieberegistervorgänge nur bei niedrigen Taktfrequenzen deutlich sichtbar bleiben. Bei hohen Frequenzen ist ein Oszilloskop sehr vorteilhaft einzusetzen, weil damit auch schnellste periodische Vorgänge nachgewiesen werden können.
Ein solches Meßgerät steht aber wenigen Elektronik-Amateuren zur Verfügung, weil es teuer ist. Man kann es in manchen Fällen ersetzen. Wir werden hier die periodischen Vorgänge akustisch anzeigen, weil das Ohr recht gut Frequenzen zwischen 10 Hz und 10 kHz erkennen und unterscheiden kann.

Bild 9.136: Versuchsaufbau der vollständigen Anzeigeeinheit.

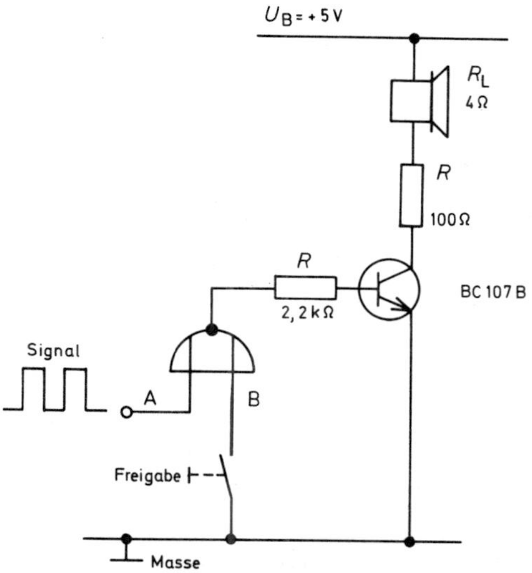

Bild 9.137: Akustische Signalausgabeeinheit.

Die Frequenzteiler-Decodiereinheit (7402) schaltet über die aus NAND-Gliedern aufgebaute Signalweiche den jeweils zugeordneten Frequenzteilerausgang Q_1 bis Q_4 auf die Basis des Transistors BC107B, der wiederum das akustische Ausgabeglied, den Lautsprecher, steuert.

Diese Schaltung eignet sich von der Konzeption her auch für den optischen Nachweis von periodischen Signalen. In diesem Falle wird der Lautsprecher durch eine optische Anzeigeeinheit (z.B. LED) ersetzt. Natürlich sind die nachweisbaren periodischen Vorgänge dann nur bei relativ niedrigen Frequenzen sichtbar, oder aber man erweitert die Schaltungskonzeption entsprechend.

Bild 9.137 zeigt eine sehr einfach aufzubauende akustische Signal-Ausgabeeinheit. Über den Eingang A wird das periodische Signal aufgeschaltet. Der Eingang B dient zum Sperren oder Freischalten der akustischen Signal-Ausgabeeinheit. Die Freigabe erfolgt mit einem L-Signal, die Sperrung mit einem H-Signal (offener Eingang!).

Bei sehr hohen Taktfrequenzen ist diese Schaltung allerdings nicht mehr verwendbar. Eine Alternative ist deshalb in den *Bildern 9.138 und 9.139* dargestellt.

Die sehr hohe Signalfrequenz wird hier mit einem vorwählbaren Frequenzteiler auf eine hörbare Frequenz herabgesetzt. Dies geschieht wie folgt:

Über die Handtaste T wird ein aus dem IC7473(I) aufgebauter Zähler angewählt, der die Zählinhalte 0, 1, 2 und 3 aufnehmen und speichern kann. Mit Hilfe dieses Zählers und der nachgeschalteten Decodierschaltung in NOR-Technik (SN7402) werden wahlweise die Frequenzteilerverhältnisse 1:2, 1:4, 1:8 und 1:16 vorgewählt und über die LEDs angezeigt.

Die eigentliche Frequenzteilung erfolgt in dem aus 2 ICs des Typs 7473 (II und III) aufgebauten Zähler, je nach Vorwahl. Die anzuzeigende Taktfrequenz wird auf den Eingang dieses Zählers gegeben, der dann an seinen vier Ausgängen Q_1, Q_2, Q_3 und Q_4 Signale mit den herabgesetzten Frequenzen liefert.

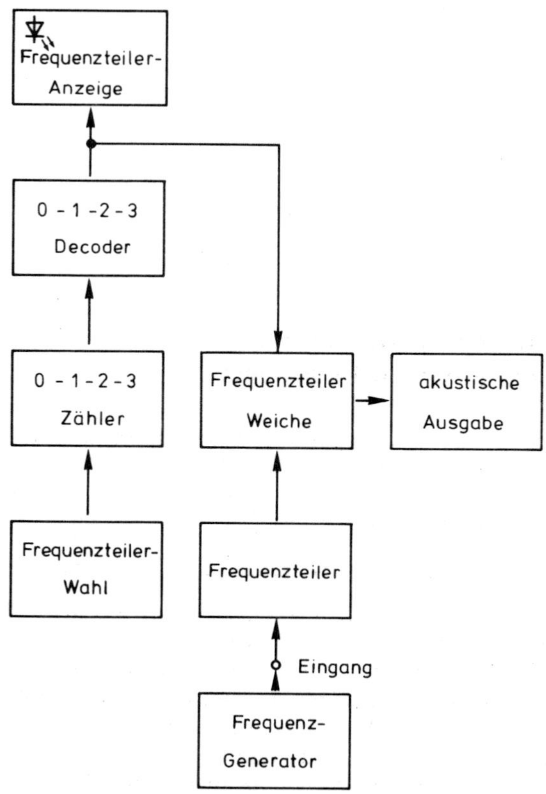

Bild 9.138: Akustische Signalausgabeeinheit mit vorwählbarem Frequenzteiler (Blockbild).

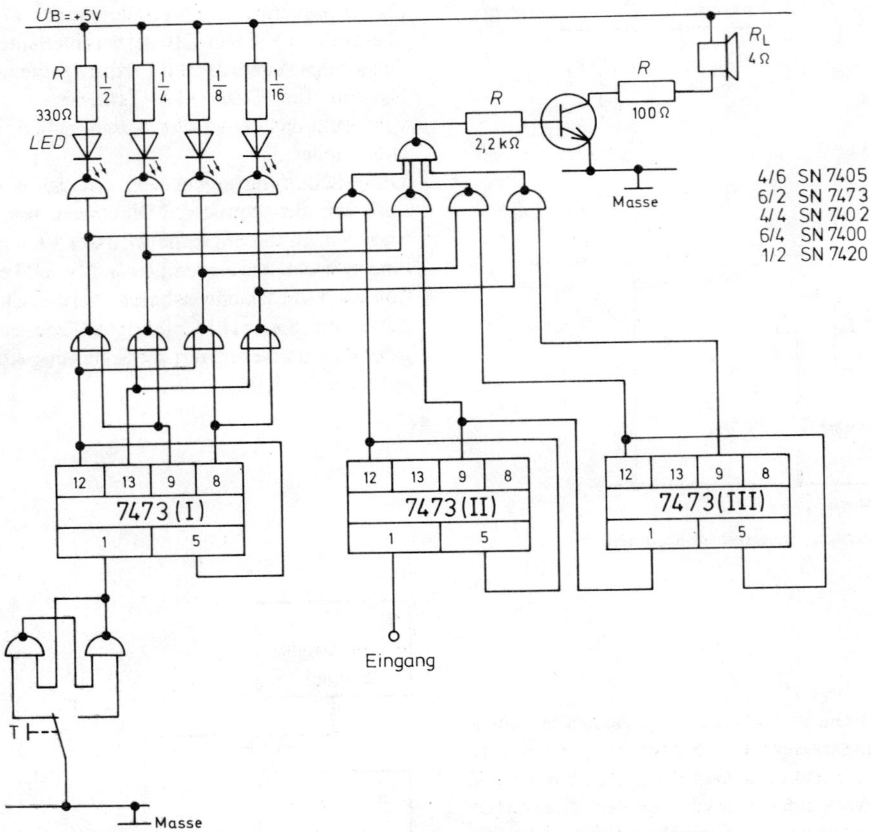

Bild 9.139: Akustische Signalausgabeeinheit mit vorwählbarem Frequenzteiler (Schaltung).

Integrierte digitale ICs mit speziellen Funktionen

Aus der Vielzahl der in der 74xx-Reihe angebotenen ICs werden hier noch zwei Typen vorgestellt, die sehr vorteilhaft in der digitalen Schaltungstechnik eingesetzt werden können.

SN7413: ein Schmitt-Trigger-Baustein *(Bild 9.140)*

Das Prinzip des Schmitt-Triggers ist im Kapitel *Mit Transistoren schalten* geschildert. Wir erinnern uns: der Schmitt-Trigger ist ein Baustein, der aus langsam sich verändernden Signalen eindeutige Schaltsignale formen kann. So können die beiden im Baustein 7413 enthaltenen Schmitt-Trigger durch Signale mit langsamen Eingangsflanken oder unmittelbar durch Gleichspannung getriggert werden. Sie geben dabei ein sauberes Ausgangs-Schaltsignal ab.

Diese beiden integrierten Schmitt-Trigger haben unterschiedliche Schwellenspannungen für steigende und fallende Eingangssignale. Die Hysterese beträgt 0,8 V (s. auch *Bild 9.141*).

Der Schmitt-Trigger-Baustein 7413 wird als Anschlußbaustein der 74xx-Reihe für die Verarbeitung

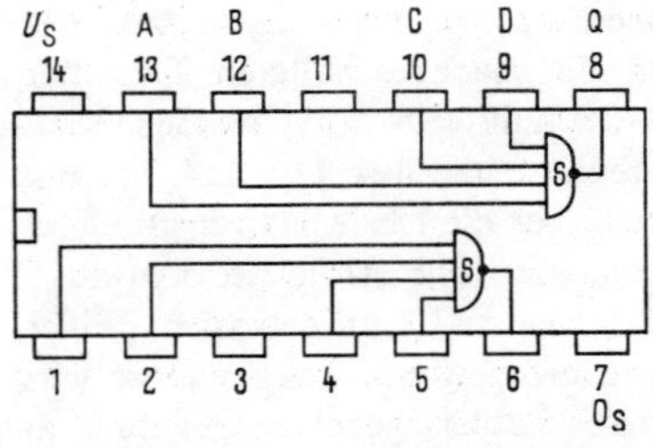

Bild 9.140: Anschlußplan SN7413. Schmitt-Trigger-Baustein.

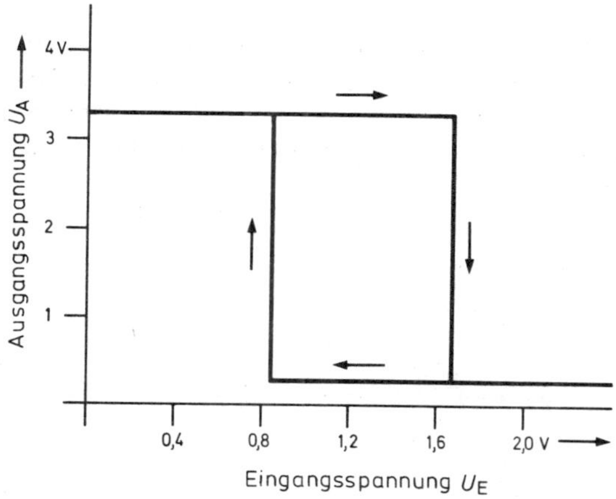

Bild 9.141: Zuordnung von Aus- und Eingangssignalen bei dem Schmitt-Trigger-Baustein SN 7413.

langsamer Eingangsimpulse, als Impulsformer und als Schwellenwert-Detektor eingesetzt. Weiter lassen sich mit seiner Hilfe Impulse verlängern und Kippstufen aufbauen.

Anwendungsbeispiel: astabile Kippstufe mit dem Baustein 7413

Bild 9.142 zeigt den Aufbau eines mit geringem Aufwand zu realisierenden Rechteck-Generators. Mit ihm können – bei entsprechender Beschaltung – Signalfrequenzen von 0,1 Hz bis 10 MHz erreicht werden (beachten Sie den Versuchsaufbau nach *Bild 9.143*).
Damit der Generator schwingen kann, muß die NAND-Bedingung für den Eingang gewährleistet werden. Dies wird durch die Rückkoppelung des Ausgangs über den 330-Ω-Widerstand auf den Eingang und – evtl. durch weitere H-Signale (Schalter offen!) – erzielt.

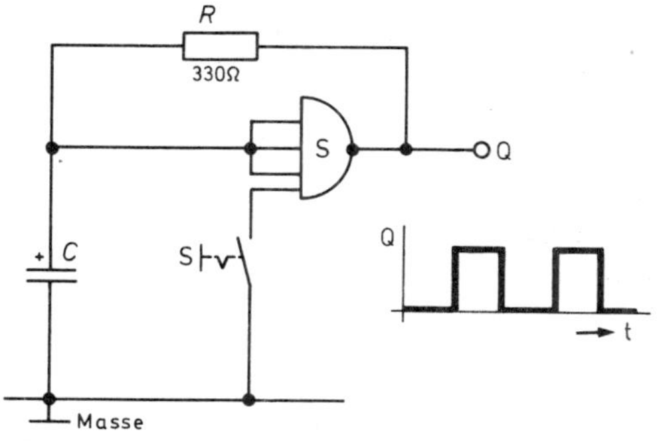

Bild 9.142: Rechteckgenerator mit SN 7413.

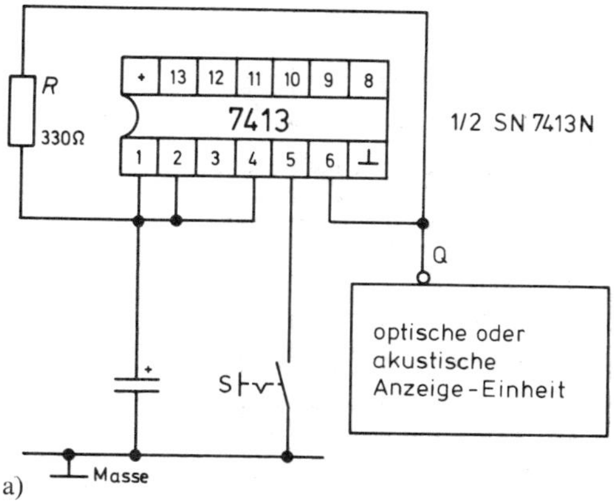

a)

b)

Bild 9.143: Versuchsaufbau zu Bild 9.142.
a) Verdrahtungsplan
b) Schaltplatine mit Erweiterung ähnlich Bild 9.145

Wenn am Schaltglied-Ausgang ein H-Signal liegt, wird der Kondensator *C* solange aufgeladen, bis der obere Schwellwert des Schmitt-Triggers erreicht wird. Jetzt schaltet der Schmitt-Trigger durch und am Ausgang erscheint ein L-Signal. Daraufhin entlädt sich der Kondensator über den Widerstand *R* so lange, bis der Eingangspegel den unteren Schwellwert erreicht hat. Der Ausgang kippt erneut auf H-Signal um. Dies geschieht schlagartig und periodisch.
Beachten Sie, daß bei geschlossenem Schalter die NAND-Bedingung nicht erfüllt werden kann. Der Generator ist gesperrt.
Die Taktfrequenz des Generators wird durch die *RC*-Kombination bestimmt. Der Widerstand soll möglichst in der angegebenen Größenordnung bleiben. Es wird also nur die Kapazität verändert. In dem Diagramm nach *Bild 9.144* ist angegeben, welche Kapazität für die gewünschte Signalfrequenz einzusetzen ist.

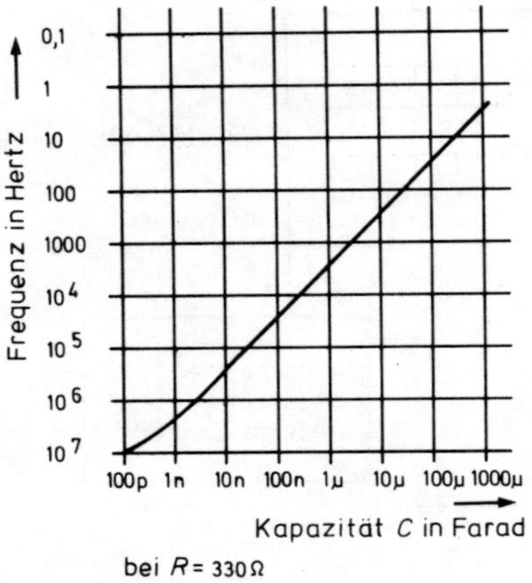

Bild 9.144: Rechteckgenerator mit SN 7413: zur vorgewählten Frequenz muß die entsprechende Kapazität *C* gesucht werden.

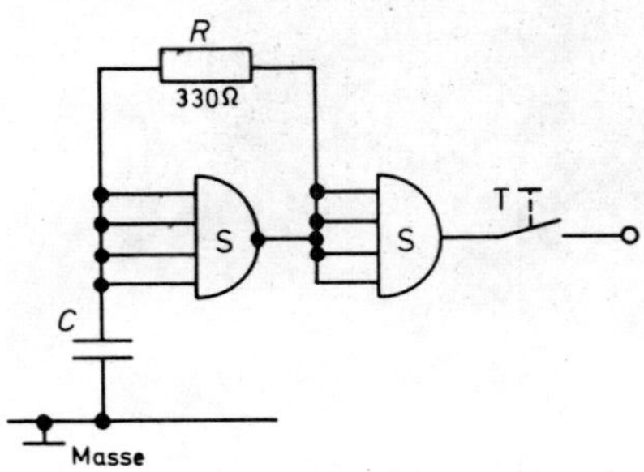

Bild 9.145: Rechteckgenerator mit verbesserter Flankensteilheit.

Bild 9.145 zeigt eine Schaltung mit verbesserten Eigenschaften. Durch den nachgeschalteten zweiten Schmitt-Trigger wird die Flankensteilheit des Signals verbessert. Der Generator läuft jetzt ständig. Er wird mit einem Taster auf die nachfolgende Schaltung aufgeschaltet.

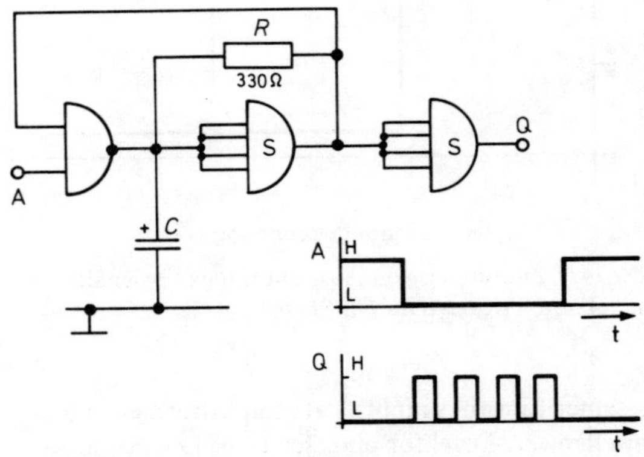

Bild 9.146: Start-Stopp-Rechteckgenerator.

Bild 9.146 gibt einen Start-Stopp-Rechteckgenerator wieder. Über den Steuereingang A kann die Kippstufe beliebig gesperrt oder freigegeben werden. Liegt am Steuereingang ein L-Signal an, so wird am Ausgang Q ein periodisches Signal abgegeben. Beachten Sie die Skizze des Versuchsaufbaues nach *Bild 9.147*.

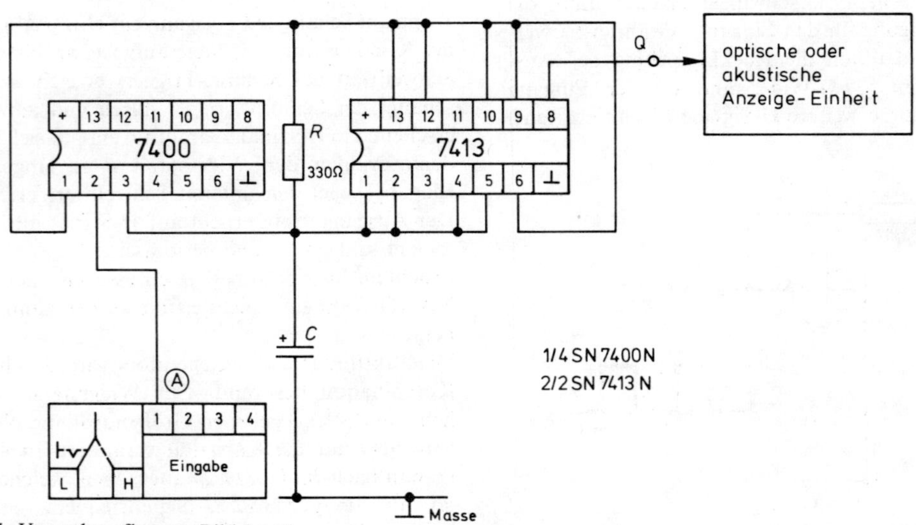

Bild 9.147: Versuchsaufbau zu Bild 9.146.

74121 – eine monostabile Kippstufe *(Bild 9.148)*

Mit einer monostabilen Kippstufe 74121 können binäre Signale mit vorgegebener Impulsdauer erzeugt werden.

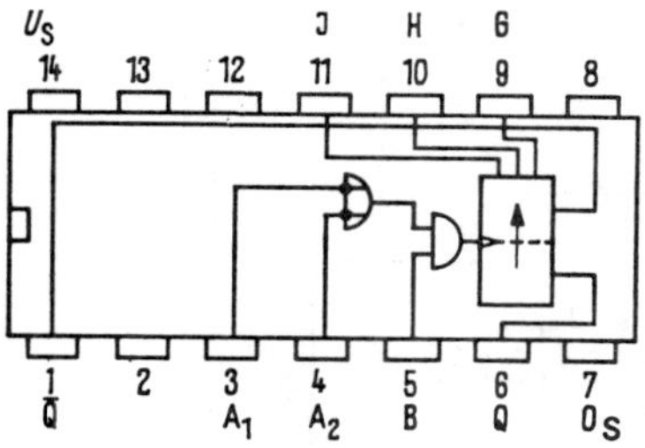

Bild 9.148: Anschlußplan SN 74121. Monostabile Kippstufe.

Tabelle 9.14: Logisches Verhalten des Bausteins 74121. Der Baustein kann wie folgt getriggert werden. Bei allen anderen Eingangskombinationen bleibt Q auf L.

Eingänge			Ausgänge	
A_1	A_2	B	Q	$\overline{Q}$
L	X	↑	⊓	⊔
X	L	↑	⊓	⊔
H	↓	H	⊓	⊔
↓	H	H	⊓	⊔
↓	↓	H	⊓	⊔

Anmerkungen:
X = H- oder L-Signal
⊓ = ein H-Impuls
⊔ = ein L-Impuls
↑ = Impulswechsel von L- auf H-Signal
↓ = Impulswechsel von H- auf L-Signal

Die A-Eingänge der Kippstufe sind flankengesteuerte Logik-Eingänge; sie triggern die monostabile Stufe beim Signalübergang von H auf L, während der Eingang B ein H-Signal führen muß. Man kann sowohl über den Eingang A_1 als auch über A_2 triggern. Durch die Triggerung führt der Ausgang Q für eine schaltungstechnisch vorgegebene Zeit ein H-Signal.

Der Eingang B wirkt als Schmitt-Trigger für langsame Eingangsflanken. Die Triggerung erfolgt bei einem Signalübergang von L auf H, während die Eingänge A_1 und A_2 auf L-Pegel liegen. Ist die monostabile Kippstufe einmal getriggert, so sind die Eingänge während der eingestellten Impulsdauer gesperrt.

Die zeitbestimmende Kapazität C wird zwischen die Anschlüsse J (11) und H (10; positiv), der zeitbestimmende Widerstand R zwischen die Anschlüsse J (11) und 14 (U_B) bei offenem Eingang 9, oder zwischen 9 und 14 gelegt. Dieser äußere Widerstand kann entfallen, wenn man den internen Widerstand von 2 kΩ verwendet. Dann verbindet man die Anschlüsse 9 und 14 miteinander; die Anschlüsse 10 und 11 bleiben offen.

Die Dauer des Ausgangsimpulses ist weitgehend unabhängig von der Versorgungsspannung U_B und der Temperatur. Dafür spielt die Güte der Bauelemente R und C eine Rolle. Die Impulsdauer kann nach $t \approx 0{,}7 \cdot R \cdot C$ näherungsweise errechnet werden oder aber dem Diagramm nach *Bild 9.149* entnommen werden. Für die Bauelemente R und C werden Höchstwerte von 40 kΩ und 10 µF angegeben.

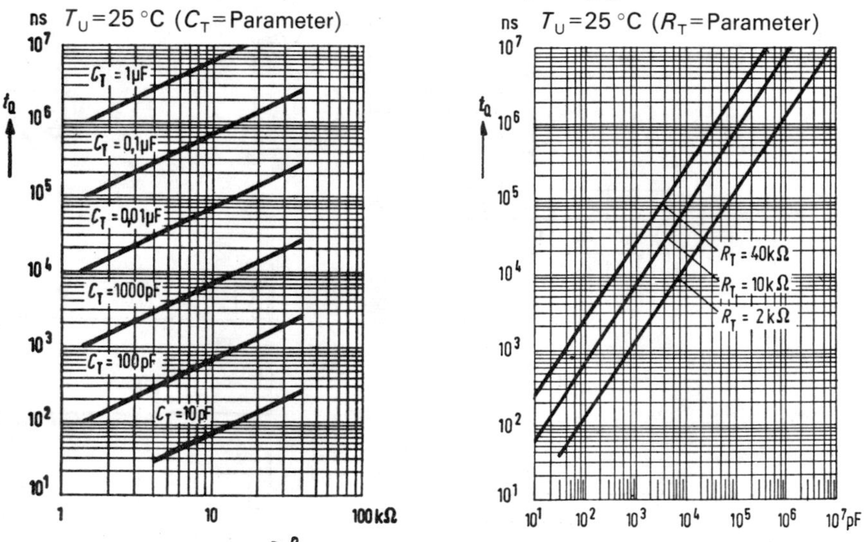

Bild 9.149: Abhängigkeit der Ausgangsimpulsdauer t_Q bei U_S=5V vom Widerstand R_t (links) und vom Kondensator C_T. (Monostabile Kippstufe SN 74121.)

Versuch I (Bild 9.150): A-Eingänge

In dieser Schaltung wird die monostabile Kippstufe mit einer negativen Eingangsflanke (H nach L) getriggert. Wird der Eingang 5 auf Masse gelegt, so ist die Triggerung allerdings nicht möglich.

Versuch II (Bild 9.150): B-Eingang

Wie das *Bild 9.148* zeigt, wird über den Eingang 5 die Kippstufe mit einem Signalwechsel von L auf H (positiver Wechsel) getriggert. Voraussetzung ist, daß die Eingänge 3 und 4 H-Signal (offene Eingänge) führen.

Versuch III (Bild 9.151)

Wünscht man Impulszeiten von längerer Dauer als 0,5 s, so wird wegen auftretender Kondensatorprobleme die Schaltung nach *Bild 9.151* empfohlen.
Es können bei geeigneter Beschaltung Impulszeiten bis 70 s realisiert werden. Der eingebaute Widerstand soll den Wert von 1 MΩ nicht überschreiten. Der 1,5-kΩ-Widerstand verhindert Kurzschlüsse über den Trimmer.

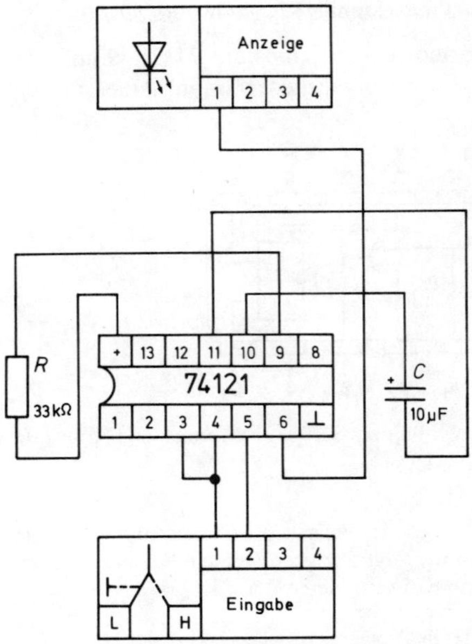

Bild 9.150: Versuchsschaltung mit monostabiler Kippstufe SN 74121.

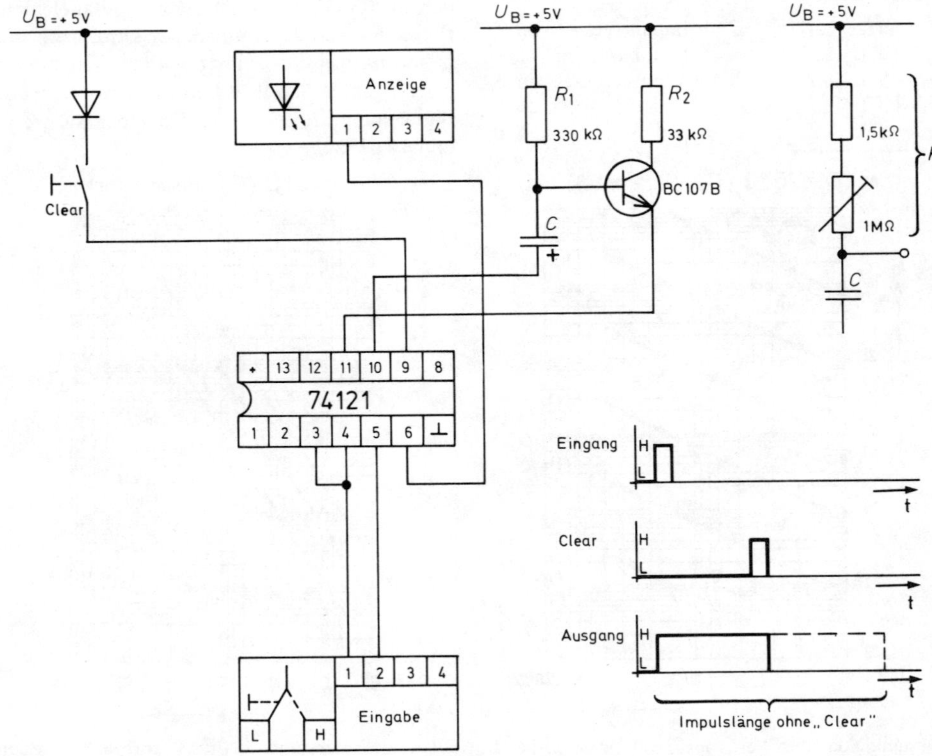

Bild 9.151: Schaltungsvariante zur monostabilen Kippstufe SN 74121 (für längere Impulszeiten).

Digitalschaltungen, die Spaß machen

Das Bildmuster-Spiel

Ein besonders interessantes Spielgerät für Erwachsene und Kinder läßt sich mit Hilfe des 4-Bit-Binärzählers SN 7493 aufbauen *(Bild 9.152)*. An den Ausgängen A_1, A_2, A_3 und A_4 treten insgesamt 16 mögliche Signalzustände auf. Wenn man die sich einstellenden Zählerausgangszustände mit Leuchtdioden anzeigt, so ergibt sich – bei mehrfacher Anordnung einer geeigneten Anzahl von Schaltungen – ein bestimmtes Leuchtmuster.

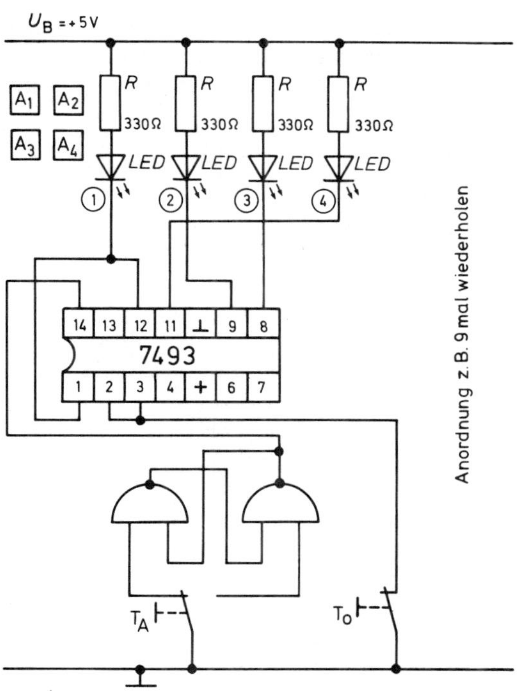

Bild 9.152: Schaltungselement des Bildmusterspielgeräts.

In unserem Beispiel wurden insgesamt 9 Binärzähler verwendet, deren Ausgänge A_1, A_2, A_3 und A_4, B_1, B_2, B_3 und B_4 etc. nach dem Prinzip *Bild 9.153* zusammengestellt wurden. Da jeder der Binärzähler mit einem eigenen Takteingang versehen ist und dieser durch einen zugeordneten entprellten Taster mit einer beliebigen Anzahl von Impulsen geladen werden kann, ergeben sich außerordentlich reizvolle symmetrische oder unsymmetrische Bildmuster. *Bild 9.154* gibt davon einen Eindruck. Bei geschickter Signaleingabe lassen sich sogar Buchstaben und Ziffern darstellen *(Bild 9.155)*. Weitere Spielmöglichkeiten sind Ihrer Phantasie überlassen.

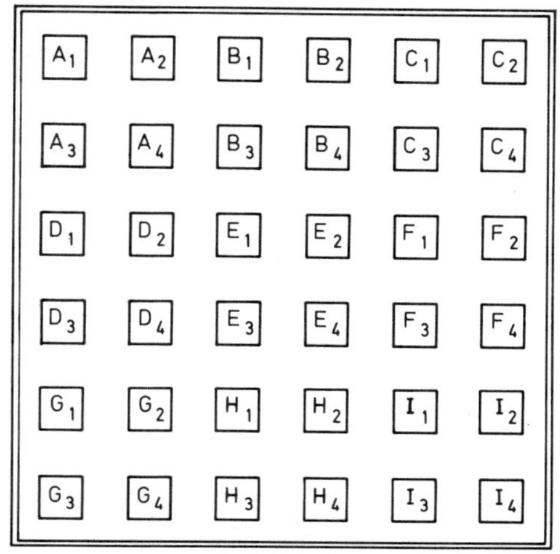

Bild 9.153: Prinzip der Zusammenstellung der Schaltelemente des Bildmusterspielgeräts.

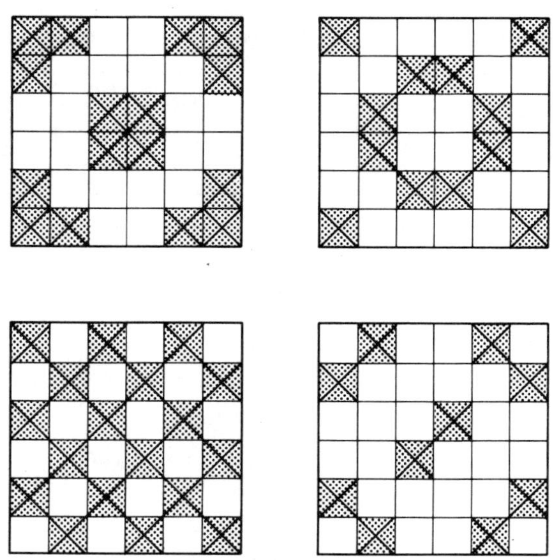

Bild 9.154: Beispiele der möglichen Bildmuster.

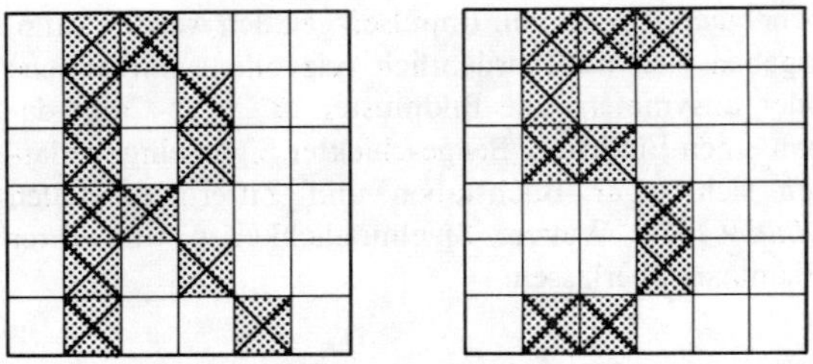

Bild 9.155: Buchstaben und Ziffern als mögliche Bildmuster.

Ein Lotto-Generator

Es gibt viele Methoden, einen Lottoschein auszufüllen. Für Leute, die glauben, dem Zufall sei mit Zufall am besten beizukommen, schildern wir hier einen Lottogenerator, der auf Tastendruck eine Zahl zwischen 1 und 49 anzeigt *(Bild 9.156)*.

Unser Lotto-Generator arbeitet selbstverständlich elektronisch. In Verbindung mit einer *RC*-Kombination stellt der Schmitt-Trigger (1/2 SN 7413) einen Impuls-Generator dar, der auf einen zweistelligen Zähler arbeitet. Mit dem Erreichen des Zählerstandes „50" wird die Rückstellbedingung erfüllt und der Zähler über das als UND-Glied verschaltete NAND-IC 7400 auf Null zurückgesetzt. Solange die Spieltaste gedrückt bleibt, zählt der Zähler immer irgendwie zwischen 1 und 50, wobei die 50 nicht mehr angezeigt wird, weil bei 50 der Zähler zurückgestellt wird. Nach dem Loslassen der Taste wird der Generator gestoppt und der erreichte Zählerinhalt angezeigt. Wegen der hohen Frequenz des Generators ist diese Zahl „recht zufällig" zustande gekommen.
Wollen Sie den Spiel-Generator für andere populäre Wettspiele umprogrammieren, so muß die Rückstellung des Zählers entsprechend verändert werden. Dabei gilt, daß die der höchsten noch anzuzeigenden Zahl nachfolgende nächsthöhere Zahl die Rückstellung einzuleiten hat. Die *Tabelle 9.15* gibt Ihnen einige Anre-

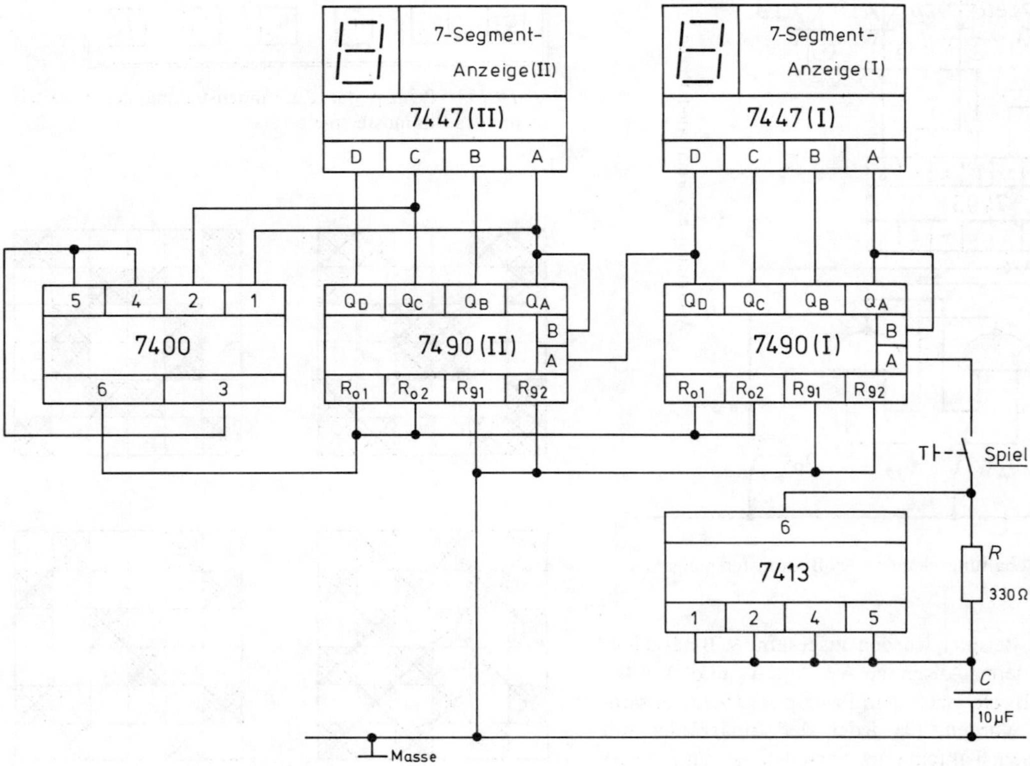

Bild 9.156: Schaltung des Lotto-Generators.

gungen. Beachten Sie, daß das UND-Glied, das manchmal benötigt wird, üblicherweise in NAND-Technik zu realisieren ist.

Tabelle 9.15: Rückstellbedingungen für weitere Glücksspiele.

$Q_{C_{II}}$ ○——○	$R_{01} \cdot R_{02}$ (I und II)	6 aus 39 (1, 2, ... 39)
Q_{A_I}, Q_{B_I} → UND-Glied ○	$R_{01} \cdot R_{02}$ (I und II)	TOTO (0, 1, 2)
$Q_{A_{II}}$, $Q_{C_{II}}$ → UND-Glied ○	$R_{01} \cdot R_{02}$ (I und II)	6 aus 49 (1, 2, ... 49) LOTTO

Das Pasch-Spiel

Im Grunde genommen wird hier in diesem Spiel die aus unzähligen Veröffentlichungen und vielen Varianten bekannte elektronische Würfelschaltung in Form eines Doppelwürfels angewendet. Hierdurch ergeben sich neue Spielmöglichkeiten, abgesehen davon, daß bei beliebten Unterhaltungsspielen wie z.B. Monopoly der Doppelwürfel zum Spiel sowieso benötigt wird.

Spielmöglichkeit I:

Jeder Spieler versucht durch Würfeln einen sog. Pasch-Fall zu erzielen, also zwei Würfelanzeigen mit gleicher Augenzahl zu erreichen. Für jeden erzielten Pasch-Fall wird eine entsprechende Punktzahl gutgeschrieben: Pasch 1 – Punktwert 1, Pasch 2 – Punktwert 2 usw. Wer zuerst die Gesamt-Punktsumme von 25 erzielt hat, der hat das Spiel gewonnen.

Spielmöglichkeit II:

Spieler A gibt durch Knopfdruck über Taster A einen Würfelwert vor. Spieler B versucht durch einen Knopfdruck auf Taster B genau den vorgegebenen Wert zu erzielen. Danach versucht Spieler A wiederum, es Spieler B nachzutun. Ein Punktgewinn erzielt der, der den vorgegebenen Wert erreicht.

Zur Schaltungskonzeption:

Da die Spielschaltung zwei voneinander unabhängig arbeitende Würfeleinheiten enthält, die von zwei getrennten astabilen Kippstufen betrieben werden, genügt es, nur auf eine der beiden Würfelschaltungen einzugehen.
Das Herz der Würfelschaltung *(Bild 9.157)* stellt das Zähler-IC 7492 dar, das mit dem Erreichen des Zählstandes „6" zurückgestellt wird und wieder mit dem Zählerinhalt Null beginnt. Die in dem Zähler auftretenden Zählerzustände 0, 1, 2, 3, 4, 5 und 6 werden ausgewertet und nach einem bestimmten Decodiersystem als Würfelergebnis angezeigt.
Bevor wir die Decodierung des Zählers besprechen, müssen wir kurz auf den genannten Zählerbaustein eingehen. Das IC 7492 *(Bild 9.158)* stellt einen „Teiler durch zwölf" dar. Die Schaltung besteht aus einem zweifachen Teiler und einem sechsfachen Teiler. Bei der Verwendung als zwölffacher Teiler muß der Ausgang des zweifachen Teilers Q_A mit dem Eingang des sechsfachen Teilers B verbunden werden.
Um alle Ausgänge auf L-Signal zu setzen, müssen R_{01} und R_{02} auf H-Signal liegen. Beachten Sie den Zählablauf des Bausteins in *Tabelle 9.16* besonders den Zählerstand „6"!

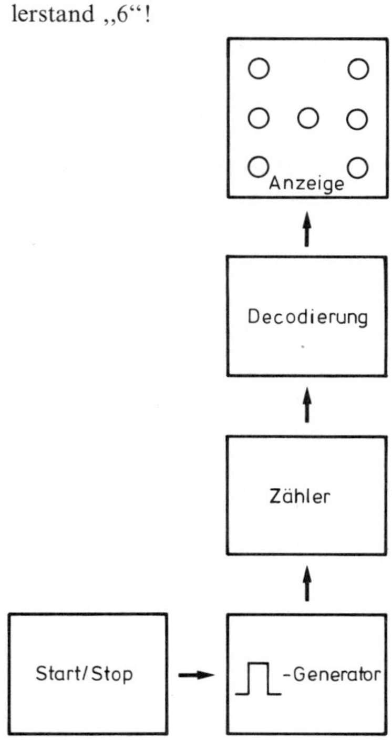

Bild 9.157: Blockbild einer Würfelschaltung.

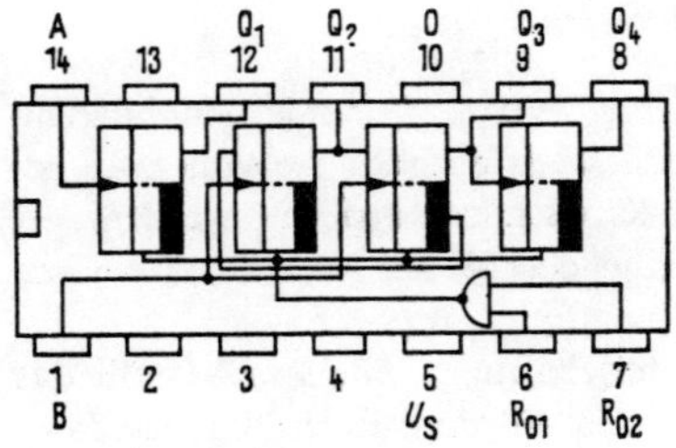

Bild 9.158: Anschlußplan SN 7492. Teiler durch 12.

Tabelle 9.16: Beschaltungs- und Funktionstabelle des Bausteins 7492.

Zählfolge	Ausgänge			
	Q_4	Q_3	Q_2	Q_1
0	L	L	L	L
1	L	L	L	H
2	L	L	H	L
3	L	L	H	H
4	L	H	L	L
5	L	H	L	H
6	H	L	L	L
7	H	L	L	H
8	H	L	H	L
9	H	L	H	H
10	H	H	L	L
11	H	H	L	H

Anmerkungen: Q_1 mit B verbunden. Um alle Ausgänge auf L-Signal zu setzen, müssen R_{01} und R_{02} auf H-Signal sein.

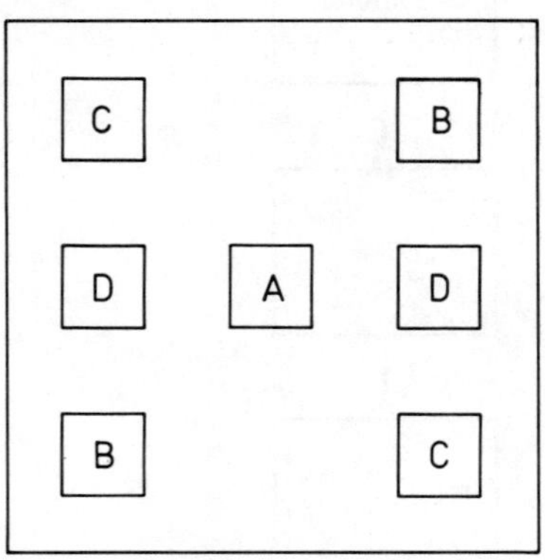

Bild 9.159: Anordnung der LEDs, die die Würfelaugen darstellen.

Betrachten Sie bitte *Bild 9.159* und *Tabelle 9.16*. Um die Würfelaugen 1 bis 6 mit Leuchtdioden darstellen zu können, ist es notwendig, diese LEDs in Funktionsgruppen aufzuteilen. Wie die Abbildung des Würfelfeldes zeigt, werden dabei die Gruppen A, B, C und D gebildet. Die *Tabelle 9.17* gibt darüber Auskunft, welche der LED-Gruppen bei welchem Zählerinhalt (Q_A, Q_B, Q_C und Q_D) und bei welchem Würfelergebnis aufleuchten müssen.

Tabelle 9.17: Zur Würfelschaltung: Zuordnung der LED-Gruppen zu den Zählerinhalten.

Würfel-augen	LED's				Q_A	Q_B	Q_C	Q_D
	A	B	C	D				
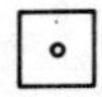	X				L	L	L	L
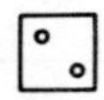			X		H	L	L	L
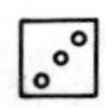	X	X			L	H	L	L
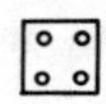		X	X		H	H	L	L
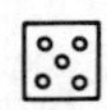	X	X	X		L	L	H	L
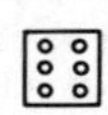		X	X	X	H	L	H	L

Aus dieser Tabelle wird die Decodierschaltung zur Ansteuerung der LEDs ermittelt. Beachten Sie bitte *Tabelle 9.18* in der die für die LED-Gruppenansteuerung typischen Zählerausgangszustände zusammengetragen sind.

Tabelle 9.18: Decodierschema für die Würfelschaltung nach *Bild 9.162*.

LED bzw. LED-Gruppe	leuchtet bei Würfelanzeige	typischer Zähler-ausgangszustand
A	1, 3, 5	$Q_A = L$
B	3, 4, 5, 6	$Q_B = H$ ODER $Q_C = H$
C	2, 4, 5, 6	$Q_A = H$ ODER $Q_C = H$
D	6	$Q_A = H$ UND $Q_C = H$

Folgen Sie dieser Tabelle, so kommen Sie zwangsläufig zu der Decodierschaltung nach *Bild 9.160*.

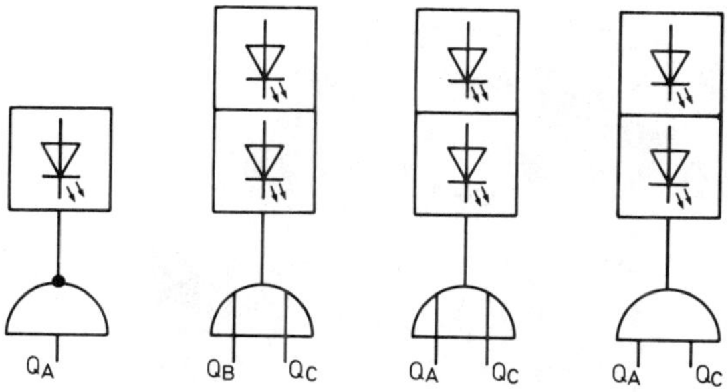

Bild 9.160: Decodierschaltung entsprechend Tabelle 9.18.

Da unsere Würfelschaltung mit einer NOR-Decodiereinheit ausgestattet ist, ist es notwendig, diese in UND/ODER/NICHT-Technik realisierte Decodierung auf NOR-Technik umzuzeichnen. Das Ergebnis sehen Sie in *Bild 9.161*. Jetzt ist der Schritt zur vollständigen Würfelschaltung nach *Bild 9.162* nicht mehr weit. Beachten Sie bitte, daß diese Schaltung für unseren Doppelwürfel zweimal zu realisieren ist. Die Abbil-

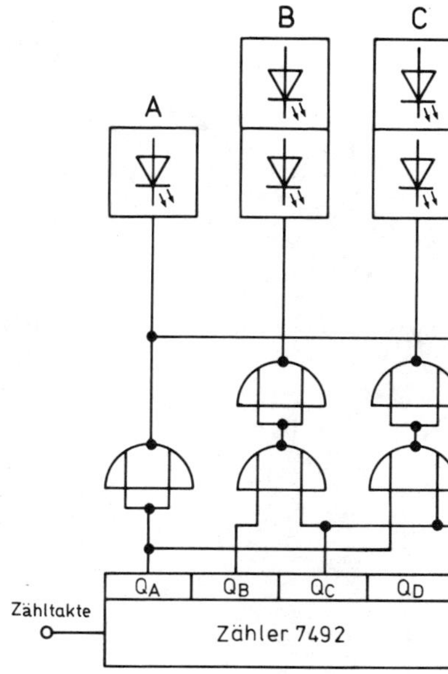

Bild 9.161: Decodierschaltung entsprechend Tabelle 9.18 in NOR-Technik.

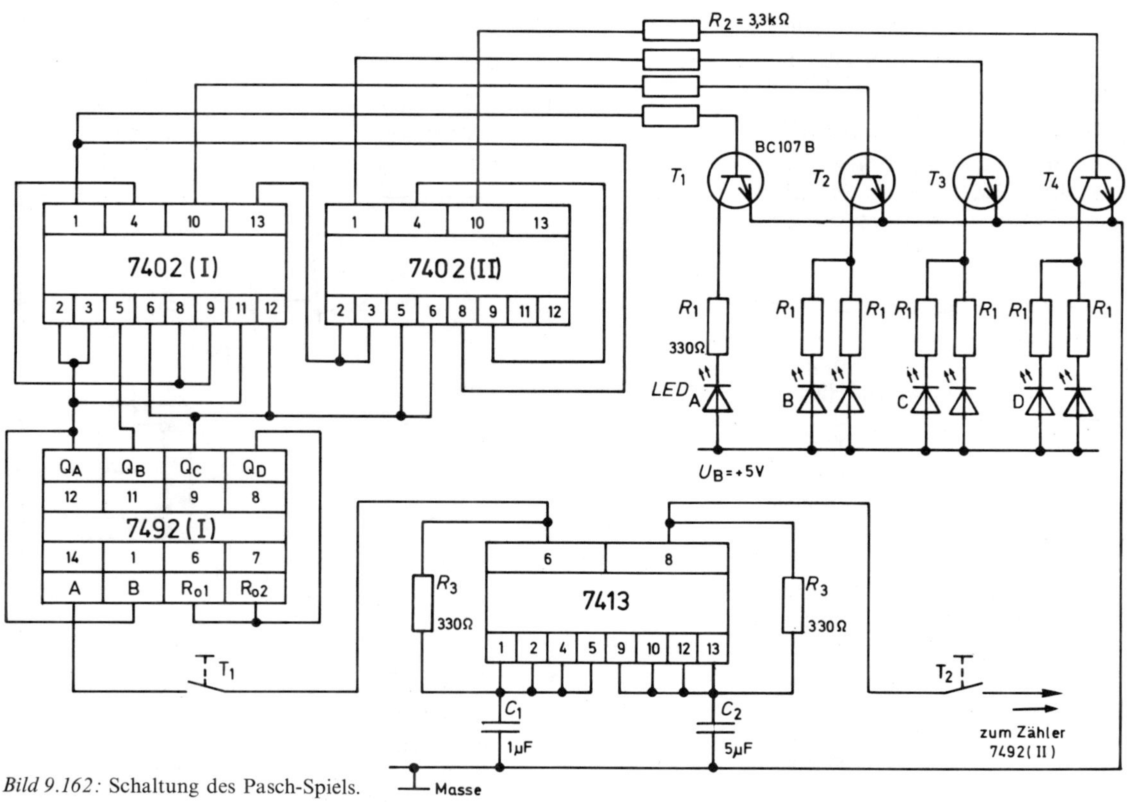

Bild 9.162: Schaltung des Pasch-Spiels.

Bild 9.163: Schaltungsplatine des Pasch-Spiels.

dung der ausgeführten Platine gibt Ihnen einen genauen Überblick über den schaltungstechnischen Aufwand der Gesamtschaltung *(Bild 9.163)*.

Spielautomat „13 gewinnt"

Wer hat nicht gerne einen Glücksspiel-Automaten im Keller, der in Mußestunden die Zeit vertreiben hilft? Der übliche Weg, sich ein solches Gerät zu beschaffen, geht über den Automatenaufsteller, der in gesetzlich vorgeschriebenen Zeitabständen seine nicht mehr für den Spielbetrieb zugelassenen Automaten für wenig Geld verkauft. Da die Zahl solcherart angebotener Geräte geringer als die Nachfrage ist, liegt es nahe, sich einen Spielautomaten mit Hilfe digitaler Bausteine selbst aufzubauen.

Unser Spielautomat *(Bild 9.164)* besitzt an seiner Frontseite fünf 7-Segment-Anzeigeeinheiten, die – voneinander unabhängig – jeweils Ziffern von 0 bis 9 anzeigen können.

Mit dem Startknopf werden alle fünf Anzeigen zum „Laufen" gebracht, mit den Stopptasten 1 bis 5 können die Anzeigen 1 bis 5 in beliebiger Reihenfolge zum Stillstand gebracht werden. Gewonnen hat der Spieler dann, wenn die Summe dreier benachbarter 7-Segment-Anzeigen den Wert „13" erreicht hat. *Bild 9.165* gibt das Auswerteschema an. Die eingetragenen Pfeile zeigen, welche benachbarten Anzeigen zusammengezählt werden dürfen.

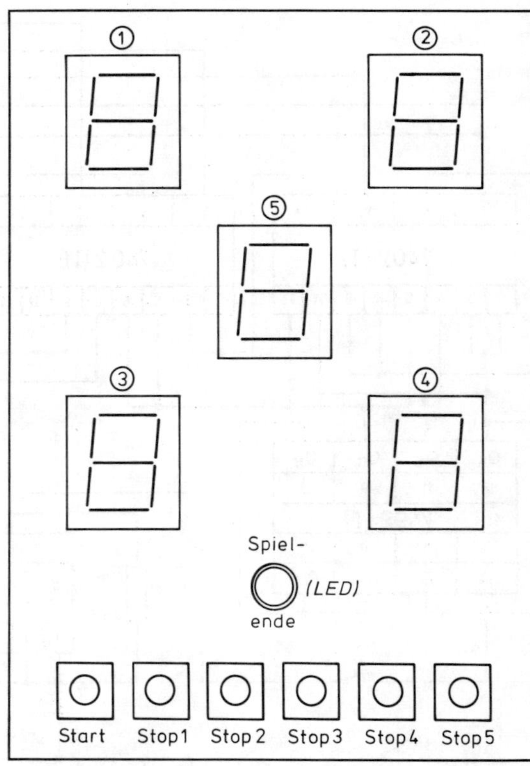

Bild 9.164: Frontplatte des Spielautomaten „13 gewinnt".

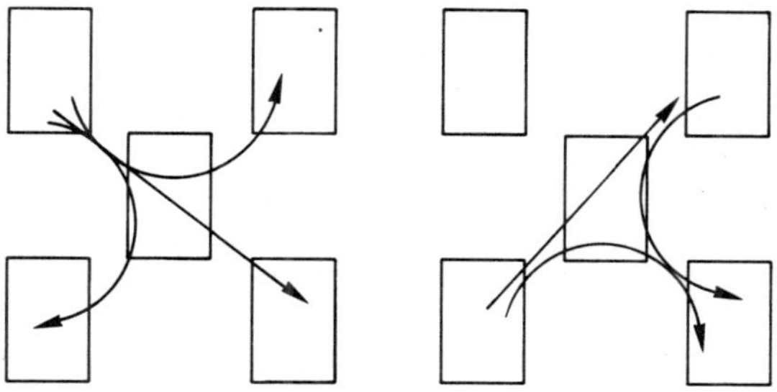

Zählweise Summe „13"

Bild 9.165: Auswerteschema zum Betrieb des Spielautomaten.

Damit dieses Spiel noch einen besonderen Reiz bietet, wird die Reaktionszeit der Spieler miteinbezogen. Sobald alle fünf Anzeigeeinheiten gestoppt sind, leuchtet nach etwa 3 bis 4 s eine Leuchtdiode auf. Innerhalb dieser Zeit muß der Spieler erkannt haben, ob er eine Anzeigesumme von „13" erreicht hat, oder nicht. Gelingt das nicht, so gilt das Spiel als beendet.

Zur Schaltung *(Bild 9.166)*:

Jeder der Dezimalzähler 7490 (I) bis (V) wird über je eine astabile Kippstufe in der Art des Zufallsgenerators gesteuert. Die entsprechenden astabilen Kippstufen selbst wiederum werden indirekt über den 6fach-RS-Flipflopbaustein 74118 *(Bild 9.167* und *Tabelle 9.19)* frei geschaltet oder gesperrt.

Zu Spielbeginn wird die Taste „Start" kurz betätigt. Über den Eingang 9 des Bausteins 74118 werden alle 6 RS-Flipflops zurückgestellt, wodurch die Q-Ausgänge der Flipflops auf L-Pegel gelegt werden. Über die Inverter N_1, N_2, N_3, N_4 und N_5 werden alle fünf astabilen Kippstufen gleichzeitig in Betrieb genommen. Sie arbeiten mit geringfügig unterschiedlicher Frequenz.

Über die Stopptasten 1 bis 5 können nun die astabilen Kippstufen in beliebiger Reihenfolge gestoppt und die entsprechenden Zählinhalte zur Anzeige gebracht werden.

Sind alle Ziffernanzeigen gestoppt, so wird die sechste – im Schaltplan ganz rechts ausgewiesene – astabile Kippstufe freigegeben. Diese arbeitet mit etwa 1 Hz, so daß der nachkommende Dezimalzähler 7490 (VI) etwa 4 s benötigt, um den Zustand 4 zu erreichen. Ist dies geschehen, so wird gleichzeitig das sechste RS-Flipflop des Bausteins 74118 gesetzt (LED leuchtet

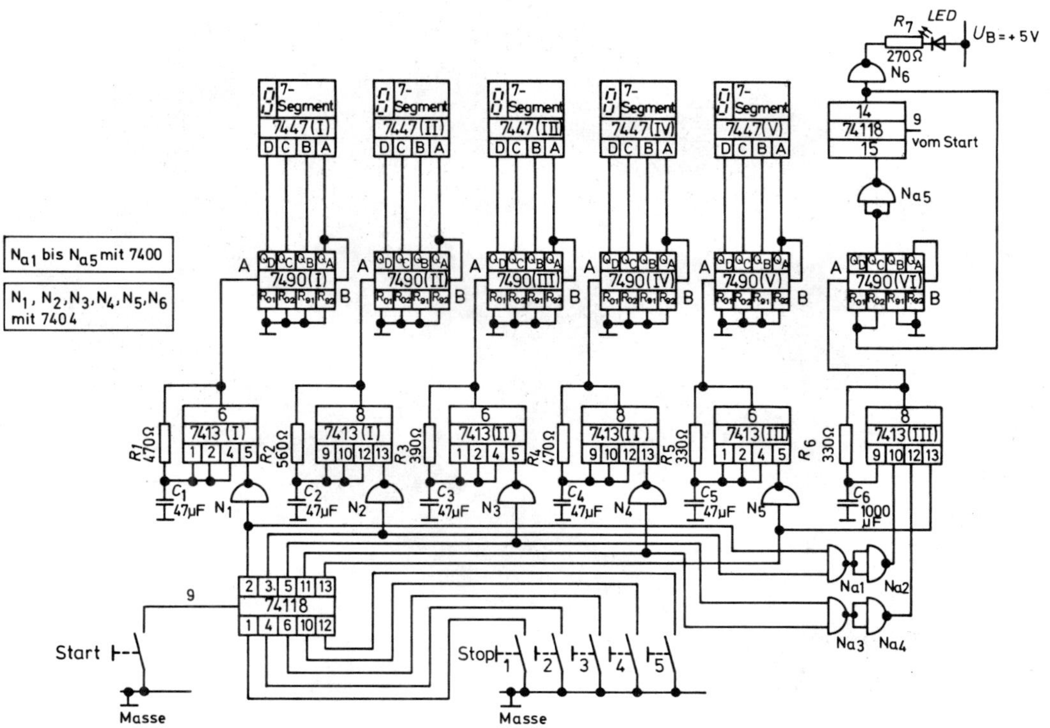

Bild 9.166: Schaltung des Spielautomaten „13 gewinnt".

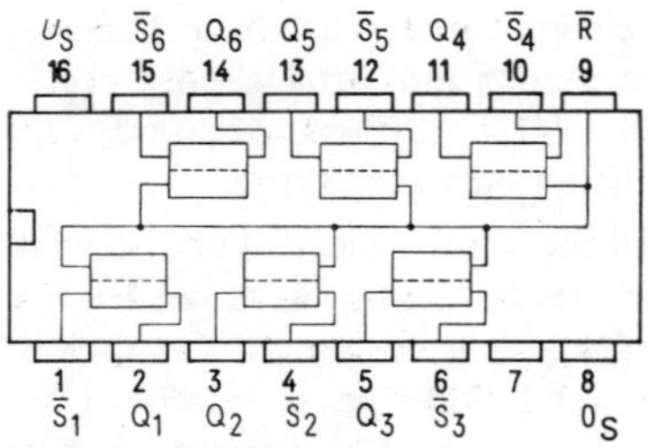

Bild 9.167: Anschlußplan SN 74118. Sechsfach-RS-Flipflop-Baustein.

auf) und gleichzeitig der Zähler 7490 (VI) auf 0 zurückgesetzt.
Mit einem erneuten Startimpuls werden alle Sperren aufgehoben und ein neues Spiel eingeleitet. *Bild 9.168* zeigt den Aufbau des Spielgerätes.

Tabelle 9.19: Belegungs- und Funktionstabelle zum Baustein 74118.

Der Baustein 74118 enthält sechs RS-Flipflops mit gemeinsamem Rückstelleingang.

Der Baustein eignet sich besonders zum Speichern und Abfragen von Teilergebnissen in großen Systemen.

Logisches Verhalten pro Flipflop:

Stell-Eingänge	Rückstell-Eingänge	Ausgang
$\bar{S}$	$\bar{R}$	Q
L	X	H
H	L	L
H	H	Speichern

Bild 9.168: Spielgeräteaufbau „13 gewinnt“.

Taschenroulette

Das Taschenroulettespiel *(Bild 9.169)* ist schnell erklärt. Nach einem Tastendruck auf die Spieltaste zeigt die 7-Segment-Ziffernanzeige irgendeine Zahl von 0 bis 9 an. Gleichzeitig leuchtet entweder eine rote oder eine grüne Leuchtdiode auf.
Gewonnen hat der Spieler, der auf die richtige Zahl *und* auf die richtige Farbe gesetzt hat. Hat niemand die richtige Kombination vorausgesagt, so gehen die Einsätze in den Topf.

R	0	2	5	7	1	9	6	4	8	3
G	9	4	1	6	3	0	2	5	7	8

Bild 9.169: Taschenroulette.

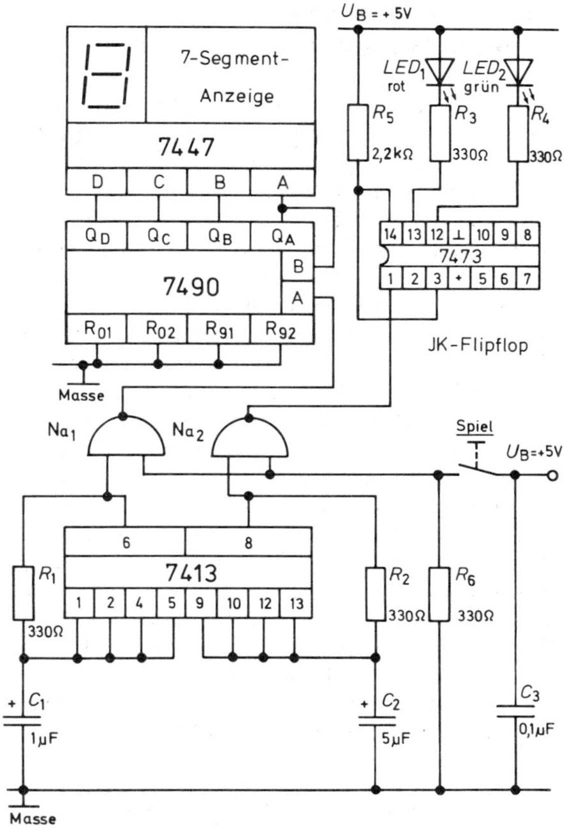

Bild 9.170: Schaltung des Taschenroulettes.

Ein Spielfeld, auf dem die Einsätze (Spielgeld) deponiert werden können, läßt sich mit geringem Aufwand nach dem Muster aus *Bild 9.169* herstellen.

Zur Schaltung (Bild 9.170):

Mit dem Tastendruck auf die Spieltaste werden die beiden mit dem Zweifach-Schmitt-Trigger-Baustein 7413 realisierten astabilen Kippstufen durchgeschaltet. Dabei arbeitet eine der beiden Kippstufen auf den Dezimalzähler 7490 und die andere auf einen der JK-Flipflops des Bausteins 7473.
Die beiden voneinander unabhängigen astabilen Kippstufen sind notwendig, damit sich keine systematische Abhängigkeit zwischen Spielzahl und Spielfarbe einstellt. *Bild 9.171* zeigt die Platine.

Bild 9.171: Schaltungsplatine des Taschenroulettes.

Hohe Hausnummer – niedrige Hausnummer *(Bild 9.172)*

Kegelfreunde kennen dieses Spiel, Thekenmannschaften wünschen es sich, wenn es darum geht, die nächste Bier-Runde auszuspielen. Die Spielregeln sind ganz einfach, die Spannung hoch.
Mit dem Taster „Start“ *(Bild 9.173)* wird das Spiel in die Ausgangsposition gebracht. Die Leuchtdioden LED_1, LED_2 und LED_3 erlöschen. Dies ist notwendig, damit sich keiner durch das Spiel mogeln kann.
Jetzt wird der Taster „Spiel“ einige Sekunden lang betätigt. Nachdem man den Taster losgelassen hat, zeigt die 7-Segment-Anzeige IV einen bestimmten Zählerinhalt an. Dieser Zählerinhalt wird jetzt einer der anderen drei 7-Segment-Anzeigen zugeordnet. Dies geschieht, sobald man mit der entsprechenden Taste T_1, T_2 oder T_3 in den entsprechenden Zwischenspeicher 7475 (I) oder (II) oder (III) einspeichert. Der eingespeicherte Zahlenwert wird angezeigt. Gleichzeitig gibt die entsprechende Leuchtdiode an, daß der 7-Segment-Anzeige bereits eine Zahl zugeordnet wurde. Ein zweites Eintasten über die benutzte Taste ist somit verboten.
Bei dem Spiel „Hohe Hausnummer“ haben die Zuordnungen so zu erfolgen, daß die drei 7-Segment-Anzeigen am Ende des Spiels (alle 3 LEDs leuchten) eine

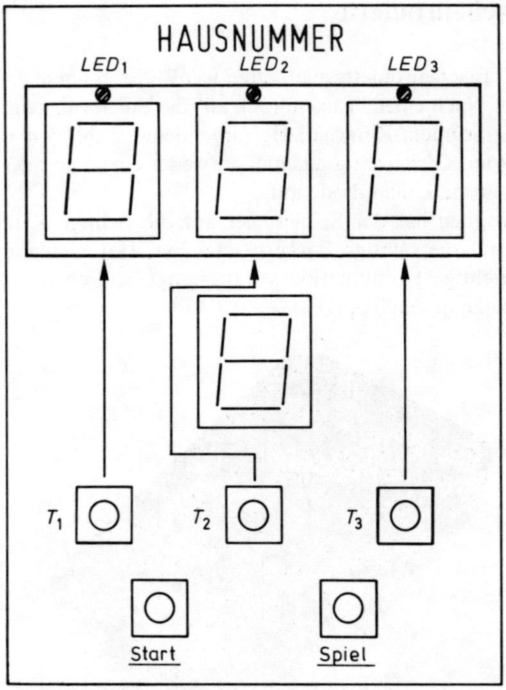

Bild 9.172: Frontplatte des Spiels „Hohe Hausnummer – niedrige Hausnummer“.

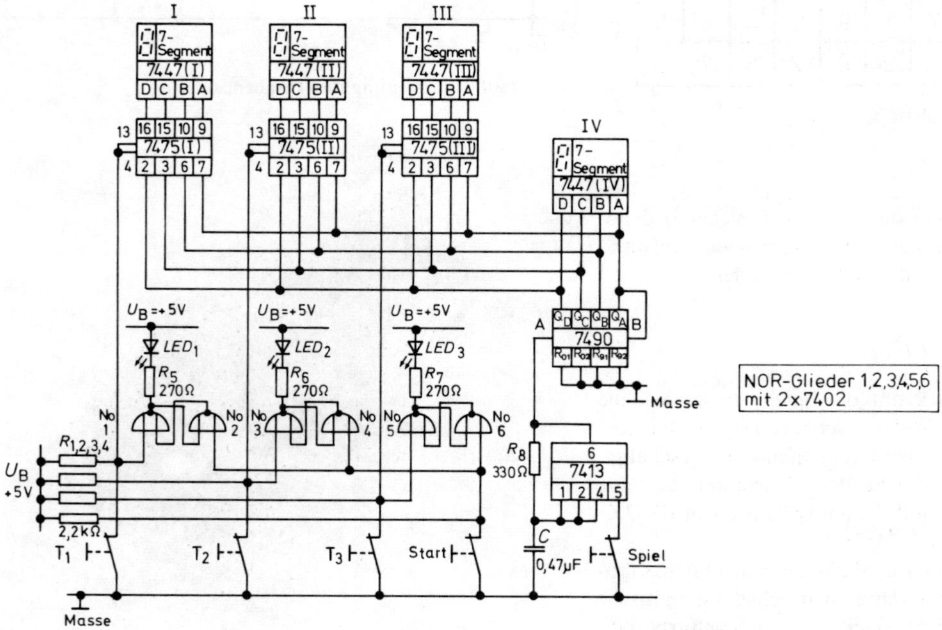

Bild 9.173: Schaltung des Spiels „Hohe Hausnummer – niedrige Hausnummer“.

Bild 9.174: Schaltungsplatine des Spiels „Hohe Hausnummer – niedrige Hausnummer“.

möglichst hohe Zahl anzeigen. Der Reiz bei diesem Spiel liegt darin, daß man fast nie weiß, ob man mit dem nächsten Spielbefehl eine noch höhere oder eine niedrigere Ziffer erreicht. Verglichen wird das erzielte Ergebnis mit den Hausnummern der Mitspieler.
Bei dem Spiel „Niedrige Hausnummer“ sind die Zahlen so einzuspeichern, daß am Ende, wenn alle 3 LEDs aufleuchten, eine möglichst kleine Hausnummer (Zahl) auftritt.
Bild 9.174 zeigt die bestückte Platine.

Elfmeterschießen

Bei diesem Elfmeterschießen spielen zwei Spieler gegeneinander. Der Feldspieler versucht den Ball ins Tor zu plazieren, der Torwart versucht dies zu verhindern. Dabei spielen Reaktionszeit und Richtungswahl eine entscheidende Rolle.
Bild 9.175 gibt Ihnen die Frontplatte des Spiels wieder. Im Torfeld sind acht rote und acht grüne Leuchtdioden verteilt. Es sind jeweils vier rote und vier grüne LEDs der linken wie auch der rechten Torhälfte zugeordnet.
Leuchtet nach einem Torschuß eine rote Leuchtdiode auf, so war der Torschuß erfolgreich, bei einer grünleuchtenden LED wurde der Ball vom Torwart abgewehrt.

Vor Beginn des Spiels wird die Rückstelltaste R betätigt. Damit erlöschen alle Leuchtdioden im Torfeld und der Ball liegt auf dem Elfmeter-Punkt (LED-Elfmeter).

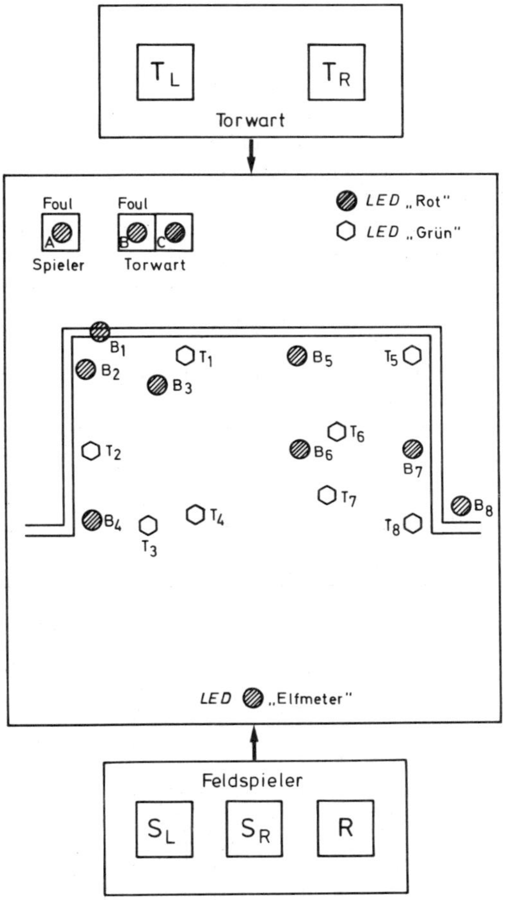

Bild 9.175: Frontplatte des Spiels „Elfmeterschießen“.

Auf ein Zeichen hin – z.B. auf einen kurzen Pfiff – drückt der Feldspieler eine von ihm frei gewählte Schußtaste S_L oder S_R und sucht sich damit die linke oder rechte Torhälfte aus. Sobald eine der beiden Schußtasten gedrückt wurde, erlischt die Leuchtdiode auf dem Elfmeter-Punkt. Sofort darf der Torwart eine der beiden Torwart-Taster T_R oder T_L drücken. Er muß dies noch in der Zeit tun, in der der Feldspieler seine Schußtaste gedrückt hält. Dabei muß der Torwart außerordentlich schnell reagieren und sich obendrein noch für eine Torseite entscheiden. Hat sich der Torwart die falsche Torseite ausgesucht, so kann er nur hoffen, daß der Ball gegen die Torlatte springt oder am Tor vorbeigeht. Bei richtiger Seitenwahl hat der Torwart dagegen eine recht gute Chance den Ball zu halten.

Zur Funktion der Schaltung (Bild 9.176)

Die Schaltung enthält je zwei zweistellige Dualzähler für den Torschuß und für den Torwart. Die Torschuß-Zähler sind mit den JK-Flipflops (7473) FF_2, FF_3 und FF_7, FF_8 aufgebaut, die Torwart-Zähler mit den Zähl-Flipflops FF_4, FF_5 und FF_9, FF_{10}.
Der Torschuß-Zähler „links" und der Torwart-Zähler „links" sind zu einer Funktionsgruppe zusammengefaßt. Aus der Zuordnung ihrer Ausgänge ergibt sich die Ansteuerung der roten und grünen Leuchtdioden der linken Spielhälfte.
In gleicher Weise sind die Funktionsgruppen der rechten Torhälfte zusammengefaßt.
Spielen wir die einzelnen Schaltungs-Funktionen durch.

Fall I:
Beim Torschuß wird gemogelt, beide Taster S_L und S_R werden gleichzeitig gedrückt.
Es erfolgt eine Anzeige des Feldspieler-Fouls über die Leuchtdiode LED_A. Diese Foul-Anzeige wird gespeichert bis ein Rückstellbefehl gegeben wird.

Fall II:
Der Torwart drückt beide Abwehrtasten gleichzeitig. Jetzt erfolgt eine Anzeige dieses Torwart-Fouls über die Leuchtdiode LED_B. Die Foul-Anzeige wird gespeichert bis ein Rückstellbefehl gegeben wird.

Fall III:
Der Torwart bewegt sich bevor der Ball gespielt wird. Dann wird der Speicher FF_{11} gesetzt und die Leuchtdiode C leuchtet auf. Gleichzeitig wird der Torschuß über Na_2 und Na_3 gesperrt.

Fall IV:
Der Torschuß erfolgt korrekt, die Abwehr ebenfalls. Beide Spieler wählen die linke Torhälfte.

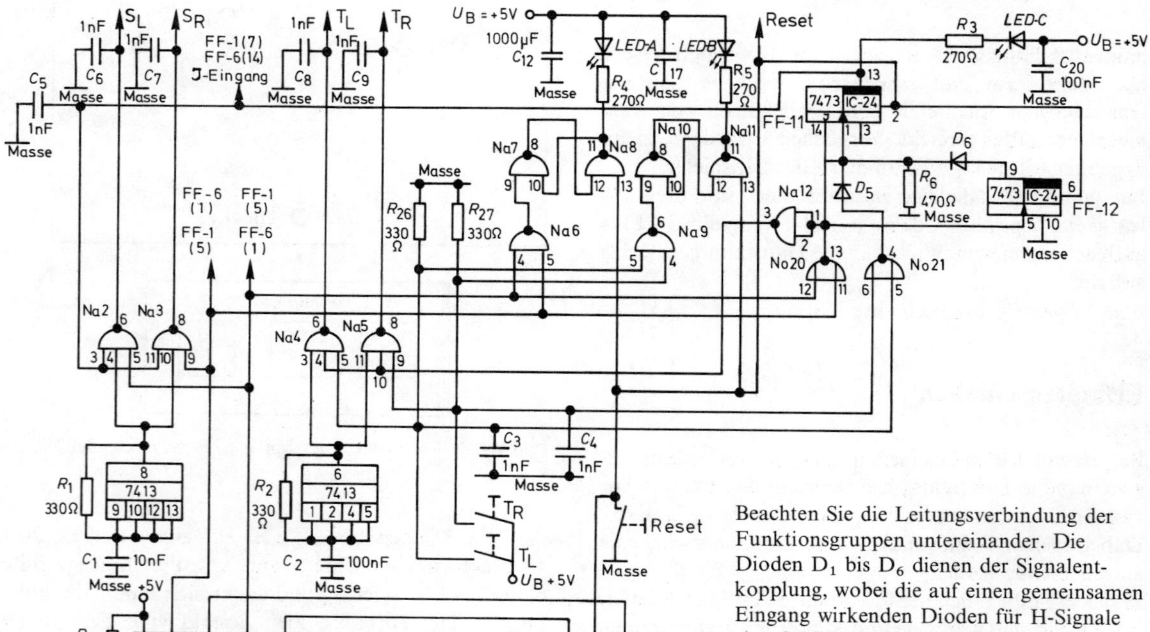

a)

Beachten Sie die Leitungsverbindung der Funktionsgruppen untereinander. Die Dioden D_1 bis D_6 dienen der Signalentkopplung, wobei die auf einen gemeinsamen Eingang wirkenden Dioden für H-Signale eine ODER-Funktion bewirken.

a) Funktionsgruppe A: Befehlseingabe- und Kontrollschaltung.
b) Funktionsgruppe B: Torschuß- und Torwarteinheit „Links".
c) Funktionsgruppe C: Torschuß- und Torwarteinheit „Rechts".

Bild 9.176: Schaltung des Spielgerätes „Elfmeterschießen". Die Schaltung besteht aus den drei Funktionsgruppen A, B und C.

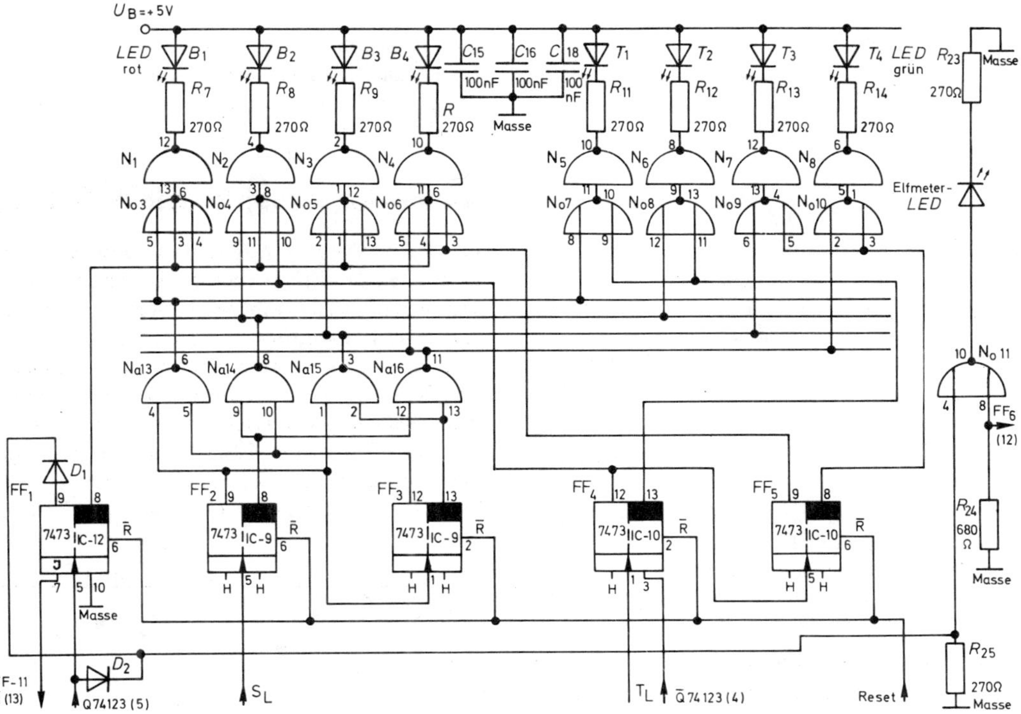

U_B = +5V
LED rot
B1 B2 B3 B4
C15 C16 C18
100nF 100nF 100 nF
Masse
T1 T2 T3 T4
LED grün
R7 R8 R9 R R11 R12 R13 R14
270Ω
R23 270Ω Masse
N1 N2 N3 N4 N5 N6 N7 N8
No3 No4 No5 No6 No7 No8 No9 No10
Elfmeter-LED
Na13 Na14 Na15 Na16
No 11
FF6 (12)
R24 680 Ω
Masse
FF1 FF2 FF3 FF4 FF5
D1
7473 IC-12
7473 IC-9
7473 IC-10
R̄
J
Masse
H
D2
FF-11 Q̄ (13)
Q74123 (5)
SL
TL
Q̄ 74123 (4)
Reset
R25 270Ω Masse

b)

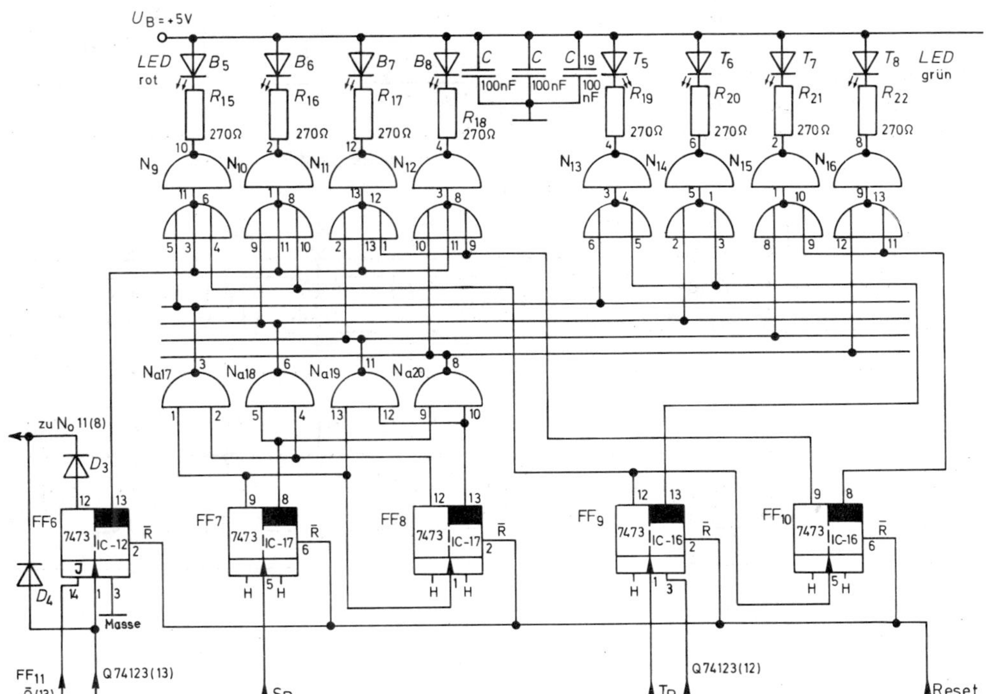

U_B = +5V
LED rot
B5 B6 B7 B8
C C C19
100nF 100nF 100 nF
T5 T6 T7 T8
LED grün
R15 R16 R17 R18 R19 R20 R21 R22
270Ω
N9 N10 N11 N12 N13 N14 N15 N16
Na17 Na18 Na19 Na20
zu No 11(8)
D3
D4
FF6 FF7 FF8 FF9 FF10
7473 IC-12
7473 IC-17
7473 IC-16
R̄
J
H
Masse
FF11 Q̄(13)
Q 74123(13)
SR
TR
Q 74123(12)
Reset

c)

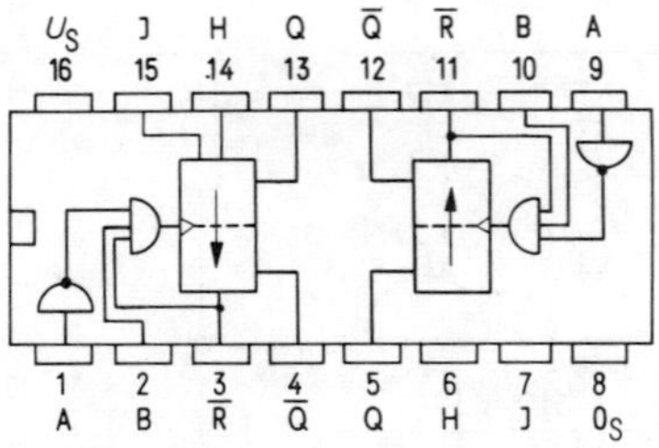

Eingänge		Ausgänge	
A	B	Q	Q̄
H	X	L	H
X	L	L	H
L	↑	⊓	⊔
↓	H	⊓	⊔

Anmerkungen:
X = H- oder L-Signal
⊓ = ein H-Impuls
⊔ = ein L-Impuls
↑ = Impulswechsel von L- auf H-Signal
↓ = Impulswechsel von H- auf L-Signal

Bild 9.177: Anschlußplan 74123. Zwei nachtriggerbare monostabile Kippstufen mit Rückstelleingang. Die Bausteine können im getriggerten Zustand erneut getriggert werden, so daß die Dauer des Ausgangsimpulses vom letzten Triggerimpuls bestimmt wird.

Mit der Betätigung der Schuß-Taste S_L wird die astabile Kippstufe über Na_2 auf den linken Torschußzähler geschaltet. Gleichzeitig werden die Abwehr-NAND-Stufen Na_4 und Na_5 über No_1 und Na_{12} freigegeben.
Wird die Schußtaste wieder gesperrt, so ist auch keine Abwehr mehr möglich. Je nach Zustand der beiden Zähler, leuchtet eine rote oder eine grüne Leuchtdiode in der linken Torhälfte auf.

Fall V:
Der Torschuß erfolgt korrekt, die Abwehr ebenfalls. Beide Spieler wählen jedoch verschiedene Torhälften an. Es ist keine Abwehr möglich, weil alle grünen Leuchtdioden gesperrt bleiben.

Raumschmuckobjekt mit Auffüllregister

Bild 9.178 (Variante A) gibt die Frontplatte eines elektronischen Objektes wieder, das in seinem Inneren zwei komplette, jeweils zwölfstellige Auffüllregister enthält. Auf zwei konzentrischen Kreisen sind Leuchtdioden verteilt – ein Kreis roter und ein Kreis grüner LEDs. Durch Antippen der Bedienungstaster werden bei Inbetriebnahme des Gerätes z.B. alle roten Leuchtdioden gesetzt, alle grünen LEDs gleichzeitig ausgetastet. Wenn anschließend der Schalter S betätigt wird, erlischt eine rote Leuchtdiode nach der anderen und

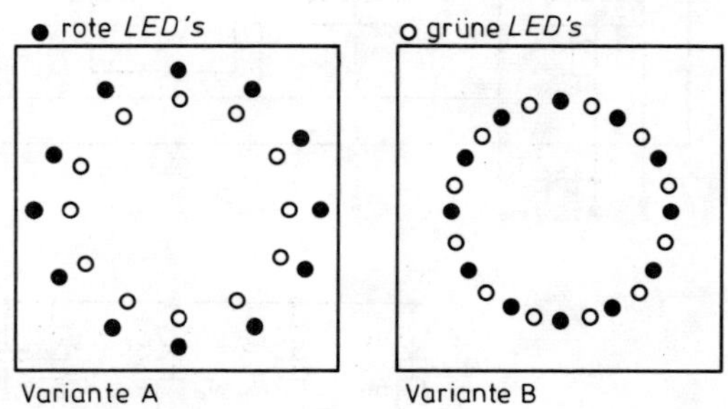

Bild 9.178: Frontplattenvarianten zum elektronischen Raumschmuck mit Auffüllregister.

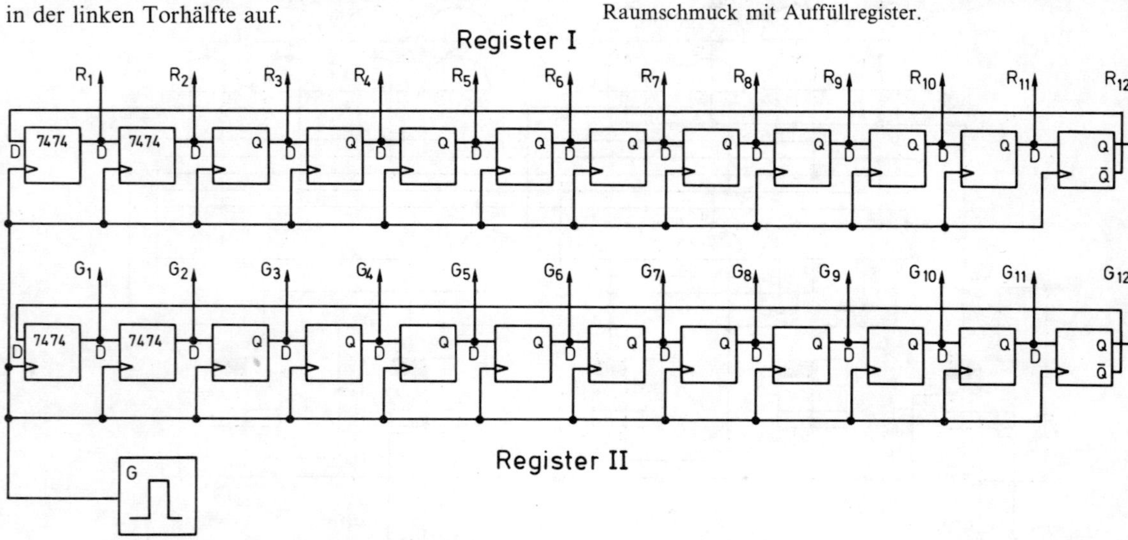

Bild 9.179: Registerteil der Schaltung „Raumschmuck mit Auffüllregister“.

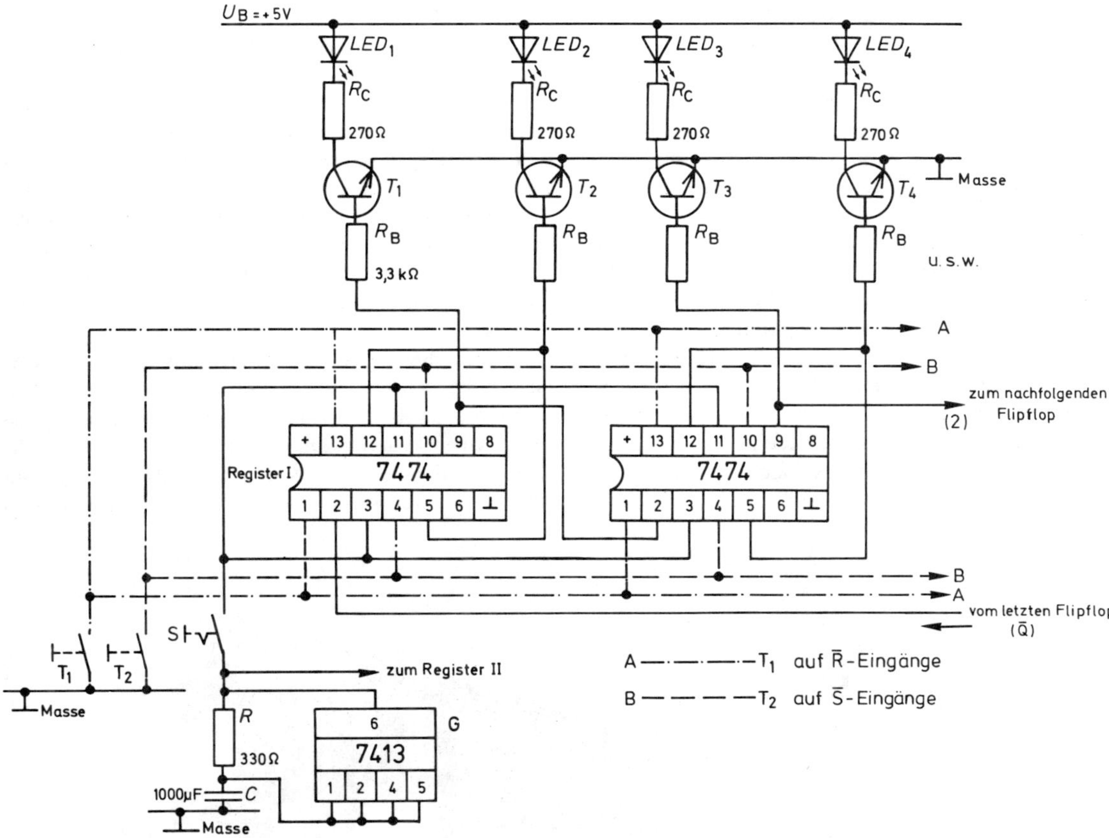

Bild 9.180: Ausführlich dargestellter Teil der Schaltung nach Bild 9.178.

im gleichen Ablauf leuchten dafür entsprechend viele grüne LEDs auf. Nach einiger Zeit leuchtet nur noch der Kranz grüner Leuchtdioden. Aber bald laufen die roten Leuchtdioden wieder ein. Dieser Ablauf wiederholt sich periodisch, solange der Schalter S geschlossen bleibt.

Zur Schaltung (Bild 9.179):

Die Schaltung enthält zwei aus D-Flipflops (7474) aufgebaute zwölfstellige Auffüllregister (S. 172), die beide von einem gemeinsamen Taktgenerator (7413) gesteuert werden.
Bild 9.180 gibt einen ausführlich dargestellten Ausschnitt aus der Schaltung nach *Bild 9.179* wieder. Anhand dieser Detailzeichnung können Sie sich den Aufbau der Gesamtschaltung zusammenstellen.

Da die Flipflops der beiden Register durch das kurzzeitige Aufschalten von statischen Setz- bzw. Rückstellsignalen (T_1, T_2, T_3 und T_4) einen definierten Ausgangszustand einnehmen können, kann man z.B. den Kreis der roten Leuchtdioden setzen und den Kreis der grünen LEDs löschen.

Variationen:

Durch Veränderungen der LED-Anordnungen und/oder durch eine geänderte Schaltung der statischen Flipflop-Eingänge $\bar{R}$ und $\bar{S}$ kann sowohl der Umlaufsinn wie auch das Leuchtmuster verändert werden. Will man die Taktfrequenz verändern, so muß eine Änderung in den Daten der Beschaltung der astabilen Kippstufe vorgenommen werden.

Quarzgesteuerte Digitalstoppuhr

Stoppuhren, die über verschiedenartige Start-Stopp-Einrichtungen geschaltet werden können, sind vielseitig einsetzbar. Sie werden besonders interessant, wenn sie zusätzlich noch mit frei vorwählbaren Zeitauflösungsfaktoren ausgestattet sind.
Bild 9.181 zeigt das Innere einer quarzgesteuerten Stoppuhr hoher Genauigkeit mit frei vorwählbaren Zeitauflösungsfaktoren in dekadischer Stufung von 1/10000 s bis hin zu 1 s. Diese Stoppuhr kann je nach Anforderung durch eine mechanische Hand-Start-Stopp-Einrichtung oder eine äußerst schnelle lichtgetriggerte opto-elektronische Start-Stopp-Einrichtung gesteuert werden. Über die verschiedenen Einsatzmöglichkeiten werden wir sprechen, sobald die Funktionen der einzelnen Baugruppen vorgestellt sind.

Der Quarz-Oszillator *(Bild 9.182)*

In diesem Buch werden mehrere Schaltungen vorgestellt, die von Oszillatoren mit rechteckförmiger Ausgangsspannung betrieben werden. Diese Oszillatorschaltungen sind vorzugsweise mit einem TTL-Schmitt-Trigger-Baustein (7413) aufgebaut und arbeiten zur vollen Zufriedenheit. Ein wesentlicher Nachteil dieser Schaltungen ist jedoch ihre geringe Frequenzkonstanz. Wollte man mit Hilfe dieser Schaltungen Sekunden-Signale zum Betrieb von Digitaluhren erzeugen, so würden diese Uhren erheblich vor- oder nachgehen.
Eine sehr gute Frequenzkonstanz und damit auch eine sehr hohe Zeitgenauigkeit kann man mit Quarz-Oszillatoren erzielen. Der Quarz-Oszillator ist das Herz jeder quarzgesteuerten Digitaluhr.
Die Funktionsweise eines Quarz-Oszillators kann hier nur angedeutet werden *(Bild 9.183)*. Im Prinzip wird

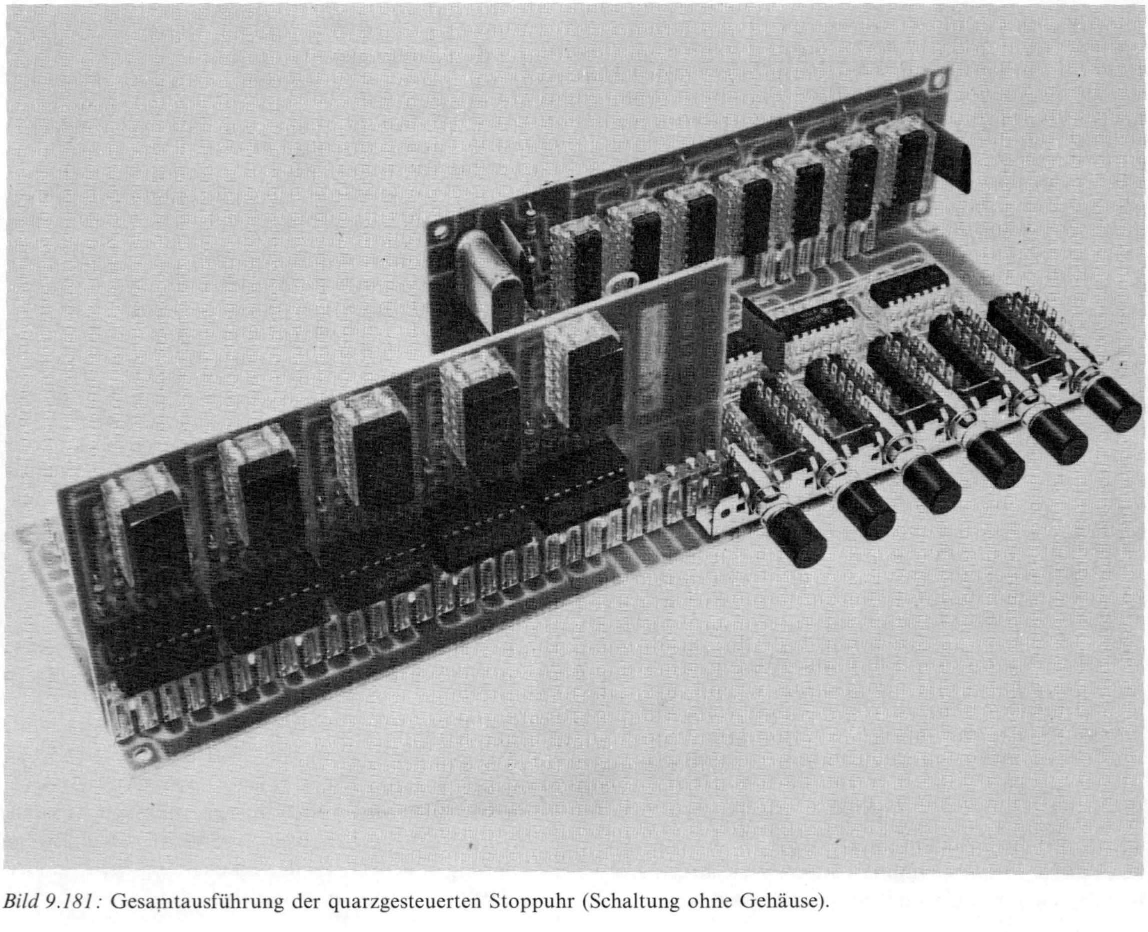

Bild 9.181: Gesamtausführung der quarzgesteuerten Stoppuhr (Schaltung ohne Gehäuse).

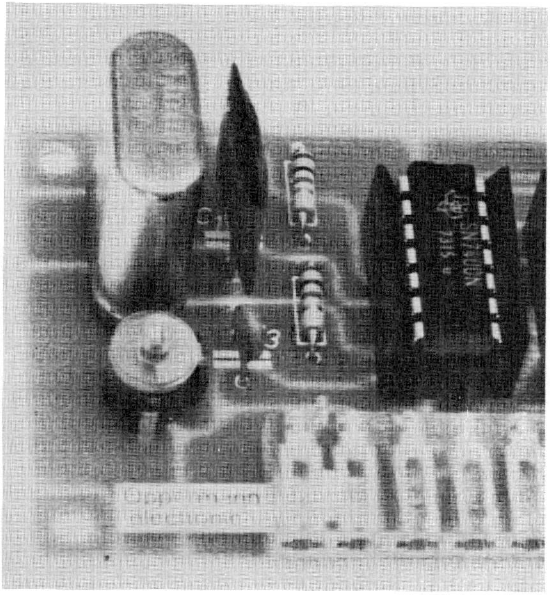

Bild 9.182: Schaltungsplatine des Quarz-Oszillators.

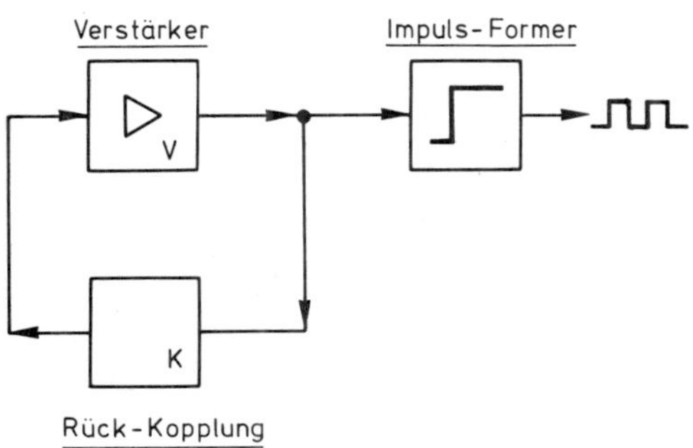

Bild 9.183: Prinzip eines Quarz-Oszillators.

das Ausgangssignal eines Verstärkers auf seinen Eingang über eine Rückkoppelschaltung wieder aufgeschaltet. Dabei arbeitet der in diesem Kreis liegende Schwingquarz in Serienresonanz und garantiert die Frequenzkonstanz des Oszillators.
Dem Oszillator wird ein Inverter nachgeschaltet, der ein einwandfreies TTL-Signal liefert.

Die in *Bild 9.184 und Bild 9.185* dargestellten Quarz-Oszillatoren arbeiten mit Schaltgliedern der 74xx-Reihe. Es sind die Typen 7400, 7404, 7410, 7420 u.ä. geeignet. Beide Schaltungen unterscheiden sich bezüglich des Oszillator-Frequenzbereichs. Die von dem Schaltungsanwender geplante Signal-Frequenz führt zur Wahl eines entsprechenden Quarzes und eines geeigneten Kondensators C_3 (s. *Tabelle 9.20*).
Mit dem Trimmer C_2 kann der Oszillator auf die exakte Frequenz hingezogen werden.
Wir wählen für unsere Stoppuhr eine Schwingfrequenz von 1 MHz, die sich sehr einfach dekadisch herunterteilen läßt.

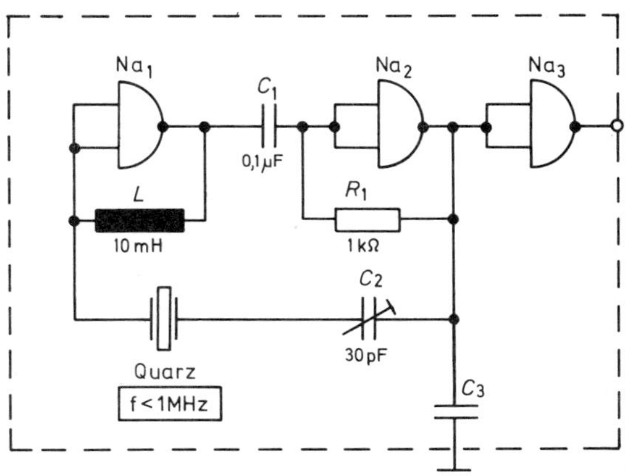

Bild 9.184: Schaltung eines Quarz-Oszillators (Variante I).

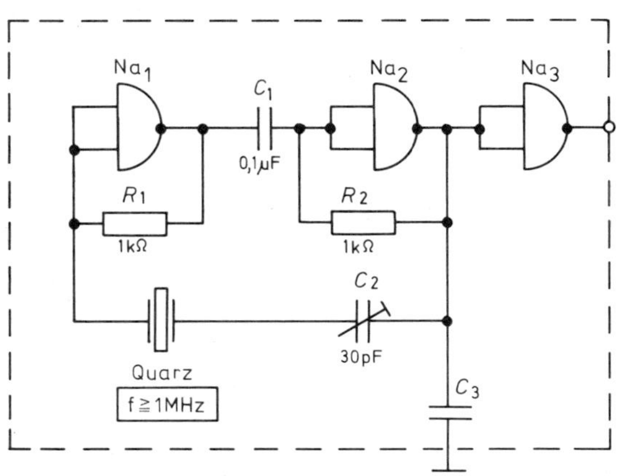

Bild 9.185: Schaltung eines Quarz-Oszillators (Variante II).

Tabelle 9.20: Mit Hilfe des Kondensators C_3 wird die Oszillatorfrequenz bestimmt.

$$C_3 = \frac{680}{f}$$

Wenn f in MHz eingesetzt wird, ergibt sich C_3 in pF.

f	C_3
200 kHz	3,3 nF
500 kHz	1,2 nF
1 MHz	680 pF
2 MHz	330 pF
5 MHz	120 pF

untere Grenze: 200 kHz
obere Grenze: 5 MHz

Der dekadische Frequenzteiler

Je nach vorgewähltem Zeitauflösungsfaktor muß die Oszillatorfrequenz von 1 MHz auf 10 kHz, 1 kHz, 100 Hz, 10 Hz oder gar 1 Hz heruntergeteilt werden. Dieser Prozeß läßt sich sehr leicht mit dekadischen Zählern vom Typ 7490 realisieren.

Bild 9.186 gibt die entsprechende Prinzipschaltung wieder. Die jeweilige Ausgangsfrequenz wird einem Zeitauflösungs-Wahlschalter zugeführt, um von dort über ein Signaltor einem mehrstufigen dekadischen Zähler zugeführt zu werden. Die eigentliche Frequenzteilerschaltung gibt *Bild 9.187* wieder. Die entsprechende Schaltplatine zeigt *Bild 9.188*.

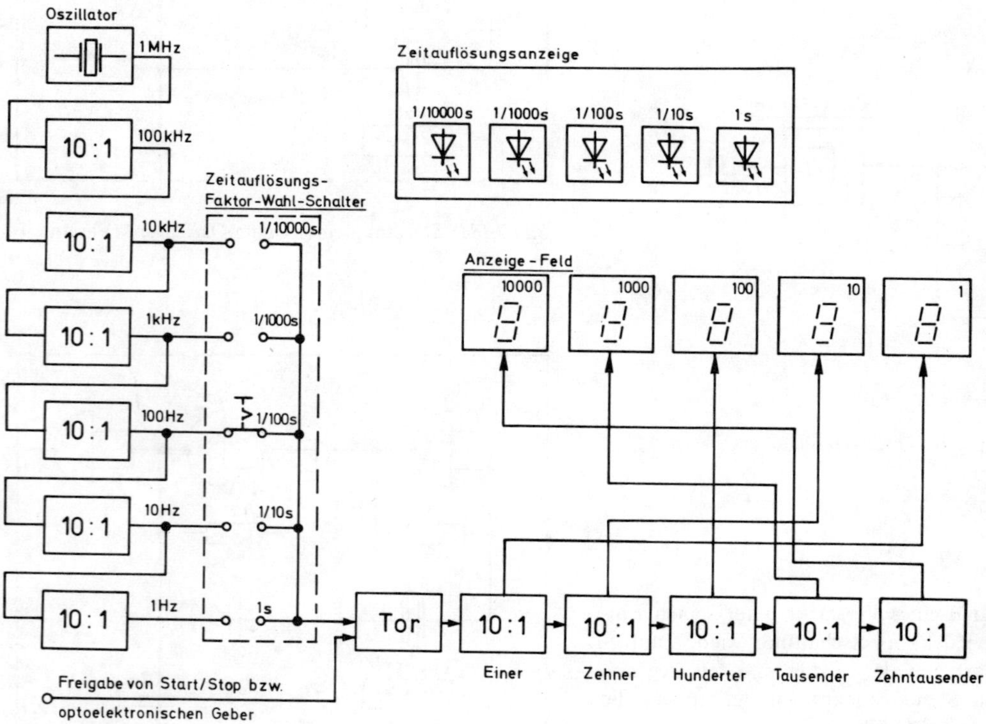

Bild 9.186: Prinzipschaltung des dekadischen Frequenzteilers links mit nachgeschalteten Baugruppen.

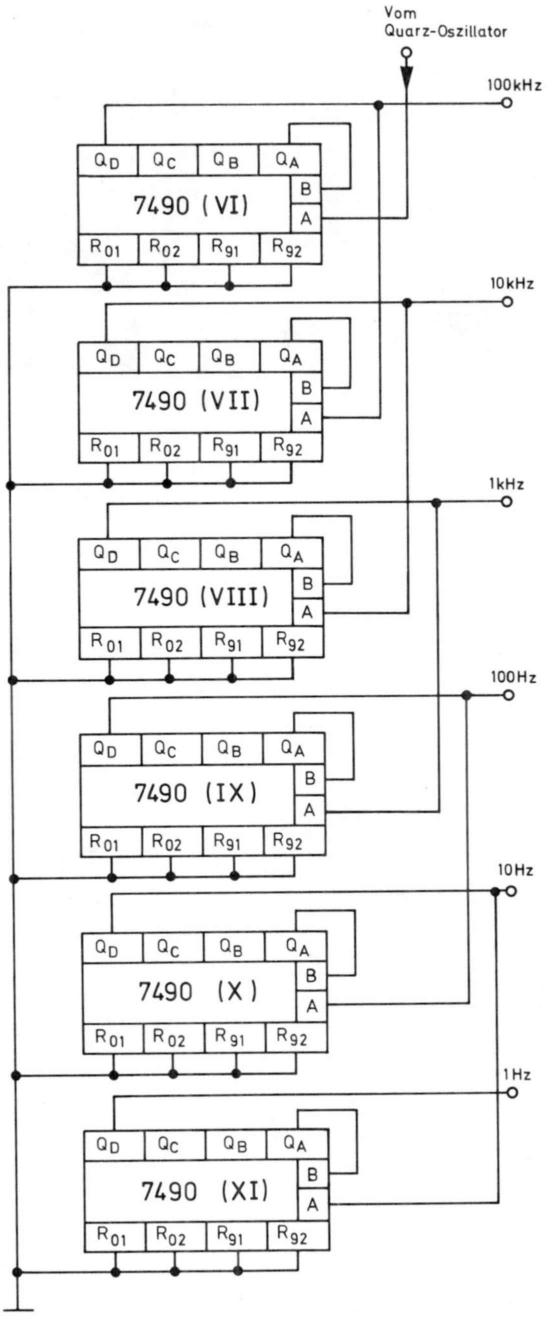

Bild 9.187: Schaltung des dekadischen Frequenzteilers.

Bild 9.188: Schaltungsplatine des dekadischen Frequenzteilers mit angefügtem Quarz-Oszillator.

Der Zeitauflösungsfaktor-Wahlschalter *(Bild 9.189)*

Insgesamt sind fünf Zeitauflösungsfaktoren vorwählbar *(Bild 9.190)*. Die *Tabelle 9.21* gibt die einstellbaren Zeitauflösungsfaktoren an und die mit einer fünfstelligen dekadischen Zeitanzeige max. meßbaren Zeiten.

Tabelle 9.21: Zeitauflösungsfaktoren und maximale Zeitanzeigen.

Bereich	maximale Anzeige
1/10000 Hz	99999/10000 s = 9,9999 s
1/1000 Hz	99999/1000 s = 99,999 s
1/100 Hz	99999/100 s = 999,99 s
1/10 Hz	99999/10 s = 9999,9 s
1/1 Hz	99999/1 s = 99999 s

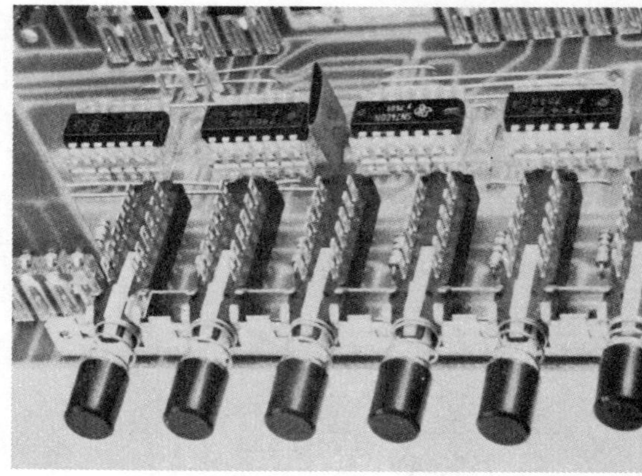

Bild 9.189: Schaltungsplatine des Zeitauflösungsfaktor-Wahlschalters (Variante für 6 Auflösungsfaktoren.)

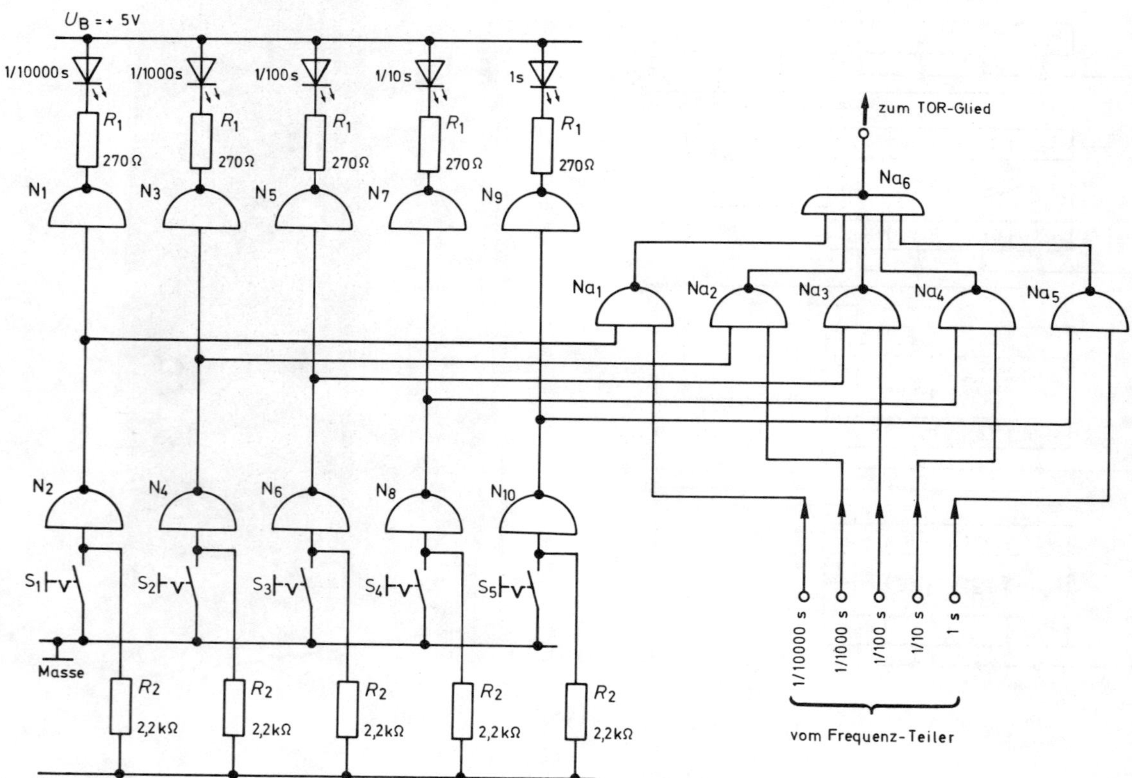

Bild 9.190: Schaltung des Zeitauflösungsfaktor-Wahlschalters.

Die Zeitauflösungsfaktoren werden mit der Schaltung nach *Bild 9.190* vorgewählt. Über die NAND-Glieder Na_1 bis Na_6 wird die ausgesuchte Zeitbasis durchgeschaltet. Der jeweils eingestellte Zeitauflösungsfaktor wird über eine entsprechend gekennzeichnete Leuchtdiode angezeigt. Auf eine zusätzliche Bereichsverriegelung wurde wegen des damit verbundenen Schaltungsaufwandes verzichtet. Ein möglicher Bedienungsirrtum hat keine Folgen und wird zudem am Leuchtzustand der LEDs sofort erkennbar.

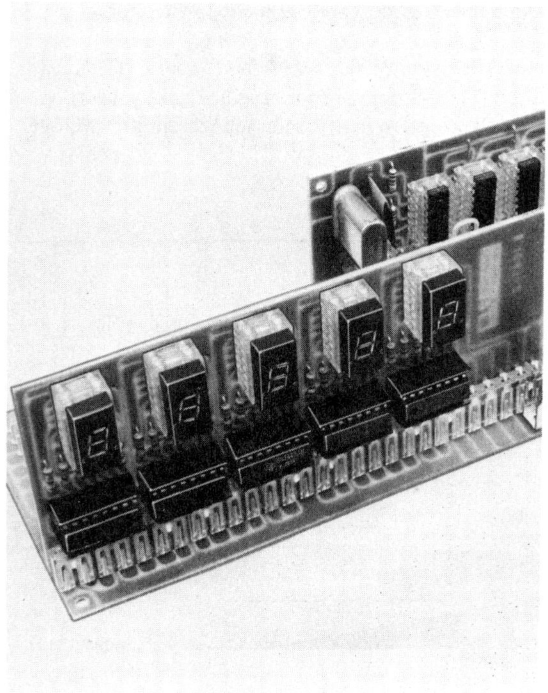

Bild 9.192: Schaltungsplatine des Zählers mit 7-Segment-Anzeige.

Zähler mit 7-Segment-Anzeigen *(Bild 9.191)*

Wegen der variablen Zeitauflösung von 1/10000 s bis zu 1 s muß auf eine Zeitangabe in kombinierter Minuten- und Sekundendarstellung verzichtet werden. Es wird über die fünfstellige 7-Segment-Anzeige jeweils das Vielfache des Zeitbasisfaktors (z.B. 518 × 1/1000 s) angezeigt.
Die zu zählenden Impulse, die letztlich nach entsprechender dekadischer Teilung vom frequenzkonstanten Quarz-Oszillator kommen, werden über ein Impulstor dem fünfstelligen dekadischen Zähler *(Bild 9.191)* zugeführt. Das Impulstor selbst wird für die Dauer der Zeitmessung über ein entsprechendes H-Signal freigegeben.

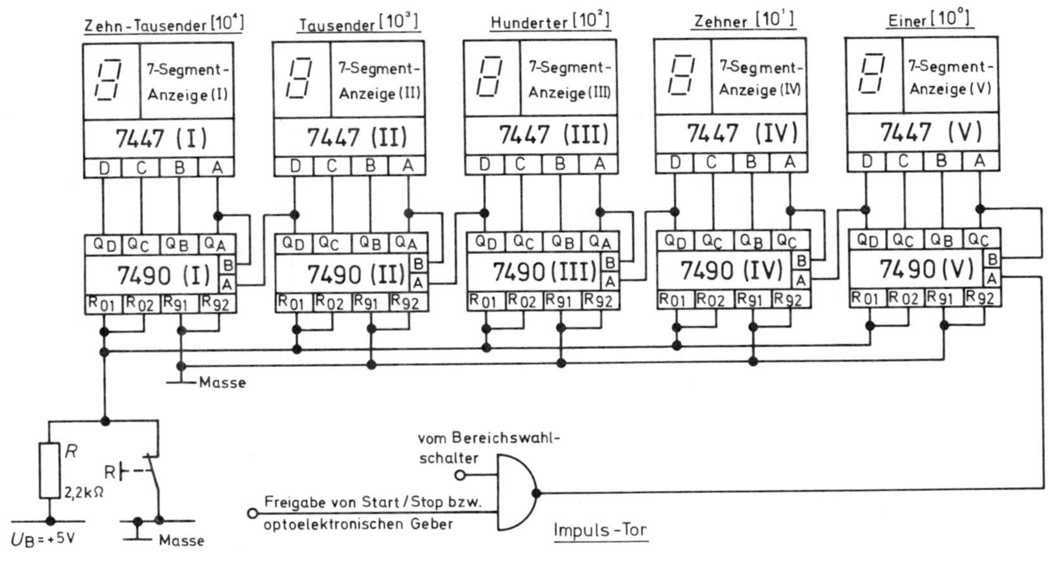

Bild 9.191: Schaltung des Zählers mit 7-Segment-Anzeige.

Die manuell auslösbare Start-Stopp-Einrichtung

Auf den ersten Blick *(Bild 9.193)* scheint der Aufwand dieser Start-Stopp-Einrichtung hoch. Mit dieser Schaltungskonzeption erzielt man jedoch einige Vorzüge.

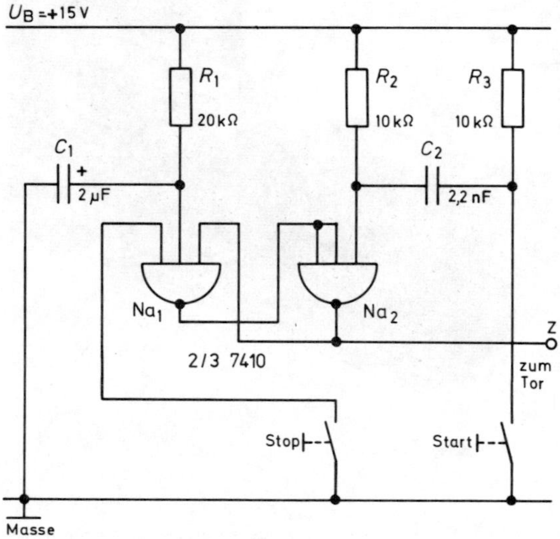

Bild 9.193: Schaltung der manuellen Start-Stopp-Einrichtung.

Im Prinzip handelt es sich bei dieser Schaltung um eine aus zwei NAND-Gliedern aufgebaute bistabile Kippstufe vom Typ des RS-Flipflops. Beim Einschalten der Betriebsspannung $U_B = +5$ V wird einem der Gattereingänge der NAND-Stufe 1 für eine Übergangszeit ein L-Signal zugeführt. Die Ursache hierfür liegt in der *RC*-Schaltung aus R_1 und C_1 gegründet, die das H-Signal verzögert an den Gattereingang legt (Aufladen des Kondensators!).

Durch diese Maßnahme führt der NAND-Gatterausgang Na_2 nach dem Einschalten der Versorgungsspannung ein eindeutiges L-Signal, das das nachgeschaltete NAND-Signaltor sperrt.

Über die Start-Taste wird der *RS*-Speicher gesetzt und das nachfolgende Signaltor freigeschaltet. Die in die Startleitung eingefügte *RC*-Kombination (Differenzierglied) ermöglicht es, die Start-Stopp-Einrichtung auch dann auf „Stopp" zu schalten, wenn man die Start-Taste ungewollt betätigt hält.

Die lichtgesteuerte Start-Stopp-Einrichtung

Will man bei speziellen Zeitmeßvorgängen eine Zeitbasis nutzen, die kleiner als 1/10 s ist, so wäre eine Steuerung der Stoppuhr über eine mechanische Start-Stopp-Einrichtung unsinnig. Hier helfen nur sehr schnelle Sensoren weiter, wie wir sie im Bereich der opto-elektronischen Bauelemente vorfinden.

Will man eine äußerst schnell ansprechende lichtgesteuerte Start-Stopp-Einrichtung aufbauen, so wird man auf die opto-elektronischen Bauelemente *Foto-*

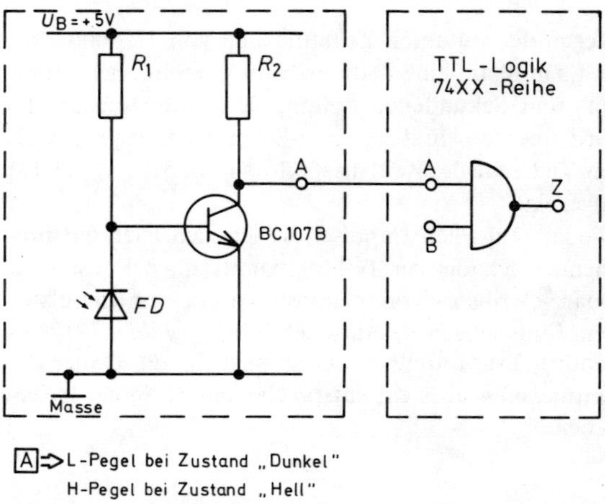

Bild 9.194: Foto-Dioden-Ansteuerschaltung: Variante A.

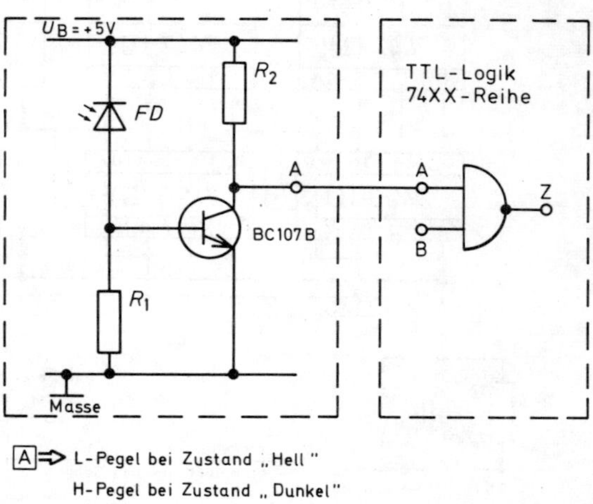

Bild 9.195: Foto-Dioden-Ansteuerschaltung: Variante B.

diode und *Fototransistor* zurückgreifen. Der relativ preiswerte Fotowiderstand ist wesentlich träger und kommt für unseren Anwendungsfall nicht in Frage.
Äußerst kurze Schaltzeiten (Größenordnung 0,005 µs) erzielt man mit Fotodioden. Fotodioden werden mit einer Vorspannung in Sperrichtung betrieben. Ihr Dunkelstrom ist niedrig. In Reihe mit hochohmigen Arbeitswiderständen können durch Lichteinwirkung Spannungsänderungen erzielt werden, die bis an die Betriebsspannung heranreichen.
Die *Bilder 9.194 und 9.195* zeigen Fotodioden-Ansteuerschaltungen, die auf eine Kombination mit TTL-Schaltungen der 74xx-Reihe abgestimmt sind. Beachten Sie bitte, daß eine der Schaltungen hell gesteuert, die andere dunkel gesteuert wird. Die Bildtexte geben genaue Anweisungen.
In kritischen Fällen – so bei langsam sich verändernden Lichtverhältnissen –, die beim Betrieb unserer Stoppuhr nicht in Frage kommen, sollte man eine Schmitt-Trigger-Schaltung (7413) vor der abgebildeten NAND-Stufe einfügen. Dies gilt auch für die nachfolgend besprochenen Fototransistor-Schaltungen.
Die *Bilder 9.196 und 9.197* zeigen Fototransistor-Ansteuerschaltungen, die speziell zur Ansteuerung von TTL-Schaltungen der 74xx-Reihe zugeschnitten sind.
Beim Foto-Transistor wirkt der Lichteinfall auf die Basiszone wie ein Basisstrom. Der Lichteinfall steuert entsprechend seiner Intensität die Basis-Emitter-Strecke und damit den Kollektorstrom des Transistors. Fototransistoren sind deutlich empfindlicher als Foto-

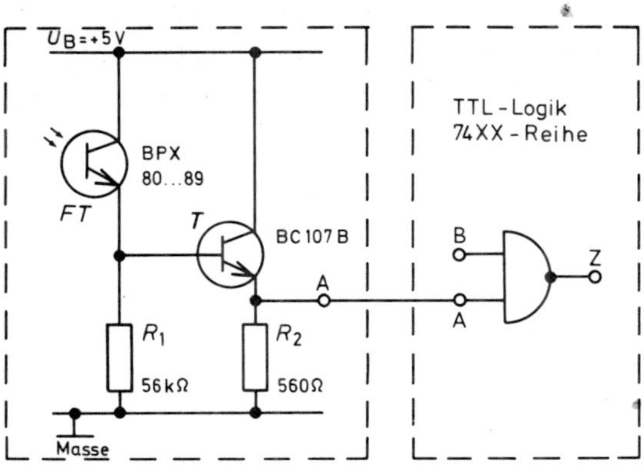

Bild 9.196: Foto-Transistor-Ansteuerschaltung: Variante A.

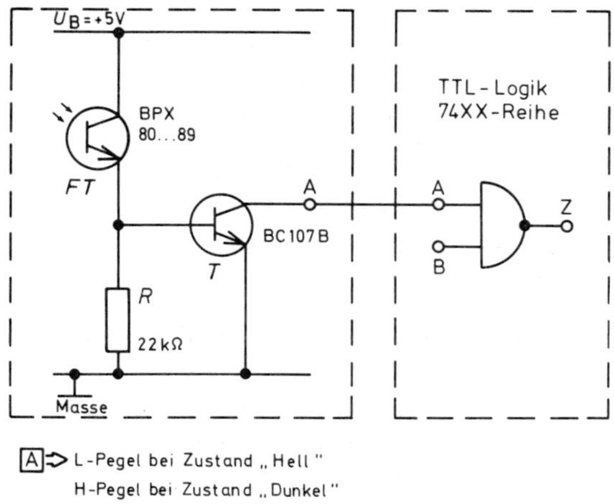

Bild 9.197: Foto-Transistor-Ansteuerschaltung: Variante B.

Dioden (Verstärkung!). Dieser Vorteil wird jedoch durch verminderte Schaltgeschwindigkeit (etwa in der Größenordnung von 1 µs) erkauft. Beachten Sie auch bei den abgebildeten Schaltungen den Unterschied zwischen Hell- und Dunkelsteuerung!

Über die Einsatzmöglichkeiten für die Stoppuhr

Steuerung über die mechanische Start-Stopp-Einrichtung (Bild 9.198)
Wegen der Trägheit der mechanischen Start-Stopp-Einrichtung und besonders auch wegen der Reaktionszeit der Bedienungsperson sind Zeitbasisfaktoren kleiner als 1/10 s nicht sinnvoll. Nach Vorwahl des Zeitbasisfaktors laufen die vom Oszillator kommenden und dekadisch heruntergeteilten frequenzstabilen Impulse

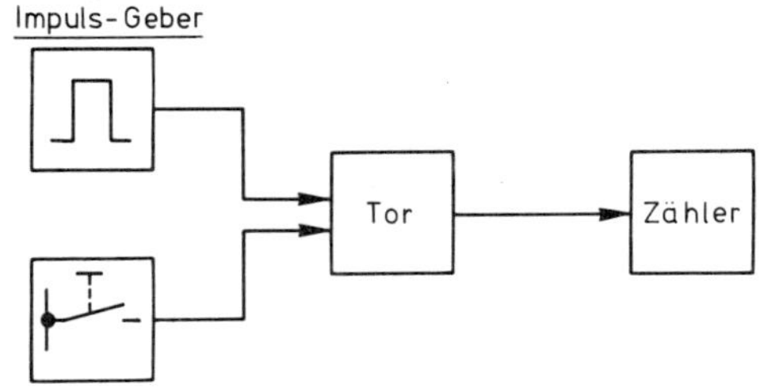

Bild 9.198: Steuerung der Stoppuhr über eine mechanische Start-Stopp-Einrichtung.

auf das NAND-Tor auf, ohne jedoch an den Zähler zu gelangen. Dieser ist zuvor durch die Rückstelltaste auf Null zurückgestellt worden.
Vom Zeitpunkt der Betätigung der Start-Taste bis zum Zeitpunkt der Betätigung der Stopp-Taste ist das Impulstor freigegeben und die Impulse werden im fünfstelligen Dekadenzähler gezählt. Das Ergebnis der Zeitmessung wird über die 7-Segment-Anzeigeeinrichtung angezeigt.

Steuerung über die lichtgesteuerte Start-Stopp-Einrichtung

Bei der Anwendung von opto-elektronischen Sensoren sind auch kleinste Zeitbasisfaktoren bis hin zur 1/10000 s anwendbar.
Bild 9.199 gibt das Grundprinzip einer lichtgesteuerten Zeitmeßschaltung wieder. Ob die Freigabe des Impulstores über eine Hell- oder eine Dunkelsteuerung erfolgen soll, hängt vom Meßproblem ab.
In Abwandlung der Meßanordnung von *Bild 9.199* kann man die Verschlußzeiten einer Fotokamera überprüfen. Der Fotoempfänger sollte auf Filmebene zentriert und lichtabgeschirmt angebracht werden. Richtet man die Kamera auf eine intensive Lichtquelle, so wird für die Dauer der Verschlußöffnung das Impulstor freigegeben.
Mit dieser Meßanordnung kann man auch die Leuchtdauer eines Blitzlichtgerätes bestimmen. Bei abgedunkeltem Raum wird der Blitz die Öffnung des Impulstores steuern.

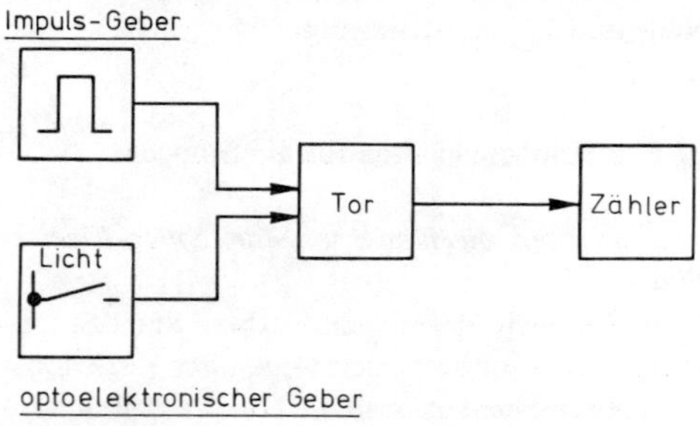

Bild 9.199: Steuerung der Stoppuhr über eine opto-elektronische Start-Stopp-Einrichtung.

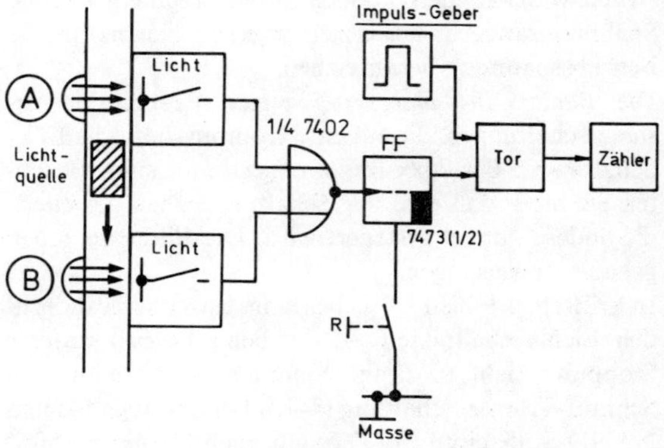

Bild 9.200: Geschwindigkeitsmeßeinrichtung.

Bild 9.200 zeigt Ihnen eine Meßeinrichtung mit der die Geschwindigkeit von Körpern bestimmt werden kann. Die Geschwindigkeit wird indirekt aus der Messung der Laufzeit des Körpers zwischen zwei Fotoempfängern durch Rechnung bestimmt. Nehmen wir z.B. an, es sei die Geschwindigkeit einer Luftgewehrkugel nach dem Verlassen des Laufes zu ermitteln. Nach der Meßanordnung aus *Bild 9.200* wird die Kugel beim Durchfliegen der Lichtschranke A das Flipflop setzen und somit das Impulstor freigeben. Beim Passieren der Lichtschranke B wird das Flipflop zurückgesetzt und das Impulstor wieder gesperrt. Abstand der Lichtschranken durch Laufzeit ergibt die Geschwindigkeit.

10. Operationsverstärker: Universelle Bauelemente zur Verarbeitung analoger Signale

Grundsätzlich kann jeder einfache Transistor – sofern er geeignet beschaltet ist – als analoger Signalverstärker verwendet werden. Man darf aber an einen solchen „Verstärker" keine besonderen Ansprüche stellen, *Bild 10.1*. Seine Eigenschaften bleiben weit hinter denen zurück, die ein idealer Verstärker haben sollte, nämlich:

- beliebig einstellbare Verstärkung,
- lineare (d.h. verzerrungsfreie) Verstärkung,
- unendlich großer Eingangswiderstand,
- unendlich kleiner Ausgangswiderstand,
- völlige Unempfindlichkeit gegen Temperatureinflüsse usw. *Bild 10.2*.

Einen idealen Verstärker kann man technisch nicht verwirklichen. Aber mit ensprechendem Schaltungsaufwand lassen sich immerhin Verstärker bauen, die sehr nahe an die Eigenschaften eines idealen Verstärkers herankommen. Solche hochwertigen Analogverstärker sind teuer und umfangreich, wenn sie in diskreter Technik aufgebaut werden.

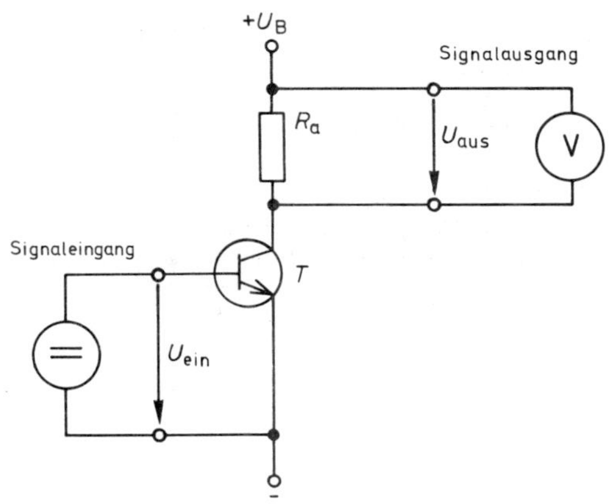

Bild 10.1: Transistor als Verstärker von Gleichspannungssignalen.

Seit einiger Zeit gibt es aber eine Reihe von Analogverstärkern in integrierter, miniaturisierter Form, die wegen ihrer bemerkenswerten technischen Eigenschaften und wegen ihres geringen Preises nicht nur für kommerzielle Anwender, sondern auch für Amateurelektroniker interessant sind.

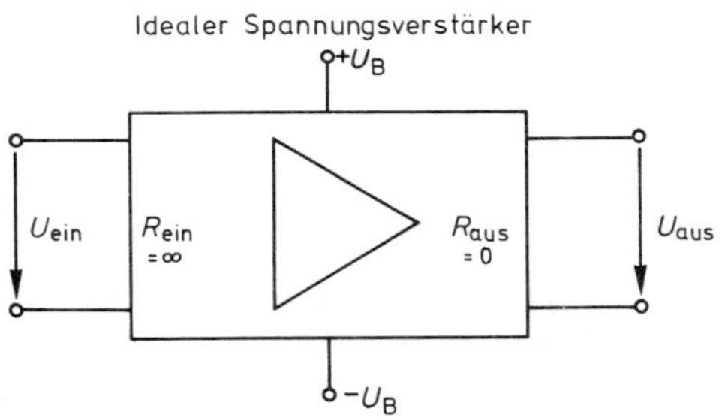

Bild 10.2: Ein idealer Spannungsverstärker müßte eine beliebig große lineare Verstärkung, einen unendlich großen Eingangs- und einen unendlich kleinen Ausgangswiderstand haben.

Verstärker mit nahezu idealen Eigenschaften

Eine spezielle Gruppe dieser Analogverstärker sind die sogenannten Operationsverstärker (amerikanisch: Operational Amplifier, abgekürzt: Op-Amp.). Ihren Namen erhielten diese Verstärker, weil sie zuerst in Analogrechnern zur Ausführung von Rechenoperationen eingesetzt wurden. Aber so begrenzt ist ihr Einsatzbereich längst nicht. Grundsätzliches über Operationsverstärker können Sie auch in „Einführung in die Elektronik" (6. Auflage, Kapitel 12), vom selben Herausgeber, nachlesen.

Der Amateurelektroniker kann Operationsverstärker überall dort verwenden, wo gute Gleich- und Wechsel-

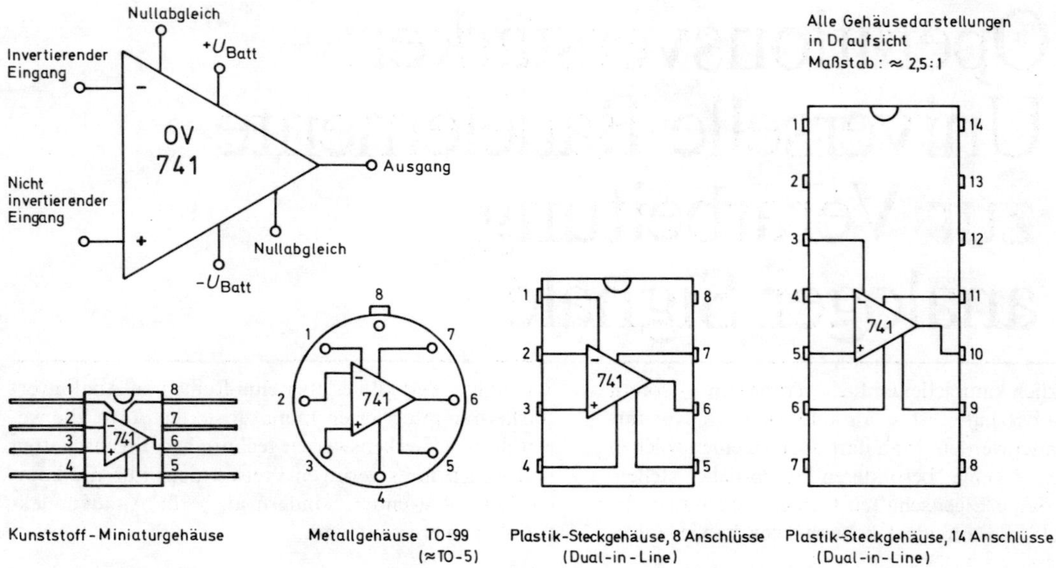

Bild 10.3: Schaltsymbol für einen Operationsverstärker und Übersicht über die Bauformen des Operationsverstärkertyps 741.

spannungsverstärker benötigt werden. Denn Operationsverstärker haben vor allem folgende Vorzüge:

- Hohe Spannungsverstärkung bis zu mehreren Zehnerpotenzen,
- Einstellbarkeit des Verstärkungsfaktors,
- beste Linearität der Signalübertragung in einem weiten Bereich,
- weitgehende Überlastungssicherheit und
- je nach äußerer Beschaltung sind hohe oder niedrige Eingangs- und Ausgangswiderstände einstellbar.

Integrierte Operationsverstärker sind äußerlich nicht größer als Transistoren bzw. Dual-in-Line-Bausteine. Ihr Preis liegt wesentlich unter dem von gleichwertigen diskreten Schaltungen. Um einen ersten Eindruck zu vermitteln, sind in *Bild 10.3* das Schaltsymbol und die verschiedenen Bauformen eines verbreiteten integrierten Operationsverstärkers abgebildet. Der angeführte Verstärkertyp wird von vielen Herstellern produziert und unter verschiedenen Bezeichnungen angeboten, z.B. µA 741, MC 1741, SN 72741, TBA 221 u.a.
Diesen Operationsverstärker, der hier künftig abgekürzt mit „741“ bezeichnet werden soll, wollen wir beschreiben und einsetzen. Vieles läßt sich dann sinngemäß auf die meisten anderen Operationsverstärkertypen übertragen.

Wie der Operationsverstärker 741 angeschlossen wird

Um einen ersten Eindruck vom „Wesen“ des Operationsverstärkers zu bekommen, betrachten wir ihn vorerst nur als „black box“.
Für die Energieversorgung besitzt der Operationsverstärker zwei Anschlüsse: $+U_{Batt}$ und $-U_{Batt}$.

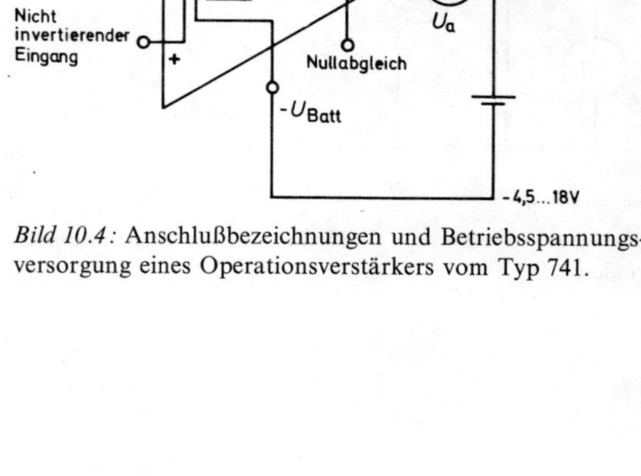

Bild 10.4: Anschlußbezeichnungen und Betriebsspannungsversorgung eines Operationsverstärkers vom Typ 741.

Zur Signalverarbeitung dienen zwei Eingangsanschlüsse und ein Ausgangsanschluß. Daneben gibt es noch zwei Anschlüsse für Abgleichmaßnahmen. In *Bild 10.4* ist das Symbol für einen Operationsverstärker mit den genannten Anschlüssen und mit der Betriebsspannungsbeschaltung dargestellt. Ausnahmsweise haben wir in das Symbol das Anschlußschema des Typs 741 im DIL-Mini-Steckgehäuse eingezeichnet. Es soll Ihnen das Anschließen erleichtern, wenn Sie gleich experimentieren wollen. Das Anschlußschema gilt übrigens bezüglich der Anschlußziffern auch für das Metallgehäuse TO-99 (TO-5), (jeweils in der Ansicht von oben).
Auffällig ist die – auf Masse bezogen – positive und negative Betriebsspannungsversorgung. Sie erscheint auf den ersten Blick umständlich und aufwendig. Sie gibt aber dem Operationsverstärker optimale Eigenschaften. Seine Innenschaltung ist dementsprechend ausgelegt. Diese Art der Spannungsversorgung hat den Vorteil, daß der Operationsverstärker je nach Aussteuerung an seinem Ausgang positive oder negative Spannungen bezogen auf Masse liefern kann. Für verschiedene Betriebsfälle ist dies notwendig.
Die Betriebsspannung für den „741" kann zwischen $\pm 4{,}5$ V und ± 18 V gewählt werden. Die Hersteller empfehlen als günstige Betriebsspannung ± 15 V und beziehen darauf ihre Kennwerte-Angaben in den Datenblättern. Bei kleineren Betriebsspannungen verschlechtern sich manche Kennwerte. Für die ersten Experimente reicht es aber, wenn zwei 4,5-V-Batterien oder zwei 9-V-Batterien verwendet werden, falls kein entsprechendes Netzgerät mit doppelter Spannungsabgabe zur Verfügung steht.
Operationsverstärker besitzen in der Regel zwei Signaleingänge, die üblicherweise mit den Kennzeichen „+" und „–" unterschieden werden. Hierbei handelt es sich nicht um Potential-, sondern um Funktionsbezeichnungen. Signale am „–"-Eingang werden invertiert; sie erscheinen am Verstärkerausgang in umgekehrter Richtung. Signale am „+"-Eingang werden nicht invertiert; sie erscheinen am Ausgang in gleicher Richtung wie am Eingang.
Die Möglichkeit der Signalumkehr ist übrigens ein weiterer Grund, warum Operationsverstärker mit positiver und negativer Speisespannung betrieben werden.

Über die Offsetspannung

Wenn Sie den Operationsverstärker nach *Bild 10.4* an die Betriebsspannung anschließen und die Signaleingänge unbeschaltet lassen, dann werden Sie auf ein Phänomen stoßen, das daran erinnert, daß Sie es leider nicht mit einem ganz idealen Verstärker zu tun haben: Der Zeiger des Spannungsmessers wird nach der einen oder anderen Seite ausschlagen, obwohl noch keine Eingangsspannung an die Signaleingänge angelegt wurde. Auch wenn Sie die Eingänge untereinander oder mit Masse verbinden, wird die Ausgangsspannung noch nicht auf Null gezwungen. Diese Reaktion des Operationsverstärkers entsteht durch Unsymmetrien in der Innenschaltung, die sich bei der Herstellung kaum vermeiden lassen. Wegen der hohen Spannungsverstärkung wirken sich diese Unsymmetrien stark aus. Immerhin verstärkt der „741" im Leerlauf 10000fach bis 100000fach! Ein Spannungsunterschied von nur 1 mV an den Eingängen führt zu einer Ausgangsspannung von mindestens $10000 \cdot 1\ \text{mV} = 10$ V (falls die gewählte Betriebsspannung dies überhaupt zuläßt).
Erst das Anlegen einer entsprechenden kompensierenden Spannung an die beiden Eingänge schafft Abhilfe. Man nennt diese Spannungsdifferenz, die angelegt werden muß, um die Ausgangsspannung auf 0 V zu bringen, die Eingangs-Nullspannung oder Eingangs-Offsetspannung.

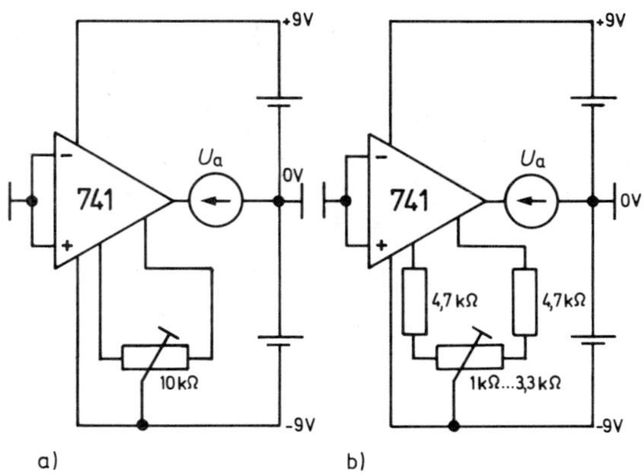

Bild 10.5: Maßnahmen zum Eingangs-Nullspannungsabgleich (Eingangs-Offsetspannungsabgleich).

Beim Verstärkertyp 741 sind zwei besondere Anschlüsse für den Nullabgleich mit Hilfe eines Potentiometers vorhanden, *Bild 10.5a*. Allerdings ist die Nulleinstellung bei „offenem" Verstärker eine diffizile Angelegenheit (wovon Sie sich im Experiment überzeugen können). Der Nullspannungsabgleich wird erleichtert, wenn der Einstellbereich des Potentiometers durch flankierende Widerstände eingegrenzt wird (*Bild 10.5 b*). In Anwendungsschaltungen wird der Operationsverstärker fast immer mit einer äußeren Beschaltung versehen um die Verstärkung einzustellen. Dann erleichtert sich der Nullabgleich ebenfalls oder kann auch ganz überflüssig werden.

Der Typ 741 ist gegen Überlastung gut geschützt

Ein großer Vorzug des Operationsverstärkers 741, der vor allem beim Experimentieren deutlich wird, ist seine Überlastungssicherheit. Wenn Sie sich an die Betriebsspannungsgrenze von ±18 V halten, kann kaum etwas passieren. Der Verstärkerausgang kann direkt mit Masse oder den Betriebsspannungspolen verbunden werden, denn der Ausgangsstrom wird intern auf rund 18 mA begrenzt. Der Verstärkerausgang ist also kurzschlußfest.
Sie können deshalb z.B. ohne weiteres zur Anzeige der Polarität der Ausgangsspannung zwei antiparallel geschaltete Leuchtdioden anstelle des Ausgangsspannungsmessers einsetzen, *Bild 10.6*.

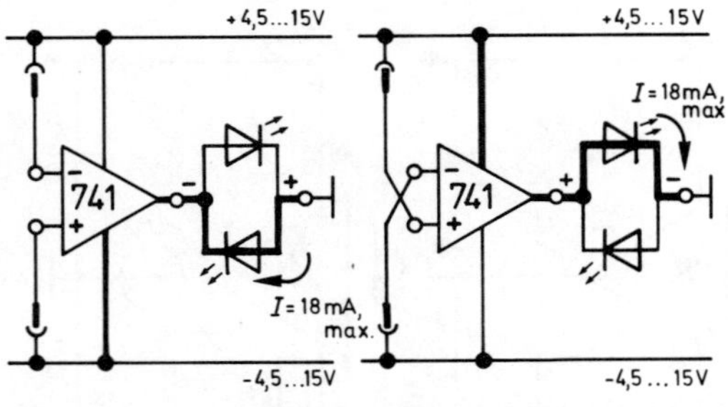

Bild 10.6: Der Operationsverstärker 741 besitzt einen kurzschlußfesten, niederohmigen Ausgang und hochohmige Eingänge.

Die Spannung an den Eingängen des Operationsverstärkers kann so groß wie die Betriebsspannung, darf aber nicht höher als maximal ±15 V gewählt werden. Die Eingänge können also ohne Gefährdung des Bausteins unmittelbar mit den Betriebsspannungspolen verbunden werden, solange die Betriebsspannung nicht größer als ±15 V ist. Zwischen beiden Eingängen darf demnach eine Spannung bis ±30 V liegen, *Bild 10.6*.
Beim Überprüfen dieser Tatsachen können Sie nebenbei mit einer „Fingerprobe" feststellen, daß die Eingangswiderstände der Signaleingänge tatsächlich recht hoch sind (typisch: 2 MΩ). Wenn Sie nämlich zwischen einen Batteriespannungspol und die Zuleitung zu einem der beiden Eingänge, der die Signalumkehr am Ausgang ermöglicht, Ihren „hochohmigen" Finger legen, so reicht dieser als Leitungsverbindung aus. Der Eingangsstrom ist dabei geringer als 1 µA.

Wie man die Verstärkung einstellt

Bei Operationsverstärkern läßt sich die Größe der Spannungsverstärkung durch äußere Beschaltung einstellen. Es sind nur zwei Widerstände erforderlich, deren Wertverhältnis den Verstärkungsfaktor bestimmt.

Operationsverstärker als invertierender Verstärker

Ein erstes Bemessungsbeispiel hierzu zeigt *Bild 10.7*. In diesem Schaltbeispiel, das Sie experimentell überprüfen sollten, ist ein Widerstand $R_2 = 50\ k\Omega$ zwischen den Verstärkerausgang und den invertierenden Eingang eingefügt und vor dem invertierenden Eingang

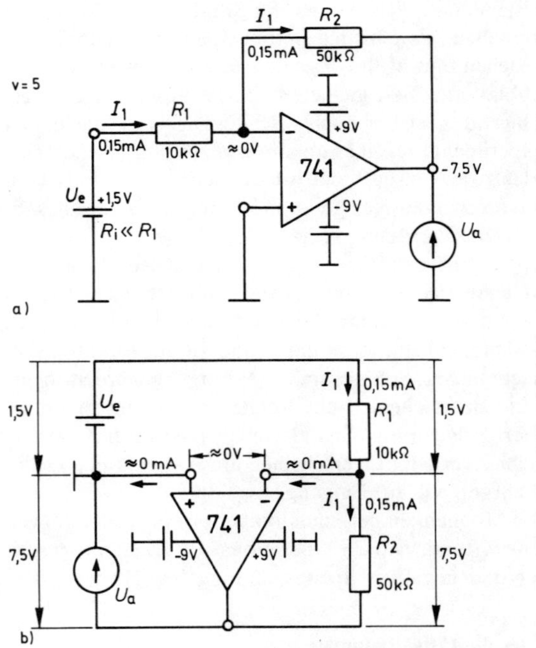

Bild 10.7: Bemessungsbeispiel für die Einstellung der Spannungsverstärkung bei einem Operationsverstärker (Typ 741). Die Größe der Verstärkung wird durch das Widerstandsverhältnis $R_2 : R_1$ bestimmt.

liegt ein Widerstand $R_1 = 10\ \text{k}\Omega$. Der nicht invertierende Eingang, das heißt der „+"-Eingang, ist mit Masse verbunden. Die beiden Widerstände R_1 und R_2 stehen zueinander im Verhältnis

$$\frac{R_2}{R_1} = \frac{50\ \text{k}\Omega}{10\ \text{k}\Omega} = 5.$$

Dadurch wird die Spannungsverstärkung zwischen Eingang und Ausgang auf $v = 5$ festgelegt.
Wenn z.B. eine Eingangsspannung $U_e = +1{,}5$ V angelegt wird, tritt eine Ausgangsspannung $U_a = -v \cdot U_e = -5 \cdot 1{,}5\ \text{V} = -7{,}5$ V auf. Die Ausgangsspannung ist, bezogen auf Masse, gegenüber der Eingangsspannung entgegengesetzt gerichtet, da der invertierende Signaleingang benutzt wird. (Alle Spannungsangaben in der Schaltung sind auf Masse bezogen.) Wenn Sie dabei die Spannung zwischen den beiden Eingängen messen, werden Sie feststellen, daß sie praktisch 0 V ist. Auch bei verschiedenen Änderungen der Schaltungswerte in weiten Bereichen ändert sich daran nichts! Der Operationsverstärker stellt in dieser Schaltung – wenn irgend möglich – Größe und Richtung der Ausgangsspannung stets so ein, daß sich am Spannungsteiler $R_1 + R_2$ jeweils Spannungsverhältnisse ergeben, die zwischen den beiden Signaleingängen praktisch keine Spannungsdifferenz auftreten lassen.
Und noch etwas ist bemerkenswert: Da die Signaleingänge sehr hochohmig sind, fließen nur äußerst geringe, praktisch vernachlässigbare Eingangsströme. Für viele Betriebsunfälle ist es dann zulässig und zweckmäßig anzunehmen, daß die Stromstärke in R_1 und R_2 gleich groß ist: Durch den Gegenkopplungswiderstand R_2 fließt der gleiche Strom, der im Eingangswiderstand R_1 fließt!
Anhand dieser Tatsachen lassen sich die Spannungs-, Strom- und Verstärkungsverhältnisse für einen bestimmten Anwendungsfall berechnen. Im vorliegenden Bemessungsbeispiel ist die Eingangsspannung $U_e = +1{,}5$ V, der Eingangswiderstand $R_1 = 10\ \text{k}\Omega$. Da das Potential am invertierenden Eingang praktisch auf 0 V (bezogen auf Masse) festgehalten wird (weil ja der „+"-Eingang an Masse liegt), kann der Eingangsstrom I_1, der durch R_1 fließt, einfach nach dem Ohmschen Gesetz berechnet werden:

$$I_1 = \frac{U_e}{R_1} = \frac{1{,}5\ \text{V}}{10\ \text{k}\Omega} = 0{,}15\ \text{mA}.$$

Achtung! Es ist zu beachten, daß zwar der invertierende Signaleingang hier praktisch Nullpotential führt, aber schaltungsmäßig nicht mit Masse verbunden ist. Man spricht von einem virtuellen (d.h. scheinbaren) Nullpunkt. Vom invertierenden Eingang fließt also kein Strom direkt zur Masse! Der Strom fließt vielmehr durch den Widerstand R_2 und erzeugt dort einen Spannungsabfall. Dieser Spannungsabfall, der hier der Spannung zwischen Verstärkerausgang und Masse entspricht, läßt sich ebenfalls nach dem Ohmschen Gesetz berechnen: $U_a = I_1 \cdot R_2 = 0{,}15\ \text{mA} \cdot 50\ \text{k}\Omega = 7{,}5$ V.
Um einen Überblick über die Spannungsverhältnisse zu geben, wurde die Schaltung noch einmal in etwas anderer Darstellung gezeichnet, *Bild 10.7b*. An dieser Darstellung kann man ablesen, daß die Eingangsspannung U_e gleich dem Spannungsabfall an R_1 ist und daß die Ausgangsspannung U_a gleich dem Spannungsabfall an R_2 ist. Zwischen dem invertierenden Eingang und Masse besteht kein Potentialunterschied, obwohl keine direkte leitende Verbindung besteht.
Ein weiteres, anders bemessenes Schaltungsbeispiel zur Einstellung der Verstärkung bei einem Operationsverstärker zeigt *Bild 10.8*. In dieser Schaltung ist der Verstärkungsfaktor $v = 100$. Die Berechnung der elektrischen Verhältnisse kann in gleicher Weise erfolgen wie im ersten Beispiel.

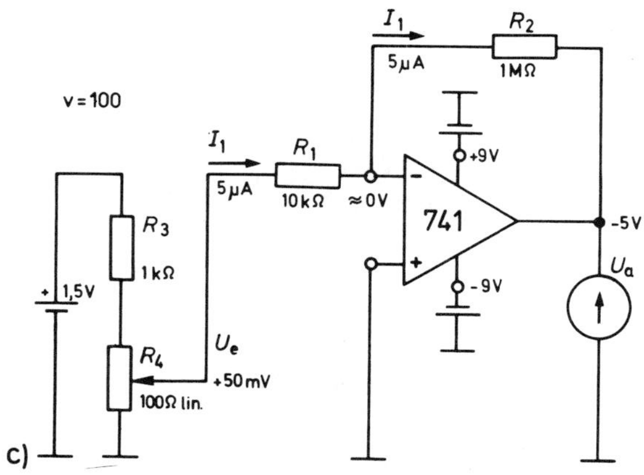

Bild 10.8: Ein weiteres Bemessungsbeispiel für die Einstellung der Spannungsverstärkung bei einem Operationsverstärker (Typ 741). Der Eingangswiderstand wird im wesentlichen von der Größe des Widerstandes R_1 bestimmt.

Vielleicht haben Sie bei beiden Schaltungen Maßnahmen für den Eingangs-Nullspannungsabgleich vermißt. Im ersten Fall sind sie nicht notwendig, weil bei der geringen Verstärkung von $v = 5$ und bei der relativ hohen Eingangsspannung von 1,5 V eine möglicherweise vorhandene Eingangs-Nullspannungsdifferenz von wenigen Millivolt nicht ins Gewicht fällt. Im zweiten Fall *(Bild 10.8)*, kann ein Nullspannungsabgleich schon eher erforderlich werden, da die Eingangsspannungen 100fach verstärkt werden. Hier würde sich eine Eingangs-Offsetspannung von 5 mV als Ausgangsspannung von 0,5 V bemerkbar machen! Bauen Sie die Schaltung auf und messen Sie einmal für Ihr „741"er Exemplar die Auswirkung der Offsetspannung nach.

Operationsverstärker als Analogrechner

Wie gesagt, ist der Operationsverstärker ursprünglich für den Einsatz als analoges Rechenelement in der Meß-, Steuerungs- und Regelungstechnik entwickelt worden.
Deshalb sei hier wenigstens ein Schaltungsbeispiel vorgestellt, das den Operationsverstärker als Analogrechner zeigt. Die Schaltung in *Bild 10.9* gleicht im wesentlichen den Schaltungen aus *Bild 10.7* und *Bild 10.8*. Nur daß hier zwei Eingangswiderstände vorhanden sind, die parallel liegen (es könnten auch mehr sein).

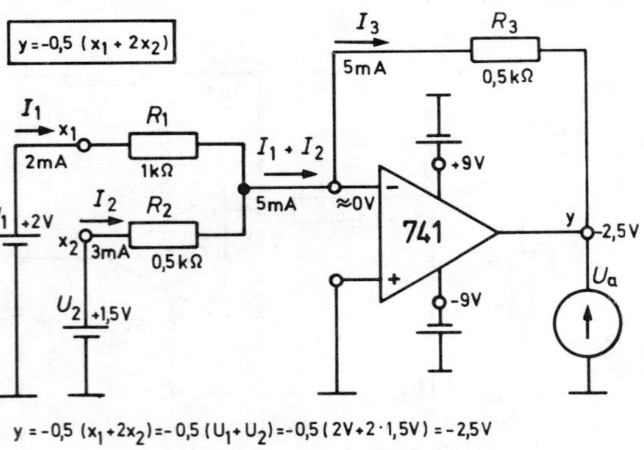

Bild 10.9: Einfaches Beispiel für die Verwendung eines Operationsverstärkers als Analogrechner. Mit der angegebenen Schaltung kann die Rechenoperation $y = -0{,}5\ (x_1 + 2x_2)$ ausgeführt werden.

Die an den Eingängen x_1 und x_2 liegenden Spannungen treiben entsprechende Ströme durch die Eingangswiderstände R_1 und R_2 zum invertierenden Signaleingang des Operationsverstärkers. Da dieser hochohmige Eingang aber praktisch keinen Strom aufnimmt, müssen die beiden Eingangsströme vereint durch den Gegenkopplungswiderstand R_3 zum Verstärkerausgang y weiterfließen. Der Operationsverstärker stellt aufgrund seiner charakteristischen Wirkungsweise eine so große negative Ausgangsspannung ein, daß der invertierende Eingang praktisch Nullpotential führt, obwohl er nicht unmittelbar mit Masse verbunden ist. Die Eingangswiderstände R_1 und R_2 liegen damit einseitig gleichsam auf Nullpotential, so daß sich die Eingangsströme einzeln nach dem Ohmschen Gesetz berechnen lassen. Es ist

$$I_1 = \frac{U_1}{R_1} = \frac{2\ \text{V}}{1\ \text{k}\Omega} = 2\ \text{mA}$$

und

$$I_2 = \frac{U_2}{R_2} = \frac{1{,}5\ \text{V}}{0{,}5\ \text{k}\Omega} = 3\ \text{mA}.$$

Für den gemeinsamen Anschlußpunkt am invertierenden Signaleingang gilt nach der Kirchhoffschen Knotenpunktsregel: $I_3 = I_1 + I_2 = 2\ \text{mA} + 3\ \text{mA} = 5\ \text{mA}$.
Die Ausgangsspannung am Verstärker muß gleich dem Spannungsabfall am Gegenkopplungswiderstand R_3 sein, denn R_3 liegt einseitig am invertierenden Eingang, also ebenfalls auf dem virtuellen Nullpunkt. Die Ausgangsspannung ergibt sich nach dem Ohmschen Gesetz: $U_a = -I_3 \cdot R_3 = -5\ \text{mA} \cdot 0{,}5\ \text{k}\Omega = -2{,}5\ \text{V}$.
Das Minuszeichen soll hier andeuten, daß der Strom I_3 vom invertierenden Eingang wegfließt. Im ganzen gesehen besteht bei der vorliegenden Schaltung zwischen der Ausgangsspannung und den Eingangsspannungen die rechnerische Beziehung

$U_a = -0{,}5\ (U_1 + 2U_2)$.

Die vorliegende Operationsverstärkerschaltung kann also die mathematische Formel $y = -0{,}5\ (x_1 + 2x_2)$ berechnen ($y = U_a$; $x_1 = U_1$; $x_2 = U_2$).
Die Faktoren in der Gleichung verändern sich, wenn die Widerstände in der Schaltung verändert werden. Eine Anwendung findet dieses Schaltungsprinzip bei Mischpulten. Bei anderer Beschaltung können auch andere Rechenoperationen verwirklicht werden. Mit Kondensatoren beispielsweise lassen sich Rechenoperationen der höheren Mathematik, wie das Differenzieren und das Integrieren, durchführen.

Operationsverstärker als nicht invertierender Verstärker

Wenn der invertierende Eingang des Operationsverstärkers als Signaleingang verwendet wird und der nicht invertierende Eingang auf Nullpotential liegt, fungiert der Widerstand R_1 als Eingangswiderstand der Schaltung, vgl. *Bild 10.7 und 10.8*. Dieser Widerstand ist meist relativ niederohmig, denn er dient als der kleinere Widerstand im Spannungsteiler $R_2 : R_1$ zur Festlegung der Spannungsverstärkung.

Einen relativ hohen Eingangswiderstand erhält man, wenn man den nicht invertierenden Eingang des Operationsverstärkers als Signaleingang verwendet, während der invertierende Eingang wieder zur Festlegung der Verstärkung mit einem Spannungsteiler beschaltet wird, *Bild 10.10*. Die Höhe des Eingangswiderstandes am nicht invertierenden Eingang hängt nur von der inneren Beschaffenheit des Operationsverstärkers ab. Normalerweise kann beim integrierten Baustein 741 mit einem Wert >1 MΩ gerechnet werden.

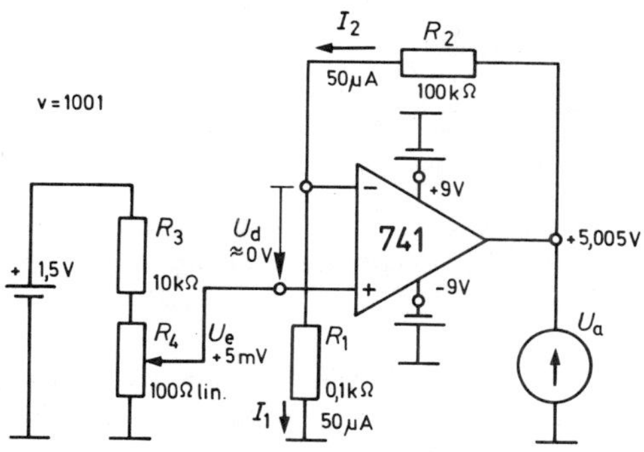

Bild 10.10: Operationsverstärker als nicht invertierender Verstärker mit hohem Eingangswiderstand. Die Größe der Verstärkung läßt sich mit den Widerständen R_1 und R_2 einstellen:

$$v=\frac{R_2+R_1}{R_1}$$

Die Verstärkung ist auch bei dieser Beschaltung des Operationsverstärkers vom Verhältnis der Widerstände R_2 und R_1 am invertierenden Eingang abhängig. Jedoch gilt nun:

$v=\frac{R_2+R_1}{R_1}$. Für die Schaltung in *Bild 10.10* ergibt sich demnach ein Verstärkungsfaktor

$$v=\frac{R_2+R_1}{R_1}=\frac{100\ \text{k}\Omega+0{,}1\ \text{k}\Omega}{0{,}1\ \text{k}\Omega}=1001.$$

Wenn Sie die Zusammenhänge experimentell überprüfen wollen, werden Sie vor den Messungen einen Nullabgleich vornehmen müssen. Denn bei der relativ hoch gewählten Verstärkung macht sich eine Eingangs-Offsetspannung sicher am Ausgang bemerkbar. Das 10-kΩ-Potentiometer für den Nullabgleich wurde in *Bild 10.10* nicht gezeichnet, um die Darstellung übersichtlich zu halten. Sie müßten es einfach wie in *Bild 10.5* einsetzen. Zum Nullabgleichen ist der „+"-Eingang des Verstärkers mit Masse zu verbinden. Wenn Sie die Masseverbindung danach lösen und den „+"-Eingang offen lassen, wird der Spannungsmesser am Verstärkerausgang einen Ausschlag zeigen. Das gehört zur Eigenart dieser Schaltung. Sobald Sie eine bestimmte Eingangsspannung anlegen, wird sich die Ausgangsspannung gemäß der eingestellten Verstärkung nach der Eingangsspannung richten.

Hochohmiges Millivoltmeter mit Operationsverstärker

Ein hoher Eingangswiderstand und eine genau einstellbare große Spannungsverstärkung sind die besonderen Merkmale der im vorigen Abschnitt beschriebenen Operationsverstärkerschaltung. Aufgrund dieser Eigenschaften ist diese Schaltung zur Verwendung als Spannungsmesser für kleine Spannungen sehr gut geeignet.

Bild 10.11 enthält ein einfaches Schaltbeispiel für ein Millivoltmeter. Es ist für einen Meßbereich von 0 ... 100 mV ausgelegt. Selbstverständlich läßt sich der Meßbereich durch eine Änderung des Widerstandsverhältnisses $R_2:R_1$ auch anders wählen. Allerdings ist für die Eingangsspannung eine Obergrenze gegeben. Die Eingangsspannung darf nicht größer als die Versorgungsspannung des Operationsverstärkers werden, um ihn nicht zu überfordern! Deshalb dienen zwei

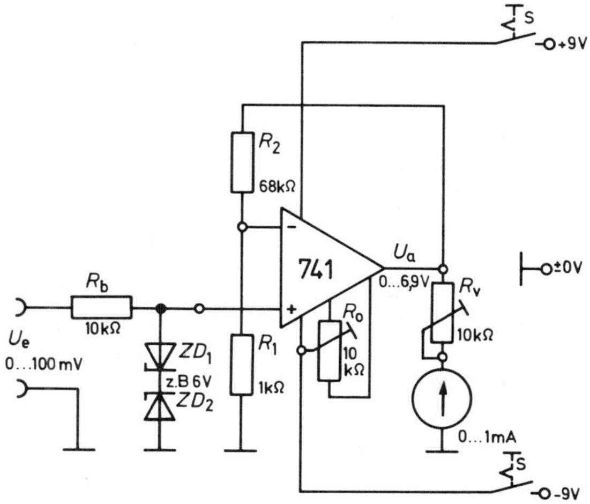

Bild 10.11: Hochohmiges Millivoltmeter mit Operationsverstärker. Meßbereich: 0 ... 100 mV; Eingangswiderstand $R_e \geqq 1$ MΩ.

gegensinnig geschaltete Z-Dioden am Eingang als Überspannungsschutz des Millivoltmeters. Jeweils eine begrenzt die Eingangsspannung – gleichgültig, wie die Spannung gepolt ist. Der Widerstand R_b dient zur Begrenzung des Z-Dioden-Stroms bei Überspannung. Beispielsweise würde bei einer überhöhten Eingangsspannung von 100 V ein Strom von nicht ganz 10 mA auftreten. Auf den normalen Meßvorgang hat der 10-kΩ-Widerstand praktisch keinen Einfluß, da die Z-Dioden im Millivoltbereich sperren und der sehr hochohmige „+"-Eingang des Verstärkers so gut wie keinen Strom aufnimmt. Am 10-kΩ-Widerstand wird also kein Spannungsabfall auftreten, der das Meßergebnis verfälschen könnte.

Die Schaltung enthält noch eine Maßnahme gegen die Überlastung des Meßwerks. Die Spannungsverstärkung der Schaltung wurde so bemessen, daß die Ausgangsspannung einen Bereich von 0 bis 6,9 V überstreicht, wenn am Eingang ein Spannungsmeßbereich von 0 bis 100 mV vorgesehen ist. Wird an den Eingang eine höhere Spannung als 100 mV gelegt, so kann die Ausgangsspannung nicht beliebig folgen. Der Grund: Bei einer Betriebsspannung von ±9 V ist der Ausgangsspannungsbereich auf etwa ±7,5 V begrenzt. Das heißt, das Meßwerk wird nicht zu stark überlastet.

Wenn für die Meßwertanzeige ein Meßwerk mit Nullpunkt in der Skalenmitte benützt wird, braucht auf die Polung der Eingangsspannung keine Rücksicht genommen zu werden. Die Meßschaltung verarbeitet beide möglichen Polungen. Das Meßwerk zeigt die Polarität der Meßspannung am Eingang durch einen entsprechenden Ausschlag nach links oder rechts an.

Operationsverstärker können Ströme konstant halten

Eine Abänderung der einfachen Spannungsmesserschaltung nach *Bild 10.11* bietet Gelegenheit, den Operationsverstärker als Konstantstromelement zu untersuchen und eine entsprechende Anwendungsmöglichkeit vorzustellen.

In der Schaltung, die *Bild 10.12* zeigt, ist der Spannungsmesser zusammen mit einem einstellbaren Vorwiderstand R_{vm} zwischen den Verstärkerausgang und den invertierenden Eingang geschaltet worden.

Da die Eingänge des Operationsverstärkers praktisch keinen Strom aufnehmen, muß der Strom, der über das Meßwerk fließt, stets identisch sein mit dem Strom,

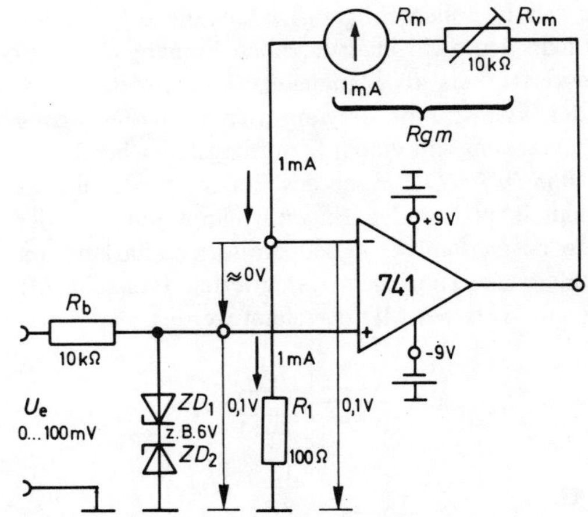

Bild 10.12: Operationsverstärker als Konstantstromelement in einer einfachen Spannungsmesserschaltung.

der über den Widerstand R_1 fließt. Daraus folgt: Wenn der Strom durch R_1 konstant gehalten wird, muß das Meßwerk stets denselben Strom erhalten. Und zwar auch dann, wenn der Widerstand R_{vm} verändert wird. Beim Experimentieren können Sie den Widerstand R_{vm} in einem ziemlich weiten Bereich verstellen, ohne daß der Meßwerkausschlag sich ändert. Wie aber kann ein konstanter Strom im Widerstand R_1 eingestellt werden? Ein Beispiel: Wenn an den „+"-Eingang des Verstärkers eine feste Spannung von 0,1 V angelegt wird, versucht der Operationsverstärker, das Potential am „–"-Eingang ebenfalls auf den Wert 0,1 V bezogen auf Masse einzustellen damit kein Spannungsunterschied zwischen den Signaleingängen aufkommt. Dies wird durch den Strom, der vom Verstärkerausgang über das Meßwerk mit dem Vorwiderstand und über den Widerstand R_1 zur Masse getrieben wird, erzwungen. Um im angegebenen Schaltungsbeispiel das Potential am „–"-Eingang auf das Potential des „+"-Eingangs zu heben, muß durch den Widerstand $R_1 = 100\ \Omega$ ein Strom $I_1 = 1$ mA fließen. Denn es ist $U_1 = R_1 \cdot I_1 = 100\ \Omega \cdot 1\ \text{mA} = 0{,}1$ V. Die Spannung am Verstärkerausgang stellt sich so groß ein, daß der erforderliche Strom von 1 mA auch durch das Meßwerk fließt. Angenommen, der Widerstand des Meßgerätpfades ($R_{gm} = R_m + R_{vm}$) sei auf 5 kΩ eingestellt, so muß die Spannung zwischen Verstärkerausgang und invertierendem Signalausgang 5 V betragen, um einen Strom von 1 mA zu treiben.

Wäre der Meßgerätewiderstand hingegen auf 2,5 kΩ eingestellt, so wäre nur eine Spannung von 2,5 V für eine Stromstärke von 1 mA erforderlich. Zu beachten ist, daß die Spannung zwischen Verstärkerausgang und Masse gleich der Summe der Spannungsabfälle an R_1 und R_{gm} ist.

Selbstgebaut: leistungsfähige Meßgeräte mit Operationsverstärker

Ausgeklügelte Universalmeßgeräte mit mehreren Skaleneinteilungen und vielen Einstellknöpfen bieten eine Vielzahl von Meßmöglichkeiten. Aber häufig sind einfache Spannungs- und Strommesser mit übersichtlicher Meßanzeige völlig ausreichend, wenn nicht gar zweckmäßiger. Denn es ist nicht immer einfach, während eines Experiments fortwährend ein Meßgerät von Spannungs- auf Strommessungen umzustecken. Günstiger sind in diesem Fall getrennte Geräte. Solche Geräte lassen sich bei relativ geringem Schaltungsaufwand mit Hilfe von Operationsverstärkern aufbauen.

Wenn bei einem Gleichstrommeßwerk unabhängig von der jeweils vorhandenen Stromrichtung stets ein Zeigerausschlag nur nach einer Seite erfolgen soll (bei Wechselstrommessungen ist dies unabdingbar), muß der Strom durch Gleichrichter in die gewünschte Richtung gelenkt werden. Grundsätzlich scheint eine Gleichrichter-Brückenschaltung dafür geeignet zu sein. Aber leider ergibt sich hier für den Praktiker ein neues Problem. Bei kleinen Spannungen haben Halbleiter-Gleichrichter einen relativ großen Widerstand – auch in Durchlaßrichtung. Die Meßwertanzeige wird dadurch nichtlinear, d.h. die Meßwerkskala müßte ungleichmäßig eingeteilt werden. Für den Bastler ein schwieriges Unterfangen, wenn keine entsprechende Meßausstattung zur Verfügung steht. Doch liefert hier die Verwendung eines Operationsverstärkers als Konstantstromelement eine elegante Lösung.

Prinzipschaltung für einen Wechselspannungsmesser mit linearer Anzeige

In *Bild 10.13* ist ein Gleichstrommeßwerk mit einer Gleichrichter-Brückenschaltung in den Gegenkopplungszweig eines Operationsverstärkers geschaltet. Wie im vorigen Abschnitt erläutert wurde, ist die Stromstärke im Gegenkopplungszweig stets gleich der Stromstärke in R_1.

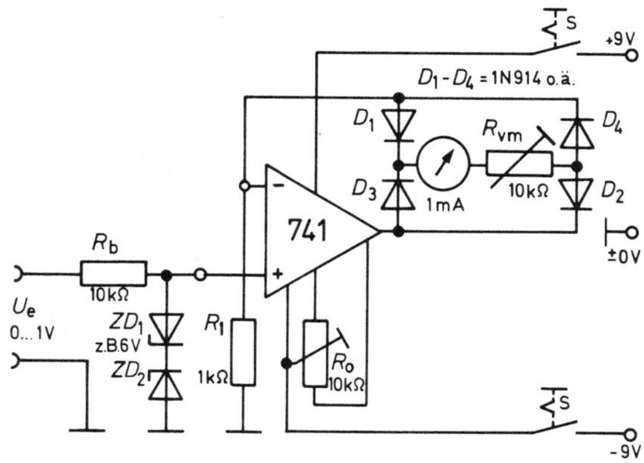

Bild 10.13: Prinzipschaltung eines Spannungsmessers mit Operationsverstärker für beliebig gepolte Eingangsspannungen bzw. Wechselspannungen. Der Operationsverstärker wirkt für das Meßwerk als Konstantstromquelle und gleicht dadurch Nichtlinearitäten der Gleichrichterdioden aus.

Diese Stromstärke wird eingestellt, weil der Operationsverstärker die erforderliche Ausgangsspannung liefert und den Strom über Gleichrichter, Meßwerk und Widerstand R_1 zur Masse treibt. Die Gleichrichter-Dioden können sogar unterschiedliche Durchlaßwiderstände aufweisen, der Operationsverstärker gleicht dies durch entsprechende Spannungseinstellung aus, solange er im vorgegebenen Aussteuerungsbereich arbeitet. Bei einer Betriebsspannung von ± 9 V ist der Aussteuerungsbereich etwa $\pm 7{,}5$ V.

Überlastungssicherer Mehrbereichs-Spannungsmesser für Gleich- und Wechselspannungen mit Operationsverstärker

Unser Schaltungsvorschlag für einen einfachen Spannungsmesser *(Bild 10.14)* soll keine Konkurrenz für Fertiggeräte darstellen. Er weist aber eine Reihe von Merkmalen auf, die für den Amateurelektroniker interessant sind: Der Spannungsmesser ist geeignet für Gleich- und Wechselspannungsmessungen in den Bereichen 500 V, 100 V, 50 V, 10 V, 5 V, 1 V. Er hat in allen Bereichen einheitlich den Eingangswiderstand 10 MΩ, was Meßfehlerschätzungen erleichtert. Er ist in allen Bereichen überlastungssicher bis 500 V. Er besitzt eine lineare Skala für Gleich- und Wechselspannungsmessungen. Als Anzeige kann deshalb ein handelsübliches Meßwerk mit vorgefertigter gleichmäßiger Skalenteilung verwendet werden.

Er ist für Batteriebetrieb konzipiert, also flexibel im Einsatz und frei von Problemen, die sich bei Netzanschluß ergeben könnten.

Die Schaltung

Die Gesamtschaltung *(Bild 10.14)* besteht im wesentlichen aus Einheiten, die schon in den vorhergehenden Abschnitten erläutert wurden: Da ist die Gleichrichter-Brückenschaltung mit dem Meßwerk im Gegenkopplungszweig des Operationsverstärkers, durch die eine lineare, polungsunabhängige Meßwertanzeige erreicht wird. Da ist die Einrichtung für Nullspannungsabgleich mit dem Potentiometer R_0 und den Widerständen R_{01} und R_{02}, durch die das Abgleichen erleichtert wird.

Da sind die Widerstände zur Meßbereichseinstellung mit dem Stufenschalter S_{Ber} für 6 Meßbereiche. Und schließlich gibt es einen Spannungsteiler am Meßeingang, der die Meßspannungen für den Operationsverstärker auf verarbeitbare Werte reduziert und gleichzeitig den hohen Eingangswiderstand des Spannungsmessers verkörpert.

Wenn beispielsweise am Meßeingang eine Spannung von 500 V anliegt, steht zwischen dem „+"-Eingang des Operationsverstärkers und Masse eine Spannung von 1 V an (Spannungsartschalter S_{Art} geschlossen, Widerstand R_w unwirksam). Der Meßbereichsschalter S_{Ber} muß für diese Messung auf die Stellung 500 V ($R_{b6} = 1\ k\Omega$) geschaltet sein. Da der Operationsverstärker bestrebt ist, zwischen den beiden Signaleingängen keine Spannungsdifferenz aufkommen zu lassen, wird er am Widerstand $R_{b6} = 1\ k\Omega$ den gleichen Spannungsabfall wie an $R_g = 20\ k\Omega$, also 1 V, erzeugen. Um diesen Zustand zu erreichen, wird vom Verstärkerausgang her über die Meßwerkschaltung und den Widerstand R_{b6} ein Strom von 1 mA getrieben. Das 1-mA-Meßwerk wird also gerade Vollausschlag zeigen.

Der Überlastungsschutz

Angenommen, es sei der Meßbereich 50 V ($R_{b4} = 100\ \Omega$) eingestellt und am Meßgeräteingang liege eine Spannung von 500 V. Der Operationsverstärker würde dann durch den Bereichswiderstand $R_{b4} = 100\ \Omega$ einen Strom von 10 mA treiben müssen, um den „–"-Eingang des Verstärkers auf das Potential des „+"-Eingangs zu heben, nämlich auf 1 V.

Das aber ist in der vorliegenden Schaltung nicht möglich, weil der Aussteuerungsbereich für die Verstärkerausgangsspannung begrenzt ist. Das Meßwerk wird zwar etwas, aber nicht zu stark überlastet:

Der Meßwerkvorwiderstand sollte nämlich so groß eingestellt werden, daß am Verstärkerausgang eine Spannung von etwa 5 V gegen Masse erforderlich ist, um den Meßwerkstrom von 1 mA für den Zeigervollausschlag fließen zu lassen. Dann bleibt bis zur Grenze des Aussteuerungsbereichs (7,5 V) noch ein Spielraum von 2,5 V als vertretbare Spannungsüberhöhung.

Dieser Spannungsspielraum darf sogar nicht kleiner bemessen sein, wenn korrekte Wechselspannungsmessungen möglich sein sollen. Sonst würden bei größeren Wechselspannungen in der Nähe des Zeigervollausschlags die Spannungsspitzen „abgeschnitten", was zu Meßfehlern führen würde. Das Meßgerät zeigt dann einen falschen Durchschnittswert der Wechselspannung. Bei Wechselspannungsmessungen bekommt das Meßwerk schnell hintereinanderfolgende gleichgerichtete Stromstöße. Der Zeiger, der diesen Stromschwankungen nicht folgen kann, stellt sich deshalb auf einen durchschnittlichen Wert ein.

Der Spannungsartschalter

Würden Wechselspannungen mit derselben Meßschaltung verarbeitet wie Gleichspannungen, so würde das Meßgerät Werte anzeigen, die bei sinusförmigen Wechselspannungen um rund 10% niedriger wären als die entsprechenden Effektivwerte, die man üblicherweise messen will. Warum dies so ist, soll hier nicht weiter erörtert werden. (Ein Hinweis nur für Theoretiker: Das Meßwerk stellt sich auf den arithmetischen Mittelwert der [sinusförmigen] Wechselspannung ein, der um rund 10% kleiner ist als der Effektivwert, denn der Operationsverstärker arbeitet hier als Stromkonstantelement.) Diese Anzeigedifferenz kann aber leicht durch eine einfache Schaltungsmaßnahme vermieden werden: Mit dem Umschalter S_{Art} kann für Wechselspannungsmessungen ein zusätzlicher Widerstand R_w zugeschaltet werden, der bei Wechselspannungsmessungen einen um 10% höheren Spannungsabfall als bei Gleichspannungsmessungen verursacht.

Zu beachten ist, daß bei anderen als sinusförmigen Wechselspannungen diese Relation nicht gilt.

Der Abgleich

Bei der ersten Inbetriebnahme des Spannungsmessers sind folgende Einstellmaßnahmen durchzuführen:

Zuerst der Nullabgleich des Operationsverstärkers mit dem Potentiometer R_0. Der Meßbereichsschalter S_{Ber} sollte dazu auf den Bereich 1 V eingestellt sein.

Dann die Einstellung der maximalen Ausgangsspannung von etwa 5 V am Verstärkerausgang, bei der der Meßwerkzeiger auf das Skalenende zeigen soll. Als Hilfsmittel hierzu werden ein zweiter Spannungsmesser und eine Spannungsquelle benötigt. Die Spannungsquelle soll eine Spannung liefern, die einem der

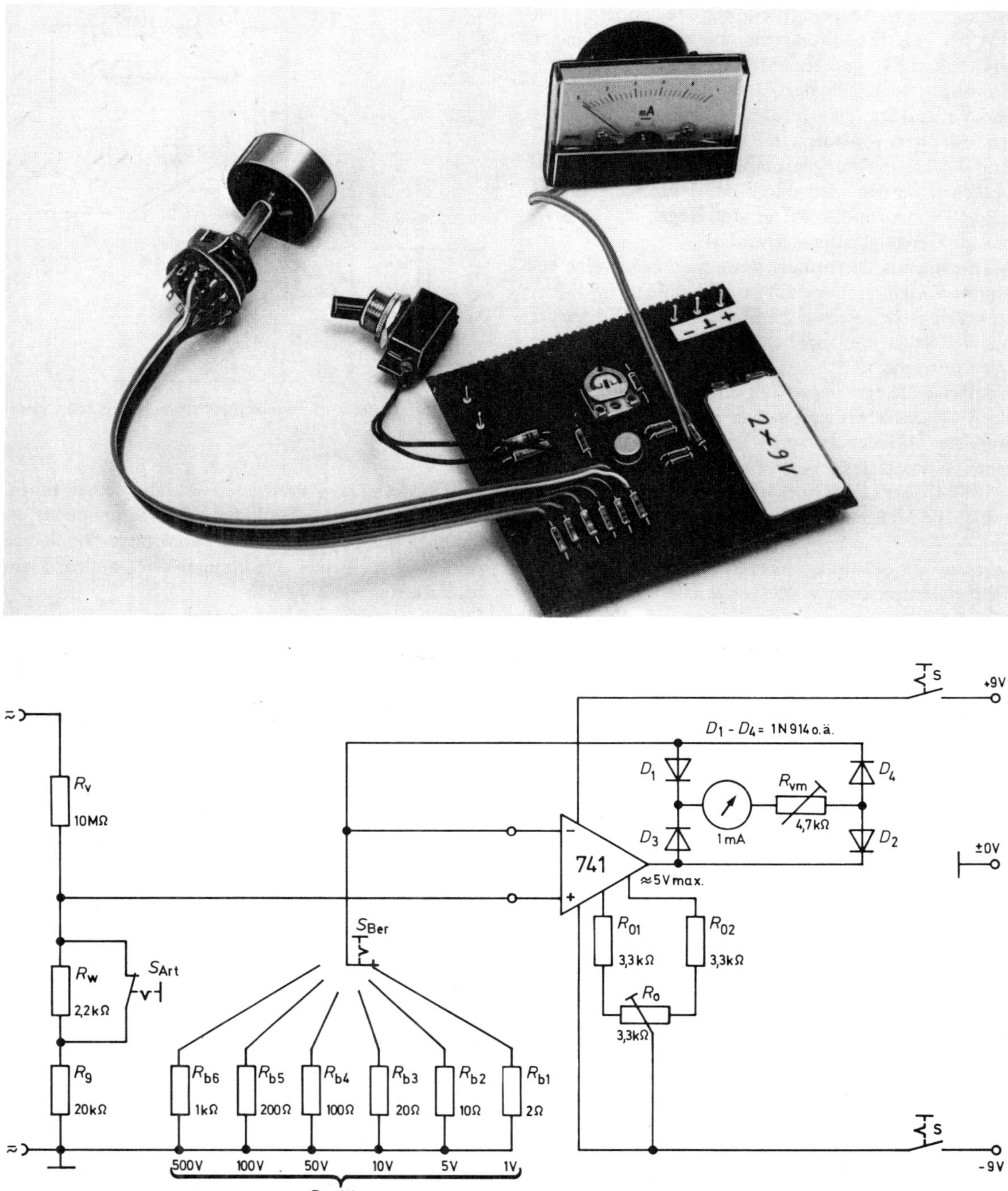

Bild 10.14: Spannungsmesser mit Operationsverstärker. Merkmale: polaritätsunabhängig, lineare Skala für Gleich- und Wechselspannung, Bereichsumschaltung von 1 V bis 500 V, Eingangswiderstand von 10 MΩ für alle Bereiche, überlastungssicher in allen Bereichen für Meßspannungen bis 500 V.

vorgesehenen Meßbereichsendwerte entspricht, also 1 V, 5 V o.ä. Eine Monozelle und ein Potentiometer sind dafür z.B. gut geeignet. Wenn eine festgelegte Eingangsspannung anliegt, erfolgt das Einregulieren der Verstärkerausgangsspannung auf etwa 5 V mit dem Meßwerkvorwiderstand R_{vm}.

Für Wechselspannungen muß dieses Gerät nicht abgeglichen werden, weil durch das Hinzuschalten des 2,2-kΩ-Widerstandes R_w in der Regel eine ausreichende Genauigkeit erzielt wird.

Man kann das überprüfen, wenn man zuerst eine bekannte Gleichspannung mißt und dann eine im Effektivwert gleiche Wechselspannung anlegt. Der Zeiger auf der Skala muß bei beiden Messungen denselben Wert anzeigen.

Im übrigen hängt die Genauigkeit der Messungen von der Güte des Meßwerks und den Toleranzen der verwendeten Widerstände ab. Wenn Widerstände mit einer Wertetoleranz von ±1% und ein handelsübliches Meßwerk der Güteklasse 2,5 verwendet werden, dürfte die Meßgenauigkeit im ganzen bei ±2,5% liegen.

Wie aus der Schaltung ersichtlich ist, werden für die Bereichswiderstände Werte von 200 Ω, 20 Ω usw. benötigt. Da Widerstände mit solchen Werten im Handel kaum zu bekommen sind, muß man andere Werte zusammenschalten: z.B. zwei 100-Ω-Widerstände zu einem 200-Ω-Gesamtwiderstand usw.

Eine Überlegung noch zum Energiebedarf des Meßgeräts. Ist Batteriebetrieb nicht zu kostspielig? Die Stromaufnahme ist gering, sie liegt unter 4 mA, so daß mit 9-V-Batterien (Typ IEC 6F22) in der Regel eine Betriebsdauer von 30 bis 60 Stunden zu erwarten ist.

Schaltung für ein niederohmiges Milliamperemeter

Strommesser sollen einen möglichst kleinen inneren Widerstand besitzen, damit sie beim Einfügen in den Meßstromkreis weder die Betriebsbedingungen des Meßobjekts noch das Meßergebnis verfälschen.

Da aber Drehspul-Meßwerke zum Messen kleiner Ströme in der Größenordnung von Milli- oder Mikroampere meist einen Widerstand von mehreren hundert Ohm aufweisen, ist eine niederohmige Anpassung an den Meßstromkreis notwendig. Eine günstige Lösung dieses Problems ermöglicht die Verwendung eines Operationsverstärkers. *Bild 10.15* zeigt die Grundschaltung eines Strommessers mit Operationsverstärker. Dieser Strommesser hat einen Innenwiderstand

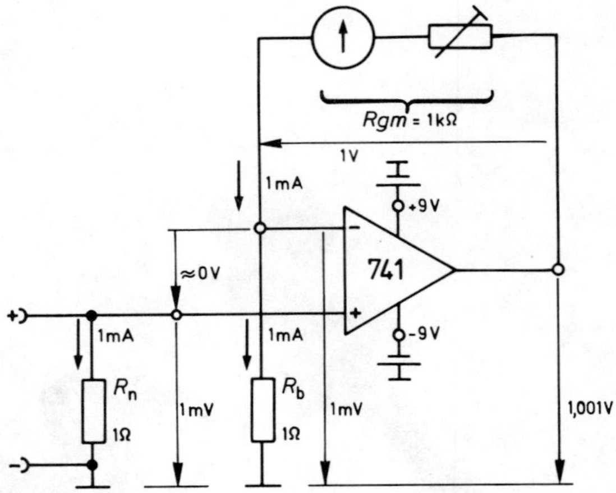

Bild 10.15: Prinzipschaltung eines Strommessers mit Operationsverstärker.

von nur 1 Ω. Das Anzeigemeßwerk kann einen Innenwiderstand bis zu 5 kΩ haben. Der Strommesser ist für einen Meßbereich von 1 mA konzipiert. Durch eine Änderung der Bemessung könnten auch andere Meßbereiche eingestellt werden.

Der Strommesser arbeitet folgendermaßen:

Wenn er mit seinen Anschlußklemmen in einen Meßstromkreis eingeschaltet wird, fließt der zu messende Strom über den Widerstand $R_n = 1\ \Omega$. Der an diesem Widerstand entstehende Spannungsabfall wird vom Operationsverstärker zur Strommessung verwertet und angezeigt.

Angenommen, durch den Widerstand R_n fließe ein Meßstrom von 1 mA. Dann entsteht ein Spannungsabfall von 1 mV. Das Potential am „+“-Eingang des Verstärkers wird auf 1 mV gegen Masse angehoben. Da der Operationsverstärker keine Spannungsdifferenz zwischen den beiden Signaleingängen aufkommen lassen will, wird der „–“-Eingang ebenfalls auf das 1-mV-Potential gegen Masse angehoben, der Operationsverstärker treibt von seinem Ausgang her einen Strom von 1 mA über das Meßwerk und den Widerstand $R_b = 1\ \Omega$, an dem deshalb der gleiche Spannungsabfall von 1 mV wie an R_n erzeugt wird. Dabei ist es unwesentlich, ob das Meßwerk einen Widerstand von z.B. 500 Ω oder 5 kΩ besitzt, weil der Operationsverstärker hier in bekannter Weise als Konstantstromelement arbeitet (vergleiche auch Seite 214). In der Strommesserschaltung in *Bild 10.15* wurde ein Meßwerkwiderstand von 1 kΩ angenommen. Um durch diesen einen Meßstrom von 1 mA zu treiben, muß der Operationsverstärker an seinem Ausgang eine

Spannung von genau 1,001 V liefern. In diesem Spannungswert ist die Eingangsspannung von 1 mV enthalten!

Da im vorliegenden Fall recht kleine Eingangsspannungen zu verarbeiten sind, muß man vor der Messung einen Nullspannungsabgleich vornehmen. Das dafür erforderliche Einstellpotentiometer von 10 kΩ ist zur Vereinfachung der Darstellung in *Bild 10.15* nicht eingezeichnet. Es ist in üblicher Weise einzusetzen.

Noch einmal sei der Vorteil dieser Strommesserschaltung hervorgehoben: Obwohl das Meßwerk mit dem Vorwiderstand einen Widerstandswert von 1 kΩ besitzt, ist der wirksame Meßwiderstand dieses Strommessers vergleichsweise gering, nur 1 Ω!

Schaltungserweiterung für Wechselstrommessungen

Der einfache Strommesser mit Operationsverstärker, der im vorigen Abschnitt behandelt wurde, kann durch folgende Schaltungsergänzungen auch für Wechselstrommessungen verwendbar gemacht werden, *Bild 10.16:*

Zum einen wird das Meßwerk in eine Gleichrichter-Brückenschaltung eingebaut, wodurch trotz der ständig wechselnden Stromrichtung ein Zeigerausschlag nur nach einer Seite erzielt wird.

Zum anderen wird eine Umschaltung von Gleichstrom- auf Wechselstrommessungen vorgesehen (Schalter S_{Art}), um eine Effektivwertanzeige für Wechselstrom zu erreichen, die der Gleichstromanzeige entspricht. Ohne diese Umschaltmöglichkeit wäre neben der Skala für Gleichstrommessungen eine zweite für Wechselstrommessungen erforderlich.

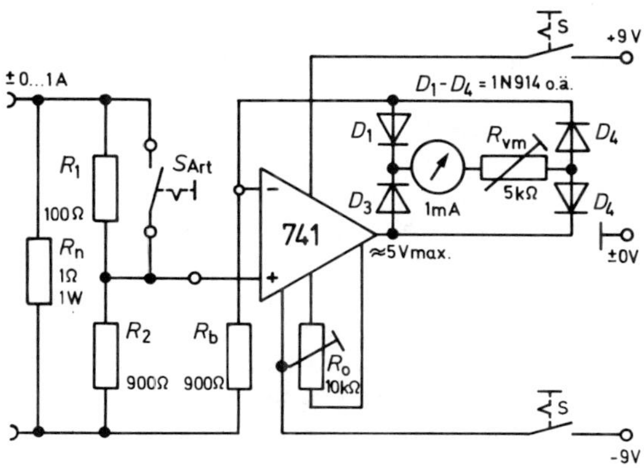

Bild 10.16: Strommesser mit Operationsverstärker für Gleich- und Wechselstrommessungen.

Denn bei Wechselstrommessungen liegt der Zeigerausschlag ohne Umschaltmaßnahmen wegen der Wirkung des Operationsverstärkers als Konstantstromelement um 10% niedriger als der Effektivwert, der üblicherweise gemessen werden soll (vergleiche auch „Gleich- und Wechselspannungsmesser mit Operationsverstärker", Seite 216).

In der hier vorliegenden Schaltung ist für Wechselspannungsmessungen der Umschalter S_{Art} zu schließen! Bei entsprechender Einstellung des aus R_1 und R_2 bestehenden Spannungsteilers gelangt dann ein um etwa 10% größerer Spannungsabfall an den Operationsverstärker als bei geöffnetem Schalter S_{Art}.

Mehrbereichs-Strommesser mit Operationsverstärker für Gleich- und Wechselstrommessungen

Die Schaltung

Der Mehrbereichs-Strommesser in *Bild 10.17* beruht im wesentlichen auf dem im vorigen Abschnitt erläuterten Schaltungsprinzip.

Hinzugekommen sind nur die Meßbereichsumschaltung (Schalter S_{Ber}) für die Bereiche 1 mA, 10 mA, 100 mA und 1 A, sowie eine Schutzschaltung gegen Überspannungen.

Der Strommesser eignet sich für Gleichstrommessungen und für Messungen von sinusförmigem Wechselstrom im Niederfrequenzbereich. Er besitzt einheitlich in allen Meßbereichen einen wirksamen Innenwiderstand von nur 1 Ω. Dies als Hinweis, damit Sie Meßabweichungen abschätzen können, die durch das Gerät verursacht werden.

Die Stromartenumschaltung erfolgt mit dem Schalter S_{Art}. Gleichströme werden bei geöffnetem Schalter richtig gemessen. Die Spannungsteilerwiderstände R_1 und R_2 sowie die Meßbereichswiderstände R_{b1} bis R_{b4} sind dafür entsprechend bemessen. Ein Tip, der sich auf die praktische Ausführung der Schaltung bezieht: Widerstände mit den Werten 500 Ω, 50 Ω usw. werden kaum erhältlich sein. Diese Werte lassen sich aber durch das Parallelschalten von je zwei Widerständen von 1 kΩ bzw. 100 Ω usw. erreichen.

Damit für die Anzeige von Gleich- und Wechselströmen eine gemeinsame Skala verwendet werden kann, muß dem Operationsverstärker auch in dieser Schaltung bei Wechselstrommessungen ein um etwa 10% größerer durchschnittlicher Spannungsabfall als bei Gleichstrommessungen zugeführt werden (vergleiche hierzu *Bild 10.16*).

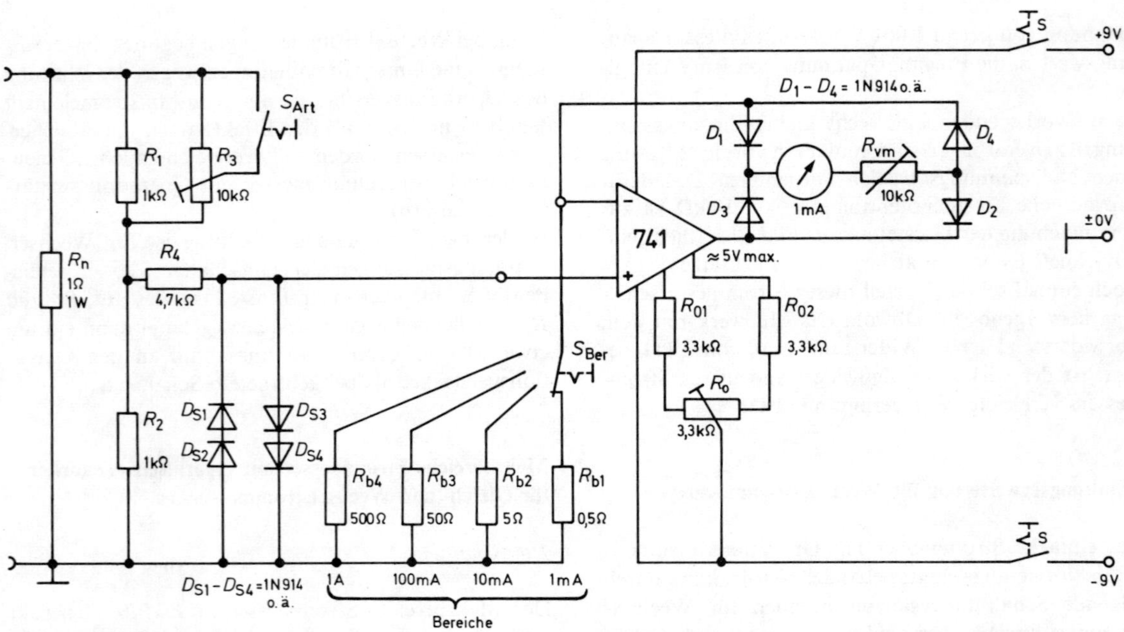

Bild 10.17: Strommesser mit Operationsverstärker. Merkmale: polaritätsunabhängig, lineare Skala für Gleich- und Wechselspannungsmessungen, Bereichsumschaltung von 1 mA bis 1 A, wirksamer Innenwiderstand 1 Ω für alle Bereiche, Anzeigeteil überlastungsgeschützt.

Bei geschlossenem Schalter S_{Art} können Wechselströme gemessen werden. Durch das Parallelschalten des Trimmers R_3 zum Widerstand R_1 wird das Spannungsverhältnis so verändert, daß am Widerstand R_2 eine um 10% höhere Spannung abfällt als bei geöffnetem Schalter.

Der Überspannungsschutz

Der Operationsverstärker ist gegen eingangseitige Überspannungen abgesichert. Die Dioden D_{s1} bis D_{s4} werden leitend, wenn ihre Schleusenspannungen (je $2 \cdot 0{,}7$ V) überschritten werden. Der Widerstand R_4 dient dann zur Strombegrenzung.

Ungeschützt bleibt der Widerstand R_n. Er wird bei einer zu großen Stromstärke zerstört und muß dann ausgewechselt werden.

Der Abgleich

Bevor das Meßgerät zum Messen verwendet werden kann, sind – ähnlich wie bei dem Mehrbereichsspannungsmesser mit Operationsverstärker – folgende Einstellmaßnahmen erforderlich:

Zuerst der Nullspannungsabgleich mit dem Potentiometer R_0. Der Meßbereichsschalter sollte dabei auf Stellung 1 mA stehen.

Dann die Einstellung der maximalen Ausgangsspannung von 5 V am Verstärkerausgang, bei der der Zeiger auf das Skalenende zeigen soll.

Hierbei werden als Hilfsmittel ein Spannungs- bzw. Strommesser und eine einstellbare Spannungsquelle benötigt. Mit der Spannungsquelle muß in einen der vier möglichen Meßbereiche der vorgesehene Meßhöchststrom, z.B. 10 mA, eingespeist werden. Diesen *Kalibrierstrom* kann man z.B. einer Batterie über einen Vorwiderstand entnehmen.

Übrigens: Man verwendet heute das Wort *Kalibrieren* für das Wort *Eichen*, das früher in diesem Zusammenhang üblich war. Echte Eichungen bleiben den Eichämtern vorbehalten.

Am Ausgang des Operationsverstärkers wird für den festgelegten Eingangsstrom (10 mA also für den Meßbereich „10 mA“) durch Verstellen des Meßwerkvorwiderstandes R_{vm} eine Spannung von etwa 5 V einreguliert.

Zuletzt wird die Umschaltmöglichkeit für Wechselstrommessungen abgeglichen. Dazu muß zuerst ein bekannter Gleichstrom und dann ein effektiv gleicher Wechselstrom eingespeist werden. Der Trimmer R_w ist so einzustellen, daß der Zeigerausschlag bei der Wechselstrommessung so groß wie bei der Gleichstrommessung ist.

Ohmmeter mit linearer Skala

Einfache Widerstandsmesser bestehen aus einem Strommesser und einer Batterie. Die Widerstandsmessung beruht auf einer Messung des Stroms, der bei einer festgelegten Spannung durch den unbekannten Widerstand R_x fließt, *Bild 10.18*. Je größer der Widerstand R_x ist, desto kleiner ist der angezeigte Strom.

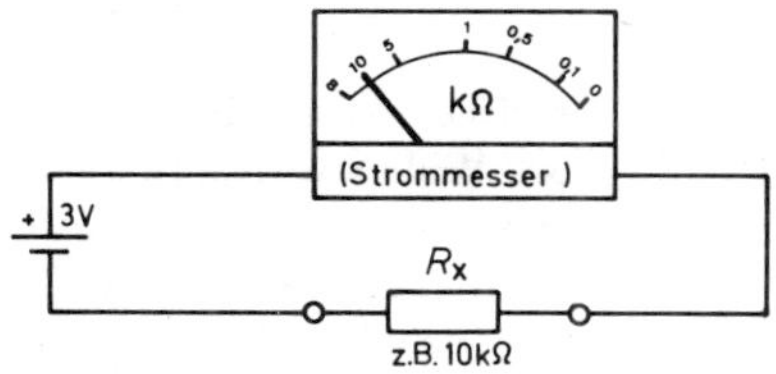

Bild 10.18: Widerstandsmessung durch Strommessung: Wenn $R_x = \infty$, ist $I = 0$.

Die Zeigerruhestellung ($I = 0$) entspricht einem unendlich großen Meßwiderstand ($R_x = \infty$). Die Skaleneinteilung für die Ohmwerte ist bei dieser Meßmethode zwangsläufig nichtlinear.

Das Prinzip

Wenn man aber durch die unbekannten Widerstände stets konstanten Strom fließen läßt und den zugehörigen Spannungsabfall mißt, dann kann man eine lineare Skala verwenden *(Bild 10.19)*.

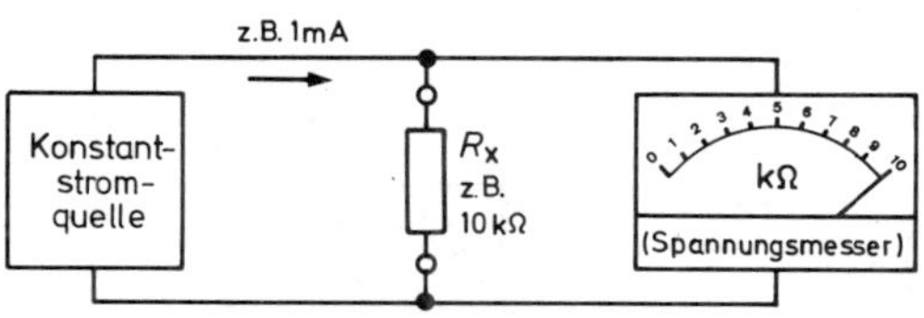

Bild 10.19: Widerstandsbestimmung mittels Spannungsmessung bei konstantem Strom (Prinzip).

Eine praktische Anwendung dieses Prinzips ist mit Hilfe eines Operationsverstärkers möglich, der als Konstantstromelement eingesetzt werden kann. *Bild 10.20* zeigt die Prinzipschaltung:

Von einer fest vorgegebenen Spannungsquelle (U_e= 1,5 V) fließt ein konstanter Strom (I=1,5 mA) über einen Widerstand (R_b= 1 kΩ) zum „–“-Eingang des Operationsverstärkers. Dieser Eingang kann als „virtueller“ Nullpunkt angesehen werden, wenn zwischen ihm und Masse keine Potentialdifferenz besteht. Der

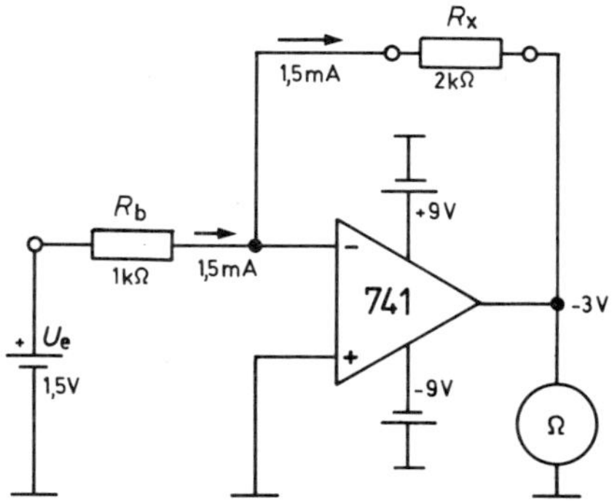

Bild 10.20: Prinzipschaltung eines einfachen Ohmmeters mit Operationsverstärker.

Strom von 1,5 mA fließt vom „–“-Eingang weiter über R_x zum Ausgang des Verstärkers, wo sich eine entsprechende Ausgangsspannung einstellt. Da für den Meßwiderstand im gewählten Beispiel ein Wert von 2 kΩ angenommen wird, ist eine Ausgangsspannung von –3 V nötig, um durch ihn einen Strom von 1,5 mA fließen zu lassen.

Wäre R_x= 1 kΩ, also halb so groß wie 2 kΩ, so wäre die Ausgangsspannung auch nur die Hälfte von –3 V, nämlich –1,5 V.

Zwischen der Größe der Verstärkerausgangsspannung und der Größe des Meßwiderstandes R_x besteht also ein proportionaler Zusammenhang. Die Meßskala des Spannungsmessers am Verstärkerausgang kann eine lineare Ohmwerteinteilung erhalten, so daß Widerstandsmeßergebnisse direkt abgelesen werden können.

Wird an den Meßklemmen a und b ein Kurzschluß verursacht, tritt keine Ausgangsspannung auf, die Anzeige heißt: 0 Ω! Wird kein Widerstand zum Messen angeschlossen, so daß zwischen den Meßklemmen der praktisch unendlich hohe Luftwiderstand liegt, steigt die Verstärkerausgangsspannung auf den höchstmöglichen Wert. Der Meßwerkzeiger schlägt voll aus. Der Operationsverstärker möchte auch jetzt noch den Strom im Gegenkopplungszweig konstant halten. Dies gelingt jedoch nicht, weil unter den gegebenen Betriebsumständen bei etwa 7,5 V die Aussteuerungsgrenze erreicht ist.

Wenn ein Spannungsmesser mit dem Meßbereich 0 ... 6 V verwendet würde, wäre damit ein Widerstandsmeßbereich von 0 bis 4 kΩ erfaßbar. Andere Meßbereiche könnten durch eine andere Bemessung des Widerstands R_b und des Anzeigeinstruments erreicht werden.

Die Schaltung

Eine Ohmmeterschaltung, bei der die Meßbereiche 100 Ω, 1 kΩ, 10 kΩ, 100 kΩ, 1 MΩ einstellbar sind, enthält *Bild 10.21.*

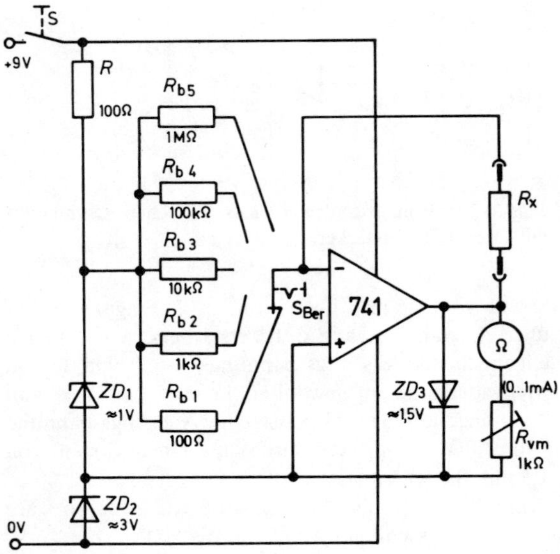

Bild 10.21: Schaltung eines Widerstandsmessers mit linearer Skala. Der Operationsverstärker arbeitet als Konstantstromelement.

Die zur Erzeugung eines konstanten Eingangsstromes erforderliche konstante Spannung wird in dieser Schaltung mit Hilfe einer Z-Diode (ZD_1) von der Betriebsspannung abgegriffen.
Um die gesamte Schaltung mit einer einzigen 9-V-Batterie betreiben zu können, wird auch die negative Versorgungsspannung für den Operationsverstärker durch eine Z-Diode (ZD_2) erzeugt.
Das Meßgerät wird immer nur während der Messung durch Drücken des Tastschalters S eingeschaltet. Das hilft Energie zu sparen.
Als Meßinstrument eignet sich ein 1-mA-Meßwerk mit linearer Skala, dem ein einstellbarer Widerstand R_{vm} vorgeschaltet wird.

Der Abgleich

Die Kalibrierung des Geräts ist einfach durchzuführen:
An die Meßklemmen wird ein Widerstand angeschlossen, der genau so groß ist wie der Meßbereichswiderstand, der gerade eingeschaltet ist. Wenn also z.B. der Meßbereich 100 kΩ eingestellt ist, muß zum Abgleichen der Widerstand R_x ebenfalls 100 kΩ sein. Unter diesen Voraussetzungen wird der Zeiger des Meßwerks mit Hilfe des Vorwiderstandes R_{vm} auf den Skalenendausschlag eingestellt.
Auf einen Nullspannungsabgleich des Operationsverstärkers kann verzichtet werden, weil die Spannungsverstärkung in allen Fällen höchstens 1 ist, so daß sich eine kleine Eingangsoffsetspannung nicht störend auswirkt.
Weil die Spannung am Verstärkerausgang bei offenen Meßklemmen oder zu großen Widerstandswerten von R_x mehrfach größer sein kann als für den Zeigervollausschlag erforderlich wäre, ist dem Meßinstrument eine Begrenzerdiode parallelgeschaltet. Sie benötigt keinen Vorwiderstand, weil der Operationsverstärker nur einen Ausgangsstrom bis höchstens 18 mA liefert. Denn in ihm ist eine Strombegrenzung eingebaut.

Elektronisches Fernthermometer mit Operationsverstärker

Wenn ein temperaturabhängiger Widerstand an eine konstante Spannung angeschlossen wird, dann ist die jeweils fließende Stromstärke ein Maß für die am Widerstand wirksame Temperatur, *Bild 10.22.* So einfach dieses Meßprinzip ist, bei der praktischen Ausführung als Thermometer ergeben sich für den Hobby-Elektroniker große Kalibrierungsprobleme, weil hier die Stromstärke nicht linear von der Temperatur abhängt.

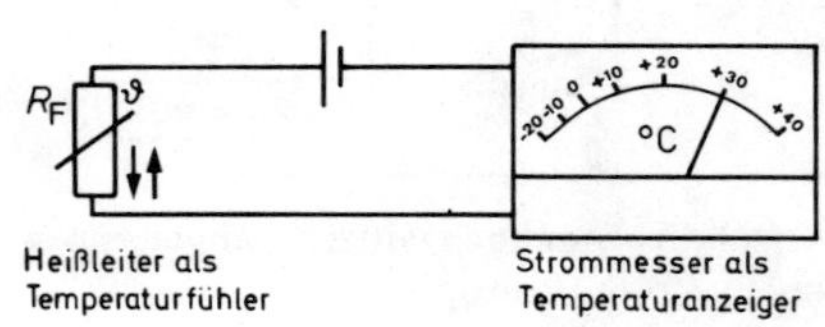

Bild 10.22: Prinzipschaltung zur elektrischen Temperaturmessung mit Temperaturfühler, Spannungsquelle und Strommesser als Anzeigeinstrument.

Das Meßprinzip

In der Prinzipschaltung nach *Bild 10.23* wird ein Meßfühlerwiderstand mit einem konstanten Strom gespeist, so daß bei einer Widerstandsänderung eine proportionale Änderung des Spannungsabfalls am Meßfühler auftritt. Der Vorteil dieses Meßprinzips: Es kann ein Spannungsmesser mit linearer Skala als Anzeigegerät für die Temperatur eingesetzt werden. Vorausgesetzt wird dabei, daß die Widerstandsänderung des Meßfühlers in dem zu erfassenden Temperaturmeßbereich etwa linear ist.

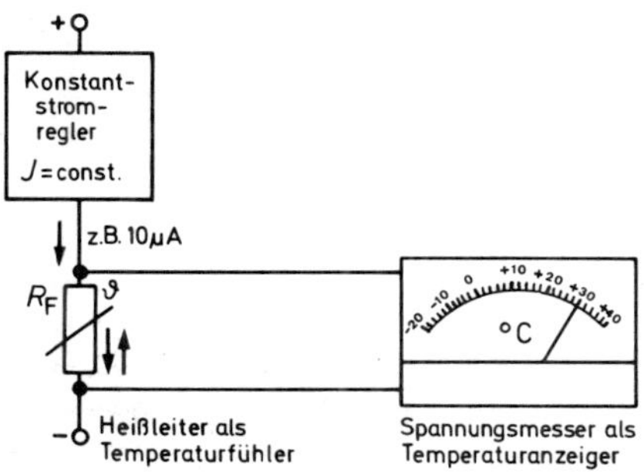

Bild 10.23: Prinzipschaltung zur elektrischen Temperaturmessung mit Temperaturfühler, Konstantstromquelle und Spannungsmesser als Anzeigeinstrument mit linearer Skala.

Das Schaltungsprinzip

Dieses Meßprinzip wird in der elektronischen Thermometerschaltung mit Operationsverstärker nach *Bild 10.24* angewendet.

Der Meßfühler R_F, z.B. ein Heißleiterwiderstand, liegt in Reihe mit einem relativ hochohmigen Widerstand R_k an einer festen Spannung. R_F soll Temperaturwerte

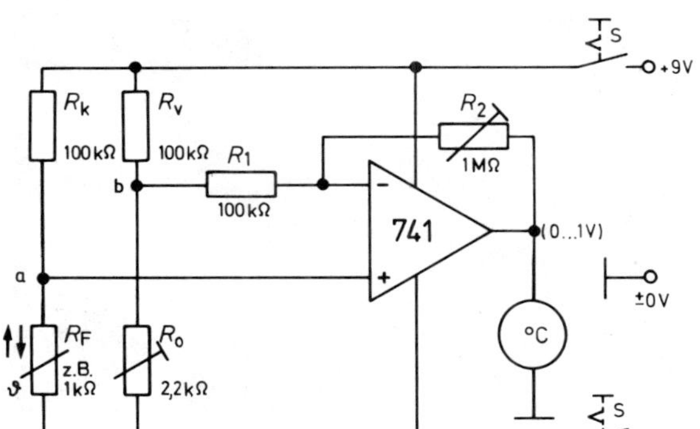

Bild 10.24: Prinzipschaltung eines Fernthermometers mit Operationsverstärker. Der Operationsverstärker wirkt hier als Differenzspannungsverstärker.

in proportionale Spannungswerte umsetzen. Diese Proportionalität scheint aber bei der einfachen Reihenschaltung von zwei Widerständen nicht gegeben zu sein. Denn bei Widerstandsänderungen ergeben sich zwangsläufig Stromstärkeänderungen. Trotzdem ist diese simple Schaltung für den vorgesehenen praktischen Einsatz akzeptabel. Der Widerstand R_k ist nämlich wesentlich hochohmiger als der Meßfühlerwiderstand R_f, so daß sich die relativ geringen Widerstandsänderungen von R_f bei der Temperaturmessung kaum auf den Strom auswirken, der durch diese Reihenschaltung fließt. Man kann den hochohmigen Widerstand R_k in diesem Fall als Konstantstromelement betrachten! Die relativ geringen Widerstandsänderungen an R_f verursachen nur entsprechend kleine Spannungsabfalländerungen, so daß ein Meßverstärker eingesetzt werden muß. Es wird ein Operationsverstärker verwendet, der hier als Differenzverstärker geschaltet ist. Denn es sollen nur die Spannungsänderungen und nicht der gesamte Spannungsabfall am Meßfühler erfaßt werden.

Der aus den Widerständen R_v und R_0 bestehende Spannungsteiler liefert das Bezugspotential. Wenn die Meßpunkte a und b gleiches Potential besitzen, besteht zwischen beiden Signaleingängen des Operationsverstärkers keine Spannungsdifferenz. Die Ausgangsspannung am Verstärker ist dann null. Man kann also durch das Einstellen des Spannungsverhältnisses $R_v : R_0$ einen Fixpunkt für die Temperaturanzeige wählen.

Ein Beispiel: Wenn man den Meßfühler auf eine Temperatur von 10 °C bringt und R_0 so einstellt, daß an den Signaleingängen des Operationsverstärkers keine Spannungsdifferenz besteht, bedeutet die Nullstellung des Zeigers im Meßinstrument eine Temperaturanzeige von 10 °C.

Eine zweite Markierung auf der Anzeigeskala läßt sich durch die Einstellung der Verstärkung am Operationsverstärker festlegen. Angenommen, am Skalenende soll der Temperaturwert 50 °C anzeigt werden. Dazu muß der Temperaturfühler auf 50 °C erwärmt werden und der Trimmerwiderstand R_2 so eingestellt werden, daß der Zeiger des Meßinstruments auf das Skalenende zeigt.

Das Widerstandsverhältnis $R_2 : R_1$ bestimmt, wie üblich, die Spannungsverstärkung des Operationsverstärkers. Der Meßbereich des Spannungsmessers muß auf den möglichen Einstellbereich der Ausgangsspannung am Operationsverstärker abgestimmt sein. Wenn beispielsweise im vorgesehenen Meßbereich am Meßfühler eine Änderung des Spannungsabfalls bis zu 0,1 V zu erwarten ist und ein Meßinstrument mit dem Meßbereich 1 V zur Verfügung steht, muß am Operationsverstärker eine Verstärkung von 10 eingestellt werden, damit der Zeigerausschlag den gesamten Skalenbereich umfaßt.

Die Nachbauschaltung

Eine für die praktische Realisierung zugeschnittene Temperaturmesser-Schaltung, die auf dem eben beschriebenen Meßprinzip beruht, zeigt *Bild 10.25 a*. Die Schaltung kann als Fernthermometer verwendet werden, vielleicht, um die Außentemperatur an einer schattigen Stelle richtig zu messen – oder die Bodentemperatur im Garten, die Wassertemperatur im Schwimmbecken, die Temperatur im Vorratskeller u.a.m.

Als Meßfühler wird in dieser Schaltung eine normale, billige Halbleiterdiode vorgeschlagen. Hier wird eine Eigenschaft von Halbleiterdioden genutzt, die sonst meist unerwünscht ist: ihre Temperaturabhängigkeit. In Durchlaßrichtung besitzen Halbleiterdioden einen temperaturabhängigen Widerstand mit praktisch linearem Temperaturverhalten. Dieser Widerstand beträgt bei Raumtemperatur und der geringen durchfließenden Stromstärke einige tausend Ohm, die Widerstandsänderung pro Grad einige zehn Ohm. Die Änderung des Spannungsabfalls an der Diode liegt bei den angegebenen Betriebsverhältnissen in der Größenordnung von 2 bis 3 mV pro Grad Temperaturänderung. Ein Tip für den praktischen Einsatz der Diode als „Meßfühler": Um sie gegen mechanische Einflüsse robuster zu machen, kann man sie z.B. mit geeignetem Klebstoff in ein Röhrchen einbetten. Zu beachten ist jedoch, daß dadurch die Wärmeleitung nicht zu stark beeinträchtigt wird (siehe auch Skizze b) in *Bild 10.25*).

Die Schaltung ist für Batteriebetrieb (9 ... 15 V) konzipiert. Wenn sie nur während der Messungen eingeschaltet wird, reicht z.B. eine 9-V-Batterie (Typ IEC 6F22) für lange Zeit. Um mit nur einer Batterie auszukommen, wird eine Spannungsaufteilung mit einer Z-Diode (ZD) und einem Widerstand (R_7) durchgeführt. Die Z-Diode stabilisiert gleichzeitig die Spannung für den Meßzweig am Schaltungseingang.

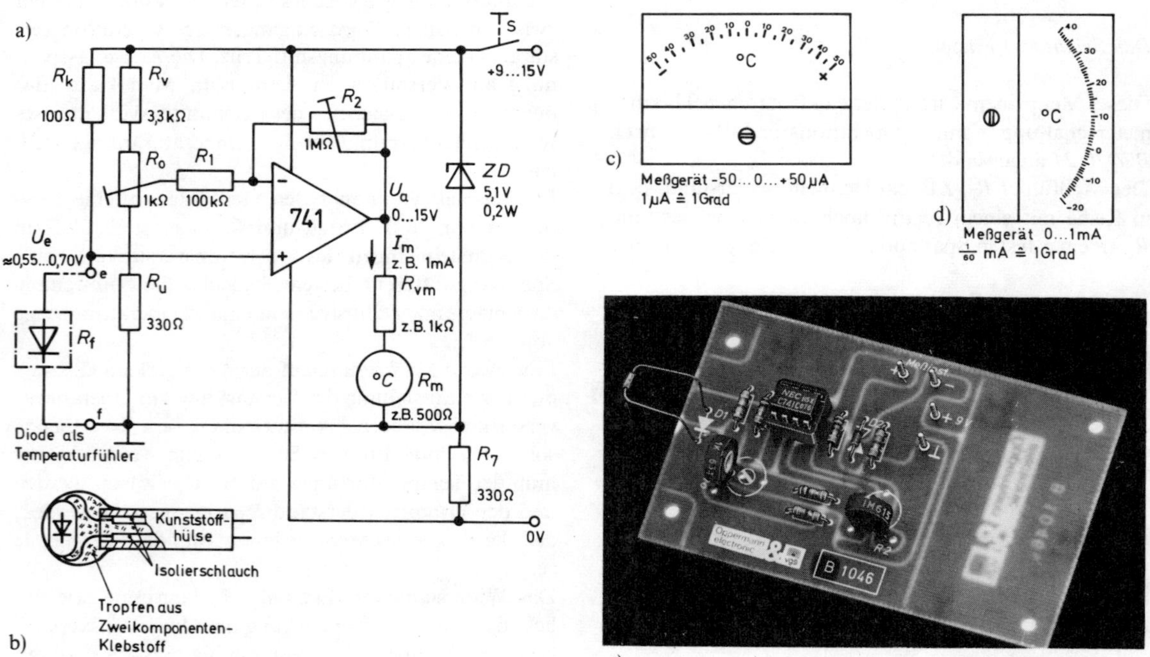

Bild 10.25: Elektronisches Fernthermometer mit Operationsverstärker (a). Als Temperaturmesser kann eine normale Halbleiterdiode verwendet werden (b). Zur Temperaturanzeige dient ein Strommesser mit linearer Skala und Zeigerruhelage in der Skalenmitte (c) oder seitlicher Zeigerruhelage (d), Schaltplatine (e); hinzu kommen Meßinstrument, Schalter und 9-V-Batterie. Die Meßfühlerdiode kann über eine längere Zuleitung angeschlossen werden.

Die Schaltung kann leicht zusammen mit dem Anzeigeinstrument und der Batterie in einem Kästchen untergebracht werden, während der Meßfühler zur Fernmessung am gewünschten Meßort montiert wird. Der relativ geringe Widerstand selbst einer langen Verbindungsleitung bleibt für die Temperaturmessung praktisch ohne Einfluß. Störungen können allenfalls durch eingestreute Wechselspannungen auftreten. Um sie kurzzuschließen müßte ein Folienkondensator (z.B. 0,22 μF) an die Eingangsklemmen e und f angeschlossen werden.
Bei der Wahl des Anzeigeinstruments und der Einstellung der Schaltung kommt es darauf an, welcher Temperaturmeßbereich erfaßt werden soll. Wenn z.B. ein Meßinstrument mit Zeigerruhestellung in der Skalenmitte verwendet wird, ist es naheliegend, dieser Skalenmarke den Temperaturwert 0 °C zuzuordnen. Der Skalenbereich ist dann nach beiden Seiten gleich groß. In der Skizze c) in *Bild 10.27* ist die Skalenteilung (−50 ... 0 ... +50 μA) eines Strommessers abgebildet. Ohne diese Skalenteilung verändern zu müssen, kann man das Instrument zur Temperaturanzeige für den Bereich −50 °C bis +50 °C verwenden. Beim Einbau ist ein Meßwerkvorwiderstand nicht zu vergessen, der auf die maximal zu erwartende Ausgangsspannung am Operationsverstärker abgestimmt sein muß.

Der Abgleich

Zur Nullpunkteinstellung wird der Meßfühler am besten in ein Gefäß mit Wasser getaucht, in dem Eisstücke schmelzen. Die Temperatur im Eiswasser ist 0 °C. Gelegentlich umrühren! Der Zeiger des Meßinstruments wird mit dem Potentiometer R_0 auf die Nullstellung gebracht. Ein gesonderter Eingangsoffsetspannungsabgleich am Operationsverstärker ist überflüssig.
Zur Festlegung eines zweiten Anzeigewertes muß der Meßfühler auf eine bekannte Temperatur erwärmt werden (z.B. auf die Zimmertemperatur, die mit einem vorhandenen Thermometer gemessen wird). Der Zeiger des Meßinstruments muß durch Verstellen des Potentiometers R_2 nun auf diesen Wert gebracht werden. Da die Anzeige linear erfolgt, wird sich der Zeiger auf alle anderen Temperaturwerte richtig einstellen.
Mit einem Anzeigeinstrument mit seitlicher Zeigerruhestellung läßt sich der gewünschte Meßbereich optimal wählen, wenn man eine Neubeschriftung der Skala nicht scheut. Die Skizze d) in *Bild 10.25* zeigt eine lineare Temperaturskala, die von −20 °C bis +40 °C reicht. Mit diesem Meßbereich werden die in unseren Breiten auftretenden Temperaturen gut erfaßt. Die Skala des 1-mA-Meßwerks muß dafür allerdings extra gezeichnet werden, da Meßwerksskalen mit 60 Teilstrichen nicht handelsüblich sind.
Würde man sich mit einem Meßbereich von −15 °C bis +35 °C begnügen, könnte man ein Meßwerk mit einer 50-Strich-Skala ungeändert verwenden.
Die Schaltung läßt sich sogar ohne prinzipielle Änderungen als Fieberthermometer verwenden, wenn die Einstellung auf den relativ kleinen Meßbereich von 35 °C bis 45 °C gelingt. Das Problem für den Hobby-Elektroniker sind die genauen Vergleichstemperaturen, die er zur Kalibrierung des Thermometers benötigt.

Wie das Innere eines Operationsverstärkers aussieht

Um die Wirkungsweise von Anwendungsschaltungen mit Operationsverstärkern zu verstehen, genügt es im allgemeinen vollauf, diese Verstärker – wie andere integrierte Schaltungen auch – als in sich geschlossene Funktionselemente anzusehen, die bestimmte Eigenschaften und Wirkungsmöglichkeiten besitzen. Deshalb soll hier nur in knapper Form auf die Innenschaltung eines Operationsverstärkers eingegangen werden.

Die Innenschaltung des Typs 741

Stellvertretend für alle anderen ist im *Bild 10.26* die Schaltung des Typs 741 abgebildet.
Wie man sieht, mußten die Entwicklungsingenieure einigen Schaltungsaufwand betreiben, um die charakteristischen Eigenschaften des Operationsverstärkers zu erzielen.
Die Eingangsstufe der Schaltung ist ein sogenannter Differenzverstärker, gebildet aus paarig geschalteten Transistoren. Diese Art der Eingangsstufe wird verwendet, weil sich mit ihr der invertierende Eingang und der nicht invertierende Eingang des Operationsverstärkers realisieren lassen. Hinzu kommt, daß Differenzverstärker ganz allgemein gegenüber Temperatur- und Betriebsspannungsschwankungen relativ unempfindlich sind.
Andere Teile der vorliegenden Innenschaltung, die überwiegend aus Transistoren besteht, erfüllen Aufgaben wie Stromkonstanthaltung, Weiterverstärkung von Signalen, Frequenzkompensation und Strombegrenzung.

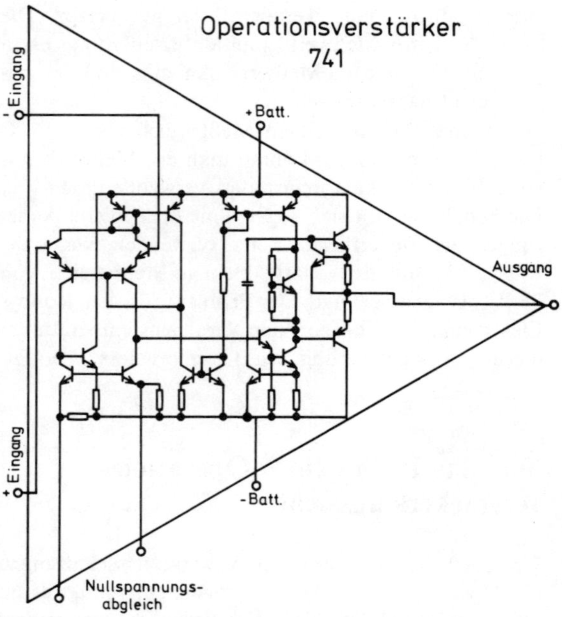

Bild 10.26: Innenschaltung des integrierten Operationsverstärkers 741.

Bei der Signalverfolgung ist zu beachten, daß die Transistoren T_3 und T_4 komplementäre Typen sind. T_4 arbeitet als Emitterfolger. Wenn der „ –“-Eingang an Masse belassen und der „+“-Eingang an eine positive Spannung gelegt wird, wird die Spannung am Schaltungsausgang gegenüber Masse positiv.

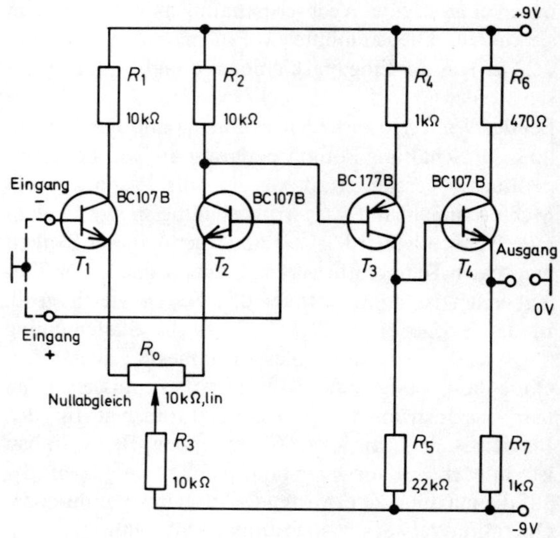

Bild 10.27: Prinzipschaltung eines einfachen Operationsverstärkers.

Prinzipversuch mit diskreten Bauelementen

Selbstverständlich läßt sich die grundsätzliche Wirkungsweise eines Operationsverstärkers auch schon mit geringerem Schaltungsaufwand erreichen. Eine ganz einfache Version in diskreter Ausführung mit Universaltransistoren zeigt *Bild 10.27.* Man kann an diese Schaltung natürlich nicht die gleichen Maßstäbe anlegen wie an den „741“. Sie zeigt aber das Prinzipielle eines Operationsverstärkers, das Sie daran experimentell überprüfen können.

Auch in dieser Schaltung ist die Eingangsstufe ein Differenzverstärker. Er wird mit den Transistoren T_1 und T_2 gebildet. Zwei Schaltstufen mit den Transistoren T_3 und T_4 dienen zur weiteren Signalverarbeitung bzw. zur Signalumkehrung.

Mit dem Potentiometer R_0 kann die Ausgangsspannung gegen Masse auf Null geregelt werden, wenn die beiden Schaltungseingänge mit Masse verbunden sind.

Wenn danach z.B. an den „ –“-Eingang eine positive Spannung gelegt wird, dann wird der Schaltungsausgang gegenüber Masse negativ.

Mit der Schaltung lassen sich also Eingangssignale sowohl invertierend als auch nicht invertierend verarbeiten.

Auch die Einstellung der Verstärkung läßt sich, wie bei Operationsverstärkern üblich, mit einem aus zwei Widerständen bestehenden Gegenkopplungszweig vornehmen. In welchem Maße dies hier möglich ist, zeigt am besten das Experiment. Ebenso kann die Größe des Aussteuerungsbereichs bei unterschiedlicher Ausgangsbelastung am besten im Experiment herausgefunden werden.

Operationsverstärker als Niederfrequenz-Verstärker

Mit Operationsverstärkern kann man auch Verstärker für Wechselspannungen ohne viel Schaltungsaufwand aufbauen. Zunächst ein ganz einfaches Schaltungsbeispiel zur Erläuterung.

Eine Grundschaltung *(Bild 10.28)*

Zur Spannungsversorgung eignen sich gut zwei 4,5-V-Flachbatterien oder zwei 9-V-Transistorbatterien. Als Last liegt ein Kopfhörer am Verstärkerausgang. Der nicht invertierende Signaleingang ist über ein elektrodynamisches Mikrofon mit Masse verbunden. Am invertierenden Signaleingang liegt ein Gegenkoppelungszweig, mit dem sich die Spannungsverstärkung einstellen läßt.

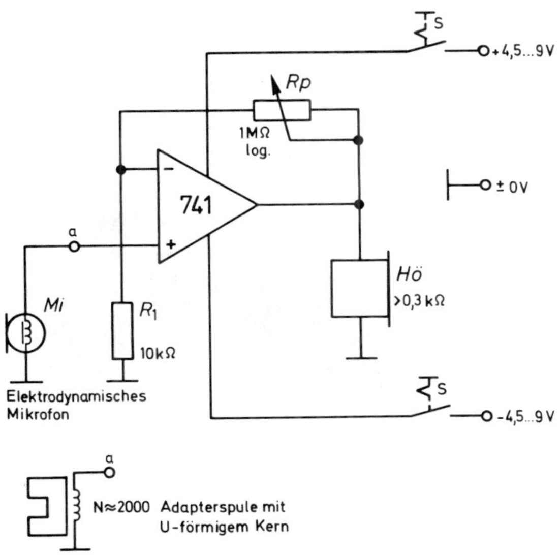

Bild 10.28: Grundschaltung eines Nf-Signalverstärkers mit Operationsverstärker. Anwendungsmöglichkeiten: Telefon-Mithörverstärker oder Netzleitungssucher.

Wenn das Mikrofon nicht von Schallwellen erregt wird, wenn in ihm also keine Spannung induziert wird, ist auch die Spannung am Verstärkerausgang gegen Masse null.
Wenn aber im Mikrofon Wechselspannungen induziert werden, entstehen Differenzspannungen zwischen den Signaleingängen des Verstärkers. Am Verstärkerausgang werden diese verstärkten Wechselspannungen vom Kopfhörer in akustische Signale umgesetzt.

Man kann diese einfache NF-Verstärkerschaltung z.B. als Mithöreinrichtung für das Telefon verwenden, ohne daß die Telefonleitung angezapft werden muß. Dazu wird statt des Mikrofons ein Telefonadapter angeschlossen, der die magnetischen Streufelder vom Übertrager im Fernsprechapparat aufnimmt. Als Telefonadapter eignet sich z.B. eine Spule mit etwa 2000 Windungen auf einem U-förmigen, geschichteten Eisenkern. Man befestigt diesen Adapter seitlich am Gehäuse des Fernsprechapparats.
Weiter eignet sich die einfache NF-Verstärkerschaltung als Leitungssucher für unter Putz verlegte Netzleitungen. Allerdings müssen die Leitungen bei dieser Suchmethode stromdurchflossen sein, wenn man sie finden will. Denn der Adapter nimmt die von den stromdurchflossenen Leitungen erzeugten elektromagnetischen Wechselfelder auf, die sich als Brummton im Kopfhörer bemerkbar machen.
Bei einer Lampenzuleitung muß also die Lampe eingeschaltet sein. An eine Steckdosenleitung muß ein Gerät angeschlossen sein, wenn man auf Leitungssuche geht. Man führt die Suchspule über die Wand; an der Stelle, wo der 50 Hz-Ton am stärksten wird, muß sich die Leitung befinden.

Wie man die Spannungsversorgung vereinfacht

Obwohl Operationsverstärker eigentlich stets eine doppelte Spannungsversorgung benötigen, lassen sich auch ohne große Schwierigkeiten NF-Verstärker mit einfacher Spannungsversorgung aufbauen, *Bild 10.29.*
Mit Hilfe eines Spannungsteilers (R_2, R_3) wird ein Potentialbezugspunkt geschaffen, der spannungsmäßig in der Mitte zwischen dem Plus- und dem Minuspotential der Batterie liegt. Der nicht invertierende Eingang des Operationsverstärkers wird an diesen Potential-Bezugspunkt angeschlossen. Der Verstärkerausgang und der invertierende Signaleingang stellen sich im Ruhezustand des Verstärkers dann ebenfalls auf dieses Bezugspotential ein. Wenn im Mikrofon im Rhythmus der Schallschwingungen Wechselspannungen induziert werden, bilden sie Spannungsdifferenzen an den Signaleingängen, die vom Operationsverstärker verstärkt werden. Am Verstärkerausgang ist der Kopfhörer nun über einen Kondensator angeschlossen, der Gleichstrom sperrt, Wechselströme jedoch (je nach Größe der Kapazität mehr oder weniger gut) durchläßt.

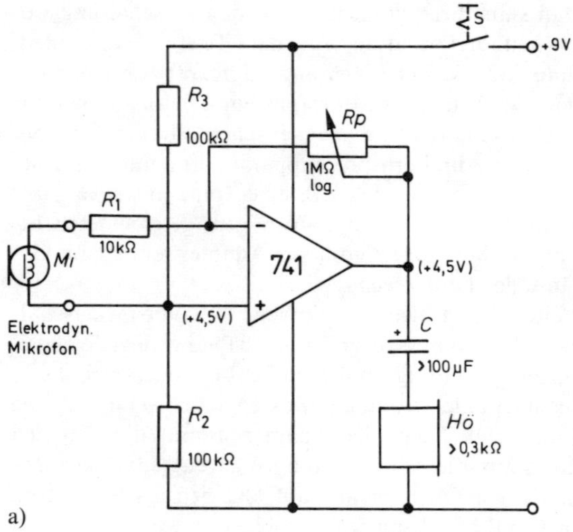

a)

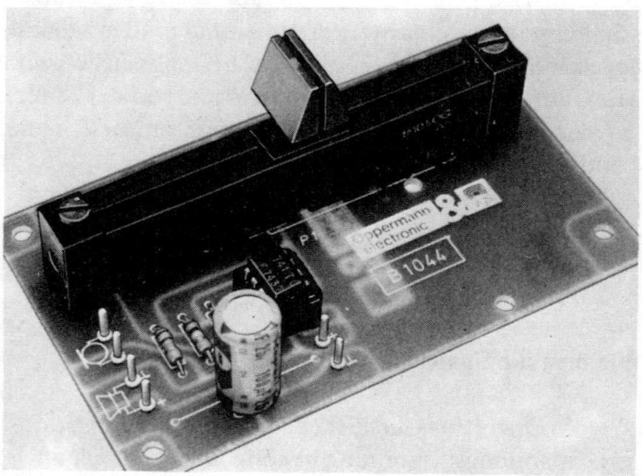

b)

Bild 10.29: Einfaches Schaltungsbeispiel für einen Nf-Signalverstärker mit Operationsverstärker. Einfache Spannungsversorgung durch Spannungsteilung. a) Schaltung, b) bestückte Platine.

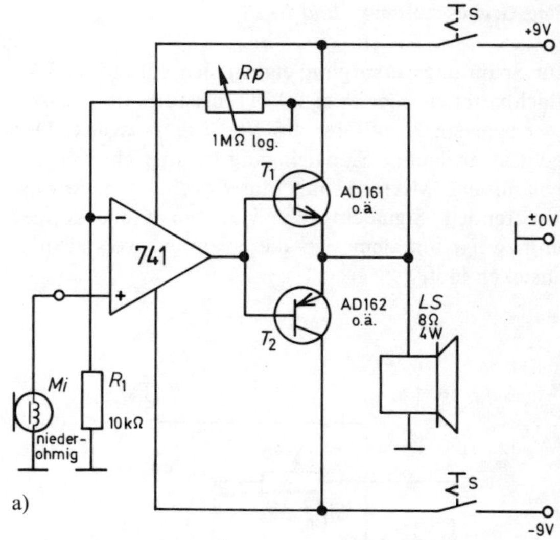

a)

b)

Bild 10.30: Prinzipschaltung eines Nf-Leistungsverstärkers mit Gegentaktendstufe und Operationsverstärker. Doppelte Betriebsspannungsversorgung. Im Leerlauf sind die Transistoren stromlos. a) Schaltung, b) bestückte Platine für einfache Spannungsversorgung.

Eine Gegentakt-Endstufe erhöht die Ausgangsleistung

Für den direkten Betrieb eines niederohmigen Lautsprechers ist der Operationsverstärker 741 nicht gut geeignet. Denn er liefert nur einen maximalen Ausgangsstrom von etwa 18 mA. Das reicht nur für kleine Leistungen bis etwa 100 mW.

Aber man kann den niederohmigen Lautsprecher effektiver betreiben, wenn man dem Operationsverstärker eine entsprechende Transistorstufe nachschaltet, *Bild 10.30:*

Und zwar wird dafür ein Paar komplementärer Leistungstransistoren, ein NPN- und ein PNP-Typ mit gleichen Kennwerten, verwendet. Die Transistoren arbeiten im Gegentakt. Wenn die Ausgangsspannung am Operationsverstärker 0 V ist, sperren beide Transistoren. Der Lautsprecher bleibt stromlos. Wenn aber die Verstärkerausgangsspannung positiv wird, fließt ein Strom vom Batterie-Pluspol über den NPN-Transistor und den Lautsprecher nach Masse.

Wenn hingegen die Ausgangsspannung negativ wird, fließt ein Strom von Masse über den Lautsprecher

und den PNP-Transistor zum Minuspol der Batterie. Über den Lautsprecher und die Transistorschaltung fließt also nur ein Strom, wenn Signale verarbeitet werden.
Der für die Verstärkungseinstellung erforderliche Gegenkopplungszweig wird in dieser Schaltung nicht vom Ausgang des Operationsverstärkers zum invertierenden Signaleingang zurückgeführt, sondern vom Ausgang der Transistor-Gegentaktstufe (Emitteranschlüsse). Durch diese Schaltungsmaßnahme wird erreicht, daß sich die Spannung am Lautsprecher proportional zur Eingangsspannung einstellt. Denn der Operationsverstärker steuert jeweils so weit auf, daß im Widerstand R_p dieselbe Stromstärke wie im Widerstand R_1 fließt.
Wenn Sie die Schaltung experimentell ausprobieren sollten, werden Sie allerdings feststellen müssen, daß sich im praktischen Betrieb zwei unerwünschte Effekte bemerkbar machen:
Zum einen wird einer der beiden Transistoren auch schon im Ruhezustand der Schaltung stromdurchflossen sein und sich erwärmen. Er wird teilweise aufgesteuert, weil sich die Eingangs-Offsetspannung des Operationsverstärkers bei der relativ großen Verstärkung am Schaltungsausgang spürbar auswirkt.
Zum anderen läßt die Übertragungsqualität vor allem bei kleinen Signalen zu wünschen übrig. Dies liegt an der Unsymmetrie der Ruhezustandsverhältnisse und an der Nichtlinearität der Beziehung zwischen der Basis-Emitter-Spannung und dem Kollektorstrom von Transistoren.
Anders ausgedrückt: An der Basis eines Transistors muß erst eine gewisse Spannungsschwelle überschritten werden, damit der Transistor aufsteuert. Das bedeutet aber, daß kleine Signalspannungen erst übertragen werden, wenn sie größer als die genannte Spannungsschwelle sind. Alle Signale werden also verzerrt, die kleinen Signale prozentual am stärksten. Bei Germanium-Transistoren (A...-Typen) ist die Verzerrung geringer als bei Silizium-Transistoren (B...-Typen), weil bei Germanium-Transistoren die Basis-Emitter-Spannungsschwelle niedriger und „gerundeter" ist.

Bessere Tonqualität:
die Gegentakt-Endstufe wird verfeinert

Selbstverständlich lassen sich die angeführten Unzulänglichkeiten der einfachen Gegentaktstufe durch entsprechende Schaltungsmaßnahmen überwinden, *Bild 10.31*.

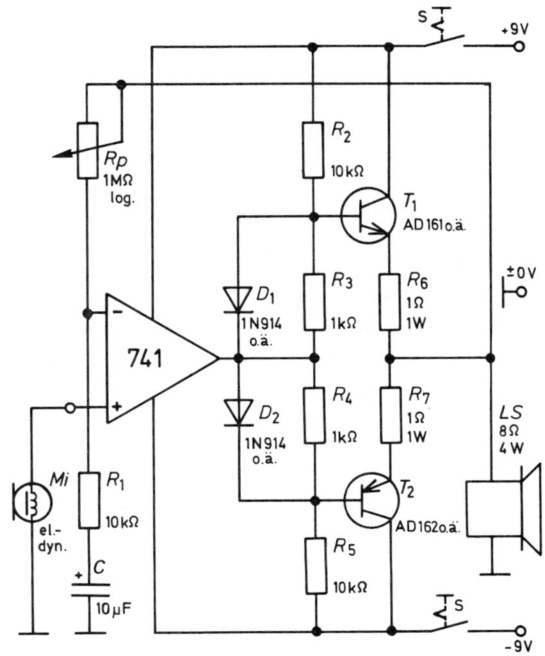

Bild 10.31: Nf-Leistungsverstärker mit Operationsverstärker zur Ansteuerung einer Gegentaktendstufe. Zur Verbesserung der Übertragungsqualität erfolgt bei den Transistoren der Gegentaktendstufe eine Arbeitspunkteinstellung mit Hilfe eines Widerstands-Dioden-Netzwerks.

Der Einfluß der Eingangs-Offsetspannung läßt sich praktisch ausräumen, wenn der Gegenkopplungszweig (R_1, R_p) über einen Kondensator (C) an Masse angeschlossen wird. Durch den Kondensator können keine Gleichströme fließen. Da der invertierende Signaleingang über R_p nur noch mit dem Schaltungsausgang verbunden ist, ist die Verstärkung für Gleichströme nur noch $v = 1$. Die Eingangs-Offsetspannung wird also nicht mehr verstärkt. Wechselspannungen jedoch werden verstärkt, weil der Kondensator C für diese einen Durchlaß darstellt.
Die Übertragungsqualität wird weiter verbessert, wenn bei den Transistoren günstigere Arbeitspunkte eingestellt werden. Mit Hilfe von Basisspannungsteilern werden die Transistoren so eingestellt, daß sie auch im Ruhezustand der Schaltung etwas leitend sind. Und zwar so viel, daß bei der Ansteuerung mit Wechselspannungssignalen keine Steuerspannungsschwelle mehr überwunden werden muß.
Durch diese Maßnahme entsteht ein gewisser Ruhestrom durch die Transistoren. Um ihn gering zu halten, ist es notwendig, die Spannungsteilerverhältnisse prä-

zise zu bemessen. Wird der Ruhestrom zu groß eingestellt, wird unnütz Energie verbraucht und die Transistoren werden warm; ist der Ruhestrom zu klein eingestellt, machen sich die Verzerrungen wieder bemerkbar.

Die Dioden in der Gegentaktstufe haben gemeinsam mit den niederohmigen Emitterwiderständen die Aufgabe, Änderungen der Ruhestromeinstellung durch Temperatureinflüssen zu mindern.

Ein Anwendungsvorschlag für diese Schaltung: Da eine doppelte Spannungsversorgung von 2·9 V vorgesehen ist, kann man sie für ein kleines batteriebetriebenes Megaphon verwenden.

Zur Energieversorgung eignen sich zum Beispiel zweimal zwei 4,5-V-Flachbatterien oder ähnlich leistungsfähige Energiequellen. Die kleinen 9-V-Transistorbatterien sind ungeeignet, denn immerhin können Ströme bis etwa 1 A durch den Lautsprecher fließen!

Im übrigen ließe sich die Schalleistung noch steigern, wenn ein Lautsprecher mit noch kleinerem Widerstand (z.B. 4 Ω) und entsprechend größerer Leistung (z.B. 6 W) eingesetzt würde. Der Energieverbrauch würde selbstverständlich größer.

Die Transistoren sind mit einer ausreichenden Kühlfläche zu versehen. Sie erwärmen sich am stärksten, wenn viel Leistung abgestrahlt wird. Im Ruhezustand der Schaltung bleiben sie kalt.

6-W-Leistungsverstärker mit einfacher Spannungsversorgung

Die Nf-Verstärkerschaltung in *Bild 10.32* ist eine Abwandlung der Schaltung von *Bild 10.31.* Sie enthält folgende Änderungen:

Erstens. Die Schaltung ist für einfache Spannungsversorgung konzipiert. Sie kann z.B. mit einer 12-V-Autobatterie betrieben werden.

Zweitens. Der Arbeitspunkt der Transistor-Gegentakt-Endstufe ist einstellbar. Mit dem Trimmpotentiometer R_T läßt sich ein möglichst kleiner Ruhestrom und eine möglichst geringe Verzerrung der Signale einstellen.

Drittens. Das Mikrofon wird über einen Kondensator an den nicht invertierenden Eingang des Operationsverstärkers angeschlossen, wobei der Spannungsteilerwiderstand R_{10} als Arbeitswiderstand fungiert. Da dieser relativ hochohmig ist, können auch hochohmige Mikrofone angeschlossen werden.

Viertens. Der Kondensator C_2 ist an den Spannungsteiler angeschlossen, der die „Mittelpunktspannung“ für den Operationsverstärker erzeugt. Er siebt Wechselspannungen aus, die von der Betriebsspannungsquelle her auf den Eingang zurückwirken könnten.

Im übrigen Aufbau und in der Funktion entspricht diese Schaltung der anderen in *Bild 10.31.* Sie kann ebenfalls als Megaphon oder als NF-Verstärker für allgemeine Anwendungen benutzt werden.

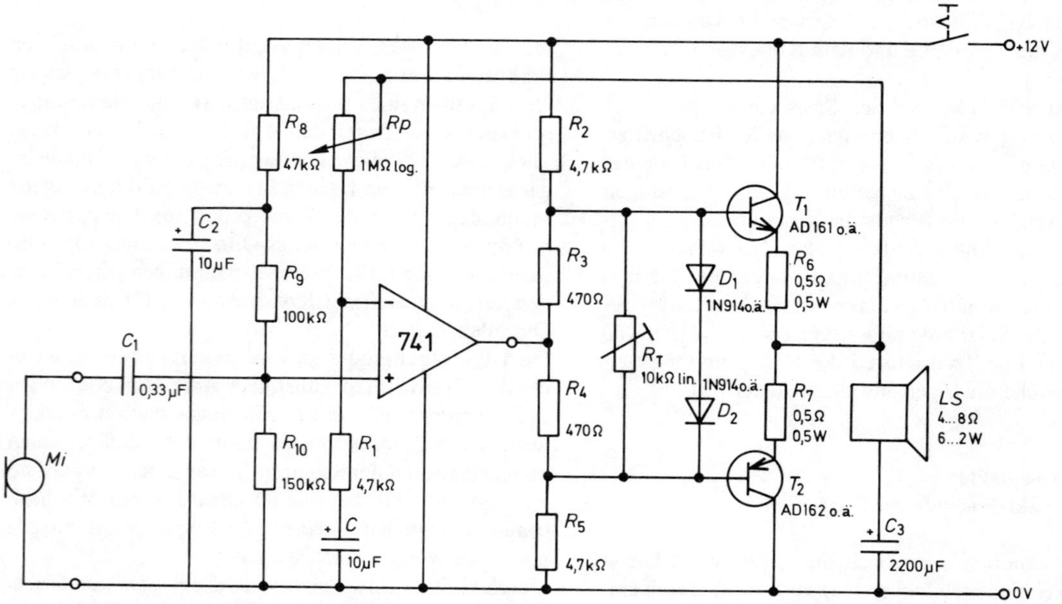

Bild 10.32: Nf-Leistungsverstärker mit Operationsverstärker und Gegentakt-Endstufe. Einfache Spannungsversorgung. Anwendungsvorschlag: kleines Megaphon.

11. Über die Energieversorgung elektronischer Einrichtungen

Ohne Energie taugt die beste Elektronik nicht viel. Aber mit „irgendeiner" Stromversorgung ist es meist nicht getan. Die Energieversorgung muß auf den jeweiligen Anwendungsfall zugeschnitten sein. Deshalb sollen in diesem Kapitel anhand von Beispielen Hinweise und Anregungen zur Auswahl und Auslegung der Energieversorgung für elektronische Schaltungen gegeben werden.

Trockenbatterien sind vielseitig einsetzbar

Viele kleinere elektronische Einrichtungen benötigen für ihren Betrieb nur verhältnismäßig wenig Energie. Sie können deshalb aus Batterien versorgt werden. Batterien sind transportabel, bequem im Einsatz und liefern von vornherein eine reine Gleichspannung, die vom Energienetz nur mit mehr oder weniger aufwendigen Netzgeräten gewonnen werden kann.
In *Bild 11.1* sind einige Trockenbatterien (Zink-Salmiak-Zellen) zusammengestellt. Als wichtige Daten

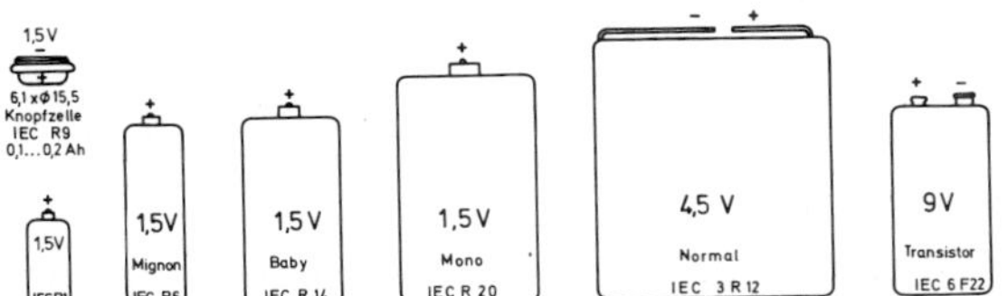

Bild 11.1: Eine Auswahl gebräuchlicher Trockenbatterien mit Angaben zur Nennspannung, zur Kapazität, zu den maximalen Abmessungen (einschließlich Kontakte), zur internationalen Normbezeichnung der Bauform und zur handelsüblichen Bezeichnung.

sind die äußeren Abmessungen, die Nennspannung und die Nennkapazität angegeben. Die Abmessungen sind international genormt. Für manche Bauformen gibt es handelsübliche Bezeichnungen wie Monozelle, Babyzelle usw. Meist sind verschiedene Batteriearten, die sich in ihrer inneren Zusammensetzung und in ihren elektrischen Kenndaten unterscheiden, in der gleichen Bauform erhältlich. So gibt es z.B. in der Bauform „Monozelle" (IEC-Normbezeichnung: R20) Typen mit recht unterschiedlicher Qualität: nicht auslaufsichere und auslaufsichere, nicht aufladbare und aufladbare, solche mit langer Lagerfähigkeit (über 2 Jahre) und kurzlebige. All das schlägt sich natürlich im Preis nieder.
Was ist bei der Verwendung von Trockenbatterien besonders zu beachten?

Die Arbeitsspannung unterscheidet sich von der Nennspannung

Wenn Sie bei einer frischen Normalbatterie, bei der als *Nennspannung* der Wert 4,5 V aufgedruckt ist, die Spannung überprüfen, so messen Sie vielleicht einen Wert von 4,6 V *(Bild 11.2a)*. Das ist kein Meßfehler, Sie haben die *Leerlaufspannung* gemessen. Bei der Nennspannungsangabe von 4,5 V handelt es sich um einen abgerundeten Wert der Leerlaufspannung.
Wenn Sie nun an die Batterie eine Last anschließen, z.B. eine handelsübliche Glühlampe mit den Werten 3,5 V/0,2 A, die den Widerstand $R = 17{,}5\,\Omega$ besitzt, dann können Sie ein Absinken der Spannung an den Klemmen der Batterien feststellen. Vielleicht messen Sie 4,3 V *(Bild 11.2b)*. Die *Arbeitsspannung* ist also kleiner als die angegebene Nennspannung und die vorher gemessene Leerlaufspannung. Wenn Sie die Belastung abschalten, steigt die Spannung an den Klemmen wieder an.

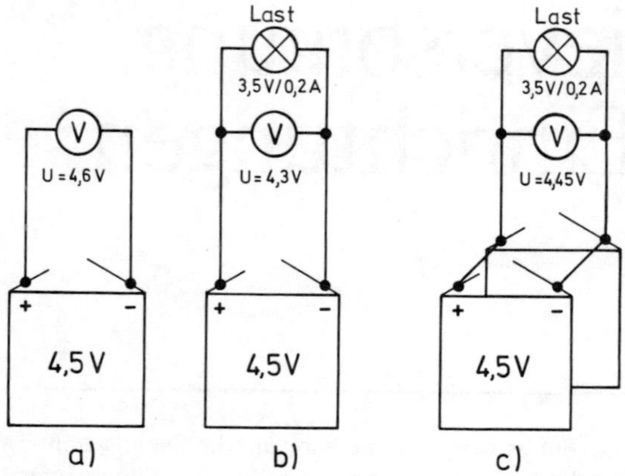

Bild 11.2: Die Spannung an den Klemmen einer Batterie ist belastungsabhängig. a) Die Leerlaufspannung läßt sich messen, wenn keine Last angeschlossen ist. b) Die Klemmen- oder Arbeitsspannung sinkt mit wachsender Belastung. c) Das Parallelschalten gleicher Batterien verbessert die Spannungskonstanz bei Belastungsänderungen.

Der Grund für die Abhängigkeit der Arbeitsspannung von der angeschlossenen Belastung ist in der Batterie selbst zu suchen. Jede Batterie besitzt einen gewissen Innenwiderstand, an dem je nach der Stärke des durch die Batterie fließenden Stromes ein Spannungsabfall auftritt. Dieser Spannungsabfall macht sich als Unterschied zwischen der Leerlaufspannung und der Arbeitsspannung bemerkbar. Im Beispiel nach *Bild 11.2b* beträgt diese Spannungsdifferenz 4,6 V−4,3 V=0,3 V. Mit diesem Spannungswert und mit der Betriebsstromstärke von etwa 0,25 A (bei einer Arbeitsspannung von 4,3 V) läßt sich der Innenwiderstand der Batterie ermitteln:

$$R_i = \frac{0{,}3\ \text{V}}{0{,}25\ \text{A}} = 1{,}2\ \Omega.$$

Die Arbeitsspannung wäre nicht belastungsabhängig, wenn die Batterie gar keinen Innenwiderstand besäße. Aber leider gibt es diesen idealen Zustand nicht. Sie können jedoch eine Batterie mit einem kleineren Innenwiderstand herstellen, wenn Sie eine zweite (oder noch mehr) Batterien zur ersten parallelschalten *(Bild 11.2c)*. Auf diese Weise wird der gesamte Innenwiderstand reduziert. Bei *zwei* Normalbatterien auf die Hälfte, nämlich 0,6 Ω. Als Vorteil ergibt sich eine geringere Differenz zwischen der Arbeits- und der Leerlaufspannung.

Die Betriebsdauer hängt von der Batteriekapazität ab

Durch das Parallelschalten der Batterien wird die Gesamtkapazität vergrößert. Im Experiment läßt sich diese Behauptung nur überprüfen, wenn man an eine Batterie eine Last anschließt, die Stromstärke mißt und die Dauer der Entladung feststellt. Denn die Batteriekapazität wird als das Produkt von Stromstärke mal Zeit angegeben und dementsprechend in Amperestunden, kurz Ah, gemessen. Als entladen gilt eine Trokkenbatterie, wenn die halbe Nennspannung erreicht ist.

In der Zusammenstellung nach *Bild 11.1* sind die Nennkapazitäten der verschiedenen Batterien angegeben. Dabei handelt es sich nur um Richtwerte, denn wieviel Energie insgesamt aus einer Batterie herausgeholt werden kann, ist von der Art der Belastung abhängig.

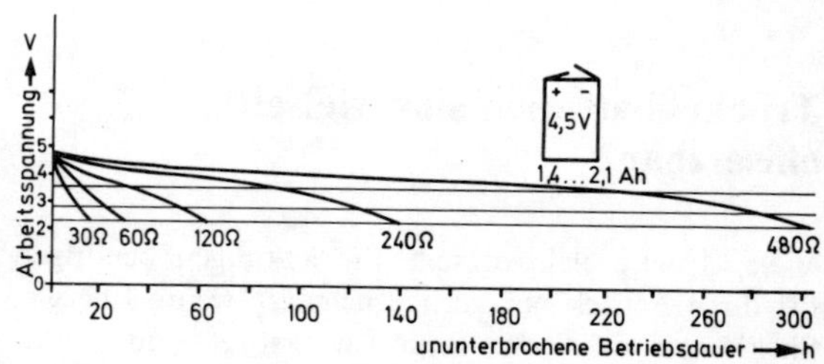

Bild 11.3: Entladekurven für eine 4,5-V-Normalbatterie bei verschiedenen Lastwiderständen. Bei periodischen Ruhepausen während der Entladung lägen die Werte noch günstiger.

In *Bild 11.3* sind die Entladekurven einer 4,5-V-Normalbatterie abgebildet. Aus dem Diagramm läßt sich ablesen, daß bei geringer Belastung nicht nur die Entladedauer, sondern auch die Kapazität größer ist als bei hoher Belastung. Da es Batterien mit sehr unterschiedlicher Qualität in der gleichen Bauform gibt, können sich die Entladekurven einzelner Batterien einer Bauform erheblich unterscheiden. Das Diagramm gilt also nicht für alle im Handel erhältlichen 4,5-V-Normalbatterien. Zum Beispiel haben Alkali-Mangan-Batterien und Silberoxidbatterien während der Entladung eine besonders hohe Spannungskonstanz.

Das Zusammenschalten von Zellen
(Bild 11.4)

Beispiel 1: Spannungserhöhung

Durch die Serienschaltung von sechs 1,5-V-Zellen erhält man eine Batteriespannung von 9 V. Was ist dabei bemerkenswert? Der Innenwiderstand der Batterie ist 6mal größer als der Innenwiderstand einer Zelle. Die Kapazität bleibt gleich, da bei der Kapazitätsangabe die Spannung nicht berücksichtigt wird. Dagegen steigt der Energiegehalt, der das Produkt aus Spannung und Kapazität ist. Der Energiegehalt einer Monozelle sei z.B. 1,5 V·2 Ah = 3 VAh. Für die aus sechs Zellen bestehende Batterie beträgt der Energiegehalt dann 6·1,5 V·2 Ah = 9 V·2 Ah = 18 VAh.

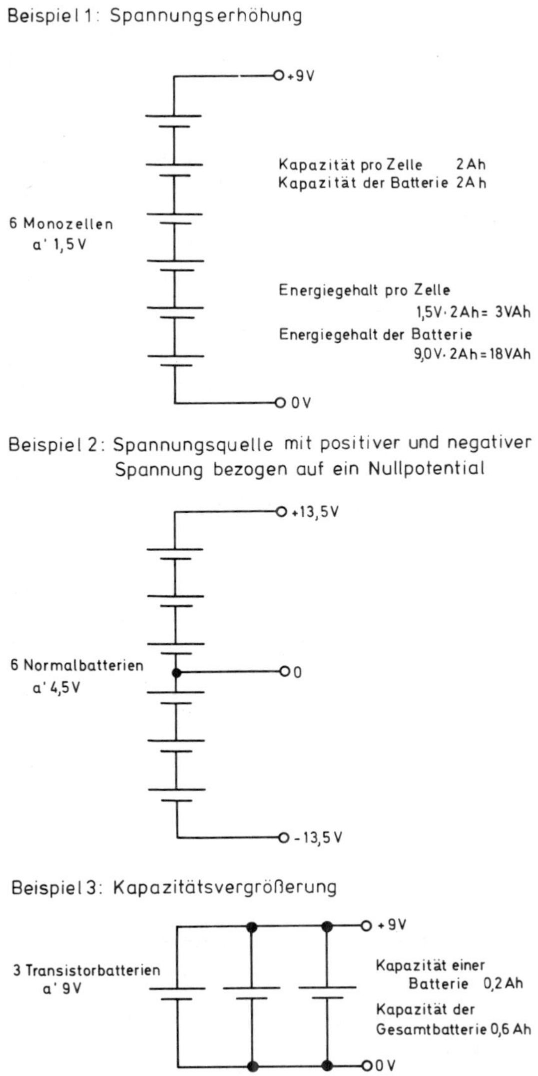

Bild 11.4: Beispiele zum Zusammenschalten von Batterien.

Beispiel 2: Spannungsquelle mit positiver und negativer Spannung, bezogen auf Nullpotential

In manchen Fällen, z.B. in Schaltungen mit Operationsverstärkern, werden eine positive und eine negative Spannung, bezogen auf ein Nullpotential, benötigt. Für Experimentierzwecke können Sie eine solche Spannungsquelle aus einzelnen Batterien zusammenstellen. Im Beispiel 2 nach *Bild 11.4* besteht zwischen Nullpotential und Pluspotential sowie zwischen Nullpotential und Minuspotential jeweils eine Spannung von 13,5 V. Zwischen Minus- und Pluspotential herrscht die Summenspannung von 27 V.

Beispiel 3: Kapazitätserhöhung

Werden mehrere gleichartige Zellen oder Batterien in Parallelschaltung betrieben, so erhöht sich die Kapazität *(Bild 11.4, Beispiel 3)*. Außerdem ist der Innenwiderstand der gesamten Spannungsquelle entsprechend kleiner als der Innenwiderstand eines einzelnen Elements.

Wiederaufladbare Batterien

Es gibt wiederaufladbare Elemente in den gleichen Bauformen wie Batterien, z.B. gasdicht abgeschlossene Nickel-Cadmium-Akkumulatoren. Die einzelnen Zellen dieser Akku-Batterien haben eine Nennspannung von nur 1,2 V. Ihre Nennkapazität, bezogen auf eine Entladung, ist in der Regel geringer als bei nicht aufladbaren Elementen gleicher Bauform. Meist findet man die wichtigsten Hinweise zur richtigen Wiederaufladung auf den Etiketten der Batterien aufgedruckt. Ganz allgemein kann gelten: Eine langsame Aufladung über 10 und mehr Stunden bei relativ geringem Ladestrom ist schonender als eine Schnelladung.

Eine Z-Diode gegen Spannungsschwankungen

Manche elektronischen Schaltungen arbeiten nur an einer stabilen Versorgungsspannung einwandfrei. So benötigen z.B. integrierte Digitalschaltungen in TTL-Technik eine feste Versorgungsspannung von 5 V; zulässig sind höchstens 0,25 V Abweichung.

Die nötige Spannungskonstanz, die hier gefordert wird, läßt sich meist nur durch zusätzliche Schaltungsmaßnahmen zwischen der Energiequelle und der Last erreichen.

Versuche zur Stabilisierung mit Z-Diode

Die einfachste Spannungsstabilisierung mit elektronischen Mitteln ergibt die Verwendung einer Z-Diode, wie das folgende Experimentierbeispiel zeigen soll.
Als Aufgabenstellung sei angenommen:
Für kleine Experimente mit integrierten Digitalbausteinen soll eine stabilisierte 5-V-Spannung zur Verfügung stehen. Die Energie soll Trockenbatterien entnommen werden. Die Laststromstärke soll bis 100 mA betragen können.
Bild 11.5 zeigt eine Lösung für diese Aufgabenstellung. Zur Energieversorgung sind zwei Normalbatterien (IEC-Norm 3 R 12) vorgesehen. Sie liefern zusammen eine Nennspannung von 9 V. Damit ist einkalkuliert, daß die Arbeitsspannung an den Klemmen mit zunehmender Betriebsdauer und je nach Belastung absinken wird. An der Batterie liegt ein Spannungsteiler, der aus einer Z-Diode und dem Vorwiderstand R_v besteht.

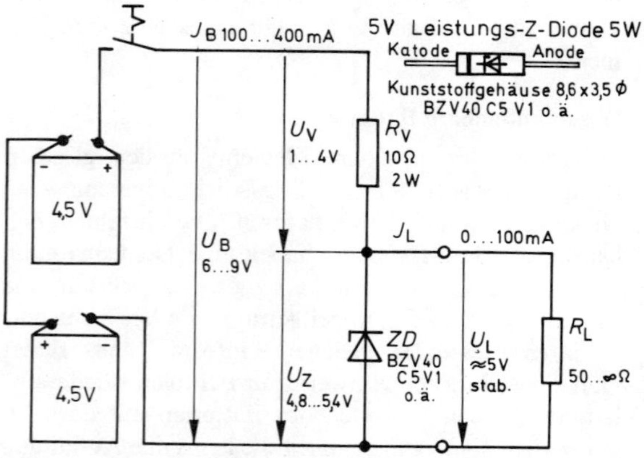

Bild 11.5: Z-Diode als Spannungsstabilisator (Experimentierschaltung).

Die Z-Diode fungiert in diesem Spannungsteiler als spannungsabhängiger Widerstand. Der Widerstand der Z-Diode stellt sich nämlich stets so ein, daß an ihr die Z-Spannung im Beispiel rund 5 V abfällt. Der Rest der überschüssigen Betriebsspannung fällt am Vorwiderstand ab. An der Z-Diode kann also eine stabilisierte Spannung von 5 V abgegriffen werden.

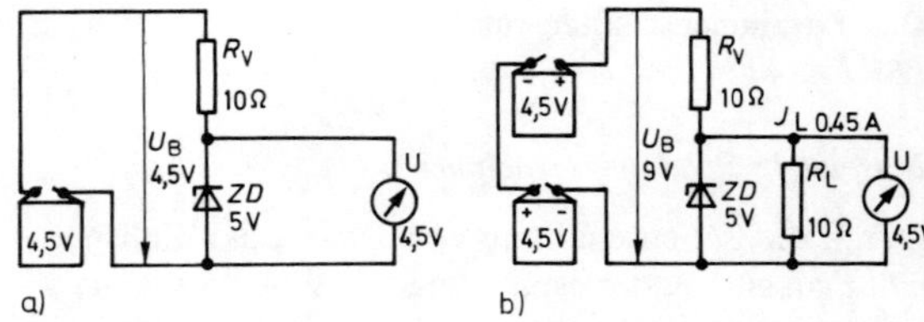

Bild 11.6: Der Stabilisierung einer Z-Diode sind Grenzen gesetzt. In Schaltung a) ist die Betriebsspannung zu klein; in Schaltung b) ist die Belastung zu groß.

Der Stabilisierungswirkung der Z-Diode sind natürlich gewisse Grenzen gesetzt: Zum einen kann die Z-Diode nicht stabilisierend wirken, wenn die Betriebsspannung unter den Wert der Z-Spannung sinkt. Zum anderen hört die Stabilisierungswirkung auf, wenn der Laststrom so groß wird, daß der Spannungsabfall am Vorwiderstand R_v größer wird als die Differenz von Betriebsspannung U_B und Z-Spannung U_Z.
Sie können dies an der Schaltung nachmessen: Wenn Sie nur die Betriebsspannung einer einzigen 4,5-V-Normalbatterie anlegen, messen Sie auf jeden Fall an der Z-Diode eine kleinere Spannung als 5 V *(Bild 11.6a)*. Wenn Sie keinen Belastungswiderstand angeschlossen haben, messen Sie 4,5 V, bei Belastung noch geringere Werte.
Wenn Sie andererseits bei der Betriebsspannung von 9 V eine zu große Belastung anlegen, etwa einen Lastwiderstand, der so groß ist wie der Vorwiderstand R_v, also 10 Ω, dann messen Sie an der Z-Diode nicht mehr 5 V, sondern die halbe Betriebsspannung von 4,5 V *(Bild 11.6b)*. Warum? Die Z-Diode sperrt vollständig, im Spannungsteiler wirken nur die Widerstände R_V und R_L, die gleich groß sind. Sie teilen die Betriebsspannung in zwei gleiche Spannungsabfälle zu je 4,5 V. Am Lastwiderstand kann also nur die Spannung von 4,5 V gemessen werden.
Zusammenfassend gesagt: Wenn eine zufriedenstellende Spannungsstabilisierung erreicht werden soll, darf bei der vorliegenden Schaltung sowohl die Betriebsspannung als auch die Belastung nur in den zulässigen Grenzen schwanken.

Über die Bemessung der Spannungsteilerschaltung mit Z-Diode

Bei der Bemessung des Vorwiderstandes R_v sind zwei Aspekte zu berücksichtigen:
Einerseits soll dieser Widerstand groß genug sein, um den Strom durch die Z-Diode ausreichend zu begren-

zen, wenn die Betriebsspannung ihren Höchstwert besitzt und kein Laststrom fließt.
Andererseits soll er so klein sein, daß bei der kleinsten vorgesehenen Betriebsspannung und beim größten vorgesehenen Laststrom der Spannungsabfall an ihm nicht größer ist als die Differenz $U_{B_{min}} - U_Z$.
Zur Bemessung der Bauteile gehört schließlich noch die Berücksichtigung der Verlustleistung, die sowohl bei der Z-Diode als auch beim Vorwiderstand als Wärme fühlbar wird. Im Vorwiderstand R_v tritt die größte Verlustleistung auf, wenn die höchste Betriebsspannung vorhanden ist. In unserem Fall besteht am Vorwiderstand ein Spannungsabfall von 4 V (= 9 V − 5 V). Es ergibt sich eine Verlustleistung

$$P_V = \frac{U_v^2}{R_v}, \quad P_V = \frac{(4\ \text{V})^2}{10\ \Omega} = 1{,}6\ \text{W}.$$

Im praktischen Schaltungsaufbau wird der nächstgrößere handelsübliche Wert von 2 W verwendet.
In der Z-Diode tritt die größte Verlustleistung auf, wenn die größte Betriebsspannung vorhanden ist und kein Laststrom fließt. In diesem (für die Z-Diode ungünstigen) Betriebszustand fließt der durch den Vorwiderstand begrenzte Strom

$$I = \frac{U_v}{R_v} = \frac{4\ \text{V}}{10\ \Omega} = 0{,}4\ \text{A}.$$

Da an der Z-Diode die Spannung 5 V abfällt, beträgt die Verlustleistung

$$P_Z = U_Z \cdot I_{max} = 5\ \text{V} \cdot 0{,}4\ \text{A} = 2\ \text{W}.$$

Die Z-Diode muß also mindestens eine Verlustleistung von 2 W verkraften können. Es ist auf ausreichende Wärmeabfuhr zu achten. In der Experimentierschaltung wurde eine Z-Diode verwendet, die eine Verlustleistung bis 5 W vertragen kann. Sie ist für unseren Anwendungsfall also reichlich bemessen.
Die Überlegungen machen deutlich, daß eine Stabilisierungsschaltung allein mit einer Z-Diode nur bei relativ kleinen Lastströmen günstig ist. Deshalb greift man meist zu anderen, aufwendigeren Schaltungsmaßnahmen, wie in den folgenden Abschnitten gezeigt wird.

Spannungsstabilisierung mit Transistor und Z-Diode

In der Experimentierschaltung nach *Bild 11.7* stabilisiert ein Transistor im Zusammenwirken mit einer Z-Diode die Spannung.

Der Transistor kann dabei als stetig einstellbarer Widerstand angesehen werden. Er übernimmt jeweils den Spannungsüberschuß, der als Differenz zwischen Be-

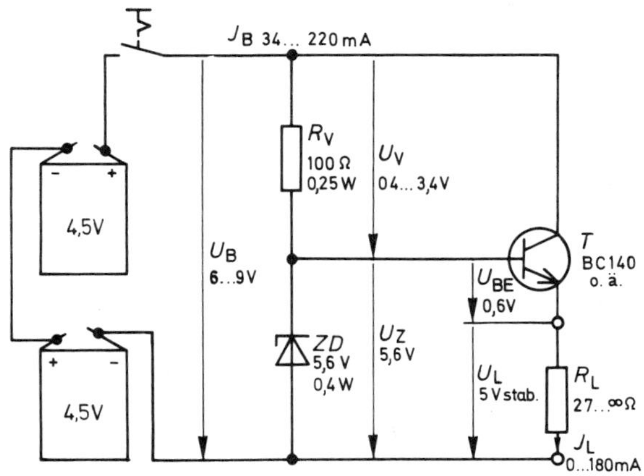

Bild 11.7: Spannungsstabilisierung mit Transistor und Z-Diode. Der Transistor wirkt als veränderlicher Vorwiderstand für den Lastwiderstand. Die Z-Diode liefert eine feste Vergleichsspannung.

Daten zum NPN-Si-Transistor BC 140
(Anschlußbild siehe S. 73)

Grenzwerte:

U_{CE0}	= 40 V	Kollektor-Emitter-Spannung
U_{EB0}	= 7 V	Emitter-Basis-Spannung
I_C	= 1 A	Kollektorstrom
P_{tot}	= 0,75 W	Verlustleistung bei einer Umgebungstemperatur von 25 °C
T_j	= 175 °C	Sperrschichttemperatur

Kennwerte:

B	= 40 ... 300	Kollektor-Basis-Stromverhältnis bei $U_{CE} = 1$ V und $I_C = 100$ mA
U_{CEsat}	< 1 V	Kollektor-Sättigungsspannung bei $I_C = 1$ A, $I_B = 100$ mA
R_{thJU}	< 200 K/W	Wärmewiderstand zwischen Sperrschicht und Umgebung
R_{thJG}	< 35 K/W	Wärmewiderstand zwischen Sperrschicht und Gehäuse

triebsspannung und (stabilisierter) Lastspannung auftritt. Die Z-Diode dient in dieser Schaltung in Verbindung mit dem Widerstand R_v zur Erzeugung einer stabilen Vergleichsspannung oder Referenzspannung. Mit dieser Referenzspannung wird die Lastspannung am Lastwiderstand R_L ständig verglichen. Auch diese Aufgabe fällt dem Transistor zu. Er ist „Stellglied" und „Vergleicher" im Prozeß der Spannungsregelung.

Wie der Transistor die richtige Ausgangsspannung einstellt

Ein Betriebsfall: Wenn sich der Lastwiderstand verkleinert, wird an ihm weniger Spannung abfallen – wenn sich der Widerstand des Transistors nicht ändert. Durch das Absinken der Spannung U_L wird aber die Spannungsdifferenz U_{BE} zur stabilen Spannung U_Z an der Z-Diode größer. Die Spannung U_{BE} liegt als Steuerspannung zwischen Basis und Emitter des Transistors. Da sie größer wird, muß der Transistor stärker aufsteuern, d.h. er läßt mehr Laststrom fließen als vorher. Der größere Strom wiederum hat im Lastwiderstand einen größeren Spannungsabfall zur Folge. Damit wird trotz des Verkleinerns des Lastwiderstandes ein stärkeres Absinken der Lastspannung verhindert. Die Lastspannung bleibt – nahezu – unverändert.
Ein ähnlicher Wirkungsablauf ist feststellbar, wenn man etwa die Betriebsspannung verkleinert. Die Stabilisierung der Lastspannung ist sowohl bei Belastungsschwankungen als auch bei Betriebsspannungsschwankungen wirksam.
Aus den Wertangaben in der Schaltung nach *Bild 11.7* ist erkennbar, daß die Z-Spannung der Z-Diode um 0,6 V höher liegt als die Spannung U_L am Lastwiderstand. Diese Differenz ergibt sich aus der Schleusenspannung zwischen Basis und Emitter des Siliziumtransistors. Erst wenn diese Spannungsschwelle überwunden ist, beginnt der Transistor durchlässig zu werden. Darum wird in den meisten Stabilisierungsschaltungen die Z-Spannung der „Referenzdiode" etwas größer gewählt als die Spannung, die am Lastwiderstand stabilisiert werden soll. Im übrigen kann die Schaltung nach *Bild 11.7* als Ersatz für die Experimentierschaltung nach *Bild 11.5* verwendet werden. Beim Vergleichen der Strom- und Leistungswerte können Sie feststellen, daß die Schaltung mit dem Transistor sparsamer im Energieverbrauch arbeitet als die Schaltung mit der Z-Diode allein. Das ist gerade bei Batteriebetrieb nicht unerheblich.

Wenn Sie beim Experimentieren die Belastung der Schaltung dadurch immer mehr vergrößern, daß Sie den Lastwiderstand immer mehr verkleinern, dann werden Sie merken, daß sich der Transistor immer stärker erwärmt.
Der vorliegende Transistor BC 140 verträgt auf Dauer eine Wärmehöchstbelastung von 0,75 W, wenn die Umgebungsluft eine Temperatur von 25 °C besitzt. Wird ein passender Kühlstern aufgesteckt, so kann er unter sonst gleichen Bedingungen eine Verlustleistung von etwa 1,2 W aushalten. Wenn diese Werte überschritten werden, dann erhitzen sich die inneren Schichten des Transistors so stark, daß sie ihre Funktionsfähigkeit verlieren. Der Transistor kann zerstört werden.

Eine einfache Gleichstromversorgung aus dem Netz

Für den Dauerbetrieb von elektronischen Einrichtungen ist die Energieversorgung aus dem Netz am wirtschaftlichsten.
Die Netzgeräte, die dazu notwendig sind, enthalten alle einen Transformator (zum Herabsetzen der Netzwechselspannung) und einen Gleichrichter. Außerdem sind die meisten dieser Geräte mit Schaltungsteilen zum Glätten und Stabilisieren der gleichgerichteten Wechselspannung ausgestattet.
Zunächst sei hier ein ganz einfaches Gerät vorgestellt, dessen Schaltung *Bild 11.8* zeigt. Es eignet sich zur Versorgung von Geräten, bei denen es nicht auf eine vollkommen geglättete und stabilisierte Gleichspannung ankommt (beispielsweise bei Spielzeugmotoren, Relaisschaltungen, zum Aufladen von Akkumulatoren usw.).

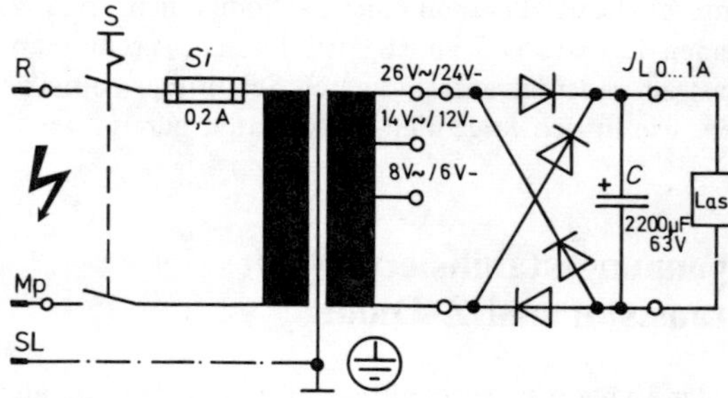

Bild 11.8: Einfaches Netzgerät mit Brückengleichrichter und Ladekondensator.

Der Transformator

Im vorliegenden Schaltungsvorschlag kann die Höhe der durchschnittlichen Gleichspannung an den Anzapfungen der Sekundärwicklung des Transformators in den Stufen 6 V, 12 V und 24 V vorgewählt werden.
Netztransformatoren in den verschiedensten Ausführungen und mit den verschiedensten Daten sind im Handel erhältlich. Es würde sich nicht lohnen, selbst einen zu bauen. An den im vorgestellten Beispiel verwendeten Transformator wurde folgende Bedingung gestellt: Bei den vorgesehenen Spannungswerten sollte sekundärseitig ein Höchststrom von 1 A entnommen werden können. Würde ein größerer Ausgangsstrom verlangt, so müßte der Transformator nicht nur in den Drahtstärken, sondern auch in allen übrigen Abmessungen größer sein.
Nach Erfahrungswerten wurden bei dem ausgesuchten Transformator die effektiven Wechselspannungen an der Sekundärseite etwas höher gewählt als die gewünschten Gleichspannungen, weil im Gleichrichter und im Transformator selbst Spannungsverluste auftreten.

Der Gleichrichter

Die Grätz- oder Brückengleichrichterschaltung nach *Bild 11.8* nutzt alle Wechselspannungshalbwellen aus. Wird die Schaltung aus einzelnen Gleichrichterdioden aufgebaut, so muß jede Diode einen Höchststrom von 1 A vertragen können. Außerdem muß jede Diode die Spitzenwerte der Wechselspannung sperren können (im Schaltbeispiel mindestens Spannungen von $24\ \text{V} \cdot 1{,}414 \approx 40\ \text{V}$). Es kann auch ein integrierter Brückengleichrichter verwendet werden, z.B. mit der Beschriftung B40C1500. Sie sagt aus, daß der Gleichrichterbaustein für effektive Wechselspannungen bis 40 V und einen Gleichstrom bis 1500 mA geeignet ist. Für die gestellte Aufgabe wäre dieser Gleichrichter also reichlich bemessen.

Der Ladekondensator

Der an den Ausgangsklemmen liegende Ladekondensator dient der Glättung des pulsierenden Gleichstroms. Die Glättungswirkung ist um so besser, je größer die Kapazität des Kondensators ist. Allerdings hängt die Glättungswirkung auch von der angeschlossenen Belastung ab. Je größer die Belastung ist, desto schlechter ist die Glättungswirkung. Das ist leicht einzusehen: Zwischen zwei Spannungshalbwellen kann

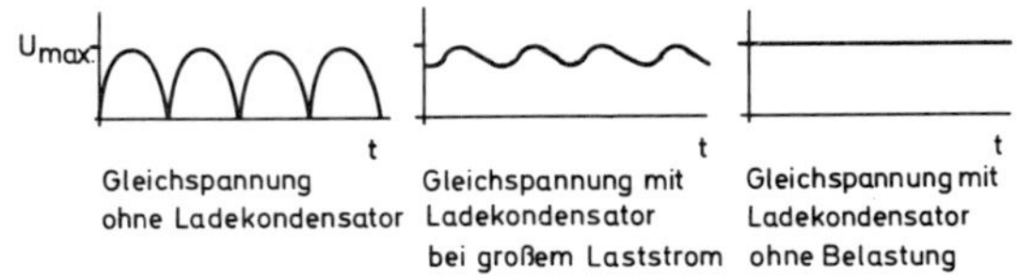

Bild 11.9: Beim einfachen Netzgerät ist die Glättungswirkung des Ladekondensators auf den pulsierenden Gleichstrom von der Belastung abhängig.

sich der Glättungskondensator über eine niederohmige Last stärker entladen als über eine hochohmige. Wenn gar kein Laststrom fließt, lädt sich der Kondensator auf den Maximalwert der Wechselspannung auf! Das müssen Sie bei der Auswahl des Elektrolytkondensators beachten! Seine Nennspannung muß ausreichend hoch sein, im Zweifelsfalle lieber etwas höher als unbedingt erforderlich, mindestens $1{,}41 \cdot U_{eff}$ der Wechselspannung.
Bild 11.9 zeigt verschiedene Formen der Gleichspannung, die man mit einem Oszilloskop an den Ausgangsklemmen des Netzgerätes bei verschiedenen Betriebszuständen nachweisen könnte. Auch ohne Oszilloskop können Sie sich einen Eindruck von der „Welligkeit" der Gleichspannung verschaffen, wenn Sie einen möglichst hochohmigen Kopfhörer anschließen. Sie hören ein mehr oder weniger starkes Brummen. Übrigens einen 100-Hz-Brummton, weil durch den Brückengleichrichter alle Halbwellen der 50-Hz-Wechselspannung in gleicher Richtung wirken und so ein hundertmaliges Auf- und Abschwellen der Spannung pro Sekunde entsteht.

Sicherheit zuerst: Netzspannung kann gefährlich werden

Bei Netzgeräten sind Sicherheitsvorkehrungen notwendig, um Unfällen vorzubeugen, die tödlich sein können. Deswegen ist in der vorgeschlagenen Schaltung der Kern des Transformators sowie das Gehäuse des Gerätes – sofern es aus Metall ist – mit dem Schutzleiter des dreiadrigen Zuleitungskabels verbunden. Über den Schutzleiter wird die Netzspannung abgeleitet, falls irgendwo im Gerät ein Isolationsfehler auftreten würde. Ohne Schutzleiter könnte das Gehäuse Netzspannung führen. Das bedeutet tödliche Gefahr für jeden, der das Gerät berührt.
Zum Netz hin ist das Gerät mit einer mittelträgen Schmelzsicherung abgesichert. Da der Primärstrom des Transformators vom Sekundärstrom abhängt, spricht die Sicherung auch an, wenn der Sekundärstrom zu groß wird.

Ein Netzgerät mit Z-Diode und Transistoren

Die Schaltung für ein spannungsstabilisierendes Netzgerät nach *Bild 11.10* ist eine Erweiterung der einfachen Netzgerätschaltung nach *Bild 11.8*. Zu dem Kondensator ist noch eine Schaltstufe gekommen, die zur Stabilisierung der vom Netzgerät gelieferten Gleichspannung dient.
Die aus den Transistoren T_1 und T_2, der Z-Diode ZD und dem Widerstand R_v bestehende Schaltstufe erfüllt zwei Aufgaben: Sie mindert die Welligkeit der Gleichspannung, und sie wirkt Spannungsschwankungen am Netzgerätausgang entgegen.
Im wesentlichen arbeitet die Schaltung in *Bild 11.10* wie die Schaltung in *Bild 11.8*. Auffällig ist nur, daß nun zwei Transistoren als „Stellwiderstände" verwendet werden. Warum? Aus dem hier zur Diskussion stehenden Netzgerät soll eine Stromstärke bis 1 A entnommen werden können. Für T_1 wird deshalb ein Leistungstransistor (BD 130, 2N3055 o.ä.) gewählt, der diesen Strom ohne weiteres vertragen kann.

Daten zum NPN-Si-Leistungstransistor BD 130
(Anschlußbild siehe S. 73)

Grenzwerte:

U_{CE0}	= 60 V	Kollektor-Emitter-Spannung
U_{EB0}	= 7 V	Emitter-Basis-Spannung
I_C	= 15 A	Kollektorstrom
P_{tot}	= 100 W	Verlustleistung bei einer Gehäusetemperatur von 45 °C
T_j	= 200 °C	Sperrschichttemperatur

Kennwerte:

B	= 20 ... 70	Kollektor-Basis-Stromverhältnis bei $U_{CE} = 4$ V und $I_C = 4$ A
U_{CEsat}	< 1,1 V	Kollektor-Sättigungsspannung bei $I_C = 4$ A und $I_B = 0{,}4$ A
R_{thJG}	< 1,5 K/W	Wärmewiderstand zwischen Sperrschicht und Gehäuse

Leistungstransistor in Darlingtonschaltung

Die Stromverstärkung B ist bei solchen „kräftigen" Transistoren nicht besonders groß, je nach den Umständen etwa 10 bis 80. Also ist ein relativ großer Steuerstrom erforderlich. Würde der Steuerstrom direkt über den Vorwiderstand R_v geliefert werden, so müßte dieser Widerstand klein und die Z-Diode entsprechend leistungsstark bemessen sein, was ungünstig ist. Wenn ein zweiter Transistor zur Ansteuerung von T_1 als Stromverstärker verwendet wird, kann der aus R_v und ZD bestehende Stromzweig, der zur Referenzspannungserzeugung dient, hochohmiger und damit leistungsschwächer ausgelegt werden.
Die Transistoren T_1 und T_2 sind nach der sogenannten Darlingtonschaltung verknüpft. Ihre Stromverstärkungsfaktoren multiplizieren sich. Liegen die relativ

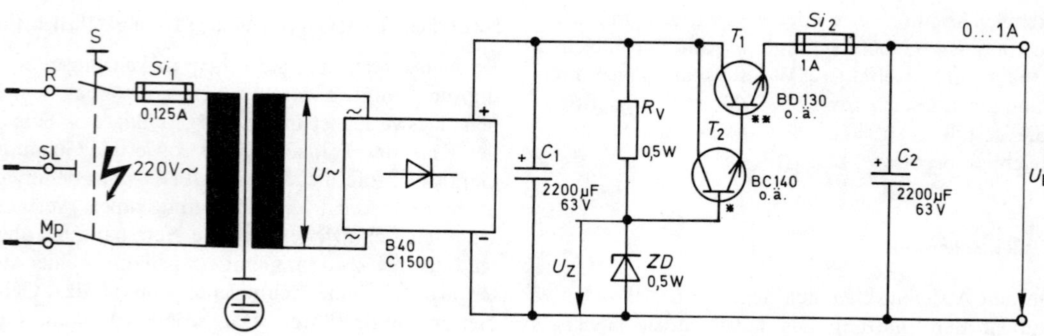

U~	U_Z	R_V	U_L
32 V	24 V	1500 Ω	24 V
18 V	13 V	680 Ω	12 V
14 V	10 V	470 Ω	9 V
10 V	6,2 V	330 Ω	5 V

* mit Kühlstern
** mit Kühlkörper

Bild 11.10: Schaltung für ein einfaches stabilisierendes Netzgerät mit Bemessungsvorschlägen für verschiedene feste Lastspannungen.

niedrigen Stromverstärkungsfaktoren $B_1=20$, $B_2=40$ vor, dann ist die gesamte Stromverstärkung der Darlingtonschaltung immerhin 800.

Der Leistungstransistor muß gekühlt werden

Als „einstellbarer Vorwiderstand“ hat der Transistor T_1 die Aufgabe, den Spannungsabfall zu übernehmen, der sich als Differenz zwischen der Gleichspannung am Gleichrichter (z.B. 30 V) und der Spannung an den Ausgangsklemmen (z.B. 24 V) bei angeschlossener Last ergibt. Dementsprechend entsteht in ihm eine bestimmte Verlustleistung.

Wenn am Transistor T_1 z.B. eine Spannung von 6 V abfällt und ein Strom von 1 A fließt, tritt in ihm eine Verlustleistung $P_v = 6\ \mathrm{V} \cdot 1\ \mathrm{A} = 6\ \mathrm{W}$ auf. Der Transistor wird heiß, die Wärme muß abgeführt werden. Dazu eignet sich z.B. ein Fingerkühlkörper nach *Bild 11.11.* Welche Temperatur sich durch diese Kühlungsmaßnahme im Transistor etwa einstellt, kann man folgendermaßen ermitteln:

Die Hersteller geben in den Datenblättern für den Leistungstransistor BD130 (auch für 2N3055) im TO-3-Metallgehäuse einen Wärmewiderstand $R_{thJG} = 1{,}5$ K/W zwischen der Kollektorsperrschicht und dem Gehäuse des Transistors an: Pro Watt Verlustleistung ergibt sich zwischen der Sperrschicht und dem Gehäuse des Transistors eine Temperaturdifferenz von 1,5 Grad, neuerdings in Kelvin ausgedrückt.

Bei 6 W Verlustleistung im Transistor entsteht also ein Temperaturgefälle von $6\ \mathrm{W} \cdot 1{,}5\ \mathrm{K/W} = 9\ \mathrm{K}$ bzw. 9 Grad zwischen Sperrschicht und Gehäuse.

Der Kühlkörper soll die Wärme vom Gehäuse des

Bild 11.11: Beispiel eines Fingerkühlkörpers zum Ableiten von Verlustwärme bei Halbleiterbauelementen, $R_{thK} < 8$ K/W. Daneben ist eine Glimmerscheibe zum Isolieren eines Transistors im TO-3-Gehäuse und eine Isolierbuchse für die Schrauben abgebildet. Wärmewiderstand der Glimmerscheibe $R_{thGli} < 1{,}5$ K/W.

Transistors möglichst gut in die Umgebungsluft ableiten. Der vorgeschlagene Fingerkühlkörper selbst besitzt einen Wärmewiderstand, der nach Herstellerangaben nicht größer ist als $R_{thK} = 8$ K/W. Das bedeutet, zwischen dem festgeschraubten Transistorgehäuse und der Umgebungsluft besteht im Kühlkörper ein Temperaturgefälle von 8 Grad pro Watt Verlustleistung.

Bei 6 W Verlustleistung tritt demnach ein Temperaturgefälle von $6\ \mathrm{W} \cdot 8\ \mathrm{K/W} = 48\ \mathrm{K}$ bzw. 48 Grad auf.

Rechnet man das Temperaturgefälle im Transistor und im Kühlkörper zusammen, so kommt man bei 6 Watt Verlustleistung auf den Wert $9\ \mathrm{K} + 48\ \mathrm{K} = 57\ \mathrm{K}$. Die Kollektorsperrschicht des Transistors ist also um 57 Grad heißer als die Umgebungstemperatur.

Da die Sperrschichttemperatur bei dem vorliegenden Leistungstransistor bis 200 °C betragen darf, besteht für ihn bei den gegebenen Betriebsbedingungen noch keine Überlastungsgefahr.

Beim Transistor BD130 ist, wie bei vielen anderen Transistoren, der Kollektor mit dem Gehäuse verbunden. Soll der Transistor vom Kühlkörper elektrisch isoliert sein, so wird eine Glimmerscheibe dazwischen montiert. Eine solche Glimmerscheibe hat einen Wärmewiderstand von höchstens 1,5 K/W. Bei 6 W Verlustleistung würde sie eine zusätzliche Temperaturerhöhung von 9 Grad verursachen. In unserem Fall würde die Kühlung mit dem Fingerkühlkörper noch gut genug sein.

Wie sieht es mit der Wärmeentwicklung im Transistor T_2 aus?

Der Transistor T_2 (ein BC140 o.ä. im TO-39-Metallgehäuse) besitzt zwischen der Kollektorsperrschicht und der Umgebung einen Wärmewiderstand $R_{thJU} = 200$ K/W; d.h. es würde ein Temperaturunterschied von 200 Grad entstehen, wenn im Transistor 1 W Verlustleistung erzeugt würde! In unserem Fall kann die Verlustleistung in T_2 auf 0,6 W ansteigen. Für diesen ungünstigsten Wert errechnet sich ein Temperaturgefälle zwischen der Kollektorsperrschicht und der Umgebungsluft von $\Delta T = 0{,}6\ \mathrm{W} \cdot 200\ \mathrm{K/W} = 120\ \mathrm{K}$ bzw. 120 Grad.

Da für den vorliegenden Transistortyp von den Herstellern eine höchstzulässige Sperrschichttemperatur von 175 °C angegeben wird, wäre der Transistor immerhin bis zu einer Umgebungstemperatur von 55 °C noch ohne Kühlkörper einsetzbar. Es kann aber nicht schaden, einen Kühlstern aufzusetzen. Wenn Sie es ausprobieren, können Sie deutlich fühlen, daß sich das Transistorgehäuse mit Kühlstern wesentlich weniger erhitzt als ohne diese Kühlungsmaßnahme.

Bei einem plötzlichen starken Stromanstieg, bei Kurzschluß, würde die beschriebene Kühlung der Transistoren natürlich nicht ausreichen. Die Transistoren würden zerstört. Zu ihrem Schutz und zum Schutz der Last ist deshalb eine flinke Schmelzsicherung vorgesehen, die bei Überstrom anspricht.

Wie man das Netzgerät für verschiedene Spannungen dimensioniert

Noch ein paar Anmerkungen zur Bemessung des Netzgerätes:
Das Gerät läßt sich für verschiedene Festspannungen verwenden, wenn einige Werte entsprechend verändert werden. *Bild 11.10* enthält Änderungsvorschläge. Diese Angaben sind großzügig gewählt worden; Abweichungen sind in gewissem Rahmen durchaus zulässig.
Ein Beispiel: Sie benötigen eine stabile Gleichspannung von 6 V und haben einen Transformator, der sekundärseitig zwei Wicklungen besitzt, die für je 8 V Spannung bei 1,5 A ausgelegt sind.
Sie können dann die beiden Sekundärwicklungen in Reihe schalten, so daß Sie eine Spannung von 16 V erhalten. Als Z-Diode verwenden Sie einen Typ mit einer Z-Spannung, die etwas höher liegt als die gewünschte stabilisierte Spannung von 6 V, am besten eine Z-Diode mit der Z-Spannung 7,5 V.
Damit ist berücksichtigt, daß zwischen der Basis des Transistors T_2 und dem Emitter des Transistors T_1 der Darlingtonschaltung eine Steuerspannung erforderlich ist, die bei Siliziumtransistoren ungefähr den Betrag von $2 \cdot 0,75\ V = 1,5\ V$ hat. Diese Spannung liegt als Differenz zwischen der Referenzspannung von 7,5 V und der stabilisierten Ausgangsspannung von 6 V.
Für den Widerstand R_v, der zusammen mit der Z-Diode die Referenzspannung erzeugt und außerdem den Basisstrom für T_2 liefert, können Sie den Wert 330 Ω einsetzen. Aber auch noch bei einem Wert von 3,3 kΩ dürfte die Schaltung ohne nennenswerte Beeinträchtigung funktionieren, so variabel ist man hier in der Wahl der Werte.
Variabel ist man auch in der Bemessung der Kondensatoren. Ihre Kapazität hängt von den Ansprüchen an die Glättungswirkung ab. Bezüglich der Nennspannung der Elektrolytkondensatoren ist zu berücksichtigen, daß sich die Kondensatoren bei Leerlauf des Gerätes, wenn also kein Laststrom fließt, auf die Spitzenwerte der Wechselspannungshalbwellen aufladen können! Im Zweifelsfalle kann die Wahl der nächsthöheren Nennspannungsstufe bei den Kondensatoren nicht schaden.

Während der Kondensator C_1 als Ladekondensator notwendig ist, um zwischen zwei Halbwellen Energie zu liefern, können Sie auf den Kondensator C_2 auch verzichten. Er wirkt aber zusätzlich stabilisierend, wenn mit schnellen, kurzzeitigen Belastungsänderungen zu rechnen ist, wie bei der Versorgung von Digitalschaltungen. Der Fachmann würde sagen, C_2 vermindert den „differentiellen" inneren Widerstand der Spannungsquelle.
Wie steht es schließlich mit der Verlustleistung der Transistoren im vorliegenden Fall? Müssen die Kühlungsmaßnahmen verstärkt werden? Denn immerhin hat der Transistor T_1 einen Spannungsabfall von rund 10 V aufzunehmen.
Es geht hier ohne Änderungen. Denn bei einem Spannungsabfall von 10 V und einem angenommenen Höchststrom von 1 A entsteht im Stelltransistor eine Wärmeleistung von 10 W. Für diese reicht aber der gewählte Fingerkühlkörper noch aus. Für den Transistor T_2 genügt ein Kühlstern.

Spannungsstabilisierung mit integriertem Festspannungsregler

Der Aufwand an Bauelementen für ein stabilisierendes Netzgerät verringert sich erheblich, wenn man eine speziell für diesen Zweck entwickelte integrierte Schaltung verwendet. *Bild 11.12* zeigt die Schaltung eines stabilisierenden Netzgerätes mit einem integrierten Spannungsregler. Dieser Baustein besitzt nur drei Anschlüsse: Eingang, Masse, Ausgang.
Am Eingang wird der Kompaktregler mit einer vorgeglätteten Gleichspannung versorgt, die über einen Netztransformator, einen Gleichrichter und einen Glättungskondensator erzeugt wird. Am Ausgang liefert er eine ausgezeichnet stabilisierte Spannung. Für den Normalbetrieb sind keine weiteren Siebungsmaßnahmen erforderlich. Der Kondensator C_2 in *Bild 11.12* ist vorsorglich vorgesehen, er hilft bei schnellen Belastungswechseln.
Solche integrierten Spannungsregler gibt es für verschiedene Festspannungen. In *Bild 11.12* sind die verschiedenen Ausgangsspannungen angeführt, für die der Regler der Serie 78xx produziert wird. Aus den letzten beiden Stellen der Typenbezeichnung läßt sich die jeweilige Spannung ablesen. Äußerlich sehen die Kompaktspannungsregler wie Leistungstransistoren aus. Sie werden im TO-3-Gehäuse und im TO-220-Gehäuse angeboten.

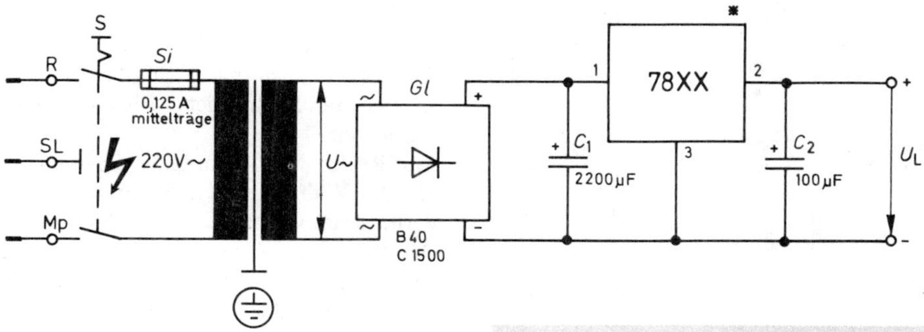

* mit Kühlkörper

U~	Reglertyp	U_L
32 V	7824	24 V
24 V	7815	15 V
18 V	7812	12 V
12 V	7808	8 V
10 V	7805	5 V

Bild 11.12: Netzgerät mit integriertem Festspannungsregler. Der Baustein enthält einen thermischen Überlastungsschutz und Kurzschlußstrombegrenzung.

IC-Bausteine mit eingebautem Überlastungsschutz

Bemerkenswert ist bei dieser Spannungsreglerserie der eingebaute doppelte Überlastungsschutz. Ähnlich wie ein Sicherungsautomat im Haushalt reagiert ein Regler dieser Art in zweifacher Weise auf Überlastung. Einerseits kann er auf schnell auftretende Überströme sofort ansprechen, andererseits kann er abschalten, wenn in seinem Innern die Wärmeentwicklung zu groß wird. Bei plötzlich auftretenden Überströmen mindert und begrenzt er den Strom auf einen erträglichen Wert. Bei thermischer Überlastung schaltet er ganz ab.
Das ist ein besonderer Vorzug der integrierten Schaltung gegenüber einer diskreten Schaltung. Im Reglerbaustein wird die Temperatur des integrierten Stelltransistors unmittelbar an dessen Kollektorsperrschicht gemessen, was normalerweise bei einem diskreten Transistor nicht möglich ist. Als Temperaturmeßfühler in der IS dient ein anderer Transistor. Um eine Vorstellung vom inneren Schaltungsaufwand zu vermitteln, ist in *Bild 11.13* die komplette Innenschaltung eines Spannungsreglers der 78er Serie abgebildet. Darin ist Transistor T_{17} der „kräftige Stelltransistor". Transistor T_{14} ist der „Sensor" für die thermische Sicherung. Transistor T_{15} „erfühlt" an R_{11} Überströme und löst die Strombegrenzung aus.

Bemessungsregeln

Welche Bemessungsregeln sind im wesentlichen zu beachten, wenn man eine Schaltung nach *Bild 11.12* aufbauen will?
Bei der Auswahl des Netztransformators sollte berücksichtigt werden, daß die Eingangsspannung am Spannungsregler mindestens 2 V höher sein sollte als die Ausgangsnennspannung, damit auch bei einer größeren Stromstärke (etwa 1 A) eine zufriedenstellende Spannungsregelung gewährleistet ist. Andererseits sollte die Eingangsspannung den Höchstwert von 35 V nicht überschreiten; nur beim Regler für 24 V sind 40 V Eingangsspannung noch zulässig. Der Transformator sollte für eine Stromstärke von mehr als 1 A ausgelegt sein, um die Leistungsfähigkeit der Spannungsregler voll ausschöpfen zu können.
Die automatische Strombegrenzung des Reglers setzt ein, wenn die Stromstärke plötzlich über 2 A ansteigt. Zum Beispiel wird dann beim Festspannungsregler für 5 V der Strom auf 750 mA vermindert, bei dem Regler für 24 V sogar auf 150 mA. Ob danach noch die thermische Sicherung anspricht, hängt von der Kühlung des Reglerbausteins ab.
Von der Kühlung hängt auch ab, welche Höchststromstärke im Normalbetrieb entnommen werden kann.

Gehäuseformen (Masse mit Gehäuse verbunden):

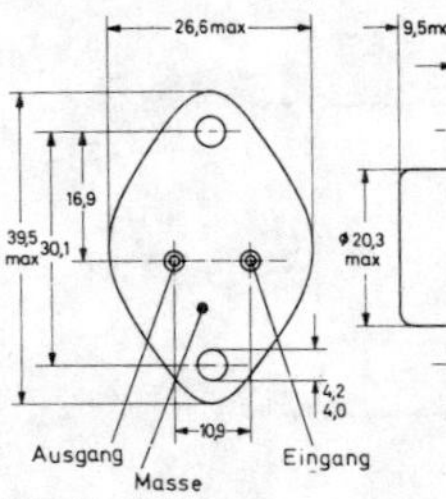

TO-3-Gehäuse

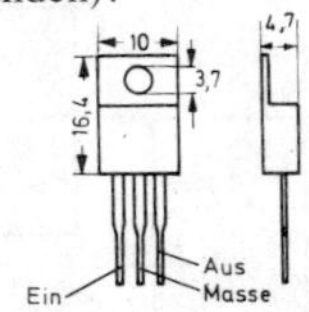

TO-220-Gehäuse

Grenzdaten:

U_E	= 35 V (40 V)	Eingangsspannung für Regler von 5 V bis 18 V (24 V)
T_j	= 15 °C	Sperrschichttemperatur
		Wärmewiderstand
R_{thSG}	= 4 K/W	System – Gehäuse TO-3
R_{thSU}	= 35 K/W	System – Umgebung TO-3
R_{thSG}	= 2 K/W	System – Gehäuse TO-220
R_{thSU}	= 50 K/W	System – Umgebung TO-220

Innenschaltung (Werkbild Siemens):

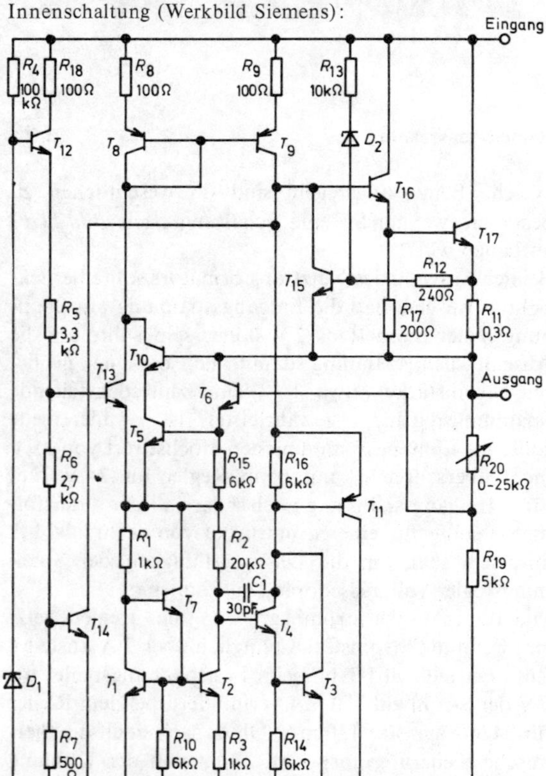

Bild 11.13: Gehäuseformen, Grenzdaten und Innenschaltung der integrierten Spannungsregler der Serie 78xx.

Ein Beispiel:

Ein Festspannungsregler vom Typ 7812 soll einen Strom bis 1 A liefern können. Am Eingang des Reglers sei eine durchschnittliche Gleichspannung von 18 V vorhanden.

Am Regler fällt dann eine Spannung von 18 V – 12 V = 6 V ab. Bei einem Strom von 1 A entsteht eine Verlustleistung von $P_v = 6\ V \cdot 1\ A = 6\ W$.

Der Wärmewiderstand des Reglers zwischen System und Umgebung wird von den Herstellern mit $R_{thSU} =$ 35 K/W angegeben. Dies gilt für den Regler im TO-3-Metallgehäuse. Bei 6 W Verlustleistung ergibt sich ein Temperaturunterschied $\Delta T = 6\ W \cdot 35\ K/W = 210\ K$ bzw. 210 Grad. Das ist zuviel! Denn die Sperrschichttemperatur des Reglersystems darf höchstens 150 °C betragen. Der thermische Überlastungsschutz wird vorher ansprechen. Wie ist es, wenn ein Fingerkühlkörper mit dem Wärmewiderstand $R_{thK} = 8\ K/W$ verwendet wird?

Der Regler besitzt zwischen Halbleitersystem und Gehäuse nur einen Wärmewiderstand $R_{thSG} = 4\ K/W$. Wenn er auf den Fingerkühlkörper geschraubt wird, erhält man einen Gesamtwärmewiderstand

$$R_{thges} = R_{thSG} + R_{thK} = 4\ K/W + 8 K/W = 12\ K/W.$$

Die Temperaturdifferenz zwischen System und Umgebungsluft ist dann $\Delta T = 6\ W \cdot 12\ K/W = 72\ K$ bzw. 72 Grad. Die Kühlung mit dem Fingerkühlkörper dürfte bei normalen Umgebungstemperaturen also ausreichen. Auch dann noch, wenn etwas mehr Strom als 1 A entnommen wird.

Doppelnetzteil mit integrierten Festspannungsreglern für ±15 V

Mit Festspannungsreglern lassen sich recht einfach Stromversorgungen für positive und negative Spannung bezogen auf ein Nullpotential aufbauen.

Bild 11.14 zeigt einen Schaltungsvorschlag, den man z.B. zur Versorgung von Schaltungen mit Operationsverstärkern verwenden kann. Das Netzteil besteht aus zwei symmetrischen, miteinander verkoppelten Stromkreisen.

Der Netztransformator besitzt auf der Sekundärseite zwei gleiche Wicklungen. Jede muß eine effektive Wechselspannung liefern können, die mindestens um 2 V größer sein soll als die zu stabilisierende Ausgangsnennspannung. Wenn eine Stromstärke bis 1 A entnommen werden soll, müssen die Sekundärwicklungen selbstverständlich mindestens diese Stromstärke oder

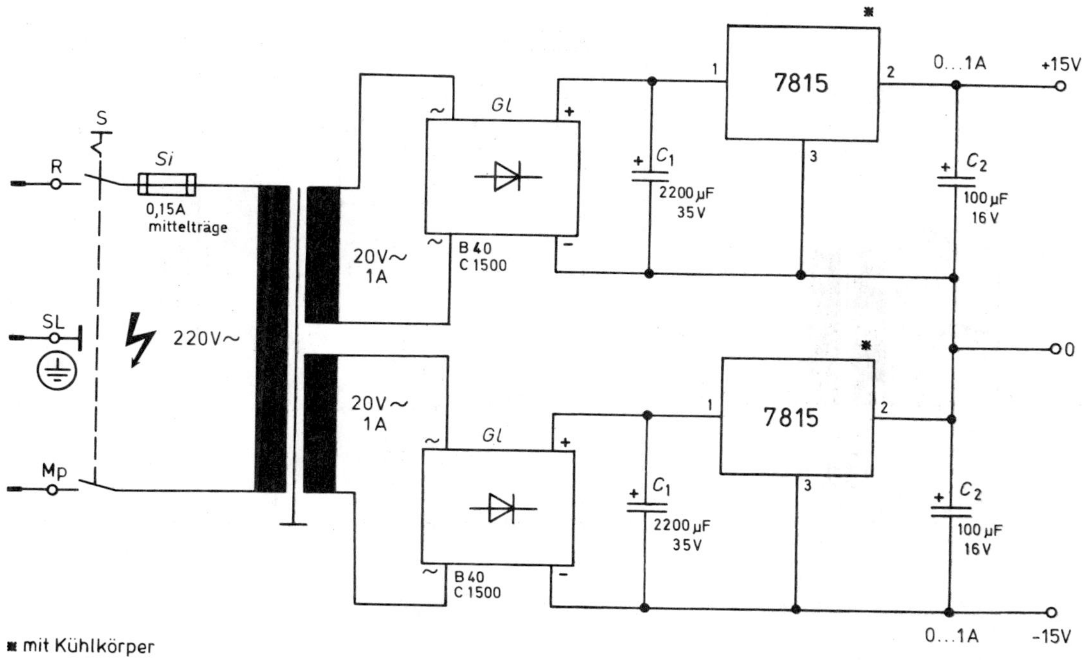

Bild 11.14: Netzgerät mit integrierten Festspannungsreglern für ±15 V/1 A; kurzschluß- und überlastungsgeschützt.

mehr liefern können. Die beiden Festspannungsregler vom Typ 7815 müssen auf Kühlkörper montiert werden, um die gewünschte Höchststromstärke von 1 A „ohne Widerspruch“ zu ertragen. Die schon erwähnten Fingerkühlkörper würden hier ausreichen.
Wenn jedoch nur eine verhältnismäßig geringe Stromstärke benötigt wird, vielleicht weniger als 0,5 A, kann das gesamte Netzteil natürlich entsprechend kleiner bemessen sein. Das gilt insbesondere für den Netztransformator und die Gleichrichter. Außerdem kommt man bei der geringeren Höchststromstärke ohne Kühlkörper für die Spannungsreglerbausteine aus.

Einstellbares Netzgerät für den Bereich 5 bis 25 V, 0 bis 1 A

Beim Experimentieren benötigt man oft eine Spannungsquelle mit einstellbarer Spannung. Die Schaltung in *Bild 11.15* ist dafür gedacht. Sie wurde aus dem Grundkonzept nach *Bild 11.10* abgeleitet. Als automatisch wirkender Vorwiderstand dient wieder eine Darlingtonschaltung aus den beiden Transistoren T_1 und T_2. Die Referenzspannung wird in dem Spannungsteiler aus R_1, R_2 und der Z-Diode ZD erzeugt. Der Kondensator C_2 in diesem Zweig ist zum Aussieben von Restwelligkeit vorgesehen.

Wie die Ausgangsspannung einstellbar gemacht wird

Die Schaltungserweiterung, mit der die Ausgangsspannung einstellbar wird, ist nicht sehr umfangreich. Sie besteht nur aus dem Transistor T_3 und dem Spannungsteiler mit dem Potentiometer R_5 und dem Widerstand R_6.
Wie funktioniert diese Einstelleinrichtung?
Der Transistor T_3 bildet in Verbindung mit der Z-Diode und dem Widerstand R_3 einen einstellbaren Spannungsteiler, der über T_2 zur Ansteuerung von T_1 dient. In Abhängigkeit von der Potentiometereinstellung R_5 kann der Widerstand des Transistors T_3 verändert werden, so daß an ihm eine mehr oder weniger große Spannung abfällt. Wird der Widerstand von T_3 z.B. vergrößert, so bedeutet dies eine Erhöhung der Steuerspannung an T_2 und folglich ein „Aufsteuern“

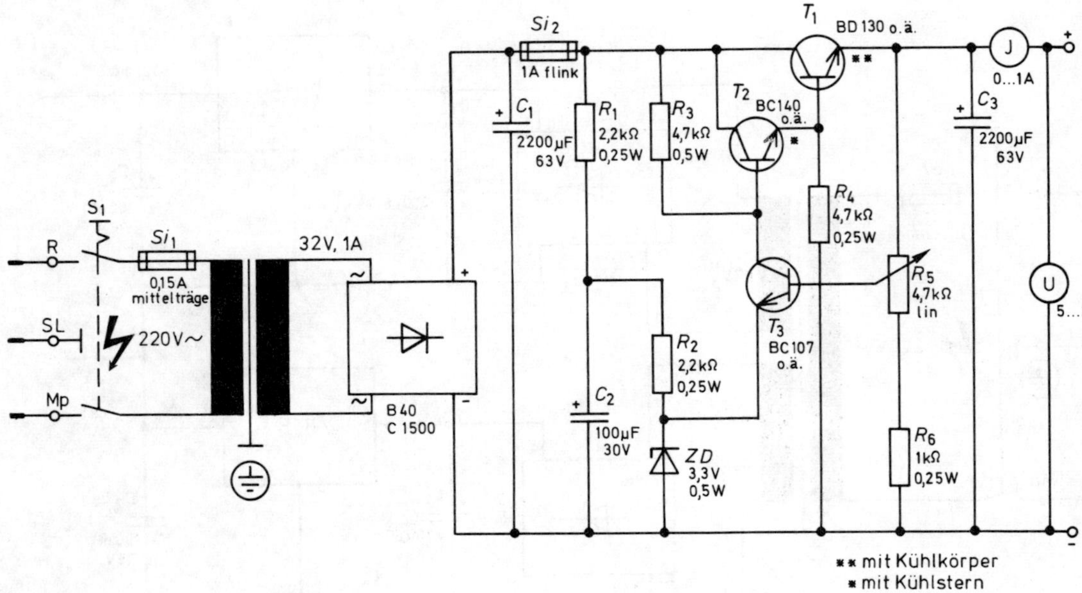

Bild 11.15: Einstellbares Netzgerät für den Bereich 5 bis 25 V, 0 bis 1 A.

des Transistors T_1. Das heißt, der „Vorwiderstand T_1" wird kleiner, er läßt mehr Strom fließen. An den Ausgangsklemmen wird, wie beabsichtigt, die Lastspannung erhöht.

Ein ähnlicher Wirkungsablauf vollzieht sich auch, wenn eine Erhöhung der Belastung auftritt. Dann regelt die Schaltung von selbst eine mögliche Änderung der Ausgangsspannung weitgehend wieder aus.

Wenn Sie sich noch näher mit den Wirkungsabläufen in der Schaltung befassen wollen, ist es nützlich, die Spannungsverhältnisse an einigen wichtigen Punkten zu betrachten.

Angenommen, es sei eine Ausgangsspannung von 6 V eingestellt. Dann werden Sie folgende Spannungen ermitteln können:

An der Z-Diode werden Sie die Referenzspannung 3,3 V messen und zwischen der Basis des Transistors T_3 am Potentiometerabgriff und dem Minuspotential der Schaltung etwa 3,9 V. Die beiden Spannungen unterscheiden sich um 0,6 V. Dieser Spannungswert ist zum Ansteuern des Transistors T_3 als dessen Basis-Emitter-Spannung erforderlich.

Weiter läßt sich zwischen dem Kollektor von T_3, der unmittelbar mit der Basis von T_2 verbunden ist, und dem Minuspotential der Schaltung eine Spannung von ungefähr 7,5 V feststellen. Diese Spannung ist also um etwa 1,5 V größer als die eingestellte Ausgangsspannung von 6 V. Das muß so sein, denn diese zwischen der Basis von T_2 und dem Emitter von T_1 liegende Spannungsdifferenz von 1,5 V wird als Basis-Emitter-Spannung zur Ansteuerung der Darlingtonschaltung benötigt.

Wie sieht es aus, wenn eine andere Ausgangsspannung eingestellt wird?

Wenn Sie das Potentiometer R_5 so verstellen, daß sich eine Ausgangsspannung von 12 V ergibt, dann messen sie folgende veränderte Spannungen:

Die Spannung zwischen der Basis von T_3 und dem Minuspotential hat sich trotz der relativ großen Potentiometerverstellung nur um Bruchteile eines Volts verkleinert. Das reicht aber aus, um den Kollektor-Emitter-Widerstand von T_3 wesentlich zu erhöhen, so daß an ihm nun eine größere Spannung abfällt. Zwischen seinem Kollektor und dem Minuspotential mißt man eine Spannung, die etwa um 1,5 V höher ist als die Ausgangsspannung an den Klemmen, also 13,5 V. Auch jetzt ist dieser Spannungsunterschied von etwa 1,5 V als Spannung zum Aufsteuern von T_2 und T_1 erforderlich.

Wenn die Ausgangsspannung auf höhere Werte eingestellt werden soll, muß der Potentiometerabgriff weiter zum Minuspotential hin verstellt werden. Der Widerstand R_6 begrenzt diese Einstellmöglichkeit. Würde er fehlen, könnte zwar noch eine höhere Ausgangsspannung als 25 V eingestellt werden, aber die Glättungs- und Stabilisierungswirkung ließe zu höheren Werten hin immer mehr nach.

Kühlmaßnahmen

Ein Hinweis noch zur Kühlung des Stelltransistors T_1. Die ungünstigsten Verhältnisse bestehen für ihn dann, wenn die niedrigste Ausgangsspannung (5 V) eingestellt ist und der Höchststrom (1 A) fließt. Dann hat der Transistor T_1 einen Spannungsabfall von etwa 25 V aufzunehmen und es entsteht eine Verlustleistung von 25 W. Zur Kühlung würde der in den vorangegangenen Abschnitten erwähnte Fingerkühlkörper nicht mehr ausreichen. Man muß einen größeren Kühlkörper verwenden. Zu empfehlen ist ein Rippenkühlkörper mit einem Wärmeableitwiderstand gleich oder kleiner als 4 K/W. Auch hier gilt wieder: Im Zweifelsfall die bessere Kühlung verwenden. Denken Sie auch an eine günstige Plazierung des Kühlkörpers, damit die Wärmeabfuhr in die Umgebungsluft nicht behindert wird.
Der Transistor T_2 wird weniger beansprucht, für ihn genügt noch ein aufgesteckter Kühlstern.

Höherer Komfort durch Einbaumeßgeräte

Den Spannungsmesser und den Strommesser in der Schaltung kann man als Komfortausstattung ansehen, weil sie im Verhältnis zu den übrigen Bauelementen teuer sind. Aber bei Experimenten ist es oft angenehm, Betriebsspannung und Betriebsstrom ständig überprüfen zu können.
Der Strommesser sollte einen möglichst niedrigen Innenwiderstand besitzen, um nicht zuviel zusätzlichen Spannungsabfall zu verursachen.

Einstellbares Netzgerät mit elektronischer Abschaltsicherung bei Überlastung

Den sichersten Schutz für die Halbleiterbauelemente eines Netzgerätes und für die angeschlossene Last bei Überstrom oder gar Kurzschluß liefern elektronische Abschaltsicherungen, weil sie schnell ansprechen können.
Bild 11.16 enthält einen Schaltungsvorschlag für eine solche Sicherung. Sie ist in die Netzgerät-Schaltung eingefügt worden, die im vorigen Abschnitt erläutert wurde.

Eine elektronische Abschaltsicherung mit Thyristor

Zuerst allgemeine Funktionsmerkmale der Sicherung.
Die „elektronische Sicherung" spricht an und unterbricht den Laststromkreis, wenn der Strom einen bestimmten eingestellten Wert überschreitet. Im vorliegenden Schaltungsvorschlag sind mit einem Schalter (S_2) zwei verschiedene Ansprechwerte wählbar, 1 A oder 0,1 A.
Der erste Stromwert läßt die Ausnutzung der Gesamtleistung des Netzgerätes zu. Der zweite, kleinere Wert ist zum Schutz schwächerer Lasten gedacht.
Eine Leuchtdiode zeigt das Ansprechen der Sicherung an. Ist die Ursache des Überstroms behoben, kann die Schaltung mit einem Taster (S_3) wieder in den Bereitschaftszustand zurückversetzt werden. Besteht der Fehler noch, gelingt das Rückstellen selbstverständlich nicht.
Nun zu den Details: Der Laststrom wird durch einen zur Sicherungsschaltung gehörenden niederohmigen Widerstand geleitet (R_9 oder $R_9 + R_8$), wo er je nach Stromstärke einen Spannungsabfall erzeugt. Wenn dieser Spannungsabfall einen bestimmten Wert erreicht, wird ein Kleinthyristor durchgeschaltet. Dieser leitet den Steuerstrom vom „Stellglied" des Netzgerätes ab, so daß dieses den Laststromkreis unterbricht. Mit anderen Worten: Die Basis des Transistors T_2 wird über die Diode D und den durchgeschalteten Thyristor an das Minuspotential der Schaltung gelegt, so daß der Stelltransistor T_1 sperrt. Gleichzeitig schließt der Thyristor den Stromkreis für die Leuchtdiode LED, die nun aufleuchtet.
Wenn die Auslöseursache behoben ist, wenn also kein Überstrom mehr fließt, läßt sich der Thyristor mit dem Taster S_3 wieder in den Sperrzustand versetzen. Mit S_3 wird der Strom am Thyristor vorbeigeleitet, so daß sich dessen Sperrschicht wieder aufbauen kann.
Das *RC*-Glied (R_{12}, C_4) soll Überspannimpulse aufnehmen, die beim Öffnen des Tasters T_3 durch Schaltungsinduktivitäten verursacht werden können. Sonst könnte der Thyristor erneut in den Durchlaßzustand schalten.
Sollte die Auslöseursache noch wirken und am Widerstand R_9 immer noch ein großer Spannungsabfall auftreten, der zum Ansteuern des Thyristors ausreicht, so bleibt dieser auch durchgesteuert und der Laststromkreis weiter gesperrt.
Die Ansprechschwelle für die elektronische Sicherung

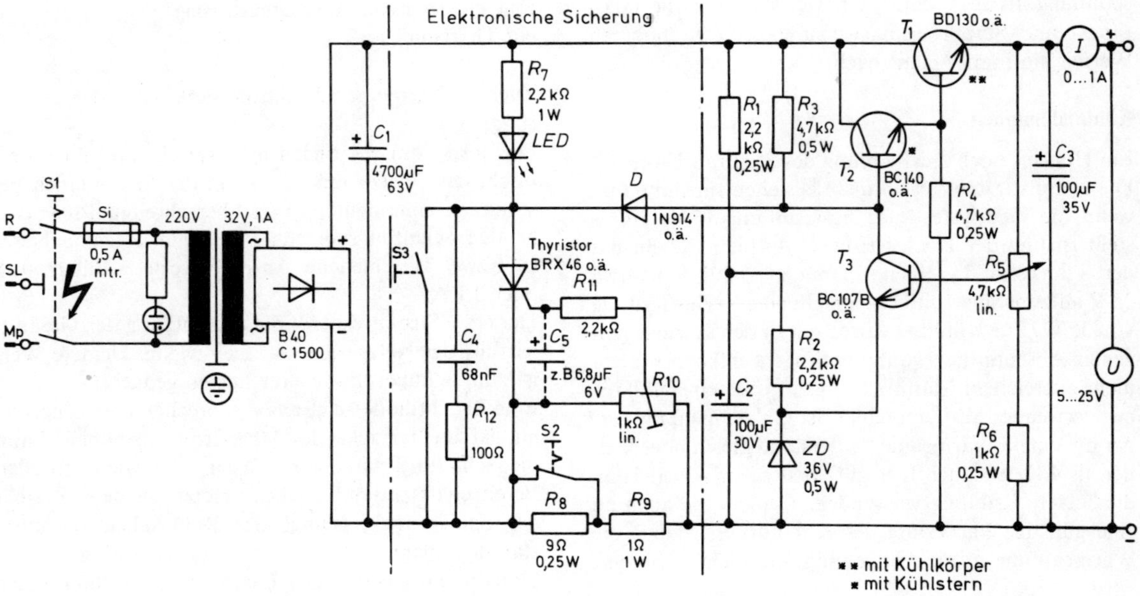

Bild 11.16: Einstellbares Netzgerät für den Bereich 5 bis 25 V, 0 bis 1 A mit elektronischer Abschaltsicherung bei Überstrom. Das Ansprechen der Sicherung wird durch die Leuchtdiode LED angezeigt. Das Zurückschalten der Sicherung in den Bereitschaftszustand kann mit der Schalttaste S_3 erfolgen, falls die Überstromursache beseitigt wurde. Mit Schalter S_2 lassen sich die Sicherungsansprechwerte 1 A oder 0,1 A einstellen.

ist in zwei Stufen durch Einschalten verschiedener „Fühlerwiderstände" (R_9 und R_8) wählbar. Liegt nur der Widerstand R_9 mit dem Wert 1 Ω im Laststromkreis, so wird der Thyristor erst bei einem relativ großen Laststrom durchgeschaltet. Die Feineinstellung der Ansprechschwelle erfolgt mit dem Trimmpotentiometer R_{10}. Der Kleinthyristor schaltet bei einer Steuerspannung von etwa 0,7 V zwischen Steueranschluß und Kathode. Wenn die Sicherung genau dann ansprechen soll, wenn ein Laststrom von 1 A auftritt und am Widerstand R_9 ein Spannungsabfall von 1 V entsteht, muß also am Trimmerpotentiometer die Steuerspannung von 0,7 V eingestellt sein.

Die zehnfach niedrigere Ansprechschwelle läßt sich einstellen, wenn der Schalter S_2 geöffnet wird. Dadurch wird zusätzlich der Widerstand R_8 wirksam. Zusammen mit R_9 bildet er den Widerstand 10 Ω. Der Spannungsabfall an diesem größeren „Fühlerwiderstand" erreicht schon bei einem zehnmal geringeren Strom den zum Durchschalten des Thyristors erforderlichen Wert.

Das äußerst flinke Ansprechen einer elektronischen Sicherung wirft manchmal Probleme auf. So kann es z.B. sein, daß eine elektronische 1-A-Sicherung stets auslöst, wenn man nur ein 0,2-A-Lämpchen anschließen will.

Warum? Im kalten Zustand besitzt der Glühfaden der Lampe einen bis zu 10fach kleineren Widerstand als im Leuchtzustand. Das heißt, im Einschaltmoment fließt durch die Lampe ein Strom, der sogar größer ist als 1 A.

Wenn die elektronische Thyristor-Sicherung im Netzgerät in so einem Fall nicht ansprechen soll, muß sie träger arbeiten. Man kann dies durch einen Kondensator (C_5) erreichen, den man zwischen den Steueranschluß und die Kathode des Thyristors schaltet. Dann spricht der Thyristor erst an, wenn sich der Kondensator genügend aufgeladen hat. C_5 und R_{11} bilden ein Verzögerungsglied, von dessen Werten die Verzögerungszeit der Sicherung abhängt.

12. Spezielle Bausteine; spezielle Schaltungen

In diesem Abschnitt schildern wir einige Experimente und Schaltungen mit elektronischen Bauelementen, die Sonderfunktionen erfüllen. Teils arbeiten diese Bausteine digital, teils analog, teils lassen sich diese Bezeichnungen gar nicht eindeutig anwenden. Es handelt sich um ICs, die für spezielle Anwendungen entworfen wurden oder um diskrete Halbleiterbauelemente, die ganz andere Funktionen als ein Transistor ausführen können.

Thyristoren als kontaktlose Gleich- und Wechselstromschalter

Anhand einiger einfacher Anwendungsschaltungen wird im folgenden die grundsätzliche Wirkungsweise des Thyristors dargestellt. Der Thyristor wird vorwiegend als kontaktloser, verschleißfreier Schalter sowohl in Gleich- als auch in Wechselstromkreisen verwendet.

Thyristor ersetzt Selbsthalterelais

Wenn eine elektrische Einrichtung nicht durch Kippschalter, sondern durch einfache Taster ein- und ausgeschaltet werden soll, muß der Schaltbefehl gespeichert werden.
Eine bekannte Lösung dieser Aufgabenstellung stellt das Relais in Selbsthalteschaltung dar *(Bild 12.1)*. Die Arbeitsweise dieser Schaltung sei mit der Funktion des Thyristors verglichen.

Mit dem Taster T_{ein} wird der Relais- und Laststromkreis geschlossen. Das Relais A zieht an und schließt seinen Kontakt a, über den nun der Strom fließen kann, auch wenn der Taster T_{ein} nicht mehr betätigt wird. Man sagt: „Das Relais hält sich selbst."
Zum Ausschalten des Stromes muß der Taster T_{aus} betätigt werden. Mit ihm wird der Stromkreis unterbrochen, so daß das Relais in den Ruhezustand zurückfällt. Auch nach dem Loslassen des Tasters T_{aus} bleibt die Schaltung stromlos. Ein erneutes Einschalten kann nur mittels T_{ein} erfolgen.
Der Thyristor besitzt die Anschlüsse Anode A, Kathode K und den Gitteranschluß G (auch als Tor oder engl.: „Gate" bezeichnet). Mit den Anschlüssen Anode und Kathode wird der Thyristor wie eine Diode in den Stromkreis geschaltet. Allerdings sperrt er im Gegensatz zur Diode auch in Durchlaßrichtung, solange er nicht über den Gitteranschluß G angesteuert wird, wobei der Anschluß G gegenüber der Kathode positiv gepolt werden muß. In der Schaltung nach *Bild 12.2* kann der Steueranschluß G über einen Strombegrenzungswiderstand *R* und den Taster T_{ein} mit dem Pluspol der Betriebsspannungsquelle verbunden werden.
Bemerkenswert ist, daß der Thyristor durch einen kurzen Stromstoß angesteuert werden kann und im Durchlaßzustand verbleibt, auch wenn der Steuerstrom abgeschaltet wird. Daraus folgt für die Thyristorschaltung in *Bild 12.2* ein „Selbsthalteeffekt" wie bei der vorher beschriebenen Relaisschaltung nach *Bild 12.1*.

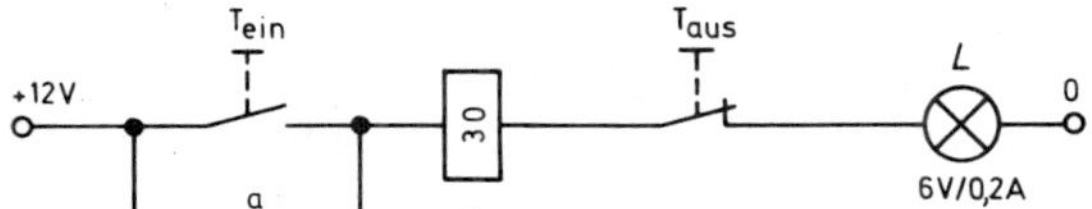

Bild 12.1: Relais in Selbsthalteschaltung.

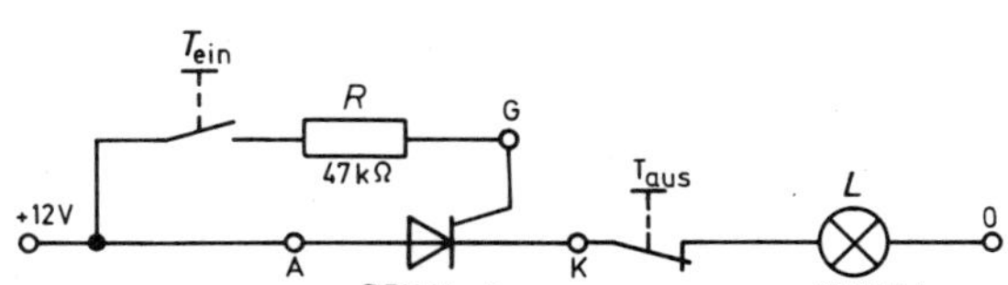

Bild 12.2: Thyristorschaltung mit Selbsthalteeffekt.

Der Thyristor sperrt erst wieder, wenn der Hauptstrom unterbrochen wird. Dazu muß in der Schaltung nach *Bild 12.2* der Taster T_{aus} wenigstens kurzzeitig betätigt werden.
Im Vergleich mit dem Relais schneidet der Thyristor im vorgegebenen Anwendungsfall recht günstig ab. Er schaltet kontaktlos und praktisch verzögerungsfrei, besitzt einen geringen Durchlaßwiderstand, ist platzsparend und erzeugt keine störende Abschaltspannung.

Thyristor-Kenndaten

Die wichtigsten Kenngrößen und Kennwerte, die der anwendungsinteressierte Elektroniker beim Einsatz eines Thyristors zu berücksichtigen hat, seien hier am Beispiel eines Kleinthyristors angeführt, der übrigens äußerlich wie ein Transistor im Plastik-Gehäuse aussieht:

Kleinthyristor BRX 44	
$U_{RM} = 30$ V	Spitzensperrspannung in beiden Richtungen zwischen Anode A und Kathode K
$I_{TA} = 0{,}4$ A	Dauergrenzstrom bei einer Umgebungstemperatur von 25 °C
$U_T < 1{,}7$ V	Durchlaßspannung bei 1 A Der Thyristor besitzt in Durchlaßrichtung einen gewissen Widerstand, an dem eine Spannung abfällt
$I_H < 5$ mA	Haltestrom Wenn diese Durchlaßstromstärke unterschritten wird, fällt der Thyristor in den Sperrzustand zurück
$U_{GT} < 0{,}9$ V	Steuerspannung zwischen Gitteranschluß G und Kathode K
$I_{GT} < 0{,}2$ mA	Steuerstrom

Selbstverständlich gibt es auch Thyristoren, die viel größere Ströme schalten und viel höhere Spannungen sperren können als der vorgestellte Kleinthyristor. In der Energieelektronik werden sogar Thyristoren mit Wasserkühlung verwendet und die bis zu 1000 A schalten können.

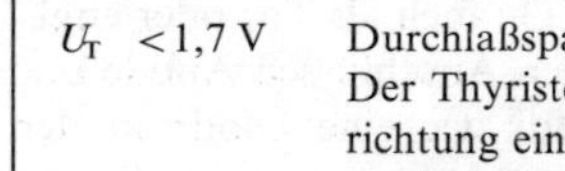

Bild 12.3: Anschlußbild des Kleinthyristors BRX44 im TO-92-Kunststoffgehäuse.

Thyristor als prellfreier Schalter

Wenn ein mechanischer Kontakt geschlossen wird, entstehen meist Kontaktprellbewegungen: der Kontakt schließt und öffnet während des Einschaltvorgangs mehrmals schnell hintereinander, ehe er zur Ruhe kommt. Das hat beim Schalten einer Lampe keine Bedeutung. Beim Schalten schneller elektronischer Einrichtungen jedoch, z.B. bei elektronischen Zählern, können sich durch das Kontaktprellen Fehler einstellen. Es werden mehr Schaltimpulse registriert, als absichtlich gegeben werden sollten.
Der Thyristor bietet durch seine besondere Wirkungsweise die Möglichkeit, Störungen durch das Prellen mechanischer Kontakte auszuschließen. Wie er dabei wirkt, läßt sich anhand der schon in *Bild 12.2* beschriebenen Schaltung erläutern:
Wenn T_{ein} geschlossen wird, wird der Thyristor mit dem ersten Steuerstromstoß eingeschaltet und bleibt es auch, gleichgültig, ob der Steuerstrom gleich wieder abgeschaltet wird oder noch mehrmals hintereinander auftritt. In *Bild 12.4* ist der Einschaltvorgang mit Hilfe von Funktionsdiagrammen veranschaulicht.

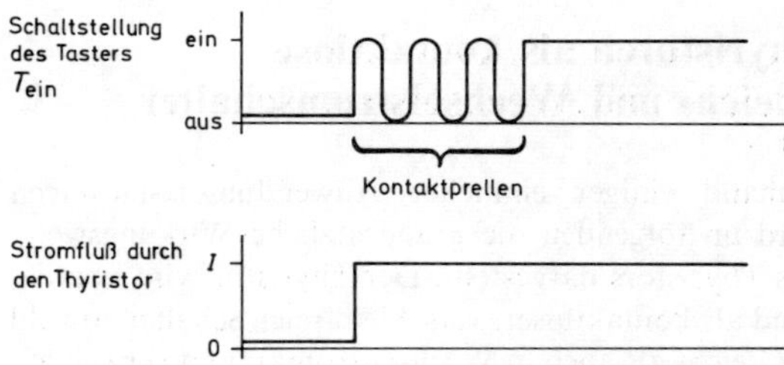

Bild 12.4: Der Thyristor schließt Schaltfehler durch das Prellen mechanischer Kontakte aus.

Aber auch beim Abschalten wirkt sich das Prellen des Abschaltkontaktes nicht aus, weil der Thyristor schon bei der ersten Unterbrechung des Hauptstromes in den stabilen Sperrzustand fällt.

Eine Gurtalarmschaltung mit Thyristor

Sicherheitsgurte helfen Leben retten. Trotzdem legen sehr viele Autofahrer ihren Gurt nicht an, sei es aus Vergeßlichkeit, sei es aus anderen Motiven. Für vergeßliche Autofahrer ist diese Schaltung entwickelt worden.
Die aufgebaute Schaltung *(Bild 12.5)* kann man entweder direkt in das Armaturenbrett einbauen oder mit

Bild 12.5: Schaltungsplatine für die Schaltung „Gurtalarm".

einem Gehäuse versehen und an irgendeiner gut zugänglichen Stelle im Wagen (Mittelkonsole) befestigen. Die Schaltung wird über das Bordnetz des Autos mit Spannung versorgt. Der Plusanschluß der Schaltung wird mit einem vom Zündschloß gesteuerten Kontakt im Sicherungskasten verbunden und zwar nach der Sicherung. Der Minusanschluß der Schaltung wird mit der Masse (in der Regel ist das die Karosserie des Wagens) verbunden.

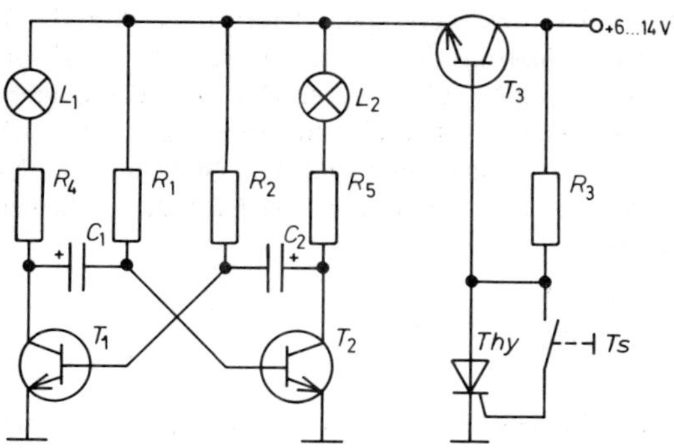

R_1, R_2 = 6,8 kΩ
R_3 = 680 Ω
R_4, R_5 = 56 Ω
C_1, C_2 = 100 μF
T_1, T_2, T_3 = 2N1613, 2N1711, FRB872
Thy. = Thyristor BRY 55/400, BRX 47
2 Lämpchen 6 V/0,1 A

Bild 12.6: Schaltzeichnung für die Schaltung „Gurtalarm".

Die Schaltung nach *Bild 12.6* enthält einen Multivibrator (T_1, T_2), der die Lampen L_1 und L_2 abwechselnd aufleuchten läßt, sobald über T_3 die Betriebsspannung (6 bis 14 V) durchgeschaltet ist. Zwischen der Basis von T_3 und Masse ist ein Thyristor geschaltet, der über den Taster T_s und den Widerstand R_3 angesteuert wird. Dieser Thyristor arbeitet hier als Speicherglied in Selbsthalteschaltung.

Wenn an diese Schaltung bei offenem Taster die Betriebsspannung angelegt wird, ist der Thyristor zunächst gesperrt, und T_3 erhält über R_3 Basisstrom. T_3 wird also leitend, und der Multivibrator beginnt zu arbeiten: die Lampen L_1 und L_2 blinken abwechselnd auf. Sobald T_s betätigt wird, geht der Thyristor in den leitenden Zustand über und legt Massepotential an die Basis von T_3. Die Multivibratorschaltung erhält dann keinen Betriebsstrom mehr, und das Blinken hört auf. Durch die Schaltung fließt jetzt nur noch der

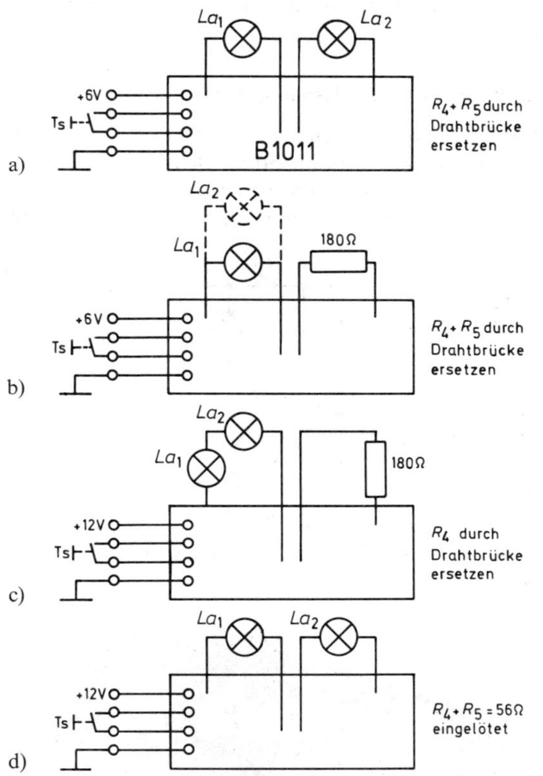

Bild 12.7: Variationen in der Anordnung der Lampen in der Schaltung nach Bild 12.6.

a) Beide Lampen blinken wechselweise;
b) L_1 blinkt alleine oder L_1 *und* L_2 blinken gemeinsam, sie sind parallel geschaltet;
c) L_1 *und* L_2 blinken gemeinsam, sie sind in Reihe geschaltet;
d) beide Lampen blinken wechselweise, die 56-Ω-Widerstände sind erforderlich, da 6-V-Lämpchen verwendet werden.

durch R_3 bestimmte Strom, der den Thyristor offenhalten soll.

Man wird also nach dem Einschalten der Zündung solange an die Sicherheitsgurte erinnert, bis man den Taster drückt und den Multivibrator ausschaltet. Für ganz notorische Sicherheitsgurtverächter ist es vielleicht nützlich, über den Lämpchen ein Transparentschild mit der Aufschrift „Gurte" zu befestigen. Als Material schlagen wir beschriftetes Glas oder beschrifteten Kunststoff vor.

Bild 12.7 zeigt noch einige Variationen in der Anordnung der Lampen.

Wenn der Multivibrator nur eine Blinklampe schalten soll, etwa L_1, dann muß L_2 durch einen Widerstand von 180 Ohm ersetzt werden, weil sonst T_2 nicht arbeiten kann.

Thyristor als Wechselstromschalter

Auch im Wechselstromkreis lassen sich Thyristoren als kontaktlose, verschleißfreie Schalter verwenden. *Bild 12.8* zeigt eine Thyristorschaltung, die als Wechselstromschalter überall dort eingesetzt werden kann,

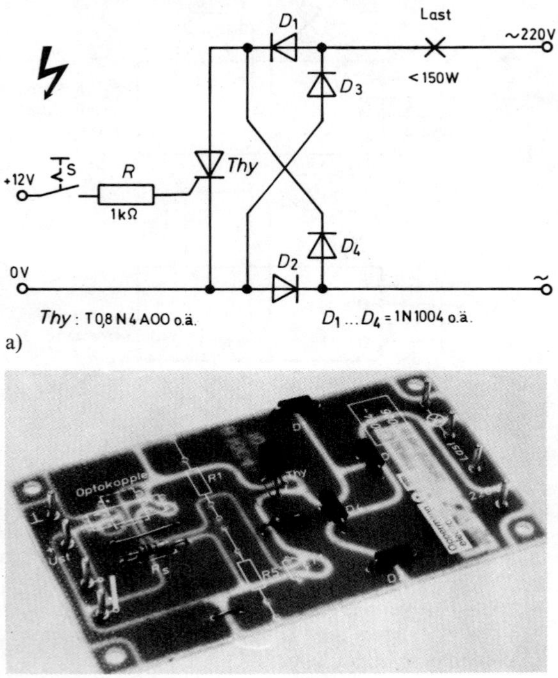

a)

b)

Bild 12.8: Thyristor als gleichspannungsgesteuerter Wechselstromschalter.
a) Schaltung, b) Versuchsaufbau auf Mehrzweckplatine

wo mit einer Steuerschaltung, die mit niedriger Gleichspannung betrieben wird, netzabhängige Lasten zu schalten sind. Solche und ähnliche, kontaktlose, gleichspannungsgesteuerte Wechselstrom-Schaltstufen finden bei Lichtsteuerungen, Heizungsregelungen oder Motorsteuerungen häufig Verwendung.

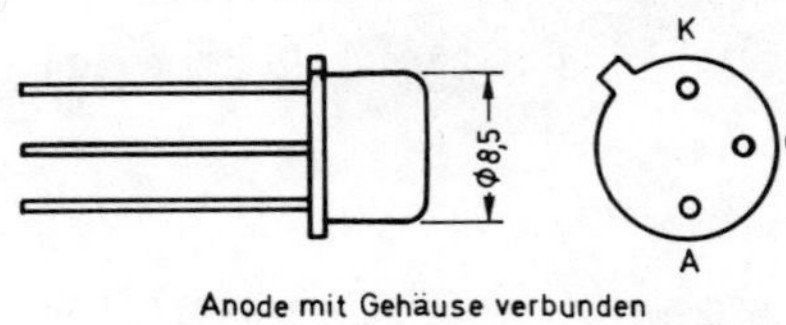

Bild 12.9: Anschlußbild des Thyristors T 0,8 N 4 A 00 im Metallgehäuse TO-39.

Die Schaltung in *Bild 12.8* zeigt einen Thyristor zusammen mit einer gewöhnlichen Gleichrichter-Brückenschaltung. Der Laststromkreis ist ein Wechselstromkreis. Die Gleichrichterbrücke ermöglicht die Ausnutzung aller Halbwellen des Wechselstromes. Es können preiswerte Halbleiter-Dioden verwendet werden; sie müssen nur die gleiche Stromstärke und die gleiche Spitzensperrspannung wie der Thyristor vertragen können. Die Ansteuerung des Thyristors erfolgt durch einen Gleichstrom, der bei dem gewählten Thyristortyp nicht ganz 10 mA sein soll. Der Wert des Begrenzungswiderstandes R am Steueranschluß richtet sich nach der Steuerspannung und dem Steuerstrom. Für das Beispiel wurde er angenähert nach der einfachen Rechnung

$$R = \frac{U_G}{I_G} = \frac{12\,V}{10\,mA} \approx 1\,k\Omega$$

ermittelt.

Vielleicht haben Sie ein Thyristorexemplar, das mit einem geringeren Steuerstrom auskommt? Dann kann der Begrenzungswiderstand bei gleicher Steuerspannung entsprechend größer sein. Exemplarstreuungen gibt es immer. Die Hersteller geben Werte an, die mit Sicherheit das einwandfreie Funktionieren des Bauelements gewährleisten. Prüfen Sie nach!

Achtung! Netzspannung!

Bevor Sie aber an das Ausprobieren gehen, denken Sie daran, daß sie die Schaltung an Netzspannung anschließen werden! Beachten Sie alle erforderlichen Sicherheitsmaßnahmen! Schließen Sie die Schaltung erst dann an das Netz an, wenn Sie sie komplett und berührungssicher aufgebaut haben!

Nullspannungsschalter mit Thyristor

Was ist ein Nullspannungsschalter? Es ist ein Wechselstromschalter, der nach einem Einschaltbefehl dann in den Durchlaßzustand schaltet, wenn der Wechselstrom gerade den Wert Null einnimmt.
Welchen Vorteil hat dieses Schaltverhalten? Da der Nullspannungsschalter nur einschaltet, wenn kein Strom fließt, werden Funkstörungen vermieden, die sonst beim Schalten eines stärkeren Stromes auftreten können.
Das Knacken im Rundfunkgerät und die Störzacken im Fernsehbild beim Schalten von Wechselstromgeräten mit mechanischen Schaltern sind allgemein bekannte Störungen, die durch Schaltstromstöße verursacht werden.

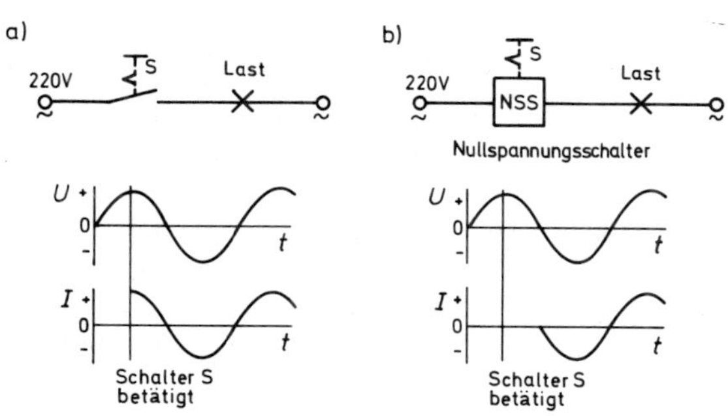

Bild 12.10: Zur grundsätzlichen Wirkungsweise eines Nullspannungsschalters:
a) Einschalten des Stromes bei zufällig hoher Wechselspannung;
b) Einschalten des Stromes im „Nulldurchgang" der Wechselspannung.

In *Bild 12.10* ist das Problem veranschaulicht:
Der mechanische Kontakt schließt zufällig gerade in einem Augenblick, in dem die Wechselspannung einen Höchstwert erreicht hat. Demzufolge fließt sofort der Höchststrom.
Der zunächst nur schematisch dargestellte Nullspannungsschalter hingegen schließt den Stromkreis nach dem Auslösen in einem Augenblick, in dem die Wechselspannung null ist. Danach erst beginnt der Stromfluß entsprechend der sinusförmig ansteigenden Spannung.

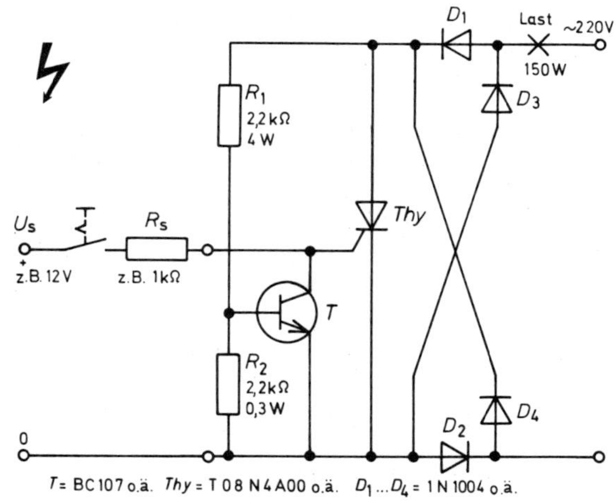

Bild 12.11: Schaltungsvorschlag für einen einfachen Nullspannungsschalter mit Thyristor.

Die in *Bild 12.11* vorgestellte Version eines Nullspannungschalters stellt eine Erweiterung der Thyristorschaltung nach *Bild 12.8* dar. Zum Thyristor und zur Gleichrichterbrücke kommt noch eine Transistorstufe hinzu. Der Transistor bewirkt, daß der Thyristor nur bei einem Nulldurchgang der Wechselspannung durchgesteuert werden kann. Diese Wirkung erklärt sich folgendermaßen:
Der Transistor ist während einer jeden Halbwelle durchgesteuert, weil er dann über den Spannungsteiler, bestehend aus R_1 und R_2, eine Steuerspannung von der Anode des gesperrten Thyristors her bekommt. Der Transistor legt mit seiner durchlässigen Kollektor-Emitter-Strecke den Gitteranschluß des Thyristors auf das Potential der Kathode. Der Thyristor ist also gesperrt. Sollte während einer Halbwelle der Wechselspannung der Schalter S geschlossen werden, so fließt der für den Thyristor gedachte Steuerstrom zunächst über den durchgeschalteten Transistor zur Kathode ab; der Thyristor bleibt im Sperrzustand. Sobald aber die Wechselspannung am Ende einer Halbwelle klein wird, sperrt der Transistor. Nun kann der Steuerstrom über das Gitter des Thyristors fließen, der damit für die nächste ansteigende Stromhalbwelle durchgeschaltet wird. Der Vorgang wiederholt sich bei jeder Halbwelle, solange über den Schalter S ein Steuerstrom fließen kann.

Optokoppler – er trennt galvanisch und verbindet durch Licht

Wie kann man zwei unterschiedliche Stromkreise galvanisch voneinander getrennt halten und trotzdem Signale übertragen? In vielen Fällen werden Transformatoren verwendet. Sie halten Stromkreise für Gleichstrom getrennt und übertragen nur Spannungswechsel als Signale. Koppelndes Medium ist hierbei ein Magnetfeld.

Seit einiger Zeit gibt es ein Koppelelement, das Stromkreise elektrisch voneinander isoliert hält, sie bezüglich der Signalübertragung aber verbindet. Als übertragendes Medium dient Licht.

Der sogenannte Optokoppler enthält in einem Gehäuse in enger Nachbarschaft eine Leuchtdiode und einen Fototransistor. Wird die Leuchtdiode durch einen ausreichenden Strom zum Leuchten gebracht, so wird der benachbarte, isolierte Fototransistor in den Durchlaßzustand versetzt.

Bild 12.12 zeigt ein prinzipielles Anwendungsbeispiel für einen Optokoppler. Hier dient der Optokoppler zur Potentialtrennung. Er ist zwischen einen mit Niederspannung betriebenen Steuerstromkreis und einen netzgebundenen Laststromkreis geschaltet.

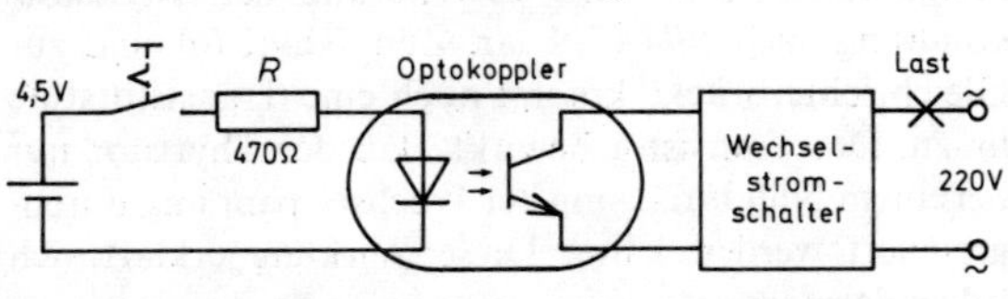

Bild 12.12: Prinzipielles Anwendungsbeispiel für ein optoelektronisches Koppelelement.

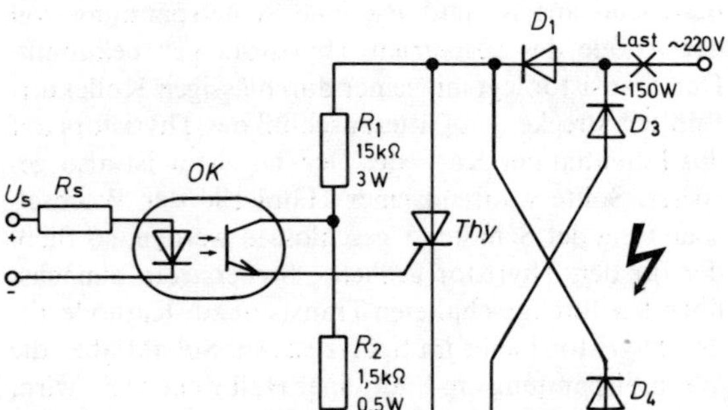

Bild 12.13: Optokoppler als Koppelelement zwischen Niederspannungs-Steuerkreis und Netzspannungs-Laststromkreis.

Bild 12.13 zeigt die Einzelheiten der Schaltungsauslegung. Auf der Steuerseite erhält die Leuchtdiode des Optokopplers über einen Strombegrenzungswiderstand den Steuerstrom. Auf der Laststromkreisseite dient der Fototransistor als Schalter für den Gitterstrom eines Thyristors, der als Wechselstromschalter arbeiten soll.

Der aus den Widerständen R_1 und R_2 bestehende Spannungsteiler ist so bemessen, daß der Thyristor bei jedem periodischen Spannungsanstieg über R_1 einen ausreichenden Steuerstrom erhält. R_2 hat vor allem die Aufgabe, die Spannung am gesperrten Fototransistor auf einen zulässigen Wert zu begrenzen, damit er nicht durchschlagen wird.

Welche Anforderungen an einen Optokoppler gestellt werden können, sollen die folgenden Angaben für ein typisches Beispiel zeigen:

Optokoppler CNY 17

$U_{is} = 4000$ V	Isolationsprüfung zwischen Leuchtdiode (Sender) und Fototransistor (Empfänger)
$\frac{I_C}{I_F} = 40 \ldots 320\,\%$	Stromübertragungsverhältnis zwischen Kollektorstrom des Empfängers und Diodenstrom des Senders, je nach Exemplargruppe
Sender:	GaAs-Lumineszenzdiode
$I_F = 60$ mA	Maximaler Durchlaßstrom
$U_F = 1{,}25$ V	Durchlaßspannung bei $I_F = 60$ mA
$U_R = 3$ V	Sperrspannung
Empfänger:	Si-Fototransistor
$U_{CEO} = 70$ V	Maximale Kollektor-Ermitter-Sperrspannung
$I_C = 100$ mA	Maximaler Kollektorstrom
$U_{CEsat} = 0{,}3$ V	Kollektor-Sättigungsspannung bei $I_C = 2{,}5$ mA und $I_F = 10$ mA

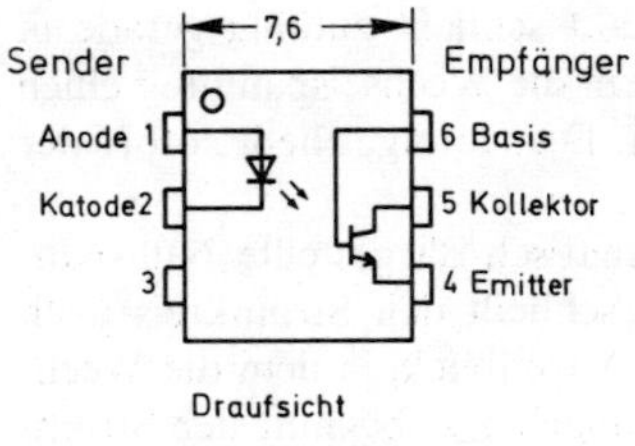

Bild 12.14: Anschlußbild der Optokoppler CNY17 oder TIL 111 o.ä. im DIL-Kunststoffgehäuse.

Vielseitig verwendbare Zeitgeber-schaltungen mit der integrierten Schaltung „555“

Zeitgeberschaltungen dienen zum verzögerten Ein- oder Ausschalten von Einrichtungen. Hier sollen Schaltungsvarianten beschrieben werden, die als wesentliches Bauelement eine integrierte Zeitgeberschaltung, den „Timer 555“, enthalten, die von verschiedenen Herstellern gefertigt wird. Die Verwendung des IS-Bausteins verringert den Schaltungsaufwand erheblich gegenüber gleichwertigen Schaltungen, die in diskreter Technik, also nur mit Einzelbauelementen, ausgeführt sind.

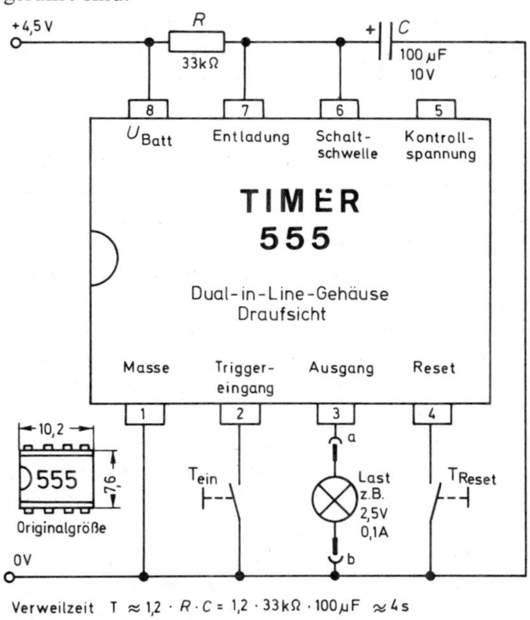

a)

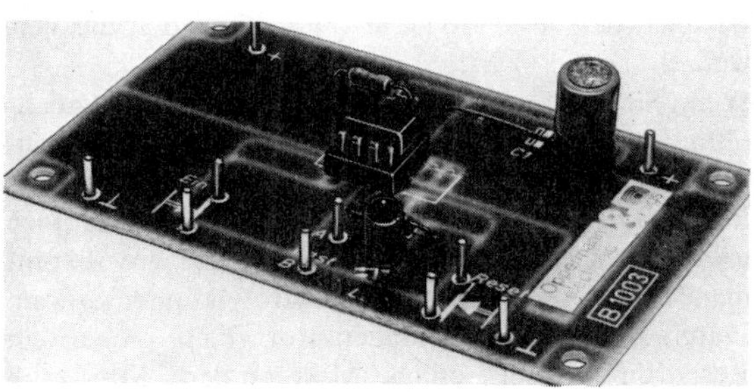

b)

Bild 12.15: Integrierter Schaltkreis 555 als Zeitgeber.
a) Grundschaltung, b) Versuchsaufbau

Der „555“ als Kurzzeitgeber

Am ersten Schaltungsvorschlag *(Bild 12.15)* soll vor allem die prinzipielle Wirkungsweise des Timers 555 erklärt werden. Der Baustein besitzt 8 Anschlüsse. Er wird im hutförmigen Metallgehäuse (≈TO-99) und im Dual-in-Line-Plastikgehäuse angeboten. Die Anschlußordnung des Plastikgehäuses ist in *Bild 12.15a* dargestellt.

Wie arbeitet die Schaltung? Der Timer ist über die Anschlüsse U_{Batt} (8) und Masse (1) an die Betriebsspannung angeschlossen (für erste Experimente reicht eine 4,5-V-Flachbatterie als Spannungsquelle). Anschluß 3 des Timers gilt als Signalausgang der Schaltung. An ihm lassen sich die beiden möglichen Schaltzustände, die der Timer einnehmen kann, feststellen:

Im sogenannten Arbeitszustand führt der Ausgang (3) ein relativ hohes Potential gegenüber Masse (1); im sogenannten Ruhezustand führt er niedriges Potential.

Der Timer läßt sich in den Arbeitszustand setzen, wenn die Spannung am Triggereingang (2) gegen Masse kleiner als ein Drittel der Betriebsspannung gemacht wird. Die Änderung der Eingangs-Signalspannung kann langsam oder schnell geschehen. Im einfachsten Fall genügt ein kurzes Verbinden des Triggeranschlusses mit Masse.

Nach Ablauf einer bestimmten Verweilzeit, die durch die externen Schaltglieder *R* und *C* bestimmt wird, kehrt der Timer wieder aus dem Arbeitszustand in den Ruhezustand zurück. Während der Verweilzeit lädt sich jeweils der Kondensator *C* über den Widerstand *R* auf, bis am Anschluß 6 ein Spannungsschwellenwert erreicht ist, der das Rückkippen auslöst.

Der Timer zeigt also in der hier vorgestellten Schaltung das Verhalten einer monostabilen Kippstufe, kurz

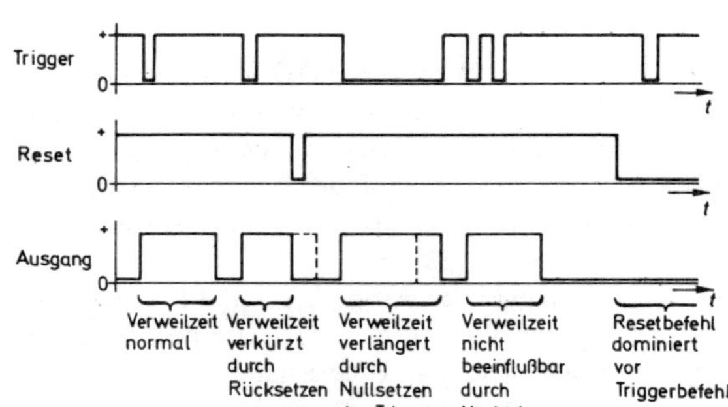

Bild 12.16: Funktionsdiagramme zur Veranschaulichung der Arbeitsweise des Timers 555 als Zeitgeber.

auch als Monoflop bezeichnet (vergleiche auch Seite 85).

Damit Sie einen Überblick über die Arbeitsmöglichkeiten der Schaltung bekommen, sind in *Bild 12.16* einige Schaltzustände durch Funktionsdiagramme veranschaulicht:

Der Timer kann vorzeitig in den Ruhezustand zurückversetzt werden, wenn der Resetanschluß (4) kurz mit Masse verbunden wird. Er bleibt im Arbeitszustand, wenn der Triggereingang nicht nur kurz, sondern auf Dauer mit Masse verbunden bleibt. Dagegen kann der Arbeitszustand nicht durch Triggerimpulse verlängert werden, die während des Ablaufens einer Verweilzeit gegeben werden: der Timer ist nicht nachtriggerbar. Sind Triggereingang und Reseteingang gleichzeitig mit Masse verbunden, so dominiert der Resetbefehl, der Timer bleibt in Ruhestellung.

Welche Lasten kann der Timer schalten? An den Schaltungsausgang (3) können Lasten direkt angeschlossen werden, die nicht mehr als 100 mA Dauerstrom benötigen. Bei ausreichender Wärmeabfuhr kann der Ausgangsstrom am Timer sogar bis 200 mA gesteigert werden.

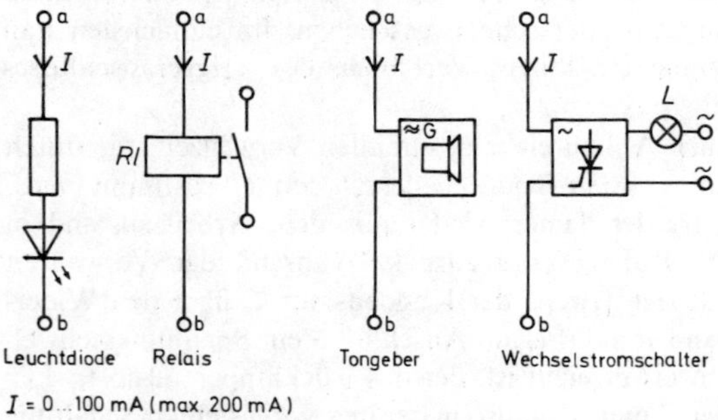

Bild 12.17: Beispiele von Einrichtungen, die mit dem Kurzzeitgeber direkt geschaltet werden können.

Bild 12.17 enthält einige Vorschläge für Einrichtungen, die von einem Kurzzeitgeber geschaltet werden könnten. Durch die Beschaltung des Ausgangs kann man wählen, ob die Last während des Arbeitszustands oder während des Ruhezustands des Timers eingeschaltet werden soll *(Bild 12.18)*.

Liegt die Last zwischen Ausgang (3) und Pluspotential (8), so fließt ein Laststrom, wenn sich der Timer im ungetriggerten, also im Ruhezustand befindet. Liegt die Last zwischen Ausgang (3) und Masse (1), so fließt ein Laststrom nur, wenn sich der Timer im vorübergehenden Arbeitszustand befindet.

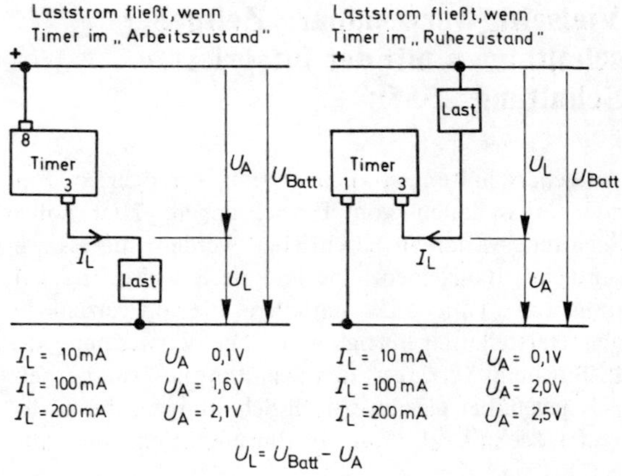

Bild 12.18: Zwei Möglichkeiten zum Schalten einer Last: Eine Last kann eingeschaltet sein, wenn der Trigger sich im Arbeitszustand oder im Ruhezustand befindet.

Bei der Bemessung eines Lastwiderstandes müssen die Betriebsspannung, der Laststrom und ein stromabhängiger Spannungsabfall in der integrierten Schaltung berücksichtigt werden. Einige Werte für die auftretenden Spannungsabfälle in der Ausgangsstufe des Timers sind in *Bild 12.18* aufgeführt.

Die Betriebsspannung kann im Bereich von 4,5 V bis 16 V gewählt werden. Spannungs- und Temperaturschwankungen beeinflussen die Genauigkeit der Zeitgebung nur wenig.

Wenn Ungenauigkeiten entstehen, dann rühren sie meist von der externen *RC*-Kombination her, durch die sich die Zeitgebung von Millisekunden bis hin zur vollen Stunde variieren läßt.

Zur Berechnung der Schaltzeit kann die einfache Beziehung $T = n \cdot R \cdot C$ verwendet werden. Bei kleineren, gut isolierenden Kapazitäten gilt für den Faktor n der Wert 1,1.

Beispiel: Mit $R = 1\ \mathrm{M\Omega}$ und $C = 1\ \mu\mathrm{F}$ beträgt die Verweilzeit $T = 1{,}1 \cdot 1\ \mathrm{M\Omega} \cdot 1\ \mu\mathrm{F} = 1{,}1\ \mathrm{s}$.

Wenn Sie mit Elektrolytkondensatoren und mit hochohmigen Widerständen längere Verweilzeiten erreichen wollen, werden Sie beim Experimentieren feststellen, daß der Faktor n oft doppelt so groß oder noch größer als 1,1 sein kann. Das liegt an der unvollkommenen Isolierfähigkeit von Elektrolytkondensatoren. Durch den Elektrolytkondensator fließt immer ein Reststrom – meist etliche Mikroampere. Man muß deshalb berücksichtigen, daß beim Aufladen eines solchen Kondensators ein Teil der Ladungen gleich wieder abfließt. Es ist ähnlich wie bei einem Topf mit

Loch: die Füllzeit ist länger als ohne Loch. Der Zufluß muß auch größer sein als der Abfluß, sonst wird das Gefäß nie gefüllt.
Deswegen kann der Widerstand in der *RC*-Kombination des Timers nicht beliebig groß gewählt werden. Größere Verweilzeiten lassen sich also bei der Verwendung von Elektrolytkondensatoren nur durch Abschätzen, Messen und Hintrimmen bestimmen. Wir haben z.B. eine Verweilzeit von etwa einer Stunde mit einem Elko von 470 µF/16 V und einem Widerstand von 2,2 MΩ bei einer Betriebsspannung von 9 V erzielt.
Beim Experimentieren können Sie auch feststellen, daß der Timer recht empfindlich reagiert; er kann unter Umständen durch bloßes Berühren des Triggereingangs mit dem Finger in den Arbeitszustand versetzt werden. Dazu reicht schon ein kurzer Triggerstromstoß von etwa 0,5 µA! Wenn diese Empfindlichkeit stört, können Sie zur Abhilfe einen Widerstand (z.B. 22 kΩ) zwischen den Eingangsanschluß (2) und das Pluspotential schalten.
Hier noch eine Zusammenstellung wichtiger technischer Angaben zum Timer 555:

IS Timer 555

U_{Batt}	=4,5…16 V	Betriebsspannung
I_{Batt}	=3…15 mA	Betriebsstrom (ohne Laststrom)
I_{A}	=0…200 mA	Laststrom, Ausgang 3
$U_{(2,1)}$	$=1/3 \cdot U_{\text{Batt}}$	Triggerspannung zwischen Anschluß (2) und Masse (1); wird dieser Wert unterschritten, so wird der Timer in den Arbeitszustand gesetzt
$I_{(2,1)}$	=0,5 µA	Triggerstrom zwischen Anschluß (2) und Masse (1)
$U_{(4,1)}$	=0,7 V	Resetspannung; wird dieser Wert unterschritten, so wird der Timer zurückgesetzt
$I_{(4,1)}$	=0,1 mA	Resetstrom zwischen Anschluß (4) und Masse (1) Triggeranschluß (2) und Resetanschluß (4) dürfen direkt mit dem Pluspotential (8) verbunden werden; es fließt praktisch kein Strom
$U_{(6,1)}$	$=2/3 \cdot U_{\text{Batt}}$	Schwellenspannung zwischen Anschluß (6) und Masse (1). Wird diese Spannung z.B. beim Aufladen eines Kondensators erreicht, so wird der Timer zurückgesetzt

Elektronische Eieruhr oder Zeitmahner für kurze Zeiten

Ob Sie telefonieren, ob Sie sich eine kleine Ruhepause gönnen wollen oder ob Sie beim Basteln eine Klebfläche eine gewisse Zeit antrocknen lassen müssen, es gibt viele Gelegenheiten, bei denen ein Zeitmahner nützlich sein kann.
Der hier vorgeschlagene Zeitmahner soll folgenden Bedingungen genügen:
Er soll nach einer einstellbaren Zeit von 1 Minute bis 30 Minuten ein Tonsignal abgeben können, mit einer 9-V-Batterie betrieben werden, in den Abmessungen nicht größer als eine Seifendose sein und als Bedienungselemente nur einen Ein-Aus-Schalter und einen Zeit-Einstellknopf besitzen, *Bild 12.19*.

Bild 12.19: Platinenfoto für einen Zeitmahner. Lautsprecher, Potentiometer und Schalter müssen extern angebracht werden.

Die Schaltung, *Bild 12.20*, enthält als wesentliche Elemente zwei integrierte Zeitgeberbausteine vom Typ „555“. Die integrierte Schaltung I arbeitet als Zeitgeber mit einstellbarer Verweilzeit. Zeitbestimmend sind der Kondensator C_3 und der einstellbare Widerstand R_4 zusammen mit R_3. Der Widerstand R_3 bestimmt die kürzeste Verweilzeit, wenn R_4 überbrückt ist. Außerdem verhindert R_3 einen Kurzschluß vom Pluspotential über die IS nach Masse bei der Null-Einstellung des Potentiometers R_4.
Für die Berechnung und Einstellung der Verweilzeit des Timers gilt das im vorhergehenden Abschnitt auf Seite 254 Gesagte. Da nicht nur der auf dem Elektrolytkondensator C_3 aufgedruckte Kapazitätswert, sondern noch andere Kondensatoreigenschaften für die erzielbare Zeitdauer und Zeitgenauigkeit ausschlaggebend sind, lassen sich genaue Einstellwerte für R_3 nicht berechnen.

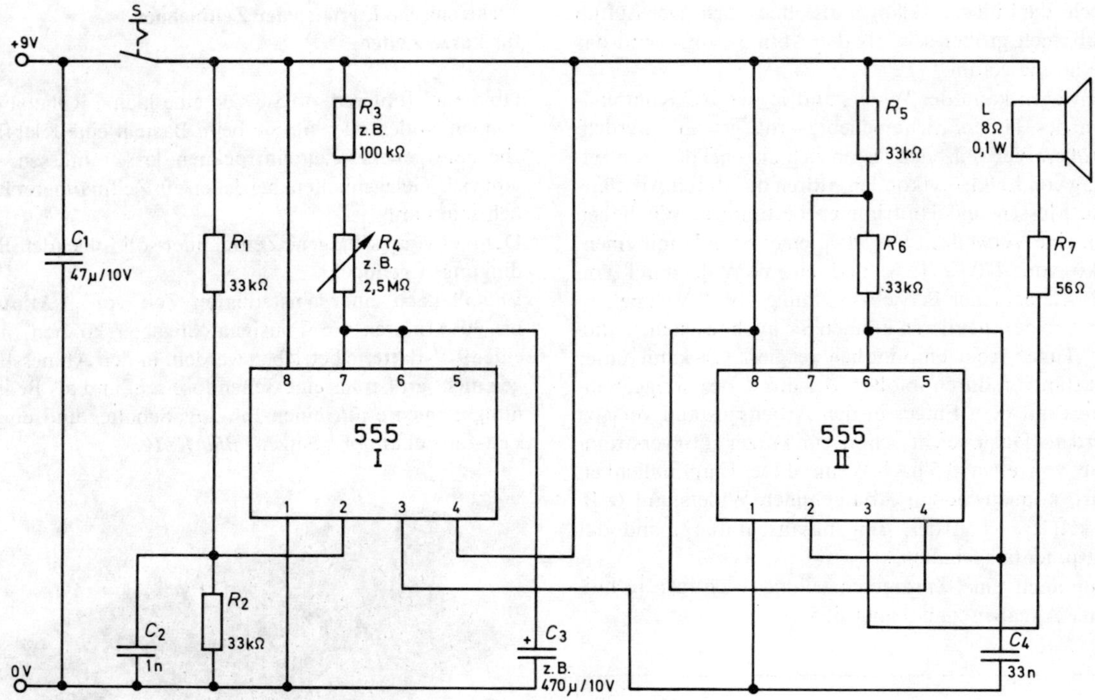

Bild 12.20: Schaltung eines Zeitmahners mit der IS 555.

Es bleibt nichts anderes übrig, als nach Fertigstellung des Gerätes für verschiedene Stellungen des Einstellknopfes (Widerstandes R_4) die Zeiten zu messen und zu markieren. Mit den im *Bild 12.20* angegebenen Werten für C_3, R_4 und R_3 wurden Verweilzeiten von etwa 1 Minute bis 30 Minuten erreicht. Je größer die Werte gewählt werden, desto geringer wird die erreichbare Einstellgenauigkeit.

Die Triggerung der IS I geschieht jeweils, wenn die gesamte Schaltung mit dem Schalter S eingeschaltet wird. Dabei wird im ersten Moment der Triggeranschluß (2) über den ungeladenen Kondensator C_2 auf Massepotential gelegt. Kurze Zeit später ist C_2 über R_1 aufgeladen, so daß der Triggereingang nun vom Spannungsteiler $R_1 + R_2$ eine genügend positive Spannung erhält. Das ist nötig, damit der Timer nach dem Ablaufen der Verweilzeit wieder in den Ruhezustand zurückkehrt und über seinen Ausgang (3) ein Signal auslöst.

Die Signalerzeugung übernimmt die integrierte Schaltung II, die im *Bild 12.20* als Multivibrator geschaltet ist. Die Taktfrequenz dieses Multivibrators wird durch den Kondensator C_4 und die Widerstände R_5 und R_6 bestimmt.

Sie kann mit folgender Formel berechnet werden:

$$f = \frac{1{,}44}{(R_5 + 2R_6) \cdot C_4}$$

Für unsere Schaltungsauslegung ergibt sich also:

$$f = \frac{1{,}44}{(33\ \text{k}\Omega + 2 \cdot 33\ \text{k}\Omega) \cdot 33\ \text{nF}}$$

$$= \frac{1{,}44}{99\ \text{k}\Omega \cdot 33\ \text{nF}} = 440\ \text{Hz}.$$

Die Multivibratorschaltung, die den Lautsprecher betreibt, wird vom Timer I ein- und ausgeschaltet. Und zwar wird der Multivibrator über den Anschluß 3 des Timer I mit Masse verbunden, wenn dieser aus dem Arbeitszustand in den Ruhezustand zurückfällt.

Es wird so lange Signal gegeben, bis die gesamte Schaltung mit dem Schalter S abgeschaltet wird.

Drehzahlmesser mit Leuchtpunktskala

Die meisten Bauvorschläge für elektronische Drehzahlmesser in Kraftfahrzeugen sehen für die Meßanzeige ein Zeigerinstrument vor. Diese Drehspulmeßwerke sind jedoch mechanisch empfindlich und passen nicht immer gut auf das Armaturenbrett eines Autos.

Hier ein Vorschlag für einen Drehzahlmesser, bei dem die Drehzahl nicht durch einen Zeiger, sondern durch einen wandernden Leuchtpunkt auf einer Leuchtpunktskala angezeigt wird *(Bild 12.21)*.

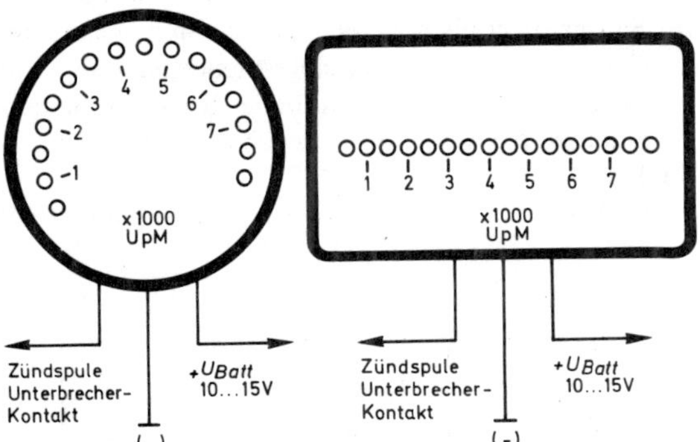

a)

b)

Bild 12.21: a) Vorschläge zur äußeren Ausführung eines elektronischen Kfz-Drehzahlmessers mit Leuchtpunktskala. b) Schaltplatine.

Eine Reihe von 16 Leuchtdioden bildet eine Skala. In Abhängigkeit von der Drehzahl leuchtet jeweils eine Leuchtdiode in der Reihe auf. Man kann die Skala linear, aber auch bogenförmig anordnen, um sie der Gesamtgestaltung des Armaturenbretts anzupassen.

Im Gegensatz zu mechanisch anzeigenden Geräten ist diese Anzeigeart erschütterungsunempfindlich. Schaltungsaufwand, Platzbedarf und die Kosten halten sich in Grenzen, da neben einigen preiswerten diskreten Bauelementen, aus denen die Impulsformerstufe des Drehzahlmessers besteht, zur Ansteuerung der Leuchtdiodenskala eine integrierte Schaltung (UAA 170, Hersteller: Siemens) verwendet wird.

Prinzip des Drehzahlmessers

Die Drehzahl eines Verbrennungsmotors kann gemessen werden, indem die Anzahl der Zündimpulse pro Zeiteinheit aufgenommen und z.B. in eine drehzahlabhängige Spannung umgesetzt wird, die gemessen und angezeigt werden kann.

Bei einem Vierzylinder-Viertaktmotor, auf den die vorgeschlagene Schaltung zugeschnitten ist, werden pro Umdrehung zwei Zündimpulse erzeugt. Macht der Motor z.B. 3000 Umdrehungen pro Minute, so gibt es in dieser Zeit 6000 Zündimpulse. Pro Sekunde werden 100 Impulse erzeugt. Die Impulsfrequenz beträgt in diesem Fall 100 Hz.

Die Impulse können am Unterbrecherkontakt des Fahrzeugs abgenommen werden, welcher die Primärwicklung der Zündspule ein- und ausschaltet. Diese Impulse werden durch eine monostabile Kippstufe auf gleiche Länge und gleiche Amplitude geformt *(Bild 12.22)*. Aus den gleichförmigen Spannungsimpulsen wird in einer folgenden Schaltstufe ein Mittelwert gebildet. Je mehr Spannungsimpulse in einer Zeiteinheit auftreten, desto kürzer werden die Pausen zwischen zwei Impulsen, desto größer wird die durchschnittliche Spannung am Ausgang der Impulsformerstufe.

Mit der so gewonnenen Spannung wird die Leuchtpunkt-Anzeigeskala angesteuert. Welche Diode jeweils aufleuchtet, ist von der Größe der Steuerspannung und damit von der Drehzahl abhängig.

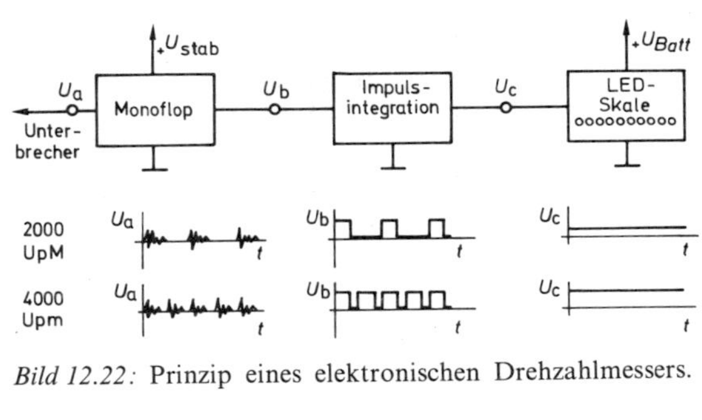

Bild 12.22: Prinzip eines elektronischen Drehzahlmessers.

Ansteuerungsschaltung für die Leuchtpunktskala

Bild 12.23 zeigt die Schaltung zur Ansteuerung einer aus 16 Leuchtdioden bestehenden Leuchtpunktskala. Kernstück der Anzeigestufe ist die integrierte Schaltung UAA 170, die sich in einem Dual-in-Line-Gehäuse mit 16 Anschlüssen befindet. Mit der im Bild gezeigten Schaltungsverknüpfung ist es möglich, 16 Leuchtdioden einzeln nacheinander aufleuchten zu lassen, obwohl nur 8 Anschlüsse (Pin 2 bis 9) für die Diodenbeschaltung zur Verfügung stehen. Die folgerichtige Diodenansteuerung in Abhängigkeit von der Größe der Steuerspannung wird durch eine entsprechende Innenschaltung der IS gewährleistet.

Die Leuchtdioden sollen gleicher Art sein. Gewisse Unterschiede, z.B. die Verwendung von verschiedenfarbigen Leuchtdioden, sind möglich, wenn wenigstens gleichartige Dioden als Vierergruppen an die Anschlüsse 2, 3, 4 oder 5 gelegt werden. So könnten Sie zum Beispiel die Dioden 9, 10, 11, 12 in grüner Farbe wählen, die übrigen in Rot, um etwa einen optimalen Drehzahlbereich besonders hervorzuheben.

Die Versorgungsspannung der IS kann im Bereich von 9 bis 18 V gewählt werden; sie muß nicht stabilisiert sein.

Die Steuerspannung wird zwischen Anschluß 11 und Masse (1) angelegt. Sie darf bis 6 V betragen. Auch für die Referenzspannung, die zwischen Anschluß 13 und Masse (1) liegen muß, gilt der Grenzwert 6 V. Im Bemessungsbeispiel nach *Bild 12.23* wird die Referenzspannung durch den Spannungsteiler R_{11}, R_{12} von einer stabilisierten Spannung von 6 V auf 3 V reduziert. Die Höhe der Referenzspannung bestimmt den oberen Grenzwert des Steuerspannungsbereichs. Im Beispiel liegt also der Bereich der Steuerspannung zwischen 0 V und 3 V. Bei einer Steuerspannung von 0 V leuchtet die erste Leuchtdiode, bei einer Steuerspannung von 3 V die letzte Leuchtdiode der Leuchtpunktskala auf.

Im vorliegenden Beispiel hat die Festlegung der Refe-

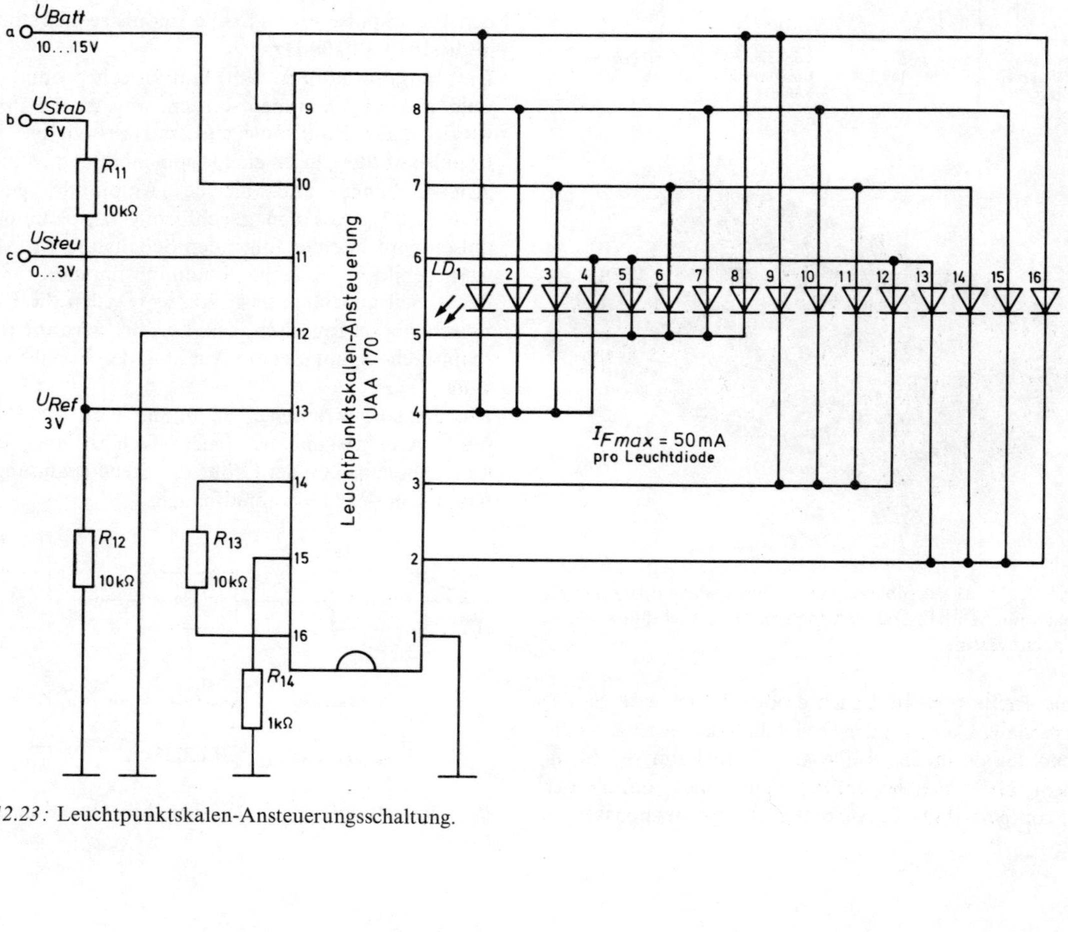

Bild 12.23: Leuchtpunktskalen-Ansteuerungsschaltung.

renzspannung auf 3 V noch einen besonderen Grund: Die Spannung zwischen dem Referenzspannungsanschluß 13 und dem Anschluß 12, der in der Schaltung mit Masse verbunden ist, hat Einfluß auf die Art des Leuchtpunktüberganges auf der Skala. Beträgt die Spannung zwischen den Anschlüssen 13 und 12 z.B. 1,2 V, so ist der Übergang fließend, d.h. die nächste Diode leuchtet schon auf, bevor die vorhergehende erlöscht. Beträgt jedoch die Spannung zwischen den Anschlüssen 13 und 12 z.B. 4 V, oder mehr, so erfolgt der Leuchtpunktübergang sprunghaft.
Im vorliegenden Bemessungsbeispiel erhält Anschluß 13 die Referenzspannung von 3 V, Anschluß 12 liegt an Masse, so daß zwischen beiden Anschlüssen die Spannung von 3 V liegt. Das bedeutet einen relativ sprunghaften Leuchtpunktübergang.

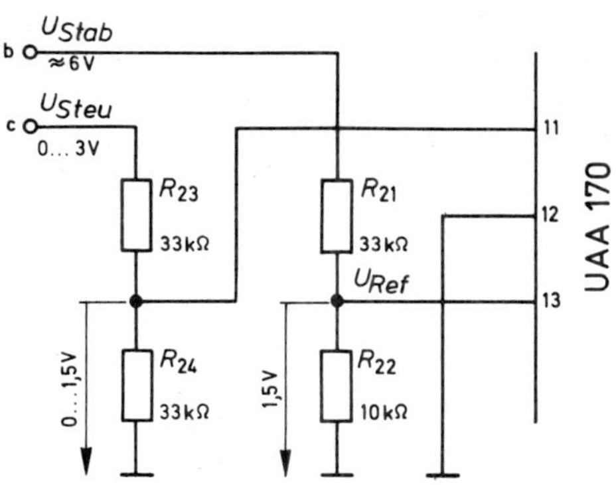

Bild 12.24: Ansteuerschaltung für gleitenden Leuchtpunktübergang bei der IS UAA170.

Soll ein weicherer Leuchtpunktübergang erzielt werden, so kann dies z.B. durch eine Schaltungsänderung nach *Bild 12.24* erreicht werden. Die Referenzspannung wird durch eine geänderte Bemessung des Spannungsteilers (R_{21}, R_{22}) auf 1,5 V eingestellt. Diese Spannung besteht somit auch zwischen den Anschlüssen 13 und 12. Durch die Verminderung der Referenzspannung verkleinert sich auch der ausnutzbare Steuerspannungsbereich auf 0 V bis 1,5 V. Deshalb muß auch die vorgesehene Steuerspannung, die bis 3 V betragen kann, durch den Spannungsteiler R_{23}, R_{24} reduziert werden.
Die Spannungsdifferenz zwischen den Anschlüssen 13 und 12 zur Beeinflussung des Leuchtpunktübergangs kann selbstverständlich auch geändert werden, indem das Potential am Anschluß 12 beispielsweise mit Hilfe eines Spannungsteilers angehoben wird. Allerdings hat eine solche Maßnahme zur Folge, daß sich der Anfangswert für den Steuerspannungsbereich verschiebt! Wenn z.B. die Spannung am Anschluß 12 bezogen auf Masse 1 V betragen würde und die Referenzspannung weiterhin 3 V bliebe, läge zwischen Anschluß 13 und Anschluß 12 eine Spannung von 2 V. Der Bereich der Steuerspannung für den Steueranschluß 11 läge dann in den Grenzen von 1 V und 3 V. Für die Leuchtpunktanzeige würde dies bedeuten, daß die Leuchtdiode 1 bei Steuerspannungen kleiner bzw. gleich 1 V aufleuchten würde; bei Steuerspannungen, die größer bzw. gleich 3 V wären, würde Leuchtdiode 16 aufleuchten.
Zusammenfassend gesagt: Die Referenzspannung an Anschluß 13 bestimmt die obere Grenze des Steuerspannungsbereichs, die Spannung am Anschluß 12 die untere Grenze. Außerdem bestimmt die Spannungsdifferenz zwischen den Anschlüssen 13 und 12 die Art des Leuchtpunktübergangs von Diode zu Diode auf der Anzeigeskala.
Die Helligkeit der Leuchtdioden läßt sich durch die Größe des Widerstandes zwischen den Anschlüssen 14 und 16 beeinflussen. Mit dem Wert von 10 kΩ ist die größte Helligkeit der Leuchtdioden eingestellt ($I_{F\,max} = 50$ mA). Bei einem Widerstandswert von etwa 40 kΩ fließt kein Strom mehr durch die Leuchtdioden. Falls Sie die Helligkeit der Anzeige von der Umgebungshelligkeit abhängig machen wollen, können Sie eine einfache Schaltungsänderung nach *Bild 12.25* einfügen. Der Fototransistor dient als Helligkeitssensor. Wird er beleuchtet, so ist sein Widerstand klein, die Anzeigedioden leuchten entsprechend hell.

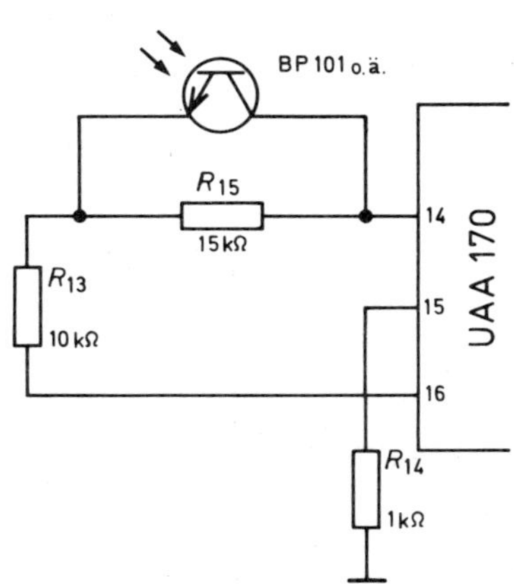

Bild 12.25: Automatische Helligkeitssteuerung für Leuchtdioden der Leuchtpunktskala.

Impulsformerstufe des Drehzahlmessers

Die Impulsformerstufe des Drehzahlmessers *(Bild 12.26)* besteht im wesentlichen aus einer monostabilen Kippschaltung mit den Transistoren T_1 und T_2 (vergleiche auch Seite 85). Die Verweilzeit des Monoflops wird durch die Schaltglieder C_1 und R_7 bestimmt. Sie errechnet sich nach der Faustformel

$T \approx 0{,}7 \cdot R \cdot C$ zu $T \approx 0{,}7 \cdot 10\ \mathrm{k\Omega} \cdot 0{,}47\ \mu\mathrm{F} \approx 3{,}3\ \mathrm{ms}.$

Wenn also die monostabile Kippschaltung durch Zündimpulse angeregt wird, entstehen an ihrem Ausgang, dem Kollektor von T_2, Impulse mit gleichbleibender Länge von 3,3 ms. Die Höhe der Impulse bleibt ebenfalls stets gleich, weil die Betriebsspannung für das Monoflop mit Hilfe der Z-Diode ZD_1 und dem Widerstand R_1 auch bei Batteriespannungsschwankungen stabil gehalten wird. Nur die Impulspausen sind drehzahlabhängig!

Bei der Bemessung der Verweilzeit des Monoflops spielen zwei Gesichtspunkte eine Rolle:

Erstens: Bei ansteigender Impulsfrequenz werden die Impulspausen immer kürzer, bis sich die Impulse schließlich überlappen. Bei einer Impulsdauer von 3,3 ms würde dies bei einer Frequenz von rund 300 Hz geschehen, was einer Motordrehzahl von 9000 Umdrehungen pro Minute entspricht.

Zweitens: Wird die Impulsdauer klein angesetzt, so wird die Gefahr größer, daß das Monoflop durch noch nicht genügend abgeklungene Abschaltschwingungen der Zündspule erneut gesetzt wird.

Die Rechteckimpulse am Ausgang des Monoflops, d.h. am Kollektor von T_2, werden mit Hilfe eines *RC*-Glieds (C_2, R_{10}) in eine durchschnittliche Spannung umgeformt, die zum Steueranschluß des Anzeigebausteins UAA 170 geführt wird. Mit dem Potentiometer R_9 kann die Anzeige auf entsprechende Drehzahlwerte abgeglichen werden.

Zur sicheren Ansteuerung der Monoflopstufe des Drehzahlmessers dient ein entsprechendes Eingangsnetzwerk. Es hat im einzelnen folgende Wirkung:

Wenn der Unterbrecherkontakt, der die Zündspule des Kraftfahrzeugs fortlaufend ein- und ausschaltet, gerade geschlossen ist, ist der Basisanschluß von Transistor T_1 über die Z-Diode ZD_2 und die Widerstände

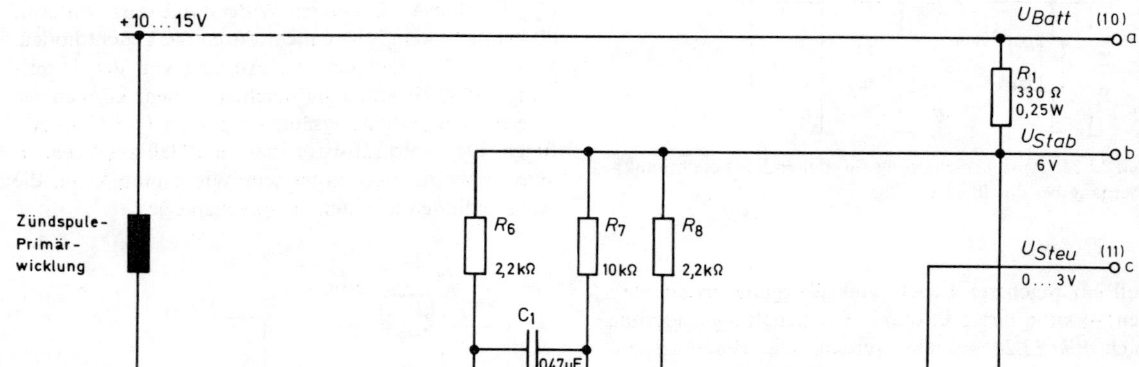

Bild 12.26: Schaltung für die Impulsformerstufe eines Kfz-Drehzahlmessers.

R_3 und R_2 mit dem Massepotential verbunden. Die Monoflopstufe verharrt unter diesen Umständen in der Ruhestellung.
Wenn jedoch der Unterbrecherkontakt geöffnet wird, gelangt das positive Potential der Batteriespannung über die Zündspule, R_2, R_3 und ZD_2 an die Basis von T_1. Die Monoflopstufe wird dadurch in den vorübergehenden Arbeitszustand gekippt.
Besonders zu beachten ist, daß beim Öffnen des Unterbrechers kurzzeitig positive und negative Spannungsspitzen auftreten, die weit höher sind als die Batteriespannung. Verursacht werden sie durch das Zusammenwirken der Zündspule mit den Kapazitäten im Bordnetz. Die Z-Diode ZD_3 hat die Aufgabe, die positiven Spannungen zu begrenzen und negative Spannungen vom Transistor T_1 fernzuhalten, indem sie diese kurzschließt.
Die Z-Diode ZD_2 hingegen soll verhindern, daß eventuell noch abklingende positive Spannungsimpulse das Monoflop unmittelbar nach Ablauf einer Verweilzeit erneut in den Arbeitszustand setzen, was zu einer falschen Drehzahlanzeige führen würde.
Als weitere Maßnahme gegen Spannungsschwingungen am Eingang kann ein Kondensator (5 bis 10 nF) parallel zur Z-Diode ZD_3 geschaltet werden, falls während des Betriebes Schwierigkeiten auftreten sollten.

Inbetriebnahme des Drehzahlmessers

Bevor der Drehzahlmesser ins Kraftfahrzeug eingebaut wird, muß die Anzeige auf entsprechende Drehzahlwerte abgeglichen werden. Dazu muß eine bekannte Frequenz zur Verfügung stehen. Sollten Sie keinen genauen Frequenzerzeuger zur Hand haben, können Sie die Netzfrequenz als Bezugsfrequenz nutzen. Wenn Sie z.B. über einen Klingeltransformator die 50-Hz-Frequenz an den Meßeingang des Drehzahlmessers legen, entspricht dies der Drehzahl von 1500 Umdrehungen pro Minute beim Vierzylinder-Viertaktmotor. Wenn Sie die Netzwechselspannung mit einem Zweiweg-Gleichrichter gleichrichten, erhalten Sie sogar eine pulsierende Spannung von 100 Hz. Das entspricht einer Motordrehzahl von 3000 Umdrehungen pro Minute. Zum Abgleichen der Anzeige brauchen Sie nur das Potentiometer R_9 zu verstellen, bis jene Leuchtdiode auf der Skala aufleuchtet, die die entsprechende Drehzahl anzeigen soll. Da die Drehzahlanzeige linear erfolgt, leuchten die übrigen Leuchtdioden bei den entsprechenden Drehzahlwerten auf.

Die Installation des Drehzahlmessers im Kraftfahrzeug dürfte nicht schwierig sein, da er nur die drei Anschlüsse $+U_{Batt}$, Masse und Impulseingang besitzt. In der Regel genügt es sogar, die Zündimpulse aufzunehmen, indem die Impulsleitung mit drei bis fünf Windungen um das isolierte Hauptzündkabel gewikkelt wird. Es handelt sich hierbei dann um eine kapazitive Ankopplung.

Daten der integrierten Schaltung UAA 170

Dual-in-Line-Gehäuse mit 16 Anschlüssen

Spannungen bezogen auf Masse, Anschluß 1:

Betriebsspannung	9...18 V Anschluß 10
Oberer Steuerspannungswert	0... 6 V Anschluß 11
Unterer Steuerspannungswert	0... 6 V Anschluß 12
Referenzspannung	0... 6 V Anschluß 13
Stabilisierte Spannung	5 V, abnehmbar an Anschluß 14

Spannung zur Einstellung des Leuchtübergangs $\Delta U_{12/13}$:

1,2 V für kontinuierlichen Leuchtübergang
4 V für abrupten Leuchtübergang

Ströme bei den Betriebsdaten $U_{Batt} = 12$ V; $T_U = 25$ °C; $I_{14} = 0$; $I_{16} = 0$:

$I_{10} = 4$ mA	$I_{13} = 1$ µA
$I_{11} = 1$ µA	$I_{14max} = 3$ mA
$I_{12} = 2$ µA	

Eine Schaltung für vergeßliche Autofahrer

Mitunter sind es gerade die kleinen Dinge, die das tägliche Leben entscheidend erleichtern. Ein gutes Beispiel für eine solche Hilfe ist diese geradezu primitive Schaltung.
Hand aufs Herz, wer hat noch nicht im Auto das Licht brennen lassen und sich nachher geärgert, daß er unter großen Mühen und mit „Hauruck" den Wagen anschieben mußte?
Abhilfe bringt hier eine Handvoll Bauteile: eine Klingel, eine Diode, ein Schalter und ein Stück Draht. Wenn das Ganze dann noch richtig verschaltet wird *(Bild 12.27)*, so kann eigentlich nichts mehr passieren.

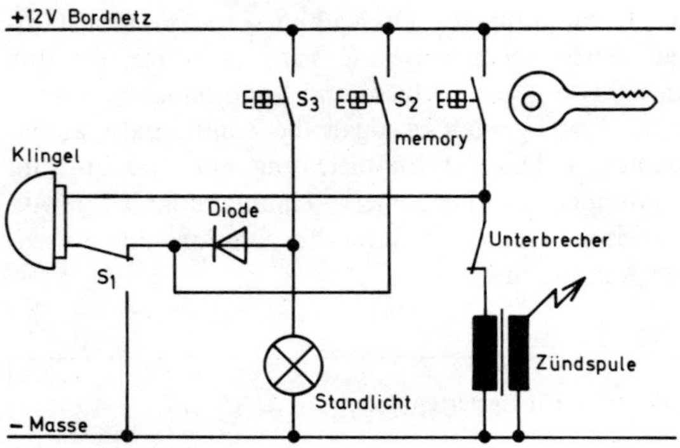

Bild 12.27: Schaltung für vergeßliche Autofahrer.

Zur Funktion

Vorab sei bemerkt, daß der Unterbrecherkontakt, der die Zündspule ein- und ausschaltet, bei ausgeschaltetem Motor nahezu immer geschlossen ist. Dies zeigte sich zumindest in mehrjährigem Einsatz der Schaltung.

Vergißt man nun das Licht abzuschalten (S_3) und zieht den Zündschlüssel, so ist die Klingel einmal über die Diode mit dem Pluspol und zum anderen über die Zündspule mit dem Minuspol der Batterie verbunden. Ergebnis: es klingelt. Macht man das Licht aus, so ist die Verbindung zum Pluspol unterbrochen.

Was aber, wenn man bewußt das Standlicht brennen lassen will? Dazu dient der Schalter S_1, der beim Verlassen des Fahrzeugs umgeschaltet wird. Beide Klingelanschlüsse liegen jetzt auf Massepotential.

Kommt man zurück und dreht den Schlüssel auf „Zündung", so wird man durch das einsetzende Klingeln daran erinnert, daß der Schalter S_1 wieder in die Überwachungsstellung zurückgeschaltet werden muß.

Während der Fahrt mit eingeschaltetem Licht sind beide Anschlüsse der Klingel über den Lichtschalter und dem Zündschalter direkt mit dem Pluspol verbunden, so daß die Klingel nicht betätigt wird.

Fährt man ohne Licht, so ist durch die Verschaltung der Diode gewährleistet, daß während der Fahrt kein Signal ertönt, weil die Diode für den Minuspol in Sperrichtung geschaltet ist.

Zu einem Supergedächtnis kann man die Schaltung erweitern, wenn man zusätzlich einen zweiten Schalter S_2 einbaut. Ein praktischer Fall: man wird gebeten, aus der Stadt etwas mitzubringen.

Bei der Abfahrt schaltet man S_2 ein. Spätestens beim Aussteigen wird man durch das dann einsetzende Klingeln an die Besorgung erinnert. Wer jedoch dann schon nicht mehr weiß, was er eigentlich mitbringen sollte, für den taugt allerdings auch diese Schaltung nichts.

Die Bauteile

Als Signalgeber kann man jede Gleichstromklingel einsetzen, die für die jeweilige Akkuspannung geeignet ist. Dem fließenden Klingelstrom entsprechend muß die Diode gewählt werden. In den meisten Fällen kann hier eine Netzdiode eingesetzt werden. S_1 und S_2 können entweder im Armaturenbrett oder – was meistens möglich ist – direkt im Klingelgehäuse untergebracht werden.

In diesem Falle sind vier Verbindungen mit dem Bordnetz herzustellen: Pluspol, Masse, Standlicht und Zündschloß. Am einfachsten findet man die richtigen Verbindungen am Sicherungskasten. Wer die Klemmenbezeichnungen nicht kennt, kann mit einer Prüflampe das jeweils richtige Signal suchen, indem man den betreffenden Schalter ein- und ausschaltet und dabei die Prüflampe beobachtet.

Ein Gas- und Alkoholtester

Die meisten menschlichen Sinnesorgane kann man schon seit längerer Zeit elektronisch „nachbauen"; das Auge durch eine Fotozelle, das Ohr durch ein Mikrofon, die Temperaturtastzellen durch ein elektronisches Thermometer usw. Nur der Geruchssinn blieb für die Techniker eine harte Nuß.

Aber seit einiger Zeit scheint auch dieses Problem – zumindest teilweise – gelöst. Ein neuartiger Gas-Sensor auf Halbleiterbasis ist auf dem Markt. Sein größter Vorteil: er ist im Vergleich zu anderen Gas-Detektoren sehr billig, so daß er sich besonders für Bastler eignet.

Der Wunsch nach einem Gerät, das verqualmte oder unsaubere Luft anzeigen kann, scheint bei den Hobbybastlern sehr groß zu sein. Diese Erfahrung machten wir jedenfalls, als wir in der Fernsehsendung „Keiner raucht für sich allein" die Schaltung eines Rauchmelders vorstellten. Mehr als 25000 Nachfragen gingen in der Redaktion ein. Erstaunlich dabei war, daß viele Zuschauer dieses Gerät nicht nur zum Erkennen von verqualmter Zimmerluft einsetzen wollten, sondern sich alle möglichen und auch unmöglichen Einsatzgebiete ausdachten.

Nur einige Beispiele: als Warngerät für ausströmende Gase im Wohnwagen, als Meßgerät zur richtigen Vergasereinstellung beim Auto, und schließlich wollte ein Zuschauer sogar den Toilettenmief damit anzeigen: rote Lampe an – es stinkt – draußen bleiben; grüne Lampe an – die Luft ist rein.
Daß wir diese Beispiele hier erwähnen, hat einen besonderen Grund. Es zeigt sich nämlich immer wieder, daß das Gebiet der Elektronik und die Palette der Anwendungsmöglichkeiten so riesengroß ist, daß man in einem Buch bei weitem nicht allen Wünschen gerecht werden kann. Es gehört Phantasie und technische Begabung dazu, die vorgegebene Schaltung den individuellen Gegebenheiten anzupassen. Auch wenn einmal etwas schiefgeht, sollte man sich nicht entmutigen lassen; denn Ausdauer führt meist doch noch zum gewünschten Ziel.
So war es auch bei unserem Rauchmelder. Aus Briefen konnten wir entnehmen, daß die vorgestellte Schaltung heute zwar „zweckentfremdet", aber erfolgreich auf den verschiedensten Gebieten arbeitet.
Und es stellte sich dann auch erst später heraus, daß das Gerät durchaus als Alkoholtester verwendet werden kann. Jedoch soll hier gleich eine Einschränkung gemacht werden. Der Gas-Sensor reagiert zwar auf eine Alkoholfahne, er ist jedoch nicht in der Lage exakte Meßergebnisse zu liefern. Wer also glaubt, damit seine Fahrtüchtigkeit prüfen zu können, der kann schon bald seinen Führerschein los sein. Der Alkoholtester kann also nur anzeigen, daß Alkohol im Atem ist, nicht aber wieviel. Aber auch diejenigen, bei denen der Sensor nicht reagiert, haben keinen Freifahrschein; sie müssen immer noch wissen, ob sie eine Fahrt mit dem Auto verantworten können.

Wie funktioniert ein Gas-Sensor

Einige Halbleiter, zu denen u.a. die Metalloxide Eisen-(III)-Oxid, Zinnoxid und Zinkoxid gehören, lassen sich als Gas-Sensoren einsetzen, da sie bei erhöhter Temperatur die Eigenschaft haben, ihren elektrischen Widerstand merklich zu verringern, wenn der Luft, in der sie sich befinden, bestimmte Gase zugesetzt werden oder wenn sich die Konzentrationen bereits vorhandener Gase erhöhen. Zu den Gasen (Dämpfen), auf die die Sensoren besonders gut ansprechen, gehören u.a.:

Kohlenmonoxid	(CO)
Methan	(CH_4)
Benzol	(C_6H_6)
Athanol (Alkohol)	(C_2H_5OH)
Butanon	($CH_3COC_2H_5$)

Gas-Sensoren lassen sich überall dort einsetzen, wo ein elektrisch ausgelöstes Signal anzeigen soll, ob die in der Luft auftretende Konzentration bestimmter Gase einen vorgegebenen Grenzwert überschreiten. Das elektrische Signal kann dazu dienen, optische oder akustische Warnanlagen oder bestimmte Sicherheitsmaßnahmen auszulösen, wie beispielsweise das Abschalten irgendwelcher Geräte oder das Einschalten einer Entlüftungsanlage.
Das „Herz" eines solchen Sensors bildet eine nur millimetergroße Halbleiterpille, in die zwei Platindrähte eingesintert sind. Zum Betrieb des Sensors muß dieser aufgeheizt werden, wozu man einen der Platindrähte als Heizdraht benutzt. Die Heizung kann sowohl mit Wechselstrom (Trafo) oder mit Gleichstrom (Batterie) geschehen. Der zweite Platindraht dient als Gegenelektrode.

Dazu ein kleiner Prinzipversuch:

Eine 1,5-V-Monozelle, ein Vorwiderstand und der eine Platindraht bilden den Heizkreis. Zwischen dem ersten Draht und dem zweiten wird eine zweite Spannung (9 Volt) über ein Amperemeter angelegt.
Nun kann man folgendes feststellen: Nach einer Aufheizzeit von etwa 30 Sekunden pendelt sich das Meßgerät auf einen bestimmten Wert ein. Bläst man jetzt Zigarettenqualm oder Alkoholdunst gegen den Sensor, so schlägt das Gerät weiter aus.

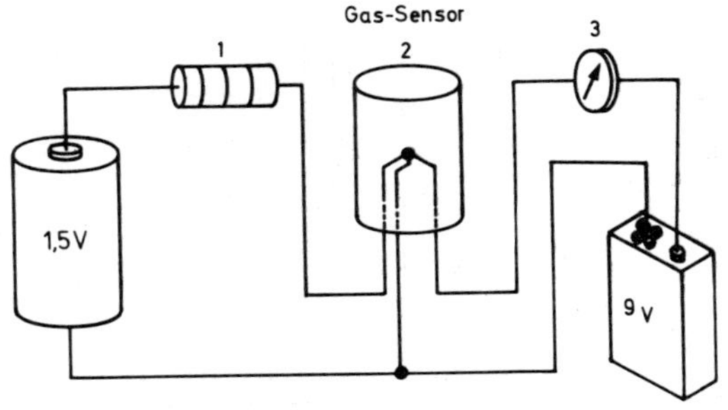

Bild 12.28: Prinzipversuch zum Gas-Sensor.

Der Gas-Sensor stellt also einen veränderlichen Widerstand dar. Ist die Luft frei von gasförmigen Schadstoffen (z.B. CO), so ist der Widerstand hoch, es fließt wenig Strom. Wird der Sensor aber in verunreinigte Luft gebracht, so wird der Widerstand kleiner. Dadurch fließt mehr Strom und das Meßgerät schlägt weiter aus.
Wird dann der Sensor wieder in reinere Luft gebracht, so geht der Widerstand nach einer kurzen Erholungszeit auf den alten Wert zurück.
Auf diesem einfachen Prinzip beruhen alle Schaltungen, die bisher bekannt geworden sind. Nur wird meist das Meßgerät durch eine Lampenanzeige oder ein Relais ersetzt, je nachdem für welchen Verwendungszweck die Schaltung gedacht ist.

Zwei praktische Schaltungen

Wir stellen hier zwei Schaltungen vor, die in ihrer Ansprechempfindlichkeit nahezu gleich sind.

1. Schaltung für Batteriebetrieb

Will man den Gas-Sensor an mehreren Orten einsetzen, quasi als mobilen Luft- und Atemkontrolleur, so empfiehlt sich eine batteriegespeiste Schaltung *(Bild 12.29)*, die man immer in der Tasche mittragen kann. Diese Schaltung ist für den ungeübten Anfänger besonders geeignet, weil sie keinerlei Verbindungen zum Lichtnetz braucht. Die Anzeige erfolgt hier mit einer Leuchtdiode, die von dem Operationsverstärker TAA 861 ein- und ausgeschaltet wird.

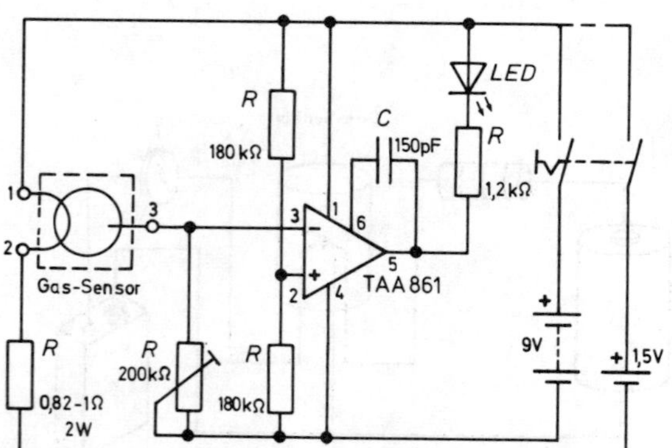

Bild 12.29: Schaltung eines Gas-Sensors für Batteriebetrieb.

Dieser TAA 861 hat gegenüber den billigeren Typen (z.B. 709 oder 741) den Vorteil, daß er einseitig betrieben werden kann, das heißt man benötigt keine positiv-negativ-Speisespannung. Mit dem Potentiometer von 200 kΩ läßt sich der Schwellwert, das heißt die Anzeigeempfindlichkeit in weiten Grenzen einstellen.

2. Schaltung für Netzbetrieb

Will man das Gerät fest installieren und damit eventuell einen Entlüftungsventilator oder eine Alarmanlage betreiben, so empfiehlt sich eine netzgespeiste Schaltung mit Transformator und einem Schaltrelais im Ausgang *(Bild 12.30)*.

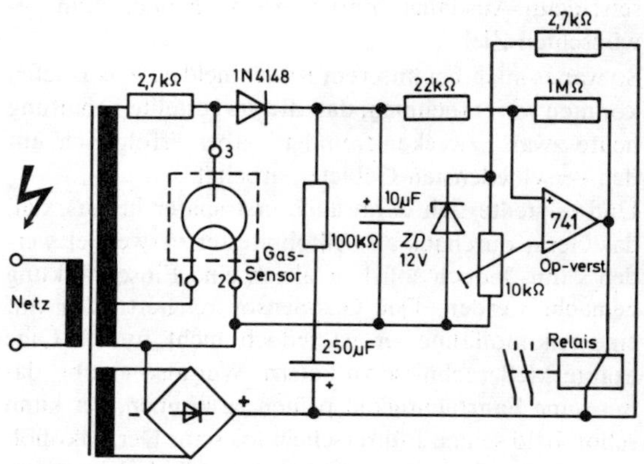

Bild 12.30: Schaltung eines Gas-Sensors für Netzbetrieb.

Schwierigkeiten bei der Realisierung dieser Schaltung könnte die Beschaffung des Transformators mit seiner Heizwicklung von 0,85/0,8 A bereiten. Man kann ihn – so unsere Erfahrung – nirgendwo im Geschäft kaufen; man muß ihn also selbst wickeln.

Anhang

Literaturhinweise

Bücher

Adolph, G. u.a.: Naturwissenschaftliche Grundlagen der Elektrotechnik. Köln: Verlag H. Stam GmbH.

Äquivalenzliste für Halbleiterbauelemente. Hamburg: Valvo GmbH 1975.

Dabrowski, G.: Bauelemente der Elektronik. Stuttgart: AT-Fachverlag 1974.

Güntner, H./Pelka, H.: Schaltungen mit integrierten Halbleiterbauelementen. München: Siemens 1974.

Halbleiter-Schaltbeispiele. Bde. 1971/72, 1972/73, 1973/74, 1974/75, 1975/76. München: Siemens AG.

Negsseog, S.: Transistor-Vergleichs-Handbuch. Verlag für technische Literatur Conrad.

Pütz, J. (Hrsg.): Einführung in die Elektronik. Köln: Verlagsgesellschaft Schulfernsehen 1977 (6. Aufl.).

Pütz, J. (Hrsg.): Digitaltechnik. Ein Einführungskurs für das Selbststudium und den Medienverbund Fernsehen – Seminare – Lehrbuch. Düsseldorf: Verlag VDI 1975.

Schaltbeispiele mit diskreten Halbleiterbauelementen. Freiburg: Intermetall GmbH 1972.

Topp-Buchreihe Elektronik. Buchreihe mit mehr als 130 Titeln. Stuttgart: Verlag Frech.

Zeitschriften

Der junge Rundfunk-, Fernseh- und Industrieelektroniker. Frankfurt: Frankfurter Fachverlag.

Die Schaltung. Zeitschrift für den Hobby-Elektroniker. Stuttgart: Telekosmos Verlag/Franck'sche Verlagsbuchhandlung.

Elektor. Fachzeitschrift für Elektronik. Gangelt: Elektro-Verlag.

ELO. Elektronik für Praxis und Hobby. München: Franzis Verlag.

Funkschau. München: Franzis Verlag.

Populäre Elektronik. Overath: DerPe Verlag.

Sachregister

Wichtige Sachbegriffe (insbesondere auch IC-Typen) sind im ausführlichen Inhaltsverzeichnis zu finden

Oppermann Electronic & vgs Bausätze

Die folgenden Bausätze geben Ihnen die Möglichkeit, die Experimente und Schaltungen aus den einzelnen Kapiteln schnell, sicher und problemlos aufzubauen. Zu den Voraussetzungen gehören nur ein Lötkolben, Lötzinn, etwas Werkzeug und ein wenig Geduld (siehe Kapitel 2).

Zu Kapitel 3:

Akustischer Schalter (Seite 24)
Bestell-Nr. B 1055 vgs 19,80 DM

Zu Kapitel 4:

Durchgangsprüfer (Seite 50)
Bestell-Nr. B 1054 vgs 10,95 DM

Zu Kapitel 6:

Versuchsprogramm Schalttransistor (auf einer Universalplatine aufzubauen):

Bistabile Kippstufe (Seite 80)
Bestell-Nr. B 1015 vgs 12,75 DM

Bistabile Kippstufe (Variante Seite 81)
Bestell-Nr. B 1016 vgs 12,85 DM

Kippstufe mit Berührungstasten (Seite 81)
Bestell-Nr. B 1017 vgs 11,95 DM

Astabiler Multivibrator (Seite 81)
Bestell-Nr. B 1018 vgs 11,75 DM

Schmitt-Trigger (Seite 86)
Bestell-Nr. B 1019 vgs 13,20 DM

Tonsignalgeber (Seite 88)
Bestell-Nr. B 1014 vgs 13,75 DM

Sammelbausatz Schalttransistor bestehend aus 2 Universalplatinen und Einzelteilen für alle Schaltungsvarianten von B 1014 bis B 1019.
Bestell-Nr. B 1057 vgs 52,65 DM

Anwendungsschaltungen:

Raumschmuck (Seite 84)
Bestell-Nr. B 1010 vgs 16,50 DM
passendes Gehäuse ET 3 7,70 DM

Münzspiel Baum oder Zahl (Seite 85)
Bestell-Nr. B 1001 vgs 11,50 DM
passendes Gehäuse GE 88 2,25 DM

Elektronische Sirene (Seite 90) einschließlich Lautsprecher
Bestell-Nr. B 1002 vgs 18,50 DM
passendes Gehäuse ET 3 7,70 DM

Lauflicht (Seite 93) eine Einheit mit Lampe
Bestell-Nr. B 1009 vgs 6,20 DM

Lauflichtkette (5 × B 1009)
Bestell-Nr. B 1059 vgs 28,50 DM

Zu Kapitel 7:

Versuchsprogramm Transistorschaltstufen

Signalgeber (G) (Seite 97)
Bestell-Nr. B 1029 vgs 9,40 DM

Signaleingabetaste (T) (Seite 98) 4fach
Bestell-Nr. B 1051 vgs 11,50 DM

Ausgangsschaltverstärker (SV) (Seite 98) für Relaissteuerung usw. jedoch ohne Relais.
Bestell-Nr. B 1020 vgs 6,50 DM

UND/NAND-Gatter (U/Na) (Seite 101)
Bestell-Nr. B 1026 vgs 6,95 DM

Dämmerungsschalter (Seite 104) Schmitt-Trigger (ST)
Bestell-Nr. B 1007 vgs 9,95 DM

ODER/NOR-Gatter (O/No) (Seite 105)
Bestell-Nr. B 1027 vgs 6,75 DM

Statisches Flipflop (FF) (Seite 108)
Bestell-Nr. B 1023 vgs 7,30 DM

Zähl-Flipflop (Z-FF) (Seite 108)
Bestell-Nr. B 1024 vgs 7,10 DM

Prellfreie Taste (P) (Seite 110)
Bestell-Nr. B 1021 vgs 7,50 DM

Flipflop mit Vorbereitungs- und statischen Eingängen (FF-VS) (Seite 112)
Bestell-Nr. B 1025 vgs 7,10 DM

Zähl-Flipflop mit zusätzlichen statischen Eingängen (Z-FF-V) (Seite 115)
Bestell-Nr. B 1022 vgs 7,75 DM

Zeitstufe (Z) (Seite 116) Monoflop
Bestell-Nr. B 1028 vgs 9,75 DM

NICHT-Glied (N) (Seite 116) 2fach Inverter
Bestell-Nr. B 1052 vgs 5,60 DM

Sammelbausatz Transistorschaltstufen bestehend aus:

1 ×	B 1051	4fach Signaleingabe
1 ×	B 1021	Prellfreie Taste
1 ×	B 1007	Dämmerungsschalter bzw. Schmitt-Trigger
1 ×	B 1029	Takt- und Impulsgeber
2 ×	B 1052	Inverter, 4fach
2 ×	B 1026	UND/NAND-Gatter
2 ×	B 1027	ODER/NOR-Gatter
2 ×	B 1023	Flipflop
2 ×	B 1022	Zähl-FF mit Vorbereitungseingängen
2 ×	B 1025	FF mit Vorbereitungs- und statischen Eingängen
1 ×	B 1028	Zeitschaltung
1 ×	B 1020	Treiberschaltung

Bestell-Nr. B 1058 vgs 123,75 DM

Zu Kapitel 8:

RC-Generator (Seite 127) einfacher Sinusgenerator
Bestell-Nr. B 1061 vgs 8,95 DM

Zu Kapitel 9:

Experimentiersystem für TTL-ICs:

Statische Signaleingabe, 4fach (Seite 136)
Bestell-Nr. B 1033 vgs 11,50 DM

Anzeigeeinheit, 4fach (Seite 138)
Bestell-Nr. B 1032 vgs 11,50 DM

IC-Testplatine (Seite 140) ein Sockel, für DIL-Gehäuse bis maximal 16 Pin
Bestell-Nr. B 1034 vgs 5,60 DM

Anzeigeeinheit, 6fach (Seite 152)
Bestell-Nr. B 1036 vgs 12,95 DM

Entprellte Taste (Seite 158)
Bestell-Nr. B 1031 vgs 8,95 DM

Periodischer Signalgeber (Seite 160)
Bestell-Nr. B 1038 vgs 18,30 DM

7-Segment-Anzeige (Seite 175) einschließlich Decoder
Bestell-Nr. B 1037 vgs 17,20 DM

Start-Stopp-Oszillator (Seite 180)
Bestell-Nr. B 1035 vgs 9,30 DM

Sammelbausatz digitale Schaltungen bestehend aus:

1 ×	B 1032	4fach Anzeigeeinheit
1 ×	B 1033	4fach Eingabeeinheit
2 ×	B 1034	IC-Testplatine
1 ×	B 1031	Entprellte Taste
1 ×	B 1037	7-Segment-Anzeige

Bestell-Nr. B 1056 vgs 55,70 DM

Bausätze mit ICs:

Doppelwürfel (Paschspiel Seite 185)
Bestell-Nr. B 1041 vgs 42,85 DM
passendes Gehäuse ET 3 7,70 DM

13 gewinnt (Seite 188)
Bestell-Nr. B 1042 vgs 132,50 DM
passendes Gehäuse ET 4 11,25 DM

Taschenroulette (Seite 191)
Bestell-Nr. B 1039 vgs 29,85 DM

Hohe Hausnummer (Seite 192)
Bestell-Nr. B 1040 vgs 89,50 DM
passendes Gehäuse ET 4 11,25 DM

Elfmeterschießen (Seite 194)
Bestell-Nr. B 1043 vgs 127,50 DM
passendes Gehäuse ET 4 11,25 DM

Digitalstoppuhr (Seite 198) Genauigkeit: 1 Mikrosekunde, sechs Zeitbereiche durch Tastenschalter wählbar, einschließlich Quarzzeitbasis und fünfstelliger Anzeige
Bestell-Nr. B 1047 vgs 186,50 DM
passendes Gehäuse P 100 14,40 DM

Quarzzeitbasis (Seite 200) universell verwendbar, abgreifbare Frequenzen: 1 MHz, 100 kHz, 10 kHz, 1 kHz, 100 Hz, 10 Hz, 1 Hz; einschließlich Eichquarz
Bestell-Nr. B 1048 vgs 51,50 DM

Lichtschranke (Seite 205)
Bestell-Nr. B 1053 vgs 8,80 DM

Zu Kapitel 10:

Experimentiersatz Operationsverstärker (Seite 209)
bestehend aus:
1 × B 1034 IC-Testplatine, Operationsverstärker 741, Trimmer zum Offsetabgleich, Widerständen für die externe Beschaltung
Bestell-Nr. B 1062 vgs 8,95 DM

Anwendungsschaltungen:

V-A-Meter Vielfachmeßgerät, vereinigt das Volt- und Amperemeter, für Wechsel- und Gleich-Strom und -Spannung, Strombereiche: 100 μA bis 10 A in sechs Bereichen (jeweils Vollausschlag), Spannungsgeber: 10 mV bis 500 V in zwölf Bereichen (jeweils Vollausschlag)
Bestell-Nr. B 1049 vgs 57,80 DM
passendes Gehäuse GE 101 16,85 DM

Ohmmeter 10 Ω bis 10 MΩ in sieben Bereichen (Vollausschlag)
Bestell-Nr. B 1050 vgs 39,70 DM
passendes Gehäuse GE 101 16,85 DM

Die Bausätze B 1049 und B 1050 passen übereinander in das Gehäuse GE 101. In B 1049 ist ein Netzteil mit Transformator und Spannungsstabilisierung enthalten. Dieses Netzteil kann das Ohmmeter B 1050 mit versorgen. Die Bausätze B 1049 und B 1050 werden ohne Instrument ausgeliefert, weil für beide Bausätze das gleiche verwendet werden kann. Es ist also gesondert zu bestellen (Empfindlichkeit 100 μA). Die Geräte sind erweiterte Versionen der Schaltungen auf den Seiten 217, 220 und 222.

Fernthermometer (Seite 224) ohne Anzeigeinstrument
Bestell-Nr. B 1046 vgs 10,85 DM
passendes Gehäuse ET 2 6,85 DM

Nf-Signalverstärker (Seite 225)
Bestell-Nr. B 1044 vgs 13,50 DM
passendes Gehäuse ET 2 6,85 DM

Nf-Leistungsverstärker (Seite 228)
Bestell-Nr. B 1045 vgs 18,60 DM
passendes Gehäuse ET 3 7,70 DM

Zu Kapitel 11:

Netzteil 12/18 V, 1 A mit Z-Diode und zwei Transistoren (ähnlich Seite 238) ohne Transformator
Bestell-Nr. B 18 19,80 DM

Netzteil bis 25 V, 1,5 A mit elektronischer Sicherung 200 mA und 1,5 A, ohne Trafo
Bestell-Nr. B 1030 32,85 DM
passendes Gehäuse GE 101 16,85 DM
passender Transformator NT 50 25,20 DM

Zu Kapitel 12:

Versuche mit speziellen Bauelementen:

Thyristor als gleichspannungsgesteuerter Wechselspannungsschalter (Seite 250)
Bestell-Nr. B 1005 vgs 11,35 DM

Thyristor als Nullspannungsschalter (Seite 251)
Bestell-Nr. B 1006 vgs 11,35 DM

Thyristor mit Optokoppleransteuerung (Seite 252)
Bestell-Nr. B 1004 vgs 14,95 DM

Zeitgeber (Seite 253) Versuch zum „555"
Bestell-Nr. B 1003 vgs 10,50 DM

Sammelbausatz Zeitgeber und Thyristor B 1003, B 1004–6 (Platine und Bauelemente für drei Versuche)
Bestell-Nr. B 1063 vgs 39,80 DM

Anwendungsschaltungen:

Gurtalarm (Seite 249)
Bestell-Nr. B 1011 vgs 10,85 DM

Zeitmahner (Seite 256) Schaltung
Bestell-Nr. B 1008 vgs 19,80 DM
passendes Gehäuse ET 2 6,85 DM

Drehzahlmesser mit Leuchtpunktskala (Seite 257) Schaltung
Bestell-Nr. B 1012 vgs 37,85 DM
passendes Gehäuse ET 2 6,85 DM

Gas-Sensor (Seite 264) mit Netzteil
Bestell-Nr. B 103 39,80 DM

Alle Bausätze enthalten die zur Funktion benötigten Bauelemente einschließlich der Fassungen für ICs und der Bedienelemente sowie eine gedruckte und vorgebohrte Platine mit Positionsaufdruck zur leichten Bestückung. Eine Kurzbeschreibung des Gerätes, ein Schaltplan und Hinweise zum Aufbau und zur Inbetriebnahme erleichtern die Arbeit mit dem Bausatz. Wenn nicht anders vermerkt, sind Stromversorgung und Gehäuse gesondert zu bestellen.
Die Bausätze sind in Zusammenarbeit mit der Firma Oppermann-electronic entwickelt worden. Sie können über die vgs bezogen werden. Garantieleistungen, soweit sie die einwandfreie Beschaffenheit der Bauteile und Platinen betreffen, übernimmt die Firma Oppermann-electronic.
Weitere Materialien und Zubehör wie Lötkolben, Meßinstrumente usw. können bei der Firma Oppermann-electronic direkt bestellt werden.
Preisänderungen sowie technische Änderungen bleiben vorbehalten. Porto und Verpackung gehen zu Lasten des Empfängers.

vgs, Postfach 180269, 5000 Köln 1